GW01398035

Selección de Escritos de

MIGUEL IRADIER

Volumen II

FILOSOFÍA, CIENCIA y CULTURA

(2016 - 2020)

Editado por *Hurqualya*

© Miguel Iradier, 2024
www.hurqualya.net

Cubierta: Adelaida Rondán

Índice

Selección de Escritos de
MIGUEL IRADIER
Volumen II
FILOSOFÍA, CIENCIA y CULTURA
(2016 - 2020)

[6]

Selección de Escritos de
MIGUEL IRADIER

Volumen II

FILOSOFÍA, CIENCIA y CULTURA

(2016 - 2020)

Editado por *Hurqualya*

FUTURO Y FUGA DEL DINERO

06 enero 2016

Al final de la escapada

Los que acostumbran a leer noticias alternativas en inglés, norteamericanas sobre todo, habrán reparado en la frecuencia con que últimamente aparecen admoniciones, a menudo alarmistas, sobre la guerra contra el dinero en efectivo (*the war on cash*). El capitalismo norteamericano está enamorado del apocalipsis, seguramente porque, como ya se ha notado, el mismo fin del mundo se concibe como un espectáculo o mercancía producido en el interior del sistema y no como el fin del sistema. Se hacen lúgubres prospectos del "campo de concentración financiero" que se avecina y uno se pondría a temblar de inmediato si no fuera porque eso, poco más o menos, es lo que ya parece que tenemos. Además, muchos de los que ponen aquí su indignado grito en el cielo (¡no nos van a dejar ya ni tener billetes!) son el mismo tipo de gente obsesionada con atesorar oro y que sólo concibe la libertad en términos de poder adquisitivo. Otra especie de "indignados", genuinamente conservadora y americana, que nos viene a recordar las profundas diferencias de mentalidad que todavía persisten entre Europa y América.

A pesar de todo, conviene no olvidar que la guerra al dinero en efectivo no es un mero culebrón para catastrofistas, sino una persistente y poderosa *tendencia* actual que aún está adquiriendo impulso —está acelerándose— y que determinará en gran medida el escenario de los próximos años y décadas. Los medios alternativos de aquí, que tal vez temen mezclarse con cualquier chisme con tintes reaccionarios, ignoran el tema con esa especial habilidad que tienen para eludir ciertos temas importantes. Uno tal vez no sabe muy bien qué pueda significar hoy ser reaccionario —puesto que a casi todos, y no menos los que se autodenominan "izquierda", apenas nos es dada otra cosa que reaccionar; pero justamente este tema del destino del dinero, si conseguimos confrontarnos con él, podría ser una oportuna piedra de toque y un excelente revelador de cómo andan las cosas.

Dado lo poco que se escribe en español sobre el asunto, no estará de más hacer algo de repaso. Por descontado, información y rumorología al respecto, monocorde y repetitiva, puede encontrarse con sólo teclear en inglés "*war on cash*" or "*cashless economy*".

Bail out/Bail in: Rescate y captura

La actual corriente de artículos sobre la presunta guerra al dinero en efectivo suele tomar como punto de partida artículos recientes de Kenneth Rogoff (Harvard) y el economista en jefe de Citigroup Willem Buiter. Ambos debaten los beneficios y riesgos de la prohibición o cuasi-prohibición del dinero en efectivo, contemplando, naturalmente, la posibilidad de una implantación gradual con restricciones sucesivas en el tamaño de los billetes y sus sumas. Esto, de hecho, es lo que se ha visto en diversos países del euro como Italia, Francia o Grecia desde los comienzos de la crisis financiera del 2008. Rogoff añade que tampoco haría falta decretar la prohibición, y que bastaría con dejar los billetes de 1 dólar o 5 para las transacciones cotidianas de los agentes marginales y rezagados de la economía como pobres o ancianos; apreciación que por sí sola ya nos da cierto olor de lo que se pretende.

Buiter por su parte va de cabeza al principal motivo de preocupación de los bancos, y sin preámbulos nos dice que la debacle financiera del 2008 se hubiera podido evitar con sólo cargar un 6 por ciento de interés negativo sobre el dinero en metálico, o dicho de otro modo, tomando un 6 por ciento de los depósitos de los ahorradores para forzar a todo el mundo a gastar cualquier dinero que pueda tener en efectivo. Se trata, en definitiva, de pasar de los rescates con inyecciones del erario público a la captura de los propios depósitos de los ahorradores, para lo cual ya hace tiempo que sin publicidad se despliegan leyes favorables. El mayor de los bancos americanos, JP Morgan Chase, ya cobra un 1 por ciento a los "excesos" de dinero en depósito.

Ni que decir tiene, si ya no hay dinero en efectivo o sus movimientos se encuentran severamente limitados se evitan las estampidas financieras con la gente pugnando por sacar sus depósitos; no hay que decretar un corral porque ya todo es por principio un corral (no hay dinero tangible que sacar), y de aquí, tal vez, el socorrido calificativo de campos de concentración financieros. Aun que hay bastante más que esto.

Las ventajas para la banca son evidentes, y lo mismo cabe decir para el estado, que, so pretexto de luchar contra la evasión fiscal, podría acceder a un control ideal y al detalle de las acciones y transacciones de los ciudadanos. Los argumentos fiscales son por ejemplo el motivo esgrimido por el gobierno de Netanyahu para su plan por etapas para una economía sin efectivo en Israel, en un estado cuyo presupuesto, se dice, se halla tan exigido por los gastos militares. Y naturalmente, los portavoces de los bancos aseguran que con estas medidas la lucha contra el narcotráfico, el terrorismo y el crimen —por no hablar de la evasión fiscal— sería infinitamente más efectiva.

Si las ventajas tanto para el estado como para la banca son enormes, puesto que ambos son hoy los grandes polos de poder, cabe estar seguro de que estas iniciativas gozarán del mejor viento en sus velas. Además, no sólo hay que contar con el acostumbrado despliegue de relaciones públicas para minimizar las resistencias, si de verdad las hay; más fuerte que todo esto es que el mismo Zeitgeist, el mismo Espíritu del Tiempo, ha asumido como suya la misión de convertir en electrónico todo lo que pueda ser convertido, y el dinero no es precisamente algo secundario en esta función. Por añadidura es una de las cosas que mejor se prestan a ello. ¿Por qué querría el Espíritu del Tiempo convertirlo todo en electrónico? Pues justamente, para convertirlo en dinero. La inagotable sed de liquidez. En definitiva, el Espíritu del Tiempo es el Dinero y punto; aunque, aquí está la gracia, no hay por qué confundir dinero y capital. Y en cuanto a la gradualidad, sólo hay que administrarla de forma oportuna al compás del apuro y de las crisis, puesto que nada se ha transformado de manera más paulatina.

Sin duda las tarjetas de crédito, aunque a menudo las utilicemos para ir al cajero, nos han ido haciendo a la idea del puro dinero electrónico. Pero ahora en países como Suecia o Dinamarca los mismos cajeros están desapareciendo, porque son ya muy escasas las transacciones hechas con billetes. Allí en muchas áreas comerciales ni aceptan ya efectivo, que se está tornando en un lastre o incluso en algo un tanto sospechoso. Ahora se trata de pasar de la tarjeta al iphone, y ya están aquí las aplicaciones de pago por teléfono como Apple Pay y otras, con las grandes multinacionales como siempre en vanguardia. Lo *cashless* y *cash free* es lo último y los festivales de música ingenian sistemas de pago por pulsera electrónica para que "sin contacto" pagues más y mejor. Usando datos biométricos ya no tendrás que rellenar interminables formularios por internet, sino que podrás "comprar sin pensar, como a ti te gusta". Nada subliminalmente, se ofrece la promesa levitante y eufórica de *un mundo sin dinero, pero con tu iphone*. No te pringues la mano con algo tan sucio como un billete, con abundantes trazas fecales, de mocos y de cocaína. Y además, si no llevas cartera nadie te robará por la calle; eso se queda ya en exclusiva para los amistosos estafadores de las comisiones.

Porque siempre hay que luchar contra el crimen. Y de paso, empezamos a criminalizar toda la economía informal, se entiende que la de bajo nivel adquisitivo. Por añadidura, el sistema de los billetes, además de inefectivo, resulta muy caro para todos. Es innegable que los billetes grandes hacen más fáciles las corruptelas y los movimientos del crimen organizado, pero ya se ha empezado a decir que son la *causa*. Ya están cantadas las noticias de redadas contra cejijuntos terroristas atesorando sacos de billetes en sus búnkeres, mientras en los anuncios, libre de dinero, la juventud angelical vuela extasiada por el aire. Ninguna exageración, puesto que el ministro de finanzas francés Michel Sapin atribuyó los atentados de Charlie Hebdo *a la capacidad de comprar cosas con dinero en efectivo;* desde entonces se establecieron controles a partir de mil euros para "luchar contra el uso del dinero en efectivo y el anonimato en la economía francesa" [1]. Y en cuanto a la publicidad, ya la tenemos.

Esta transparente "sociedad sin dinero" (en efectivo) no va a quedarse en un experimento para civilizados escandinavos; hasta el Banco Central de Nigeria ha establecido como una prioridad la reducción en lo posible de esta reliquia del pasado. También pensando en África, Bill Gates prevé soñador que "por el 2030, dos mil millones de personas que no tienen una cuenta bancaria estarán acumulando dinero y haciendo pagos con sus móviles. Y por entonces los proveedores de dinero en el móvil ofrecerán todo un espectro de servicios finacieros, desde ahorros con interés a seguros y créditos"[2] . La Belinda and Gates Foundation está volcada en llevar la mano amiga de la banca a los más pobres, pues, como afirman en sus comunicados oficiales, también los pobres pueden ser una base de clientes rentable.

Ni en España faltan pioneros. Guillermo de la Dehesa, ex-funcionario del estado, secretario del PSOE en tiempos de Solchaga, consejero del Santander y de Goldmann Sachs, y colaborador de *El País* vaticinaba ya en el 2007 un mundo mucho más seguro y menos violento una vez que desapareciera "el mayor incentivo que ampara toda la actividad ilegal"[3]. De la Dehesa, junto con Enrique Sáez, uno de los primeros abogados de la iniciativa, no dudaba en convertir al dinero en efectivo en causa hasta de las guerras.

Como se ve el argumento de la seguridad es el más recurrente del lado de los gobiernos, y la seguridad no es más que el aspecto amable del control. Las transacciones sin efectivo han de incorporar la tecnología de cadena de bloques (*blockchain*) que vio la luz con la primera criptomoneda de éxito, Bitcoin, pero que es enteramente independiente de ésta: una base de datos distribuida y abierta con ciertos protocolos que mantiene un registro acumulado de todas las operaciones. De este modo todas las operaciones y transacciones con dinero, salvo por las monedas o billetes de baja denominación que no fueran derogados, serían íntegramente rastreables.

Los expertos en la materia dicen que esta tecnología de cadena de bloques es extremadamente segura y difícil de trucar, de modo que la panóptica trasparencia a que serían sometidos los ciudadanos/consumidores no sería mayor que la que tendrían "los banqueros y los gobernantes", así todo junto y sin solución de continuidad. Suena encantador. Tal vez no haya por qué dudar de que se trate de una tecnología de lo más democrática, al menos por diseño y concepción; pero cuándo se ha visto que una tecnología impuesta desde arriba fuerce la igualdad entre los de arriba o los de abajo. Si acaso cabría pensar en una más dramática e insondable separación entre administradores y administrados. El problema no es la tecnología, sino su imposición, y para unos fines bien concretos; así esa tecnología sólo puede asumir la función que le sea asignada, y que indudablemente se transformará con el tiempo.

Además, como dicen algunos, no hay problema que traiga la tecnología que la tecnología no pueda arreglar. Con nuevas innovaciones. A la descentralizada pero compacta tecnología de bloques pronto le han crecido apéndices tales como las cadenas laterales (*sidechains*), muy aptas desviaciones para otras criptomonedas paralelas, y que, se afirma, permiten prevenir "faltas de liquidez", "reducir la volatilidad" y un largo etcétera de conveniencias. Puede ser cierto, pero no hace falta entrar en muchos detalles para escuchar la misma música, los mismos estribillos, los mismos prodigiosos e ilimitados despliegues de la ingeniería financiera de siempre, con renovadas y aumentadas posibilidades. ¿Puede sorprender entonces que Goldman Sachs, que siempre se ha mostrado entusiasta con esta tecnología, esté desarrollando con sus propias patentes su particular versión del Bitcoin, llamada provisionalmente SETL-coin? Y ciertamente no han de ser los únicos. Parece ser que los bancos, siempre impacientes, no están dispuestos a esperar a que la rémora de la política estatal conforme el campo de medidas y ya están anticipando sus propias soluciones. Las cadenas laterales, como buenas ramificaciones, son un gran paso para lograr el efecto multiplicador de la red que puede ser decisivo a la hora de consolidar este nuevo uso y práctica del dinero.

Las ventajas que el puro dinero electrónico tienen para el estado y la banca son tan claras que no merecen demasiados comentarios, pero la cruz del asunto no está en la suma, sino en el producto de ambos. Pues si el matrimonio entre banca y estado viene de viejo, ahora se haría casi imposible limitar la nueva atribución de poderes con que se vería consagrada. Asistida por la inminente ubicuidad de la vigilancia electrónica y "la internet de las cosas", estaría por nacerles un hijo que multiplicará la belleza de sus progenitores. Sólo hay que pensar un poco en ello, pues nuestra fantasía podría cosechar otro más de sus patéticos fracasos.

Singularidad y horizonte de sucesos

Hace años, especialmente antes del milenio, se puso de moda entre "transhumanistas", tecnoprofetas y otros pirados hablar de una supuesta singularidad tecnológica hacia la que nos estábamos peligrosamente acercando. Pronto los ordenadores y los robots aprenderían a autorreplicarse y mejorarse por sí mismos y así de un día para otro el Homo Sapiens quedaría hundido en el barro sin sospechar siquiera lo sucedido. Si uno no cree en empanadas especulativas como la de los agujeros negros de los físicos, difícilmente creerá en una quimera como la de la singularidad tecnológica. Pero para la psicología no deja de ser un síndrome fascinante, puesto que alía las virtudes higiénicas del Apocalipsis con el más desenfrenado optimismo aprovechando el denominador común de la fuga y el escape. No es algo fácil de superar. El problema es que la tecnología nunca está a punto. En cambio podríamos asistir al nacimiento de un síndrome nuevo y no menos fascinante que ya tiene solucionados los problemas técnicos, es decir, ya tiene su libre curso garantizado: se trata del síndrome de la singularidad financiera, aún no tipificado por los psiquiatras.

Lo bueno de pensar en la unión indisoluble entre banca y estado como un agujero negro es que, si estamos ciertos de que los agujeros negros no existen, nos facilita grandemente conjurarlo. Por otra parte tiene la ventaja de que podemos seguirle la corriente a los locos y hasta empatizar con ellos sin necesidad de pasarnos a su bando. Si el todo es singular, cualquier singularidad en una parte no pasará de ser una ficción mental, pero por otra parte, gracias al impagable (y en realidad imprescindible) concepto de horizonte de sucesos, podemos hablar tranquilamente de lo imposible como si fuera tan sólo inevitable. Y además, un horizonte de sucesos está lleno de cosas especulables y discurribles, puesto que es un embudo de tiempo.

Admitido que los intereses de la banca y el estado por terminar con billetes y cheques son desde su punto de vista perfectamente razonables, puede preguntarse dónde está el delirio. Pero ya adelantamos que no es la suma, sino el área del producto, el que circunscribe el nuevo espacio para las aberraciones que intentamos concebir. Ahora mismo no sabemos si ambos polos de interés habrán de coincidir a la hora de eliminar el antiguo dinero, o si, ante problemas mayores de las grandes divisas actuales (dólar, euro, yuan, yen, libra, etc), la banca intentará desbordar por las bandas en una especie de enloquecida criba darwiniana de monedas estatales y no estatales. Todo eso está por ver ya que los sobresaltos en estos diez o quince años próximos están garantizados. El dinero en la forma actual difícilmente puede tener más tiempo que ése.

Puesto que los problemas técnicos para la eliminación del actual dinero ya están prácticamente resueltos, es obligado volver sobre los obstáculos que el proyecto tiene en las otras esferas, fundamentalmente la política y la económica. Curiosamente, los obstáculos sociales no parecen merecer mucha consideración de los abogados de la "sociedad sin dinero". En el capítulo económico, y especialmente si se consideran las divisas de los estados y ecozonas, como el dólar o el euro, un asunto primordial es la concertación, puesto que cualquier intento unilateral por parte de una economía de restringir el uso de su moneda atraería el uso de divisas extranjeras en su propio territorio. Incluso si en los Estados Unidos, que siguen gozando con diferencia de la divisa más fuerte, se restringiera drásticamente el uso de dólares en efectivo, sólo se lograría desencadenar una compra frenética de euros, yuanes y hasta rublos si no hay nada mejor, invirtiendo la situación y trasfiriendo la fuerza del dólar a la pujanza del propio mercado negro interno.

Esto sería al menos lo más probable por la sencilla razón de que, como admiten Rogoff y Buiter, el motivo de partida para acabar con el dinero en efectivo es darle algo de aire y espacio de maniobra a los bancos a través de los tipos de interés negativos; luego se aducen el resto de "ventajas." Sabido es que todos los grandes bancos centrales llevan años bordeando el interés cero o el interés negativo, y fabricando grandes sumas de dinero, con el pretexto de estimular la economía. En la práctica, el dinero les llega casi sin interés a los bancos y las líneas directas de crédito privilegiadas, que se dedican a especular gracias a la enorme ventaja con que cuentan. Faltaría más, el usuario normal del banco tiene que pagar unos intereses mucho más altos, por no hablar de las tarjetas de crédito. Por otro lado ese interés cercano a cero, y que se querría negativo, penaliza a los ahorros depositados en los bancos, pues ya la inflación suele ser mayor que el interés.

Con intereses negativos, el ahorrador está pagando directamente por dejar dinero en el banco, aun si ignoramos la inflación. Y por otro lado, los bancos centrales buscan obsesivamente la inflación, por la que no dejan de suspirar continuamente en la letanía de sus comunicados oficiales. "¡No conseguimos la suficiente inflación!" lloran una y otra vez, lo que debería dejar atónito al más sufrido lector de noticias, cuando siempre se nos dijo que el motivo fundacional de los bancos centrales era proteger el valor adquisitivo de sus monedas y por ende luchar contra la inflación. La razón para esto, claro está, es que en una economía de deuda como la que tenemos la inflación es ventajosa, puesto que hace más baratos los pagos futuros. Los bancos centrales, que no son sino los consorcios de los bancos privados con la bendición del estado, hacen todo lo posible por exacerbar la economía de la deuda.

Así pues, los bancos quieren tener libertad para imponer tipos negativos y que la gente tenga que pagar por su dinero en el banco. Como en tales circunstancias los ahorradores prefieren sacar el dinero y tenerlo en efectivo porque conserva mejor el valor que los depósitos, la única forma de impedirlo es terminar con el dinero en efectivo mismo. Este es el plan, tal es *la solución final*.

El Banco Central Europeo fue el primer gran banco en aventurarse en las aguas de los intereses negativos en junio del 2014, con un modesto 0,3 por ciento. Le siguieron los bancos centrales de Suecia, Dinamarca y Suiza, que ya lo había hecho anteriormente en los setenta. ¿Cuánto por debajo de cero puedes llegar? El límite lo pone la conyuntura, no la vergüenza. Pero si el dinero en efectivo se reduce a un rango residual, se ha conseguido eliminar el principal obstáculo.

Dicho sea de paso, el hecho de que ahora se lamenten en los bancos centrales porque no hay suficiente inflación, y de que se castigue sin disimulo al ahorro, al que hasta ayer se consideraba fundamento del capitalismo, es algo que supera las más gruesas parodias. Es el signo más cierto de que ya hollamos el territorio del postcapitalismo, aunque aún no nos atrevamos a reconocerlo. Y no queremos reconocerlo porque no queremos admitir que el periodo posterior al capitalismo podría ser peor en diversos aspectos a su predecesor, o que su predecesor no apuró el cáliz de sus males. Al menos, si llamamos postcapitalismo a la fase en que ya carecen de relevancia las contradicciones que en una fase anterior hubieran socavado sin remedio su discurso y su sistema. Ahora no lo socavan, luego se está abriendo una nueva época y ante las temibles implicaciones de esto muchos lo prefieren ignorar. Penalizar el ahorro también significa oponerse al motor de la movilidad social, que hasta ahora era la válvula de escape del sistema para el descontento social. Siendo esto tan peligroso, ¿qué es lo que se pretende? Al menos hablando en términos económicos clásicos, si no ahorras, lo único que te queda por hacer es consumir o jugar en el casino de la bolsa. Y este es el rol lubricante que se espera del nuevo microsiervo.

Los intereses negativos y la captura o confiscación del dinero de la población es prácticamente el único y último grado de libertad importante que tiene un sistema bancario-estatal que parece haberlo intentado absolutamente todo y que, mientras navega a la deriva por un *mare tenebrarum* de derivados financieros y activos tóxicos contempla que los paños calientes de la última crisis tienen un efecto marginal cada vez menor. No podrían "estimular" la economía ni aunque empezaran a repartir billetes con helicópteros. Así que la cuestión es el cómo y el cuándo.

Si la prioridad la establece la urgencia, lo primero es tener algo de aire a nivel financiero, y lo inmediatamente posterior, ante la inestabilidad creciente, es fortalecer los mecanismos de control a través de esta nueva vuelta de tuerca financiera. Pues a veces, como cuando se habla del dinero en helicópteros, parece que el problema, más que el propio dinero, es mantener sujeto al conjunto del tinglado y de la gente. En lo grande es imposible separar lo económico de lo político.

Las crisis, ya se dijo, jalonarían esta limpieza del dinero en efectivo. Las primeras restricciones importantes en países europeos vinieron tras el 2008. Si el hundimiento en bolsa de las punto-com en el 2000 biseló el cambio de milenio, la crisis sistémica del 2008 es el primero de los tres grandes golpes que, a lo sumo, puede aguantar este sistema antes de desmoronarse por completo. Y es que el colapso no es un acontecimiento sino un proceso, y como todo proceso tiene su ritmo. Los tres golpes pueden recordarnos los tres soplos del lobo en el cuento de los tres cerditos. La segunda gran crisis sistémica podría haber empezado ya, aunque una discreción que es de agradecer nos habría ahorrado el susto. Ya nos hemos acostumbrado a pensar que no hay crisis que se precie sin un Lehman Brothers o un hundimiento espectacular en la bolsa; pero ahora podría ser distinto, puesto que en el 2008 los bancos centrales no estaban bombeando el dinero a marchas forzadas para seguir inflando los mercados (bolsa, bonos, vivienda) y ahora sí. Los indicadores generales pueden ser ahora iguales o peores que en el verano del 2008, pero el descenso, a decir de Charles Hugh Smith, podría parecerse más al de un avión que va quedándose sin combustible que a una caída en picado. No es que vaya a faltar el suministro de dinero, pero, como con cualquier adicción, el aumento de las dosis tiene efectos decrecientes.

Aun ignorando tantas cosas, podemos abonarnos a la idea de que continuarán las crisis cada 7 u 8 años como ha venido siendo la tónica en los últimos dos siglos; el año 2016 tiene entonces grandes probabilidades de ser uno de estos años críticos incluso sin la presencia de los detonantes habituales. Más simplemente, podría ser el año en que se reconociera que las políticas monetarias que se han venido usando como medicina no tienen efecto, *permaneciendo una larga serie de problemas sin resolver o agravados*. Las crisis periódicas del siglo XXI tienen esto de notable. Antaño el efecto destructivo de los ciclos de negocio se veía compensado, después de todo, con otro efecto de limpieza y renovación relativos, para hacer bueno aquello de la "destrucción creativa" de Schumpeter. Pero ahora lo que vemos es que los vicios se agrandan, acentúan y se enquistan mientras se crean fortalezas y murallas contra la innovación. En general, vivimos una época de enfeudamiento mucho más que de innovación efectiva, lo que no quita para que el potencial de innovación sea hoy mucho mayor que en otras épocas. De aquí precisamente los muros defensivos.

Y además, como ya se ha notado abundantemente, a este sistema-mundo ya casi se le han acabado los nuevos mercados (espacio), el efecto novedoso de casi todo lo vendible (renovación en el tiempo), y tampoco espera nadie nuevos ciclos tecnológicos con capacidad de reciclar el trabajo perdido y el capital que busca rendimiento. Así nos adentramos en el estancamiento del producto global con captura de rentas por unos pocos y el desmoronamiento interno de la estructura social por choques sucesivos. El mismo éxito y eficiencia del sistema para conseguir sus propios fines se convierte, en un entorno con márgenes cerrados, en la mejor garantía de su deceso. Lo que llamamos "morir de éxito".

Si todo esto es así el efecto de crisis sucesivas en estas primeras décadas del siglo es a la larga mucho más demoledor, pues lo sabemos muy bien, no hay recuperación por más que se pretenda lo contrario. Y si no hay recuperación, con el primer golpe el sistema se estremecerá, con el segundo se tambaleará, y con el tercero caerá. Los años de estos golpes serían, *grosso modo*, 2008, 2016 y 2025. Hacia mediados o finales de la próxima década estaremos entrando en otro mundo, otro sistema, por la sencilla razón de que el actual será ya inhabitable. Pues justamente cuando un sistema es incapaz de reformarse el hundimiento está garantizado. Parece una proposición autoevidente.

Cuanto menos posibles las reformas, más segura la caída o más profunda la transformación. Dado que la presión colosal del "éxito" del sistema fuerza todo a ello, incluidas las oligarquías y los gobernantes. Si queremos verlo así, puede augurarse, más que una muerte, una "Gran Transformación" de pareja magnitud a la estudiada por Polanyi, pero, colonizado ya todo el espacio de acción, mucho más concentrada en el tiempo. Si todo pasara por las alternativas entre banca y estado, tal como enfatizan las opciones electorales, estaríamos más que condenados. Puesto que ambos no son una alternativa sino un tándem, desde los tiempos que estudiaba Polanyi, y de forma infinitamente más orgánica ahora. Pero es improbable que un tiempo sometido a tensiones tan violentas no tenga potencial para engendrar bifurcaciones. Y la bifurcación no puede estar causada por la falsa alternativa que nos lleva de cabeza, sino por todo lo que ésta reprime o no deja ver.

A vueltas sobre el sistema monetario: "Todo está sobre la mesa."

La eliminación del dinero en efectivo es la eliminación del "dinero sin control", por lo tanto, aunque hasta ahora se asoció el dinero con la libertad, desde ese momento *todo dinero será control*. El dinero inmóvil pasaría más desapercibido, pero quién asegurará que hay algo inmóvil aquí. Esta eliminación del efectivo, debería llevar, si se siguiera el curso natural del relevo generacional y la presión por el acostumbramiento, no más de dos o tres décadas. A ese ritmo, y con una presión sostenida, casi ni nos daríamos cuenta. Pero vemos que la urgencia aprieta y no hay ya más trucos ni remedios monetarios en la recámara. Parece que la única medida que puede dar aire al sistema financiero en los niveles de tensión actuales y futuros es el disponer de todo el dinero y de forma tan completa como sea posible. Y si es posible, ¿por qué conformarse con menos?

Con todo se diría que los que se preocupan por la guerra a los billetes no acaban de ver la jugada. Y es que, después de todo, *la cantidad de dinero en efectivo ya es muy pequeña*, es una parte bien modesta de lo que se considera dinero en nuestras economías. En los Estados Unidos, 1,36 billones de dólares, en una economía de 17,5 billones. Algo así como un 7 por ciento, y unos 4.000 dólares per cápita. La mayor parte es billetes de 100; los billetes de 10, 5 o 1 dólar sólo hacen menos de un 4 por ciento del efectivo, o menos del 0,28 por ciento del producto bruto. En la eurozona el porcentaje puede ser algo mayor, según los países, pero disminuyendo y en el mismo orden de cifras. En definitiva, el dinero en efectivo ya es casi residual para el conjunto de la economía, lo cual nos lleva a un serio corolario: los enormes números de gente para los que el dinero en billetes es una parte central de su actividad son también, desde el punto de vista económico, un mero residuo. Para nuestro sistema *valen* mucho más como voto que como economía.

Así que cuantitativamente la desaparición del dinero en efectivo es pan comido y bien poca cosa. No da para ningún tipo de "Gran Transformación". Pero lo que está en juego no es ese modesto porcentaje. Hay más incluso si dejamos para el final las consecuencias sobre la libertad, que ahora tan poco parecen importarnos.

Hace mucho que el sistema monetario en todo el mundo gira en torno a la reserva fraccional. Sólo una parte mínima, un 5% o menos, del dinero en existencia es fabricado por las planchas del banco central. Esta es la base monetaria, constituida por el dinero legal en circulación más las reservas de los bancos en el banco central. El resto del dinero no es depósitos de los ahorradores, sino que lo crean los bancos comerciales de la nada con los préstamos. En realidad, es el que pide el préstamo y compra el que crea el dinero, pero de bien poco le sirve. Desde luego, al banco comercial sí le sirve a la maravilla semejante procedimiento. Incluso el Banco de Inglaterra aclaraba y subrayaba el hecho en un comunicado reciente [4]. Cuando menores son los requerimientos de reservas de los bancos, más veces puede el banco comercial multiplicar el dinero que le llega de su padre el banco central a unos intereses muy cercanos a cero; pero por otro lado mayor es el riesgo en caso de que los clientes con depósitos demanden su dinero. A pesar de todo y como tendencia los porcentajes de dinero en reserva han estado disminuyendo sostenidamente en casi todos los países a lo largo del tiempo.

La creación de dinero por extensión del crédito está en el origen de los ciclos de negocio con sus burbujas hinchándose y reventando con sorprendente periodicidad, como la simple lógica y los más detallados estudios demuestran. Es decir, la terminación de las crisis periódicas, al menos en su mayor parte, era algo que se podía haber logrado hace siglos, con sólo que el único dinero en circulación fuera el que emite el estado y exigiendo la integridad de los depósitos. Y no sólo eso, se hubiera terminado con el endeudamiento crónico de los particulares y de los órganos públicos, y con la febril y destructiva necesidad de crecer a cualquier precio. Pero como lo que se buscaba era eso, dentro del marco del estado nunca se ha conseguido restituir la emisión del dinero a su única legalidad posible.

La prueba es que las burbujas y ciclos de negocio por causas endógenas empiezan con la reserva fraccional, y son prácticamente desconocidas antes. El Banco de Inglaterra se funda en el 1694, más o menos los años de los *Principia* de Newton, y los años en que aflora el impulso notorio de la "Gran Transformación" que glosa Polanyi.

La última vez que hubo un clamor importante por volver al dinero del estado y las reservas íntegras fue en las secuelas de la Gran Depresión, en lo que se conoce como el "Plan de Chicago", apadrinado por grandes economistas de la época como Irving Fisher. La Reserva Federal sólo hacía 20 años que se había creado, pero ya era de lejos el mayor poder del país, y naturalmente F. D. Roosevelt terminó por desestimar la propuesta para adoptar medidas de gasto público infinitamente más tibias. Incluso muchos años antes grandes industriales como Edison y Ford habían abogado por el dinero del estado, preguntándose por qué estúpida razón el pueblo de los Estados Unidos tenía que pedir 30 millones de dólares de su propio dinero para tener que pagar 66 sumando todos los intereses. Qué tiempos aquellos en que todavía eran posibles guerras entre los industriales y la banca.

Incluso el ínclito Milton Friedman suscribió decididamente el Plan de Chicago, al menos de palabra. Algunos dirán que una medida que era promovida por grandes industriales o por Friedman no puede ser, por decir lo menos, "progresista". Pero olvidémonos para variar de los bandos y atengámonos a la letra: ¿Por qué todos están obligados a pagar deudas, y el estado el primero, cuando el mismo estado es el que hace el dinero? ¿Qué había de derechas o de izquierdas en reclamar que el dinero volviera a ser exclusivamente estatal? Y sin embargo los llamados partidos de izquierdas nunca han tenido el valor de pedirlo, tal vez porque sepan mejor que nosotros los parámetros en que se mueven. Incluso se habla a menudo de la nacionalización de la banca, pero nunca de acabar con la creación del dinero por el crédito, de acabar con el sistema de la deuda crónica. ¿No es ésto realmente extraño?

Los prestamistas, no "la burguesía", son los arquitectos de la era de las revoluciones burguesas. Son ellos los que están detrás del derrocamiento de las monarquías, de los parlamentos y las constituciones. Las mismas "revoluciones burguesas" son sobre todo revoluciones monetarias. ¿Por qué si no los estados tienen que pedir a los banqueros el dinero que ellos mismos fabrican y pagar indefinidamente intereses? Muy pocos son los que, como Alejandro Nadal, se han preguntado de dónde viene el llamado "mito de la independencia del banco central", es decir, de que el banco central deba ser por completo independiente de los gobiernos. Y la respuesta bien evidente está en la misma historia: La confiscación del dinero necesitaba una justificación, y a menudo se empujó con engaños y guerras, siempre el mayor negocio del mundo, a que los gobiernos abusaran de su legítimo derecho de emitir dinero. Tras desvaluaciones escandalosas, se exigió y se aceptó el que "algo tan serio como el dinero pasara a manos responsables". A veces ni siquiera se tuvo que forzar mucho la mano, y bastó con mantener el asunto en círculos cerrados bien avenidos y lejos del debate público: "pactos de caballeros".

Aunque a menudo muy discreto, este es el rasgo aislado más importante de las revoluciones de la era del capital —todas para el caso—, pero, maravillas de la perspectiva, ¡el marxismo consiguió ignorarlo por completo! Tanto más se habla del capital, tanto menos del dinero. Más aún, uno se entera con pasmo de que en la Unión Soviética, y es de suponer que en todos los países socialistas, el sistema de creación del dinero siguió siendo ¡la extensión del crédito como en la denostada economía burguesa! La misma reserva fraccional, el mismo perfecto símbolo y fulcro de la especulación.

La reserva íntegra es consustancial con el dinero sin intereses, y, aun quedándose siempre por arbitrar cómo y a quiénes se concede el dinero, es, al menos por concepción, simple, legítima, legal e igualitaria. La reserva fraccional por el contrario está llena de trucos y su extremada complicación sólo se justifica como un plan especulativo y oligárquico para consolidar el control y el privilegio. No sólo tiene un espíritu ilegítimo sino que es contaria a la legalidad del dinero en el estado incluso si es legalmente sancionada. Se equivocan muy groseramente los que dicen que la industrialización forzada de la Unión Soviética fue un trágico error: eso y mantener el poder era el único plan, y Stalin sólo aumentó el impulso inicial. La *praxis* monetaria lo prueba.

El entusiasmo de Lenin por el sistema bancario capitalista, por su capacidad de control se entiende, forma el contraste perfecto con la oportuna inopia de Marx: "*Sin grandes bancos, el socialismo sería imposible. Los grandes bancos son el aparato del estado que necesitamos para traer el socialismo, y que tomamos ya hecho del capitalismo... Un sólo Banco del Estado, el más grande de los grandes, con ramas en todo distrito rural y fábrica constituirá tanto como nueve décimos del aparato socialista.*" [5] La última cursiva es mía. En cuanto al genio de Tréveris, parece ser que creía que en la sociedad socialista ya no haría falta el dinero, como con Apple Pay.

Amador Fernández-Savater recordaba hace poco a Curzio Malaparte para hablar de la revolución como problema técnico. Basándose en especial en lo visto en la Revolución de Octubre, Malaparte articula la tesis sobre la primacía de las infraestructuras, del poder logístico o técnico. Malaparte, y tantos otros, parecen estar pensando sobre todo en los medios de comunicación y "otros servicios públicos". Sin duda el control de los medios puede ser decisivo para que un grupo llegue al poder; pero al final es el grifo del dinero el que consolida al régimen. Si las infraestructuras materiales hacen posible el presente, el dinero y el crédito gobiernan el presente y el futuro. Y además apoderarse del Banco del Estado en Petrogrado y sus planchas de hacer billetes fue una prioridad absoluta que los bolcheviques llevaron a cabo el primer día de su golpe.

El dinero puede necesitar infraestructuras para ser fabricado e intercambiado, pero es mucho más que una infraestructura. Como el fabuloso mercurio de los viejos alquimistas, juega el papel de intermediario entre lo bajo y lo alto, o si se quiere, entre las infraestructuras materiales y las superestructuras formadoras. Y por supuesto no hablamos sólo de su cantidad sino de los aspectos cualitativos de su almacenamiento y circulación. Ignorar el dinero en la sociedad es como pretender hablar del entendimiento humano haciendo caso omiso del lenguaje, puesto que es el agente que ha hecho posible toda la diversidad y complejidad social. Y sin embargo esta imposibilidad completa el marxismo la ha sorteado como si nada cegándose en la producción y con el uso más romo y abstracto de la palabra "capital", entendido meramente como acumulación y lógica de la acumulación. La circulación se reduce a poco más que a la plusvalía y el circuito de la mercancía. Pero incluso a mediados del siglo XIX eso era ya un asunto derivado y secundario, y Marx no era tan primaveras como para no saberlo.

No voy a entrar ahora a juzgar de dónde viene esta fobia de "la izquierda" por hablar en profundidad del dinero, pero se diría que para ellos es de mal gusto, como entre la gente rica y fina. Es mucho mejor hablar de las cuestiones sociales, aun cuando Lenin estimara que la banca era nueve décimos del aparato *socialista*. O del capital en la más abstracta de las formas, en una filosofía que se precia de su concreción, su agudeza crítica, su praxis y su radicalidad.

Hasta hoy esta ha sido la tónica. Los partidos que hablan de reformar el sistema desde dentro y ni siquiera se plantean la posibilidad de acabar con este sistema monetario no pueden buscar finalmente otra cosa que el acomodo. Y es más que cómico que hablen de que una política "no es suficientemente de izquierdas" cuando algo que propusieron reiteradamente Edison, Ford o Milton Friedman les parece "demasiado a la izquierda de lo posible."

Claro que las cosas podrían cambiar en breve, si es cierto que no hay mucho tiempo y la urgencia acelera las cosas. Ahora la izquierda del sistema, desesperada por dar con un nuevo banderín de enganche, podría incluso hablar del dinero. Como lo oyen. A mediados de septiembre surgía un llamamiento por parte de nada menos que Jean-Luc Mélenchon, Stefano Fassina, Oskar Lafontaine y el omnipresente Yanis Varoufakis por un plan B en Europa. En él decían: "Un gran número de ideas están ya sobre la mesa: la introducción de sistemas paralelos de pago, monedas paralelas, *la digitalización de las transacciones en euros para solucionar la falta de liquidez*, sistemas de intercambio complementarios alrededor de una comunidad, la salida del euro y la transformación del euro en una moneda común"[6]. Como se ve un poco de todo incluyendo las cosas más contradictorias y de la forma más vaga posible, aunque tampoco es que se pueda pedir mucho de una declaración de intenciones. Pero a juzgar por lo de la "digitalización de las transacciones", parece que algo de la música les ha llegado a los oídos; y desde luego en Grecia saben lo que es el grifo monetario. La izquierda del ruedo electoral se muere por dar con una oferta resonante, y los bancos necesitan colaboración de partidos políticos de aire progresista que revistan de preocupación social medidas económicas y de control de otro modo infumables. ¿O es que esperamos que sean los banqueros los que anuncien la "gran confiscación"?

Para eso está el ala izquierda, que al menos quiere apiadarse del burro. Las consignas de "libertad" de los partidos "conservadores", por más mendaces que sean, no se alinean bien con una medida de este cariz. La eliminación de los billetes puede venderse como "libertad del dinero" en la publicidad, pero en la arena política es otra cosa y no hay manera de conjugar "libertad" y "confiscación" en el imaginario conservador. Digo confiscación y empleo las comillas porque así es como la derecha, que vive en el binomio propiedad/expropiación, lo llama; y esto basta para hacer ver lo difícil que es hacer pasar estas medidas entre su base electoral. Más bien, estas medidas requieren argumentos en nombre de la lucha contra la desigualdad, de seguridad y amparo para el precariado; gente del estilo de Bernie Sanders.

Si el estado hubiera podido disponer de su propio dinero sin tener que pagar altos intereses a los bancos, un nivel alto de gasto público y un estado de bienestar sostenible se hubiera podido mantener sin mayores problemas, sin endeudamiento, y salvaguardando la soberanía; además de habernos ahorrado la desigualdad galopante, la destrucción espuria y la mala asignación de la inversión con las burbujas. Pero con los mecanismos bancarios actuales todo esto se hace imposible, y los que dicen lo contrario dan la impresión de trabajar para los bancos. ¿Cómo si no podría aumentarse el gasto público sin aumentar la deuda en su favor? Hasta ahora ni siquiera han intentado explicarlo.

Pero en el nuevo mundo que acecha las imposibilidades pueden tener vía libre. Y es que, por si algún despistado no se ha dado cuenta, si eliminamos el dinero en efectivo ¡podemos inflar la base monetaria practicamente sin límite! Al menos, sin los viejos y odiosos límites que imponía el dinero de papel, pues si no hay dinero que retirar y que ponga en riesgo a los bancos, éstos ya no necesitan rendir cuentas. Sin embargo la "congelación" de los deudores aún será más rápida, eficaz y contundente. Todos deberán al banco pero el banco ya no le deberá nada a nadie, sino tan sólo a los arcanos de consistencia de su sistema. Sería su libertad definitiva... para darle forma al mundo a gusto, pues de qué vale el tiempo libre y aun la eternidad sin un buen juguete.

Así si que tendrían en su poder hacer realidad los sueños de los neokeynesianos más desaforados, tipo Warren Mosler. Con tal de que te endeudes —y recuerda que podemos congelarte— sigue pagando la casa. La casa podría ser incluso muy generosa con la gente de buen comportamiento. Mientras tanto el seguimiento electrónico en tiempo real de producción, consumo, flujos de capitales y personas, permitiría reírse de viejos y obsesivos fantasmas de la inflación, deflación, y todo lo demás. Esto mismo sería el juguete, esta su ludoutopía. La singularidad, el punto omega y el final feliz del capitalismo ficción tendría que ser ése. Claro que llegando a ese punto, para hablar en gerundio, habrá que ir dirimiendo todo tipo de diferencias sobre riqueza e influencia, trasparencia y opacidad en la decantación de las élites como señores de la instrumentalidad —una decantación infinita pero enamorada del tiempo para alegrarnos la vida a todos. Aquí este banco, allí Apple, más allá el Pentágono, más cerca ese magnate que todavía no sabía que Apple venía del ejército pero que gracias a un agente de la CIA se entera de que la NSA se la ha arrebatado a ella... Como Bilderberg pero subiendo las apuestas.

Probablemente los obstáculos más serios para que esto se lleve a cabo no están en la esfera de la política doméstica o la resistencia social, sino en la concertación de las medidas monetarias y su gradación temporal entre los principales estados y economías. No es sólo que unas divisas podrían intentar tomar ventaja sobre otras, tampoco sabemos hasta qué punto las divergencias entre naciones con una presunta guerra económica como Estados Unidos, Rusia y China son insalvables o pueden llegar a serlo, coartando cualquier concertación. Además, hoy por hoy, resulta tal vez más difícil imaginar a China sin billetes que a los Estados Unidos o la Eurozona. En medio de presuntas guerras soterradas, de reparto de áreas de influencia por tratados comerciales y las tensiones que podrían añadir nuevas recaídas económicas, he aquí la gran piedra de toque para averiguar qué puede más finalmente, si la oligarquía financiera sin fronteras o los intereses cautivos de los estados nacionales.

De todos modos, que la nueva vuelta de tuerca monetaria es perfectamente posible, y no un escenario distópico, lo demuestra mejor que nada la indiferencia generalizada que existe y ha existido siempre ante la apropiación ilegítima de los bancos centrales por la banca privada. Si lo han hecho hace mucho tiempo y la gran mayoría ni siquiera acusa de dónde vino el golpe, ¿por qué no habrían de hacerlo una vez más? Lo verdaderamente increíble, lo que da tanto en qué pensar, es que esto haya pasado tan desapercibido. Los partidos políticos, más que denunciar la situación, estarían más bien dispuestos a echar una mano en caso de que la banca requiera más ayuda —especialmente si se vuelve a ofrecer como contrapartida aumentos de gasto público y un cierto retorno del "estado de bienestar". Como siempre, se trata de jugar con las dos alas del sistema al palo y la zanahoria, al miedo y la esperanza; y después de los excesos turboliberales de las últimas décadas ya está en el orden del día cómo ofertar algo de "redestribución" desde arriba. Y si esto no se logra por la vía de los impuestos, lo que hoy en día es más que dudoso, no se nos ocurre más vía que la indicada.

Otras monedas, otros ámbitos

Aunque tentativamente damos un plazo de diez o quince años para el cierre definitivo del sistema monetario sobre nuestras cabezas, en este mismo año veremos avances significativos en esta dirección. Por un lado el fracaso manifiesto de la expansión monetaria obliga a los estados a buscar refugio en "la solución final". Por otro lado vemos que, mientras aumenta la penetración y la carga publicitaria del pago móvil grandes bancos mundiales como Goldman Sachs se animan a entrar en el mercado de las criptomonedas no sólo por ventajas obvias de agilidad comercial sino para ganar "profundidad estratégica".

La perspectiva puede parecer ominosa, pero la aparición de monedas no estatales es la reacción inevitable que ha de manifestarse justo cuando la concentración de poder del sistema monetario imperante amenaza con hacerse absoluta. Pero tener su propia criptomoneda con su encriptación y sus cadenas de bloques no es algo que sólo puedan hacer los bancos. Si se les permite a los bancos, no se le puede prohibir a ningún agente o comunidad, no importa lo pequeña que sea, si es que puede desarrollarla. ¿Y si no se permite? Es casi imposible prohibir las criptomonedas, ante ellas al estado sólo le caben dos alternativas: el ataque informático, o la persecución policial de los usuarios como delincuentes.

Justo cuando el círculo parece cerrarse surgen las bifurcaciones; éstas son completamente inesperada y nada tienen que ver con pesados antagonismos dialécticos.

En su libro "Un mundo radicalmente beneficioso: Tecnología, automatización y creación de trabajo para todos" Charles Hugh Smith propone un nuevo tipo de comunidades basadas en su propia creación del dinero, a las que denomina abreviadamente CLIME, acrónimo en inglés para *Community Labor Integrated Money Economy*, o Economía de comunidades de dinero integrado en el trabajo [7]. Las comunidades CLIME quieren ser sistemas distribuidos e igualitarios de pertenencia voluntaria creados para cubrir necesidades concretas y cuyo trabajo es pagado con dinero creado por la misma comunidad.

Esta propuesta se deja incluir muy bien dentro de una corriente amplia y plural de movimientos horizontales o desjerarquizados que asumen la descomposición del actual sistema y lo ven como una oportunidad para construir algo nuevo desde abajo y desde los intersticios que se abren. Aquí la horizontalidad se entiende ante todo como un principio de democracia económica con un modelo práctico que pueda sostenerse, prosperar y hacer un inmenso número de cosas que a los grandes agentes del modelo actual no les interesa hacer. Tendemos a asumir que el estado y las compañías buscando el máximo beneficio, en su degradada simbiosis, forman la economía sin más. Pero la economía comunitaria es un tercer sector irreductible a los anteriores por diversas razones: 1. Permite prioridades y metas fuera de la lógica del máximo beneficio, sin estar financiadas por el estado. 2. Se basa en la propiedad y la operación local sin estar controlado por agencias ni jerarquías externas, incluyendo la provisión de dinero. 3. No puede endilgar los riesgos de sus decisiones a otros, como ocurre continuamente con grandes empresas y burocracias. Pero ya el primer punto es suficientemente amplio, pues por más que se nos quiera hacer ver lo contrario, hay muchas más necesidades que no se rigen por la lógica del máxmo beneficio que las que se rigen por él. Para sacar provecho de este hecho hay que crear una infraestructura que permita a la gente prosperar trabajando y recibiendo servicios dentro de otra lógica impuesta por las comunidades pero que no se encierre en ellas.

Las comunidades CLIME aceptan el principio de competición y sus miembros tienen libertad para entrar, salir y buscar otras comunidades, así como a pertenecer a varias a la vez, o incluso estar trabajando simultáneamente fuera de la economía CLIME. A lo que sí se comprometen es a aceptar siempre su moneda como forma de pago.

La economía CLIME es distribuida, descentralizada y por lo tanto escalable: se puede extender de un centenar de grupos a cien mil o un millón con muy poco costo central dado que cada grupo añade su propio servidor y contribuye con un mínimo al mantenimiento del sistema global. CLIME emite su propio dinero y se autofinancia después de que ha puesto a punto sus cinco motores de software: 1. Para organizar la comunidad. 2. Para la acreditación entre iguales y verificación del trabajo. 3. Para la distribución, administración y emisión de su criptomoneda. 4. Para un mercado global de bienes y servicios producidos por individuos y grupos de comunidades. 5. Una cámara de compensación y transacción para la moneda CLIME. Los cinco motores están automatizados y de su software ya existen ejemplos con un éxito probado: 1. *ICANN* o *Linux* para la administración privada sin ánimo de lucro de sistemas globales; 2. *Yelp* para rankings privados; 3.*Bitcoin* para una moneda no estatal global; 4. *Craiglist* para un mercado privado y compra-venta entre iguales. El quinto motor, para transacciones y compensaciones cuantitativas de moneda es aún menos complejo y hay montones de alternativas disponibles. Todos estos sistemas son de bajo coste y pueden extenderse indefinidamente; ya se usan a diario por millones de personas, y sólo hace falta reorganizarlos con una nueva finalidad. Se basan en el texto y requieren una memoria modesta para las actuales estándares.

A pesar del soporte informático las comunidades CLIME son en principio comunidades locales reales, no virtuales, con necesidades muy concretas que cubrir. Se dedica una porción importante del tiempo a la verificación del trabajo ejecutado y a la prevención del fraude, lo que es indispensable para que el perdure el sistema. Pues si no se ejecuta el trabajo por el que se paga, la moneda, que no tiene otro respaldo que el trabajo, pierde valor.

Así pues, la moneda CLIME toma de Bitcoin la tecnología básica de la cadena de bloques, pero no el sistema de minería para la asignación del valor. No es, pues, una moneda basada en la escasez, como podría ser Bitcoin o el patrón oro, que siempre se prestarán a la especulación por acumulación y a la concentración de poder. El respaldo es el trabajo: a trabajo hecho, dinero hecho según la valoración pertinente. Una moneda así es inmune a la inflación siempre que el trabajo produzca algo que es valioso y escaso en la comunidad.

La moneda CLIME, llámese como se llame, es aceptada con idéntico valor por cualquier otro grupo CLIME en cualquier parte, aunque los costes de la vida puedan ser muy diferentes. Corresponde a los grupos establecer la compensación del trabajo en cada lugar. Por otro lado, la cámara de compensación puede establecer los cambios con las monedas exteriores al sistema, las divisas ordinarias de todos conocidas, o incluso otras criptomonedas privadas que vayan emergiendo.

En principio cabe ver esta economía como un gran mercado negro creciendo a la sombra de la economía ordinaria y buscando su propio sol. ¿En qué es en lo primero que uno piensa si le dicen que van a prohibir el uso de billetes o de cualquier otra cosa? En el mercado negro, naturalmente. Por otra parte, y junto a otras propuestas parecidas, las comunidades CLIME pueden ser una excelente idea, pero encuentra su mayor obstáculo en la masa crítica de usuarios necesaria para que su moneda goce de aceptación y apreciación. Para superar este barrera se apela al efecto multiplicador de la red, en que el valor de una utilidad depende del número de usuarios. Como es sabido, si sólo hay cien teléfonos su utilidad es tanto menor que si hay cien millones, y lo mismo ocurre con las monedas. Aquí este efecto red podría despegar más fácilmente porque la red de redes y sus terminales ya están hechos, y sólo hace falta que esta utilidad tenga una demanda suficiente.

Y aquí es donde mejor puede apreciarse la complementariedad de los dos movimientos, el del estado-imperio-corporativo por cerrar su campo de concentración de siervos monetarios, y el de las criptomonedas que intentan salir de esta prisión. El primero con todo a su favor parece tener ganada la partida, pero ahora le surge, medida por medida, una inopinada fuente de fugas. El segundo, en comparación, parece tan débil, y sin embargo nada puede fortalecerlo como la búsqueda de la exclusividad del primero. Hay empero un denominador común: ahora mismo, el agravamiento de la crisis del sistema actual favorece a ambos; más adelante, a medida que ambas propuestas cobren entidad, ya se irá viendo cuál es el desarrollo.

Una tentativa así de democracia económica con soberanía monetaria no pretende ni ser antisistema ni ser una alternativa política. Ve al conjunto del sistema actual como condenado e inviable, pero ve también que sin ser forzada por su creciente deterioro la gente nunca hará acopio de determinación para buscar otras cosas. Dado que esta caída no es un acontecimiento sino un largo proceso, no carecerá de puntuación histórica. Y es en el ámbito de tales inflexiones donde tal vez Hugh Smith se nos antoja menos previsor; pues para él, un sistema como el CLIME debería ser tolerado e incluso bienvenido por gobernantes inteligentes, en vista de su efecto amortiguador de la caída. Hugh Smith no se ocupa de las fuerzas que pueda haber en acción para buscar una forzada convergencia; los que están en la cumbre se resignarían sin más a ir perdiendo el control de las cosas. Pero rara vez se ve resignación en el poder.

Algunas consideraciones

Un plan como el de la economía CLIME no es una improvisación surgida al amparo de las últimas tecnologías y algunas corrientes de moda, como la memoria selectiva de algunos podría hacerles creer. Más bien es una propuesta que intenta resolver con medios nuevos problemas que ya fueron correctamente identificados por Proudhon y que siempre han estado en el punto de mira de las corrientes mutualistas. El problema más grande de la economía, nos parece, es el de su sistema monetario: quien controla el dinero controla todo lo demás. Y el problema más grande de la sociedad, y de la sociología que estudia la sociedad, es el de la oligarquías y los privilegios que determinan la estratificación social. Michels, aquel sociólogo alemán que se unió al partido fascista italiano, habló de "la ley de hierro de la oligarquía", y si hasta ahora oligarquía y organización han sido sinónimos, aún está por ver hasta dónde puede organizarse lo humano sin estructurarse en niveles y jerarquías. Pero en el mundo moderno es indudable que el problema del grifo del dinero y el de la oligarquía financiera son uno sólo con dos aspectos diferentes. Proudhon ya lo había entendido antes de que viniera Marx a enturbiar todo convirtiendo el tema concreto y sensible del dinero en el oportunamente abstracto del "capital", y el tema de privilegios no menos concretos en la omnímoda "lucha de clases". La explotación venía de lejos, pero es justo con la industrialización que el crédito *takes command* como motor inmóvil del nuevo orden. Los circunloquios y devaneos para conseguir no hablar de esto, con la plusvalía y todo lo demás, son a menudo cómicos. Si a esto añadimos que en el capítulo de la historia se decreta la derrota del capital y el triunfo del proletariado como inevitables —la tesis más opiácea sobre el devenir histórico que quepa concebir- uno puede comprender la utilidad de sus análisis.

Pero la época de las adhesiones masivas dirigidas por unos pocos pasó a mejor vida, y lo que vemos ahora es una proliferación de tentativas de vocación horizontal con una retahíla familiar —cooperativas, sistemas de comercio local o LETs, barrios autogestionados, producción y negocios entre iguales (P2P), asociaciones de ayuda mutua, el procomún, tecnología a escala humana, agricultura comunitaria, economías informales, determinadas organizaciones no gubernamentales, y así sucesivamente. No se puede dar un juicio homogéneo sobre proyectos tan dispares, pero está claro que la idea subyacente y la motivación está en ir más allá de la burocracia estatal y la lógica corporativa adueñándose de los espacios en que se revela su falta de pertinencia e incompetencia.

Ciertamente no faltan iniciativas de este tipo, y prosperarían incomparablemente más si se acierta a encontrar una solución lo bastante general para su financiación. Algunos dirán que no es necesaria ni deseable una solución universal, puesto que puede haber infinitas maneras según las circunstancias de conseguir el dinero o medios necesarios. Los LETs o sistemas de comercio local con su propio crédito sin interés fueron tal vez la primera respuesta a esta necesidad, pero como modelo no ha experimentado "el efecto red" y el interés se ha desplazado a otras fórmulas, como las monedas de tiempo, que tampoco trascienden la marginalidad.

Como vemos, todas estas iniciativas nacen en la marginalidad, pero tienen nostalgia de la universalidad —o al menos de sus ventajas. Es a lo que nos han acostumbrado las grandes divisas cambiables en cualquier parte del mundo; pero no sólo ellas, puesto que "el movimiento del espíritu", como el del dinero, toma ya como punto de partida lo global abstracto para dirigirse a continuación a los particulares.

Dije de pasada que contra las criptomonedas sólo se podría luchar por el ataque informático o por la persecución policial de sus usuarios, ambos a menudo combinados, por la ventaja estructural con que cuentan los estados en materias de espionaje y vigilancia. Claro que hay una tercera posibilidad muy en el flujo natural de este proceso, y que no excluye para nada las anteriores: multiplicar las opciones de criptomonedas para dividir a los usuarios e impedir que alcancen masa crítica, un poco como se neutraliza un partido nuevo con otro nuevo más, aunque con una dinámica de de proliferación más virulenta. Visto lo de Goldman Sachs, algunas o muchas de las criptomonedas podrían reconducir el vellón de los usuarios a la Criptarquía sin tan siquiera ellos saberlo. Ante estos riesgos evidentes, no hace falta decir que uno debería juzgar siempre una moneda por la trasparencia intrínseca de su funcionamiento; pero simultáneamente nadie se hurta a la "fuerza" de la moneda en cuestión, al cómo y a cuánto se cambia. En estas condiciones, una guerra de criptomonedas estaría cantada.

Una de las características peculiares del sistema CLIME de Hugh Smith es que no tiene crédito. Se emite dinero, pero no se emite crédito. No hay banco, por lo tanto. Esto es notable porque la mayoría de los modelos de los reformadores monetarios quieren acabar con el endeudamiento, pero no juzgan necesario prescindir del crédito —éste puede extenderse a unos intereses nulos o mínimos. En el CLIME el dinero surge del trabajo y nada más. Esto lo hace mucho más trasparente, aunque muchos juzgarán que el crédito es una institución demasiado poderosa como para prescindir de ella. Si un usuario del

CLIME necesita dinero por adelantado, tendrá que buscarlo, o a nivel informal dentro de su comunidad, o en otras instituciones fuera del sistema.

Hugh Smith divide la riqueza en capital tangible, capital intangible, capital simbólico y de infraestructura. El capital tangible lo integran el capital financiero (dinero en efectivo, inversiones comercializables), el capital natural (toda la naturaleza) y el capital fijo (maquinaria, herramientas, redes de comunicación...). El capital intangible se desglosa en capital humano (conocimiento y experiencia), capital social (relaciones que hacen posible el comercio y la cooperación productiva) y capital cultural (las instituciones sociales y políticas que hacen posibles los aumentos productivos) El capital simbólico comprende a las herramientas conceptuales que hacen posibles nuevas formas de ser productivo (por ejemplo el concepto de crédito o el movimiento de software libre). Finalmente el capital de infraestructura es el conjunto de todas las otras formas de capital trabajando unidas y que es más que la suma de sus partes (para ver la falta de infraestructura imaginemos a un potentado "hecho a sí mismo" caído en un desierto sin ninguna forma de poder disponer de su riqueza, sus conocimientos, sus habilidades).

Estas diferentes riquezas englobadas bajo la expresión "capital" siempre serán algo otro que una cuestión de dinero o capital acumulado, aunque se diría que el espíritu del capitalismo, en última instancia, quiere reducirlo todo a dinero, homogéneo, líquido y de disponibilidad ilimitada. El marxiano "todo lo sólido se desvanece en el aire"sí que se revela visionario y alquímicamente cierto, pues de lo que se trata siempre es de movilizar, y por tanto, de aumentar la parte volátil a expensas de la fija.

Que vivamos en una edad en que "todo es espíritu" lo prueba el que nada echamos tanto de menos como aquellas pocas cosas que el espíritu, ahora como mera inteligencia, no se ha asimilado. Antaño el espíritu era lo vivificador, hoy es lo que chupa la sangre; antaño era lo pacificador, hoy es lo que no deja nada quieto. Antaño era la olímpica independencia, hoy no es nada si no tiene algo que incordiar, aunque no deja de soñar en la Autocracia. La lista de contrastes podría seguir, *ergo*, sepamos poco o nada de lo que pueda ser el otro espíritu , todo lo que se presumía de él éste otro lo pone del revés a las mil maravillas. ¿Pero no suena como el colmo de las paradojas que los grandes bancos, los grandes atesoradores del capital y donde se supone que se pudre el dinero, sean los que más se quejan de la falta de liquidez? Claro que la liquidez no es dinero, sino, como nos explica puntualmente Wikipedia "la cualidad de los activos para ser convertidos en dinero efectivo de forma inmediata sin pérdida significativa de su valor". Todo lo que no es obligación, hasta las piedras, son "activos", con lo que ya está todo dicho. Y de los mismos pasivos u obligaciones ya se cuidan de hacerlos tan activos como se pueda.

Somos bien conscientes del gran excedente laboral para las demanda del sistema, pero se ignora en mucha mayor medida que hoy también hay enormes excedentes de capital —de capital financiero. Por eso el interés básico ronda el nivel cero y amenaza con con entrar en territorio negativo. Estos grandes excedentes sobrevuelan apresurados nuestras cabezas pero no traen lluvia porque lo que buscan es rendimientos altos que cada vez son más raros. Las causas de estos excedentes de capital, que es un fenómeno relativo con respecto al rendimiento, pueden ser opinables, pero el hecho es difícil de negar, y no han de quedar sin consecuencias. Incluso con grandes derrumbes bursátiles y la depreciación de sus valores, parece difícil de concebir la vuelta a un mundo con escasez de capital. La lectura más palmaria de estos excedentes es que vienen de los excesos de emisión de dinero por parte de los bancos centrales, pero tal vez seguirían dándose también sin tales excesos. Naturalmente, también tendría que ver con cómo se hincha la base monetaria con el fermento del interés para sacar dinero-deuda del aire, ese predominio creciente del volátil sobre el fijo que está en el núcleo duro del sistema. Y por supuesto, está relacionado con el interés mismo y las espectativas de rendimiento en la inversión. Pero, mirándolo en su conjunto, creo que es algo inevitable y crónico que expresa cómo el sistema fracasa a todas luces en asignar los recursos.

Lo cierto es que la gran mayoría de la población trabajadora es incapaz de aprovechar ese excedente del mismo modo en que el capital aprovecha el excedente de trabajadores; la asimetría no puede ser más chocante. Y en esto no hablamos de conseguir "créditos baratos", lo que también se ha hecho poco menos que imposible, sino en hacer fuerza de esa debilidad del capital. ¿Cómo? Justamente, creando una moneda de trabajo para crear nuestro propio trabajo. Ni que decir tiene, la asimetría viene de la estructura vertical contra la libre circulación del dinero. Pero si sobran los trabajadores en el sentido ordinario y sobra el capital financiero, ¿qué hay hoy que sea escaso, qué hay que no sólo no pierda sino que aumente su valor? La respuesta de Hugh Smith es *el trabajo con sentido*, esto es lo que se está haciendo cada vez más raro. Y es difícil negarlo. Cada vez más, el significado, incluso en términos económicos, es otra de las cosas que tienden a evaporarse dentro de las coordenadas del estado corporativo. Es otro reflejo más del clamoroso *fracaso en la asignación de recursos*, de que tanto se preciaba el viejo capitalismo.

En definitiva, el actual sistema encuentra una utilidad decreciente tanto en el trabajo como en el capital, o una creciente inutilidad, a la espera de que seamos nosotros quienes lo juzguemos prescindible.

Ya vemos el peso que tiene la democracia política sin democracia económica; pero hablar de democracia económica sin soberanía monetaria también son palabras vacías. Y es que algunos de los que hablan de democracia económica parece que sólo esperan un paraíso de las PyMEs. La moneda que propone Hugh Smith para una economía CLIME es desde luego un concepto igualitario, lo que nadie puede prever es cómo se las puede arreglar en un escenario de guerras de monedas, choques económicos y tentativas del imperio para absolutizar su control monetario-policial.

Algunos siempre dirán que esta postura es economicista porque pretende reducir complejos problemas sociales y políticos a la esfera económica. Desde luego, aquí nadie está hablando de resolver todos los problemas, sino de que éste ha sido un problema primordial, seguramente el más importante y con más ramificaciones, y cuyo tratamiento en la política convencional brilla por su ausencia. Nos hemos atrevido a decir que es el problema número uno en el sistema económico y social, o al menos que lo ha sido desde la revolución del crédito, también conocida como revolución industrial. Pero no sólo ocupa un lugar primordial e insustituible en la estructura económico-social, sino que la *política monetaria* es *la* piedra angular de toda la *economía política*, cuando se asume la primacía de la política sobre la economía. Más aún, cuando respondía a su carácter legal era el único atributo de la *soberanía*, del poder indivisible, que ejerce una presión continua y uniforme (y tal vez por esto se advierta menos). Y, por idéntica razón, ha sido el mecanismo más insidioso y eficaz a la hora de vaciar la soberanía de los antiguos estados-nación. Sin el dinero no hay soberanía y sin soberanía no hay sujeto político. Entonces, ¿qué se pretende que sea la política cuando hablamos de política? Sólo que, quién sabe si por mala suerte o por casualidad, entre las diatribas de todos los partidos y corrientes del espectro no encontró su lugar en el orden del día.

Las condonaciones de deuda tampoco son la solución si luego todo vuelve por sus fueros; es como aliviar al burro de su carga para no reventarlo y que aguante todavía más. Por otro lado si se habla de nacionalizar la banca y no se pretende terminar con el sistema de reserva fraccional de dinero-deuda, se sigue amparando la misma estructura de privilegio aunque cambien en parte los beneficiarios, persisten los mismos ciclos de burbujas y estallidos, la misma alocada necesidad de crecimiento a cualquier precio: todo lo indisolublemente asociado con el mal del capital. En Suiza, donde ciertamente el público está más al tanto de las cosas del dinero, se ha logrado reunir las 100.000 firmas necesarias para llevar a referéndum la abolición de la reserva fraccional. Las probabilidades de que tal medida se lleve a cabo son algo mayores que cero, pero ahí queda eso.

Dentro de poco hasta a los del plan B europeo los tendremos hablando de "alternativas monetarias". Demasiado tarde, porque para cuando ellos nos vengan con el cuento y nos hablen de sus enormes ventajas y del relanzamiento del estado de bienestar y de aliviar la desigualdad sólo serán los vendedores de lo que ya se ha decidido en otras instancias. Nos hablarán de alternativa cuando ya no haya otra alternativa... y los de más arriba y no pocos más creerán por un momento tocar el punto de fuga aunque todos sabemos que un punto de fuga nunca se toca.

Charles Hugh Smith ofrece una propuesta práctica digna de ser atendida y que podría beneficiar a miles de iniciativas que buscan salir de este sistema y construir su independencia económica. Mejor que despotricar contra el sistema y "caer en los placeres autodestructivos de la indignación" es votar con los pies y dejar de usar su dinero. O depender de él cuanto menos.

Notas

1. Don Qijones: *"The "War on Cash" in 10 Spine-Chilling Quotes"*. http://wolfstreet.com/2015/04/25/don-quijones-war-on-cash-quotes-to-cashless-society/

2. Ben Popper: *"Can mobile banking revolutionize the lives of the poor?"*. http://www.theverge.com/2015/2/4/7966043/bill-gates-future-of-banking-and-mobile-money

3. Guillermo de la Dehesa: *"La gran ventaja de un mundo sin dinero en efectivo"*. El País, 13/12/2007. http://elpais.com/diario/2007/10/13/economia/1192226413_850215.html

4. Michael McLeay et al.: *"Money creation in the modern economy"*. http://www.bankofengland.co.uk/publications/Documents/quarterlybulletin/2014/qb14q1prereleasemoneycreation.pdf

5. George Garvy: *"The origins and evolution of the Soviet banking system. An historical perspective."*. http://www.nber.org/chapters/c4154.pdf

6. Jean-Luc Mélenchon, Stefano Fassina, Zoe Konstantopoulou, Yanis Varufakis y Oskar Lafontaine: *"Por un plan B en Europa"*. http://www.rebelion.org/noticia.php?id=203229

7. Charles Hugh Smith: "A Radically Beneficial World: Automation, Technology and Creating Jobs for All. *The future belongs to work that is meaningful.*" http://www.oftwominds.com/ARBW.html

YAHVÉ Y JEHOVAH

21 enero, 2018

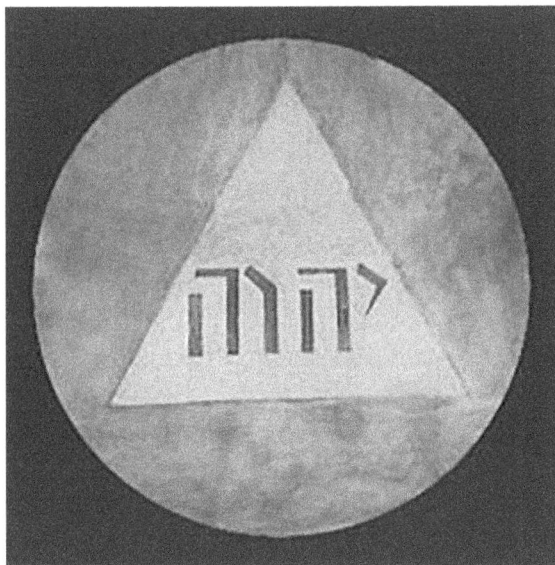

    ¿Yahvé o Jehovah? Sabemos que ambas expresiones sólo pretenden transcribir el impronunciable nombre de cuatro letras del Dios del Antiguo Testamento; también sabemos que el uso de la segunda forma surge o al menos se extiende a partir de las primeras traducciones protestantes inglesas. El origen común se presupone, pero a pesar de todo no puede haber expresiones de espíritu más opuesto.

    Jehovah suena al dios de rigor de Jacob y a la zarza ardiendo ante Moisés; es un nombre, en el mejor de los casos, concebido para provocar temor reverencial. Yahvé en cambio parece el nombre adecuado del dios de David y Salomón, y el sabor que deja en la boca es el inconfundible sabor de la liberación.

    Uno junta las nubes y el otro crea la lluvia; uno cierra en la mano el haz de los rayos como Júpiter, el otro suelta para dar. Claro que el primero, celoso Saturno apenas disfrazado, no puede tener menos de jovial, mientras que el segundo, dios de gracia, no amenaza sino con la dádiva.

    Uno acumula, el otro da.

    ¿Y a cuál de los dos hemos decidido adorar y adular?

No, no puede ser del todo casual que el nombre Jehovah prendiera con el protestantismo en la primera gran ínsula capitalista.

No, no puede ser del todo casual que hayamos dejado de invocar a Yahvé dispensador de la gracia.

Uno es Poder, el otro Verdad.

Podemos ahorrarnos los conceptos tenebrosos y las eruditas prolijidades sobre el tetragrámaton. Sabemos que la primera autodenominación en el Génesis es "Yo soy el que soy". Pronunciamiento que no por unívoco está menos abierto a las interpretaciones más fatalmente contrapuestas.

YO soy el que soy: dice el ego en su primera cognición cerrada.

Yo soy el que SOY: le informa el ser al yo para que el yo no sea.

El primero es evidentemente el Demiurgo; el presunto creador del mundo, o al menos el responsable de la ilusión sobre su identidad.

El segundo no es manifiesto sino más bien patente, pero buscando sólo lo que pueda hacerse manifiesto, termina por antojarse indescifrable. Más amplio que el ser, lo sostiene y lo libera; por eso algunos lo han llamado no-ser.

El primero es el segundo y el segundo es el primero; pero harás mejor en no confundirlos, y lo mismo te dirá el bifronte Jano sosteniendo las llaves.

Una sola es la puerta, ¿pero es lo mismo entrar y salir? Tú mismo lo decides.

Dices "YO soy" y ya te olvidaste de todo; pero por más que digas "YO soy", nunca terminas de asumir lo que esa afirmación encierra, nunca lo puedes abarcar.

En la vida todo es un problema de capacidad. Lo que pesa cada cosa, lo que cada cosa te ata, depende de tu capacidad.

El nudo que estrangula al corazón de carne, la misma presunción que lo hace latir, no es otra cosa que "YO soy", ese cheque sin fondos. Pero ese abismático no-ser sin fondo es el autopenetrado, autoalumbrado "yo SOY".

Si deseas que aumente tu capacidad, si pides que aumente tu capacidad, sin duda tu capacidad aumenta. Pero suspiramos por unas u otras cosas, no por la capacidad de abarcarlas.

Al contrario, queremos ser llenados, tener una "vida plena": agotar nuestra capacidad. Lo cual es imposible incluso cuando nuestra capacidad se muestre tan pequeña.

Que aumente tu capacidad depende del paso del uno al otro. El YO como hacedor de cosas se convierte así mismo en cosa. Al yo que intenta reflejarse en el SOY no se le puede escapar que no es, y no como contenido sino continente, es como aumenta su capacidad.

Donde el Ego sospecha una innegociable contradicción, ve el Sí mismo un juego.

Aborrecemos la religión, pero seguimos practicando el culto a Jehovah. Nos queremos lúcidos y preclaros, pero claro, eso es sólo pretensión, otro patético manifiesto de la voluntad. El voluntarismo es tan ubicuo que ya es imposible detectarlo, ni aun con abulias o claudicaciones. ¿Estamos seguros de que el Buda trató esta enfermedad?

Oriente tiende a ver la mente con lucidez en tanto en que percibe en ella algo más que pensamiento, algo más que movimiento. Pero el emperramiento occidental con el Logos delata un incurable entusiasmo por la acción, un afán desmedido por recrearlo todo y no dejar nada como está.

Hacedor y Deshacedor.

El Buda habló del deseo, pero, ¿son deseo y voluntad lo mismo? ¿No son como hembra y macho de un animal desconocido, imposible de desembozar? Una salida tentativa sería afirmar que en el género humano predomina el deseo y entre los dioses la voluntad; siendo que al hombre sus representaciones siempre le pueden, sean o no sean ídolos. Era ya el problema de nombrar a la divinidad.

Los seres humanos a duras penas desean lo que los dioses quieren.

Pero los nombres no sólo representan. Con todas las limitaciones que se quiera, aún expresan un mundo de voluntad anterior a todo lo humano, salvo lo que de humano haya antes de todas las formas.

Y si nos seguimos debiendo a nuestros dioses, mirar a los dioses foráneos sólo puede servir para saber algo más de los nuestros, para saber qué hay todavía mejor por ofrendar, o al menos qué ofrenda nos queda.

Hubo un érase una vez, allá por la Edad de Saturno, en que dioses y titanes se confundían en una misma arrogancia. No había así espacio intermedio para que lo humano respirara. Para que naciéramos a la apariencia fue necesario que aquellos se especializaran, unos en sacar inspiración y vida de la materia muerta, los otros en capturar esas mismas chispas liberadas para volverlas a encerrar en la opacidad racional del mecanismo. Por eso el hombre elige, o así lo parece; y posiblemente sin esta apariencia de elección todas las otras apariencias se derrumbarían.

«Vuelva ahora mi vista a Yahvé, llene su nombre el vacío de mi corazón». Conocer sí, ¿pero qué? Al final como al principio, sólo puedo tener el conocimiento que realmente necesito. Pero mi circunstancia puede cambiar mucho más ampliamente de lo que delata lo exterior.

No querer saber más que lo estrictamente necesario, no buscar responder a preguntas que nosotros no hemos planteado, es toda una cura para todos los cánceres de la sociedad del conocimiento habidos y por haber. Y una puerta abierta a otra forma de capacidad.

No hay liberación sino de la voluntad, ¿de qué otra cosa podría haberla? Hablamos del deseo o de los deseos indistintamente, pero no de que nos habiten distintas voluntades. Eso ya es revelador. Pero querer las cosas del mundo sí es tener distintas voluntades, y eso también nos da un indicio suficiente.

Lo único que nos separa del conocimiento es nuestra propia voluntad; por tanto, ningún conocimiento que pretendamos nosotros nos puede acercar a la comprensión de lo real. Vaciarse de todo es, básicamente, vaciarse de la propia voluntad. El nombre Yahvé expresa como pocos este vaciamiento fundamental, esta transmutación aparentemente imposible entre mi voluntad y esa otra voluntad más vasta que llega como mera intuición de lo que ha de hacerse.

Por eso su sabor es el inconfundible, el incomparable sabor de la liberación.

BLOCKCHAIN: MISTERIO RESUELTO

2 febrero, 2018

Como vine al foro de FairCoop con ganas de hacer cosas y encontrar gente en otra onda, por unos días me olvidé de la perplejidad que me había traído hasta aquí. A saber, si es posible que una nueva tecnología haya abierto un escenario nuevo para la transformación social. He estado de espaldas a estas innovaciones y de pronto me encuentro con gente de todos los pelajes y colores que casi parecen preguntarse cómo pudo el hombre vivir y organizarse antes de la aparición de la cadena de bloques. Tan providencial parece la cosa, tan aburrido estaba Dios y tan desesperado el mundo, que no faltan ahora quienes piensan que incluso pueda tratarse de una intervención alienígena para echar una mano a esta especie descarriada.

El misterio del fantasma de blockchain, lo que importa no es tanto quién esté detrás de la criatura como la cuestión de si el virus está controlado, si realmente supone una amenaza para los estados, la banca y el *estatu quo*. Y aunque lo que voy a decir es obvio, ver que se habla tan alegremente de postcapitalismo me ha ayudado a recordar ciertas cosas.

Tras la crisis del 2008, cuando el descontento con el sistema monetario empezaba a hacerse clamor, yo andaba publicando y traduciendo libros con algunas de las alternativas históricamente más destacables, como las de Gesell y Riegel. Ya entonces se me hizo patente un dilema que no sé si alguna vez se ha presentado como tal aunque es de evidencia palmaria.

Los mutualistas tendían a ignorar la función del dinero como reserva de valor en beneficio de las otras dos, como medio de intercambio y como medida de valor. Pero si se introduce un respaldo de valor en el nuevo dinero, éste reincorpora también los mecanismos de atesoramiento o codicia del dinero anterior, puesto que una reserva es por definición una acumulación, y por ende, capital. Por el otro lado, el dinero "sin dinero" de los círculos de comercio mutualista o de las monedas sociales sin valor, dinero líquido por excelencia, tendría que ser ideal no sólo para comunidades pequeñas, sino también para la confederación de innumerables comunidades bien con estándares o con mercados de cambio, o con ambos —pero al no plantear ventajas de almacenamiento de valor, es incapaz de crecer y extenderse.

El sistema más universal no tiene interés particular, así que es el más particular el que tiende a hacerse universal. Esto es poco más que una variante de la viejísima y mal llamada "ley de Gresham". Si FairCoop se ha podido postular como primer intento de cooperativa abierta, es por introducir una moneda con los beneficios del registro distribuido electrónico pero que, al existir en un número limitado, es capaz de apreciarse en valor. Esta capacidad de apreciación, de acumular valor, es el verdadero motor de expansión de la moneda, que, se supone, tendría que contribuir igualmente a la difusión de la actividad cooperativa e igualitaria.

"Colonización o confederación", me decía el otro día Petros Polonos en este mismo foro. Pero dado que Faircoin ha nacido limitado en su diseño, parece tarde para plantear la disyuntiva. La expansión de la cooperativa abierta depende crucialmente de un sistema monetario cerrado, aunque, por otra parte, si no admitiera el cambio normal con otras monedas, si que nos encontraríamos con las mejores condiciones de captura y explotación de sus trabajadores.

De modo que las únicas monedas con un potencial de crecimiento y difusión amplios son aquellas que mejor atesoren valor, ya sea valor cambiario con otras monedas o por su traducción en bienes y servicios. Y si atesoran valor, son capital y están sujetas a todas las vicisitudes del mercado —única consideración digna de mención para los poderosos, pues el resto, incluida la legislación de los estados, no son más que detalles técnicos.

Bajo estas condiciones las criptomonedas, Faircoin incluida, no distan de conocidas propuestas de banca libre con divisas propias respaldadas por cestas de otras monedas lanzadas por Hayek y otros seguidores de la escuela austriaca. Sólo las tecnologías de punta que facilitan su viabilidad le han dado el atractivo de lo nuevo. Así cabe explicar la juerga que tienen montada ahora los *libertarians* americanos, por lo demás un tanto prematura.

Si los mutualistas ignoran el papel del dinero como reserva de valor, los de la escuela austriaca, y no sólo ellos, todos los que apelan a las relaciones espontáneas de mercado, a su carácer horizontal e igualitario, procuran ignorar la dimensión vertical que introduce y reproduce la misma concentración o reserva de valor: es esto mismo lo que ha creado jerarquías y estados, y lo que sigue creándolos en cualquier experimento que quiera partir de cero, como el mismo FairCoop. Ambos factores, el que el que solidifica y el que licúa, son el azufre y el mercurio que mueven la alquimia del capital, ésa que Marx no quiso entender porque descuidó tan convenientemente los aspectos bancarios y monetarios en su teoría.

La adopción de una moneda como faircoin es legítima y bien puede defenderse en nombre del pragmatismo; tampoco dudo que permita a FairCoop hacer y emprender muchas cosas valiosas con ella. Pero hablar de postcapitalismo con estas premisas está fuera de lugar y para colmo revela el paso más desenvuelto de los principios al marketing. Claro que si en vez de hablar de "toda esta revolución" se hablara de "cambiar el capitalismo desde dentro" la cosa perdería su encanto; pero me temo que es de lo que se trata.

Por más grandes que sean las ganas, hablar hoy por hoy de FairCoop como una salida del capitalismo sirve más para desacreditar este movimiento que para promoverlo entre gente medianamente comprometida e inteligente. Si se asume ese paso, se asumen todos los otros en beneficio de la cantidad y a costa de la calidad y se dilapida el valor auténtico que pueda tener.

Volviendo al tema general, si hoy las criptomonedas están al cabo de la calle y todos hablamos de blockchains no es porque un virus ande suelto, sino porque hace mucho que se evaluó el riesgo y se decidió abrirle la puerta del laboratorio. No puede ser de otra forma. Si un pobre iluso pensando por si solo, que sabe muy poco de estos insufribles temas monetarios y tiene cien cosas más interesantes a que dedicar su tiempo puede verlo tan claro, también puedo contar con que toda esta camarilla de obsesos que hasta copula con su cuenta de resultados y han tenido el mango del asunto desde hace más de tres siglos me lleva algo más que diez años de ventaja. ¿No crees? El asunto fue hace mucho examinado y la decida conclusión fue: *No chance.*

Porque el tema no está en la tecnología.

Desde luego bitcoin ya nació como Atenea armada de arriba a abajo con todos los atributos del capitalismo, como su símbolo más evolucionado. Hay que ver hasta qué punto tenían internalizada su lógica estos supuestos hackers. De paso tampoco he conocido ningún ángel vengador de la escuela austriaca, un ángel vengador que por añadidura amasa en la sombra su fortuna recibiendo el justo pago a su acción liberadora. Pero la ignorancia voluntaria no es monopolio de esta escuela; reina en todas partes donde pensamos que todo lo que hemos acumulado a lo largo de milenios se dejará poner sin más al servicio de un "orden natural". Así por ejemplo los espejismos sobre tecnologías liberadoras.

Con que después de sopesarlo un tiempo, veo todo este fenómeno de las criptomonedas y sus nuevas tecnologías distribuidas como una nueva ofensiva del capital en una época en que tan desesperadamente necesita los prestigios del dinamismo y la transformación social. Se parece tanto también en esto a nosotros. Posiblemente mientras discutimos esto ya está convenida la salida de este laberinto, con estándares, tecnologías y legislaciones incluidas; y si no ha ocurrido el día llegará pronto. Lo cual no significa que haya que ponerse ineluctablemente distópicos, sabemos que no pueden atarse todos los cabos. Pero esto no excusa de ver la evolución general de los acontecimientos.

El fin del dinero en efectivo es inminente y ahí no se puede negar que la cosa viene desde arriba. Como esto es tan claro y marca una temible divisoria la única forma de que la transición parezca menos flagrante es hacer que las gentes se sumen voluntariamente a la causa con el cebo y el tirón de las nuevas tecnologías. En eso estamos.

No cabe subestimar la astucia que ha presidido los manejos del sistema bancario-monetario; y aunque la verdadera historia es aún poco conocida, si nos quedan dudas ahí tenemos lo indescriptible del tinglado actual. Tampoco será esta ni mucho menos la maniobra más complicada de las que han llevado a cabo, pero, *in fairness*, hay que reconocer que es una buena jugada.

COME PARA TODOS

6 febrero, 2018

El mejor pensamiento, la más bella acción son los que más nos aproximan a la gratuidad divina —Louis Cattiaux

Se dice muy a menudo que para que nuestra vida cambie es nuestra mente la que primero debe mudar; otros, aunque tornen las palabras, dicen en el mismo tenor que el que debe cambiar es nuestro corazón. Sorprende entonces que nadie diga, en esta nuestra civilización tan pretendidamente materialista, que deberían cambiar nuestros vientres —aunque no es que falten ni mucho menos quienes afirman que uno es lo que come. En vez de hablar de dietética o estilos de vida, o entremezclar cosas previamente separadas, intentaré acercarme al denominador común en el que vientre, corazón y mente participan.

La Chandogya Upanishad narra cómo un hombre de la casta guerrera inició a un brahmán en la realidad más íntima del sacrificio a través del simple acto de comer. Son los brahmanes los que se supone que tienen la última palabra en estas cosas, pero lo que el guerrero vino a mostrarle con la conveniente delicadeza es que oficiamos sacrificios exteriores porque ignoramos el más ineludible y patente de todos, aquel que sustenta nuestra vida en cada instante.

Lo que vino a decir aquel guerrero inmortal de la Upanishad es que si, en el momento de comer, y ya desde el primer bocado, lo hacemos pensando en que al satisfacer nuestro apetito estamos satisfaciendo las necesidades de todos los seres sin excepción, nunca nos faltará el sustento ni para nosotros ni para toda la gente que podamos tener a nuestro cargo.

Con la sustitución de los alimentos por los comestibles y el alejamiento de los lugares de matanza hemos incluso llegado a olvidar que todo alimentarse es destruir vida para incorporarla a la nuestra: que el comer es ante todo un sacrificio. Eso es lo que no ignora el indio, no tanto porque recuerde los Vedas sino sobre todo porque en su mundo el hambre nunca habita tan lejos.

El ensimismamientos del indio actual mientras come, aun siendo muy poco religioso, todavía guarda el remoto reflejo de aquella conversación entre un guerrero y un brahmán que cuentan tuvo lugar hace miles de años. Ambos estaban ya hartos de los sacrificios rituales de rigor, pero sólo el primero sabía como salir de su interminable ronda.

No busques más sacrificio que el comer, le dijo. Es el primero y con él tienes bastante. Si comes sabiendo que no comes tú, que en ti y en los demás come uno solo, comerás para ti y para a todos; te alimentarás tú y a todos, podrás querer a todos y todos te querrán. Y ya jamás volverás a realizar sacrificios para obtener abundancia.

El brahmán aprendió tres grandes cosas. La primera que no sólo los brahmanes dan lecciones, sino que también las pueden recibir de otros. La segunda que el sacerdote tampoco tiene el monopolio del sacrificio ni es el único que lo realiza; pues ni tan siquiera conocía el primero de ellos, que descuidado, en todos tiene lugar. Y la tercera y más importante, es que pudo encontrar dentro de sí el origen mismo del sacrificio de este mundo.

Los que tienden a desestimar el valor del conocimiento para habérnoslas con nuestros problemas dirán que, más importante que pensar en la satisfacción de otros, ha de ser atender directamente sus necesidades, y que más valdrá hacer algo por otros que pensar en que se hace algo por ellos. Uno querría ser el último en negar el valor de la ayuda y de la acción directas, pero entiendo que la consideración íntima jamás podrá oponerse a la acción externa, sino que por el contrario ayuda a su desenvolvimiento.

Pues, ¿qué es lo íntimo? Lo íntimo es lo que no es interior ni exterior, es justamente aquello que no admite separaciones. Y la satisfacción del comer es una con el brillo íntimo de esa luz incolora del Ser, que a veces llamamos también Consciencia.

Cuando comemos, ¿nos entregamos a nosotros mismos el fruto de nuestros esfuerzos, o se lo entregamos a ese tiránico fuego de la digestión que exige nuestro sacrificio? ¿Hay después de todo alguna diferencia?

Ese Dios que come y es comido, el fuego devorador del Antiguo Testamento y el fuego asimilado del Nuevo, ¿no coinciden en este sólo acto del comer del que estamos hablando? Sin embargo, qué gran diferencia entre comer con pasión y avidez, y comer entregando nuestra más íntima satisfacción a la satisfacción más íntima de todos, liberando así la consciencia de que son indefectiblemente una. La misma diferencia que hay entre la insensibilidad o el embotamiento y el reconocimiento que nos libra de la inconsciencia.

Mientras vivamos para nuestras pasiones, sacrificando a los otros a ellas, de igual modo seremos arrastrados al sacrificio a nuestro pesar. Tal la Ley. Y al contrario, asumiendo consciente y voluntariamente que ya somos el sacrificio, tomamos en su justo peso nuestra parte y empezamos a der con los sutiles ajustes y los misteriosos deslindamientos que desentrañan toda esta maraña.

Lo que ocurre es que el monstruo de lo social ha entremezclado hasta tal punto el sacrificio del egoísmo con el sacrificio en aras de la más abstraída eficiencia que, alcanzando ambos las cumbres de lo absurdo amén de lo deletéreo, ya nadie quiere oír hablar de renuncias ni sacrificios: lo cual es justamente el mecanismo que escalón por escalón nos ha llevado hasta aquí.

Me parece excelente que la gente se rebele ante un sacrificio impuesto despóticamente y que nada significa; y me parece igual de excelente que busquemos realizarnos personalmente, dar con un sentido y una vida plena. Y sin embargo, todo esto, liberarse de lo mostrenco externo, liberar la inspiración interna tanto tiempo sepultada, pasa por asumir libremente la porción que nos toca —pasa por el tránsito del consumir al consumar, y del ser consumidos al ser consumados.

Todo el cálculo del Moloch del sistema consiste en sustraerte la posibilidad de sacrificio voluntario y sustituirlo por el forzoso, en tratar de confundir los dos hasta lo indiscernible: para que huyas de ti mismo y busques por propia iniciativa lo que menos quieres. Evasión y encandilamiento, palo y zanahoria. No se necesita más para manejar a los brutos. Pero, ¿es posible salir de la lógica del matadero en que se ha convertido el mundo?

Ser o no ser no es nunca la cuestión: esa es la cuestión del matadero.

Lo más íntimo del sexo, del acto de comer, del sentir, el ver o el comprender, todos son una misma intimidad que sólo en apariencia se despliega como escala o jerarquía: y esa fuga que asciende por la escala disfrazada es justamente el sacrificio, cuya asunción es el único propósito de la vida. ¿Qué más se puede decir?

Comiendo por y para todos es mucho lo que liberas en positivo y en negativo, dentro y fuera de ti. Prueba a hacerlo todos los días venciendo tus propias resistencias y comprobarás en carne propia cómo "Vence quien Se vence".

Por la entrega llega la liberación, por la liberación el amor, por el amor el conocimiento, y por el conocimiento, el cumplido reposo.

Empieza por entregar tus primeros bocados a este pensamiento sin límites que es la simple y universal satisfacción, el contento íntimo de todos. Verás que te cuesta hacerlo, porque es como entregar una parte íntima de tu ser, la de tu privado y particular contentamiento. Y esto, incluso cuando nos gusta compartir y departir en la comida, es una señal de que algo tenemos que ceder, de que algo se intercambia entre el fuera y el dentro de nuestra atención.

Es en esta economía de la atención —de tu atención— por la cual y en torno a la cual hoy todos se disputan, que una transformación inadvertida e imposible de describir se opera. Pero no sólo allí, pues para el que sabe que entre la más oscura inconsciencia y la consciencia más lúcida que quepa imaginar no hay a la luz del ser ni tan siquiera la menor solución de continuidad, existe el espacio necesario y también el suficiente para que todo cambie.

La diferencia es que, igual que entregas voluntariamente tu atención, mudas voluntariamente el objeto de su satisfacción; y por definición, la satisfacción es aquello en que lo insatisfecho descansa.

Sí, verás que te cuesta al principio entregar al mundo entero la satisfacción de esos primeros bocados; pero tras intimar con esa sensación tan básica, querrás ahondar en el espacio de consciencia que esa luz de la satisfacción abre —hasta el punto que ya no querrás dedicarle sólo tus primeros bocados, también el contentamiento que llega con el fin de la comida.

Estaremos transformando la consciencia insatisfecha en consciencia satisfecha y cumplida, y es evidente que el secreto de esa transmutación del consumidor en consumador no nos la va a brindar ninguna estratagema del intelecto. Te estás entregando en sacrificio. Y encima te estás ejercitando en ello. Poco a poco, pero a conciencia.

Come para todos y comulga para siempre con la vida: y no te faltará lo necesario para llevar adelante tu propósito, y para que en tu propósito comulguen finalmente vida y destino. Y ya no huirás de nada, ni correrás detrás de nada, y las cosas se presentarán debidamente ante ti.

DEVUÉLVETE TU SOMBRA

6 febrero, 2018

Todos disponemos de un mágico rayo de la muerte dispuesto a fulminar las cosas que más detestamos. Más aun que dispuesto, predispuesto. Se trata de una animosidad especial, un instinto de destrucción que podemos volcar sobre lo más odioso o lo que nos resulta más peculiarmente desagradable. Naturalmente, en estos nuestros tiempos esa animosidad sólo nos visita en espíritu, por así decir, hace guiños a nuestras intenciones y por momentos nos hace imaginar como dulces acciones que por nada del mundo querríamos perpetrar en la realidad —matar a alguien, aplastarlo con la mayor de las sañas, o incluso torturarlo.

Con la profusión de violencia en los medios, incluso nos hemos acostumbrado a pensar en estos desahogos como algo sano y que nos ayuda a restablecer el equilibrio. Podría ser que nos acerque a algún género de equilibrio, aunque uno piensa, más bien, en el equilibrio termodinámico: aquel en que un sistema es incapaz de experimentar un cambio de estado, esto es, la más acabada de las muertes. No sería tan extraño que el mero deseo de matar mate algo en nuestra alma, o al menos lo insensibilice hasta un punto que se confunde con su desaparición. Pero aparte de eso, las efusiones de violencia u odio, incluso imaginarias, no pueden ser más profundamente desestabilizadoras.

Y además nos despojan de una fuerza, una virtud esencial e íntima. Quienquiera que desee controlarnos y desposeernos hará lo posible por excitar este fuego contra natura en nosotros, para que, mientras nos imaginemos por un momento lobos y creamos que se nos afilan los colmillos, nos convirtamos en la práctica en más dócil carne de rebaño suspirando por el matadero. Vienen a la memoria los dos minutos de odio de Orwell; la diferencia es que nuestra sociedad tiene medios mucho más sofisticados para despojarnos de nuestra virtud y dejarnos inermes. Ya no necesita llamarnos a filas para extraernos quirúrgicamente esa preciosa chispa que tanto haría por nosotros si la reserváramos para cosas mejores.

Nadie lo duda, es por nuestra imaginación que hoy se libran las grandes batallas.

Según Steven Weinberg, los buenos suelen hacer cosas buenas y los malos cosas malas, pero que para conseguir que un hombre bueno haga algo malo, hace falta la religión. Es una de esas frases que suenan muy bien y hasta impactan, pero esconde muy convenientemente el resto de pretextos encontrados hasta la fecha para que gente que no es mala haga cosas igualmente deplorables: la patria, el estado, la revolución, el enriquecimiento, la salud pública, el fútbol, o la ciencia misma, por mencionar sólo algunos. El fanatismo tiene esporádicos brotes violentos en casi todos los ámbitos de la vida, esto es tan evidente, que invita a suponer que el físico en cuestión escribía en ese momento como portavoz de su muy particular sombra. Y la sombra siempre es algo personal, aunque, ahí está lo interesante del asunto, aquí la palabra tiene al menos un sentido doble.

Sin duda la fe ha servido durante largo tiempo para que en lugar de acercarnos a la montaña, o esperar a que la montaña venga a nosotros, nos sintamos justificados para arrojar montañas sobre los otros. Ha sido, digamos, un ángulo favorito de ataque para permitir que nos desfoguemos, que hagamos por despojarnos de manera violenta de aquello que podría darnos un grado notable de invulnerabilidad sin necesidad de defensas ni corazas.

Aparte de que la religión ha capitalizado históricamente un enorme poder y se ha expuesto de lleno a su contaminación, la fe es oscura por naturaleza, aunque sólo cuando se convierte en pretensión de conocimiento en lo oscuro se expone mortalmente a convertirse en lo peor —sólo cuando lo oscuro se reviste con chispas de luz descentrada o desorbitada lucidez entramos de lleno en nuestro lado oscuro. "Entramos" allí fuera, allí donde nunca hubiéramos querido salir de haber tenido lucidez real y estar en nuestros cabales.

Es decir, no entramos en nada, sólo hemos sido expulsados de nosotros mismos. En un buen lío es en lo que nos hemos metido. El despojo y la subversión son los mismos aun si sólo cediéramos a estas intimaciones en nuestra imaginación.

Así, si fuéramos conscientes de lo que comporta este dardo de la animosidad, nos tomaríamos muy en serio el abstenernos de usarlo. Y no se necesita más que esta abstención consciente para cosechar los beneficios de los que su empleo nos despoja. La vigilancia social instalada en nuestras cabezas sabe muy bien que esa punta oscura de animosidad pueda conducir al odio, la ira o la cólera; lo que ignora ese vigilante es los destrozos que hace dentro, en casa.

Y a la inversa: cuando prestas atención a esos destrozos, a ese daño interno, cuando no quieres echar el fuego fuera ni en el permitido afuera de la imaginación, comienzas a burlar al centinela que han puesto a la puerta de tu casa para impedir tu entrada sin saber que ya estás dentro.

Recomponer mi maltrecha persona, esa tarea casi imposible, pasa por reunir las fuerzas dispersas y unificar las diversas energías. Pero sin traer de vuelta a casa a lo que de mala manera salió de ella no hay forma de desenredar el haz. Es como si la discordia hubiera separado las ramas, cuando sólo era una rama más.

Un voto solemne de no ensuciar ni aun en pensamiento el mundo ni a los semejantes revierte pronto toda la cuestión.

Se comprueba de inmediato que la energía de la intención es la más concentrada de todas y la que comanda al resto. Y que una mera mala intención, tu mera mala sombra, es suficiente para ofuscar la entera perspectiva de tu vida y conducirte a un rincón perdido de una remota ciudad.

Proyectar sobre otros da sensación de poder, porque nos sitúa por encima; pero en el mismo acto de proyectar descendemos "en persona", y es personalmente como hay que expiar el acto.

La sombra juega con el insensato y es la cuerda que ata la gavilla del cuerdo; aunque ya nadie recuerde que cuerdo viene de corazón.

Lo que queremos expulsar fuera vuelve a nosotros en inquietante concordancia con la forma en que salió. Y si lo que regresa es un puñetazo en el ojo, seguro que fue el ojo lo que primero pegó. El imponente misterio de la sombra es cómo se combinan en ella el poder de proyección y el poder de ofuscación para hacernos olvidar la realidad.

Sí, la sombra es algo personal e intransferible, e incluso es, por así decirlo, el perfil de la persona mismo —como silueta fuera de sí. Es el guardián más neto entre el dentro y el fuera en un mundo que se mofa de tales diferencias. Así se nos antoja también como el guardián de nuestra identidad, el genio tutelar, el espíritu-guía interno, nuestro daimon.

Sabido es que para los antiguos griegos el daimon oficiaba de mediador predestinado entre el hombre y la inconmensurable esfera de la divinidad. Para Hesíodo los hombres primordiales de la Edad de Oro persistían protectores en esta discreta penumbra; para Platón el démon es la guía del hombre en la vida hasta llevarlo al dominio de la muerte. También se percibe que la negra suerte de los demonios posteriores en la iconografía cristiana responde a una intensa transformación de la ecología de lo humano, de su voluntad, su titanismo y sus fantasmas -de su realidad en suma.

La sombra como muy parcial reconocimiento nos hace creer que sólo pueden existir blanco y negro, luz y sombra, mientras que una contemplación más detenida nos hace advertir que hay una desdibujada zona fronteriza a la que denominamos penumbra. Penumbra que sólo puede ser gris para los adictos al dualismo pero que para una visión más contentada con los fenómenos mismos es el ámbito mismo de manifestación de los colores.

Todavía hoy el contacto consciente con la sombra nos remite directamente a la restitución, a la reintegración de nuestro ser indiviso, al origen siempre presente. Y no tiene nada que ver con la exploración de un figurado "lado oscuro" ni con el bullir de miasmas de la imaginación. Más bien al contrario, trátase sólo de tomar consciencia de nuestras proyecciones, pues no hace falta nada más para desear abstenerse de ellas.

Quien hace votos de no ensuciar el mundo ni tan siquiera en pensamiento limpia sin darse cuenta su propia casa y hasta deshollina la chimenea, el eje hueco por el que, según cuentan los cuentos, descienden los buenos espíritus. En un mundo cada vez más preocupado por la inundación de agentes tóxicos, ésta tendría que ser sólo la más básica de las higienes mentales; pero por otro lado reside aquí inconmovible, ajeno al escrutinio público, el principio de lo maravilloso, de lo numinoso, ése que sólo se revela cuando el hombre es capaz de no hacer nada y observa.

Podrá decirse que en un mundo tan repleto de agresiones potenciales y efectivas conservar la mala idea es mera cuestión de supervivencia, como también podrá decirse que sin odio al mal no es posible amar el bien. Pero esto es confundir órdenes de cosas muy diferentes, que, sin embargo, terminan estando ligados aunque de otra forma a la que suponemos. Ver el mal ajeno nada tiene que ver con proyectar el mal propio, y sin embargo, centrarse en el mal ajeno impide ver el propio mal.

Lo inadvertido aquí es que la esfera de la visión y la de la proyección se interpenetran, no sólo de dentro a fuera sino también al revés. Esta reciprocidad no controlada de potenciales también forma parte de lo maravilloso, aunque, demasiado a menudo, se trate de lo maravilloso a nuestro pesar, de todo eso que entregamos con resignación al amplio apartado de "ironías de la vida" cuando ya se ha convertido irremediablemente en efecto.

El fanático quiere limpiar la faz de la tierra, eliminar de ella cosas que se antojan intolerables; para él no existe la cuestión de que podría ensuciar el mundo con sus desmanes, puesto que lo que pretende parece lo contrario. Así al menos parece por el lado de afuera. Pero por el lado interior el fanático no puede negar que se abre de par en par y se deja contaminar por la sensación de poder, una sensación de poder que parece purísima antes de la descarga, pero que se muestra tal como es en sus lamentables efectos. Esto último, que ya no es posible negarlo, requiere añadidas justificaciones y crea un entorno favorable a la psicosis.

En este artículo he hablado más de la sombra que conozco mejor, pero, dado que la sombra es siempre personal, la violencia no tiene por qué ser su nota dominante. En cualquier caso nunca nos faltarán oportunidades de advertir su presencia para indagar su verdadera naturaleza, puesto ya sea con contornos difusos o nítidos, siempre es algo que se proyecta sobre el prójimo.

Conviene aprender el arte de reabsorber en uno mismo la malevolencia arrojada en la sombra; del mismo modo que es tan saludable ver que el mal es lo menos personal de las personas, justo lo contrario de lo que la ofuscación pretende. El mismo hecho de conceder esto también se presiente anticipadamente como una pérdida personal, cuando en realidad permite que se disuelva lo endurecido e inhumano en nosotros.

No tendría que ser gran mérito el abstenerse de algo que nos embrutece y disminuye, y a pesar de todo, qué difícil es verlo y comprender el alcance de un acto en el que la renuncia y la restitución coinciden. Admitir como parte de uno lo malo que ve es recoger lo arrojado al suelo y ayudar a una restitución más general, donde lo impuro es sólo impersonal y lo realmente personal es lo que ignora lo impuro.

Lo único impuro sólo podría ser la proyección, que ciertamente no hace a nadie más persona.

Hablando de la sombra como algo personal aceptamos una terminología muy anglosajona; tal vez podría hablarse, con más razón, de las limitaciones de la individualidad, pero curiosamente el citado contexto cultural no admite límites para el individuo.

El más conocido psicólogo de la sombra dijo al respecto: "Lo que niegas te somete, lo que aceptas te transforma." A esto poco se puede añadir. Proyectando desciendes, recogiendo te elevas.

Sin embargo no existe tal cosa como un conocimiento de la sombra, no está permitida tal intromisión. Esto es más bien la parte novelesca tejida en torno a la psicología profunda. La parte negada del yo es la única que lo delimita; ¿qué piensas hacer con eso?

Es abstenerse voluntariamente de emitir la sombra lo que infaliblemente la convoca. No vamos a buscarla, ella se presenta fielmente ante la conciencia de quien ha decidido dejar de usarla. Dentro del orbe imaginario nos encontramos aquí en la antípoda del pacto con el diablo. Habría así alguna esperanza para el hombre sin sombra moderno.

De la consabida banalidad del mal el sufrido individuo tendrá sobradas ocasiones de tomar buena nota: llámese a esto conocimiento o experiencia, si se quiere. Pero más allá de ello, y de la prosaica edificación del individuo completo, ¿cuál es el espacio que se abre? Ese espacio interesa más que los instructivos contenidos dispuestos a manifestarse.

Devuélvete tu sombra y recompón tu maltrecha persona. Depón tus humos y tus ínfulas y recobra vida e inspiración.

La parte negada del yo es la única que lo delimita. ¿Qué piensas hacer con eso?

PUNTO DE INFLEXIÓN

25 abril, 2018

Guerra comercial china-estadounidense

Tal vez convenga apuntar estas fechas en el diario. Lo leía ayer de Joan Botella en estas mismas páginas: *"¡Quién nos iba a decir que hoy el gran defensor del libre comercio mundial es China y el proteccionismo lo cultivan los estadounidenses!"*

La guerra comercial USA-China comenzada esta primavera bajo el signo inequívoco de la ofensiva estadounidense. Parece una de tantas, pero podría hacer época. Aunque Estados Unidos ha jugado cuando le ha convenido la carta del proteccionismo, nadie duda en identificarlo con lo más expansivo del imperio. El antiguo imperio chino, en cambio, se llamaba así precisamente por ignorar al resto del mundo tanto como fuera posible y hoy, como sabemos, el grado de lo posible a la hora de ignorar el mundo es muy escaso, justamente en razón de los que eligieron *One World* como divisa.

Dicho de otro modo, la apuesta por el proteccionismo estadounidense no sería significativa si no se hiciera a expensas de la potencia más renuente a expandirse, y con la arbitrariedad de una inequívoca agresión. El que ataca es el que está a la defensiva y toca defenderse al que no quiere atacar.

Es una cuestión de máximos y mínimos, es un extraño punto de inflexión en un arco muy largo de acontecimientos, y aunque sea algo poco espectacular podría tener efectos muy hondos. Cada cual debería ser muy celoso con los grados de libertad de que disponga a la hora de maniobrar en un ajuste que llevará mucho tiempo.

Un punto de inflexión puede actuar como punto arquimediano en una palanca. Es fama que Arquímedes pedía un punto de apoyo para mover el mundo. Hoy dos potencias bajo la cara de sus mandatorios que pugnan por ver quién tiene más fuerza, por un lado, y por ver quién tiene la palanca más larga, por otro. Es un buen tema para dibujantes y humoristas. Pero no hay un punto fuera del mundo, y justamente por eso, nos afectará a todos.

El cálculo de umbrales en materia histórica es mucho más arte que ciencia. La curva viene de lejos, pero el umbral, la penumbra de esta inflexión, podría empezar a esbozarse allí por el 2008. Si ahora nos acercamos al centro del área de penumbra, eso significaría que no veremos decidida la balanza antes de otros 10 años, más o menos.

China y Estados Unidos no están en las antípodas como dice la cultura popular pero sí es cierto que están en extremos opuestos del hemisferio norte, que es el que concentra casi todo el poder del planeta.

[49]

Tal vez algún día en el futuro nos preguntemos, no por qué ganó Trump las elecciones, sino porqué se le permitió ganarlas. Esta guerra comercial no es sólo una cuestión de países, es igualmente una redefinición de los intereses locales y globales del capital, y por tanto afectará a la complejísima y variable correlación local-global en su conjunto.

ENTRE LA PRESIÓN Y LA TENSIÓN

10 julio, 2018

Vivimos entre la presión y la tensión, este es el marco que de forma más inmediata define nuestra vida. ¿Pero qué hay ente la presión y la tensión, aparte de nosotros mismos? Esta X del Prometeo moderno tiene una caracterización evidente en la ciencia y la ingeniería actuales, pero aunque parezca mentira a nuestros científicos, tan deseosos siempre de hacer comprensibles sus conceptos al común de los mortales, se les ha pasado desapercibido el potencial de algo tan elemental —y tan universal. Entre la presión y la tensión, opuestos meramente superficiales, está la deformación, y tanto la ciencia de los materiales como el aspecto constitutivo del electromagnetismo tratan justamente de eso. De este modo podemos establecer una analogía formal y rigurosa entre un aspecto cuantitativo de las ciencias y aspectos cualitativos de los pares de opuestos tradicionales que son incluso anteriores a la percepción. Esta conexión podría ser crítica para el futuro de la tecnología, nuestra percepción de la naturaleza y nuestra autocomprensión.

Todos hablamos de presión y tensión arterial, pero, ¿sabemos dónde está la diferencia? La presión sanguínea se refiere a la presión que la sangre ejerce sobre los vasos, que es menor cuando más rápido la sangre circula, y mayor cuanto más lenta es la circulación. La tensión, por el contrario, se refiere al esfuerzo al que está sometida la pared arterial, y que puede tener diversas respuestas según esta pared sea más o menos rígida, más o menos elástica. Y así es cómo nos ponemos a nosotros mismos, aun sin pensarlo: entendemos por presión la acción de las fuerzas exteriores sobre uno, y por tensión la presencia de fuerzas en la constitución interna, que puede ceder o no ceder en absoluto, dando lugar o no a una deformación.

La ciencia de los materiales caracteriza a éstos siguiendo la misma pauta: se les somete a cargas y tracciones y se estudia su respuesta tridimensional. La idea básica es que la materia, que tiene el atributo de una relativa impenetrabilidad, puede soportar tensiones sin deformación —por su rigidez—, pero no puede exhibir deformaciones sin la presencia de una fuerza, ya sea presión o tensión, y siendo éstas meras expresiones de la fuerza de signo contrario.

Basada en la mecánica de los medios continuos, la ley constitutiva de los materiales es una herramienta universal que se aplica a todo tipo de sujetos particulares. Y puesto que la formulación original del electromagnetismo por Maxwell es precisamente una de medios continuos, tiene todos los atributos de teorías como las de la elasticidad, sólo que con propiedades particulares que no se encuentran en la materia ordinaria. Mucho se ha celebrado la simetría de las ecuaciones de Maxwell, pero nada encierra su esencia tan bien como esta fórmula verbal que debemos a Nicolae Mazilu: "La forma de las tensiones que no están acompañadas por deformaciones es aquella que caracteriza el caso de un campo eléctrico clásico, mientras que la forma de las deformaciones que no están acompañadas por tensiones es aquella que caracteriza un campo magnético clásico, o viceversa».

El Continuo de la vieja teoría electromagnética no era tan solo el medio entre los cuerpos, sino lo que está tanto dentro como fuera de la materia. En este marco constitutivo, y a tono con lo anterior, sería «aquello capaz de soportar tensiones sin deformación cuando está en la materia, y de exhibir deformación sin estar bajo tensión cuando está en el espacio libre». Debe considerarse una combinación de ambos y esto revela «una estructura matemática describiendo las radiaciones electromagnéticas, y dentro de ellas, por tanto, la luz».

Dicho de otro modo, las ondas electromagnéticas ya portan en sí mismas esos aspectos aparentemente contradictorios que se atribuían al medio continuo, de modo que, ya hablemos de campos o de Éter, ninguna teoría es realmente capaz de evadirlos. Las ecuaciones de Maxwell se componen de una parte constitutiva, relativa a las fuentes materiales, y otra parte que corresponde al campo emanado de ellas. Y es porque la ciencia prefiere atenerse a ley del campo, la parte más allanada a las predicciones, que la lectura constitutiva de Mazilu pasa desapercibida.

De hecho las ondas electromagnéticas, cuyos dos componentes de campo ni siquiera se miden con las mismas unidades, tampoco son sin más las ondas mutuamente trasversales que querría la idealización geométrica. Cuando nos atenemos al detalle éstas revelan ser desde el principio, al nivel más puramente clásico, la figura de un promedio estadístico.

¿Promedio de qué? Está claro que no podemos detectar directamente las ondas en el vacío, porque para ello siempre necesitaremos medios materiales. Y de ahí que lo que obtengamos es un promedio de las ondas en el espacio vacío y las ondas en el medio.

Podemos entonces considerar las repulsiones y atracciones aparentes entre cargas eléctricas como presiones y tensiones; en ambos casos se trata de una relación trivial, puesto que sólo comporta el cambio de signo. Esta es la visión del campo, que es también la visión más externa. Pero no ocurre lo mismo con el aspecto constitutivo o interno: un material puede deformarse o no según sea la fuerza ejercida, o bien, un material rígido como un metal presentará mucha resistencia pero una vez deformado no se recuperará, mientras que un material elástico cede fácilmente pero igualmente se recupera. En este caso hay márgenes, no todo lo medible es controlable, hay reacciones reversibles y también respuestas irreversibles. En definitiva, no es un dominio tan perfectamente simétrico, pero se parece mucho más a la vida y a las propiedades comúnmente observadas —y con todo, sigue siendo obedeciendo a unas leyes cuantitativas universales con las que se puede medir y calcular.

El físico dirá con frecuencia que el aspecto más fundamental no es el constitutivo, sino el de campo; y que los campos a sus vez obedecen a las partículas. Pero la partícula es justamente la fuente o parte constitutiva del campo. Y luego, si preguntamos de qué está hecho un electrón, la respuesta suele ser que está hecho de... campos electromagnéticos, qué otra cosa si no. A lo sumo, este campo del electrón, para no explotar, estaría cohesionado por una... tensión, como la tensión de Poincaré, que incluso ha podido relacionarse con la constante cosmológica del Continuo Espacio-Tiempo de la Relatividad General. Y así pasaríamos de un viejo continuo a su versión moderna por el angosto túnel de un electrón. Ya en el continuo de Maxwell no había más limitaciones que las de su métrica; baste esto para indicar que hay aquí algo tan fundamental como queramos.

¿Qué es el continuo? Aquello para lo que no tiene sentido decir «dentro» y «fuera», aquello que trasciende su categórica separación. Presión y tensión son expresiones externas e internas de las fuerzas, las deformaciones pueden tener significado tanto interno como externo. Pero si esto es así, y oponemos deformaciones y tensiones, ello significa que también las tensiones pueden ser externas e internas, y por ende las presiones.

Nuestro interés aquí no es la teoría sino nuestra percepción ordinaria de lo material. Y está claro que no podemos aspirar a una definición más tangible y terrenal que ésta, puesto que las propiedades más inmediatas que atribuimos sensorialmente a la materia, su dureza, resistencia o impenetrabilidad, así como su capacidad relativa para ceder y deformarse ante la presión externa, son justamente las comprendidas en esta definición. Es decir, por más que nos empeñemos, jamás vamos a encontrar nada más material que esto. Pero no es algo que dependa sólo del tacto en tanto que sentido externo: pertenece a nuestro sentido interno más primario como cuerpos sujetos también por dentro a este juego de fuerzas.

Y la cuestión que surge ahora es ésta: es un tópico decir que entre las descripciones cuantitativas de la física y lo cualitativo de nuestras percepciones no hay continuidad posible. Como no puede haberla entre el método analítico y el método dialéctico que subyace a las viejas cosmovisiones de todos los pueblos, ésas que hablaban de la generación del mundo, cómo no, por géneros: lo extensivo y lo intensivo, lo vacío y lo lleno, el espacio y la materia, el Cielo y la Tierra, el agua y el fuego, el mercurio y el azufre, la expansión y la contracción, lo blando y lo duro, el Yin y el Yang.

Pero vemos que a nivel constitutivo el continuo electromagnético es la traducción cuantitativa más literal posible de la relación de estos pares de opuestos primordiales, y que esta relación no puede confundirse con la mucho más trivial de las cargas —acción y reacción no se siguen automáticamente y hay que considerar la capacidad de respuesta del material. Por supuesto, aquí pueden darse factores que son medibles pero no controlables —lo que marca las limitaciones del análisis y el cálculo. Una matriz de tensiones y deformaciones de 3 x 3 nos da el caso básico. El continuo es parcial o totalmente incontrolable, y es muy apropiado afirmar, como lo hace Mazilu, que la teoría electromagnética de la luz Maxwell es una reacción intelectual ante su incontrolabilidad.

No intentaré convencer al lector, me basta con que se pregunte sobre lo adecuado de esta conexión. ¿Tenemos aquí la traducción cuantitativa de nuestro sentido innato de los pares de opuestos? Estoy más interesado en la analogía rigurosa que en el álgebra, en la conexión que en la sustitución, en la continuidad que en la operación a discreción. De lo segundo ya parece haber suficiente en este mundo, pero se echan de menos «desarrollos sostenibles» de lo primero.

Creo que la analogía está perfectamente justificada en lo cualitativo, y que en lo cuantitativo sus límites son los de las ecuaciones de este tipo; pero con limitaciones y todo la conexión no deja de tener el mayor interés. Y el electromagnetismo en el lenguaje de las formas diferenciales exteriores nos enseña que siempre es posible dejar abajo la parte constitutiva, con su métrica particular, y destilar limpiamente una parte de campo que posee natural invariancia y mayor universalidad. ¿No es esto una excelsa forma matemática de Alquimia? Vistas así, las ecuaciones de Maxwell son una estructura sumamente universal aplicable a la termodinámica, la hidrodinámica, u otras muchas disciplinas. Pero dudo de que se puedan extraer las implicaciones de esto sin la debida motivación física.

En realidad todos los campos de la física y las ideas que podamos hacernos del espacio son generalizaciones de una métrica particular aplicada a la materia, prolongando el más viejo sentido de la palabra geometría. Pero el espacio del continuo físico no es el espacio de las geometrías; un medio completamente homogéneo no tiene interior ni exterior, no está lleno y por lo mismo no puede estar vacío.

Hoy usamos el lenguaje en boga de la Relatividad y la Mecánica Cuántica, pero conviene no olvidar que ambos han surgido, por segregación, del marco y el taller del electromagnetismo. Fenómenos que no hace mucho sorprendían a los más entrenados físicos teóricos, y que ni siquiera se sabían encajar en la mecánica cuántica estándar como el efecto Aharonov-Bohm y la fase geométrica que lo generaliza, se presentan igualmente en el ámbito electromagnético clásico, e incluso en elementales analogías hidrodinámicas sobre la superficie del agua. En realidad no hay nada que no pueda derivarse del continuo físico si se busca con la debida consideración —pues ni la mecánica cuántica ni ninguna otra teoría han sido capaces de sustituir el continuo por ningún tipo de entidad discreta en particular.

Lo mismo vale decir para los intentos de explicar la conciencia apoyándose en los aspectos no-locales de la mecánica cuántica. ¿No es mucho más fácil y natural decir que la Conciencia y el Continuo son la identidad misma, pues son lo indiferenciado, y que es la autoconciencia lo que introduce la diferencia y las operaciones discretas del pensamiento en virtud de este mismo fondo? La aprehensión de la realidad física sólo puede hacerse desde la Realidad sin más, no al revés.

El contemporáneo de Maxwell, William Clifford, especuló con una pregeometría de los sentimientos, más allá de la materia y la geometría, en términos de contigüidad y sucesión. Pero todo esto ya está implicado en el continuo físico de Maxwell, aunque no lo veamos, y puede apreciarse tal vez en los aspectos topológicos, independientes de forma y escala, que pueden derivarse del electromagnetismo o la termodinámica. La espuma cuántica parece más propia de la superficie que del fondo.

En gran medida, y si el continuo ya es el supuesto de base y la ley universal, es de esta «pregeometría de las sensaciones» de lo que estamos hablando. Este continuo físico tiene una parte representable como juego de fuerzas, que es para el que las ecuaciones tienen soluciones, y tiene una parte incontrolable pero no menos real, puesto que incluso se puede medir. Aquí tenemos no sólo una encrucijada para la física, también una piedra de toque para lo que la tecnología puede con unos medios determinados conseguir. Y este sería un buen lugar para hablar de posibles aplicaciones de algo tan reciente como la medida cuántica continua.

Efectivamente, podemos explorar nuestro propio medio interno con las tecnologías no menos de lo que pueda explorarse el espacio: en ambos casos se tiene la impresión inmediata de que todo es posible, y todo es terriblemente limitado. Y así tendrá que ser, pues los medios son siempre limitados por naturaleza.

Intentamos trascender con máquina, medida y matemática las obvias limitaciones de nuestros cinco sentidos, que, se nos dice, se reducen básicamente a pequeñas variaciones de los campos electromagnéticos de nuestras moléculas constituyentes. Pero en realidad, igual que el espacio físico no puede estar limitado pues ni siquiera puede estar vacío, la pequeña aldea de nuestros sentidos son cinco casas levantadas sobre un suelo indeterminado, pero que no excluye la percepción, y que recuerda al viejo sensorio común de los antiguos filósofos. Y cómo podría ser esto una abstracción, me pregunto, si es el cojín de oscuridad sobre el que se desvanecen nuestras impresiones todas las noches al dormirnos.

¿Podría tener esto una traducción práctica o tecnológica? Hablamos aquí de la coincidencia de un lenguaje físico y matemático, no sólo con las propiedades más tangibles y sensoriales de la materia, sino también con nuestra propia autopercepción y la ejercitación de nuestro espacio físico interno, en el que el cuerpo mismo ejerce de interfaz entre lo objetivo y subjetivo. Por tanto, y casi por definición, de desarrollarse esta línea de razonamiento, esto afectaría, antes que a una u otra tecnología, a su mismo nudo gordiano, el interfaz hombre/máquina que define en ambas direcciones su mutua relación.

Parece más que nada una cuestión de perseverancia y método, y de creación de un lenguaje apropiado. Por un lado, vemos que las tecnologías de la información acumulan capas y capas de creciente complejidad justamente para facilitar la experiencia de los usuarios; por otro lado, los mismos usuarios demandan resistencia y naturalidad para que esa misma experiencia tenga profundidad y realidad. No hay límites a la complejidad arbitraria, pero a la simplicidad es el continuo el que le impone sus reglas.

Si hablamos de todo el complejo mundo de interfaces hombre/máquina, está claro que del lado de la máquina el peso de casi todo caerá en lo electromecánico, esto es, las relaciones entre lo electromagnético y lo mecánico. Ambas partes están ya integradas en los aspectos constitutivos antedichos; pero es que también para el ser humano como organismo esos aspectos son igualmente inherentes a su medio interno, a su biomecánica y a su actividad externa. Por tanto, el desarrollo de esta conexión en profundidad debería estar cargado de consecuencias, puesto que gravita hacia el punto óptimo entre inmediatez y profundidad de esta interfaz: lo que llamamos una tecnología apropiada y apropiable.

Y como suele ocurrir en estos casos, a medida que se profundiza en la relación, retroceden los límites de los extremos.

De hecho si la inadecuación entre hombre y máquina no es mayor es porque estos factores, al ser constitutivos o inherentes, ya son considerados e integrados de manera implícita en la compleja «ecuación» que define su acoplamiento —en una franja de factores que va desde la resistencia de los materiales a la experiencia subjetiva del usuario. Van desde el nivel más básico hasta aspectos muy sutiles, y la cuestión es si pueden encontrar un lenguaje unificador común, lo que transformaría no sólo la cultura tecnológica sino la cultura en general.

Las interfaces electro-biomecánicas son cada vez más diversificadas y en ellas prima lo digital sobre lo analógico en un grado abrumador, pero esto último en absoluto desmiente el interés de la línea aquí apuntada. Hoy muchos se preguntan cuál, entre los muchos posibles, será el nivel decisivo para la conexión directa entre hardware y wetware, ordenadores y neuronas: ésta parece ser la línea crítica de la fuga digital. Y sin embargo la Naturaleza parece empeñada en poner freno a nuestra impaciencia, o habría que decir más bien que es indiferente a ella. Aunque el disparo de neuronas es un acto discreto de todo o nada, la constitución de los potenciales poco tiene que ver con lógicas binarias.

Todo hace pensar que estas lógicas binarias son subproductos de última hora, y que si queremos situarnos al nivel de la naturaleza tenemos que buscar las funciones de más bajo nivel para, a partir de ellas, seguir sus lineamientos. Y creo que el nivel más bajo no es ni químico ni eléctrico, sino constitutivo o electromecánico en el sentido ya comentado, si es que es también el más plástico a la hora de permitir analogías o extensiones cuantitativas —termodinámicas, hidrodinámicas, etcétera. Cuanto más bajo el nivel, más presente ha de estar este rasgo; y yo al menos no acierto a distinguir otro más básico con pertinencia para macro y microestados, y, lo que es más importante, para estados subjetivos y objetivos.

Si la física parece jugar un papel tan subordinado en este área, es sobre todo porque se emplean los consabidos estándares y definiciones —vectoriales- de campo, que operan de lo local a lo global en lugar de al contrario como hacía la orgánica e integral teoría original de Maxwell, y por que en estas descripciones se ignoran mayormente cuestiones de orientabilidad que pueden ser muy relevantes. Una visión que los incluyera podría tal vez pasar de forma más fluida a las cuestiones planteadas por la teoría de la información, la semiótica o la semántica, igual que se puede pasar de las formas exteriores a las álgebras geométricas (Clifford), o las de Grassman que son su ancestro común.

Habría en todo esto un giro completamente inesperado, por más que fuera de esperar. Le estamos buscando a tientas y en la oscuridad el enchufe a la naturaleza, y de paso a nosotros mismos, pero en el proceso, si queremos que la cosa encaje, lo que tiene que cambiar, y mucho, es la forma de nuestra clavija.

La física es interesante sólo cuando recordamos que las cosas no son reducibles a la extensión y el movimiento. De hecho, cuando se pretende que las partículas materiales son puntuales se están atribuyendo sus propiedades a fenómenos completamente inextensos. A diferencia de las matemáticas, en física local y global no significan «pequeño» y «grande». Las dualidades que atraviesan la física moderna, y que tienen su origen en la dualidad electromagnética, nos están hablando igualmente de esto: son prenda eximia de la no-dualidad, más que de algún pretendido dualismo cartesiano que nunca ha tenido lugar más que en nuestras cabezas.

Lo mismo ocurría en la vieja versión hermética de los artistas del fuego: el azufre o macho, lo disipativo, lo intensivo, se haya encerrado en la materia, el mercurio, espacio o espíritu —la hembra— es sin embargo la matriz de todo lo que consideramos conservativo o mecánico, reducible a movimiento. Cuando se comprende esto, el destensado arco de la manifestación vuelve a recuperar su Tono, y vemos el Naturalezo donde antes creíamos ver la Naturaleza, y viceversa, y el comercio entre «lo alto» y «lo bajo» sale de una rutina que tampoco podía tener otro lugar que nuestras cabezas.

Convertidores digital/analógicos y analógico/digitales, sensores y medicina son tres de las áreas que primero vienen a la mente a la hora de poner a prueba, al nivel más básico, estas ideas. Un campo siempre en expansión que pone particularmente a prueba la conexión entre mecánica, electromagnetismo y leyes constitutivas de los materiales es justamente el diseño de metamateriales.

Dedicaremos a la medicina, la salud, el envejecimiento y la evolución un artículo aparte.

Referencias

Mazilu, N, Mechanical problem of Ether, Apeiron, Vol. 15, No. 1, January 2008

Post, E J, A History of Physics as an exercise in Philosophy

AUTOENERGÍA Y AUTOINTERACCIÓN
PARTÍCULA EXTENSA Y TERMODINÁMICA

1 agosto, 2018

Desde los tiempos del Proyecto Manhattan es imposible esperar trasparencia en campos aplicados como la física de partículas. Nociones tales como la partícula puntual, la relatividad especial, o la segregación de los problemas termodinámicos prestan un gran servicio a la hora de levantar un muro de niebla sobre los procesos físicos más reales. Este velo o capa protectora se ha encontrado conveniente y se ha mantenido hasta el presente en los sectores tecnológicos de mayor valor estratégico. Buscamos tanto una perspectiva histórica como una prospectiva.

La teoría del electrón, ya desde los trabajos de Lorentz de 1895, parece cerrar definitivamente los problemas de la electrodinámica clásica de Maxwell y abrir el camino a la problemática de la Relatividad; por otra parte esta partícula es el taller mismo en el que la mecánica cuántica se desarrolla. Así, los enteros fundamentos de la física del siglo XX, a nivel micro y macroscópico, encuentran en ella un nudo común. Más tarde la extensión relativista de la mecánica clásica y la mecánica cuántica adquirieron un despliegue tal que las cuestiones del electromagnetismo que habían quedado abiertas llegaron a parecer lejanas, cuando no irrelevantes. Que esto no era así, y sigue sin serlo, lo demuestra concluyentemente el hecho de que los principales números del marco vigente, como la masa, la carga del electrón o la constante de estructura fina se siguen metiendo a mano y no se derivan de nada, lo que deja a todo este portentoso edificio colgando del aire.

Esa enorme incógnita a la que llamamos «electrón», el fiel y común servidor de toda nuestra tecnología, tan aparentemente ordinario que no deja lugar en nosotros para la sospecha, tan frotado, usado y abusado hasta en lo más trivial, es un genio como no hay otro: el único que tal vez nos permitiría realizar ciertos deseos no sacándolo de la lámpara, sino devolviéndolo a ella.

El problema básico de la autointeracción en los modelos vigentes es el de la reacción radiativa: una carga acelerada radia energía electromagnética y momento y por tanto ha de haber una reacción sobre la partícula, o de su campo electromagnético sobre sí mismo. Las causas de la radiación no necesariamente tienen que ser externas, pueden ser también internas por interacción con otras partículas.

Para alguno de los artífices de la QED, Feynman por ejemplo, la idea de autointeracción es simplemente tonta, y lo único sensato que uno puede hacer es librarse de ella y de paso ignorar todo el problema asegurando que un electrón acelerado no radia en absoluto. El tema ha sido siempre enormemente controvertido y aquí no queremos insistir en ninguna postura determinada, pero nos parece que la posición citada es ante todo cuestión de conveniencia, y que no se habla claramente de la razón de esta conveniencia.

No se dice, por ejemplo, que la Relatividad Especial, en realidad el caso general, es sólo un marco local de eventos puntuales, en el que no tiene sentido plantearse partículas con extensión —del mismo modo que en la Relatividad General, en realidad un caso particular para la gravedad, no tiene sentido hablar de masas puntuales.

Las ecuaciones de Maxwell tienen covariancia general pero ésta no conduce a la transformación de Lorentz que da pie a la Relatividad Especial. Las ecuaciones originales de Maxwell tienen forma integral y contienen más información que su posterior versión diferencial, pero aun en su versión diferencial no contemplan todavía cargas discretas que es el caso que Lorentz introduce. Sin embargo las ecuaciones de Maxwell, en su forma más universal y libres de la métrica expresamente introducida para el electromagnetismo tienen invariancia natural tal como supieron ver en su día Cartan, Kottler y van Dantzig.

La teoría de Maxwell, limitada como es, no deja de ser una teoría del Continuo físico (no geométrico), pero en la Relatividad Especial éste es el primer sacrificado por más que se hable de un Continuo espacio-temporal. Su carácter operacionalista o discrecional entraña justamente eso: el corte a discreción de ese continuo con la introducción de postulados arbitrarios e incompatibles con el continuo como el de la invariancia de la velocidad de la luz. Esto crea una contradicción adicional con el principio de sincronización global que aquí no se enuncia pero que desde Newton siempre se supone.

Si en Newton tal principio se reviste como mera afirmación por decreto del tiempo absoluto, en la TER sólo pueden contemplarse leyes de conservación local, puesto que se trata de un marco local de eventos puntuales. De hecho, si ni siquiera hoy parece viable un modelo de partícula extensa y con dimensiones es porque la relatividad especial ya de inicio lo excluye. Fenómenos tan básicos como la inductancia y autoinductancia que requieren circuitos con extensión no son asimilables para esta teoría. Nos encontramos entonces en la extraña situación de que se supone una sincronización global que está excluida por la misma teoría y que ella misma hace imposible de concretar. La invariancia introducida por Minkowski es incompatible con cualquier ecuación clásica de movimiento, y no parece que la Relatividad Especial pueda dar una transformación apropiada para marcos de referencia acelerados, y por ende, para la radiación.

No se trata aquí de hacer una diatriba contra la Relatividad Especial, sino de ver que ésta es incompatible con la idea de partícula extendida y con otras circunstancias básicas de la teoría clásica de campos como la aceleración y la radiación. Desde el principio se trata de una teoría altamente abstraída e inmaterial, surgida para dirimir salomónicamente el atolladero de los marcos de referencia y generalizada sin la menor contención a otros casos que ya contenían un rico contexto material. En todo esto la Relatividad Especial no caza ratones, y se paga un alto precio sacrificándolo todo a sus formalismos. Pero esto no se dice claramente, y se procura dirigir la atención sobre asuntos subordinados o secundarios.

Realmente no sabemos si sería preferible un modelo de partícula extendida u otro puntual, si contemplar los problemas de la radiación u olvidarnos de ellos; pero en cualquier caso para poder decidirlo tendríamos que partir de un marco lo bastante imparcial. La Relatividad Especial no lo es, pero la electrodinámica de Maxwell, o la de Maxwell-Lorentz, tampoco. En el campo electromagnético clásico no hay lugar para partículas puntuales, y por otro lado, si todavía en 1913 Bohr andaba proponiendo órbitas circulares, era porque en las ecuaciones de Maxwell no hay forma de saber en qué condiciones precisas se emite o no se emite radiación.

Hay un hueco en el balance de la fuerza en las ecuaciones de Maxwell si éstas irradian siempre que se aceleran, y la energía irradiada es la compensación del trabajo realizado por la auto-fuerza. Es obvio que si todavía no se sabe cuándo hay o no hay radiación, la auto-fuerza y la autoenergía constituyen posibles términos de ajuste para los grandes números cuyo origen aún queda por determinar, además de mostrarnos todo un flanco abierto a la termodinámica y la irreversibilidad al que se prefiere subcontratado. Ambas cosas parecen ser tan inconvenientes para la versión QED que aspira a ser la última palabra sobre el tema, como prometedoras para otros enfoques libres de semejantes compromisos.

Por otra parte, la oposición partícula puntual-partícula extensa seguramente no es tan aguda como a veces se nos quiere presentar, pues jamás ha existido nada parecido a una «partícula puntual», y sí una partícula-en-el-campo cuyo centro admite un punto sobre el que se puede aplicar una fuerza. Ya Hertz había visto la necesidad de distinguir entre partícula material y punto material: la primera es punto indestructible de aplicación de fuerzas, la segunda un conjunto extenso variable conectado entre sí. Se trata de acepciones y dominios de aplicación distintos, en un sentido muy similar al suscitado posteriormente por de Broglie.

¿De qué se supone que ha de estar hecho un electrón? De campos electromagnéticos, de qué si no. Es por esto que la partícula no se libra del Continuo, y es también por esto que se plantea la autointeracción. Y como campo electromagnético, los electrones no son partículas puntuales; la inmensa mayoría de su energía está en un radio 2.8×10^{-11} metros, lo que da una buena aproximación como partícula puntual para distancias largas que no puede mantenerse para las suficientemente cortas. La onda de un electrón en un superconductor puede ocupar metros y aun kilómetros, mostrando hasta qué punto una partícula es lo que le permite su entorno. En cualquier caso la densidad de su campo disminuye como $1/r^2$, y del mismo modo que el campo magnético en torno a una corriente se hace notar a metros, así ha de ocurrir con el de cada electrón. En el límite este campo se diluye al infinito hasta el mayor tamaño y la mínima estructura; en la dirección contraria, en el confinamiento, es donde encontramos los detalles —que también son un espejo del confinamiento mismo.

Así que no hay partícula puntual sin el campo. Se supone que la electrodinámica cuántica iba justamente sobre eso, pero luego llegó el efecto Aharonov-Bohm y el desconcierto entre los paladines de la acción local fue más elocuente que millones de palabras; y resulta más elocuente todavía si pensamos que el efecto puede derivarse enteramente de la ecuación clásica de Hamilton-Jacobi y que Berry y otros incluso le encontraron su exacto análogo incluso en la superficie del agua, con ilustraciones que tanto recuerdan a las de Bjerkness en la Exposición Internacional de París en 1881. A pesar de todo, y quién sabe porqué, aún es común afirmar que el consabido efecto es un claro exponente del carácter único de los potenciales cuánticos.

Se afirma continuamente que la mecánica cuántica es el nivel fundamental y el electromagnetismo clásico se sigue necesariamente de ella, y así tendría que ser, pero en la práctica sin la visión clásica la mecánica cuántica es básicamente ciega, un formalismo estándar de cálculo al que hay que decirle sobre qué operar, y además la zona de transición entre ambas es sumamente difusa y carece de un criterio general.

Autointeracción sin radiación: la electrodinámica de Weber y los potenciales retardados

La electrodinámica de Weber, que precede en el tiempo a la de Maxwell, es una teoría de acción directa con muchas semejanzas con las electrodinámicas directas surgidas tras la Relatividad Especial pero sin ninguna de sus contraindicaciones, lo que todavía hoy hace tan recomendable su revisión. El mismo Maxwell reconoció finalmente en su Tratado la equivalencia básica entre las teorías de campos y las entonces llamadas teorías de acción a distancia como la de Weber.

Wilhelm Weber, tampoco está de más decirlo, desarrolló un modelo de átomo elíptico cincuenta o sesenta años antes de que Bohr dibujara su modelo de órbita circular y sin el beneficio de ninguno de los datos conocidos por el físico danés. Todavía más, el núcleo se mantenía estable sin necesidad siquiera de postular fuerzas nucleares.

La ley de Weber es el primer caso en que las fuerzas centrales no son definidas sólo por distancias sino también por la aceleración radial relativa; más allá de una distancia crítica, que viene a coincidir con el radio clásico del electrón, la masa inercial de la carga cambia de signo y pasa de ser positiva a negativa.

Un punto decisivo es que la electrodinámica de Weber, aun siendo en gran medida equivalente a la de Maxwell, permite ver otra cara de la autointeracción que no pasa necesariamente por la radiación. Se trata más bien de una autointeracción del sistema completo considerado, una realimentación global del circuito, en lugar de la autointeracción como reacción local. En la concepción original de Maxwell todo debería ser global y circuital también, lo que no podía pedírsele era que se aplicara a cargas puntuales. Las fórmulas de Weber permiten tanto cargas puntuales como extensas.

Como gusta de recordar Assis, la ley de fuerza eléctrica de Weber de 1846 es la primera ecuación de movimiento completamente relacional, esto es, expresada en cantidades conocidas del mismo tipo u homogéneas. El grado de uso de cantidades heterogéneas ya nos habla del grado de alejamiento de la trasparencia, igual que las constantes dimensionales o «universales» ya nos dicen claramente que una teoría no es universal. La ley de Weber ya cumplía plenamente todas las exigencias de Mach antes de Mach, las mismas exigencias, quién lo diría, en las que la Relatividad pretende inspirarse pero que no alcanza a cumplimentar.

También es la primera ley dinámica que supone una extensión, más que enmienda, de la ley de fuerzas centrales de Newton. Sus continuadores han sido más newtonianos que éste y han entendido las fuerzas centrales como sujetas por una cuerda, esto es, dependiendo sólo de las distancias. Cierto es que Newton pone el ejemplo de la honda, pero eso debe leerse más como metáfora que como analogía: en las definiciones de los Principia las fuerzas centrales no se restringen a esa forma.

La extensión de la ley de fuerzas centrales, al parecer sugerida por Gauss en 1835 y luego reformulada por Weber, es de hecho la forma más natural de evolución de la mecánica newtoniana: ésta suponía sólo el caso estático (gravitoestática), y así se introduce el caso dinámico en el que la fuerza no es invariable sino que depende de las velocidades y aceleraciones relativas. Esta combinación de factores dinámicos y estáticos, representados por la energía cinética y potencial, también será clave en la posterior formulación de Maxwell.

Sin embargo, para cuando los físicos se habían hecho a la idea de fuerzas centrales, también la habían sobredeterminado sin necesidad. La ley de Weber fue criticada por Helmholtz y Maxwell por no cumplir con la conservación de la energía ya que el retraso del potencial crece con el aumento de la velocidad relativa de los cuerpos, y parece perderse más energía potencial de la que se recupera cinéticamente. Weber consiguió demostrar en 1871 la conservación de la energía de la fuerza y su potencial en operaciones cíclicas pero acontecimientos diversos, como los trabajos de Hertz, inclinaron finalmente la balanza en favor de la concepción maxwelliana.

El mismo tipo de fuerza y potencial retardado fue aplicado por Gerber en 1898 para explicar la anomalía de la precesión de Mercurio; pretender, como han hecho tantos historiadores, que esta era una corrección empírica sin una base teórica es, salvo que se entienda por razón teórica la introducción de postulados arbitrarios, volver la verdad del revés.

Se ha dicho que la mayor limitación del modelo de Weber es que no contempla la radiación electromagnética, pero lo cierto es que si no la predice, tampoco la excluye de ningún modo. De hecho es con las fórmulas de Weber que se introduce por primera vez el término para la velocidad de la luz, lo que Maxwell conocía perfectamente. La extensión dinámica de la fuerza de Weber tiene una discrepancia respecto del caso estático del mismo orden que el factor de Lorentz, razón por lo que pueden obtenerse resultados similares a los de la Relatividad Especial y General de forma mucho más simple.

Tampoco la mecánica de Weber está libre de problemas y ambigüedades. El más evidente, que ya notaba Poincaré, es que si estamos obligados a multiplicar la velocidad al cuadrado ya no tenemos forma de distinguir entre la energía cinética y la potencial, e incluso éstas dejan de ser independientes de la energía interna de los cuerpos considerados. Por otro lado, si estamos obligados a trabajar con partículas puntuales difícilmente podemos considerar energías o fuerzas internas. Si la Relatividad predice un aumento de masa con la velocidad, la ley de Weber, la auténticamente relativista, predice una disminución de la fuerza y un aumento de la energía interna, que podemos atribuir, tal vez, a la frecuencia. Sin esta ambigüedad no habría ciclo de realimentación no trivial, ni posibilidad de autointeracción real.

Claro que el aumento de la frecuencia no es una predicción de Weber, sino del ingeniero nuclear Nikolay Noskov, que retomó la estela del potencial retardado en diversos artículos desde 1991 y le atribuyó un rango de validez universal. Puesto que la ley de Weber da predicciones correctas, y la energía después de todo se conserva, Noskov supone que el carácter no uniforme del potencial retardado origina vibraciones longitudinales en los cuerpos en movimiento, que son una ocurrencia normal a los más diversos niveles: «Esta es la base de la estructura y estabilidad de los núcleos, átomos y sistemas planetarios y estelares. Es la razón principal de la ocurrencia del sonido (y de las voces de las personas, animales y pájaros, así como del sonido de los instrumentos de viento), de las oscilaciones electromagnéticas y la luz, tornados, pulsaciones hidrodinámicas y golpes de viento. Explica al fin el movimiento orbital, en el cual el cuerpo central está en uno de los focos en lugar de en el centro de la elipse. Más aún, la elipse no puede ser arbitraria puesto que las longitudes de las oscilaciones cíclicas y longitudinales tienen valores diferentes con una resonancia $v1 = v2$. Esta circunstancia determina la elipticidad en cada caso concreto».

De manera notable, Noskov, que tampoco se contiene a la hora de hacer generalizaciones, se aventura a mencionar el caso de las órbitas elípticas de la mecánica celeste, tema que por acuerdo casi universal se prefiere no tocar. Tantas veces ha repetido la historia y la publicidad que Newton explicó definitivamente la elipse aproximada que trazan los planetas, que algunos reaccionarán con la mayor incredulidad. Pero es evidente que Newton no explicó el caso, lo que de paso da pie a una observación oportuna.

Quien se haya acostumbrado a la descripción newtoniana de las órbitas, da por supuesto que basta la balística y una fuerza dependiente sólo de la distancia para asegurar la estabilidad. Pero la verdad es que en Newton el movimiento innato que tiene el cuerpo —a diferencia de la velocidad orbital— es por definición invariable, lo que sólo permite dos opciones. La primera es que el planeta aumenta y disminuye su velocidad como un cohete con impulso autónomo, lo que no creo que nadie esté dispuesto a admitir. Esta opción también tiene un reverso cómico: aceptemos, en lugar de la autoimpulsión, que los vectores centrípetos pueden estirarse y encogerse en virtud de un cierto quantitative easing. La segunda es la que el mismo Newton propone con su juego de manos, y que todos han aceptado, combinando en una sola la velocidad orbital variable y el movimiento innato.

Lo que no se advierte en esta segunda circunstancia es que si la fuerza centrípeta contrarresta la velocidad orbital, y esta velocidad orbital es variable a pesar de que el movimiento innato no cambia, la velocidad orbital es ya de hecho un resultado de la interacción entre la fuerza centrípeta y la innata, con lo que entonces la fuerza centrípeta también está actuando sobre sí misma. No vemos cómo puede evitarse la autointeracción. Según las modernas ecuaciones de campo relativistas, la gravedad ha de ser no lineal y ha de poder acoplarse con su propia energía; sin embargo todo esto está ya presente al nivel más elemental en el viejo problema de la elipse, que la Relatividad General nunca ha osado tocar.

De modo que incluso las ecuaciones de Newton estarían ocultando una autointeracción y, ya pensemos en términos de acción a distancia, ya en términos de campo, lo que distinguiría a las fuerzas fundamentales de la Naturaleza de las que aplicamos por contacto en los Tres Principios de la Mecánica es justamente esta autointeracción del sistema en su conjunto. Hertz, el creador de la física de contactos, ya notó que justamente en la mecánica celeste no había forma de verificar el Tercer Principio.

Entonces, más que disputar sobre qué teoría «predice» mejor la ínfima anomalía en la precesión de Mercurio, que después de todo está sujeta a otras muchas incidencias, podríamos tomar el caso mayor de la elipse planetaria y su asimetría elemental. Pues nuestras llamadas leyes fundamentales todavía han sido incapaces de dar cuenta de las asimetrías más elementales de la naturaleza en términos de fuerzas contemporáneas y no de condiciones iniciales que más allá de la fuerza innata y su vector aquí son irrelevantes.

El lagrangiano de un sistema orbital, la diferencia entre la energía cinética y la potencial, es un valor positivo, y no cero como cabría esperar. El lagrangiano es la cantidad conservada, pero no se nos dice en ningún momento en virtud de qué hay más movimiento que energía potencial, lo que tendría que extrañar a todos. Según los razonamientos de los Principia, la energía cinética y la potencial, directamente derivadas del movimiento apreciable y la posición, tendrían que ser tan iguales como lo son la acción y reacción. ¿Sirve el potencial retardado para explicar la diferencia, o estamos igual que al principio?

Sirve para salvar el lapso temporal de las fuerzas en términos de energía, igual que el lagrangiano pero de forma más explícita. Con potenciales retardados es la energía la que no se hace presente en un momento dado, lo que supone otra forma de reclamar un principio de acción.

Se dice de la gravedad newtoniana que es la primera gran ley expresada como ecuación diferencial, pero en el caso concreto de la órbita es la descripción diferencial o contemporánea la que falla de forma notoria. Según los vectores de una fuerza fija, la órbita debería abrirse y el planeta alejarse; no hay forma de asegurar la estabilidad. La versión lagrangiana en términos de energía surge para obviar esta dificultad, no porque sea más conveniente para sistemas complejos. Así que en sentido estricto no existe aquí conservación local de las fuerzas, lo que hay es la derivabilidad a discreción de la integral que es la primera consecuencia del cálculo; y este es el criterio para que una teoría se considere «local».

La «irrazonable efectividad de las matemáticas en las ciencias naturales» de la que habló Wigner sólo sorprende si nos olvidamos del procedimiento seguido. Las grandes teorías de fuerzas naturales independientes de la mecánica del hombre, y que intentamos restringir dentro de los tres principios de la mecánica, no satisfacen éstos sino indirectamente —la gravedad en Newton y el electromagnetismo en Maxwell son teorías con un origen indiscutiblemente integral y una interpretación tan diferencial como su aplicación. La naturaleza no obedece nuestras ecuaciones, sino que éstas son la ingeniería inversa de la naturaleza, y lo normal es que nuestra ingeniería, como nuestro conocimiento, siempre se queden cortos.

Las oscilaciones longitudinales de Noskov dependen de tres variables: distancia, fuerza de interacción y velocidad de fase. Su longitud es directamente proporcional a la velocidad de fase e inversamente proporcional a la distancia entre los cuerpos y la fuerza de interacción. De aquí se pueden derivar naturalmente dos fórmulas capitales: la ley de radiación de Planck y la correlación de de Broglie, que debería incluir una velocidad de fase. Este factor de fase podría también aplicarse a los llamados defectos de masa de la física nuclear.

Sabemos que la correlación de de Broglie se aplica sin discusión a experimentos de difracción que muestran ondas en la materia desde los electrones a macromoléculas. La misma ecuación de Schrödinger es un híbrido de oscilaciones en un medio y en el móvil, lo que ya llevó en su día a Born, famoso por su lectura estadística, a considerarla en términos de onda longitudinales; La constante de Planck queda reducida a una constante local pertinente sólo para el electromagnetismo y masas del orden del electrón. Otra prueba de que la fuerza de Weber tiene algo que decir sobre el electrón a nivel atómico es la derivación automática que ya en 1926 hizo Vannevar Bush de la estructura fina de los niveles del átomo de hidrógeno usando las ecuaciones de Weber sin la asunción de cambio de masa por la velocidad. En líneas generales al menos, no parece haber grandes problemas en compatibilizar mecánica cuántica y la mecánica clásica relacional.

Y así la fuerza de Weber y su potencial retardado se encuentra en una envidiable posición en el cruce de caminos de la teoría del campo o continuo de Maxwell, la Relatividad Especial y General, y la Mecánica Cuántica —siendo anterior e inmensamente más simple que todas ellas. Y aunque seguramente se dirá que la citada conexión con la mecánica cuántica es demasiado genérica, el mero hecho de que ocurra sin forzar las cosas y sin un rosario de postulados a medida ya es algo.

Existen por su puesto muchos caminos para reescribir los jeroglíficos cuánticos y devolverlos a una óptica clásica; pero ninguno tan directo como la línea marcada por Weber, que tiene precedencia histórica y lógica sobre los demás. Uno tiene completa libertad para hollar otras vías pero siempre es recomendable contrastarla con ésta.

La ley de Weber se puede fácilmente transformar en una teoría de campo integrando sobre el volumen tal como ha mostrado J. P. Wesley, y entonces se revela que las ecuaciones de Maxwell son simplemente un caso particular de la primera. De este modo y con retardo temporal pueden tratarse las variaciones rápidas y los casos con radiación. Wesley también propuso otras modificaciones de la ley de Weber que no tocaremos aquí.

La conexión que hace Noskov con la fórmula de radiación de Planck es inevitable puesto que el potencial retardado demanda un principio de acción. Por otra parte, si el caso de la elipse en los términos newtonianos de una fuerza invariable y un movimiento innato invariable conducen a una órbita gradualmente abierta, lo que se pierde sin remedio es el sistema cerrado y reversible, como si tuviéramos una tasa de disipación. Una tasa virtual, se entiende, pues que la órbita se conserva es algo que ya sabemos. Dado que tenemos elipses en el micro como en el macrocosmos, esta es, por tanto, la forma más obvia de conexión entre la reversibilidad de la mecánica y la irreversibilidad termodinámica. Así, podemos situar la mecánica relacional en la juntura de la mecánica clásica, la cuántica y la termodinámica.

Puede temerse tal vez con razón, como dice Robert Wald, que una partícula extensa irreducible al caso puntual se pierda en los detalles y sea incapaz de rendir una ecuación universal; pero en la electrodinámica de Weber, a diferencia de la de Maxwell, puede trabajarse con partículas extensas sabiendo que siempre puede remitirse a las puntuales y seguir teniendo soluciones con sentido. Visto todo lo visto, semejante tipo de neutralidad es absolutamente deseable.

Termodinámica cuántica y sistemas abiertos metaestables

Físicos y matemáticos casi por igual procuran alejarse de la termodinámica tanto como pueden, y en caso de tener que ocuparse de ella, se espera al menos que se trate de la termodinámica de equilibrio más habitual, no la de sistemas abiertos alejados del equilibrio y en intercambio con su entorno. Este último caso, se supone, es el de los seres vivos, caracterizados por niveles de complejidad muy alejados de cualquier cosa que en física se pueda considerar fundamental.

La desconfianza podría estar justificada, si lo que corre riesgo es el carácter cerrado y estrictamente reversible de las llamadas leyes fundamentales —el más preciado tesoro de la ciencia. Pero por otra parte, no hay pérdida que no pueda convertirse en ganancia; y en este caso, la ganancia no sería otra que devolver la física a la corriente general del fuego y de la vida, de la que todavía hoy se mantiene inexplicablemente apartada.

La irreversibilidad macroscópica no puede derivarse en modo alguno de la reversibilidad microscópica. Boltzmann y luego otros muchos con él han asumido un argumento estadístico sumamente refinado, pero también existen argumentos topológicos, libre de estadística, que muestran aspectos irreversibles en el electromagnetismo independientes de escala o métrica. Más allá de cualquier sofisticación, estadística o no, tampoco se ve nunca que los rayos de luz emitidos vuelvan a su fuente, lo que ya nos dice que la física teórica tiene un criterio muy peculiar sobre lo que es irreversibe y lo que es fundamental.

Finalmente la evidencia experimental ha empezado a llegar y podría multiplicarse en los próximos años si realmente existe el interés, y ese interés existe por razones tecnológicas obvias. El entorno experimental y tecnológico en la física microscópica ha cambiado hasta lo irreconocible. Hoy se busca tanto la manipulación como la modulación de estados cuánticos individuales, y florecen nuevas disciplinas como la medida cuántica continua, el feedback cuántico y la termodinámica cuántica, que hacen posible un filtrado creciente del ruido y una distinción cada vez más aguda entre las fluctuaciones cuánticas y térmicas.

La huella de la irreversibilidad atómica ha de ser proporcionalmente pequeña y sólo hacerse macroscópicamente relevante con los grandes números habituales, pero cada vez hay y habrá más formas de medirla y detectarla. El tema está estrechamente relacionado con el del electrón puntual, que es una excelente aproximación para largas distancias pero que en distancias cada vez más cercanas no puede funcionar, o funcionará cada vez peor.

Siguiendo la lógica de la máxima miniaturización, la de las nanomáquinas o de la información cuántica, existe mucho más interés en tener en cuenta la disipación que en ignorarla, puesto que marca los límites mismos de operabilidad. Otra cosa es que se reporten los datos de forma trasparente. Una vez más la física aplicada le buscará problemas a la física teórica, pero es fácil que sigamos escuchando que todo son fantásticas nuevas confirmaciones de la increíble mecánica cuántica.

Parece pues que es la misma interacción entre fotones y cargas, qué si no, la que afecta de forma no reversible al electrón y al centro de masa del átomo; algunos ya avanzan una estimación del orden de los $10-13$ julios. Por otro lado, si sólo podemos imaginar los electrones estando hechos de campos electromagnéticos —o por las tensiones y deformaciones constitutivas que lo traducen en su límite más material—, tarde o temprano es inevitable pensar, como se ha hecho a menudo, que las partículas de materia son sólo luz atrapada transformando momento lineal en momento angular. Al menos hace años que se intenta en el laboratorio crear electrones y positrones a partir de fotones y la perspectiva de conseguirlo parecen razonable.

La idea de que los mecanismos reversibles dependan de una dinámica irreversible, que los sistemas cerrados se dibujen sobre un fondo abierto, —o que las irreductibles e ideales partículas puntuales no sean tales— suena a los oídos del físico teórico como una suerte de degradación de rango, una caída del cielo matemático de las ideas puras. Pero es lo único que cabe esperar si se llevan las cosas lo bastante lejos, aun respetando el margen de validez de los sistemas cerrados o reversibles, o de las partículas puntuales. Lo normal es que las cosas reales tengan estructura.

Eso no significa que un electrón tenga que descomponerse, fotones aparte, en otras partículas materiales. Basta con que su superficie limitante y su espín tengan una estructura diferencial, no necesariamente geométrica, que pueda dar cuenta de su evolución continua y sus siempre efímeras configuraciones. Es decir, la estructura describe la relación momentánea con el entorno, no una composición interna en términos de otras partículas igualmente abstractas. Ya se han sugerido modelos para ello. Una vez que tenemos una superficie limitante de un volumen, tenemos igualmente un marco para sus cambios, la estructura de su espín, la densidad, las estadísticas, etcétera, etcétera. No se por qué habría que renunciar a todo esto en nombre de un mero principio divorciado de la realidad física.

En cuanto al mágico anillo de la reversibilidad, mientras la física crea que le pertenece por derecho propio, nunca estará en condiciones de recibirlo como regalo. Puesto que lo único que lo hace valioso es el fondo desde el que se constituye, condicional, precariamente.

V. E Zhvirblis estudió los anillos osmóticos y eléctricos de funcionamiento perpetuo y llegó a la conclusión de que los sistemas donde hay fuerzas estacionarias no pueden estar aislados. Los sistemas de la mecánica cuántica, que pretenden hacer eso, son ilegítimos desde el punto de vista termodinámico. Es curioso que se considere esto completamente normal a nivel cuántico pero se excluya a nivel macroscópico en el clarísimo caso del koltsar de Lazarev cuando lo único que hay que aceptar es que en puridad no son posibles los sistemas aislados.

El problema es que en estos casos las variables, aunque medibles, no son controlables, y la física se basa ante todo en cantidades controlables, como es el caso de las fuerzas. La única forma de resolver la paradoja, tal como observa Zhvirblis, es si las fuerzas de interacción en sistemas termodinámicos se describen sólo en términos de la termodinámica misma.

De este modo todos los sistemas, desde las partículas y átomos hasta los seres vivos y las estrellas, podrían verse como sistemas metaestables, islas temporalmente alejadas del equilibrio uniforme por sus propias leyes de equilibrio internas.

La física actual habla constantemente de conservación de la energía pero los mismos átomos que presenta parecen inverificables máquinas de movimiento perpetuo, sin hablar de la misma energía y la materia, que se conservan pero han surgido de la nada en un pasado remoto. Tendría que ser más interesante ver lo que es capaz de hacer un sistema en el presente que hace doce mil millones de años, intentar adivinar por qué una entidad real tal como una partícula no es un punto, que imaginar cómo sale el universo entero de un punto sin extensión. Ambas cosas están más relacionadas de lo que pensamos, pero unas conducen a respuestas aquí y ahora y las otras sólo nos alejan todo lo que se puede de ellas.

No es tan difícil encontrar la huella termodinámica y el origen en el continuo de las partículas: basta buscarlo con un celo parecido al que se ha puesto en darle la espalda a ambos —en excluirlos o separarlos de lo verdaderamente fundamental.

Reloj relacional, motor de pistón, ordenador del torbellino

Estadística relacional

Para los antiguos, preguntar porqué existía el mundo era como imaginar cómo el fuego había salido del agua; y preguntar por la vida equivalía a figurarse cómo el agua volvía a incorporarse el fuego sin apagarlo. Dos aparentes imposibilidades que sin embargo se equilibraban y adquirían la intangible consistencia de hechos. En física, la única manera de concitar una relación similar sería tratar de ver cómo lo irreversible sale de lo reversible, y cómo un mecanismo cerrado hace desaparecer por un tiempo la omnipresente huella del calor. Seguramente nunca seremos capaces de explicar ni lo uno ni lo otro, pero tal vez su justa ponderación nos libraría de la necesidad compulsiva de explicaciones.

Nada puede sustituir a la rectitud en los razonamientos, pero en la física moderna es imposible llegar muy lejos sin el uso de un cierto aparato estadístico que es, como si dijéramos, el invariable compañero del cálculo. No se trata sólo de la mecánica cuántica, incluso algo tan básico como el campo electromagnético clásico tiene un aspecto estadístico innegable. Y sobre todo, querríamos encontrar otro lugar para la termodinámica.

Los motivos para crear un aparato estadístico-relacional competente son múltiples y van desde lo más obvio a lo más profundo.

Lo relacional puro es la reversiblidad misma; por el contrario del calor sólo nos queda su huella estadística. Para ver cómo se interpenetran necesitamos primero dar un amplio rodeo. En física nunca tendremos demasiada perspectiva puesto que la perspectiva misma ya es la mejor parte del conocimiento.

La estadística relacional puede verse, en su versión más simple, como una modalidad de análisis dimensional, que procura llevar las ecuaciones, constantes y unidades de las fórmulas de las teorías vigentes lo más cerca posible del Principio de Homogeneidad de Fourier, generalizado en tiempos más recientes por Assis como Principio de las Proporciones Físicas: el desiderátum de que todas las leyes de la física han de depender sólo de la ratio entre cantidades conocidas del mismo tipo, y por tanto no pueden depender de constantes dimensionales. Tales eran por ejemplo las leyes de Arquímedes, la primitiva ley constitutiva de Hooke, o, pasando a la dinámica, la ley electrodinámica de Weber.

Puede decirse que este principio de homogeneidad es un ideal, no ya de la ciencia griega, sino de la ciencia en general; un cenit, un polo. Naturalmente, casi todas las leyes de la física moderna no cumplen este requisito, por lo que el tema no es desecharlas, lo que está fuera de cuestión, sino no perderlo de vista por lo que podría un día permitirnos ver.

No hace falta extenderse sobre las modalidades más estándar del análisis dimensional, que ya son bien conocidas, y que con el tiempo se han extendido a otras ramas combinatorias fundamentales como la teoría de grupos. Por otro lado no está de más recordar que cuando decimos «estadística relacional» estamos uniendo en un sólo concepto ideas que en física son más bien antagónicas: lo puramente relacional es lo más trasparente, lo puramente estadístico lo más opaco a nivel físico.

En cualquier caso siempre es recomendable comenzar por el análisis dimensional antes de proceder con las mayores complejidades del análisis estadístico. Todavía hoy la interacción entre estas dos ramas del análisis es escasa, debido en parte a la fama de superficial que tiene entre los físicos teóricos, siempre tan creativos, y más preocupados por la capacidad predictiva de sus formulaciones que por su limpieza. Y es que además muchas veces un análisis dimensional elemental deja en entredicho el fundamento de muchas de sus asunciones, como el mismo principio de indeterminación.

Un ejemplo de análisis estadístico relacional es el que propone V. V. Aristov. Aristov introduce un modelo constructivo y discreto del tiempo como movimiento usando la idea de sincronización y de reloj físico que ya introdujo Poincaré justamente con la problemática del electrón. Aquí cada momento del tiempo es un cuadro puramente espacial. Pero no sólo se trata de la conversión del tiempo en espacio, también de entender el origen de la forma matemática de las leyes físicas: «Las ecuaciones físicas ordinarias son consecuencias de los axiomas matemáticos, «proyectados» en la realidad física por medio de los instrumentos fundamentales. Uno puede asumir que es posible construir relojes diferentes con una estructura diferente, y en este caso tendríamos diferentes ecuaciones para la descripción del movimiento.»

Con un modelo de reglas rígidas para la geometría y de relojes para el tiempo se crea un modelo de espacio-tiempo de variables sin dimensiones. En la exposición de su idea Aristov se ocupa básicamente de las transformaciones de Lorentz, de la construcción axiomática de una geometría y de la relación más básica de indeterminación cuántica; y si esto es tan necesario por un lado del mapa, del otro podemos poner la propia mecánica relacional de Weber con sus derivaciones, igual que puede situarse en el centro un modelo extenso del electrón por reloj. De hecho, no hay ni que decirlo, los vectores de este electrón podrían utilizarse para otras muchas correlaciones.

Un enfoque cronométrico de la estadística relacional es oportuno por los muchos aspectos discretos que nunca va a dejar de haber en la física y que son independientes de la mecánica cuántica: son discretas las partículas, varios aspectos de la ondas, las colisiones, los actos de medición y los del tiempo en particular, los cortes impuestos a nivel axiomático.

El rendimiento de una red relacional es acumulativo. Sus ventajas, como los de la física que lleva tal nombre —y las redes de información en general— no se advierten a primera vista pero aumentan con el número de conexiones. La mejor forma de probar esto es extendiendo la red de conexiones relacionales. Y efectivamente, se trata de trabajo e inteligencia colectivas. Con los cortes arbitrarios a la homogeneidad relacional aumenta la interferencia destructiva y la redundancia irrelevante; por el contrario, a mayor densidad relacional, mayor es la interferencia constructiva. No creo que esto requiera demostración: Las relaciones totalmente homogéneas permiten grados de inclusión de orden superior sin obstrucción, del mismo modo que las ecuaciones hechas de elementos heterogéneos pueden incluir ecuaciones dentro de ecuaciones en calidad de elementos opacos o nudos por desenredar.

De la continuidad y la homogeneidad procede la legitimidad no escrita de las leyes, como de las aguas procedía la soberanía de los antiguos reyes y emperadores.

En su esbozo de estadística relacional Aristov no tiene consideraciones para la termodinámica, pero es justamente ésta la que tendría que darle una pertinencia especial a la estadística. En lugar de un reloj al estilo Poincaré, podíamos haber introducido, por ejemplo, un «motor» de pistón en un cilindro como el que ejemplificaba Zhvirblis para generar fuerzas sin salir del ámbito termodinámico.

Volvamos a nuestro particular ejercicio de perspectiva. La física tendría un polo norte «relacional» desde el que aspira a explicarlo todo como meras relaciones de movimiento homogéneas, y un polo sur, «sustancial», desde el que podría dar una auténtica explicación mecánica de los fenómenos, generalmente con un medio que aporta la continuidad para la transmisión de fuerzas entre partes de materia separadas.

Queriendo satisfacer ambos extremos, los compromisos de la historia nos han dejado en medio, con la física de magnitudes absolutas de Newton, o con las modernas teorías de campos, que procuran mantener la continuidad pero hacen uso de las mal llamadas constantes universales, en realidad magnitudes absolutas como en Newton.

Esta disquisición tan aparentemente filosófica contiene la pregunta por el sincronizador universal. Entre el fuego y el agua uno no pondría un cilindro y un pistón, pero sí tal vez un torbellino, como el del famoso experimento del cubo de agua del propio Newton, heredero lejano de otro más atrevido concebido ya por el padre de la teoría de los cuatro elementos. Empédocles notó que hacer girar un cubo de agua en vertical impedía que cayera, o dicho de otro modo, contrarrestaba la gravedad.

El experimento newtoniano del cubo y su fuerza centrífuga nos obliga a tomar una posición. ¿Cuál es la razón de la curvatura del agua? Newton dice que el espacio absoluto; Leibniz, Mach y la física relacional, que la relación con el resto de los objetos, incluidas las estrellas distantes. Para Newton, podría eliminarse toda la materia circundante y se produciría el mismo fenómeno; para la física de relaciones, tal cosa es imposible. ¿Y cuál sería la postura substancialista? La posición causal o substancialista diría que se requiere un medio de referencia absoluto, y que es ese medio en cualquier caso el que puede transmitir una influencia de cuerpos del entorno, ya sea próximo o distante.

No parece haber más posiciones concebibles que éstas. Y aun así ninguna de las tres nos parece satisfactoria. La afirmación de que existen magnitudes absolutas independientes del entorno, a pesar de conservarse en toda la física moderna es de naturaleza metafísica. Por otra parte las puras relaciones cinemáticas nunca serán capaces de explicar la realidad física, por más que el principio de homogeneidad sea deseable. Finalmente, la determinación de un marco independiente de los aparatos de medida parece violar el principio relacional —y el relativista posterior; aparte de que la no unicidad de los principios de acción excluye de antemano la identificación de causas únicas.

Pero puede sostenerse una cuarta posición, como la que sostiene Mario Pinheiro, consistente en afirmar que no hay cinemática sin irreversibilidad. Pinheiro observa que lo importante es el trasporte de momento angular sosteniendo el balance entre fuerza centrífuga y presión.

Creo que esta respuesta, cuando menos, revela tanto la parte de verdad que puede haber en cualquiera de las tres posturas como su manifiesta insuficiencia. Claro que Pinheiro aboga por el uso de un nuevo principio variacional para sistemas rotatorios fuera de equilibrio y un tiempo mecánico-termodinámico en un conjunto de dos ecuaciones diferenciales de primer orden. Hay un balance entre la variación mínima de la energía y la producción máxima de entropía que encaja en los ejemplos clásicos simples como la caída libre y que tendría que ser relevante en dinámica en general y electrodinámica en particular, pues la conversión de momento angular en lineal tendría que tener un papel central en ésta, por más que no sea así como se cuente.

Los últimos tiempos, no es necesario dar ejemplos, asisten a cada vez más intentos de integrar y generalizar en un marco conjunto dinámica y entropía/información. Los motivos para esto son diversos pero convergentes: la tendencia siempre en aumento a considerar la materia como mero soporte de la información, el agotamiento de los modelos dinámicos viables, la presencia de factores estadísticos de orden siempre creciente. Son tendencias que no van a remitir. Con todo, el uso que hasta ahora se hace de la entropía ayuda poco o nada a comprender de dónde surge la regularidad que observamos.

Se dice además que la gravedad lleva la entropía hasta su límite por área —en las singularidades—, si bien nuestra experiencia ordinaria dice más bien lo contrario, que es la única fuerza que parece compensarla y revertirla. En este caso la entropía alcanza su extremo porque se lleva igualmente hasta el extremo la teoría de la gravedad como fuerza absoluta; en una teoría relacional no hay lugar para singularidades gravitatorias, pues la fuerza disminuye con el aumento de la velocidad. Por otra parte es curioso que en el marco newtoniano las fuerzas que producen deformación, que es lo único que cabe esperar, se consideren seudofuerzas, mientras que la fuerza fundamental no ocasione deformación de los cuerpos en su movimiento de caída libre, y sí en el caso estático de su energía potencial.

Seguramente es imposible comprender la relación entre lo reversible y lo irreversible, gran clave de la naturaleza, mientras subordinemos ésta de forma exclusiva a la predicción. Está claro que lo predecible es regular y eso le confiere hasta cierto punto rango de ley. ¿Pero hasta qué punto? Sin un debido contraste nunca lo sabremos. Nos preciamos del poder predictivo de nuestras teorías, pero la predicción por sí sola no es clarividencia, sino más bien ofuscación.

Sí, poder de predicción es también poder de ofuscación. Nada hay más práctico que una buena teoría, y una buena teoría es la menos artificiosa y la que más respeta el caso que se presenta. Nuestro conocimiento es siempre muy limitado, incluso independientemente de nuestro grado de información, y el respeto a lo poco que conocemos, sabiendo que es intrínsecamente incompleto, es también respeto a todo lo que desconocemos. Está claro que los postulados ad hoc, la teleología de nuestros principios de acción, la ingeniería matemática inversa, reducen drásticamente la calidad de nuestras generalizaciones por más universalidad que les atribuyamos. No se trata de restar méritos a ninguna consecución humana, sino de ser conscientes de sus limitaciones.

R. M. Kiehn habló ya en 1976 de «determinismo retrodictivo»: «Parece que un sistema descrito por un campo tensorial puede ser estadísticamente predictivo, pero determinista en forma retrodictiva.» Cabe por ejemplo concebir que podamos deducir unas condiciones iniciales partiendo de la deformación global final de un sólido, mientras que, a la inversa, sólo podamos calcular probabilidades partiendo de la condición y la fuerza aplicada inicial.

La parte irreversible, disipativa del electromagnetismo parece estar incluida dentro de la covariancia intrínseca que las ecuaciones de Maxwell (y las de Weber) muestran en el lenguaje de las formas diferenciales exteriores. Tiene que existir otra forma de leer «el libro de la naturaleza» y esta forma no puede ser simplemente una inversión —no es simétrica o dual respecto de la evolución predictiva. En última distancia no se trata ni de ir hacia adelante ni hacia atrás, del futuro o del pasado, sino de lo que se va desvelando entre ambos.

La electrodinámica cuántica entera puede derivarse, a posteriori, del clásico principio de Huygens, que no es sino un principio de homogeneidad, igual que la conservación del momento se deriva directamente de la homogeneidad del espacio. Sin embargo, todo hace pensar que la gravedad existe debido al carácter heterogéneo del tiempo y el espacio. Esto nos devuelve a nuestras anteriores consideraciones en términos de extremos.

El enigma de la relación entre la disipación y el trabajo mecánico aprovechable, visto externamente como un problema de leyes naturales, es uno sólo con el de la relación entre el esfuerzo —que no es lo mismo que el trabajo —, el trabajo y las transacciones reversibles en la lógica de la equivalencia del capital. No es de extrañar que la termodinámica se desarrollara en los mismísimos años de la reivindicación del trabajo como categoría autónoma, y que lo hiciera a caballo entre las consideraciones de la fisiología, la sangre y el calor, (Mayer) y las del metal y las máquinas (Joule). Hay aquí aún un inopinado círculo por cerrar, y en la medida que acertemos a cerrarlo, mayores serán las repercusiones en nuestra visión de la naturaleza «externa» (recursos explotables) y la naturaleza «interna» (sociedad). Y tal vez entonces empecemos a comprender cabalmente hasta qué punto explotar a la naturaleza es lo mismo que explotarnos a nosotros mismos.

El doble lenguaje de la física moderna

Sabido es que desde el siglo XVII a los hombres de ciencia les ha gustado cifrar sus comunicaciones para poder reclamar prioridad al tiempo que evitaban conceder ventaja a sus competidores. Por añadidura, ya en tiempos de Galileo o Newton se era muy consciente del valor estratégico, mercantil y militar, que atesoraba incluso un conocimiento tan despegado del suelo como la astronomía o el cálculo marítimo de la longitud.

Así, durante siglos la ciencia se desarrolló en Occidente en un delicado equilibrio entre sus ansias de comunicarse y expandirse, y la conveniencia de ocultar en mayor o en menor grado sus procedimientos. Si esto ocurría incluso en las disciplinas más abstractas, como las matemáticas, podemos imaginar un poco de lo que pasaba con las ciencias aplicadas.

Cuando en las primeras décadas del siglo XX se desarrollaban la mecánica cuántica y la teoría de la relatividad, aunque ciertamente ya estaba en curso una reinvención de la imagen pública de la ciencia, puede todavía asumirse que los físicos comunicaban sus teorías con cierta espontaneidad y que la fiebre por avanzar rápido y a cualquier precio creaba una cierta «selección natural» en la oferta de métodos, hipótesis, e interpretaciones. Pero llegó la Segunda Gran Guerra, la Gran Ciencia y cosas como el Proyecto Manhattan, y los científicos, como admitió Oppenheimer, perdieron la poca inocencia que les quedaba.

Cabe suponer que fue más o menos por entonces o poco después cuando se empezó a comprender debidamente que las dos nuevas grandes teorías servían tanto para ocultar como para comunicar, lo que resultaba especialmente oportuno en campos aplicados tan comprometidos como la física de partículas.

¿Qué hacía alguien tan práctico y bien informado como Bush perdiendo su precioso tiempo con la olvidada teoría Weber en 1926, justo cuando la mecánica cuántica cristalizaba? El mismo inevitable Feynman, portavoz del nuevo estilo algorítmico en física y hombre del proyecto Manhattan, afirmó en alguna ocasión que la ley del potencial retardado cubría todos los casos de la electrodinámica incluidas las correcciones relativistas. Incluso Schwinger trabajaba para el gobierno en el desarrollo del radar. No es exagerado decir que los años de gestación de la QED conforman la época en que la línea divisoria entre física teórica y aplicada, con todo lo que eso implica para ambas, se esfuma para siempre.

Sencillamente, cuesta demasiado creer que ejércitos de talentosos físicos no hayan osado salir en física de partículas del superfluo marco relativista cuando cualquier aficionado que lo considere puede ver que se trata de un bloqueo en toda la regla a cualquier progreso sostenido en el campo. Aun más significativo es que esto no se diga. Claro que para convencernos de lo contrario surgió de la nada un nuevo espécimen de físico como no había existido nunca, extrovertido, desenfadado, persuasivo, fantásticamente dotado para la comunicación y las relaciones públicas. La viva imagen de la superficialidad —y con un notable parecido a Cornel Wilde. Cada cual podrá juzgar por sí mismo.

Obviaremos las cosas que se han dicho sobre la bomba atómica y la teoría de la relatividad, pues las barbaridades de la publicidad aún podrían abochornar a los físicos. Siempre podremos echar la culpa a los periodistas. Es obvio que la relatividad no tiene prácticamente nada que ver con el desarrollo de la física nuclear, e igual de obvio tendría que ser lo poco que tiene que ver la electrodinámica cuántica con la multitud de logros aplicados de todas estas últimas décadas.

El famoso «cállate y calcula» del citado físico y portavoz transmite a las mil maravillas lo que se espera del nuevo investigador. El cálculo tendría que ser sólo un tercio del trabajo en la física, teórica o no. Si dividimos la secuencia de cualquier actividad humana en principios, medios y fines, en física el cálculo o predicción sería sólo el medio entre el uso inteligente de los principios (que están presentes en todo momento), y las interpretaciones, que, lejos de ser un lujo subjetivo o filosófico, son inexcusables a la hora de darle sentido a la masa de datos empíricos, proseguir la investigación y motivar la síntesis de aplicaciones. Fines es tanto interpretaciones como aplicaciones.

De modo que no se ve porqué en física la interpretación tendría que ser de menor interés práctico que el cálculo, y creo que estos argumentos son tan básicos que puede entenderlos cualquiera. El que se atenga sólo a los medios, será igualmente usado tan sólo como un medio. Por lo demás, la mecánica cuántica y la relatividad lo que hacen a menudo es dificultar los cálculos de forma inusitada más que facilitarlos. Compárese, por ejemplo, los cómputos que requiere el más simple problema en la Relatividad General con los de una ley de Weber para la gravedad; por no hablar de los casos algo más complicados donde se hace por completo inmanejable. La prescripción de la partícula relativista tiene un sentido muy claro y es hacer imposible cualquier cálculo con sentido. Va de suyo que los logros experimentales y aplicados se han obtenido a pesar de esta piedra de tropiezo y escándalo, ignorando más que observando la prescripción.

«Cállate y calcula» significa simplemente «calcula lo que yo te diga y ni se te ocurra pensar en algo más». Curiosa consigna viniendo de alguien al que se ha glorificado como encarnación de irrestricta originalidad y del genio que va por su cuenta. También podría haber dicho: «Quédate con lo más superficial y olvídate de llegar nunca al fondo del asunto». El cálculo es completamente ciego si no está adecuadamente coordinado con principios e interpretaciones; incluso puede asegurarse que esta coordinación es más importante que todo lo demás. Pero no deberíamos ver en esto nada contradictorio, y si un fiel retrato del doble lenguaje de la Gran Ciencia y sus definidas prioridades tras la pantalla de las relaciones públicas.

Sabido es cómo en 1956 Bohr y von Neumann llegaron a Columbia para decirle a Charles Townes que la idea del láser, que requería el perfecto alineamiento en fase de un gran número de ondas de luz, era imposible porque violaba el inviolable Principio de Indeterminación de Heisenberg. El resto es historia. Ahora por supuesto lo que se dice es que el láser es otro triunfo más de la mecánica cuántica, del que no es más que un trillado caso particular.

El caso citado no ha sido la excepción sino la tónica general. Se nos dice que la mecánica cuántica es algo muy serio porque su masa de evidencia experimental supera el de cualquier teoría, pero parece más serio el trabajo de ingenieros y experimentadores intentando figurarse relaciones causales y aplicaciones sin el apoyo y aun con la obstrucción de una interpretación que prohibe la interpretación —física, se entiende— y que parece expresamente calculada para sabotear cualquier tentativa de aplicación concreta.

Y en cuanto al incomparable poder predictivo de la mecánica cuántica y la QED, que no le llega ni para figurarse el mismísimo colapso de la función de onda que postula, habrá que entender que se trata sobre todo de un poder de predicción a posteriori. También hoy se predice la fase de Berry, que aparece hasta en la sopa, aunque con las oportunas extensiones de eso que ni siquiera es «una teoría». Está claro que a procedimientos que sustraen infinitos de infinitos de forma recurrente e interminable, se los puede forzar hasta obtener prácticamente cualquier resultado; pero a pesar de todo esto se nos dice aún que estamos ante una teoría muy restrictiva. Tal vez lo sea a la luz de algún principio de simetría abstracto dentro de otros todavía más abstractos. Lo será, sin duda, después de que le haya ajustado todas las tuercas y tornillos imaginables al problema de turno. ¿Quién dijo autointeracción? Esta ya es una teoría autoajustable. Y lo mejor de todo es que a una teoría incoherente se le puede hacer decir cualquier cosa.

Nada podría ser más castrante para el físico que exigir de él la sola fidelidad a los cálculos. Más aún si estos cálculos son tan inescrupulosos que se los usa de forma abiertamente teleológica para replicar determinados resultados —pura ingeniería inversa, piratería de la naturaleza a la que se le quiere dar luego la categoría de Ley.

Si lo que se hackea de la naturaleza luego se convierte en Ley, no extrañe luego que se use como Ley para que otros no la pirateen. Y es por eso que hoy se usan las Grandes Teorías como el mejor bloqueo que cabe a la transferencia tecnológica.

Nada es más práctico que una buena teoría. Pero los que sólo están interesados en gobernar la naturaleza no son dignos de iluminarla, y menos aún de comprenderla. Así pues, seguramente tenemos el nivel de comprensión que nuestra estructura social puede tolerar, y esto es lo natural, primero porque el conocimiento científico es pura construcción social, y segundo porque toda construcción social es segunda naturaleza intentando aislarse de una supuesta naturaleza primera.

Hoy se usa la óptica de transformación y las anisotropías de los metamateriales para «ilustrar» los agujeros negros o para «ejemplificar» y «diseñar» —se dice— espacio-tiempos diferentes. Y sin embargo sólo se están manipulando las propiedades macroscópicas de las viejas ecuaciones de Maxwell. ¿Cabe llevar más lejos la distorsión y la distracción? Y el caso es que todo esto podría servir para indagar en los aspectos incontrolables del continuo electromagnético que no son sino la forma clásica de los famosos aspectos no locales de la mecánica cuántica. ¿Es que no hemos visto que si la función de onda de Schrödinger describe vibraciones en un móvil y en el medio, también las ondas electromagnéticas clásicas son un promedio estadístico de lo mismo?

En algo tan aparentemente trillado como el electrón podemos encontrar ya no sólo la llave para la física de partículas, también los límites de aplicación de las nanotecnologías, la computación cuántica, y una legión de emergentes nuevas tecnologías. Pero si todo esto son puras cuestiones de poder y de interés, podemos olvidarnos ya de la verdad.

Que no se puede servir simultáneamente al poder y a la verdad es algo que todos sabemos. Que la publicidad científica desarrolle sus historias y narrativas como si este conflicto no existiera es lo único que cabe esperar. Si los actuales relatos retrasan poco o mucho el desarrollo científico, tampoco es algo que debamos lamentar puesto que más avances tecnológicos, a falta de otras cosas, sólo pueden significar más desorden.

Afortunadamente, los que de una u otra forma obstruyen el conocimiento tampoco son capaces de desarrollar un saber de segundo orden libre de sus propias distorsiones; lo complicado de sus compromisos los limita rigurosamente. Todas las astucias del mundo, todo el arsenal experimental-estadístico-matemático-informático, no pueden sustituir al sentido de la rectitud, único capaz de ahondar en la ilimitada promesa de la simplicidad.

Referencias

N.K. Noskov, The theory of retarded potentials versus the theory of Relativity

N.K. Noskov, The phenomenon of the retarded potentials

J. P. Wesley, Weber electrodynamics

Assis, A. K. T, Relational Mechanics -An implementation of Mach's Principle with Weber's Gravitational force, Apeiron, Montreal, 2014

T. B. Batalhao, A. M. Souza, R. S. Sarthour, I. S. Oliveira, M. Paternostro, E. Lutz, R. M. Serra Irreversibility and the arrow of time in a quenched quantum system

Lucia, U, Macroscopic irreversibility and microscopic paradox: A Constructal law analysis of atoms as open systems

V. E. Zhvirblis, V. E, Stars and Koltsars, 1996

N. Mazilu, M. Agop, Role of surface gauging in extended particle interactions: The case for spin

N, Mazilu, Mechanical problem of Ether Apeiron, Vol. 15, No. 1, January 2008

V.V. Aristov, On the relational statistical space-time concept

R. M Kiehn, Retrodictive Determinism

M.J. Pinheiro, A reformulation of mechanics and electrodynamics

MÁS ALLÁ DEL CONTROL: FEEDBACK Y POTENCIAL

1 agosto, 2018

En el último medio siglo ha habido una gran controversia sobre el significado físico de los potenciales y del potencial cuántico en particular, persistiendo diversas preguntas abiertas. En este breve artículo, antes que resolverlas, pretendemos añadir otras nuevas que pueden tener una insospechada incidencia en el futuro. En particular, queremos indicar el valor de la realimentación o feedback más allá del omnipresente paradigma del Control.El cálculo es una mera interfaz entre la matemática y el mundo físico, pero no la única. Existen otros medios de explorar este mundo, aunque el que hemos apuntado aquí no es incompatible con el cálculo.

Los potenciales surgieron en física como un mero auxiliar para el cálculo pero con el tiempo se han hecho imprescindibles. Se ha dicho que los potenciales cuánticos son completamente diferentes de los clásicos basándose en fenómenos como el efecto Aharonov-Bohm pero está claro que ese efecto se puede derivar de ecuaciones clásicas y de hecho se ha encontrado un ejemplo estrictamente análogo incluso en la superficie del agua.

En principio, se supone que la energía potencial se deriva simplemente de la posición y es el factor pasivo, recíproco del elemento activo que origina la energía cinética y el movimiento apreciable que es la fuerza —uno y otro serían el caso estático y el dinámico. En Newton la idea de lo potencial es estrictamente la inversa de la fuerza, luego su suma debería ser por definición igual a cero; pero el lagrangiano introducido un siglo más tarde nos dice que la energía cinética es mayor que la potencial y por tanto tiene un valor positivo. Esto ya debería haber levantado suspicacias, pero dado que de lo que se trataba era de allanar los cálculos, nadie presentó protestas.

En realidad el potencial es el caso estático y la fuerza el caso dinámico, pero, ¿son ambos equivalentes? La ley de fuerza de Weber, aplicable tanto en electrodinámica como en mecánica celeste, permite una visión diferente del tema: todas las fuerzas invariables, como en el caso introducido por Newton, se reducen al caso estático, y sólo las fuerzas dependientes de las velocidades y aceleraciones relativas permiten hablar propiamente de un caso dinámico. La ley de Weber es el primer caso de fuerza puramente relacional en dinámica pero, como se sabe, su argumento, aunque perfectamente válido, ha sido poco atendido.

Para nuestra autopercepción, ¿es lo mismo la fuerza cinética que la potencial? Parece claro que no: nuestro cuerpo se deforma con la gravedad cuando ésta es sólo una fuerza potencial, pero no lo hace cuando la gravedad se manifiesta directamente como movimiento, como en el caso de la caída libre. ¡Y sin embargo la deformación es el primer índice de la presencia actuante de una fuerza! La interpretación que tiene nuestro cuerpo de estas cosas parece bastante reñida con nuestros cálculos y sus conveniencias.

Probablemente la distinción estático/dinámico sea más importante que lo que el marco de la dinámica permite contemplar —puesto que la dinámica, por definición, ya ha decido qué es lo que le parece más importante. Es decir, los valores asociados a las posiciones ya están ligados a las fuerzas y a ninguna otra consideración. Esto es perfectamente legítimo desde su punto de vista y no hay problema alguno con ello; es sólo que no tiene porqué agotar el caso.

Antes de que se introdujera la expresión «energía potencial» —término al parecer introducido por Rankine— se hablaba a menudo, incluso en el célebre artículo de Helmholtz de 1847 que tanto perjudicó a la teoría de Weber, de tensión; y todavía hoy se cuentan las tensiones en diversos tipos de sistemas como energía potencial. No es esto algo que la independice a nuestros ojos de las prioridades de la dinámica, pero al menos no la relega al papel puramente pasivo que estamos habituados a concederle.

Otra cuestión añadida es que pensar en términos de fuerzas nos obliga a pensar exclusivamente en términos de las cantidades controlables. Podemos medir otros valores, pero si no están dentro del marco de lo que podemos controlar y seguir en una evolución determinista, quedan relegados al vasto orbe de lo accidental. Esto es manifiesto en algo tan universal y clásico como la ley constitutiva de los materiales; pero también se hace patente en las correlaciones cuánticas de carácter no-local.

La ley de Weber, anterior y más general que la teoría de Maxwell, puede igualmente extenderse a la hidrodinámica, la termodinámica, y otras muchas situaciones. Es también el ejemplo más elemental de realimentación intrínseca a una ley física fundamental, puesto que la longitud de interacción influye sobre sí misma a través de la fuerza de interacción. En otra parte ya hemos señalado que el mismo caso newtoniano para la elipse esconde una autointeracción o realimentación desde el principio, no pudiendo subsistir la elipse cerrada sin ella —no hay conservación local de las fuerzas. Por tanto, tanto las leyes fundamentales más generales, tales como la gravedad y el electromagnetismo, en la medida que requieren principios de acción, no parecen posibles sin realimentación.

En los últimos tiempos hemos asistido al desarrollo de nuevas especialidades experimentales como la medida cuántica continua o el feedback cuántico que permiten la manipulación/modulación de estados cuánticos individuales, y que arrojarán nueva luz sobre la indefinida y controvertida zona de transición entre el dominio clásico y el cuántico. En todo este vasto campo apenas se comienzan a explorar las posibilidades y bifurcaciones: se habla ya incluso de self-feedback o autorretroalimentación, para casos en que un resonador interactúa no ya con un sistema controlable sino con un ambiente con muchos cuerpos.

La mejora en la manipulación mecánica conduce aquí a una mayor sensibilidad en la modulación, y la mejor modulación permite concretar aún más los detalles mecánicos y las circunstancias de un entorno. Es un clásico circuito de realimentación, sensor→cálculo→actuación. Y así sin mucho ruido la microfísica entera se va adentrando en un nuevo territorio.

Todo esto supone no sólo un deslizamiento gradual en los interfaces hombre/máquina, también terminará provocando un cambio profundo en los interfaces hombre/naturaleza, que a la larga puede suponer no sólo un cambio sino también una inflexión.

La idea que hoy se tiene de este amplio viraje es exclusivamente tecnológica, relativo al orden de manipulaciones, pero se ignora el aspecto de sintonización, de sensibilización que conlleva. Sin embargo, la misma naturaleza de las cosas, la misma naturaleza humana, permiten pronosticar que todo esto terminará afectando por igual al ámbito de percepción tanto como al de actuación, a nuestros impulsos «eferentes» como a los «aferentes».

Imaginemos que estamos haciendo biofeedback a través de señales de salida de una función de nuestro propio cuerpo, como el pulso o la respiración. Una pregunta bastante inocente es si hay señales mejores que otras en términos de autorregulación; es decir, si es indiferente o no el tipo de representación o interfaz de la señal. Pensemos por ejemplo en la representación en términos de movimiento y fuerza —cinética— y la representación en términos de posición o potencial. Puesto que acabamos de hablar de impulsos aferentes y eferentes, de entrada y salida, es simplemente razonable pensar que, para nuestra autopercepción, ambos se corresponden con el aspecto cinético y potencial.

Está claro que con señales biológicas es muy fácil contrastar la eficacia de uno u otro tipo de interfaces. Ahora demos un salto y pensemos en cómo nuestra mente o intención podría manipular/modular/sintonizar sistemas físicos externos al cuerpo o exosistemas a través de determinados mecanismos e interfaces. ¿Hay aquí también distintos grados de eficacia, en función del objetivo que se pretenda?

Finalmente, dentro de este contexto de la interfaz mente/máquina, podríamos plantearnos, naturalmente, cuál son los mecanismos e interfaces mínimos para tener comunicación en una y otra dirección. Y la respuesta, tan ambigua como queramos, es que el límite mismo depende de cómo entendamos y percibamos el Continuo físico. Ya hemos hablado de ello en relación con el electromagnetismo y sus condiciones de interfaz.

Nuestra idea de autointeracción, a un nivel físico fundamental, es también importante, pues en el marco de la ley del potencial retardado, el principio de acción se traduce directamente en realimentación. Los potenciales retardados se inscriben naturalmente dentro de la mecánica del continuo.

Lo realmente importante, en cualquier caso, es que podamos acceder a una percepción de la naturaleza distinta del mero movimiento y extensión. La física es interesante justamente porque las cosas no son reducibles a movimiento y extensión, pero por más que lo sepamos, los objetivos instrumentales o utilitarios nos llevan a olvidarlo.

Hay que ir más allá del movimiento para captar las transformaciones en lo aparentemente inmóvil e inextenso. Captar el movimiento en lo inmóvil, y lo inmóvil en el movimiento: este tendría que ser el valor del biofeedback como endoscopia en la realidad física. David Finkelstein acuñó el vocablo «endofísica», que Otto Rossler describió en su momento; pero es inútil hablar de la teoría de la Relatividad y la mecánica cuántica como «entornos participativos» cuando son rupturas explícitas con las nociones del continuo. Si no hay ruptura, no hay necesidad de participación, y es sólo en el continuo que puede hablarse de exterior, de interior, y de lo que va más allá de estas distinciones más o menos superficiales.

Ya hemos comentado en otros escritos que la ley constitutiva, la teoría de deformaciones y tensiones, vela con sus métricas los aspectos más universales del continuo físico, del que los campos conocidos son meramente extractos.

La conexión entre feedback biológico y feedback de exosistemas es una cuestión de interfaz; y lo mismo ocurriría con los exosistemas cuánticos —si en tal caso fuera posible hablar de sistemas externos. Evidentemente, hay una gran diferencia entre sistemas cuánticos fuertemente ligados, como enlaces moleculares, y otros muchos más libres. Pero en todos los casos esta óptica «interna», que en realidad sólo es una cierta recuperación del continuo físico, debe arrojar una luz totalmente nueva —la luz de lo que no busca la utilidad. Todas nuestras descripciones matemáticas, por más que se revistan de un lenguaje exacto, están ya severamente limitadas por sus inherentes propósitos de predicción.

Así, más allá de la manipulación y la «modulación», es posible hablar de un conocimiento por sintonía, sin propósito ulterior, que aprovecha los medios que la modulación y la manipulación han hecho posibles. Estos medios, más o menos oportunos, serían en el fondo secundarios.

Parece que los aspectos más peculiares del potencial cuántico son reducibles a los del campo de su onda, y por lo mismo, se deben a las nociones del continuo. Seguramente puede desarrollarse una sensibilidad más o menos directa y subjetiva a fenómenos como los pozos de potencial y el efecto túnel, que tampoco parece que tengan nada intrínsecamente cuántico y pueden explicarse desde un ángulo clásico. Aquí, sin embargo, la descripción y la interpretación se ponen al servicio de algo diferente. Sistemas biestables y metaestables, que pueden encontrarse tanto a nivel biológico, clásico y cuántico, pueden tener rasgos decisivos que son independientes de coordenadas y escala.

El cálculo es una mera interfaz entre la matemática y el mundo físico, pero no la única. Existen otros medios de explorar este mundo, aunque el que hemos apuntado aquí no es incompatible con el cálculo.

Los límites de la Ciudad

La Naturaleza no es simplemente el trasfondo sobre el que la sociedad se ha construido, y que reconocemos «ahí fuera» como bosques, cielos y océanos; irreconocible, nos atraviesa internamente también como pasiones, como percepciones, incluso como conciencia silente en medio de la procesión de pensamientos que son el circulante propiamente social. La ciencia, que es lo más contrario al instinto que pueda imaginarse, sólo puede incorporarse la Naturaleza como objeto externo y como ley abstraída de los fenómenos. Esta perspectiva está abocada a la instrumentalidad incluso con la más benevolente de las voluntades.

Entendido esto es necio pensar que el hombre pueda desarrollar la ciencia y la tecnología para el dominio y explotación de la naturaleza externa sin hacer lo mismo, medida por medida, con nuestra naturaleza interna; pero tal vez la misma ilusión de lo social dependa de la ignorancia sistemática de algo tan plausible y verosímil.

Si todo fueran fuerzas descendentes en este mundo, y lo mismo vale decir para las ascendentes, las cosas llegarían muy pronto a su detención: es como imaginar un cuerpo con sólo funciones eferentes o aferentes. De este modo, incluso contra nuestra voluntad, las tendencias siempre buscan compensarse. Tengo que suponer que este es el motivo de que esté escribiendo esto, sin poder explicarme a mí mismo a qué es a lo que le estoy buscando una salida, y aunque por lo demás no necesite justificaciones. El instinto nos dirá a algunos que es necesario insistir en esta dirección por más que no le veamos una definida utilidad o un propósito. Alguien que se ahoga o quiere romper un cerco no los necesita.

Vivir en la sociedad del control es tentar sus límites externos e internos hasta el umbral de su cesación.

Apéndice: La onda del pulso, el potencial retardado y la proporción continua

Como es sabido el perfil de presión de la onda del pulso en el tiempo es la suma del impulso cardíaco y de una onda refleja creada por el sistema vascular periférico en la interfaz entre arterias grandes y los vasos menores que ocasionan resistencia. En todo momento y en cualquier parte del sistema arterial hay tres factores: la amplitud, la duración del impulso contráctil del corazón, y la amplitud de la onda refleja.

Se ha dicho que la razón entre el tiempo de la sístole y la diástole en humanos y otros mamíferos tiende en promedio a la Proporción Continua; igualmente la presión sistólica en la aorta es 0,382 y la diastólica 0,618; esta proporción también se encuentra en la actividad eléctrica del cerebro. Hay buenas razones para ser escépticos sobre este tipo de asociaciones numéricas cuando no están vinculados a razones mecánicas, lo que suele ser siempre; pero tal vez aquí, si tiempo y presión están bajo el mismo inexplicado denominador común, exista una oportunidad de encontrar la deseable conexión con la dinámica; El tiempo sistólico del perfil ya incorpora la onda refleja, y lo mismo ocurre con el tiempo de la diástole.

Por otro lado está la Velocidad de la Onda del Pulso, que es una medida de la elasticidad arterial: ambas se derivan de la Segunda Ley a través de la ecuación de Moens-Korteweg. Esta velocidad de la onda varía con la presión, así como con la elasticidad de los vasos, aumentando con su rigidez. La distancia de retorno de la onda refleja y el tiempo que conlleva aumenta con la estatura, y una menor presión diastólica, que indica menor resistencia del conjunto del sistema vascular, reduce la magnitud de la onda refleja. El tratamiento de la hipertensión debería centrarse, se dice, en disminuir la amplitud de la onda refleja, rebajar su velocidad, y aumentar la distancia entre la aorta y los puntos de retorno de esta onda.

En buena medida, parece que podemos considerar la elasticidad de la onda refleja como un potencial retardado de Weber-Noskov dependiente de la distancia, fuerza y velocidad de fase, y ver si esto procura un acoplamiento o unas condiciones de resonancia que, incidentalmente, tenderían a los valores de la proporción continua. El miocardio es un músculo autoexcitable pero a ello también concurre el retorno de la onda refleja, así que tenemos un hermoso ejemplo de circuito de transformaciones tensión-presión-deformación que se realimentan y que no debería estar muy alejado de los problemas más básicos de física que hemos tratado en otros artículos y que también incluyen una realimentación.

Hay aquí una notable similitud que demanda una exploración detallada. No sólo puede crearse un modelo nuevo, también se puede simular numérica y físicamente con tubos elásticos y bombas artificiales: todo esto se puede «coger con las manos» de una forma bastante obvia.

Referencias

Peter J. Riggs, Reflections on the de Broglie–Bohm Quantum Potential

Nikolay Noskov, The phenomenon of the retarded potentials

Zhang J, Liu Y, Wu R, Jacobs K, Nori F, Quantum feedback: theory, experiments, and applications

V. D. Zvetkov, V. D, Heart, Golden Ratio and Symmetry , Puschino, Russian

Miguel A. Martínez Iradier, Autoenergía y autointeracción

Miguel A. Martínez Iradier, Entre la presión y la tensión

Durante un tiempo pareció que la teoría de la información y la complejidad, aliada con la genética, nos iban a dar una descripción comprehensiva de la vida y sus procesos característicos tales como el envejecimiento. Han pasado los años y hemos aprendido que el hombre tiene menos genes que una banana o algunos peces y monos, mientras las definiciones de la entropía, otro nombre para la información, se han multiplicado casi tanto como sus aplicaciones, haciendo el término cada vez más confuso y menos universal. Las ciencias de la complejidad han crecido al amparo de la explosión informativa, pero no han aportado mucha claridad, y desde luego no nos han hecho más sabios. En este breve artículo no pretendemos hacer una revisión crítica de un campo tan vasto; más bien al contrario, quisiéramos apuntar al interés y pertinencia para la vida de categorías mucho más simples, básicas, físicas.

Hace ya años que empieza a extenderse el escepticismo sobre las teorías de la complejidad, y tras décadas de ebriedad especulativa, la resaca era previsible aunque el ímpetu del paradigma computacional no remita. Un astrofísico como Eric Chaisson ha mostrado que una medida tan simple y elementalmente física como la densidad de flujo de energía es harto más fiable y expresiva para la métrica de la complejidad que cualquiera de las definiciones de entropía, mucho más abstractas, que proliferan. Eso ya nos dice algo, incluso si esa medida más simple pudiera no llevarnos muy lejos.

Puesto que hasta ahora se ha sacado tan poco en limpio para la vida usando toda la potencia de nuestro arsenal de teorías de la complejidad, creemos que es oportuno mirar en la dirección contraria en busca de conceptos simples y robustos a los que no se haya prestado atención —aun a riesgo, como no, de resultar demasiado simplistas. En cualquier caso, creemos que es es más fácil ver lo que falta en algo demasiado simple, que lo que sobra en lo demasiado complejo.

Después de todo, ¿Tiene la medicina moderna, con todo su despliegue tecnológico, siquiera una definición aceptable de la vitalidad o la salud? En absoluto; se nos dirá como mucho que es un estado óptimo de funcionamiento del cuerpo, que no excluye ciertos componentes subjetivos —o algo parecido. Meras palabras y obviedades que no añaden ni una pizca de conocimiento a lo que cualquiera de nosotros sabemos sin habernos detenido a pensarlo.

Compárese con la definición, de principios del siglo XX, debida al «vitalista» Ehret: la vitalidad es potencia menos la obstrucción (V = P—O), en realidad la única mecánica y funcional que se ha dado hasta ahora, y también la más veraz y simple posible. No es este el lugar para valorar las ideas dietéticas del naturista alemán ni su viabilidad en el mundo moderno, pero no está de más recordar que tanto esas ideas, como su definición de la vitalidad, son las que hubiera suscrito un taoísta dos mil años atrás.

Lo que realmente nos interesa es que esta definición, además de estar llena de sentido en lo cualitativo y subjetivo, admite una traducción física inmediata. Y es que, curiosamente, después de que la física y la mecánica han servido para modelar al resto de las ciencias experimentales, como la química, la anatomía y la fisiología, por la mera lógica de la especialización hemos llegado a dar por hecho que, a nivel básico, ya no pueden tener nada más que decir. Y eso depende de cómo entendamos la física y la mecánica.

Tomemos por ejemplo la teoría electromagnética de Maxwell. Se supone que esta tiene bien poco que decir sobre el cuerpo humano y la fisiología, salvo, de forma muy mediada, por los potenciales electroquímicos, que consideramos sobre todo parte de la bioquímica. Pero resulta que la teoría original de Maxwell es un híbrido de mecánica e hidrodinámica basada de forma innegable en las ideas de flujo y circulación. Es una teoría de corrientes cerradas y de tubos de flujo totalmente fenomenológica, macroscópica, construida desde fuera hacia dentro, definida por ecuaciones integrales y no por ecuaciones diferenciales ni vectores. Es decir, en su forma original estas ecuaciones, que se consideran uno de los ejes más profundos de la física teórica, aun siendo estrictamente mecánicas y tautológicas son más «holísticas» que un buen número de concepciones de la medicina que se toman por tales.

No sólo eso, sino que, si hacemos la debida lectura constitutiva de esas ecuaciones, llegamos, como Nicolae Mazilu, a la conclusión de que el campo eléctrico clásico es la forma de las tensiones que no están acompañadas por deformaciones, mientras que la forma de las deformaciones que no están acompañadas por tensiones es aquella que caracteriza un campo magnético clásico. Y esta definición es igualmente válida para materiales, biomecánica, o incluso nuestra autopercepción, subjetiva igual que objetiva, en términos tensión y de presión.

Es decir, todo esto tiene aspectos globales que trascienden con mucho nuestra idea de la electricidad como movimiento de cargas. Las ecuaciones de Maxwell tienen una parte definida por una métrica privativa de la fuerza electromagnética, y otra parte, mucho más universal, que puede aplicarse a la hidrodinámica, termodinámica, sismología, etcétera.

En la fórmula de Ehret, el poder o potencia es a menudo sinónimo de presión. Frente a la presión, sólidos y líquidos se comportan de forma parecida; frente a la tensión tangencial, se dice que «el sólido se deforma, y el líquido fluye». Esto ya nos da la idea general de cómo pasar de tensiones a corrientes; y así, a través de la hidrodinámica, encontramos otra forma completamente natural de aproximar la estructura fundamental del electromagnetismo como teoría del continuo y la elasticidad a la biología.

Sabido es que una de las constantes vitales más vigiladas en la medicina moderna es la presión arterial, que cuando está alta, solemos llamar hipertensión; la presión la ejerce la sangre, la tensión afecta a la superficie del vaso. En realidad con el aumento de la velocidad de flujo en un vaso disminuye la presión sobre sus paredes, y en términos generales es el estancamiento de la sangre lo que aumenta la presión y la tensión a que están sometidos los vasos.

Está claro que si sólo queremos saber sobre los índices de tensión, nos basta con el principio general de la hidrodinámica de Bernouilli o la ecuación de Laplace, que nos conectan con la teoría del potencial. El principio de Bernouilli puede derivarse directamente de la Segunda Ley y nos dice que la suma de la energía cinética, potencial e interna (presión) permanecen constantes; la ecuación de Laplace nos da una distribución de líneas de flujo en una corriente y nos lleva a la ecuación de Poisson y a la segunda de Maxwell.

La misma hemodinámica del sistema cardiovascular encuentra una buena aproximación, empleada a menudo por los estudiosos, en la ley de Ohm (la presión es igual al producto de flujo y resistencia, o también, en términos de electrodinámica, la diferencia de potencial es igual al producto de intensidad y resistencia); esta ley eléctrica se corresponde naturalmente con la ecuación de Poiseuille de flujo laminar que suele aplicarse para el caso. Aunque la ley de Ohm se considera empírica se ha seguido verificando con precisión hasta las inmediaciones del nivel atómico.

La ecuación de Poiseuille da por su parte la caída de presión del flujo laminar en la sección transversal del vaso; esto a su vez origina una función de Bessel de primer orden, los modos de vibración de la sección transversal. Antiguos manuales de pulsología intentaban dibujar este «aspecto» de la forma del pulso, que, evidentemente, poco tiene que ver con el perfil de su onda en el tiempo.

La presencia de estas fórmulas bien contrastadas sugiere fuertemente que en la mera señal del pulso hay bastante más información útil de la que ahora sabemos utilizar -información con un significado físico directo e indudable. Hasta hace poco no se ha podido monitorizar fielmente la señal del pulso sin el uso de catéteres, pero ahora la tonometría de aplanación hace esto posible de forma no invasiva y fácil.

Medidas aparte, si lo que define nuestra idea de salud es el flujo y la circulación, el elemento estructural que los acota es el tubo, exactamente como en los planteamientos de Faraday y Maxwell; y la formas diferenciales exteriores desarrolladas por Cartan son la forma más natural, elegante y compacta de considerar sus contornos y cambios globales, geométricos y topológicos.

Cilindros o tubos de flujo se presentan en el organismo en un rango de niveles mucho más amplio que la célula, actualmente considerada la unidad biológica fundamental. Tenemos tubos y canales a nivel de las macromoléculas, a nivel intracelular, a nivel multicelular en conductos y vasos sanguíneos, en los órganos, y finalmente, en la topología más elemental del cuerpo humano como tubo digestivo que el material externo atraviesa. Por abajo y por arriba, los tubos o canales son una estructura mucho más general para la vida que las células. Decir que la vida es funcionalmente una cuestión de flujo tubular es pertinente y ajustado a la realidad, aunque aún no se haya considerado con la estrategia integral adecuada.

Y en cuanto al nivel molecular, que hasta hace poco se consideraba como el bastión irreductible de la información unívoca —recuérdese el llamado «dogma central de la biología molecular»— ahora ya sabemos que los genes tienen expresiones múltiples y que las enzimas son capaces de realizar funciones muy diversas en función del entorno. ¿Qué se ha hecho del reduccionismo? Y sin embargo vemos que la física, supuestamente la más reduccionista de las ciencias, permite naturalmente una visión más global. Y además la versión clásica, macroscópica, del electromagnetismo ya contiene una rica estructura estadística, con aspectos conservativos y disipativos.

El actual conocimiento clínico sobre la hipertensión, basado sobre todo en la bioquímica, ignora cosas tan básicas a nivel mecánico como el papel de la respiración, y la respiración ya es una función circulatoria de primer orden, aun si sólo consideramos el intercambio gaseoso que genera. Ahora que tanto se habla de medicina evolutiva, cabe preguntarse de qué órgano querría depender antes la naturaleza para algo tan crítico como la circulación, si de uno con un volumen dado, o de otro con cuatro veces su volumen y por consiguiente mucha más capacidad de adaptación. Y no deberíamos estar pensando sólo en los pulmones y la bomba torácica, también en el diafragma y la llamada bomba abdominal.

Desde un punto de vista de conjunto el corazón es más una válvula de control que una bomba para impulsar toda la sangre; hace mucho que tendríamos que haber dejado esta última idea como lo que es… otra representación primitiva. Ya el mero hecho de que el diafragma requiera más sangre que el corazón tendría que decirnos algo. La primera y más importante medida para reducir la hipertensión tendría que ser utilizar la mitad de la capacidad de nuestro diafragma, en vez de la cuarta o quinta parte como es habitual. La hipertensión obedece al estancamiento de la sangre venosa que no logra vaciarse, y que satura la circulación capilar; y estando ésta llena tiene que rebosar elevando la presión arterial. El razonamiento no puede ser más mecánico ni la evidencia empírica más abrumadora, y sin embargo, en el 2018, ambos siguen siendo sistemáticamente ignorados.

En la fórmula ($V = P—O$) P representa la energía y O representa la materia. Los sistemas conservativos se rigen por variaciones mínimas de energía; los sistemas biológicos, disipativos y alejados del equilibrio, pero tendentes a su propia homeostasis interna, procuran minimizar el uso de la materia por razones de escasez obvias. Más energía suele llevar a más incorporación y más eliminación de materia; si predomina lo primero, se tiende a la plétora, si lo segundo, a la consunción. Lo primero también tiende a una plenitud uniforme, aunque también al entorpecimiento gradual; lo segundo, tiende a la contracción, la diferenciación y el arrugamiento, también a la fragilización. Pero ambas son formas de creciente restricción. Son pautas muy genéricas de evolución en el tiempo que todos podemos observar en nuestros semejantes y en nosotros mismos, y, tan simples como son, contienen indicaciones muy importantes.

Naturalmente, la combinación de estos aspectos de energía y materia recibe el nombre de metabolismo, que es el balance de reacciones catabólicas y anabólicas, liberadoras de energía y formadoras de materia.

Diríase que las reacciones anabólicas buscan el máximo de materia con el mínimo de energía, y las reacciones catabólicas, el máximo de energía con el mínimo de materia; y en este sentido, ambas partes mezclan aspectos conservativos y disipativos. Dicho de otro modo, no sólo son antagónicas, sino que también se contradicen hasta cierto punto a sí mismas. Cuando dos estados no pueden satisfacerse simultáneamente, se origina alternancia o circulación.

Es bien sabido que la biestabilidad es un atributo fundamental del funcionamiento celular a muchos niveles, y su deterioro incide en la pérdida de la homeostasis celular asociada a procesos degenerativos o el cáncer; también es sabido que depende de circuitos complejos de realimentación con barreras reguladoras ultrasensibles.

Un sistema biestable o de doble fase prototípico aunque mucho menos atendido, y cuya importancia todavía se desconoce, es el ciclo nasal, que se alterna entre las dos fosas con una duración promedio de unas dos horas y media o tres horas. Hasta ahora, se tienen indicios de que esta alternancia y la ratio de flujo podría tener considerable influencia en la actividad metabólica y las funciones aferentes y eferentes del sistema nervioso y el cerebro, pero se sigue sin tener una comprensión global del fenómeno. ¿Por qué hay aquí alternancia, por qué hay circulación? En este caso, como en todos los demás, hay que preguntarse qué dos condiciones no pueden satisfacerse simultáneamente y demandan un periodo semejante.

Parece que se ha estudiado más la periodicidad de este ciclo nasal que su ratio de flujo, que tanto cuantitativa como cualitativamente tendría que ser relevante. Es muy dudoso que esta biestabilidad respiratoria sea un mero efecto acumulado de la suma de ciclos celulares locales, pues de hecho es muy fácil de modificar voluntariamente o cambiando de posición al estar acostado. Aun ignorando la profundidad de su efecto regulador, su carácter global resulta bastante evidente.

Es prioritario entonces proceder de lo global a lo local, no al revés; del mismo modo, por lo demás, que en el enfoque original del electromagnetismo. Dos caminos de exploración vienen a la cabeza. El primero es el biofeedback, puesto que, siendo una función que puede modificarse a voluntad, nos permite seguir su incidencia más inmediata en otras funciones fisiológicas, celulares y bioquímicas. El biofeedback permite plantear situaciones experimentales que habitualmente están fuera de control, y es relativamente fácil alcanzar situaciones de equilibrio en las que la función respiratoria no cae en ninguno de los dos valles y permanece situada en la misma barrera divisoria.

El segundo camino es la construcción de sistemas electromagnéticos biestables con un componente disipativo importante, por ejemplo, con metamateriales. Aquí lo que se trata es de buscar, por ingeniería inversa, sistemas que generen una respuesta análoga y lo más cercana posible. Esto es bastante menos absurdo de lo que parece, si partimos de la idea de que el componente «electromagnético», en el sentido más universal ya comentado, de los sistemas vivos es constitutivo y no accidental; y por otro lado, y complementado al acercamiento anterior, esto permite una cierta aproximación desde abajo hacia arriba, puesto que los metamateriales son «agregados celulares» construidos con unidades de base, como por ejemplo los resonadores de anillo partido.

La modulación de la fase permite aquí alterar propiedades macroscópicas de las ecuaciones como la permitividad y permisividad, obteniéndose así índices negativos que parecen violar leyes elementales y hacen posibles propiedades exóticas como el ocultamiento óptico, etcétera.

A pesar de lo que pueda parecer, estos dos acercamientos son altamente complementarios porque van de arriba a abajo y de abajo a arriba, y por que el adelgazamiento de la barrera potencial por autorrealimentación también permite entrar en el dominio de la modulación de fase y la consecución de índices negativos. Y porque, no hay que olvidarlo, las sobredeterminadas ecuaciones de Maxwell emergen de un fondo indeterminado.

Del mismo modo un sistema metaestable o biestable es una pequeña isla de estabilidad en un mar de materia y energía que siempre permanece indeterminado pero que se actualiza en las interacciones: las mismas materia y energía que lo hacen posible lo limitan. Esto tan obvio tiene muchos aspectos poco obvios.

La barrera de potencial de un sistema biestable debería definir con una fidelidad más que razonable sus limitaciones metabólicas en el uso de la materia y la energía —y lo reversible e irreversible de sus restricciones. Esto nos daría una idea cabal del proceso de envejecimiento, algo de lo que todavía carecemos.

El envejecimiento como restricción creciente

En este artículo asumimos que el envejecimiento es un proceso global y macroscópico antes que microscópico, y que los aspectos microscópicos son siempre rehenes de un medio interno, que en condiciones normales obedece al balance global, y no al contrario. En cualquier caso, marcadores microscópicos ya tenemos a miríadas, pero no una visión general que ahonde en lo que ya vemos.

Acostumbramos a ver el aumento de complejidad como un enriquecimiento de las posibilidades del sistema, pero este aumento de complejidad conduce de forma inexorable a una mayor restricción. Esta claro que la vejez es compleja, pero no en el sentido de mayores posibilidades, sino más bien al contrario: es cada vez más complicada, más difícil, también más característica. Lo que antes pudieron ser disposiciones se han convertido ahora en estructuras que limitan cada vez más el libre flujo de la energía. Como puro proceso de diferenciación, se trata de un proceso altamente personal, o individual —no hay ni puede haber nada más individualizado que esto.

Simplificando al máximo, el envejecimiento es un falta creciente de eliminación de lo obstructivo, que se acumula en forma de estructuras materiales más o menos características. Dicho de otra forma, es el crecimiento acumulativo de la obstrucción. Aunque, ni que decir tiene, un organismo puede eliminar demasiado sin eliminar todo lo que obstruye. La naturaleza en plenitud sabe muy bien qué eliminar y cómo; es a la naturaleza impedida a la que hay que ayudar, por medios que pueden ser menores, o mayores en casos como la cirugía.

Esto es lo realmente importante, y lo demás son corolarios. Lo obstructivo es siempre lo superfluo, luego no puede ser característico sino en el sentido más externo o limitativo. Es lo menos individual si entendemos al individuo como singularidad infinita, y es lo más individual que cabe si entendemos al individuo como mera limitación, como lo limitado por excelencia.

Materia y energía son las dos caras del metabolismo; a esto podría añadirse que la materia puede ser soporte de información, pero no puede transmitirla, mientras que la energía puede transmitir información, pero no puede retenerla. La autoorganización que atribuimos a los organismos vivos es su capacidad para darse forma a sí mismos, para producir o alterar su estructura a partir de la información obtenida de la misma energía disipada (Margalef, Barragán).

Así volvemos al trinomio materia-energía-forma del fundador de la biología, que no es otro que Aristóteles; sólo que la forma se ha convertido ahora en una categoría cuantitativa de carácter estadístico.

La descripción microscópica del metabolismo, su bioquímica y las reacciones y ciclos que dibuja a nivel celular, es una ciencia que aunque siempre incompleta está extraordinariamente desarrollada y no tiene grandes problemas para definir su modelo. Pero a todas esas piezas del rompecabezas les sigue faltando el modelo para armar, la perspectiva macroscópica, sin la cual toda esa información de carácter estadístico nunca alcanzará el rango directamente apreciable y de orden superior de la Forma con mayúsculas.

Puesto que se puede seguir en orden ascendente las tasas metabólicas desde las reacciones de reducción-oxidación y las tasas respiratorias celulares hasta el perfil global del sistema respiratorio como sistema biestable por la barrera de potencial nasal, esta es la forma y el eje de simetría que buscamos. Es incluso algo más: es el espacio y la métrica que define en cada momento el valor relativo de los parámetros del sistema. Nuestra apelación al electromagnetismo en su aspecto más universal no era vana, como no lo era nuestra apelación a la ingeniería inversa con estructuras metamateriales.

De hecho desde la perspectiva constitutiva del continuo que encuentra su límite en el campo, y en el que no hay espacio sin materia ni materia sin espacio, igual que no hay rigidez sin materia, tampoco hay deformación —cambios de forma— sin energía.

Entonces podemos considerar eso que llamamos «forma» a un nivel constitutivo, como un balance entre la rigidez y la elasticidad. Esto es aplicable incluso a la mecánica molecular, y ya se sabe que la elasticidad de una molécula rígida depende de la energía mientras que la de una molécula flexible depende de la entropía de su configuración (por otra parte, las fuerzas inelásticas producen calor y las elásticas tensión mecánicamente recuperable). Esta forma constitutiva es la forma como limitación, el aspecto más externo del perfil individual.

Luego estaría la «forma» más interna y menos limitada de la individualidad, que, en realidad, al carecer de límites en un sentido tangible, no puede ser forma en el sentido sensorial. Es, más propiamente hablando, el Espacio que l o s   d e f i n e .
Así, podríamos hablar de una forma más externa regida por el balance de materia y energía, tensión y deformación; otra forma más interna, que es la «métrica» surgida de su interpenetración y que no es propiamente una métrica sino más bien una fluctuante meseta; y una forma íntima, que está más allá de la distinción entre lo externo y lo interno. Este es el aspecto más universal, pero, desde fuera, tiene que ser la más indiferenciado de todos.

Un marco como éste nos ha permitido indicar mucho con muy pocas palabras. Ignoramos aquí por completo los detalles bioquímicos, aunque no tanto como para no apuntar que la presente teoría de la respiración celular y el metabolismo prescinde de forma característica del importante papel que con respecto a la energía química puede jugar la radiación y los correspondientes agentes fotoquímicos, y el margen sumamente variable que esto puede suponer.

Evolución temporal de sistemas complejos

El envejecimiento como restricción creciente nos presenta una cara de la evolución temporal que, aun a pesar de ser la más evidente de todas, continua siendo la menos atendida en nuestra moderna cultura. No creemos que esto sea casual, pues no son medios teóricos ni técnicos los que faltan. En cambio se habla constantemente del aumento de complejidad como un aumento de posibilidades, y, cómo no, de la evolución como selección natural, competencia y ventaja competitiva —palabras que no explican nada y sirven para todo.

No creo que esto tenga que ver con la ciencia y sí con discursos que se sitúan en la línea de menor resistencia a cuanto hay; es una narrativa horizontal que se estima conveniente para los «estados atómicos» del cuerpo social, léase individuos. La lógica vertical, mucho más concretamente estructurada, piensa sin embargo en los «ecológicos» términos del marketing —en la explotación de nichos y ecosistemas. Así, existe una narrativa horizontal intensamente publicitada para los muchos mientras hay una lógica vertical implacablemente administrada por los menos.

Le interese o no al poder, vivimos en sociedades cada vez más envejecidas y este aumento de edad no se reduce ni mucho menos al de la media de la población. En la era de los rendimientos decrecientes, esta circunstancia general invita a aplicar aún más exhaustivamente la lógica vertical de explotación. Igual que en mecánica e ingeniería, hay un método de flexibilidad y un método de rigidez, pero en la medida en que se osifican las estructuras, la rigidez va ganando la partida mientras se acerca al punto de ruptura.

Sin duda una buena parte de lo que vale para un organismo biológico como el ser humano tendría que valer también para la organización social, en la medida en que no dependa de elementos particulares. En ésta también hay una oposición entre la libre circulación y la obstrucción, pero el elemento arbitrario, impuesto desde arriba, puede tener más alcance y profundidad. Es el componente de autoorganización por realimentación, que en biología tiene un análogo en el feedback, y nos mete de lleno en la teoría del gobierno o control, que en su día se llamó cibernética.

No hay duda de que se puede afectar a la biología haciendo un seguimiento de sus índices de salida —como en el caso de la respiración y su biestabilidad tan poco aparente; pero por su puesto hay en todo momento límites a cuánto se puede intervenir, que dependen, como no, del perfil mismo de estabilidad del sistema, que a su vez puede tener un margen de evolución en el tiempo, en la medida en que el organismo se transforma. Entonces, el interés del perfil biestable más general es evidente de por sí y no necesita de mayor justificación. Los niveles inferiores ya constituyen la base de estabilidad con la que el nivel superior se confronta.

La barrera de potencial que separa los dos valles no es interna ni externa, participa de ambas perspectivas. Es Forma en un sentido superior al de las formas visibles, es Materia en un sentido inferior y más genérico al de la materia que podemos ver y concretar en cada caso. Solo en términos del continuo podemos entenderlo.

La cuestión a dilucidar es siempre muy concreta: cuánto hay de reversible y de irreversible en una evolución que tiende a la creciente restricción y a un desenlace abrupto mucho antes que a la uniformidad total de la muerte térmica. Todo esto, que es abordable de manera experimental y poco especulativa, tiene el más profundo interés teórico y práctico.

Referencias

Ramón Margalef, La ecología: entre la vida real y la física teórica

Eric Chaisson, Energy rate density as a Complexity Metric and Evolutionary Driver

Jorge Barragán, Sobre la termodinámica de los sistemas físicos biológicos

Nicolae Mazilu, Mechanical problem of Ether

Elliott, S, The Valsava wave. The changing landscape of Heart Rate Variability Biofeedback

LUZ, GRAVEDAD Y COLOR

10 septiembre, 2018

Las teorías mecánicas de la gravedad cayeron en un descrédito seguramente merecido a principios del siglo XX tras haber sido seriamente sopesadas durante siglos por los más grandes físicos. No haremos aquí un intento de rehabilitación pero recordaremos que mientras no sepamos cuándo una partícula radia no estamos muy cualificados para desacreditar otras teorías por criterios termodinámicos. Las teóricas mecánicas podrían ser patéticamente inadecuadas, pero aún con todo tal vez se sitúen en el umbral de la más insospechada revelación. Hablamos de la relación entre la teoría del color y las teorías de campos. Hablamos de las Tecnologías del Color. Hablamos incluso de la función zeta de Riemann.

No hace falta revisar todos los nombres de físicos que se ocuparon detenidamente de las teorías mecánicas o cinéticas de la gravedad; basta citar los nombres de Huygens, Jakob Bernoulli, Leibniz, Kelvin, Maxwell, Lorentz o Poincaré para darle un lugar respetable entre los tópicos recurrentes en la historia de la física. Fue sólo tras la aceptación mayoritaria de la Teoría General de la Relatividad que el tema fue relegado al ámbito de la investigación marginal y de los físicos aficionados, por más que la flamante nueva teoría poco o nada dijera sobre la causa de la gravedad.

Se la ha llamado «teoría de Le Sage», «teoría de empuje», «teoría de la presión por radiación», «teoría de la gravedad como sombra», «teoría de la Repulsión Universal», etcétera. Podría decirse que hay dos partes en ella: la pretendidamente mecánica, que quiere explicar el empuje, y la amecánica, que en realidad afirma que la gravedad no es una fuerza sino su ausencia. A la primera parte le corresponde todo lo pedestre y patéticamente inadecuado de este género de explicaciones; a la segunda parte, una verdad tan sublime que no sabemos por dónde coger, pues es evidente que la caída libre de los cuerpos no produce deformaciones y en tal sentido no tiene nada que ver con las fuerzas ordinariamente tenidas por tales.

Entre una y otra cosa, hay espacio de sobra para la indecisión. Sabemos sin embargo de los argumentos termodinámicos aportados por Kelvin, Maxwell y Poincaré, que en simples términos de fricción y temperatura parecen ser concluyentes respecto a lo inviable del modelo. Y sin embargo, es justamente desde la teoría de Maxwell que carecemos de un criterio claro para saber cuándo la materia acelerada debe radiar o no —recuérdese el átomo circular de Bohr—, lo que tendría que poner en cuarentena todas estas objeciones.

Ni que decir tiene, el problema de la radiación sigue totalmente abierto con la moderna electrodinámica cuántica de campos, entre otras cosas, porque como ya hemos comentado en otro artículo, además de las ambigüedades en el marco de Maxwell, la relatividad especial no está hecha para marcos de referencia acelerados, ni para partículas que no sean puntuales, ni para otra conservación de la energía que la más puramente local. Demasiadas limitaciones y contraindicaciones para cualquier modelo termodinámico realista.

Hoy por hoy simplemente no tenemos un marco adecuado para decidir cuestiones de fricción y radiación en nuestras teorías de campos y partículas. Habría que empezar por admitir esto.

Así pues, ¿qué hacer? Si se tiene en cuenta el gran y elemental agujero en el tema de la radiación de las partículas, todavía puede decirse que las probabilidades de que haya una verdad en este tipo de teorías se mantiene en torno al 50 por ciento. Esto, claro está, admitiendo llanamente que los mecanismos hasta hoy aducidos no son mecanismos en absoluto y pasan más o menos de puntillas sobre la dificultad principal de justificar el balance de energía.

Por otro lado, incluso desde el punto de vista de la constitución de la materia en el Modelo Estándar, sólo un 1,88% de la masa es masa en reposo, siendo el 98 por ciento restante energía de interacción —otro nombre para la radiación. Si se añade a esto el hecho de que partículas de materia como los electrones se tiende a considerar que están constituidas de no otra cosa que «campo electromagnético», se entiende un poco la popular teoría que viene a decir que la materia no es otra cosa que luz enredada con diversas transformaciones de su momento lineal en momento angular.

Si el espacio está definido por la luz, se ha pensado, de qué otra cosa podrían estar hechas las partículas sino de luz, que es sinónima del espacio. Y si los físicos experimentales ya intentan crear materia a partir de la luz, algunas de estas teorías populares de la gravedad por radiación de ondas ultralargas hace mucho que han sostenido especulaciones sobre la transformación de la luz en materia polarizada en la superficie de núcleos galácticos supermasivos, y viceversa, con el mérito añadido de proscribir los no menos especulativos agujeros negros. No puedo ocultar mi simpatía por este tipo de intentos aunque no ignoro sus limitaciones.

La idea siempre subyacente aunque pocas veces abiertamente formulada es que la luz es el espacio y la materia con su gravedad es simplemente su sombra. También podríamos decir que la luz y su propagación dependen de la homogeneidad del espacio mientras que la materia y la gravedad suponen su heterogeneidad. En esta abismática simplicidad, avalada por el elemental denominador común de la ley de los cuadrados inversos, reside todo el interés de la teoría.

Hay cosas increíblemente tontas no sólo en las teorías mecánicas de la gravedad, también en las ideas más comunes sobre la propagación de la luz, a la que imaginamos desplazándose por toda la eternidad pero a la que no podemos concebir como permaneciendo y desvaneciéndose en el lugar de su emisión. Nuestra incapacidad para representarnos la actividad inextensa de la naturaleza nos deja en una situación desesperada a la hora de aspirar a entender algo. Las teorías de los físicos contienen muchos elementos inextensos, pero no revelan ninguna actividad, que queda a cargo de algo tan vacío en sí mismo como lo es el mero movimiento.

A veces uno piensa que podría estarle pidiendo a la física algo que de ningún modo puede dar, pero, por lo demás, ¿dónde están escritos los límites de lo que deba ser la física?

Las teorías de campos, como la electrodinámica cuántica, muestran una abrumadora complejidad en el cálculo —hasta el punto en que nos hace pensar que sabe más cosas un fotón que nuestro propio cerebro—, pero, a pesar de ello, es incomparablemente menos rica y reveladora de la naturaleza que el panorama del campo visual, la mera percepción de los colores. Y como aquí estoy pensando en las más dolorosas deficiencias de nuestras teorías frente a la insondable simplicidad de la naturaleza, daré un paso más y preguntaré, con el ojo del pintor, qué hay entre la sombra y la luz. El reflejo inmediato del matemático le empuja a decir: «un límite». Es decir, más bien nada. El de un ingenuo instruido como Goethe le susurra: «el color». Es decir, todos los colores y el entero campo visual.

Y lo más interesante de todo es que lo esencial del color es independiente del movimiento. Ciertamente, la nuda percepción del color, el fenómeno puro, es incompatible con los perfiles de una teoría. Para pasar de la inasible fenomenología a las teorías de campos modernas necesitamos una conexión robusta para la que sólo existen tentativas. Nicolae Mazilu, por ejemplo, ha hecho un esfuerzo loable por conectar los campos de Yang-Mills, la cromodinámica cuántica y el principio holográfico con la teoría clásica de la luz y el color. Su aproximación mediante formas diferenciales exteriores permite también conexiones muy básicas con conceptos como el de fricción.

Los colores en la moderna teoría, desde autores como Schrödinger, conforman un espacio tridimensional lineal; pero la geometría del color no es euclídea, sino riemanniana, y su métrica comporta un significado estadístico con los componentes del tensor métrico como covariancias de las tres coordenadas del color. Mazilu apunta hacia una dinámica general del color con un flujo de colores para el ojo humano relacionado con el ángulo de Hannay. Se me escapa gran parte de las conexiones pero sí me parece que es una forma de mediar entre las teorías de campos físicas y las cuestiones del campo visual real y su percepción del color.

La guía de Mazilu es que la luz es un modelo universal para el mundo físico tan lejos como seamos capaces de llegar, pues después de todo es la luz la que transmite la información en el universo. En la física teórica moderna, este papel privilegiado de la luz como soporte de la información ha adoptado la forma del principio holográfico.

Probablemente en el futuro hablemos de las «Tecnologías del Color», que estarán en la parte más integral y analógica de las Tecnologías de la Información. Si la luz es un modelo supremo, todavía estamos lejos de haber descubierto todos los aspectos de su interacción; y entre ellos la «interacción cromática», tan alejada como cabe de las consideraciones cinemáticas, ha de desempeñar un papel especial.

En el sentido físico más obvio los colores son un mero fenómeno de superficie; pero para el campo visual y la percepción —digámoslo, para la naturaleza— son los responsables mismos de nuestro sentido de la profundidad. No puede haber contraste más grande entre ambos puntos de vista, pero si realmente queremos ahondar en los caminos de la naturaleza no podemos prescindir de la evidencia primaria que ha desplegado ante nuestros ojos.

Puede parecer que adoptamos la postura más contemplativa, pero en realidad es aquí, más allá del movimiento, donde la naturaleza exhibe lo más genuino de su actividad, pues ni siquiera está oculto. Por otro lado y en otro sentido, todavía estamos en una fase de lectura «literal», por eso hablamos del famoso e inexistente «libro de la naturaleza» que nos hace pensar en un código y en un sólo significado, aunque todo esto sean niñerías del hombre jugando a dárselas de exégeta.

Los mismos genes podrían ser un día objeto de las nuevas ciencias del color; pues ahora ya sabemos que no hay una lectura unívoca, que las enzimas fabrican proteínas muy distintas con un mismo mensaje, y que el plegado tridimensional es algo completamente diferente de las secuencias lineales. Todos los problemas de estereometría cabe interpretarlos como cuestiones de color; y pueden trasladarse al núcleo atómico igual que al núcleo de la célula.

Tal como vio Schrödinger, el argumento por la profundidad del color requiere un marco de geometría proyectiva. Que no hay forma en la naturaleza sin una rigurosa equivalencia en color era un mero truismo antes de que Galileo empezara a hablar de cualidades primarias y secundarias. Al final de la escapada, en la fuga extrema de la gravedad, volveremos a encontrar parte de esta noción en el mismo principio holográfico.

Goethe habló de polaridad en los colores, y los físicos, siempre tan concretos, han observado que no hay polaridad en la luz sino sólo en las cargas eléctricas. Pues bien, uno al menos piensa justamente lo contrario: son las cargas eléctricas las que no existen, en cambio sí hay polaridad en la luz, que como podía suponerse, no puede depender de algo tan trivial como una mera convención de partículas con signos opuestos. La polaridad naturalista de la que hablaba Goethe tendría más bien que ver con la dualidad de la electricidad y el magnetismo, la materia y el espacio, la tensión y la deformación, que se interpenetran y pueden salir una de la otra por obra y gracia de los aspectos dinámicos y estáticos, del movimiento y el potencial: lo mismo ocurriría con los colores por la parte que le toca como fenómeno electromagnético propiamente dicho, y más allá, en lo que podríamos llamar su «continuación analítica».

No sólo en el núcleo y la materia y fuerzas nucleares podemos seguir aplicando la teoría de las deformaciones, también en las interacciones virtuales del color en el campo visual. En cuanto a hablar de una prolongación analítica para ésta, nos lleva a pensar irremediablemente en la función zeta de Riemann y su contrastada pero enigmática relación con los niveles de energía atómicos. Se busca activamente el tipo de sistema cuántico que pueda replicar los valores reales correspondientes a la función. Berry, Connes, Sierra y Townsend parece que incluso han sugerido confinar un electrón en dos dimensiones y someterlo a campos eléctricos y magnéticos para «obtener su confesión» en forma de ceros… para mí, la línea crítica es la misma línea virtual entre la luz y la sombra, el espacio y la materia, desplegada en el milagro de nuestra visión y nuestra mirada.

Dicho de otro modo, la réplica física de la función zeta no puede ser un asunto privativo de la mecánica cuántica; el creerlo así es la mayor dificultad a la hora de concretar el tipo de sistema que pueda replicarlo, puesto que los formalismos cuánticos están reñidos con cualquier concreción. Una vez más, la mecánica cuántica actúa como una cortina de humo.

Para entender mejor la relación entre la zeta y la mecánica cuántica forzosamente hay que entender mejor la relación entre ésta última y el continuo físico del que emerge, ése es el tema. No hay auténtica universalidad sin esto. Pues el continuo físico, que se hace presente por primera vez como el Éter electromagnético maxwelliano, es un concepto indefinidamente más amplio que el continuo matemático de los números reales. Entender la relación zeta-mecánica cuántica pasa por entender la relación física cuántica-continuo físico, ni más ni menos. Y esto nos obliga a mirar tanto al pasado como al futuro de la física, y a lo desechado que parece estar en conflicto con lo adquirido.

Por supuesto para sortear los vetos modernos los físicos se ven obligados a buscar subterfugios tales como las «aproximaciones semiclásicas»; mensajes cifrados que cada cual hará bien en interpretar. Todos los intentos de «crackear» la zeta en lugar de buscar entenderla globalmente estás destinados al fracaso. Y lo mismo cabe decir para el resto de las ciencias duras con un rendimiento reduccionista dramáticamente decreciente.

No es necesario recordar que se ha utilizado la función zeta para regularizar y calcular funciones de partición de «gravitones térmicos» y cuantos de materia en agujeros negros —para obtener «valores finitos a pesar del corrimiento infinito al azul de la temperatura local sobre el horizonte de sucesos.»

El caso es que tenemos una teoría de la luz y el color estrictamente en términos de superficies, mientras que la gravedad y la Relatividad General, para la que la partícula puntual no existe, les otorgan una infinita profundidad. Ahora tendríamos que proceder más bien a la contra: acotar la parte superficial

de la gravedad y captar el reverso infinito e incontrolable del continuo electromagnético en el que la luz tiene su ser.

La luz es extremadamente universal; la zeta es extremadamente universal; el color es extremadamente universal. Sería extremadamente improbable
que no tengan una relación a la vez general y crucial. En cuanto a la gravedad
y la materia, los espectros de absorción y de emisión, tampoco dudamos de su
universalidad, pero eso tendrá que quedar para otro artículo.

Finalmente, quisiera decir que a pesar de que la idea de marcos de referencia privilegiados ha sido prácticamente desterrada de la física, aún sería
sumamente conveniente considerarla por distintos motivos. La ley de Weber
ya cumplía los criterios relativistas mejor que la Relatividad posterior y sin
embargo no proscribía el Éter, porque éste es algo más que un supuesto cinemático. Todo aquel que le importen los aspectos no cinemáticos de la física, y
son muchos —incluso en la Relatividad General— hará bien en tener esto presente.

En una teoría del Éter a la antigua, como podían concebir los mismos
Riemann y Maxwell, las condensaciones materiales podían mostrar una atmósfera en torno a ellos, puesto que la propia materia se concebía como una
condensación del medio. Así pues, del mismo modo que los planetas tienen su
atmósfera o zona de transición con el espacio, tendrían las partículas su propio
halo; y tampoco las teorías de campos han dejado de hablar de las partículas
como condensaciones de éstos.

Esto no es mera cuestión de cómo nos representemos la transición entre
el espacio y la materia, hay muchos aspectos experimentales contrastables. Incluso yendo hacia atrás, vemos que el éter sin arrastre de Lorentz, el de
arrastre parcial de Fresnel y Fizeau, y el de arrastre total de Stokes no son
contradictorios y se refieren a casos claramente diferentes; podría incluso decirse, con Stoinov, que son visiones complementarias de un asunto que, como
la misma materia, no puede reducirse a un simple arbitraje.

Masa y fuerza, materia y gravedad, se reparten lo extenso e inextenso en
función de nuestra consideración del movimiento, que, no hay que decirlo,
puede ser extremadamente variable. Las relaciones entre superficie y profundidad, materia y movimiento, la estática y la dinámica, han estado simbolizadas
a lo largo de los tiempos por la interacción entre la esfera y el cubo, definitoria
en cada momento de los límites de la manifestación y de hasta dónde llega el
ascenso y el descenso del conocimiento que, con autoconciencia o sin ella,
cabe suponer equilibrados.

Ninguna superficie es sólo movimiento, pero todo movimiento es superficial. La gran cuestión del Continuo no es tanto facilitarnos un marco de
referencia privilegiado como permitirnos descubrir la parte de la física menos
dependiente del movimiento. Comprender ésta mejor, y encontrar su relación
con los aspectos cinéticos y cinemáticos mejor conocidos, ya sea en el electro-

magnetismo, en la gravedad, o en la termodinámica, ése y no otro es para mí el gran premio. Es como si aún no hubiésemos abierto la puerta, ni supiéramos si está abierta o cerrada, o si existe la puerta siquiera.

Referencias

N. Mazilu, The Classical Theory of Light Colors: a Paradigm for Description of Particle Interactions

N. Mazilu, From Kepler problem to Skyrmions

N. Mazilu, The concept of physical surface in nuclear matter

N. Mazilu, Mechanical problem of Ether

S. W. Hawking, Zeta Function Regularization of Path Integrals in Curved Spacetime

D. G. Stoinov; D. Stoynov, For Physics of reason against Physics of misconception

M. A. M. Iradier, Entre la presión y la tensión

M. A. M. Iradier, Autoenergía y autointeracción

M. A. M. Iradier, Más allá del control -Feedback y potencial

EL MULTIESPECIALISTA Y LA TORRE DE BABEL

10 septiembre, 2018

Bastarían 100 multiespecialistas con un mínimo acuerdo en sus prioridades y sin intereses personales en el actual sistema de producción científica para reescribir la ciencia por entero sin perder el grueso de sus logros efectivos, tan distintos de los teóricos.

Pensar hoy que la empresa colectiva de la ciencia está al servicio de todos es simplemente despreciable. Nunca lo estuvo, y con la pantalla de la sociedad de la información, mucho menos todavía. Es justo en esta época de «explosión informativa», en que vamos dándonos cuenta que lo que se publica sobre investigación es ante todo fachada, que hay que suponer que la investigación real ha pasado a las catacumbas y que sirve a intereses cada vez más particulares y minoritarios, en consecuente armonía con la pirámide invertida de distribución de la riqueza. ¿O qué esperábamos? ¿No sabemos todos que el científico depende de sus fondos no menos que el cobaya enjaulado de su ración periódica de comida?

Esto tendría que volver del revés nuestra apreciación del conocimiento científico como claraboya abierta en el techo hacia lo universal. Algo que nos resulta muy difícil, pues si no reconocemos lo universal en la ciencia... ¿dónde si no? Hace mucho que pasamos de hablar de la revolución científica a hablar de la revolución tecnológica, una admisión tácita de que la ciencia por sí sola cada vez nos interesa menos; y sin embargo ya en tiempos de Newton la balanza se inclinaba decididamente a hacer de la práctica teoría, y en eso seguimos después de todo.

Y lo más gracioso es que para la moderna figura del científico nunca hubo traición, ni respecto a quién pudiera ser su amo, ni en cuanto a la universalidad, pues en ambos casos tan sólo se trataba, entre el compás y la escuadra, de ir trayendo poquito a poco el cielo a la tierra. La ciencia tuvo algo de grandeza mientras era consciente de que podía estarse equivocando y tomar decisiones erradas que podría llevar generaciones subsanar; pero ahora que funciona en piloto automático y se vende como el algoritmo ganador de Occidente, podemos estar bien seguros de que se ha convertido en la mejor manera de estar profundamente dormido incluso si se cosechan ciertos resultados, cuyo rendimiento siempre decreciente es difícil ocultar.

Todo lo cual no deja de ser una coyuntura afortunada y según se mire incluso favorable, pues la irreflexión en ciencia no puede dejar de pagarse muy cara, y la ciencia de hoy necesita irreflexión en grandes cantidades. Esas teorías, métodos y procedimientos tan exitosos sólo pueden marchar hacia adelante a costa de ignorar y negar categóricamente muchas cosas, y así lo mismo que les ha hecho coger un gran impulso se encarga de que encuentren un freno natural a sus exponenciales pretensiones.

Hoy el multiespecialista, el que se ha formado en distintas competencias y no ha depositado su destino en ninguna de ellas, parece la única fuerza con músculo suficiente y la posición necesaria para no tener que hacerse cómplice de las enormes inercias y mecanismos de frenado de los especializados feudos en su inevitable y triunfal proliferación. Pero tener el músculo necesario no lo lleva más allá de la categoría de mano de obra si no es capaz de elevar su perspectiva sobre un panorama cada vez más lleno de contingencias —sólo remontando el vuelo como generalista estará en condiciones de decidir dónde sitúa su lealtad y porqué. Más allá de la moral personal, la ciencia nunca tuvo un criterio para tales cosas, a no ser que se crea en el valor de esos comités de ética tan difíciles de distinguir de sus homónimos para las corporaciones.

Hay una cuestión de contenido y otra de forma en el bloqueo de la ciencia moderna, si es que queremos llamarlo así y no hablar, sin más, de una muerte de la ciencia que sería tanto más inapelable cuanto menos sentida resulta. Ambas cuestiones dependen más del puro instinto que de cualquier argumento racional de entre los infinitos que pueden aducirse, y por eso mismo, porque ponen a prueba *nuestro* instinto, al servicio del cual se pondrá la razón, es que resultan reveladoras e interesantes. Porque no son cosas que afecten sólo al hombre de ciencia o de conocimiento, sino al espacio que comporta el hombre en cuanto hace o deja de hacer, y que termina por definir también el contorno de su acción-conocimiento.

La cuestión interna es el peso que otorgamos al movimiento, en nuestro imaginario y fuera de él, a la hora de explicar las cosas. La cuestión externa es la relación entre lo cuantitativo y lo cualitativo. Ambas cuestiones están íntimamente relacionadas pero son demasiado vastas como para reducir sus conexiones a un simple criterio.

Respecto al movimiento, desde siempre hemos sabido que la realidad física —por no hablar de la realidad sin más— no se limita a la extensión y el movimiento. Por supuesto, tampoco el movimiento es sólo extensión, aunque nos inclinemos tantísimo a pensar en ello, ni el movimiento se reduce a la traslación o el desplazamiento. El caso es que se pueden utilizar las magnitudes físicas —ya sean vectoriales o escalares, fuerzas o masas— que siempre tienen un componente intensivo hacia la interpretación en términos de movimiento, y se puede por el contrario utilizar los movimientos en dirección a interpretaciones más intensivas en las que el movimiento es una resultante.

Sí, estamos hablando de interpretaciones con todo lo subjetivo que eso conlleva. Poco importa que sea subjetivo si es el timón que determina todas las síntesis y aplicaciones… la ciencia es una empresa altamente teleológica empeñada en negar este último punto, pero esa negación no la acerca más a la realidad sino más bien al contrario. Así pues, podemos interpretar lo que no se mueve en función de lo que se mueve, como hace la física desde Galileo, y podemos intentar interpretar lo que se mueve en función de lo que no se mueve.

Newton dedujo la fuerza de la gravedad del movimiento, a pesar de que lo que hace que se deforme un cuerpo —el más inequívoco signo de fuerza— es el potencial, y no la energía cinética. La energía cinética y potencial no eran iguales ni siquiera en la cantidad conservada, el lagrangiano, pero poco podía importar, cuando de lo que se trataba era de sacar a discreción las derivadas. Lo diré más claro por si aún alguien no lo ha entendido: la aplicación es la interpretación. ¿Podríamos decir «y viceversa»? En general, es lo que hacemos lo que determina lo que pensamos, y no al contrario. Pero a veces la voluntad de hacer otras cosas se abre a sí mismo camino a través de «otra interpretación».

De modo que si queremos profundizar en lo más interesante de la física, en esa gran incógnita que siempre ha estado ahí, pero que hemos interpretado en beneficio de la superficie, ya sabemos lo que hay que hacer: ir en la dirección opuesta a toda la abrumadora tendencia actual. Estando esa parte siempre presente, es menos difícil de lo que pudiera parecer. Y además, en la todavía muy breve historia de la física no es nada difícil tampoco identificar los puntos de ruptura, la introducción de criterios operacionalistas a mayor gloria de nuestra arbitrariedad.

Lo que se mueve no cambia, y lo que cambia no se mueve —si entendemos el movimiento como mero desplazamiento en la extensión. Esta certeza indudable para la honda sencillez machadiana se vuelve poco menos que irrecomponible en un mundo incapaz de descifrar la actividad en la inmovilidad. Más que la ciencia misma, que para esto ni siquiera tiene una posición, es el arrastre del imaginario científico, de un funcionalismo más presupuesto que deducido, el que nos traiciona.

El otro punto es la no menos arbitraria oposición entre lo cualitativo y lo cuantitativo. Es indiscutible que la física es una disciplina cuantitativa basada en la medida. Pero también parece obvio que la matemática, el lenguaje en que la física se expresa, no es menos cualitativa que cuantitativa —algunos incluso han dicho que es la traducción cuantitativa de aspectos puramente cualitativos. La distinción, también desde Galileo, en cualidades primarias que son medibles y cualidades secundarias que no lo son está en la base de una disociación que con el tiempo ha llegado muy lejos.

Y así hoy se ha convertido en una creencia universal pensar que para llegar más lejos que con las actuales teorías se necesita un instrumental y unos experimentos de un grado de precisión prohibitivo sólo al alcance de la Megaciencia. Lo cual no suele ser cierto sino justamente dentro de la actual versión de la ciencia y no en otras. Hay experimentos muy simples, al alcance de los medios del siglo XIX, que rinden toda una gama continua de información y conceptualmente van más allá de los modelos que manejamos, experimentos como los de Fizeau, Hoek, Scanglon, Miller, Sagnac, etc. Lo único que ha ocurrido es que entre tanto se ha descartado la idea de un medio continuo por consideraciones puramente cinemáticas, que sólo son una parte de la física, y por cierto la más superficial. Y así el tema del movimiento vuelve a incidir en lo que se considera medible o no, cuantitativo o cualitativo.

Ahora bien, si incluso ahora se admite que teorías más amplias y generales demandan conceptos y criterios nuevos, lo único que se está admitiendo es que estas teorías no pueden seguir por los mismos caminos trillados de un determinado procedimiento de cálculo y tienen que ser cualitativamente diferentes de las anteriores. Así, los cambios y los reordenamientos más profundos son más cualitativos que cuantitativos, y luego es el cálculo el que se encarga de explotar en forma de rutinas estos avances cualitativos en la comprensión.

Ocurre sin embargo que los físicos teóricos han exagerado la grandeza de la teoría, en realidad la parte del cálculo, y han subordinado a ella la parte experimental, que a menudo es la que mejor encarna los nuevos conceptos. La distorsión en este sentido ha sido extrema, convirtiendo al físico teórico en el sacerdote que define la realidad y al físico aplicado en un inevitable operario. Si comprendemos que lo contrario es cierto, entenderemos también que el avance conceptual y cualitativo están más del lado experimental, y que es el aspecto teórico, que debería estar a su servicio, el que pasa a confiscar los logros prácticos y decide qué se debe o no experimentar.

Como decíamos, es lo que se hace lo que cambia nuestra forma de pensar, mucho más que al contrario.

La mecánica cuántica no ha hecho a menudo otra cosa que obstaculizar multitud de logros prácticos que luego se ha atribuido. Se habla de teorías físicas con una precisión de once o doce decimales pero se obvia la gran cantidad de cosas que no pueden prever de ningún modo, por no hablar de discrepancias que sólo involucran dos o tres decimales, como en el caso de la gravedad. Que nadie se engañe con estos alardes.

La tergiversación de los experimentos en nombre de la teoría ya estaba presente de la forma más descarada en experimentos tan célebres como el del prisma de Newton o el de Joule de la equivalencia mecánica del calor; pero todo esto no ha dejado de agigantarse como una bola de nieve con la estandarización y burocratización de los procedimientos de la llamada Gran Ciencia contemporánea.

Si se entiende lo que queremos decir, todo esto son excelentes noticias, además de ser de sentido común. ¿Pues quién irá a creer que la profundidad de conceptos depende del dinero invertido en ellos? Lo contrario es, con mucho, lo más probable: cuanto más dinero se invierte en un proyecto, cuanta más gente se haya involucrada en él, mayor tendrá que ser el aplanamiento de su perfil; es casi imposible que sea de otra forma.

Bastarían 100 multiespecialistas con un mínimo acuerdo en sus prioridades y sin intereses personales en el actual sistema de producción científica para reescribir la ciencia por entero sin perder el grueso de sus logros efectivos, tan distintos de los teóricos.

De entre todas las ciencias experimentales concedemos prioridad a la física porque es la que tiene la estructura de conocimiento más sólida y más difícil de cambiar; si esto puede hacerse con la física, no hay ni que decir con cuánta más facilidad podrá hacerse en la biología u otras disciplinas mucho menos estructuradas.

La actual deriva de la ciencia es completamente irreversible, sí, dentro de sus presentes supuestos. Así que a los que estén satisfechos con su algoritmo ganador habrá que dejarles que sigan comprando. Nunca podríamos convencerles de nada, ya que ante todo es una cuestión de instinto. Mi instinto me dice muy claramente que el modelo actual va para abajo, y eso desde hace ya mucho tiempo.

Cuando digo que para revertir la situación apenas se necesita otra cosa que independencia, valorar lo cualitativo sobre lo cuantitativo y los factores que no dependen del movimiento como extensión sobre los que sí dependen de él, va de suyo que hay una buena nota de exageración y simplificación en ello. Pero si se admite que el presente sistema de investigación ha llevado la exageración en su propio sentido tan lejos como se podía llevar, se entiende que la mía es sólo una forma de volver a un cierto equilibrio por la cuenta que nos trae. Sin embargo este reflejo más bien de sentido común estaría cargado de consecuencias poco obvias.

Occidente ha llegado a un grado tal de embotamiento que sólo la amenaza de algo que perciba como externo parece capaz de hacerlo reaccionar. La ciencia fue su gran baza, su argumento dominador, pero ahora que pierde la convicción moral de su universalidad, como dominación pura, se encuentra en una situación que la convierte en algo realmente detestable, y contra ello se dirigen todos los prestigios y falsedades de sus omnipresentes relaciones públicas.

Y justamente uno de los argumentos más aducidos a la hora de hablar de la superioridad de la ciencia occidental, y con ella de Occidente mismo, sobre sus precursores era la universalidad de su conocimiento. A otras culturas les habrían interesado más los resultados prácticos que su generalización, y a la mayor universalidad del conocimiento le correspondió una cultura igualmente más universal con un mucho mayor derecho natural de expansión.

Nos guste o no, algo de cierto tenía que haber en estas pretensiones, pues no se remitían meramente al argumento de los resultados mismos y la dominación, sino, a menudo, a las condiciones formales del conocimiento —a cuestiones del conocimiento por el conocimiento mismo. En un proceso paulatino de degradación, son estas condiciones formales las que se han desvirtuado, confundiendo sin más el lenguaje matemático con la universalidad. El cálculo siempre fue un compromiso heurístico, pero si ya todo para nosotros es algoritmo difícilmente lo podemos notar.

Por eso es que insistimos en el no-movimiento y en la cualidad, para que podamos notarlo de nuevo. Que el lenguaje de la física sea la matemática no significa automáticamente que el lenguaje de la matemática se haya emancipado de las limitaciones humanas, como tan comprensiblemente tienden a creer los físicos. De hecho que nuestra idea de leyes naturales se pliegue a lo que podemos predecir es un criterio utilitario por antonomasia, y por lo mismo, igualmente humano, centrado además en un objetivo sumamente parcial y limitado.

Cuanto más «algorítmico» es el conocimiento, más desciende este a un orden inferior. Se hablado a este respecto de dos grandes modos de hacer ciencia, un «estilo griego» o axiomático, y un «estilo babilónico» o heurístico. ¿Pero alguien tiene dudas del lado en que nos situamos ahora? Uno es libre de proceder como quiera o como pueda, pero lo peor de todo es que bajo los actuales procedimientos no se renuncian a la pretensión de universalidad. Tanto peor para quien lo pretenda.

Empezábamos hablando de una pirámide invertida y eso es justamente lo que es la actual torre de Babel de las ciencias —y es la matemática la que ha invertido su propia universalidad. Se ha creído y se sigue creyendo que la matemática nos ahorra los difíciles problemas de interpretación de los experimentos, y que con limitarnos a la predicción de sucesos nos libramos también, santa simplicidad, de las limitaciones de la subjetividad. Sólo que subjetividad y universalidad son prácticamente sinónimos, lo que simplemente nos ayuda a corroborar la mencionada inversión.

En el fondo, por más que se hable de la complementariedad de la observación y la teoría, lo que subyace siempre es la mentalidad dualista: en el mejor espíritu baconiano, la naturaleza nos sirve para hackearla. Los experimentos tendrían que ayudar a refinar los «modelos cuantitativos», pero no en el número de decimales, sino en la cualidad misma de las herramientas matemáticas. La mecánica del continuo es la mejor guía para esto; el continuo físico mismo es el supuesto de base para que la matemática, incluso la más pura, pueda refinarse aprendiendo de la física realidad. Si oponemos observación y pensamiento ya hemos perdido de antemano la partida.

Hay una escalera de retorno para esta nefasta situación de sonambulismo cuantitativo que pasa por los mismos matemáticos. Ellos serían el prototipo del multiespecialista, con sólo que aprendieran a redefinir su situación respecto a la observación, el continuo físico, la relación entre lo cualitativo y lo cuantitativo y su contemplación del movimiento, lo inmóvil y la mutación, que tienen su arquetipo en el mismísimo proceso del pensar.

Ya sea en China o en India, en Rusia o en cualquier parte, todavía es posible cambiar el aciago destino al que nos somete la ciencia como objetos de la cantidad. Este camino pasa necesariamente por la pequeña escala, la independencia de los grandes presupuestos, y la convicción inquebrantable de que hay cosas más importantes que la precisión cuantitativa; cosas con las que se adquiere perspectiva e igualmente se reduce la probabilidad de convertirse a uno mismo en objeto de manipulación.

Escribo ante todo para los que ya están convencidos de que todo el conocimiento científico actual es de un orden decididamente inferior; para los que no esperan que el mañana alumbre sólo un poco más de lo mismo. Y sin embargo no hay mediocridad como la que nos invita a pensar «fuera de la caja» pretendiendo que no es necesario romper ésta. Para este dilema hay una clara solución: no hay mejor maestra que la historia. Los descartes del pasado muestran suficientemente que no es tanto una cuestión de inventar cosas nuevas, sino de ver las viejas con un mínimo de profundidad, algo que el operacionalismo moderno ya procura hacer imposible.

El especialista no lo sabe todo de su especialidad; por el contrario, está adiestrado para ignorar selectivamente muchos de los pasos decisivos que han constituido su dominio. Los multiespecialistas han de saber sacar partido de esto incluso aunque en principio no tengan vías abiertas para expresar su discrepancia: tendrán que crear las suyas propias.

El multiespecialista se ha tomado un gran trabajo en saber lo que el especialista sabe; el especialista se ha tomado un gran trabajo en no ver lo que el multiespecialista ve. Esto da al último una enorme e inesperada ventaja.

Sorprende la poca o nula comprensión estratégica de la actual situación de la ciencia, salvo que nos inclinemos a pensar que lo que ocurre es que estas cosas simplemente no se discuten públicamente. Acabáramos si las cosas por dentro se movieran al nivel que reflejan los medios.

Nuestra mal llamada «ciencia reduccionista», en realidad ciencia algorítmica puesto que no ha podido reducir nada a mecanismos, se mueve entre la reducción del caso general a un caso particular, que luego se generaliza de nuevo sin contención, y una creciente e irrefrenable falta de fe en la existencia de cualquier realidad física, que ha venido a hacer de la materia primero un equivalente de la energía y luego un mero soporte de la información. Lo que no se comprende es que esto deja libre un eje interno para otro tipo de generalización inversa de lo global que está justamente basado en el excedente de fisicalidad rechazada: en los cinco artículos anteriores de este blog he tratado de aspectos muy diversos de esta misma contingencia.

Chris Anderson en su artículo sobre «el fin de la teoría» en la era del diluvio de la información ha definido bien el nivel o más bien falta de cualquier nivel que ha alcanzado la ciencia moderna y que la cultura anglosajona ha tenido el dudoso honor de liderar. Y puesto que han estado luchando a brazo partido por pasar por esto a la historia, seguramente su deseo se tornará realidad.

Ahora bien, hay mucho más aquí todavía. Anderson se refiere a la destilación de conocimiento de la masa del Big data, la granja definitiva de los matemáticos. Claro que estos serían los asistentes de un proceso autónomo e incluso con aspiraciones de hacerse automático para prescindir finalmente de sus torpes operarios. Como se ve, un gran futuro para los microsiervos. Ni que decir tiene, el objeto del Big data somos todos y todo, y el sujeto es simplemente el poder.

No sé si alguien ha reparado siquiera que la fase de destilación del Big Data se corresponde sorprendentemente bien con una profecía completamente olvidada de hace cien años: la morfología comparada o «ciencia fisiognómica» de la que habló Oswald Spengler. Pues éste vaticinó enfáticamente el advenimiento de una ciencia puramente formal liberada definitivamente de las estrecheces de la causalidad y de la lógica. Nadie ha sabido que hacer con esta anómala previsión, pero Anderson, que en lo último que podía estar pensando era en esto, sentenciaba en el 2008: «la correlación reemplaza a la causación». Bingo. Quién lo iba a decir; qué revelación intolerable.

Uno siempre supo que el pronóstico metacientífico de Spengler superaría inmensamente en calado las naderías de los filósofos de la ciencia de rigor, pero le costaba ver cómo y con qué tendría lugar su advenimiento y «materialización». Y es que su material, justamente lo contrario de la materia, es la ubicua circulación de información que nos envuelve. La más pura creación del espíritu, tal como bien supo ver este anormal profeta-historiador-filósofo, al servicio del poder y el control social. La transmutación final del viejo organismo social en mera organización.

Y aquí llega el derroche de ironía. Spengler, a su manera otro de tantos abogados en aquella época de «la carga del Hombre Blanco», advertía del peligro de poner en manos de otras culturas los conocimientos del *hombre fáustico*, que debían permanecer bajo su escrupulosa administración y responsabilidad. Pero resulta que esta última creación mefaustofélica, al menos en la versión anglosajona de «Bacon con matemáticas» que hoy impera, ha supuesto un rebajamiento de la ciencia y del sujeto cognoscente al rango de tanteador de algoritmos «babilónico», el redoblado avatar del «hombre inferior», del bárbaro a quien sólo le importan los resultados, sólo que muy debajo de él en cuanto a su insaciable gusto por manipular y revolver hasta las cosas más indefensas: la Super-élite y el Club de la Chusma todo en uno. Pero tal vez no sean estos los únicos extremos que se aparean en este *mysterium coniunctionis*.

El dilema es éste: la ciencia, sin aspiraciones de universalidad, es algo abyecto y destinado a servir al poder en contra del resto de la población. Pero una ciencia que verdaderamente buscara la universalidad, más que los resultados, sería mucho más trasparente y asimilable para el resto de la población, que de este modo dejaría de ser ignaro objeto de gobierno. Entre verdad y poder este dilema es ineludible y ha existido siempre. Pero en una época de difusión aparentemente irrestricta de la información tiene que adoptar unos sistemas de defensa completamente diferentes, que de forma obvia pasan por apoyarse en el mismo exceso de información para filtrarla y modularla de la forma más conveniente. Esto parece haber llegado muy lejos y cabe suponer que el proceso continuará refinándose en grados sucesivos.

Por otro lado, y a modo de contrapeso, ha existido siempre una suposición que está en la misma raíz del optimismo científico: es muy difícil ocultar una verdad universal, por su propia naturaleza ésta busca ser compartida sin trabas. La trasparencia intrínseca de la verdad. ¿Es realmente cierta esta verdad sobre la verdad? No lo sabemos, pero sí sabemos que también al poder le gusta airear esta convicción contagiosa.

Ahora bien, si las verdades universales quedan cada vez más lejos y lo que tenemos es el mero conocimiento instrumental, ya hay poco lugar para la duda respecto al destino de tal conocimiento. ¿Pero tiene aún algún valor? Tal vez sí para otros, no desde luego para mí.

Los ordenadores pueden analizar pero hasta Anderson sabe perfectamente lo pobres que son a la hora de producir o sintetizar conocimiento, que es como decir «sintetizar trasparencia». La función zeta de Riemann es infinita y completamente analítica, pero pídele a un ordenador que te saque conclusiones globales sobre ella. Lo único para lo que podrían servir ahí los ordenadores es para encontrar un cero fuera de la línea crítica, como ya pretendió el inefable Turing con un ordenador de piezas de madera, pero igual podrías esperar un cuatrillón de años. En fin, da un poco de embarazo tener que hablar de estas cosas.

¿Qué tienen en común la zeta, la luz, el principio holográfico, la electrodinámica, la cromodinámica clásica, la mecánica del continuo? Y ni siquiera hemos mencionado aquí a la mecánica cuántica. Lo que tienen seguramente en común son aspectos globales que pueden entenderse mejor al compararlos entre sí. ¿Puede hacerse eso con algoritmos? También los algoritmos pueden ayudar, pero la síntesis la tiene que producir —o reproducir— el sujeto. Veo una verdad con muchas más capas que una cebolla. La energía trasmite información pero no la soporta, la materia soporta la información pero no la trasmite. Sólo el sujeto puede soportarla y trasmitirla. Cada vez que dejamos de atribuirle al movimiento la razón de un fenómeno, nos desprendemos de una mínima capa de nuestra superficialidad y nos acercamos al omnipresente núcleo, tan parecido a una llama.

El movimiento, por sí solo, es lo insignificante; sólo con respecto a lo que no se mueve puede tener algún valor. Si yo percibo movimiento y actividad en mi pensar, es porque hay algo en mi que no se mueve, de otro modo, ¿qué movimiento podría detectar? La técnica como pura funcionalidad es la más viva encarnación del nihilismo, de la «vida de insectos» que seguimos atribuyendo a otras culturas. La técnica hoy es lo mostrenco, lo sin dueño. La técnica domina a las cosas, ¿pero quién dominará a la técnica?

¿Se imaginan que fueran los chinos quienes finalmente domaran al domador, dominaran al dominador? ¿Ellos, a los que tantas veces se les ha echado en cara su carencia de originalidad? Es curioso, que se atribuya a la lectura lógica de Leibniz de los exagramas chinos del *Libro de los cambios* el origen del código binario; curioso porque el espíritu chino había usado la lógica binaria como mero soporte para un código autosuficiente de imágenes, la abreviatura mínima de una omnímoda pansofía analógica. ¿Y no podrían conseguir ahora darle otra vez la vuelta a la tortilla?

Sin embargo, ya lo hemos sugerido, la cosa pasa por donde menos lo esperaría el libérrimo y bienpensante científico de hoy: por la reinterpretación de la realidad física. No hay resurrección del *Logos* sin renacimiento de la *Physis*. La ciencia moderna voló muchos puentes a su paso pero ahora no puede controlar todo ese inmenso terreno desde el aire con algoritmos voladores. La lógica no suele caer del cielo.

En cualquier caso hay que ir más allá de la accidental geopolítica del conocimiento y concentrarse en el problema de fondo: la enconada lucha entre lo universal y lo particular en la arena del saber y del hacer. Si se ignora este contexto y su alcance, es casi imposible hablar con sentido de nada.

El poder es lo inmóvil que puede hacer que otras cosas se muevan. Uno tendría que desconfiar por principio de cualquier «empoderamiento» que le conmina a movilizarse —por más que el movimiento sea muchas veces obligado y necesario. Si el saber no particular empieza a entrar en la esfera inmóvil del poder tendrá lugar un problema de desalojo. ¿Quién desalojará a quién? Sólo que no hay un solo saber, como no hay un solo poder.

Lo malo no es el movimiento, sino la compulsión de moverse y entenderlo todo en esos términos. Siempre se delata en su raíz, en su primer impulso. La actual e innombrable prisión en la que participamos es una cárcel echa casi exclusivamente con nuestro propio movimiento, o agitación, una técnica a la que podríamos denominar *confinamiento inercial* o autoconfinamiento del sujeto y su sustancia. Otros lo siguen llamando enajenación o alienación de lo social, sin reparar en que la sociedad misma es la cárcel y la estampida, la huida pensada a lo grande.

Así que no sólo estoy persuadido de la existencia de un éter electrodinámico, también doy por hecha la existencia de un éter financiero, al que toda la financiarización rinde cuentas. Y si vosotros no lo creéis, mejor para mí, dice el poder. Vuestra agitación es mi filón, y como saben los mineros de la miseria, no hay forma más rápida de separar el oro que con el volátil y tóxico mercurio. Lo que se mueve no cambia, lo que no se mueve tiene libertad para cambiar.

De la situación presente tendríamos que echarle la culpa más a los científicos que a la ciencia, pues de otro modo sólo estamos admitiendo que nunca han podido nada y son en todos los sentidos una pura nulidad.

Comprender hasta qué punto nuestro conocimiento es de un orden inferior equivale a dejar en el mismo nivel la sociedad que lo ha producido y aun se ha preciado de él. Esto no puede lograrse por la impotente deriva de arrastre del futuro, sino por el impulso del pasado que se le opone, pues en la presente correlación, ambos son como el movimiento sin fuerza frente a la fuerza sin movimiento.

Referencias

M. A. M. Iradier, *Light, gravity and color*

M. A. M. Iradier, *Autoenergía y autointeracción*

M. A. M. Iradier, *Beyond control —Feedback and potential* M. A. M. Iradier, *Salud, vida, envejecimiento, evolución*

M. A. M. Iradier, *Entre la presión y la tensión*

ODISEA IA—FÍSICA E INTELIGENCIA ARTIFICIAL

10 diciembre, 2018

La IA y el aprendizaje automático están de moda, pero se habla poco de sus paralelismos y contactos con la física fundamental, tan llenos de significado. En nuestro entorno cada vez más artificial, nos preocupa ya más desentrañar las caja negra de las máquinas inteligentes que la gran caja negra y estrellada del universo. Pero no hay que desanimarse, pues ambas cosas, finalmente, podrían no estar tan separadas. De lo que se trata siempre es de salir del agujero, esto es, de encontrar universalidad; y ésta suele estar en las antípodas de la inteligencia aplicada. Aquí se podría decir lo contrario de lo que escribió Juan en su libro de la Revelación: «Quien tenga entendimiento, que no calcule...»

Palabras clave: Inteligencia Artificial, Renormalización, Relatividad de escala, aprendizaje jerárquico, dos modos de la inteligencia, Continuo

LOS DOS MODOS DE LA INTELIGENCIA

Posiblemente el mayor «éxito» hasta ahora de la Inteligencia Artificial (IA) no hayan sido sus logros concretos, aún bastante modestos, sino el convencer a muchos de que nuestros propios cerebros son un tipo particular de ordenadores. Convicción que difícilmente puede corresponder a la realidad, dado que, como Robert Epstein dice, no sólo no nacemos con «información, datos, reglas, software, conocimiento, vocabularios, representaciones, algoritmos, programas, modelos, memorias, imágenes, procesadores, subrutinas, codificadores, decodificadores, símbolos o búferes», sino que no los desarrollamos nunca.

Pocos podrían estar en desacuerdo con Epstein en este punto. Cualquiera puede ver que humanos y ordenadores se hayan en extremos opuestos en cuanto a sus capacidades y que lo que es trivial para los humanos suele ser inaccesible para los ordenadores, mientras que el ordenador hace en un segundo más cálculos de los que podríamos hacer en toda una vida; pero muchos sólo se quedan con lo segundo, y por eso el tirón del paradigma computacional sigue siendo irresistible.

La computación es, hoy por hoy, el único expediente disponible para replicar una serie de desempeños humanos, y el poder de cómputo se centuplica más o menos cada década. Existe además un reto permanente por traducir ese aumento cuantitativo en una diferencia cualitativa, lo que añade el indispensable interés intelectual para las mentes y desarrolladores brillantes.

No vamos a discutir aquí que las máquinas puedan ejecutar tareas antes sólo al alcance del hombre, y que el espectro de esas tareas crece ineluctablemente con el tiempo y el trabajo de los ingenieros, puesto que eso es evidente. El ser humano también tiene, por lo demás, una parte importante de su inteligencia que se desarrolla de manera específica para realizar tareas, aunque lo haga con una plasticidad que poco tiene que ver con el de las máquinas. Pero incluso esta plasticidad fundamental se debe a no estar separada de un fondo indeterminado o continuo perceptivo que es lo más opuesto que pueda haber a las estrategias de cognición y representación basadas en los modelos simbólicos, de alto nivel, del procesamiento de información.

Epstein menciona como ejemplo el memorable artículo de McBeath y colegas de 1995, en el que se determina cómo los jugadores de béisbol se las arreglan para coger las bolas altas de los batazos —un logro que en su día supuso todo un reto para las máquinas. McBeath demostró sin lugar a dudas que la reacción de los jugadores ignora por completo los diversos factores pertinentes en un análisis numérico de trayectorias en tiempo real, puesto que lo que hacen es moverse de tal modo que la bola se mantenga en una relación visual constante, una cancelación óptica continua que de hecho resulta mucho más simple que explicarla y está «completamente libre de cálculos, representaciones y algoritmos».

Tan citado ha sido este ejemplo que los propios defensores de las teorías «ecológicas» o «radicalmente encarnadas» suelen pedir que no se exagere su alcance. Sin duda tienen razones para hacerlo, puesto que las demostraciones de inteligencia humanas muestran aspectos tan variados como cabe imaginar. Sin embargo, el caso en cuestión es justamente uno de trayectorias, las mismas con las que se inicia la geometría analítica, el cálculo, la física-matemática y en definitiva la revolución científica moderna. Si todo eso ha salido del análisis en el tiempo de las famosas secciones cónicas, aún debería ser más revelador para el paradigma computacional, puesto que lo cuestiona no ya en sus posibles logros sino en su misma línea de base.

El enfoque encarnado o «ecológico» que insiste en la dependencia física del cerebro del resto del cuerpo y el entorno no es precisamente una novedad. Algunos lo han llamado «postcognitivismo», aunque exposiciones claras de esta visión, en Merleau-Ponty o en James Gibson, son de hecho anteriores a los hitos fundacionales de la psicología cognitiva y los primeros balbuceos de la IA. Lo que viene a decir este enfoque es que no se puede disociar la respuesta inteligente del continuo perceptivo y de la experiencia, por más que éste sea elusivo y prácticamente imposible de acotar.

Evidentemente el modelo computacional, fiado al procesamiento de información, no puede resignarse a esto. Cuál sea la naturaleza de la inteligencia es para él algo secundario, su prioridad es poder reproducir conductas inteligentes o altamente selectivas en tareas bien definidas. Y puesto que lo consigue en grados crecientes, no hay motivos para la resignación.

El problema es no sólo el impacto social, con el que la iniciativa siempre cree poder lidiar, sino que además se pretenda que la inteligencia en la que participamos, más que poseemos, es eso que de forma tan fragmentada y supe-respecializada están reproduciendo los ordenadores. Que se quiera imponer como modelo de lo que somos y podemos ser. Una pretensión que sería risible si no fuera por el carácter omnicomprensivo de lo social y los mimetismos que se adhieren a su funcionalidad; y nadie duda de que la IA se quiere sobre todo funcional.

El procesador sería el trabajador último, y la inteligencia, subordinada como nunca, sería el acto de excavar en la mina de lo real con un determinado rendimiento. Se comprende entonces porqué hoy se sobrevalora hasta tal punto la inteligencia operativa: se nos vende por activa y por pasiva porque es el filo del pico de este nuevo trabajador-minero.

La sociedad, o más bien, la inteligencia social, tiene que concebir la inteligencia en general como aquello que nos permite ascender por la escala del propio cuerpo social. Y esto tendría una doble finalidad: por un lado, la búsqueda de un escape o fuga de un monstruo sin contornos que todo lo refiere a sí mismo y sin embargo ya es la encarnación de una fuga; por otro, en la medida que se asciende por el escalafón, la de ejercer un control sobre las funciones subordinadas con el propósito de consolidar y encarnar esa fuga incontrolable en un cuerpo que lo refiera todo a sí mismo.

Este «doble vínculo» se haya en consonancia con la orquestación del tópico de las máquinas inteligentes en los medios, como amenaza/promesa: van a acabar con los trabajadores/van a acabar con el trabajo. Pero el progreso siempre nos ha tenido entre el palo y la zanahoria.

Como puede apreciarse, esta lectura de la inteligencia social es ya «profundamente ecológica» y «radicalmente encarnada» —más que intentar representar algo seguramente irrepresentable, se haya en medio de su dinámica, y lo que sí procura es retroceder más acá de la identificación y permitir que esta se desprenda por sí sola.

Vemos así dos grandes modos de la inteligencia: el que consiste simplemente en darse cuenta, en estar despierto a lo que pasa, y el que considera, discrimina, compara y manipula en un proceso sin fin. El que se separa de las tareas, y el que se vuelca en ellas. El que contempla y el que actúa. Los modos característicos, respectivamente, del Homo sapiens, el hombre que sabe, y el Homo faber, el hombre que hace. La conciencia desnuda y la selva del pensamiento. La conciencia sin más y la consciencia de. El intelecto agente y el intelecto paciente de Aristóteles —teniendo bien presente que para el griego el intelecto agente es el que no se mueve, y el que se mueve es el paciente.

El primero conoce indiscerniblemente por identidad; el segundo, por identificación, en la que pierde su discernimiento. Del primero se pierde todo rastro en un continuo sin cualidades; al segundo el rastro se le sigue pero a saltos, por lo discreto de sus operaciones.

No es necesario seguir para comprender que ambos modos no se excluyen más de lo que mutuamente se implican; no podemos librarnos del primer modo, como algunos pretenden, sin deshacernos igualmente del segundo. Y como también parece que no podemos librarnos del segundo sin hacerlo del primero, nunca faltarán expertos en inteligencia artificial que aseguren que cosas como las redes neuronales apiladas, que en realidad sólo son operaciones matemáticas en muchas capas, logran desmitificar no sólo la inteligencia operativa, sino incluso la conciencia, por más que de ésta bien poco se pueda decir.

Otros pensamos que la única desmitificación o desidentificación posible es reconocer que el cerebro no es una entidad autónoma y que nunca vamos a encontrar en él una materialización de la memoria, los recuerdos, o las representaciones simbólicas que definen a los ordenadores. Sin embargo esto tendría que abrir las puertas a la contemplación de otras maravillas.

El llamado enfoque ecológico es el realmente físico, si entendemos lo físico como soporte o sustancia, y no como operación. Circunstancialmente, ocurre que también la física moderna y sus teorías de campos están basadas en criterios decididamente discretos y operacionalistas, a pesar de que se supone que el campo tendría que describir la mecánica de un continuo, aun si es un continuo particulado. Las partículas puntuales de las modernas teorías de campos son justamente el atajo operacional, aun cuando podemos estar seguros de que las partículas materiales, consideradas a la debida escala, deben exhibir superficie y extensión puesto que la extensión es inherente a la materia.

El método de la física más reciente es en sí mismo algorítmico, en el sentido preciso de que toda la descripción e interpretación está al servicio del cálculo. De este modo lo físico como soporte se evapora, sólo hay operaciones. No es casualidad que Feynman trabajara en el grupo de computación del proyecto Manhattan al mismo tiempo que en los formalismos de la electrodinámica cuántica. Y así llegamos a los tiempos presentes, en los que muchos físicos de buena gana se librarían del estorbo de la realidad física para reducir el universo a un ordenador gigante en permanente titilación digital de unos y ceros. La materia no importa, sólo la información.

Pero la materia perceptible se inscribe en la mecánica del continuo, la misma que nos dice que hay objetos blandos y duros, y continuo sólo puede haber uno por definición. No puede haber un continuo material por un lado, y un continuo de movimiento, de operaciones, o de inteligencia por otro. El continuo nos remite siempre a las evoluciones posibles de un medio primitivamente homogéneo en el que las distinciones son imposibles y si son posibles siempre se compensan. Sin homogeneidad tampoco existe la conservación del momento, siendo ésta, y no la fuerza, la auténtica base de la física moderna. La conservación es la esencia de lo que entendemos por realidad física —la continuidad— mientras que las acciones u operaciones siempre serán secundarias.

La física fundamental y la inteligencia artificial tienen un contacto mucho más que accidental, y no sólo del lado de las operaciones discretas. La matemática que subyace al aprendizaje profundo o deep learning, aun con más dimensiones, es algo tan familiar para la física como el álgebra lineal y sus vectores, matrices y tensores—el corazón de la mecánica del continuo que rige la ley constitutiva de la teoría de materiales, la electrodinámica clásica o la Relatividad.

Sería por lo demás erróneo decir que la mecánica cuántica haga discretos el espacio o el tiempo; no hay nada de tal. Lo único discreto en la MC es la acción, algo para lo que no tenemos debida justificación todavía hoy. Para comprobar que tiempo y espacio mantienen su continuidad a nivel microscópico no hay más que ver que también los electrones describen órbitas elípticas como los planetas, simplemente una clase de las secciones cónicas antes aludidas.

Por si quedan dudas de la conexión entre física e IA, bastará recordar que los físicos Mehta y Schwab demostraron en 2014 que un algoritmo de redes neuronales profundas para el reconocimiento de imágenes funciona exactamente igual que el grupo de renormalización de las teorías cuánticas de campos como la QED que luego se ha extendido a otras áreas, desde la cosmología a la mecánica de fluidos.

Una red neuronal confrontada con el punto crítico de transición de fase en el modelo de un imán, donde el sistema se hace fractal, automáticamente aplicó los algoritmos de la renormalización para identificar el proceso. Ilya Nemenman, otro físico teórico pasado a la biología adaptativa y la biofísica, no se ha resistido a decir: «Extraer rasgos relevantes en el contexto de la física estadística y extraer rasgos relevantes en el contexto del deep learning no son sólo palabras similares, son la misma cosa».

LA ADMINISTRACIÓN DE UNA POTENCIA

Delegar problemas en la IA tiene no ya un riesgo sino un precio para la ingeniería social, y es que sus soluciones, como en todos los ámbitos, son nuevos problemas, pero problemas aún más alejados de la intuición humana y su entorno inmediato. Ésta va quedándose más y más rezagada con respecto a las indescifrables inferencias de sistemas cada vez más complejos y por lo mismo más opacos. Un médico ya no puede saber cómo un sistema inteligente ha llegado a sus conclusiones sobre los pacientes, incluso si ha contribuido en su diseño o su base de datos. Con el aumento del índice de opacidad crece también la dependencia.

No es necesario imaginar el caos de un «infierno digital» para darse cuenta de que esto es indeseable. Las soluciones mismas se hacen cada vez más complejas, no tanto por el incremento de matices, que tendría que ser bienvenido, como por la pérdida de inteligibilidad. Sólo esta inteligibilidad hace de los detalles matices en vez de impredecibles recetas.

Ya hemos tenido tiempo de comprobar hasta qué punto la aplicación indiscriminada de la inteligencia instrumental nos lleva de lleno a lo ininteligible y a lo innombrable.

Incluso desde el punto de vista de la ingeniería social tendría que ser una cuestión de seguridad prioritaria tener despejado siempre el camino inverso al de la inteligencia aplicada y la «resolución de problemas» si éstas generan una espiral de dependencia. Pues si los problemas son la presión a la que se busca un escape, contemplarlos antes de que fueran problemas evita buscar el escape y permite ver lo más simple, con solución o sin ella.

De hecho es muy probable que muchas enfermedades y dolencias que padecemos en nuestro cuerpo y mente no sean tanto problemas como la solución más creativa y conjunta que de momento ha podido encontrar el organismo a modo de compromiso. Y si observáramos esa solución provisional en cuanto tal, también cambiaría la índole del «problema».

Es decir, en un proceso natural complejo ya hay una presencia implícita de la inteligencia; podríamos decir que es sólo equilibrio, pero, dado que en un organismo también tiene que equilibrar y englobar la inveterada parcialidad de nuestra mente, la mitad invisible de su ecuación, aún podríamos considerarla inteligente en un sentido más fundamental que el de nuestro pensamiento.

En cualquier caso no se necesitan grandes conocimientos para comprender que no somos ordenadores ni nace la inteligencia del procesamiento de información; más bien es allí donde se invierte, y a menudo se entierra. La materialidad, el carácter físico de la inteligencia reside en el extremo opuesto al de lo operacional, pero este extremo nunca está realmente separado del continuo y se resiste a la cuantificación.

INTELIGENCIA Y FINALIDAD

Inteligencia es justamente captar y estimar los matices sin necesidad de cálculos; por el contrario, nuestros cálculos pueden estimar umbrales pero no tienen sentido intrínseco del grado, del matiz, puesto que lo simbólico en cuanto tal no forma parte del proceso físico. Y sin embargo es evidente que se pueden construir infinidad de sistemas mixtos digital/analógicos, y que innumerables formas de integración son posibles, lo que conecta con la evolución de interfaces hombre/máquina.

Ni hay cálculos en la inteligencia, ni los hay en la naturaleza. A ésta, como decía Fresnel, no le importan las dificultades analíticas. Cuál no sería nuestro mudo asombro ante el mundo si por un sólo momento nos diéramos cuenta de que nada de lo que vemos depende del cálculo, por más que éste luego pueda coincidir con él. El cálculo es la rutina en la que está metida nuestra mente.

Con la revolución científica creímos pasar definitivamente de un mundo ordenado por una inteligencia teleológica o con finalidad a un mundo meramente inteligible en función del cálculo; pero es aquí donde florece en todo su esplendor el espejismo. El cálculo no nos libera de la teología, por el contrario el cálculo es la herramienta orientada a una finalidad por antonomasia. Y por añadidura, es la misma heurística del cálculo la que nos ha llevado a las cumbres más altas de lo incomprensible.

Esto se pone de manifiesto en el problema de Kepler. A pesar de lo que dicen todos los libros la ley de gravedad de Newton no explica la forma de la elipse estando el cuerpo central en uno de los focos. Se parte de la integral de la curva —de la forma global— para derivar las velocidades instantáneas, pero si no se mezclaran de forma enteramente gratuita velocidad orbital y movimiento innato, los vectores nunca se cancelan. No hay por tanto conservación local de las fuerzas contemporáneas, sino global, y es por eso que se acostumbra a trabajar con el principio de acción integral, el lagrangiano.

En «Autoenergía y autointeracción» nos hemos detenido algo más en el tema. Toda la mecánica cuántica se basa en el principio de acción, y las teorías cuánticas de campos, como la QED, de forma concreta y específica. El principio de acción, ya sea lagrangiano o sus formas más sofisticadas, es integral por definición y por tanto las derivadas que se le aplican están implícitamente subordinadas a una finalidad, como el mismo Planck y muchos otros no han dejado de admitir.

Es evidente que procesos tan artificiosos y descaradamente ad hoc como la renormalización de la QED no pueden darse realmente en la naturaleza, o de otro modo tendríamos que pensar que cada fotón, cada electrón, y cada partícula realiza a cada instante interminables series de cálculos. ¿Y a esto lo llamamos «fuerzas ciegas»?

La respuesta más fácil es decir que la física es cada vez más estadística, y la estadística en sí misma ha de englobar todas las funciones concebibles de la inteligencia artificial. Aunque esto pueda ser cierto en el más laxo de todos los sentidos, ningún tipo de estadística por sí sola nos va a llevar al orden que apreciamos en la naturaleza o en el comportamiento inteligente —ni en la aplicación ni en la interpretación, ni en lo universal ni en lo particular. El sesgo estadístico de los comportamientos observados resulta demasiado improbable.

«Por cada grumo, una burbuja»: En un medio en principio totalmente homogéneo cualquier incremento de densidad en un punto le correspondería una disminución en otro, y lo mismo vale para el movimiento, la energía y otras cantidades. Las diferenciaciones y movimientos tendrían lugar en el tiempo, mientras que la continuidad subyacente antes de ser alterada quedaría fuera de él, envolviéndolo. En este sentido el continuo no está al principio ni al final, sino en medio de todos los cambios, ya que los compensa permanentemente. La inteligencia primera, el primer modo del que hemos hablado y que no está diferenciado, coincidiría con la inmediatez de este continuo.

Sin embargo el continuo de los llamados «números reales» que parece imperar en la física no puede dejar de ser una idealización, puesto que en el mundo sólo podemos contar cosas y eventos discretos, en números enteros y a lo sumo en números racionales o fracciones.

El cálculo no puede dejar de dibujar complejidades crecientes en su visión de la naturaleza, pero todos estos arabescos no le pertenecen en propiedad, sino que son más bien la imagen que muestra en la superficie del espejo que nosotros sostenemos.

DE LA RENORMALIZACIÓN A LA RELATIVIDAD DE ESCALA

A pesar de haber sido creadas por el hombre, salta a la vista que estas redes neuronales de muchas capas y su respuesta son cajas negras tan enigmáticas como muchos de los comportamientos de la naturaleza.

En el acercamiento por integrales de camino de Feynman, en continuidad con el principio universal de propagación de Huygens, las trayectorias se vuelven más irregulares a pequeña escala y entre dos puntos las partículas tienen potencialmente una infinidad de trayectorias no diferenciables. Esto y el considerar partículas puntuales son las principales fuentes de infinitos a cancelar por los procedimientos de cálculo de la renormalización.

Se ha preguntado por qué la renormalización es capaz de producir reconocimiento de objetos si estos objetos, caras por ejemplo en un paisaje, no son fractales ni están sometidos a recurrencias a distintas escalas. Pero eso es pensar desde el punto de vista del objeto considerado más que desde el sujeto y el proceso o transformación que pueda tener lugar para llegar al reconocimiento. La renormalización ya implica en buena medida las nociones de relevancia, selección y eliminación que para explicar estas cajas negras utilizan otras teorías como las adaptativas de corte biológico o la del cuello de botella de Naftali Tishby.

Algo similar a la renormalización puede aplicarse al mismo espacio-tiempo obteniendo una dimensión anómala. Es lo que hizo ya en 1992 el astrofísico Laurent Nottale proponiendo la Relatividad de Escala. Ésta fue reconocida en su momento como una idea brillante pero la inclusión en el continuo físico de variedades no diferenciables como los fractales supone un importante salto en el vacío que ha bloqueado en gran medida su viabilidad.

Las relaciones de Heisenberg comportan una transición de las coordenadas espaciales de la partícula a una dimensión fractal 2 entorno a la longitud de de Broglie, que Nottale extiende a las coordenadas temporales para el tiempo de de Broglie. Las propias teorías cuánticas de campos renormalizables muestran una dependencia de la escala de energía que entra por primera vez de forma explícita en las ecuaciones del vigente y limitado modelo estándar. Nottale lo que hace es extender esta evolución asintótica y llevarla al rango de un principio general.

Sabemos que la física no puede reducirse al movimiento y la extensión, pero, qué otra cosa pueda ser, es algo que no queda ni remotamente claro. Si la teoría de la relatividad demanda que ningún sistema de coordenadas sea privilegiado para el movimiento, la relatividad de escala pide lo mismo para la escala y su resolución, y con ello para otras cantidades asociadas como la densidad. Si alguna forma hay de pasar de la extensivo a lo intensivo sin soltar el hilo del movimiento que ha conformado a la física entera, seguramente no hay otra más natural e inevitable que ésta. Lo que «llenaría» los puntos materiales sería el tensor de resolución.

Como es sabido la invariancia de la velocidad de la luz con independencia de la velocidad del observador sólo puede hacerse compatible con las ecuaciones clásicas del movimiento a través del expediente de la dimensión adicional del continuo espacio-tiempo de Minkowski; de otro modo la Relatividad Especial, una teoría con conservación local, sólo podría presentar eventos puntuales recortados y escindidos del continuo de la electrodinámica clásica.

Intentaré figurarme este principio de la forma más elemental. Desde Pearson se ha dicho que un observador que viajara a la velocidad de la luz no percibiría movimiento alguno y viviría en un «eterno presente». Dentro del marco específicamente cinemático de la relatividad, sólo así se abre una ventana para algo más allá del movimiento. Pero, ¿que vería este ojo en su interminable acercamiento al límite absoluto? A medida que el movimiento se detiene, su mirada barrería logarítmicamente en un zoom todas las escalas de espacio y tiempo imaginables. La aproximación asintótica debería admitir su propia transformación: el cambio de resolución por covariancia que Nottale demanda, siendo reemplazandas a altas energías las leyes de movimiento por las leyes de escala.

En palabras de Nottale, las teorías de campo cuánticas, con los procedimientos estándar de renormalización, «se corresponden más bien con una versión galileana de la teoría de la relatividad de escala», y sólo funcionan dentro de unos límites. Para Nottale la renormalización es propiamente un semigrupo, puesto que permite integrar escalas mayores a partir de las menores, mientras que la aplicación exitosa de la relatividad de escala permitiría la operación inversa, obtener las menores de las mayores.

La recursividad en la escala le hicieron pensar además en la aplicación del principio a los sistemas complejos en general, a organizaciones biológicas o sociales, cuyo funcionamiento depende simultáneamente de distintos niveles jerárquicos o escalas.

Nicolae Mazilu y Maricel Agop han emprendido recientemente una concienzuda evaluación del principio de Nottale a la luz de la historia del último siglo tanto en la física y la matemática. En la introducción de este trabajo monumental se afirma nada menos que «una vez que el principio de invariancia de escala es adoptado, sólo puede seguirse el camino correcto.» Y efectivamente, si la velocidad de la luz en el continuo y la longitud de Planck son invariantes, inalcanzables y absolutas, la escala tiene que ser relativa casi por definición, y por lo mismo ha de ser no diferenciable. No vemos cómo puede escaparse a esta conclusión.

Aparte de esto, la relatividad de escala es una necesidad consustancial a la estadística y a la teoría de la medida que debe acompañarla.

Cabe ver entonces la geometría fractal como una forma de mediar entre lo continuo y lo discreto dentro de los límites mencionados. Y esto nos lleva de lleno a la recursividad y la confrontación de algoritmos con las leyes de la naturaleza y la descripción de sus contornos.

Desde luego la relatividad de escala tiene sus propios grandes problemas con el cálculo y los infinitos, pero antes incluso de eso exige además, como Mazilu y Agop enfatizan, una interpretación física de las variables en un sentido técnico bien definido, el mismo que ya formuló C. G. Darwin en 1927 — una traducción de la solución matemática de la onda en términos de partículas.

El hilo dorado para salir de este laberinto se pierde con la interpretación estadística de Born, y es por eso que los dos físicos rumanos acometen una auténtica refundación de la teoría que pasa por los hitos históricos del problema de Kepler, la mecánica de Hertz, la dualidad onda-corpúsculo de de Broglie, la teoría del color y la función de onda de Schrödinger, la equivalente ecuación hidrodinámica de Madelung, Cartan o Berry, entre otros.

La distinción entre partícula material y punto material, o partícula extensa e inextensa, su aplicación inevitable a la mecánica ondulatoria, la interpretación de la fase geométrica en el potencial cuántico y la devolución del principio holográfico a su contexto originario en la luz jalonan esta minuciosa y lógica reconstrucción en el espíritu de la física clásica.

De hecho la lectura de Agop y Mazilu de la relatividad de escala ofrece no sólo una explicación plausible para los dilemas de la mecánica cuántica, sino también para la ocurrencia de estructuras fractales en la naturaleza, que de ningún modo pueden sustentarse en la sola matemática.

La fractalidad en las escalas no se reduce a la mera recurrencia espacial de muñecas rusas con la que estamos más familiarizados, sino que afecta a la propia geometría del espacio-tiempo. A mi juicio, igual que se habla de varias modalidades de renormalización, de posiciones en el espacio real y del espacio de momentos, con la relatividad de escala, donde las coordenadas son funciones en lugar de números, podríamos hablar en última instancia de tres modalidades fundamentales: escala para la masa y su densidad, escala para el movimiento (momento, fuerza o energía), y escala de longitud que se corresponden bien con nuestras nociones de tiempo, espacio y causalidad, o materia, espacio y tiempo; además de unas coordenadas generalizadas para definir las transformaciones de estos tres aspectos.

En cualquier caso, lainterpretación física tal como Mazilu y Agop la entienden, con sus transformaciones de coordenadas, conecta perfectamente con la idea de representación en deep learning —las coordenadas en que se configuran los datos. La noción de representación, basada además en una matemática de tensores multidimensionales —siendo igualmente tensorial la resolución en la relatividad de escala— hace la diferencia en este grupo emergente de métodos también conocidos como aprendizaje jerárquico, con distintos niveles de representación en correspondencia con la jerarquía de niveles conceptuales o de abstracción. Y un fractal es esencialmente una jerarquía en cascada de escalas.

Cuanto más usamos la estadística, más necesitamos la interpretación. Esta es la inapelable conclusión a la que se llega tanto en la física como en los métodos de aprendizaje automático. Más todavía, en este aprendizaje con máquinas, cuanto más se usa la estadística, más profundamente física ésta se tiene que volver para llegar a definir su objeto.

Este inopinado giro ocurre precisamente ahora en que tantos físicos querrían desertar en masa de la interpretación y aun de los principios, para quedarse sólo con el cálculo. Y este sería, dejando a un lado otras consideraciones, un motivo básico del desdén mostrado hacia esta y otras teorías que demandan mayor espacio para la interpretación en la física moderna. Una interpretación que es la finalidad misma y es imprescindible en cualquier aplicación.

Simplemente, en toda empresa humana hay principios, medios y fines. En física también el cálculo es el medio y la interpretación el fin, pero esto parecía haberse olvidado desde el advenimiento del estilo algorítmico inaugurado por la electrodinámica cuántica. Ahora la Inteligencia Artificial, expresamente teleológica y volcada en los objetivos, nos devuelve su relevancia. Sólo que sabemos perfectamente que ni el cerebro humano funciona mediante representaciones simbólicas, ni lo hace la naturaleza, ni las partículas, ni las ondas.

La inteligencia humana aplicada y sus réplicas mecánicas tienen que ser finalistas por definición. Pero pretender que la naturaleza se orienta a fines mediante operaciones discretas es el colmo del absurdo, y el mismo Aristóteles hubiera sido el último en afirmar esto. Así pues, esta «inteligencia primera» no puede estar orientada hacia la finalidad, sino que ha de ser la referencia para la inteligencia aplicada a tareas.

Esta inteligencia primera o conciencia no puede ser otra cosa que la invariancia del Continuo, la homogeneidad de referencia sobre la que se dibujan sucesos y cosas, y tendría que ser idéntica en la naturaleza y en el hombre, por más que cada entidad pueda extraer un rendimiento diferente en función de su circunstancia y estructura interna.

Puesto que esta inteligencia primaria es indiscernible por simple, cualquiera diría que su utilidad es nula. ¿Es inútil la toma de conciencia global? Lo que ocurre es que no es cuantificable ni medible. Pero decir que hay realmente dos inteligencias, una útil y otra inútil, en lugar de dos modos, sería un despropósito total, como lo sería decir que no hay continuo, cuando el análisis numérico discreto está condenado a seguir su pauta «ideal», o que este continuo es sólo físico, cuando al continuo propiamente dicho no pueden aplicársele atributos.

No es necesario detenerse en análisis filosóficos para ver que la inteligencia va a ser siempre más que la habilidad para hacer tareas, y que ese algo más es siempre imprescindible para la inteligencia utilitaria y aplicada —del mismo modo que no puede prescindirse del continuo tampoco en la relatividad especial, general, o en la de escala.

¿Cuánto de verdad puede haber en la idea de la relatividad de escala? No hay todavía suficientes resultados concretos para juzgarlo. Pero de una cosa podemos estar seguros: el requisito de continuidad es absolutamente necesario en la naturaleza y aun en nuestro sentido genérico de la realidad; el requisito de diferenciabilidad no. Este es un asunto exclusivo del hombre. De modo que este principio siempre tendrá algo nuevo que aportar.

No olvidemos que Nottale es un astrofísico en busca de una idea fundamental; su punto de partida no son los principios simples, sino la complejidad de facto en las constelaciones de datos y las observables. Su propuesta hay que entenderla como retorno desde la interpretación a los principios, giro que Mazilu y Agop justifican con argumentos mucho más específicos.

Por otro lado ésta es sólo otra entre un número mayor de teorías que manejan factores de escala —como la teoría gauge de la gravedad elaborada con cálculo geométrico en un espacio plano— que pueden ser diferenciables y que sería necesario comparar. Esta teoría gauge demuestra que la intención de Poincaré de elaborar una teoría relativista en el espacio euclídeo ordinario modificando las leyes de la óptica estaba perfectamente justificada. En cualquier caso se mantiene que a falta de un criterio absoluto la escala sólo puede ser relativa y basada en la comparación.

Se pueden también buscar modelos más elementales; seguir, por ejemplo, la línea de la mecánica relacional de Weber, abuela de la relatividad, y tratar las cuestiones de escala como se hace con las fuerzas, el potencial y la velocidad de la luz en dicha teoría, volviendo a un espacio plano y diferenciable y acotando funciones recursivas vía autointeracción, esa idea «tonta» al decir de Feynman. Pero, ¿qué es una autointeracción? Es esa cosa tonta que parece hacer una partícula aislada cuando resulta que no está aislada en absoluto. Y lo mismo vale para nuestro cerebro, aunque, en este caso, por el contrario, el problema es que nos parece demasiado inteligente.

Los detractores dicen que la relatividad de escala no es una teoría, y nada podría ser más cierto si se tienen en mente las teorías cuánticas de campos. No, la relatividad de escala es un principio y un proyecto, y tanto mejor si no es una teoría. Además, ¿no se buscaba en la física fundamental un principio-guía tan desesperadamente? Algo meramente inteligible. Las teorías mencionadas están blindadas para apuntalar la consistencia de los cálculos, y son como pequeños islotes en el mar; han tenido su momento histórico y contienen enseñanzas perdurables pero básicamente pertenecen a un pasado que no volverá. A menudo sólo sirven como lecho de Procusto para forzar la explicación de fenómenos que en absoluto se comprenden pero que se «predicen» a partir de sus datos.

No se abre una caja negra con otra caja cerrada.

Es toda una suerte y una gran ventaja el no ser hoy una de estas teorías que subordinan los principios y la interpretación al cálculo en vez de hacer de éste un instrumento. En el nuevo entorno el cálculo se deja crecientemente a las máquinas y en la misma medida uno se separa de él. La conciencia, si es algo, es distancia; así que no es imposible que la IA nos ayude a recobrar las funciones más menospreciadas de nuestra inteligencia natural.

Tanto Nottale como Mazilu y Agop han insistido que la relatividad de escala es no sólo un principio general de la física sino también del conocimiento. Esto, que puede parecer excesivo, ahora puede someterse a prueba. En la arena de la IA la cuestión es si puede ser «descubierta» por las máquinas confrontadas a los modelos oportunos igual que ha ocurrido con la renormalización. No le van a faltar problemas dado que el entorno tecnológico emergente trabaja a escalas cada vez más reducidas donde todo esto tiene muchas formas de ser relevante. Y, a la inversa, si ayuda a desarrollar algoritmos más eficientes o más inteligentes.

No se requieren aceleradores de partículas, y hay un enorme frente experimental accesible y disponible. Es totalmente falso que sólo pueda encontrarse nueva física a altas energías, la misma controvertida frontera entre el comportamiento clásico y el cuántico tiene una infinidad de escalas distintas según los casos.

No existe punta de lanza como la IA para el multiespecialista actual en nuestra torre de Babel, ni cabe imaginar otra mejor en un futuro previsible. Físicos, matemáticos, programadores, desarrolladores, biólogos, lingüistas, psicólogos,... Aquí hay espacio para explorar ágilmente posibilidades que las distintas especialidades, con sus grandes inercias y barreras defensivas, no están dispuestas a considerar. Ideas, si hablamos de la física matemática, como la relatividad de escala, el determinismo retrodictivo, y otras muchas que por diversos motivos van a contracorriente del curso adoptado por la especialidad. No es casual que buena parte de los expertos de IA hayan cursado primero estudios de física y se pasen ahora a un área entusiásticamente dispuesta a probarlo todo.

Demasiado entusiásticamente, si se piensa que hoy las matemáticas que caracterizan un sistema físico pueden terminar definiendo los vectores de control del comportamiento de individuos, grupos sociales y poblaciones humanas. Estas cosas se aplican ya de forma rutinaria para la modulación del consumo o la opinión. Igual que la resolución, también la atención se puede describir con tensores. Como si fuera algo accidental, se habla de los «efectos perversos» de las tecnologías, cuando se trata de las intenciones y propósitos más deliberados.

Si quieren meternos a todos en una caja, hagamos ésta tan grande como todo el universo.

EL CÍRCULO DE LA COMPRENSIÓN Y EL HILO EN EL LABERINTO DIGITAL

Y así, muy a nuestro pesar, parece que el círculo se cierra. En la lucha entre sociedad y naturaleza, hemos hecho de la naturaleza un objeto y terminamos sometidos al mismo tratamiento, y aquello con lo que damos forma a una termina esculpiendo a la otra. Esto es de siempre y ahora tan sólo se vuelve más formalizado, pero siendo ejecutado a conciencia no tenemos excusas.

Sin embargo, y simultáneamente, otro círculo se está cerrando al vincularse cada más estrechamente categorías hasta ahora tan separadas como la física del espacio y la física de la materia, los extremos que por arriba y por abajo definen nuestro escenario. De su compenetración depende que la física, y no sólo ella, acceda a una inteligibilidad real y a una universalidad que compensaría de algún modo la falta de escrúpulos del conocimiento aplicado. Esto último sólo podemos rechazarlo, pero no anularlo.

Al devolver su inevitable extensión a las partículas materiales, hacemos posible que «el espacio externo entre en el espacio interno». Aquí vuelve a la memoria el viejo dicho de que no sólo la gota se funde en el océano, sino que también el océano se funde en la gota. Y esto ocurre al mismo tiempo en que, dentro de otro orden, lo social inunda lo individual y los datos anegan a las teorías.

Si puede decirse que nosotros somos la escala fundamental, lo mismo podría decirse de que cualquier otro ser en cualquier otra escala; pero en todo caso el mundo no puede dejar de verse desde dentro. Esto no depende del número de dimensiones sino de la naturaleza del continuo.

Pero no sólo el sujeto no deja de ser imprescindible en todo este proceso, sino que la misma sustancia que lo soporta todo tiene que revelarse como sujeto —por lo mismo que se revela que la inteligencia no puede estar simplemente «dentro» del cerebro. El universo no es un ordenador gigante —idea insuperablemente grotesca—, pero los ordenadores nos permitirán navegar mucho más libremente por su infinito espacio de funciones. Y lo harán porque habrá cambiado el incentivo y habremos devuelto al cálculo a su debido lugar entre los principios y la interpretación; pues es con éstos que el círculo de la comprensión se cierra.

La física empezó con conceptos claros como inercia, fuerza, masa, espacio o tiempo para darse cuenta finalmente de que todos ellos son cada vez más misteriosos; y a la inversa, en las redes neuronales todo empieza como un enigma y la esperanza está en que alguna vez se hagan los procesos claros. Naturalmente, el objetivo básico del aprendizaje automático es encontrar las funciones de entrada $f(X)$ para los datos de salida Y. Este tipo de ingeniería inversa ha existido siempre en física y es la parte esencial que la hace predictiva. Y puesto que en ambos casos se comparte cierto tipo de lenguaje matemático, los dos enfoques son altamente complementarios.

En física pasamos de los principios a la interpretación de fenómenos y datos pasando por el cálculo. En un enfoque más global, esto sería sólo la mitad del círculo, el semicírculo del ordenamiento cuantitativo tan típico de la física. La segunda mitad del círculo sería el retorno al principio en términos cualitativos y de continuidad, ignorando en el límite el cálculo tanto como sea posible —si hemos sido capaces de asumir que la naturaleza y la inteligencia existen con entera independencia de él. A mi entender, es aquí donde se haya ahora el desafío.

Una descripción continua y cualitativa, con permiso del álgebra del espacio-tiempo, tendría que ser necesariamente más ambigua que una especificada por el cálculo. Pero es aquí justamente donde reside la inteligencia, en encontrar matices significativos sin necesidad de o con menos especificaciones. Esta paradoja es insoluble, pero nos muestra el camino de vuelta para interiorizar, que no humanizar, el conocimiento —son el conocimiento formalizado de alto nivel o las mismas máquinas los que resultan un extremo humano.

CONSIDERACIONES FINALES

Nuestras «dos Inteligencias» se asemejan mucho a los dos árboles del Paraíso en la fábula; no hemos dejado de agarrarnos y manosear al árbol del conocimiento bien y del mal que nos ha llevado hasta aquí; pero el árbol de la vida ahí sigue, intacto como siempre.

Está claro que la inteligencia primaria es más que la inteligencia secundaria o aplicada, como también que ésta última es más que el reconocimiento de patrones o la lista de tareas tratadas por el aprendizaje jerárquico.

Coincidimos con Epstein que la comprensión cabal del cerebro humano puede estar aún a siglos de distancia, si es que es factible en absoluto. Hay además en su desarrollo demasiadas cosas «inservibles» desde el punto de vista utilitario, pero que son necesarias para mantener la continuidad de la que se deriva nuestra identidad, mucho más allá de los caprichos de la memoria.

Y aun si llegáramos a conocer algún día nuestro cerebro, con su compleja relación con el resto del cuerpo y el ambiente, aun no sabríamos nada de la conciencia en cuanto tal, tan sólo sabríamos de la emergencia discontinua de los pensamientos sobre ese trasfondo sin cualidades que se da cuenta de ellos.

El continuo de la experiencia humana ordinaria y su cuerpo biológico poco tiene que ver con el de la física fundamental, el primero nos parece muy concreto y demasiado abstracto el segundo. Sin embargo, la física fundamental nos parece tan abstracta justamente porque perdió el hilo de continuidad con la física clásica que Mazilu y Agop intentan restablecer. Aun a niveles muy diferentes, las dos clases de continuo quedan en la misma dirección.

Los sistemas de IA están expresamente orientados a una finalidad; y lo mismo ocurre con las teorías físicas, tan descaradamente orientadas a la predicción. Puesto que ambas usan masivamente la estadística, desde este punto de vista no hay nada que deba sorprender. Lo sorprendente, y nunca suficientemente ponderado, es que la naturaleza logre sin finalidad lo que nosotros no podríamos hacer sin ella, y esto, por la vía de la continuidad, nos lleva a la suposición de una inteligencia primera que es su referencia igual que la velocidad de la luz es la referencia para el movimiento y su radiación lo es para el cuanto de acción.

Uno podría olvidarse tranquilamente de toda la física y los problemas de escala, que una idea se mantiene intacta: la fuente de la inteligencia y de la naturaleza es ajena al cálculo-finalidad. Con precisión lo dejó dicho un agrimensor notorio, «el espíritu se libera sólo cuando deja de ser un apoyo».

McBeath lanzó la pelota más lejos que nadie, aun si hubiera salido fuera del estadio.

Referencias

R. Epstein,(2016) The empty brain, Aeon

L. Nottale, (1992) The Theory of Scale Relativity

N. Mazilu, M. Agop, (2018) The Mathematical Principles of the Scale Relativity Physics — I. History and Physics

N. Mazilu, M. Agop, Role of surface gauging in extended particle interactions: The case for spin

P. Mehta, D.J. Schwab, An exact mapping between the Variational Renormalization Group and Deep Learning

N. Wolchover, New Theory Cracks Open the Black Box of Deep Learning, Quanta magazine

McBeath, M. K., Shaffer, D. M., & Kaiser, M. K. (1995) How baseball outfielders determine where to run to catch fly balls, Science, 268(5210), 569-573.

Fink P.W, Foo P.S, Warren WH, (2009) Catching fly balls in virtual reality: a critical test of the outfielder problem

D. Hestenes, Gauge Theory Gravity with Geometric Calculus

M. A. M. Iradier, Autoenergía y autointeracción

M. A. M. Iradier, El multiespecialista y la torre de Babel
F. Kafka, Aforismos de Zürau

¿HACIA UNA CIENCIA DE LA SALUD? BIOFÍSICA Y BIOMECÁNICA

10 enero, 2019

HOLISMO Y REDUCCIONISMO EN LAS CIENCIAS DE LA VIDA

La física, tan sólidamente apoyada en las matemáticas, sigue siendo considerada la reina madre de las ciencias experimentales y por tanto modelo para todas las demás, incluyendo la biología y la biomedicina modernas. Es también común asumir que la física es una ciencia reduccionista capaz de de explicar las cosas por sus mecanismos, aunque esto está muy lejos de ser cierto y de hecho, como recordaba Poincaré, los principios de acción en que se basa por su misma naturaleza no admiten mecanismos unívocos y sí analogías matemáticamente precisas.

Esta ambigüedad de fondo de la ciencia física es motivo de toda suerte de confusiones, más todavía cuando la física sale al rescate de otras disciplinas inmersas desde el principio en la complejidad para intentar encontrar sus aspectos más simples.

Seguramente una de estos malentendidos es que la física sólo puede ser relevante para los sistemas vivos a nivel de sus bloques constituyentes —iones, moléculas, células, etcétera, a través de las disciplinas que le corresponden, tales como la física química o la biología molecular. Sin embargo acabamos de notar que los mismos átomos, partículas y sus campos asociados están calibrados por sus respectivos principios de acción que son sus auténticos elementos invariantes. Estos principios de acción son integrales por principio y por naturaleza, por más que la física, en su afán predictivo, los utilice continuamente como expediente para derivar soluciones locales.

Como siempre, es lo que hacemos lo que determina lo que pensamos, igual que es la aplicación lo que determina la interpretación.

Cabe retrotraer el origen de la biofísica, y aun de la psicofísica, a las escuelas de Leipzig y Berlín en tiempos de Helmholtz. Ya en la primera mitad del siglo XX, y mucho antes de la eclosión de este vasto campo, tenemos a pioneros como el matemático Lotka y Nicolas Rashevsky, gran impulsor de la biología teórica. Mucha agua ha corrido desde entonces, pero aún podemos tomar estos dos nombres como formas contrapuestas de entender la disciplina: aferrándose a los datos biométricos o especulando con las relaciones matemáticas que pueden desarrollarse a partir de ellos.

¿Dónde estamos hoy? El hecho de que la biofísica actual se acuerde más del Schrödinger de ¿Qué es la vida? que de los autores mencionados ya es bastante elocuente. Nos habla, con independencia de los méritos del gran físico austriaco, del predominio de la biología molecular y de las ideas constructivistas de bloques constituyentes.

A pesar de la presente hegemonía de lo molecular la biofísica se resiste a ser reducida a una sola perspectiva, es demasiado vasta y multiforme para eso. Y ahora que la informática y la inteligencia artificial están ampliando de forma exponencial su poder de correlación estadística, son muchos los físicos teóricos que están pasándose a este campo con la esperanza de darle una universalidad de la que ahora carece. Ellos estarían llamados a salvar la gran falla que ya separaba a Rashevsky de Lotka y que no ha dejado de agrandarse, pues se requiere algo más que informática o estadística para cerrarla.

Ante esta llegada de aire fresco y jóvenes talentos, poco puede decir un viejo espectador como yo salvo para saludarlos. Sin embargo y con todo no me resisto a hacer algunas observaciones totalmente extemporáneas en este momento tan interesante; y está claro que es sólo por extemporáneas que podrían aportar algo, aun si sólo fuera la distancia.

Por más que pueda sorprender a muchos, la idea que aquí se defiende es que para que la biofísica sea más holística o global lo que necesita no es principios con grados crecientes de abstracción sino, por el contrario, ser más fiel a lo que entrañan los fundamentos de la biomecánica, o incluso de la mecánica a secas, entendida como mecánica del continuo. Ésta tiene bien poco de trivial, hasta el punto de que podemos suponer que tiene casi todo lo que la biofísica pueda necesitar, y también algunas más.

Y puesto que en el presente momento es tan recomendable proceder por contraste, vamos a tocar un caso que es completamente secundario en la biología moderna pero que tuvo gran importancia en otra época.

UNA SIMETRÍA OCULTA

Descubierto para la ciencia por Richard Kayser en 1895, el ciclo nasal de alternancia en el flujo respiratorio sigue siendo un enigma a pesar de la abundante literatura del tema. Mucho antes de eso, diversos textos antiguos de yoga asumían implícitamente su importancia para la regulación general de funciones orgánicas y mentales. La idea básica sostenida por el yoga, de un eje de simetría oculto en el organismo que da lugar a una corriente alterna «sol/luna» o activación/relajación incluso admite una versión actualizada en consonancia con nuestros presentes conocimientos de la organización dual de nuestro organismo y del sistema nervioso autónomo (SNA) en particular con sus subsistemas simpático y parasimpático, señales sensoriales y motoras, anabolismo y catabolismo, e incluso los dos hemisferios cerebrales.

Puesto que ya hay muchos estudios dedicados a la fisiología y bioquímica de este fenómeno inexplicado, y a pesar de su gran trabajo de recolección de datos no aportan evidencias concluyentes ni arrojan una luz clara sobre su naturaleza, me gustaría proponer aquí brevemente un enfoque más básico del tema, que sin embargo conecta mejor con el tratamiento físico y matemático de señales biológicas.

La circulación o alternancia existe cuando dos condiciones no pueden satisfacerse simultáneamente. Esta verdad elemental es igualmente cierta para todo tipo de sistemas, ya sean físicos, químicos, biológicos, o socioeconómicos. La vida es una situación alejada del equilibrio, o desequilibrio que de todas formas tiene que encontrar algún equilibrio parcial con su entorno para tener cierta estabilidad. Sin desequilibrio no habría diferenciación, y sin algún tipo de equilibrio no habría persistencia ni duración.

Pero este equilibrio no puede fundarse sólo en las condiciones de frontera entre el interior y el exterior de un sistema, en su superficie limítrofe, puesto que en tal caso el límite mismo sería el atractor e impediría el desarrollo y diferenciación de un territorio interno relativamente autónomo. De modo que el balance entre lo interior y lo exterior tiende a reproducirse en lo interior como «centro», aun cuando en realidad suponga la virtual cancelación de ambos.

Buen ejemplo de esta dinámica es la misma organización de la célula, que forzosamente ha tenido que comenzar con una membrana lipídica o filtro que divide un recinto interior del exterior —el «lenguaje de base»— para permitir gradualmente el pliegue, agregación y recombinación de moléculas más complejas que desembocaría finalmente en proteínas globulares, enzimas y ácidos nucleicos capaces de replicarse gracias a la acción de éstas —siendo estas macromoléculas el «lenguaje de alto nivel».

Visto de esta forma elemental, el desequilibrio necesita descansar para sobrevivir. Y en realidad, si nos paramos a pensarlo, el ADN o herencia biológica corresponde a una fase pasiva de estabilidad o reposo que de nada serviría sin las enzimas que las activan y modulan de formas muy variables y dependientes del medio en cada ocasión de expresión.

En un orden muy diferente de cosas, algo similar ha de ocurrir con la alternancia del flujo del aire por las dos fosas nasales, por más que este ciclo varíe mucho de individuo a individuo e incluso en un mismo sujeto a lo largo del tiempo —sin esa variabilidad difícilmente podría ejercer como amortiguador en medio de circunstancias cambiantes. La sospecha de que el predominio por una u otra fosa ha de corresponder a un predominio del simpático o el parasimpático, de respuesta activa o de reposo en el SNA, parece simplemente razonable y está en buena medida avalada por numerosos estudios.

Esta es sin embargo todavía una alternancia relativamente trivial, aunque no para nosotros en las circunstancias más ordinarias —del mismo modo que no nos parece trivial, ni biológica ni psicológicamente, la diferencia entre que algo esté dentro o fuera de nuestro cuerpo. En los cambios de fase o en el sueño profundo sin sueños el flujo se haya equilibrado y en tales circunstancias las poderosas inercias de la biología involuntaria quedarían en cierto modo suspendidas. Es una pena que no podamos hacernos más eco de estos momentos privilegiados de nuestra agenda diaria y nuestro calendario biológico, pues si en verdad hubiera algún tipo de biorritmo, no podría basarse en números fijos sino en fluctuaciones constatables y medibles en tiempo real.

Irónicamente, el originador de la teoría de los biorritmos tan justamente olvidada fue el famoso otorrinolaringólogo berlinés Wilhelm Fliess, alabado por su amigo Freud como «el Kepler de la biología», y que recomendaba la extracción de los cornetes nasales por los que se manifiesta este ciclo respiratorio —apenas unos años antes de que Kayser hiciera su poco publicitado descubrimiento.

Lo que este designaría este eje virtual de simetría entre ambas fases, este shushumna o medio invariable, es un centro que es centro porque no está ni en el interior ni el exterior, sino que es más bien medida de referencia para ambos extremos.

Y lo que implícitamente se predica para el sistema nervioso autónomo también podría aplicarse, por via de la analogía, del sistema nervioso central y sus impulsos aferentes y eferentes, las vías de percepción y acción. También aquí tendemos a contraponer un sujeto pensante y un objeto pensado, cuando es obvio que el sujeto pensante no deja de ser otro pensamiento u objeto más interpuesto por la actividad general del pensar, que sería el logos inmanente del que nuestra lógica se habría desgajado.

BIOFÍSICA Y BIOMECÁNICA

La biofísica vive actualmente un gran momento y sus ramas se dividen y conectan constantemente; no hay dos investigadores que tengan exactamente la misma percepción de la disciplina, pero pocos dudan de que la luz que la física pueda arrojar sobre los complejos sistemas biológicos ha de ser al nivel de la física aplicada en lugar de la física fundamental. Sin embargo, la misma física básica es inseparable de la estadística, signatura esencial de aquello que se entiende por física aplicada. Quisiéramos mostrar aquí cómo la física básica, debidamente considerada, tiene cosas importantes que decir sobre los aspectos más globales la vida.

Retomando el ciclo nasal, desde Kayser mismo cae por su propio peso que la cuestión entera es un asunto de tono, y de tono vital, podríamos decir, puesto que ya él mismo lo definió como «la alternancia del tono vasomotor por toda la periferia en los dos lados del cuerpo». El mecanismo local conlleva cambios en en el tono simpático del tejido venoso eréctil de la mucosa nasal.

El tono es algo característico del sistema vascular, los músculos, la piel y el nervio vago, tan importante en su efecto regulador general que incluso ha sido denominado el «nervio de la vida». Este nervio vago influye a su vez en el tono vasomotor y la presión sanguínea, la musculatura y la piel —además de otros muchos aspectos como la respiración, el latido cardiaco, el funcionamiento de las vísceras abdominales, las emociones, y un largo etcétera.

El mismo nervio vago es doble y bilateral y transmite señales sensoriales y motoras; aunque clasificado dentro del sistema parasimpático, bien puede decirse que ejerce como mediador entre las fases simpática y parasimpática, y es tan fundamental para el sistema autónomo como la médula espinal lo es para el sistema nervioso central. Empero no hay una forma directa e inequívoca de medir el tono vagal, tan sólo métodos indirectos derivados de la variabilidad cardiaca y la arritmia del ciclo respiratorio elemental.

La forma más fiable y tangible de medir una signatura tan eminentemente global como el tono vital del organismo es a través del pulso sanguíneo en la arteria radial, tal como se ha hecho en distintos pueblos y culturas desde hace miles de años. Esto comportaba antes una semiología empírica y un medio, el tacto, con una fuerte componente subjetiva, si bien las técnicas modernas tales como la tonometría de aplanamiento hacen perfectamente accesible una medida precisa y automatizada. Naturalmente no estamos hablando aquí del pulso como mero índice del sistema circulatorio, sino de la fisiología individual en su integridad.

Una gota mantiene su particularidad gracias a su tensión superficial que marca la condición física del límite con su entorno, y del mismo modo puede caracterizarse el tono individual de una célula y aun un organismo superior como el ser humano. Toda la diferencia está en la gran complejidad del intercambio con el medio de un organismo, pero, aun así, la respiración y su continuación en la circulación deberían ser suficientes para definir este tono en lo que tenga de más característico.

Se tiende a pensar que al pasar de la tensión de una gota a las señales biológicas del cuerpo humano el aumento de complejidad es tal que se pierden de vista los aspectos mecánicos más fundamentales, pero los hechos y las ecuaciones desmienten este prejuicio. Por otro lado, también se tiende a pensar que la física trata de aspectos puramente locales o reduccionistas cuando todas las teorías de calibre o gauge, desde Maxwell han surgido desde un planteamiento integral del que luego se deducen aspectos locales.

El caso del electromagnetismo clásico en Maxwell es paradigmático, pues inicialmente se trataba de una teoría expresada en en ecuaciones integrales y enteramente basada en las nociones de flujo y circulación, con un tubo de flujo como el caso básico. Describe un sistema de una manera fenomenológica y orgánica, desde afuera hacia dentro, incluyendo las relaciones constitutivas que definen la permitividad y permeabilidad, las respectivas tensión y la deformación del campo eléctrico y magnético que nos remiten directamente a la mecánica de materiales. Hay por tanto un conjunto de simetrías básicas y una métrica que las limita a través de unas propiedades materiales atribuidas al espacio en el que se trasforman.

En definitiva, la electrodinámica de Maxwell no es sino una continuación de la hidrodinámica iniciada por Daniel Bernoulli al estudiar justamente los valores mecánicos de la circulación de la sangre; de esta podemos pasar a la ecuación de Laplace, la de Poisson, a la segunda de Maxwell, la de Poiseuille de flujo laminar y la ley de Ohm.

La caída del flujo laminar en la ecuación de Poiseuille origina una función de Bessel de primera clase que refleja los modos de vibración de la sección transversal, del mismo modo que puede observarse en la membrana de un tambor. Aquí vuelve a emerger con toda nitidez el elemento acústico y del tono que en realidad nunca se ha perdido en la lógica del continuo («ante la tensión tangencial el sólido se deforma, y el líquido fluye».

La pulsología de alguna de las medicinas tradicionales, como la china, trataba de representar esta sección transversal en su clasificación de pulsos característicos. Si nos planteamos el ciclo de alternancia nasal en términos de gradiente o cantidad de flujo, cabe preguntarse si esa variación se traduce también en términos cuantitativos al pulso en la arteria radial de la muñeca derecha e izquierda, e incluso, si es permisible superponerlas en un patrón de interferencia o hacer un promedio. También puede extrapolarse la función a coordenadas esféricas si buscamos una expresión tridimensional.

Una representación tradicional de los tres ejes del cuerpo humano contempla una polaridad continua y una correspondencia entre el lado izquierdo y el derecho, la parte inferior y superior, y la cara anterior y posterior; siendo los extremos de los tres ejes un despliegue en el espacio de una dualidad fundamental actividad/receptividad o activación/reposo. En términos mecánicos podemos generalizarlos como tensión/deformación o fuerza/adaptación. ¿Se puede pasar de la correspondencia cualitativa a la correlación estadística?

LA FASE GEOMÉTRICA Y EL CICLO RESPIRATORIO BILATERAL

La fase geométrica es más conocida como fase de Berry en el ámbito de la mecánica cuántica pero sabido es que existe igualmente en la electrodinámica clásica e incluso tiene análogos exactos en ondas sobre la superficie del agua.

Esto obliga a pensar que no existe nada especial en los potenciales cuánticos, y sólo separando la partícula del campo podría pensarse lo contrario. La fase geométrica es un efecto global sin cambio local, y sólo puede concebirse en los términos del continuo; sólo los patrones de interferencia propios de sistemas ondulatorios muestran su desplazamiento.

Después de que Berry mostrara el caso más simple para procesos adiabáticos cíclicos se han sucedido las generalizaciones para procesos no adiabáticos, no cíclicos, y también disipativos o no conservativos. Independiente de los aspectos dinámicos de los sistemas, la fase geométrica ha demostrado una profunda universalidad, que a pesar de todo, y por el hecho mismo de no estar ligada a las fuerzas, queda siempre en segundo plano.

Esta «anholonomía» tampoco es ajena a los seres vivos y a su locomoción. Inevitable el ejemplo del gato que se revuelve al caer o «gato de Maxwell», el más feliz ejemplo de como un ser vivo protege su invariancia frente a los esfuerzos contrarios; o la cifra no menos universal del movimiento de las serpientes. Shapere y Wilczek mostraron su relevancia en la autopropulsión celular en fluidos viscosos describiendo un circuito de formas partiendo de deformaciones infinitesimales en cilindros y esferas.

Podríamos llamar al «gato de Maxwell», la contorsión global del sistema, «la quinta ecuación del electromagnetismo» —la quinta de Maxwell, claro— aunque se entiende que esta curvatura adicional no añade nada a su perfil dinámico, sino solo a su configuración global. El estatuto de la fase geométrica es ambiguo y no ha de extrañar que los físicos no pierdan las oportunidades para afirmar que en nada altera la mecánica cuántica o el electromagnetismo clásico. ¡Faltaría más!

El único problema es si estas otras leyes tan fundamentales son sólo emergentes, la aplicación local de una teoría intrínsecamente global —lo que sin duda ya es el caso de la primera teoría gauge, la de Maxwell. Entonces la fase geométrica sería un nudo corredizo con que el continuo sujeta al sistema. La anholonomía desde el punto de vista del cálculo y la integrabilidad es una holonomía desde el punto de vista de la mera continuidad.

Ha habido también un abuso del término no-local para el potencial cuántico en la interpretación de Bohm. En los casos de fase geométrica en electrodinámica clásica y hidrodinámica lo único que tenemos es la restricción de la misma configuración global del sistema. Esto es algo muy diferente de la total vaguedad de la expresión «no local». En tales casos, ignorando los precedentes clásicos, los que propugnan interpretaciones no locales parecen ponerles las cosas demasiado fáciles a la mayoría siempre inclinada hacia la aplicación local.

La demostración de Shapere y Wilczek reposa enteramente en la aplicación de los argumentos de los campos gauge de la física fundamental —campos en que el calibre o invariante es el lagrangiano— a la deformación de los cuerpos. Este enfoque de un circuito de formas o deformaciones es idóneo para seguir la evolución de la volumetría en la expansión y contracción de los pulmones. La analogía se establece entre la electrodinámica y la teoría de la elasticidad, que como es sabido se superponen fácilmente. Expliquemos esto un poco.

Cualquiera que estudie en sí mismo la respiración puede comprobar de la forma más directa que hay una correspondencia entre la profundidad de la respiración y el despejamiento de las vías nasales. La respiración profunda abdominal sostenida por un tiempo tiende a eliminar la alternancia bilateral; y por otro lado la respiración más alta o superficial acentúa la alternancia y el bloqueo de una de las vías.

Puesto que el aumento de la actividad voluntaria suele acentuar de la respiración alta o superficial, es de suponer que el SNA tiende a compensar estos desequilibrios; lo que a su vez supone que la alternancia lateral también compensa de alguna manera la altura y la profundidad de la respiración en el eje vertical. En cuanto al eje anterior-posterior, aparte de la diferencia en el llenado del volumen pulmonar cuando se hace desde la base, ya hemos mencionado la polaridad entre la médula espinal y el nervio vago en cuanto a los dos sistemas nerviosos, central y autónomo.

Por supuesto todo esto ocurre en un contexto de transformaciones continuas del que solo cabe tener grados de evidencia estadística. Sin embargo la idea del calibre o gauge tal como ya se presenta en la electrodinámica clásica está perfectamente adaptada para describir esto, incluyendo naturalmente la conexión con la acústica.

En las variaciones de la respiración y el movimiento pulmonar, de más profunda a más superficial, no sólo tenemos cambios de volumen y forma, también de llenado de ese volumen, es decir, de la presión del aire y la tensión superficial de los pulmones. Hay una correlación y posiblemente también un circuito presión-tensión/deformación/volumen. Todo esto son cuestiones eminentemente mecánicas.

Esta presencia primaria de la mecánica la tenemos también a nivel de las células e incluso de las macromoléculas tales como el ADN, sin que por otro lado haya aquí necesidad de plantear mecanismos jerárquicos de subordinación entre los distintos niveles, puesto que estamos hablando de problemas inherentes a la mecánica del continuo, y por tanto, de continuidad. Veamos esto un poco más de cerca.

El problema de la cadena de mando y control en biología está lejos de ser resuelta porque se supone que actúa fundamentalmente mediante señales nerviosas y químicas cuando lo que ocurre es que éstas emergen de las condiciones mecánicas del medio en una medida mucho mayor de la que suponemos. También ocurre, claro está, que la relación entre estas condiciones y los elementos particulares, como moléculas, son muy difíciles de calcular. Pero también en ello tiene parte la fase geométrica, que después de todo muestra cómo depende la propagación de las propiedades del medio, y es en tal sentido que resulta más reveladora.

Se puede medir igualmente la fase geométrica en polímeros como el ADN, y de hecho sin su contribución no se llega a una solución exacta en los problemas de retorcimiento y elasticidad. Ahora, la misma lógica elastodinámica puede extenderse al espacio de parámetros de los pulmones en una secuencia temporal de respiración suficientemente larga.

Puede verse la fase geométrica como una torsión del mismo modo que puede verse la torsión como un cambio en la densidad. Si en medio originalmente homogéneo imaginamos la aparición de un grumo más denso y una burbuja, ambos no podrían surgir sin más sin una torsión o vorticidad que los conecte. Esto puede extenderse a otros tipos de no homogeneidad.

Verdaderamente, la respiración superficial, entrecortada y alterada que casi todos tenemos supone una contorsión en toda la regla de un ciclo respiratorio homogéneo. Pero tampoco ayuda nada caracterizarlo como patológico, puesto que en realidad sólo es un reflejo interno o adaptación a la actividad que el medio externo demanda del organismo. Como dijimos, la alternancia bilateral también debería reflejar cómo el SNA compensa los desequilibrios originados por la actividad voluntaria.

A la fase geométrica también se la ha llamado memoria de fase o memoria del sistema, puesto que las propiedades del medio o su potencial aporta una restricción adicional en la evolución de los parámetros dinámicos que hace que no vuelvan a su estado original. De hecho, la forma más básica de describirla es como la evolución de esos parámetros de la onda en el entorno de un agujero o singularidad en la topología. Afortunadamente aquí no hay que vérselas con cantidades infinitas.

El cambio de signo es un rasgo típico de la fase geométrica revelado de la forma más clara en las formas diferenciales exteriores que de paso son también la forma más compacta y elegante de representar los aspectos integrales del electromagnetismo. Tienen también una traducción gráfica que nos devuelve otra vez a la acústica: el circuito de formas de los modos de vibración de una membrana cuyos límites varían también dentro de un circuito, descubierto por Arnold en 1978. Esto conecta naturalmente con las funciones de Bessel que advertimos en el pulso.

La fase geométrica también se hace presente en la intersección cónica de superficies de energía potencial que definen paisajes globales para las reacciones químicas. En cualquier caso, no sería sorprendente una correlación lo bastante fuerte entre los modos del pulso y el circuito calibrado de formas de la mecánica pulmonar, si tenemos presente no sólo que el sistema circulatorio y el respiratorio están íntimamente asociados —algo ya suficientemente reconocido—, sino que el sistema respiratorio en sí mismo contribuye en gran medida al impulso total responsable de la circulación sanguínea.

En ese impulso total hay que contar por supuesto la medida del retorno de la circulación venosa, que es mucho mayor con respiración abdominal o profunda y mucho menor con respiración alta o superficial; factor que incide además de forma muy directa, a través de la congestión capilar, en el índice de tensión sanguínea —y estando ésta conectada en bucle a su vez con la respuesta cardíaca.

No hay que perder de vista que la causa inmediata de la alternancia en el paso del aire por la nariz es la congestión por vasodilatación y descongestión por vasoconstricción del tejido venoso por la modificación del tono simpático con mediadores químicos como la noradrenalina, que también afecta al corazón y se considera igualmente una hormona del estrés.

Todos los resultados que se obtienen en la teoría electromagnética tienen análogos en la teoría de flujo potencial. En el caso hidrodinámico más simple de fase geométrica para ondas en un medio en movimiento, los parámetros son la velocidad de flujo y su torsión o vorticidad; habría que ver si esto puede aplicarse al hilo de la respiración, a su continuidad ideal tan continuamente perturbada.

En definitiva, en sistemas biológicos la fase geométrica es o tendría que ser una medida del grado de contorsión (forzada) del sistema con respecto a un estado fundamental no forzado, y como tal debería ser robusta frente a diversos tipos de ruido. Por otro lado, está por ver si tanto los elementos dinámicos como el desplazamiento de fase tienen una traducción acústica continua, y por tanto, inmediata, en términos de tensión, tono o timbre.

Este modelo de calibración del movimiento inspirado en los campos gauge debería tener múltiples usos en biología y biomecánica; por poner sólo un ejemplo, podría servir para determinar el grado de estrés, a corto plazo y con efectos acumulativos, que sufren las células expuestas a diferentes intensidades y frecuencias de radiación electromagnética —gauge sobre gauge.

DOS PRINCIPIOS

Puede parecer increíble que nadie antes de Arnold Ehret definiera la vitalidad —y con ella la salud—, como el poder menos la obstrucción ($V = P - O$); pero más increíble todavía es que ni la medicina ni la biología teórica hayan hecho un uso posterior de un planteamiento tan básico, el mismo que hubiera podido suscribir un yogi o un taoísta dos mil años antes de Ehret.

Increíble, puesto que después de todo la definición de Ehret es la única elementalmente mecánica que se ha dado, y, a principios del siglo XX, aún se suponía que la ciencia y los tiempos hacían gala de mecanicismo. Nada más lejos de la verdad, si juzgamos por el éxito que tuvo su fórmula, que no es sino la aplicación más directa posible de la idea de rendimiento de una máquina. «El principio para la construcción de la máquina ideal es trabajar con el mínimo de fricción». No parece que haya ningún problema en entender esto. Ni tampoco tiene dificultad aplicarlo al cuerpo humano.

La ley de Ehret puede recordar a la de Lotka, algo posterior, conocida como «principio de la máxima potencia», pero ambas surgen de un contexto diferente; sus interpretaciones, por lo demás, apuntan en direcciones muy divergentes, si no diametralmente opuestas.

Lotka quería aportar un principio físico al mecanismo de selección natural darwinista, algo que luego han intentado otros muchos en general con poca o nula fortuna. Pero el principio de Lotka maximiza el consumo y el flujo de energía, no la eficiencia como el de Ehret, en el que el calibre del flujo se maximiza sólo cuando se maximiza la eliminación —de la obstrucción, se entiende. También discurren en paralelo la sección o calibre de entrada en las vías respiratorias y el calibre del cilindro torácico en respiración espontánea o no voluntariamente forzada. Por otra parte, el principio de Lotka parece invitar a el ejercicio de la fuerza siempre que sea posible.

Dejando a un lado su sentido completamente diferente, el principio de Ehret aun siendo tan general puede medirse de forma bastante local y directa, mientras que el de Lotka, como todo lo que apela a la selección natural, solo admite estadísticas globales en la dinámica de poblaciones. El primero es realmente mecánico y fácil de verificar, el segundo no es ni lo uno ni lo otro.

Sin duda hay formas bien inmediatas de apreciar la potencia y la obstrucción en distintas señales fisiológicas, como por ejemplo en el pulso, donde son prácticamente sinónimas de la presión y la tensión, o resistencia a la presión. La inclusión del otro factor constitutivo básico, la deformación, permite ahondar en el análisis.

Por lo demás no es difícil conectar directamente el principio de Ehret con el problema del ciclo nasal. Por regla general el flujo total de aire, y la sección o calibre de entrada, tienden a permanecer constantes a lo largo del ciclo, tanto cuando predomina un lado u otro como cuando ambos se encuentran momentáneamente equilibrados.

Sin embargo, la experiencia en primera persona parece indicar que el calibre total tiende a aumentar si el equilibrio no es transitorio y persiste por intervalos crecientes de tiempo. Esto viene acompañado, también en grado creciente, por una respiración más profunda pero con un flujo decreciente de aire que llega a hacerse imperceptible. Tal circunstancia se manifiesta en las fases de sueño sin sueños, así como en periodos de gran absorción o concentración dentro de la vigilia, siempre que unos y otros tengan una duración suficiente.

Lo que se aprecia en tales casos es un aumento de la eficiencia energética, y un efecto general, y no meramente nasal, de limpieza o descongestión. Cabe entonces suponer que si estos periodos tuvieran la duración suficiente llegarían a tener un efecto profundo sobre el balance global del organismo. Y esta es la razón, en consonancia con otras, por la que siempre se consideró que la meditación prolongada tiene un efecto igualmente profundo sobre la salud.

Podemos desestimar esta idea cuanto queramos, pero lo cierto es que, debidamente considerada, es la única que se basa en un principio enteramente mecánico de arriba abajo: el principio de eficiencia de Ehret.

Ya durante las horas del sueño, incluso con ensueños, puede apreciarse un cambio de pautas en el flujo respiratorio y el ciclo nasal; esto es algo que las ciencias del sueño pueden documentar suficientemente. Si durante la vigilia nos vemos obligados a actuar en un mundo que percibimos como exterior a nosotros, en los sueños, por el contrario, es el mundo el que entra en nosotros. En el sueño sin sueño ambos tropismos se cancelan y la conciencia queda vacía de contenidos, aunque, no hay ni que decirlo, lo que entendemos por conciencia es justamente aquello que no depende de contenido alguno.

Según esto, idealmente toda la actividad cerebral/mental así como la misma respiración tenderían a su cese en el fondo del sueño profundo, que haría las veces de estado fundamental. Tendríamos una suerte de espectro asintótico para las fluctuaciones de la respiración y de la mente que tradicionalmente se han contemplado como estrechamente unidas.

Por otra parte, el hecho de que el cuerpo se adentre en grados más intensos de eliminación física, que es un trabajo que demanda energía, cuando la actividad física y mental se reduce a mínimos, plantea el interesante asunto de cómo definir aquí el trabajo realizado, la energía disponible, y la energía potencial.

Incluso cuando parece que la respiración ronda su cese es siempre de suponer que ésta no llega a tener lugar, sino que sólo se ha hecho tan profunda que apenas deja señales en la superficie; nada indica por lo demás que el cuerpo tenga problemas de suministro de oxígeno.

Volvemos así al tema del potencial ya hecho patente con la inclusión de la fase geométrica. Por lo demás no hay que buscar las razones muy lejos. El cuerpo en reposo está haciendo tanto trabajo como durante su actividad —la diferencia es que ahora invierte su energía en hacer ese trabajo dentro, limpiando y eliminando obstrucciones. Esto se tiene que traducir necesariamente en el tono fundamental del organismo, ya lo interpretemos a través del pulso, de la respiración o como fuere.

El principio de máxima potencia de Lotka se aplica generalmente a la resistencia externa, pero también podría aplicarse a la resistencia interna. Del mismo modo, el principio de eficiencia de Ehret debería tener una traducción externa, aunque no siempre estemos en condiciones de seguirla.

Siguiendo la estela de Lotka, T. Odum, ha estirado a veces el principio de máxima potencia a términos de producción y eficiencia, pero de este modo pierde su poder restrictivo. Para J. DeLong, lo que el principio dice en su pureza es que «los sistemas biológicos se organizan para aumentar su potencia siempre que las restricciones lo permitan». En el contexto de selección natural se considera siempre que estas restricciones son de carácter externo.

El principio de eficiencia no puede ignorar los aspectos internos, y aunque su simplicidad es una guía tan segura como pueda haberla para este tipo de factores, también puede resultar demasiado limitado. Es evidente que cualquier fórmula tan general ha de admitir letra pequeña y una expansión de términos si quiere tratar más en detalle de las complejidades sin cuento de la vida.

Aunque la fórmula (V = P – O) invita inequívocamente a identificar sin más la potencia P con la vida y a O, la obstrucción, con el elemento negativo que se le opone, está claro, por poner el ejemplo más elemental, que los mismos alimentos que la sostienen pueden actuar sucesivamente como fuente de potencia y de obstrucción. P se tiende a identificar con la presión y la energía, O con la tensión y la materia, y entre ambos, a nivel constitutivo, tenemos toda la línea divisoria de la deformación. Pero esta deformación no afecta igual a ambas partes, del mismo modo que en el electromagnetismo tenemos tensiones sin deformación y deformaciones sin tensión.

Probablemente el principio de máxima eficiencia podría escribirse como la máxima presión (interna) con la mínima tensión y la mínima deformación.

Como materia y energía, P y O son continente y contenido; puesto que no sabemos de ninguna vida que pueda existir sin continente, aquí tenemos al huevo y la gallina, o al huevo y la serpiente. Pero la misma energía puede ejercerse hacia afuera o hacia adentro, y también y paralelamente, hacia la formación de estructuras o hacia la creación de espacio y libertad interna.

Como ya apuntamos, seguramente no hay forma más fiel ni más mecánica de identificar el estado de O y P, continente y contenido, que el análisis acústico de los signos vitales. Tanto la acústica, como nuestra disposición orgánica, como la hidrodinámica y la electrodinámica, se modelan de forma natural en torno a la idea de un tubo de flujo. No hay ni que decir que no suena igual un tubo vacío que uno lleno, ni uno grueso que uno delgado. La teoría del potencial nos remite a este mismo contexto y circunstancias. El metabolismo puede darnos una medida biológica de la potencia, pero mucho más indirecta y problemática.

Un potencial cuántico es también un potencial del campo de onda, y en este sentido no debería ser diferente del potencial clásico. Este potencial cuántico parece igual que el tensor de presión de la ecuación de Madelung, equivalente hidrodinámico de la función de onda de Schrödinger. También aquí pueden distinguirse continente y contenido.

Tómese el llamado efecto túnel, que está originalmente ligado a la mecánica ondulatoria de de Broglie; si se piensa en términos de partículas puntuales, estamos obligados a pensar en un efecto exclusivo del dominio cuántico. En una onda con dimensiones reales no cuesta trabajo explicarlo como un efecto clásico, que encuentra equivalentes incluso con una goma elástica dentro de un recipiente, tal como a Paul Marmet le gustaba mostrar. El modelo clásico incluso ofrece el mismo patrón de dispersión que el revelado por la mecánica cuántica.

En el equivalente clásico no sólo cuenta el grosor de las paredes del pozo potencial sino también su altura. Una animación pixelada muestra en detalle cómo la masa entera de un líquido puede saltar una barrera mucho más alta y salir por completo de su confinamiento manteniendo la altura de su centro de gravedad —y su potencial— invariantes. Aunque el proceso no requiere en absoluto que los pasos sean discretos, este de animaciones recuerdan inevitablemente las asociaciones entre mecánica cuántica y autómatas celulares, no menos que la interpretación del potencial cuántico por Bohm y Hiley como un potencial de información.

Las sutilezas que pueden derivarse de las diferentes teorías del potencial no deberían hacernos perder nunca de vista lo más básico. Nuestro método debería ser no sólo buscar lo simple en lo complejo, sino retornar siempre y percibir lo difícil en lo fácil, en lo que ya creemos ganado.

El principio de máxima potencia y el de eficiencia deberían tener algo que decir sobre la orientación general de la economía y la sociedad. En efecto, en las sociedades modernas el principio de eficiencia queda reducido a las economías locales de costos y producción, totalmente subordinado a la supremacía general del principio de máxima potencia, que igualmente maximiza el consumo, la acumulación y el desequilibrio en lugar de la circulación y la distribución. Tampoco es difícil ver que librado a sí mismo el principio de máxima potencia tiende al agotamiento más rápido posible de los recursos y al colapso global del sistema.

Esto explica también por qué en nuestras sociedades se promueve el modelo de evolución darwinista externo basado en la competencia, frente a toda evidencia y frente a la plausibilidad del modelo de desarrollo interno; de tal modo que incluso cuando se considera este último, suele ser sólo para subordinarlo mejor al primero.

El principio de eficiencia tendría que cumplirse siempre, mientras que el de máxima potencia es sólo opcional para los sistemas que quieren expandirse y autodestruirse lo más rápidamente posible.

¿HACIA UNA CIENCIA DE LA SALUD?

La ley de Ehret no ocupa hoy ningún lugar, ni principal ni secundario, en las ciencias de la salud, pero esto no debería extrañarnos ya que como todos sabemos la moderna biomedicina no se ocupa en absoluto de la salud y sí de las innumerables enfermedades y dolencias. Si realmente existiera una ciencia de la salud el principio de eficiencia tendría que ser no sólo el más sólido punto de partida sino tan bien el punto de retorno.

Es verdaderamente notable que la ciencia moderna lleve más de cuatro siglos obsesionada con encontrar patrones mecánicos en el mundo externo y en nuestra anatomía y sin embargo haya sido incapaz de atender y poner en contexto un argumento tan puramente funcional como éste. De hecho, uno podría apostar a que esta omisión tiene un significado profundo en la economía general de las cosas y en el gobierno de lo humano.

Naturalmente somos conscientes de que en el cuerpo humano, que es un sistema abierto y no uno conservativo, hay que aplicar las categorías de la mecánica con particular cuidado y discernimiento; pero aun así no se puede negar que muchos aspectos de los sistemas conservativos siguen teniendo vigencia y relevancia. Un punto particularmente crucial, especialmente si consideramos cuestiones como la eficiencia en el cuerpo, es cómo pasar de los sistemas cerrados y sin fricción a los sistemas abiertos y con fricción que operan con fuerzas externas. Esto también tiene una gran trascendencia en nuestro entendimiento global de la mecánica.

En la mecánica clásica es el Tercer Principio de acción-reacción el que define lo que es un sistema cerrado y por lo mismo un sistema mecánico propiamente dicho. La situación es muy curiosa porque Newton concibió sus tres principios para salvaguardar la teoría de la gravedad y la mecánica celeste pero es en las mismas órbitas de los planetas donde menos puede ser verificado —si pensamos, por ejemplo en el tercer principio. Desde entonces este tercer principio no ha dejado de ser controvertido, también en el caso de la fuerza de Lorentz y otros aspectos de la electrodinámica, así como en la misma Mecánica Cuántica y la Relatividad General.

Como recuerda Mario Pinheiro, por el teorema de Noether, al que se atiene toda la física moderna, la conservación del momento ha de ser siempre válida pero la ley de acción y reacción no siempre se cumple. Tal vez esto sea una forma de admitir que en la práctica y al nivel más fundamental no podemos caracterizar explícitamente los sistemas como cerrados, y han de tener distintos grados de interacción con el medio continuo o vacío físico.

Pinheiro, desarrollando un poco una idea de Landau y Lifshitz, considera un conjunto simple de ecuaciones para sistemas fuera de equilibrio con un balance entre la variación mínima de la energía y la máxima producción de entropía que tendrían que ser de gran interés para la apreciación general de la interfaz mecánica-termodinámica; estas ecuaciones, que también describen un componente topológico de torsión con un mecanismo de conversión de movimiento angular en movimiento lineal, muestran un momento muy distinto del que se sigue sistema newtoniano y predicen «interacción mutua entre sistemas y un intercambio de energía que se autorregula», algo que parece sencillamente imprescindible en los sistemas vivos. La energía libre es por lo demás un término esencial para el comportamiento mecánico del continuo.

Sin embargo en un organismo biológico encontramos restricciones y circunstancias que pueden ser aún muy diferentes. Habría que distinguir entra la entropía interna del organismo y la que exporta al ambiente; por no hablar del principio de máxima potencia que parece contradecir abiertamente al de variación mínima de la energía.

Si buscamos dentro de la ciencia moderna un equivalente para los tres principios de la mecánica de Newton en sistemas abiertos como los organismos biológicos, no lo vamos a encontrar. Para encontrar algo parecido tenemos que mirar hacia atrás, para buscar luego una traducción cuantitativa y matemática.

Realmente, el triguna del Samkya indio —la filosofía de la que se deriva el yoga— y su aplicación al cuerpo humano como tridosha en el Ayurveda es lo que encuentra más semejanza para el caso. El triguna, como si dijéramos, es el sistema de coordenadas para modalidades del mundo material en términos cualitativos. Las tres cualidades básicas, Tamas, Rajas y Satwa, y sus formas reactivas en el organismo, Kapha, Pitta y Vata se corresponden muy bien con la masa o inercia, la fuerza o energía, y el equilibrio por transmisión del movimiento. Pero es evidente que en este caso hablamos de cualidades y los sistemas se consideran abiertos sin necesidad de definición.

Aquí la tercera ley de la mecánica ha de dejar paso a la conservación del momento y admite implícitamente un grado variable de interacción con el medio. En armonía con esto, el Ayurveda considera que Vata es el principio-guía de los tres ya que tiene autonomía para moverse por sí solo además de mover a los otros dos. Vata define la sensibilidad del sistema en relación con el ambiente, su grado de permeabilidad o por el contrario embotamiento con respecto a él. Es decir, el estado de Vata es por sí mismo un índice del grado en que el sistema es efectivamente abierto.

En el cuerpo humano forma más explícita y continua de interacción con el medio es la respiración, y por lo tanto está en el orden de las cosas que Vata gobierne esta función de forma más directa. Aunque los doshas son modos o cualidades, en el pulso encuentran su fiel traducción en términos de valores dinámicos y de la mecánica del continuo que en ningún momento perdemos de vista —siempre que nos conformemos con grados de precisión muy modestos, pero seguramente suficientes para darnos una idea de la dinámica y sus patrones básicos.

Y puesto que los otros dos modos son lo que mueve y lo que es movido, y los tres en su conjunto nunca están en el mismo plano, la dinámica básica sólo puede ser una escala en ascenso o descenso en la que ciertas relaciones se mantengan invariantes. Sólo con la coexistencia de los tres modos pueden darse los seres compuestos; lo que varían es la proporción y el grado de actividad de cada uno de ellos. Esta escala ascendente o descendente es también una escala de sensibilidad más amplia o de embotamiento progresivo, de restricciones más sutiles o de restricciones cada vez más materiales.

Realmente, no tendría que ser demasiado difícil hallar el suelo común que tienen las semiologías india y china del pulso más allá de las diferencias de terminología y categorías, y pasar de este suelo común al lenguaje cuantitativo, pero extremadamente fluido, de la mecánica de medios continuos. Así tendríamos un método consistente para pasar de aspectos cualitativos a cuantitativos, y viceversa. Nuestro mundo y nuestra cultura le darían la bienvenida a esto.

Seríamos entonces capaces de concebir dinámicas y patrones que ahora mismo nos pasan desapercibidos por inherentes, igual que nos pasan desapercibidos muchos aspectos globales de nuestra biomecánica.

La salud del organismo parece buscar la máxima presión y la mínima tensión internas. Fuera de la actividad exigida por el medio, y a menudo también en esa actividad, busca también la menor deformación posible que la adaptación a un esfuerzo exija. Todo esto son problemas de optimización dentro de un dominio dado, y pueden aplicarse tanto a estados de reposo como de actividad fisiológica. Lo que propongo es que el pulso como signatura ya tiene la suficiente información para darnos un el modelo global de flujo y circulación al que llamamos vida; sólo hay que poner sus distintos aspectos en orden.

También se le pueden evaluar en el pulso funciones de respuesta al impulso bastante similares a las funciones de Green que ya aparecen en hidrodinámica, electrodinámica o aeroacústica y que incorporan a su vez las funciones de Bessel ya comentadas. Estas funciones proporcionan un acercamiento limpio y lleno de significado físico, pero aún necesitaríamos definir adecuadamente el impulso en circunstancias diversas, así como el grado de apertura del sistema en consonancia con ecuaciones como las de Pinheiro u otras parecidas.

De hecho estas funciones u otras relacionadas, como las funciones de respuesta lineal, se han estado usando desde hace mucho tiempo en teoría de la información o para estudiar la respuesta sináptica de las neuronas. Naturalmente en los chequeos médicos están a la orden del día las pruebas de esfuerzo, en las que también es relevante la función de recuperación de los valores de reposo, no necesariamente simétrica respecto a la anterior. Ahora de lo que se trata es de trasladar estas técnicas bien conocidas a unas categorías cualitativas y de eficiencia.

Cabe suponer que el sistema de acupuntura de los doce meridianos o canales, que después de todo también reposa en las ideas de flujo y circulación, sea una proyección al nivel de la piel, y teniendo en cuenta la asimetría en la disposición de los órganos y otras circunstancias anatómicas, de un grupo de simetría elemental basado en los tres ejes del espacio. A este respecto nunca hay que olvidar que los meridianos sólo conforman un nivel entre los contemplados por la medicina china, y no precisamente el más profundo.

Todas las medicinas paliativas, ya sean de oriente u occidente, «holísticas» o «reduccionistas», se las arreglan para buscar un compromiso entre una verdad incómoda y la capacidad del cliente/paciente. Aun si Ehret tuviera toda la razón, apenas encontraríamos una persona entre mil en condiciones de seguir al pie de la letra sus recomendaciones. Mucho más que la salud positiva, que en nuestras actuales circunstancias requieren medidas drásticas y más que reñidas con el mundo, la gente quiere simplemente un alivio para sus dolencias. Sin embargo es indudable que las medicinas antiguas se preocuparon más de la salud y las actuales de la enfermedad. No es sólo que la enfermedad dé más dinero —al menos dentro del moderno «sistema de enfermedad», sino que nuestra circunstancia así como nuestra relación con el ambiente es cada vez más patógena, si no es patológica en sí misma.

Sin embargo a nivel teórico las verdades más simples como el principio de eficiencia son una guía inestimable para desenredar la más que compleja casuística de enfermedades y enfermos en su irreductible individualidad. Puesto que vivimos en el mundo en que vivimos, está claro que no podemos ignorar ni un extremo ni el otro: no podemos renunciar a la simplicidad de la verdad como tampoco podemos ignorar la complejidad de los hechos.

Los texto canónicos de la medicina china o india, por no hablar de otros como los antiguos griegos o Avicena, muestran explícitamente pautas para la clasificación de los individuos según tipologías cualitativas; estas tipologías se reflejaban igualmente y de forma muy significativa en la semiología o interpretación de los pulsos, sus tipos y su evolución a lo largo del tiempo en la salud y la enfermedad. Estas tipologías, reveladoras de una combinatoria elemental, eran útiles aunque naturalmente su alcance estaba muy limitado por los aspectos subjetivos y fenomenológicos de la evaluación. Si podemos tender aquí el puente entre los aspectos cualitativos y la medida continua, accederíamos a un dominio combinatorio continuo de una amplitud incomparablemente mayor dentro de la cual subsumir las cantidades crecientes de datos, ya sean de un tipo de medicina o de otra. Esto en lo que hace a «el camino de la complejidad» hacia el que compulsivamente nos empuja nuestra sobreabundancia de medios.

Desde este punto de vista de la complejidad, todo lo que podamos obtener por la vía de la biología molecular, ya sea a nivel de genes o de cualquier otro tipo de marcadores químicos, sigue teniendo un valor muy limitado porque no puede enmarcarse de forma natural en un cuadro macroscópico observable en tiempo real. Lo que quiere decir que la biomedicina moderna difícilmente puede cumplir con sus promesas de una «medicina personalizada» que tenga sentido para el propio médico; y sin esto, más que de medicina habría que hablar de un oráculo electrónico. El rol del médico en esta situación, sino cada vez más accesorio, se parecería al de un atribulado intérprete.

Además del chequeo de las principales estructuras y órganos, es imprescindible que tengamos un referente dinámico a nivel macroscópico que nos oriente sobre la posible evolución del organismo en el tiempo. Esto siempre se ha confiado al saber tácito del médico, a su apreciación de las diferencias individuales y a lo que llamamos su «ojo clínico»; este tipo de conocimiento no se puede transferir naturalmente a ningún sistema experto o de inteligencia artificial. En cambio los parámetros del pulso como signatura general del fenómeno de la vitalidad se puede transferir íntegramente y de forma natural porque son cantidades que pueden traducirse en matices.

Pero es más, creemos que el pulso ya está dando una información promedio sumamente valiosa sobre el estado del medio interno en el que tienen lugar todas las interacciones bioquímicas y biológicas, y esto es realmente decisivo en el paisaje interno que define la salud. Siguiendo con la analogía de la mecánica de medios continuos, hablaríamos así de una aproximación a las propiedades constitutivas de ese medio —más o menos como ahora hablamos de la permeabilidad, permitividad y susceptibilidad.

Si en las ecuaciones de Maxwell se puede perder una información preciosa al pasar de lo global a lo local con el análisis vectorial estándar, esto igualmente debería considerarse en el análisis mecánico de la circulación sanguínea, que debería mantener siempre el enfoque integral tanto como fuera posible. Este enfoque integral permite ver aspectos libres de métrica o dependientes de la orientabilidad.

E. J. Post insiste en cómo las integrales cíclicas, clásicas o no, tienen por sí mismas propiedades de recuento exacto de valores cuantizados independientes de métricas —incluso si partimos de la integral cíclica de Ampere-Gauss, lo mismo que con la de Aharonov-Bohm, modelo de fase geométrica. De hecho la determinación de e o h es mucho menos reproducible usando sólo la teoría de Scrhödinger-Dirac o la QED. Esta capacidad de recuento también puede ser relevante tanto para las referencias de medida como para aspectos de combinatoria continua que pueden surgir en las tipologías, perfiles y configuraciones de datos.

Ejemplos como el mencionado por Post, básicamente ignorados por la mayoría de los físicos, deberían convencernos del poder de resolución de los métodos integrales si sabemos qué buscar, ya sea en física o en cualquier otro caso que presente condiciones análogas como el que nos ocupa. Todo esto concuerda con nuestra visión de que no hay niveles ni sistemas fundamentales, sino emergencia de agrupaciones estadísticas, y que las leyes físicas, entendidas como campos, siempre han tenido un carácter integral pero una aplicación e interpretación diferencial.

En biología, medicina o fisiología siempre tenemos que habérnoslas con la débil consistencia de datos y medidas, razón de más para mirar siempre a la física como el estándar de referencia. Y si la biología o la medicina han sido modeladas por la física de abajo arriba, lo único por lo que estamos abogando es por su uso de arriba abajo, para ver en qué grado puede mejorar esa consistencia. Nada de esto tendría que resultarnos extraño, si no fuera por los inveterados hábitos de pensar y una inclinación prejuzgada por la idea de bloques constituyentes.

Entonces, la forma más directa de ofrecer consistencia a las crecientes constelaciones de datos médicos o fisiológicos es bajo la cobertura de los mismos aspectos globales/macroscópicos de la física, en el sentido que hemos descrito. La cuestión es que adoptando esta dirección descendente hay que desarrollar categorías nuevas, categorías que hasta ahora se han visto atrofiadas por el predominio del enfoque constructivo o ascendente. El presente artículo es sólo una introducción a esa problemática.

La misma entropía es una medida macroscópica, definida a menudo como el número de microestados consistentes con las cantidades macroscópicas constitutivas o de estado que caracterizan un sistema; aunque no hay que olvidar que sólo por la métrica estamos autorizados a hablar de macro y micro, y algunos aspectos muy importantes son independientes de métricas. Puesto que los términos entropía e información son intercambiables a casi todos los efectos, incluso desde la perspectiva de la teoría de la información la consistencia de los datos va a depender de forma crucial de la caracterización macroscópica del sistema —cuánto más en sistemas abiertos que mantienen un bucle de autorregulación con valores directamente observables. En la carrera en pleno curso por el uso masivo de datos en medicina, esto no sólo es totalmente pertinente, sino que es casi lo único que le da sentido. No es posible —ni deseable— una medicina sin fenomenología.

La historia de la medicina demuestra que es mucho más fácil proponer terapias que teorías consistentes sobre cómo funciona el cuerpo y la salud. También en este caso, con las propiedades mecánicas y acústicas del pulso, es fácil concebir estrategias terapéuticas extremadamente simples pero con un amplio abanico de grados de sofisticación y adaptación a las constituciones individuales; estaría por ver entonces si estas estrategias que asumen una perspectiva biomecánica global son además eficaces.

Aquí no podemos siquiera empezar a plantear las complejas relaciones entre la entropía, la restricción creciente en los organismos, el déficit de eliminación, envejecimiento, máxima potencia y eficiencia. Son temas apasionantes para la biología teórica. Pero para llegar al fondo de estos temas se necesita además un hilo adicional que sirva de guía. También en medicina, lo más importante de todo, más aún que cómo perciba el médico al organismo individual, es cómo éste se percibe a sí mismo. Aunque esto pueda parecer lo más inasible de todo, también es algo que deja huellas a todos los niveles.

También el ciclo nasal del que hablábamos antes sería una huella a un determinado nivel de cómo un ser organizado se siente a sí mismo; más aún, indicaría un balance entre percepción y acción que aún deja un hueco variable para la autopercepción. Dice Francois Chollet que «cuando se tiene acceso tanto a la percepción como a la acción, se está mirando un problema de IA», de forma que puede empezar a buscarse un bucle de optimización. Verdaderamente, la Inteligencia Natural del organismo ya efectúa un balance entre percepción y acción, pero es la autopercepción la que obstruye el camino o determina en cualquier caso el nivel al que tal equilibrio o desequilibrio puede tener lugar; y a su vez la autopercepción está limitada y desequilibrada porque la inteligencia, y siguiéndola a ella el organismo, están más ocupadas con la actividad en el entorno que con su percepción.

Referencias

A. L. Pendolino, V. J. Lund, E. Nardello, G. Ottaviano, The nasal cycle: a comprehensive review

M. Berry, Anticipations of the Geometric Phase

V. I. Arnold, Methods of Classical Dynamics

A. Shapere, F. Wilczek, Self-Propulsion at Low Reynolds Number

J. Samuel, S. Sinha, Molecular Elasticity and the Geometric Phase
Ershkovich Electromagnetic potentials and Aharonov-Bohm effect

P. Marmet, Reality of Waves in Particles

M. J. Pinheiro, On Newton's Third Law and its Symmetry-Breaking Effects

M. J. Pinheiro, A reformulation of mechanics and electrodynamics

E. J. Post, A history of Physics as an exercise in Philosophy

F. Chollet, What worries me about AI, Medium Magazine

M. A. M. Iradier, Salud, vida, envejecimiento, evolución

UNA FÁBULA, UN ENIGMA Y UNA SOLUCIÓN FINAL

15 enero, 2019

La fábula

Aunque todo el mundo conoce la historia, no está de más recordarla: a los Asuras les fue dado el don de construir tres grandes, inexpugnables ciudades-fortaleza, una en la Tierra, la otra en la Atmósfera, y la última en el Espacio Profundo. Las tres ciudades se revolvían como ruedas, cambiaban permanentemente sus posiciones y evitaban a toda costa quedar alineadas, pues habían sido advertidos de que ello ocasionaría su fin. Pero finalmente, tras mil años de incansables permutaciones, parece que sólo les quedaba una que probar, y puesto que todo busca su compleción, finalmente se alinearon. Era lo que Shiva había estado tranquilamente esperando, y sin pensárselo dos veces, el arquero supremo fulminó las tres ciudades de un solo disparo.

El enigma

Pocos sombras penden sobre nuestro destino de forma tan inexorable como esta de la ciudad de Tripura. Lo cómico y lo cósmico en la ciudad de Tripura es que buscar su perfección es buscar su cumplimiento, que no es otro que su destrucción; como gran obra de relojería, sólo en su concordancia adquiere sentido. Esta triple ciudad cifra un enigma y propone todo un desafío para los que han convertido la inteligencia en una cuestión de predicción. El enigma es averiguar qué era la Naturaleza o Cosmos antes de que existiera el zumbido permanente de esas tres ciudades con sus engranajes, vale decir, nuestro mundo saturado de ciencia y tecnología. Y el desafío, dado que hoy nos importa mucho más la predicción que la comprensión, es naturalmente el cuándo. Lástima que la cifra del cuándo dependa del qué, que hoy ya parece importar tan poco.

Intentar señalar hoy qué pueda ser la Naturaleza fuera de la ciencia parece la más desesperada de las tareas, especialmente para personas de formación científica; pero, incluso si tenemos que someternos a la disciplina de la lógica y permanecer en su terreno, e incluso si renunciamos de antemano a conocer los porqués, aún tenemos formas de calibrar el cuánto, el cómo y el qué.

Podríamos también añadir que en la historia citada los Asuras representan el principio de máxima expansión o máxima potencia mientras que Shiva encarna el principio de eficiencia y aun de suficiencia. Tampoco se nos puede olvidar que el único Asura que sobrevive a la ejecución sumaria es Mayasura, el principio mismo de la apariencia.

Antes de que el lector salga corriendo de aquí al grito horrorizado de «¡Filosofía!» le advierto que le voy a proponer un pequeño problema casi más fácil de calcular que el valor del dinero que tiene en su cuenta, y que aún es más vital para él que su liquidez. A las cosas importantes les gustan las máscaras, así que sólo necesitará un poco de paciencia. Si no conoce las condiciones del problema, de poco le valdrá saber la solución final. Todo está aquí, a su olímpica manera, siempre que sepa adivinar lo que falta.

A lo largo de su historia la física no ha podido eludir preguntarse por la naturaleza y alcance de las leyes o regularidades que descubre. Newton creía en un espacio, tiempo, y fuerzas absolutas; Leibniz y Mach en que toda medida es, por definición, relación con otra. Este punto de vista relacional es, por así decirlo, la fenomenología de la cantidad pura. A estas perspectiva s absolutista y relacional, podía añadirse una tercera, causal, que demandaba además la explicación de los mecanismo o el porqué de los fenómenos. Esto, más allá de la física de contactos, sólo puede ocurrir a través de un medio o en todo caso un campo.

Al final está claro que la ciencia ha diluido sus exigencias y se ha quedado un poco a medio camino de ninguna parte, pues la Relatividad pareció decirle adiós a la física absoluta newtoniana pero más en apariencia que en verdad —el programa relacional de Mach y otros quedó severamente truncado y se siguió trabajando con constantes dimensionales independientes del fondo. Por otra parte la misma Relatividad generalizó las matemáticas de la teoría de campos a la vez que se deshacía del medio o en el mejor de los casos lo convertía en un oportuno fantasma matemático. La mecánica cuántica también ha seguido trabajando con campos pero, a pesar de que se afirma que la interpretación más habitual se ha liberado de la causalidad no se prescinde de la idea de que se trata con sistemas irreductibles y simples, en lugar de con agrupaciones estadísticas.

La cuestión, para hacer corta una historia larga, es que las leyes físicas nunca han tenido por sí mismas el espesor suficiente para que podamos decir que «describen la Naturaleza». A pesar de su nombre nuestra Física, también conocida como física-matemática no habla de la Physis de los filósofos griegos, sino en todo caso de su Nomos, de la regularidad que podemos observar en ella según nuestra humana convención. Hay tal abismo entre las partículas puntuales sin extensión y la variedad de formas finitas de la naturaleza, que para salvarlo hemos tenido que imaginar otra dimensión adicional en el tiempo, el tiempo del devenir, del llegar a ser, que queda repartido de una forma tan conveniente como chapucera entre la cosmología, la estadística, la flecha del tiempo, la termodinámica, o la teoría de la evolución.

Mezclar unos y otros es como mezclar humo y espejos; en realidad no se mezclan en absoluto y siguen siendo cosas totalmente diferentes, pero los múltiples reflejos que permiten nos consuelan y entretienen. Y entreteniéndonos, nos hacen olvidar la dimensión más evidente de la naturaleza como lo directamente accesible a los sentidos, aparencia sensible o Aísthesis, fuente de ese sentido común o sentido implicado que ya Aristóteles atribuía a los animales pero dejado ya muy atrás por nuestra inteligencia. Si la física relacional, que sólo contempla leyes expresadas en cantidades conocidas del mismo tipo, es el arquetipo de la física como Nomos, es la fenomenología de la cantidad pura, la Aísthesis sería la fenomenología de la cualidad sensible pura, en sus mismos términos y sin injerencia de factores ideales o cuantitativos ajenos.

Para decirlo de otra manera, la esfera del Nomos es el cielo de nuestra inteligencia, y la Aísthesis su tierra. En cuanto a la Physis, que es lo que crece entre ambos términos, dependerá de cómo estén formulados estos últimos para que sea un gas o un fantasma en pena o algo muy diferente. Lo curioso es que a pesar del origen empírico de la ciencia moderna, los sentidos juegan un papel cada vez más insignificante en comparación con el número y la medida.

Tomemos un eclipse total del Sol por la Luna; lo que pone en evidencia, incluso sin ninguna medida, es que el tamaño aparente de ambos astros es el mismo desde la Tierra. Esta llamativa coincidencia no juega ningún papel en nuestra mecánica celeste, puesto que ésta se ha desarrollado con el objetivo expreso de replicar o predecir las órbitas observables. Sin embargo la aproximada equivalencia óptica entre Sol y Luna no es un hecho aislado en nuestro sistema, también tiene lugar en otros planetas y sus satélites; desde la perspectiva del Sol un buen número de planetas tienen el mismo tamaño aparente, lo que algunos han podido tener en cuenta para la explicación de la secuencia de distribución de Titus-Bode.

Uno piensa que esta mera equivalencia óptica podría guardar más «información» que las ecuaciones de movimiento de la mecánica celeste, del mismo modo que nuestras hipótesis sobre el pasado y el devenir (Physis) son inconmensurables en complejidad con la simplicidad de las verdaderas leyes (Nomos) acerca del comportamiento observable. También creo que si ambas esferas no se han superpuesto jamás es precisamente por ignorar este tipo de evidencias sensibles que parecen mirarnos más fijamente que lo que nosotros miramos a los astros. Así pues, creo que el día en que estas cosas tengan una cabida natural en nuestra teoría será también el día en que nuestras teorías habrán roto con su secular aislamiento y tomarán contacto con eso a lo que llamábamos Naturaleza.

Naturalmente, una teoría que dé cabida a estas apariencias debe regirse por una ley acorde y sin la menor sofisticación, de otro modo nos devolvería a nuestras vanas especulaciones. La única forma que tiene de hacer eso es utilizando tan sólo proporciones físicas homogéneas en el más puro estilo de Arquímedes —radios o diámetros, distancias, densidades. Podemos ahorrarnos las hipótesis complicadas desde el comienzo.

Lo mismo valdría para los demás sentidos, aunque sólo el fenómeno del colorparece prestarse hoy a la superposición sin violencia de apariencia y teoría, de lo cualitativo y lo cuantitativo. Y es que el tema es justamente ese, la violencia que han ejercido nuestras teorías para forzar, en el mejor estilo de Procusto, los hechos en sus moldes. Uno no puede evitar sospechar que cualquier éxito fuera de esta forma de proceder, incluso si parece muy modesto, tendría un efecto liberador en la conciencia.

Se ha dicho de sobra que una imagen vale más que mil palabras, pero no que una apariencia vale más que mil teorías, y este sería justamente el caso. Si la Naturaleza no parece ignorar nuestras teorías es porque éstas se han cuidado muy bien de replicar determinadas evoluciones aparentes; y por mera inversión de la humana finalidad bien puede adelantarse que la Naturaleza tanto más puntualmente busca la apariencia cuanto más gratuita parece ésta. En el caso de la mecánica celeste no podía habernos puesto las cosas más fáciles.

Todas nuestras teorías, sin la concurrencia espontánea de las apariencias, son como respuestas que aún esperan una pregunta. Con su concurrencia son como una mecha impregnada en aceite, que sólo necesita una chispa para arder de arriba abajo.

La Inteligencia Artificial se filtra de forma imparable en los ámbitos de decisión más críticos, desde las finanzas a la guerra, y ya no parece muy lejano el día en que la intervención humana quede borrada en beneficio de sistemas de una complejidad inescrutable, pero que tienen la temible e irrenunciable ventaja de su rapidez. Si una máquina puede adoptar la «decisión correcta» mucho antes que un ser humano, el tiempo de reacción es absolutamente crítico para la respuesta, y se asume que hay competidores dispuestos a hacer lo mismo en un tiempo inferior, ya están dadas todas las condiciones necesarias para que los humanos deleguen en máquinas que no comprenden, pues al fin y al cabo se trata de una carrera.

Si las máquinas nos arrastran a algún tipo de singularidad, está claro que no es el de una explosión de inteligencia artificial, sino esta otra mucho más previsible de la dimisión del hombre, ya casi completamente consumada, y a la que ya sólo restan algunos detalles técnicos. Sería un eclipse voluntario poco antes de una involuntaria destrucción; pero nadie podría negar que entre una y otra no puede haber mayor continuidad ni en cuanto a fondo ni en cuanto a forma.

La eterna cuestión de las máquinas es si nos sirven o les servimos nosotros a ellas. Claro que todo esto ya se plantea dentro de una lógica de circuito cerrado, que es precisamente lo que define a una máquina. La Tercera de Ley de Newton, ya lo vimos, es lo que define los límites de lo mecánico; pero hoy incluso nuestra física fundamental, desarrollada con una expresa finalidad predictiva, tiene que olvidarse de la Tercera Ley y conformarse con la mucho más general de la conservación total del momento campo-partícula. Ésta ley no implica sistemas cerrados. ¿Pero qué importan las puntualizaciones científicas frente al destino del ser humano?

Toda la carrera civilizatoria es un aislamiento creciente del entorno unido a una creciente coerción y opresión de ese mismo entorno; estando ambas cosas fatalmente unidas. Y en el individuo, que ya de por sí es síntesis de naturaleza y cultura, vemos hoy como coinciden explotado y explotador, en forma de autoexplotación.

Hoy cabe imaginar perfectamente que se quiera aplicar al individuo la lógica del principio de eficiencia para mejorar su «rendimiento y bienestar», de hecho esto ya forma parte de los mecanismos de compensación consagrados para lograr la internalización de las presiones y tensiones sociales. Sin embargo el funcionamiento socioeconómico en su conjunto no se rige en absoluto, a pesar de lo que a veces se diga, por el principio de eficiencia, sino por el de máxima potencia, máxima expansión, máxima acumulación, que por el contrario tiende a externalizar sin consideración los costos.

La solución final

Se dice que el mítico sabio Yajnavalkya calculó que la distancia del Sol y la Luna a la Tierra era en ambos casos 108 el diámetro de sus cuerpos, dando con gran aproximación una clave adimensional del enigma de la equivalencia óptica.

Miles Mathis, que ya había contemplado como nadie la equivalencia óptica, nota sin llegar a relacionarlo que en los aceleradores la masa relativista de un protón suele encontrar un límite de 108 unidades que ni la Relatividad ni la mecánica cuántica explican, y hace una derivación del famoso factor gamma que lo vincula directamente con G. ¿Qué otra conexión natural podría haber con la equivalencia óptica sino la luz?

¿Y de la luz con la carga? ¿Y de la carga con la masa? ¿Y de la masa con la gravedad?

Que calcule el que no tenga entendimiento, y el que tenga entendimiento, que no calcule.

¿Es capaz la ciencia de decirnos algo sobre nuestro lugar en el Cosmos? Aunque ya parezca tan tarde. Por otra parte, esta razón parece querer hablarnos de cómo la materia apantalla, o se opone, a las ondas electromagnéticas —a la mismísima luz.

Idealmente, cada persona tendría que poder escoger cómo es su final. Nunca sobra recordar, con Epicteto, que la puerta está siempre abierta. Colectivamente, la cosa parece mucho más difícil. Si a las armas nucleares y a la doctrina del ataque preventivo sumamos el traspaso de las decisiones a «sistemas inteligentes» por la ventaja que pueda suponer en anticipación, tenemos el más estúpido y abyecto de todos los finales posibles.

Quizá el único que esté a la altura de lo innombrable actual.

Pero no hay que resignarse. En comparación con un infierno nuclear inflingido por mecanismos preventivos, un apagón general por una gran tormenta electromagnética, de origen solar o no, sería de lo más misericordioso. Y puesto que no sabemos cuando el Sol volverá a lanzar sus dardos tras el suceso de 1859, siempre podremos contar con nuestras humanas bombas de pulsos electromagnéticos, que son un arma limpia, ecológica, barata y de eficacia probada. Y de gatillo más ligero.

Las consecuencias para esta civilización serían inabarcables e irreversible seguramente el daño. Se ha dicho con razón que al capitalismo le cuesta mucho menos imaginar el fin del mundo que su propio final, así que tendremos que echarle una mano en este punto ciego, para que el instinto se comprenda a sí mismo, y lo inimaginable se imagine mejor.

De hecho internet surgió como respuesta a un posible ataque nuclear, para minimizar los daños distribuyendo los puntos de decisión del mando militar; hoy tenemos una tecnología descentralizada, pero al servicio de una estructura de poder cada vez más concentrada.

¿Prefiere uno ser freído a radiactividad cortesía de una máquina, o prefiere que los humanos dejen fritas antes a las máquinas y se reserven al menos la oportunidad de sobrevivir en el salvaje mundo de antes de la civilización? Yo, ni por mi ni por el planeta, tengo la menor duda. Otra cosa es que tengamos semejante fortuna.

Los ejecutivos podrían realizar gratis sus prácticas de supervivencia y hacer gala de rudeza y heroísmo en el más natural de los ambientes posibles. Y luchar, por ejemplo, con el entorno y con sus semejantes, en una cierta igualdad de condiciones.

Por añadidura, las bombas electromagnéticas podrían frustrar un ataque nuclear, aunque también podrían resultar nefastas para las numerosas centrales nucleares sin las debidas medidas de seguridad. Todas estas centrales deberían ser obligadas a cerrar si no pueden cumplir unos requisitos mínimos.

Naturalmente, para provocar un apagón global se requerirían unas cuantas bombas de pulsos con detonante nuclear a gran altitud. Puesto que sigue siendo una alternativa deseable, incluso se podría delegar en un organismo internacional el poder detonar estas bombas como mal menor antes de que un estado gamberro o sus máquinas pulsaran el detonante primero. ¿Someteríamos esto a su vez al poder de decisión de máquinas inteligentes?

El escenario del día después podría verse sorprendentemente modificado; en multitud de países, posiblemente los abuelos del campo tendrían mejores perspectivas de supervivencia que sus nietos urbanos. Como si el pasado adelantara al futuro y el futuro se quedara mirando al pasado en espera de qué hacer. Otro plus de sensatez añadido.

Puntos todos dignos de atención si de lo que se trata es de invertir la inexorable dinámica hacia el peor de los finales posibles. Y el final, como la zanahoria, es el timón del asno —siempre que haya un buen palo al otro lado.

Se podría aprovechar esto para desactivar otras dinámicas y bombas de tiempo, otros precipicios hacia los que con tanto impulso nos precipitamos. Y en cuanto a los monstruosos presupuestos de guerra de los países ricos, siempre se supo que hay una buena parte de broma pesada en ello, para mejor succionar la sangre de sus contribuyentes y mantener las apuestas bien altas.

Lo importante es que los del ataque preventivo sepan que otros pueden apretar el gatillo primero. Ellos tienen bastante más que perder, y nosotros, que ganar.

Ahora al menos ya tenemos otra opción sobre la mesa.

STOP 5G

10 febrero, 2019

Dedicado a Carlos Ruperto Fermín

2019 será el año del despliegue de la quinta generación de telefonía móvil y no hay tiempo que perder. ¿Puede zanjarse el debate científico sobre sus efectos? Sugerimos una vía para detectar los efectos de la radiación no ionizante en los seres vivos con un argumento puramente biofísico y biomecánico.

Radiaciones

Este año de 2019 comienza en todo el mundo el despliegue de la telefonía móvil de quinta generación (5G), considerada en telecomunicaciones objetivo estratégico para el dominio de la emergente internet de las cosas y la expansión de la inteligencia artificial. El caso Huawei ejemplifica la tensión comercial y geopolítica que este avance genera.

A la mayoría nos importa muy poco quién gane esta carrera por freírnos a todos el cerebro, ya sean norteamericanos o chinos; muy al contrario, estaríamos sinceramente agradecidos al primer país que se tome en serio las múltiples investigaciones que sugieren los efectos perniciosos de la creciente polución electromagnética y tome alguna medida decidida al respecto.

Lo increíble es que aún no se haya hecho algo y sólo cuenten los intereses de la industria. Más de tres cuartas partes de los muy numerosos estudios independientes se inclinan por la peligrosidad de esta radiación, mientras que más de las tres cuartas partes de los estudios auspiciados por las compañías de telecomunicaciones se inclinan por su inocuidad. La divergencia estadística es demasiado grande para ser casual.

Es cierto que seguimos sin tener pruebas concluyentes sobre la incidencia biológica de estos campos, y ya se sabe que en este tipo de estudios las evidencias suelen ser siempre muy tenues y requieren tiempos muy prolongados y grandes dosis de inferencia estadística. Otra cosa es que dentro de diez o veinte años los médicos comiencen a reconocer nuevos síndromes y enfermedades degenerativas entre la población expuesta, que seremos prácticamente todos nosotros.

Pero ante la duda, cuando menos, lo único sensato sería una moratoria cautelar en espera de una elucidación satisfactoria del caso, así costara diez años. Nos jugamos algo bastante más importante que poder ver vídeos más rápidamente por el móvil, nos jugamos nuestra salud física y mental y la de las generaciones futuras.

Aunque resulte imposible de verificar, se estima que los picos máximos de exposición electromagnética son hoy entre quince y dieciocho órdenes de magnitud superiores a los del campo electromagnético natural del planeta Tierra. Un diez seguido de quince-dieciocho ceros. Comparativamente, la contaminación atmosférica y la emisión de CO_2 humanas sólo habría aumentado en una ridícula fracción con respecto a la generada por el ciclo natural de incendios de la masa forestal.

Sí, los campos electromagnéticos son extremadamente tenues en relación con la materia ponderable; pero también el humo o el gas es mucho más tenue que los cuerpos sólidos y nadie duda de su efecto tóxico acumulativo e inmediato. Y además los tejidos más nobles o sensitivos, el cerebro, el sistema nervioso y el corazón, son los que dependen de forma más crítica de la actividad eléctrica para su correcto funcionamiento. Esto ya debería haber bastado para extremar las precauciones.

Pero se ve que un diez seguido de dieciocho ceros nos sigue pareciendo poco, ya que con la 5G podremos multiplicarlo todavía varias decenas o centenas de veces. Y es que para batir records no hay nada como la competencia.

La 5G no sólo supone un aumento en la cantidad neta de exposición sino en la cualidad, pues las nuevas longitudes de onda son mucho más penetrantes. También aumenta de forma alarmante el número de repetidores, pues se trata de tener siempre al usuario a menos de 30 metros. En muchos lugares incluso se están cortando árboles para postes metálicos de repetición de la señal. Hablamos de la instalación de millones de estaciones y 20.000 nuevos satélites.

No seguiré con algo que ya ha sido tratado más extensamente en cientos de artículos. Como se sabe el argumento dominante para rechazar la peligrosidad de la radiación no ionizante es que ésta no tiene la energía suficiente por cuanto para arrancar electrones de sus órbitas y desestabilizar la organización de la materia —no hay un mecanismo plausible. Desde el punto de vista teórico, parece un argumento claro y concluyente.

Con todo se hace necesario recordar que a día de hoy no existe ni mucho menos una teoría completa de la radiación. Tanto en la electrodinámica clásica como en la cuántica (QED), las más de las veces la radiación, la emisión y la absorción son operaciones contables para cuadrar el balance de conservación de la energía con respecto a los hechos observados —»si ha ocurrido esto, tendrá que haber sido por esto otro». Y así, por ejemplo, los físicos no se ponen todavía de acuerdo ni siquiera en algo tan elemental como si una carga acelerada irradia o no.

Con semejante teoría es imposible ser categórico. Sólo queda el arduo, trabajoso camino experimental. Además ya es sabido que no se pueden medir directamente potenciales eléctricos sino sólo diferencias de potencial.

Pero, la verdad, cuesto mucho creer que un factor que ha podido aumentar en un trillón su magnitud siga siendo insignificante, a menos que ese factor fuera de una total irrelevancia antes del Antropoceno. Por lo que se sabe del nuestro y de otros planetas, convendremos en que un campo que ya antes del hombre se habría extendido de forma apreciable hasta a 65.000 kilómetros del lado diurno y a más de 6 millones de kilómetros del lado nocturno no parece tan insignificante. Las dudas son pues bastante más que razonables.

Medida por medida

Mi intención aquí es sugerir una linea de investigación para poder detectar in fraganti la incidencia de estos campos en nuestra biología, algo que los mismos investigadores desesperan de poder conseguir. Lo apuntaba de pasada en un artículo más extenso titulado «¿Hacia una ciencia de la salud? Biofísica y biomecánica«. La idea al menos parece estar llena de sentido, aunque quede por ver cuánto pueda dar de sí en la práctica.

Se trata, gauge sobre gauge y medida por medida, de aplicar las mismas nociones de calibración de los propios campos electromagnéticos al movimiento celular. Fue justamente investigando el patrón de interferencia de campos electromagnéticos forzados sobre el espín de una partícula que Berry descubrió, en 1983, la llamada fase geométrica. Esta se traduce en un «cambio global sin cambio local», y, aunque los físicos lo asocien más con la mecánica cuántica, es pertinente tanto en el dominio clásico como en el cuántico, en lo macroscópico como en lo microscópico.

Inicialmente la fase de Berry se presentó como un desplazamiento para procesos adiabáticos, esto es, sin transferencia neta de energía, lo que supone el caso más adecuado para calibrar la influencia de la radiación no ionizante, como lo es la de las telecomunicaciones, si no hay energía suficiente para ionizar los átomos o moléculas.

Un ejemplo célebre de fase geométrica es el llamado efecto Aharonov-Bohm, en el que partículas cargadas son afectadas por el potencial electromagnético a pesar de que los campos eléctrico y magnético son cero en su región. Contrariamente a la opinión más difundida entre los físicos, incluyendo el mismo Bohm, esto no es un efecto específicamente cuántico, sino inherente a las ecuaciones clásicas del electromagnetismo de Maxwell, y se han encontrado ejemplos análogos exactos incluso en la superficie del agua.

Todavía hoy los físicos no saben cómo ubicar este fenómeno, si en la física fundamental o en la aplicada; pero su verificación experimental esta fuera de cualquier duda.

Después de que Berry mostrara el caso más simple para procesos adiabáticos cíclicos se han sucedido las generalizaciones para procesos no adiabáticos, no cíclicos, y también disipativos o no conservativos, como los biológicos.

Esta «anholonomía» tampoco es ajena a los seres vivos y a su locomoción. Inevitable el ejemplo del gato que se revuelve al caer o «gato de Maxwell», el más feliz ejemplo de como un ser vivo protege su invariancia frente a los esfuerzos contrarios; o la cifra no menos universal del movimiento de las serpientes. Shapere y Wilczek mostraron en 1987 su relevancia en la autopropulsión celular en fluidos viscosos describiendo un circuito de formas partiendo de deformaciones infinitesimales en cilindros y esferas.

En definitiva, en sistemas biológicos la fase geométrica es o tendría que ser una medida del grado de contorsión (forzada) del sistema con respecto a un estado fundamental no forzado, y como tal debería ser robusta frente a diversos tipos de ruido.

Un modelo de calibración del movimiento inspirado en los campos gauge como el de Shapere y Wilczek debería tener múltiples usos en biología y biomecánica, aunque aquí de lo que hablamos es de determinar el grado de estrés, a corto plazo y con efectos acumulativos, que sufren las células expuestas a diferentes intensidades y frecuencias de radiación electromagnética.

Ignoro si un razonamiento análogo podría aplicarse, en vez de al movimiento de las células, a las más esquemáticas ondas del electroencefalograma o EEG. La definición de forma que plantean Shapere y Wilczek es sólo una entre varias posibles que pueden extenderse a otros casos.

La fase geométrica facilita un argumento no sólo biofísico, sino incluso biomecánico, que en determinados casos como los de las macromoléculas se hace completamente tangible. Hoy se puede retorcer una hebra de ADN igual que una toalla y calcular exactamente su torsión usando la fase geométrica. Por lo tanto se puede medir y calcular su elasticidad dentro de un medio o potencial.

Piénsese bien en esto. Hasta ahora la ciencia se ha centrado en las reacciones molécula-molécula en lugar de las reacciones molécula-medio. Sin embargo hoy sabemos perfectamente, por ejemplo, que el llamado «dogma central de la biología molecular» es falso y que un mismo gen puede producir distintas proteínas dependiendo de cómo las enzimas interpretan el contexto y el medio. El problema es que esto parece casi imposible de medir; sin embargo la fase geométrica ya nos da un índice in situ del potencial, aun siendo imposible la medición directa de éste.

Este criterio podría emplearse para dilucidar otros aspectos del debate como la posible incidencia de esta radiación en el ADN o el acortamiento de los telómeros en los extremos de los cromosomas, relacionados con la muerte celular y procesos de envejecimiento.

Si de lo que hablamos es de un mecanismo directo, el argumento de los físicos sigue pareciendo correcto. Sin embargo los físicos siguen sin considerar el efecto del potencial, y este puede ocasionar emisiones electrónicas y efectos moleculares que se antojan «espontáneos» pero que estarían claramente inducidos por el potencial. Unos podrían llamarlo efecto indirecto, otros superdirecto, puesto que ni siquiera demanda la absorción por las partículas de la radiación; en cualquier caso sabríamos a qué atenernos en cuanto al vínculo causal.

Para concluir

Parece imposible enfrentarse con los grandes intereses de la industria, especialmente en un caso como este. Pero ahí están ejemplos como los del amianto o la industria tabaquera, en los que finalmente fue imposible ocultar la verdad aunque llegara dolorosamente tarde. Puesto que también en este asunto llegamos muy tarde, está claro que hay que hacer algo porque no podemos esperar veinte años.

Si las grandes compañías y países implicados en esta carrera pueden perder su gran apuesta por el control de los «flujos de información» con una moratoria, perderán mucho más si se llega a saber que han estado ocultando datos y obstruyendo la investigación imparcial. De hecho, esto podría suponer el comienzo del fin de muchas cosas, tal vez más de las que acertamos a imaginar.

Si a estas compañías y países les interesa tanto el dinero y el poder blando, me permito sugerir que sería más inteligente, además de más rentable, emprender investigaciones en una verdadera ciencia de la salud en lugar de nuestras conocidas ciencias de las infinitas dolencias y enfermedades. Rentable, al menos, siempre que se busque el bien de los demás en vez de mirar ciegamente por el propio.

Y si pensamos en términos de prestigio y apoyo social, que son los únicos que algunos pueden entender porque la búsqueda de la verdad les supera, también la comunidad científica se juega mucho en esto. Los argumentos que aquí aduzco tienen más de treinta años. Tal vez aún podría decirse que entonces no había el nivel experimental para cosechar evidencias con ese soporte teórico; pero esa excusa ya no existe ahora.

El tiempo lo dirá, pero creo que este tema supondrá un punto de inflexión para más cosas de las que se piensa, por más que lo único seguro, en caso de crisis, es que el eterno oportunismo tratará de encauzarla en su favor.

Obviaremos ahora eso.

Lo que importa es que aunque la situación parezca desesperada aún se puede invertir por completo. Podemos bloquear al que bloquea; podemos cercar lo que nos cerca.

Referencias

Y. Aharonov, D. Bohm, (1959): Significance of Electromagnetic Potentials in the Quantum Theory

M. V. Berry, (1984): Quantal Phase Factors Accompanying Adiabatic Changes

J. Samuel, S. Sinha, (2003): Molecular Elasticity and the Geometric Phase

A. Shapere, F. Wilczek, (1987): Self-Propulsion at Low Reynolds Number

A. Ehrskovich, (2012): Electromagnetic potentials and Aharonov-Bohm effect

M. Iradier, (2019): ¿Hacia una ciencia de la salud? Biofísica y biomecánica

CAOS Y TRANSFIGURACIÓN

2 abril, 2019

Donde está el peligro está la salvación. Se exhibe una transparencia de la guerra que los pocos hacen a los muchos, de cómo defenderse y volver sus armas contra ellos usando el reflejo del dinero, la ingeniería del conocimiento y la economía del tiempo.

Dos generaciones después

Los estudios de Robert Epstein indican que hoy Google puede cambiar el sentido del voto indeciso de un 20 a un 80 por ciento, dependiendo de los grupos demográficos, en las elecciones de cualquier país en que sea el buscador de referencia, lo que resulta ser la inmensa mayoría de los casos. La compañía ha negado enfáticamente estos cargos.

Gilad Atzmon daba en el clavo en una entrada reciente: tanta esfuerzo invertido en educación para la memoria del Holocausto tenía que cosechar finalmente sus frutos, hasta el punto en que la gente ya ha aprendido a reconocer a los nazis incluso sin necesidad de uniformes. Y así, a pesar de nuestro gusto insuperable por los estereotipos, para identificarlos ya no necesitamos que lleven monóculo o tengan un acento alemán de película; nos basta con observar sus palabras y sus obras.

Salvo para los más implicados en la maquinaria de propaganda, era de esperar que semejante exceso de celo tuviera efectos contraproducentes. Tantas películas y series, tantos artículos históricos sobre el nazismo en diarios a los que tan poco les importa la historia, sin apenas darse cuenta iban describiendo un círculo que ya está a punto de cerrarse; o más bien describían, habida cuenta de que se cumplen ochenta años y dos generaciones del comienzo de la Segunda Guerra Mundial, dos semicírculos enlazados en dirección alterna.

Aunque sabemos que al nazismo lo derrotó ante todo el ejército rojo de campesinos y obreros, y no el gremio de los banqueros, en el relato de la Buena Guerra los grandes beneficiarios y santificados fueron por el contrario tres estados que hasta el día de hoy siguen conformando el tácito pacto tripartito del eje anglosionista, la más viva encarnación del imperio en nuestra era, y cuyos orígenes se remontan cuando menos al milenarismo puritano de la época de Cromwell y Mennaseh ben Israel, en que se dice que los intereses bancarios comenzaron a subir.

Por supuesto que el superimperialismo del dólar parecía hasta ahora una historia bastante diferente —visto al menos desde la perspectiva de los países más desarrollados, testigos de una colonización relativamente benigna y gradual. Nadie hoy cree votar al fascismo como tampoco en los años treinta creían hacerlo. No, nada es igual; y aun se ha hecho lo imposible por mostrarnos que se trata de todo lo contrario. Y sin embargo, ya a nadie le resulta difícil ver más allá de los disfraces. ¿Cómo se ha llegado al punto en que se ha hecho imposible disimular?

Habría que decir tal vez que para distinguir entre agresores y agredidos no hacen falta ejercicios de concienciación. Seguramente sí cuando el agredido es otro, y los medios de desinformación hacen su trabajo; pero no cuando el agredido es uno mismo. Y a pesar de todo, en un mundo donde los responsables nunca dan la cara, se ha podido desviar casi siempre la atención hacia otros agresores ficticios.

La verdad es que si de algo son maestros en el imperio del caos es de propaganda, de la lucha "por las mentes y los corazones". Pero ni la más consumada mendacidad puede cambiar indefinidamente los hechos, y el hecho es que Washington ha de dar la cara no sólo por su oligarquía, sino por la mayor parte de las indeseables oligarquías del planeta, lo que se cobra un alto coste en imagen.

Lo que te lleva primero al éxito es lo mismo que luego te destruye, tal es la Ley; y ya que esta gente es amante de la Ley y el Libro tendremos que apelar a ella. Se habla de la decadencia del Imperio pero lo cierto es que el Dólar sigue apreciándose frente a las otras monedas, y probablemente lo haga todavía durante un tiempo. El caos y el miedo invitan a buscar un sólido refugio, y el imperio del caos continuará patrocinándolo mientras esa tendencia le produzca un rédito inmediato.

Tendencia que no durará indefinidamente. Es factible que continúe hasta el fin del presente superciclo de deuda y la crisis presumida para este año o el 2020, e incluso mantenga cierto impulso más allá; pero no llegará viva a la crisis de mucho más calado que expertos de orientación muy diversa ya vislumbran para el 2025-2030, y que, por la mera acumulación de problemas no resueltos, supondría el verdadero cataclismo de las instituciones.

Las oligarquías del mundo son expertas en desviar la atención, y los Estados Unidos en atraerla. Siendo los segundos valedores de las primeras, y las primeras valedoras de los segundos, la situación podría tornarse más que complicada. El matón global podría convertirse en el payaso de las bofetadas; circunstancia aparentemente absurda que sin embargo ya se insinúa incluso ahora.

El poder y la presencia norteamericana en el mundo y sus instituciones es sencillamente apabullante, de hecho muy superior a lo que advertimos, como muestra el caso citado de Google y otros igual de importantes pero más fuera de foco. Como a los peces el agua, el que no la notemos sólo nos habla de hasta qué punto nos informa. Al respecto se ha hablado de *full spectrum dominance*, de un dominio en todo el espectro, y de eso es de lo que se trata. Es casi imposible subestimar esta hegemonía, pero lo hacemos continuamente. Es casi imposible sobreestimarla, y también lo hacemos todo el tiempo.

Los Estados Unidos son la nación indispensable sólo en el sentido más coyuntural de la palabra. Es indispensable ahora para una oligarquía global bastante libre de compromisos, dispuesta en todo momento a mudar sus bases. El problema es que, justamente por ser el gran valedor de la oligarquía global, por fuerza tiene que convertirse en un estado odioso, y así es imposible mantener el prestigio de la marca.

Sin prestigio, que como todos sabemos significa engaño, el valor ficticio de las cotizaciones se hunde y los capitales buscan otros destinos más atractivos para sus burbujas. Ellos ya saben de sobra que su fuerza y su valor es sólo su posición de privilegio en el mercado, de ahí el vértigo y la torpeza de sus gestos para mantenerlo a cualquier precio.

Se trata de una espiral que se realimenta hasta que llegue a un punto de ruptura, y en el que el mero figurarse ese punto estrangula el haz de posibilidades. No es tan envidiable la posición actual de los Estados Unidos, que se comporta como el gran acreedor pero vive más que nadie del crédito. Hace de proxeneta y prostituta, mientras que, al otro lado del océano, la Gran Bretaña e Israel se reparten convenientemente los papeles.

Estados Unidos podría convertirse en un proyecto fallido y aún el capital global buscaría la forma de reciclarse —en gran medida— a través de la Gran Tela de Araña de la City londinense. Una salida puede resultar más "indispensable" que los portaaviones cuando de lo que se trata es de salvar el culo del capital, y en ese valor de reserva tan experimentado siguen cifrando sus esperanzas no pocos ingleses.

Finalmente está Israel y la comunidad judía en el mundo; y esto, y no los Estados Unidos ni Gran Bretaña, es lo verdaderamente indispensable en el relato alucinado que impera. Pues el verdadero Imperio no es la dominación territorial y extraterritorial que ya vamos conociendo, sino el relato que aun hoy nos parasita y que va marcando los tiempos camino del desastre.

El tiempo del relato lo marca la concentración del capital, que es lo que entendemos hoy como poder puro. Sabido es que la distribución de riqueza y rentas sigue la ley del 80/20 también llamado "principio de los pocos indispensables": el 20 por ciento de la población posee el 80 de la riqueza, pero a su vez es la quinta parte de esa quinta parte la que tiene cuatro quintos de las cuatro quintas partes —y así sucesivamente, en una ley de potencias con invariancia de escala.

Esta ley de potencias conduce a la conocida estimación que dice que las 62 personas más ricas tienen más patrimonio que la mitad de la población mundial, los 3.700 de millones de pobres. Lo que capta menos la atención del lector es que la mera prolongación analítica de esa ley nos dice que la mayoría del poder de la oligarquía mundial está concentrada en unas pocas manos, aún muchas menos de las que creemos: casi toda la riqueza de esos 62 sería de 12, y casi toda la riqueza de esos doce sería sólo de 3 personas o a lo sumo 4 personas o familias. Esto, al menos, según unas frías matemáticas que han funcionado muy bien a lo largo de toda la escala. Se diría que, más que una poderosa tendencia, es el único resultado posible tal como están dispuestas las cosas.

En vano buscará uno los nombres de esas familias en la lista del *Forbes*. Se nos dice que las familias que dominaban las finanzas mundiales a principios del siglo XX han ido a menos y han pasado a un discreto segundo plano, pero sería del todo ridículo pensar que gente que se ha dedicado a la banca, el sector que crece más rápido con respecto a los demás, ha visto sus fortunas menguadas —pues todo lo que ocurre ahora, y de lo que tanto hablamos, es justamente por lo contrario.

Se aprecia entonces que la Oligarquía tiene una estructura autosimilar foliada o en hojas, con capas visibles bastante superficiales y un núcleo central masivo: desde siempre, tal es la complexión intrínseca a la plutocracia, que por su naturaleza y propio peso tiende a hundirse bajo el suelo como Plutón, dios de la riqueza subterránea. Lo que ha ido cambiando gradualmente con el tiempo es la escala de operaciones y unos límites espaciales y temporales que tienden ya manifiestamente a agotarse.

También se sigue de aquí que el Oligarca tiende a ser oligarca o "indispensable" para otros oligarcas más dispensables, lo que crea entre ellos una escala de subordinación, con una plutarquía o criptocracia en su núcleo que busca la sombra tanto como los brotes buscan el Sol. La verdadera Plutocracia no es entonces ni siquiera una clase social, pues su número no puede dar para tanto. A lo sumo es un grupúsculo o camarilla.

En ese núcleo duro de la oligarquía o verdadera Plutocracia se hallan los principales valedores de Israel. No hace falta recordar a quién iba dirigida la declaración Balfour, caso único en la historia de la creación de un estado. Era precisamente este exceso de prominencia de los más poderosos el que hacía más que recomendable una discreta desaparición.

La estructura recursiva o autosimilar, que se reproduce a diversas escalas, de la distribución de la riqueza con la desigualdad que implica se desharía demasiado fácilmente —sería demasiado inestable— si no tuviera un factor de cohesión adicional, una circulación selectiva de un flujo a lo largo del tiempo, que aquí sólo puede ser el del dinero y el interés asociado a la deuda. Puesto que la distribución de Pareto, o más generalmente las leyes de potencias, son independientes de la escala y tienen una amplia ocurrencia en todo tipo de fenómenos de la naturaleza y la sociedad humana, mucho es lo que se ha especulado sobre su origen, permaneciendo todavía la cuestión enteramente abierta.

Michael Hudson, el gran estudioso de los mecanismos de deuda de Babilonia a nuestros días, nota cómo "las cargas de deuda (1) añaden un coste improductivo a los precios (2) desinfla los mercados de poder adquisitivo (3) desalienta la inversión y el empleo en estos mercados y por tanto (4) presiona a la baja los salarios.

Aplicando una analogía con la ley constitutiva que rige para la resistencia de los materiales y la construcción, podemos hablar de presión y su recíproca tensión, así como de la deformación a que está sometida la estructura. Durante muchos siglos, como Hudson recuerda, fue algo ordinario la cancelación periódica de deudas por los soberanos como una forma de restablecer el orden social y evitar lo que de otro modo hubiera podido suponer el derrumbamiento de todo el edificio. Esto formaba parte del orden por lenta revolución en el seno de un tiempo cíclico.

Es de suponer que la acumulación de deuda en aquellos tiempos solía responder al crecimiento lineal del interés simple. Y es sin embargo a partir del siglo XVII, cuando adquiere impulso el interés compuesto, la revolución científica y los gobiernos parlamentarios, que la cancelación cíclica de deudas empieza a situarse fuera de cuestión. De hecho, y que nadie olvide esto, los prestamistas favorecieron a los gobiernos parlamentarios sobre las monarquías porque con ellos en caso de impago siempre encontraban cómo cobrarse en especie a costa de los bienes públicos.

Salta a la vista la estrecha vinculación y coexistencia del interés compuesto y la acelerada acumulación en todos los órdenes, desde la riqueza y la demografía al conocimiento científico y tecnológico. El interés compuesto, en sí mismo una tendencia temporal, es el gran acelerador de los tiempos, y con el aumento de sus expectativas se tiende a rehusar más fuertemente cualquier corrección cíclica de sus efectos. El interés compuesto es pues el fermento específico de la aceleración de los tiempos modernos y su ruptura definitiva con cualquier solución parcial por el bien de la estabilidad. De aquí y de ninguna otra parte emana el reconocido carácter revolucionario del capital en los tiempos modernos; pues está claro que la explotación y la mera búsqueda del beneficio habían existido desde muy antiguo.

En el antiguo edificio social la cancelación de deudas era justamente una restauración o reparación del orden que impedía su derrumbamiento. En el nuevo régimen de acumulación lo que se hacen cíclicas son las crisis, que se prefieren como forma de "disciplinar los mercados", aunque de forma harto selectiva puesto que no todos responden por igual. La renovación por las crisis en fases alternas de destrucción-reconstrucción sería más propia de sociedades y mercados altamente expansivos, marcados por el crecimiento acelerado.

El hecho de que el capitalismo expansivo se enfrente cada vez más a los límites del desarrollo por falta de mercados nuevos sólo puede aumentar gradualmente la presión ejercida sobre la estructura social y agudizar el carácter destructivo de las crisis. Se añade a esto el consenso de que ya se han agotado los márgenes de maniobra en la política económica interna que permite amortiguar o administrar los seísmos.

Si simplificando al máximo el principio de Ehret afirma que la vitalidad y la salud de un organismo es igual a su presión menos su obstrucción —ecuación que la moderna medicina no se ha molestado en verificar—, tal vez podamos extrapolar esta misma lógica elemental a la vitalidad y salud económica del organismo social equiparando, como no, la obstrucción con la deuda; puesto que esta obstrucción se traduce en un aumento de la tensión hasta llegar a un punto de ruptura.

También la fractura deja en su agrietamiento un sello recurrente o autosimilar, como la distribución de Pareto o de los pocos indispensables; en la literatura científica se ha tratado de explicar su aparición con el concepto de tolerancia altamente optimizada, que puede generar tales distribuciones mediante un diseño deliberado que optimice varias restricciones simultáneamente.

En el presente sistema todo está optimizado a expensas de la extracción de máximo valor o beneficio. Esto conlleva un alto grado de fragilidad sistémica, puesto que finalmente son las estructuras las que se han adaptado y especializado a un objetivo muy estrecho con independencia de todo lo demás.

En la bifurcación como en la fractura, la tolerancia altamente optimizada permite minimizar los daños externalizando los costes, vale decir, arrojando los escombros a la vía pública y desentendiéndose de ellos. Pero también permite maximizar la influencia usando aventajadamente la jerarquía y ramificación de este principio independiente de escala. Sólo la escala del planeta contiene y se enfrenta abiertamente a este principio, de ahí que, cada vez más, la geopolítica se muestre como el ámbito de emergencia en el que afloran los asuntos irresueltos de la estratificación social, o como el desbordamiento en el plano horizontal de presiones en vertical.

Físicos como B. Boghosian han hecho simulaciones de la distribución de Pareto estableciendo una analogía más o menos exacta entre las colisiones de moléculas y las transacciones monetarias. El resultado final conduce a una singularidad en que, salvo una fracción que tiende a esfumarse, la riqueza de toda la población termina reduciéndose a cero.

Cabe entonces preguntarse si este tipo de distribuciones son realmente "naturales" y si su perfil y su estabilidad depende o no de forma explícita de determinados parámetros de control. Y aunque este objeto de estudio permanece abierto y es muy controvertido se tiene la impresión de que los resultados de su investigación, que deberían suscitar el mayor interés, están completamente fuera de foco.

Modelos como el citado de Bogoshian confirmarían las cada vez más generalizadas sospechas de que nuestro sistema se comporta verdaderamente como un agujero negro, cuya succión es en última instancia indiscriminada aunque posee a lo largo del camino toda una rica estructura selectiva de mediaciones recurrentes en el que el pez grande se come al pequeño hasta el fin de la cadena. Al menos idealmente y haciendo caso omiso de las indeseables resistencias que siempre hay que vencer.

Sin embargo, no hace falta entrar en detalles técnicos para anticipar que, si existen parámetros de control en esta dinámica, han de estar directamente relacionados con los que generan la deuda, que son los que generan la carga, y por tanto la tensión, el vacío y la succión. El paso de la presión a la tensión, de lo lleno a lo vacío, puede ser extremadamente fluido, pero desde las instituciones centralizadas que dominan la banca se procuran regular a través del tipo de interés y el porcentaje de depósitos de los bancos privados que determinan su capacidad de creación de dinero.

En esta simplificada traducción biomecánica que me permito, bien puede decirse que el elemento parasitario está "más cerca de ti que tu vena yugular", pues no se trata de que esté cerca, sino dentro de cada uno de nosotros. Y efectivamente, todavía hoy, son pocos los que dan crédito a estas cosas.

Todo este mecanismo es tan escandaloso, que hasta los que mejor lo entienden han de procurar sacárselo de algún modo de la cabeza; o habría que decir más bien que son ellos los que necesitan sacárselo de dentro, porque a la persona promedio, a pesar de la omnipresente propaganda del darwinismo social, es difícil que le pueda nunca entrar. Pues lo que estamos diciendo, y que los medios vocean tan tranquilamente a diario, es que este mecanismo se procura modular desde arriba tanto como se puede modular.

Hay una narrativa horizontal que se estima conveniente para los "estados atómicos" del cuerpo social, léase individuos —la supuesta competencia darwinista de todos contra todos. Y hay una lógica vertical, mucho más concretamente estructurada, que piensa sin embargo en los "ecológicos" términos del marketing —en la explotación de nichos y ecosistemas. Así, existe una visión horizontal sin la menor profundidad intensamente publicitada para los muchos mientras hay una lógica vertical implacablemente administrada por los menos.

Michael Rothschild le dedica en su pionera obra *Bionomics* un breve capítulo al "Parasitismo y la explotación". Considera que en economía distinguir el bien del mal equivale a la cuestión de distinguir entre relaciones mutualistas y relaciones parasitarias. Los huéspedes, evidentemente, son víctimas. "La eliminación de la explotación en todas sus formas debería ser el objetivo principal de las leyes económicas de la sociedad... pero mantener las leyes al paso de una economía en rápida evolución no es fácil."

Palabras escritas en 1990; hoy día casi ni se sueña con embridar la economía con regulaciones nuevas. Las cosas ya son demasiado complicadas; antes que añadir leyes llenas de trampas, sería preferible proceder a desagregar funciones ilegítimamente unidas. Por lo demás, el organismo encargado de la extracción de valor casi tiene más sangre que el huésped, y cualquier intento quirúrgico de separarlos conlleva un alto riesgo de desangramiento.

Sólo los Estados Unidos parecen estar en condiciones de arruinar su propia hegemonía, pero vista la atracción invencible de Washington por las monumentales meteduras de pata, nada es hoy menos improbable. Cabe esperar la llegada a la Casa Blanca de otros presidentes con más respeto a la comunidad internacional, alguien con un perfil como Sanders, pero como ya se vio en su día con Obama casi todo se reduce a un lavado de imagen pública. La deriva imperial no se negocia y pesa mucho más que cualquier alternancia.

La proverbial torpeza política de Washington hasta ahora sólo encontraba parangón con la maestría de los norteamericanos para venderse como la Meca del desarrollo. Si la imagen del sueño americano basada en la permanente expansión del consumo se resquebraja, si quiebra su poder de adhesión, ya sólo le queda el uso de la coerción y de la fuerza, lo que a su vez termina de rematar su imagen internacional, lo que a su vez desinfla la apuesta del capital internacional por su centro neurálgico a pesar de que éste tampoco encuentra refugios mejores.

Es difícil que los Estados Unidos puedan escapar a esta dinámica, pues la expansión del consumo y el crédito se hace ya prácticamente imposible, además de por otros muchos factores, por poderosas razones demográficas. En esto no está sólo, pues otros países desarrollados ya han llegado antes a pirámides de población envejecidas; pero aún no se reconoce, como advierte Chris Hamilton, que desde 2007 tanto los nacimientos como la inmigración neta han caído bruscamente en Norteamérica. La próxima crisis, antes que de liquidez, será una crisis por saturación de deuda. También la pujanza yanqui es cosa del pasado.

Damos por supuesto que el plano de la geopolítica y la lucha entre potencias traduce en gran medida y a un cierto nivel horizontal una larvada guerra civil mundial que en la vertical es una guerra de clases, pero no sólo de clases y también de jerarquías. Al menos así es es como lo entienden, antes que nadie, los grandes centros de poder imperiales, el financiero, político, militar, tecnológico y de los medios; desde Wall Street al Pentágono, pasando por Washington, Hollywood o Silicon Valley.

Todo en Estados Unidos se ha convertido en una formidable máquina de guerra, sometida a la paradoja de tener que ser agresiva en extremo incluso para simplemente mantener sus posiciones. Esto responde a su sobredimensionamiento en todos los órdenes, lo que tarde o temprano tendría que resultar en una dolorosa implosión.

Lo realmente milagroso sería que la Gran Burbuja Americana no pinchara. Aun así, lo mismo que las oligarquías frente al resto del cuerpo social, puede contarse con que se intentará minimizar los daños exportándolos cuanto sea posible. De todos modos, y para volver a las palabras de Hamilton, la crisis mayor que se avecina no es tanto un huracán como una Edad de Hielo; supondrá no sólo la culminación de un ciclo de deuda, sino la inversión de una tendencia expansiva de la demografía que en lo esencial ha durado más de mil años. Y lo mismo se aplica a los países de Europa, o Rusia, Japón o China —todos los que pueden aportar un crecimiento significativo para la economía global.

Ni el capitalismo terminal que conocemos ni los Estados Unidos están hechos para adaptarse a algo así, de modo que se procura que sea el resto del mundo el que se adapte a ellos. El imperio americano pertenece a unas condiciones que son las del pasado más que las del presente, por no hablar del futuro. De ahí el aire más que sospechoso de todo lo que emana de los centros imperiales; ni los más masivos despliegues de relaciones públicas ni ningún comité de *storytelling* pueden hacer mucho por cambiar la percepción de lo que ya es evidente.

Muros, Estado policial, capitalismo de vigilancia, manipulación permanente, cultura del miedo y la confrontación, corrupción legalizada, incontinencia en la agresión y en la mentira, mercados amañados por doquier tan impersonales como el último escalón de la distribución de riqueza de Pareto ... Estados Unidos teme ya incluso competir, como lo delatan múltiples gestos y amenazas. Todo un dechado de virtudes para "liderar" con su ejemplo las naciones. ¿Quién habló de estar del lado equivocado de la Historia?

Su única excusa, se dice, es que no hay alternativa digna de consideración. Lo que sigue es un intento para mostrar lo contrario. Si los Estados Unidos son una máquina de guerra en todos los ámbitos, en ninguno se ejercita de forma más permanente que en el económico. Sabido es que el dólar es una forma de que el resto del mundo financie el desproporcionado despliegue militar americano, que a su vez es el garante del orden del dólar; pero esta es sólo la forma más ostensible entre las muchas con que financiamos nuestra servidumbre.

La mítica torpeza diplomática de Washington responde a unas condiciones históricas y geográficas peculiares que le han permitido no tener que contar prácticamente con nadie. El escenario geopolítico es una totalidad que se nos escapa y de la que cualquier agente forma parte, pero los norteamericanos no lo perciben así, lo que los convierte, en casi todos los sentidos, en el país menos indicado para administrar las cosas de otros. Esta calamitosa torpeza y arrogancia presagian un crepúsculo de proporciones bíblicas.

¿Existe alguna posibilidad de derrotar al dólar sin pasar por una tragedia de la magnitud de una tercera guerra mundial? Parece ser que existe. Tenemos a nuestra disposición algo similar a un arma definitiva; pero no hará falta decir que no se trata tanto de aplicar huérfanas medidas, como del espacio o vía abierta por una nueva situación que hay que saber interpretar y recrear.

Nueva fábula del zorro y el león

Los países europeos y los de casi todo el mundo desearían poder sortear el sistema de sanciones y bloqueos estadounidense que supone un reino del terror económico, pero sus bancos cooperan con la Reserva Federal y reciben dinero en las crisis como si fueran también accionistas. La creación de un vehículo especial europeo de pagos y compensaciones tiene muy poco alcance mientras sus compañías pretendan seguir haciendo negocios en EUA.

De hecho no cabe decir que Europa tenga lejos todos los resortes de poder, pues dejando a un lado a la City londinense, el Banco de Pagos Internacionales que marca la pauta de los depósitos en los bancos de todo el mundo se encuentra en Basilea, y el SWIFT interbancario del que se sirven los norteamericanos para su coacción se halla en las afueras de Bruselas; claro que también la sede de la OTAN se halla en Bruselas, y bien poco cuenta todo eso ante la relación de dependencia en todos los órdenes y el miedo cerval de los gobiernos al fantasma de la crisis.

Kuan Tzu, el maestro e inspirador de Sun Tzu, ya mostró repetidamente hace veintisiete siglos que se le podía dar la vuelta a la relación entre dos pueblos en muy pocos años prestando atención a sus fortalezas y debilidades económicas, en una época en que no existían ni estribos para montar los caballos. Qué no se podría hacer hoy en unos tiempos en que casi todo circula a la velocidad de la luz y la cotización de las compañías pueden desplomarse en días, horas o minutos.

Por poner sólo un ejemplo, bastaría con que el gobierno chino decidiera disciplinar sus inversiones y a sus inversores en el extranjero para que la economía norteamericana empezara a gritar. Ya sólo esto podría provocar una reacción en cadena. Pero todo el mundo sabe lo que ocurre, y además, hoy por hoy parece ser que el capital no encuentra mejores salidas.

Mientras tanto las posibilidades de una revolución monetaria son absolutamente reales pero nos cuesta imaginar algo que desde siempre ha pasado por encima de nuestras cabezas. Como bien dice Alfredo Apilánez, la importancia del tema de la creación del dinero es inversamente proporcional a la atención que recibe, lo que desde luego no es una casualidad.

Las tensiones crecientes que genera el dólar son causa principal pero no la única. Está también la poderosa y en gran medida irreversible tendencia hacia el dinero electrónico, con su desconcertante abanico de posibilidades. Y está también la necesidad igualmente creciente de seguridad ante unos mercados cada vez más volátiles, que ahora juega momentáneamente a favor del dólar pero que puede cambiar completamente de sentido en el caso de ofrecerse otras alternativas. En condiciones de gran presión externa esto funcionaría con una certeza hidráulica.

En cuanto al dinero electrónico, ya no es para nadie un secreto que hay una guerra contra el dinero en efectivo. Lenta y sostenida, pero guerra al fin y al cabo. No nos vamos a quedar sin monedas o billetes de hoy para mañana, pero se trata de minimizar gradualmente su uso de forma que el único dinero soberano y legal se convierta en un residuo desdeñable que no represente ningún peligro para los bancos privados.

Se pretende vender esto como un avance contra el crimen y la evasión de capitales para darle un cierto aire de legalidad y aun legitimidad, pero lo cierto es que tiene muy poco que ver con la ley y aun menos con los gobiernos. Por el contrario, en principio la idea es hacer la emisión del dinero aún más un asunto privado, como si un 97 por ciento no fuera suficiente. Claro que no se trata tanto de ganar un 2 por ciento más, como de cerrar el único flanco vulnerable que hoy los bancos tienen de cara al público y que aún les impide la impunidad total: el riesgo de estampidas bancarias.

Si se elimina este molesto problema, esta fastidiosa piedra en el zapato, puede decirse que los bancos ya no tienen absolutamente nada que los limite. Es la libertad total. Libertad total para jugárselo todo entre ellos, quien sabe si para llevar al mundo real la excitante simulación que planteaba Bogoshian con sus transacciones atómicas. Y para el resto de la población, sería el sueño cumplido del campo de concentración financiero y la consumación de la vigilancia total. Es una posibilidad que hay que tomarse en serio y sería necedad considerarla un cuadro distópico cuando lo que ya tenemos no dista tanto de eso.

Naturalmente si escribimos es porque aún existen otras posibilidades. Y no hablamos ya de alternativas aisladas sino del escenario en el que se presentan sus combinaciones. La primera de estas alternativas, por sí misma coja, proviene de la emergencia de las criptomonedas, que no es sino el otro aspecto de la gradual transformación del viejo dinero físico en dinero electrónico. Sí, es cierto que tras un ascenso desbocado, la burbuja de monedas como el bitcoin ha estallado estrepitosamente; pero eso es sólo un favor que se nos hace, puesto que su lugar en todo este río revuelto tendría que ser otro que la especulación.

El dinero electrónico del que se habla ahora para reemplazar al efectivo sigue estando respaldado por el banco central y está denominado en su moneda; otra cosa es que los mismos bancos consideren emitir monedas propias con determinados incentivos, ventajas y convertibilidad con la moneda legal. Claro que lo mismo puede hacer cualquier grupo que decida hacer uso de su propia criptomoneda, tanto si lo permite la ley como si no, puesto que todo depende del acuerdo entre partes, aunque las condiciones de convertibilidad varíen dramáticamente en un caso y en otro.

En el futuro los gobiernos podrían permitir legalmente todo tipo de criptomonedas privadas, o por el contrario podrían prohibirlas todas, o bien podrían permitírselas sólo a determinados bancos o entidades financieras. Ninguna de las alternativas altera la tendencia a convertir el dinero electrónico en el estándar, puesto que su progresión imparable ya se da con la moneda de curso legal. Se trata de cosas completamente diferentes, aunque como todo lo del dinero, siempre tan intangible, se presta mucho a confusión.

Lo que permanece invariable en todo este asunto es que las monedas privadas se aceptan por cuenta y riesgo del usuario, y la moneda de curso legal también, pero con un riesgo mínimo. El 97 por ciento del dinero que usamos lo crean los bancos, o si se prefiere lo crea quien pide el crédito aunque todo quede apartado de su control, pero en ningún caso es emitido por el banco central. Esto es algo que los mismos usuarios se niegan a creer porque de otro modo se sentirían demasiado estúpidos. También la teoría económica estándar rehúsa admitirlo, por más que en los últimos años hasta los bancos centrales lo estén dejando bien claro aunque sólo sea para descargarse responsabilidad.

Si confiamos en este dinero sacado de la nada, si le damos crédito al crédito que nos dan, es porque en última instancia es el Estado el que respalda ese edificio hecho de números y contabilidad; de otro modo, y para empezar, nadie metería su dinero en ellos. Por más que los bancos presuman de solidez, no son nada sin el apoyo monetario del estado del que son exclusivos beneficiarios.

Lo más razonable y conservador es suponer que esta tendencia se prolongará en el futuro, si pasamos del dinero que ahora crean los bancos a la creación distribuida de dinero mediante monedas electrónicas que permiten una contabilidad segura gracias a la tecnología de cadena de bloques. Es decir, sólo si están respaldadas por el estado, si éste permite oficialmente su conversión en moneda legal, parece que puedan tener una demanda suficiente.

La cadena de bloques permite una total consistencia e independencia de la sanción legal y la postura adoptada por el estado, pero la confianza depositada en estas criptodivisas y por tanto su demanda sí que depende en gran medida de dicha posición. Así, todavía hoy podemos confrontar en la práctica y sin necesidad de quiméricas apelaciones a los tiempos pasados las dos principales teorías sobre el origen del dinero: la cartalista o estatalista, que dice que el dinero es un artilugio legal por naturaleza, frente a la metalista generalmente adoptada por la academia y que afirma que proviene del acuerdo entre compradores y vendedores en los mercados.

Naturalmente todo este planteamiento también puede aplicarse al sistema internacional de pagos, bancos y sanciones. Es decir, compañías y agentes de los distintos países pueden decidir confiar mutuamente y crear acuerdos comerciales en cualquier criptodivisa con total independencia del sistema actual, quedando por determinar la forma de conversión en otros bienes o monedas.

Respecto a esto último, podría ser determinante la actitud de los estados de origen, o bien se podría recurrir a otras formas de valorizar el circulante, ya sea con metales preciosos, con una cesta de productos o una cesta de monedas.

Hoy por hoy, no hay más que ver el dólar, no hay prácticamente ninguna relación entre la demanda de una moneda y su respaldo directo en bienes; pero siempre hay una indeterminación de fondo, y con ella una incertidumbre asociada, que permite invertir la situación si los mercados están bajo gran presión, circunstancia a la que se abona la superpotencia.

Si bien los estados parecen espacios cautivos para las monedas soberanas, ya vemos que en la práctica ésta sólo asciende a un 3-10%, por lo que puede verse claramente que en realidad de lo que se trata es de espacios cautivos para los bancos, que son los que capitalizan y se benefician de la confianza en el estado. Sus ciudadanos pueden liquidar su dinero bancario y convertirlo en criptodivisas, no necesariamente con fines especulativos, e incluso por motivos opuestos como la seguridad.

Probablemente el merecido derrumbe de bitcoin ha sido un deliberado escarmiento para enfriar el entusiasmo ante este tipo de salidas para el capital; pero no se podía esperar menos de una moneda de orígenes tan dudosos y calada hasta el tuétano de los peores instintos extractivos del capitalismo. A los grandes tenedores anónimos de esta moneda no les costó mucho terminar con el experimento después de haber esquilado a las ovejas, logrando cuando menos dos o tres objetivos distintos de un golpe.

Si se presta un poco más de atención y no se deja distraer por las aparentes antinomias, puede verse que en realidad el mercado y el estado en absoluto se oponen como alternativas del tipo "o esto o lo otro", sino que por el contrario siempre han ido juntos y han servido "el uno para el otro"; y que oponerlos de forma excluyente ha sido parte de la ceremonia de la confusión política reinante hasta el día de hoy. En realidad lo que hay es una transmisión de abajo arriba y de arriba abajo casi sin solución de continuidad pero muy selectivamente controlada.

Y lo que permite que esta transmisión sea lo bastante fluida en ambos sentidos es el control del elemento fluido por excelencia en la sociedad, el dinero y sus tipos de interés que hoy tienen un gobierno altamente centralizado. Verdaderamente hay importantes aspectos del capitalismo financiero o líquido que, pese a todas las apariencias, no desmienten la lógica básica de las "sociedades hidráulicas" de Wittfogel.

El control del dinero por los bancos privados gracias a los "bancos centrales independientes" les confiere una ventaja que no es comparable a ninguna otra puesto que es a la vez punto de apoyo y palanca de poder económico, a través de la deuda pública, para disciplinar al poder político. Sólo esta apropiación, ilegítima pero incuestionada, explica el apabullante dominio de la situación por los bancos.

Y no hace falta decir que en esa situación los gobiernos son meros comparsas a los que aún se les deja la importante papeleta de legitimar el orden de cosas. La asimetría es tan grande como la que existe entre empleador y obrero, en el que primero puede despedir al segundo pero el segundo no puede prescindir del primero.

Si el obrero no puede despedir a su patrón, puede despedir a su banquero, que es el patrón de su patrón; o en todo caso despedirse de él. Todo sería diferente si uno puede retirar su dinero de los bancos y emplearlo productivamente de acuerdo con sus intereses, y tal tendría que ser la función natural de las criptomonedas. Ahora bien, si esta opción empezara a coger fuerza entre el público, los ciudadanos pueden usar este poder natural que les viene de vuelta no sólo con finalidades económicas, sino también para ejercer presión política a la vez que vacían los depósitos bancarios.

En caso de apuro los bancos tratarían de hacer presión sobre los gobiernos para ilegalizar estas monedas y su competencia, pero, ¿qué demandas podrían hacer los ciudadanos sobre el gobierno, con este nuevo poder? Pues incluso poniéndose en el caso más flagrante de ilegalización, todavía tendrían una considerable capacidad de modular la demanda interna de dinero y con ello su valor. Las clases populares tienen una parte pequeña de la riqueza pero son la parte mayor del uso de dinero en efectivo, legal o soberano —en conjunción con, y esto ya es curioso, el crimen organizado y el lavado de dinero.

Lo que en sí mismo ya es un exponente de hasta qué punto el sistema monetario actual ha desvirtuado las relaciones. Y es que como dijo Mervyn King, gobernador del Banco de Inglaterra durante diez años, "de las muchas formas que hay de organizar la banca, la peor es la que tenemos hoy". Por otro lado, si estudios cuidadosos muestran que aún sigue aumentando la demanda de dinero en efectivo en casi todas las divisas, ello no se debe tanto a su uso en transacciones, que sólo supone un 15% del total, como a la búsqueda de seguridad en un clima general de creciente incertidumbre. Así pues, hay una demanda creciente de seguridad, y la volatilidad que la sustenta está muy lejos de remitir, por no decir lo contrario.

La demanda más importante que podrían hacer los ciudadanos con su nuevo poder ante el estado y su gobierno, aparte de admitir legalmente algo que es legítimo de suyo —que puedan existir monedas privadas—, es el retorno al dinero soberano íntegro y el fin del dinero endógeno bancario surgido del crédito. Esto, que puede parecer revolverse contra uno mismo, es en realidad lo más lógico y más allá de la lógica es también lo que dicta el instinto y el sentido de la necesidad. No se trata de rizar el rizo sino por el contrario de alisar un sistema artificiosamente enmarañado que a menudo no beneficia ni siquiera a los que se benefician de la opacidad.

La demanda de dinero soberano, de dinero seguro, de dinero al cien por cien de reservas o incluso de dinero sin reservas o dinero legal sin más, ha empezado a tener cierto apoyo popular justamente desde la gran crisis del 2008. Es cierto que sigue siendo todavía un movimiento marginal que apenas atrae los focos de la atención pública, pero no deja de ser un movimiento en ascenso que lentamente va emergiendo en la conciencia general.

Un ejemplo lo tenemos en la iniciativa suiza por recobrar el dinero soberano y terminar con el sistema de reserva fraccionaria en que se basa la creación del dinero-deuda bancario, y que terminó en un referéndum en junio del 2018. La iniciativa fue derrotada con más de un 75% de voto en contra y no sabemos si el gobierno contó con la inestimable ayuda de Google, pero no hace falta decir que tanto el Banco Nacional Suizo como los medios hicieron una campaña de miedo en su contra. Se habló de "extrema incertidumbre" y de los riesgos de adentrarse en un "sistema no sometido a ensayo fundamentalmente diferente del de cualquier otro país". El influyente banco central alemán también se pronunció en su contra.

Hubo antes una propuesta similar en Islandia que tampoco logró su objetivo, pero sería erróneo concluir que con estas dos primeras tentativas frustradas se agota el recorrido de la idea. Este soberanismo monetario planteado desde la sociedad civil a veces puede ser algo ingenuo y la exposición que hacen del tema sus defensores no siempre es la mejor de las posibles; pero su objetivo es muy claro y los argumentos básicos están cargados de razón. Y el tiempo no dejará de mostrar la conveniencia y aun la urgencia para cambiar de sistema.

Al menos estas propuestas han alcanzado notoriedad incluso con la disposición altamente desfavorable de la máquina mediática, hasta el punto que la teoría convencional y casi oficial de la creación del dinero de los economistas ya ha sido puesta claramente en evidencia. En el año 2012 Paul Krugman aún parecía ignorar que los bancos crean efectivamente el dinero de la nada en su famoso debate con Steve Keen; hoy no creo que se atreviera a sostener semejante posición aunque sólo fuera por miedo al ridículo. En esto al menos la desvergüenza va perdiendo terreno.

Y en cuanto al miedo a aventurarse con un "sistema no sometido a ensayo" que se airea para intentar reconducir a inquietos y descarriados, no hay más que ver lo bien que estamos con este sistema tan sobradamente probado. Cuesta imaginar cómo un sistema que liquida el factor principal de inestabilidad bancario puede ser peligroso, aunque sí es cierto que a menudo preferimos lo malo conocido a lo bueno por conocer, incluso cuando hay tal asimetría entre los intereses de quienes hacen el dinero y quienes lo usan. Pero esto es un conservadurismo de suelo falso, por que cuando la gente busca seguridad, lo que hace en última instancia es acaparar dinero soberano.

También existe un más que comprensible temor a ser el primer país en desafiar el sistema de reserva fraccionaria que domina el mundo, y que con razón y sin ella se asocia tanto con la Reserva Federal. Temor, por supuesto, a represalias de todo tipo, empezando por los ataques financieros, para que no cundiera el ejemplo. No hay más que revisar la historia reciente para ver que estos temores están más que justificados, aunque todo depende también del grado de dependencia y exposición de cada país al capital extranjero, factores que de suyo contradicen la soberanía.

Y sin embargo el argumento del miedo en el caso suizo no es sólo propaganda, ni está sólo relacionado con la vulnerabilidad exterior. Es un hecho histórico indiscutible que este sistema no ha sido nunca ensayado en los tiempos modernos y que su inmersión en un entorno tan alejado del de épocas pasadas no deja de suscitar incógnitas; razón de más para hacerlo tan interesante si es que de verdad queremos crear algo nuevo.

Algunos argumentan que ya se han probado todas los políticas monetarias y que éstas se quedan en la superficie y hay que atender más a los problemas de la economía productiva. Hay una mezcla de verdades y falsedades en ello. Para empezar es evidente que el dinero soberano sin reserva fraccionaria sigue siendo hasta el día de hoy una opción inédita, y por cierto, mucho más simple, neta, legítima e irrenunciable que todas las complicadas y pusilánimes medidas paliativas adoptadas hasta ahora. Es algo bueno y deseable en sí mismo, y, aunque en la práctica no haya nada aislado en este mundo, es en principio independiente de las políticas fiscales y de gasto público.

El marxismo más irredento, harto más idealista que el mismo Hegel, continua insistiendo en que el dinero es un epifenómeno objeto de los prestigios del "fetichismo de la mercancía", en lo cual coinciden de forma nada sorprendente con la teoría convencional, que aún nos sigue asegurando que se trata sólo de un índice de la actividad económica real. Si hemos de creer esto, los bancos sólo serían meros intermediarios entre los agentes que "realmente mueven las cosas" y tienen las manos en la masa. Naturalmente, sólo a la banca podría interesarle semejante versión de los hechos. Hay que reconocer que si estos pobres banqueros ilusos se han equivocado y tienen cogido el rábano por las hojas, lo tienen muy bien agarrado y no se les escapa tan fácil.

La teoría marxista, que con razón ha insistido en la asimetría entre capital y trabajo, aplica sin embargo la misma lógica de la equivalencia de "la economía vulgar" cuando equipara al dinero con la mercancía, cuando la asimetría y el ascendiente del dinero sobre la mercancía y de la liquidez sobre el mero capital no pueden ser más obvios: desde el que vende ilegalmente en la calle, al que vende amparado por la ley, o al banquero que extiende legal pero ilegítimamente la masa monetaria y teme que se le reclame el dinero. Podemos dar por descontado que la teoría economía nunca llegará a ser un empeño completamente científico, pero si no queremos ver estas cosas estamos realmente perdidos.

No, el dinero no es un "truco de circulación", del mismo modo que el hecho de que la sangre llegue a las distintas células del cuerpo no es debido a un "truco de circulación" ni a un autoengaño de las células. Es una categoría diferente y no sólo una categoría: es también una tecnología laboriosamente desarrollada a lo largo del tiempo y tan neutral como acostumbran a ser las tecnologías, es decir, más bien muy poco. Precisamente porque es lo más externo y formal, es también lo que define en todo momento los límites del sistema. Quien controla el dinero lo controla todo.

Si en algo están más verdes los soberanistas monetarios no es en la importancia concedida al sistema del dinero sino en los vínculos de éste con la economía productiva, empezando por la inversión. Como ya han evidenciado toda una serie de economistas desde Keynes y nos enseña la misma práctica económica, no es cierto que sólo del ahorro venga la inversión, sino que es más bien al contrario, es la inversión la que origina el ahorro, y es con la inversión que la sociedad, para decirlo con palabras de Alejandro Nadal, "se otorga a sí misma una especie de crédito".

Hay entonces que distinguir claramente entre el tipo de dinero que queremos y las formas de crédito y asignación de recursos que pueden desarrollarse a partir de un dinero neutral. Que un dinero neutral es deseable no creo que sea algo sobre lo que haya que extenderse mucho. Que el enorme privilegio y poder que se deriva de crear capacidad de compra no debería seguir en manos de unos pocos banqueros también tendría que ser evidente. Pero creación de dinero e inversión siguen siendo asuntos completamente distintos.

Para hablar con términos ya usados en economía, el dinero endógeno sin bancos, el dinero exclusivamente legal o soberano nos proporciona el "eje vertical" de las interacciones entre el estado con su entidad emisora y los usuarios privados, mientras que las interacciones entre agentes privados se desarrollan en el eje horizontal. En la creación de dinero la relevancia del eje vertical está ahora en mínimos y es en el horizontal donde se genera la inmensa mayoría del total; lo que se antoja un fiel reflejo de la actual relación de fuerzas entre la política y la economía —y entre élites y masas—, a pesar de que la creación de todo el dinero por el estado, al carecer de opciones, tampoco tendría nada que ver con las políticas de los gobiernos.

Por otro lado no es culpa de la gente que se tienda a confundir la demanda del dinero soberano con la nacionalización de la banca, y la emisión del dinero con la concesión de crédito; pues esto se debe en primer lugar a la conflación de poderes que la banca privada ha tomado sobre sí. Y así se aprecia la enorme descompensación que tiene este sistema respecto a cualquier pretendida neutralidad. Dicho de otro modo, la simple neutralidad tendría que cambiar enormemente el espacio político, el espacio económico y su mutua relación. Y lo haría de formas que ahora ni siquiera imaginamos.

Estos ejes vertical y horizontal de nuestras coordenadas expresan directamente la encrucijada existente entre la soberanía del estado y las fuerzas oceánicas, transnacionales de los mercados. Se ha hablado mucho del famoso trilema de Rodrik que plantea que hoy un país no puede tener simultáneamente soberanía, democracia e integración en los mercados globalizados, y ha de sacrificar al menos una de estas prioridades; es para todos del máximo interés ver cómo se modificaría esta disyuntiva con la introducción, no sólo del dinero soberano, sino también de la democratización y liberalización de los mercados de crédito.

Hemos dicho "liberalización" de los mercados intencionadamente, a sabiendas de que producirá picores entre las filas inmensamente mayoritarias de los que ya están bastantes más que hartos de medidas liberalizadoras; si al menos hubiéramos dicho sólo "democratización". Pero es muy deseable que, más allá de la corrección política, comprendamos que el actual neoliberalismo ni siquiera tiene la menor intención de ser liberal ni de liberar nada, sino todo lo contrario; de esta forma le adelantamos ya el envite. ¿Acaso no se ha dicho que "una casa dividida contra sí misma no puede mantenerse en pie?"

¿O tal vez nos equivocamos? Naturalmente, también hablamos de "democratización y liberalización" porque en el mencionado trilema se presentan como parcialmente excluyentes, pero en las esferas separadas de la política y la economía. Aquí por el contrario de lo que hablamos es de democracia económica, toda vez que los mercados realmente existentes están brutalmente alejados de las consabidas condiciones ideales de igualdad. Pero, por otra parte, a esta democratización de la esfera "liberal" y ahora liberada de la economía, ¿no le seguiría algo así como una liberación de la política de su condición cautiva en la partitocracia y el mercado electoral? ¿O más bien su subversión?

Una posibilidad como esta resultará ininteligible si no se entiende un poco mejor qué significa la liberación del actual mercado de crédito. Éste hoy se haya reducido al exclusivo cártel de los bancos y a la llamada banca paralela, alternativa o en la sombra. Este tipo de fondos de cobertura y entidades financieras son un fenómeno consustancial a la emergencia del casino global y no dejan de crecer al no estar sujetos a la regulación bancaria, representando una parte cada vez más alta de los activos financieros. La diferencia con los bancos es que no toman depósitos ni tienen acceso a los fondos del banco central. Situadas en una zona de transición o de penumbra, estas entidades suponen más una prolongación natural de los bancos en su imparable tendencia expansiva que una competencia, rumbo hacia el Oeste de la desregulación.

Es en esta zona de penumbra emergente, que no ha recibido atención diferencial hasta hace diez o doce años pero con una actividad mayor que la de la economía mundial, donde se generan las principales innovaciones del sector financiero; la financiación colectiva, donde de forma típica se ponen en contacto inversores e impulsores de proyectos, es sólo una más entre un gran número de propuestas que van de los seguros a las hipotecas pasando por cualquier otro producto imaginable. No hace falta seguir mucho los mercados para darse cuenta de que la banca paralela, en su búsqueda insaciable de nuevas formas de liquidez, sólo tiene que estirarse un poco más para llegar a las monedas privadas y, naturalmente, a las criptomonedas, algo que por supuesto no ha dejado de hacer.

A la "banca en la sombra" la envuelve una buena parte de ficción porque se nos hace creer que es algo ajeno y separado de la banca formal, siendo un chivo expiatorio perfecto para cuando se presentan crisis como la del 2008; pero no hace falta decir que pretender separar una de la otra en la práctica sería tan quimérico como querer separar el sistema circulatorio del linfático —no en vano se habla de tramas y de la gran trama financiera en esta dinámica de flujos del capital. A la banca sombra simplemente se le adjudican las inversiones de más rentabilidad, más riesgo y más apalancadas.

En realidad los bancos ya se preparan para su gradual desaparición y transformación en otro tipo de entidades, no de forma muy diferente a cómo las grandes fortunas bancarias con nombres y apellidos del siglo XX se retiraron discretamente de escena; y esta metamorfosis tiene lugar ante nuestros ojos. Y no es que no se hable abundantemente de ello entre los conocedores y a menudo incluso en la prensa más bienpensante, así que no estamos diciendo nada extraño. Tan sólo ocurre que a todos nos cuesta imaginar lo que venga después.

Todo esto parece entrar dentro de la lógica horizontal o líquida de la expansión de flujos de capital, que parece oponerse a las demandas de contención y verticalidad que enarbolan las tendencias en favor de la soberanía. Parecería que esa lógica horizontal despliega ante nosotros el espacio natural en que habría de extenderse la democracia económica con más potencial para lograr una democracia real. Pero las cosas no son tan sencillas, y como no podía ser menos, la misma ley de distribución de riqueza de Pareto que antes comentábamos, esa ley del 80-20 en sucesivas potencias, aparece también en el tamaño de las entidades, los flujos de los agentes y las aportaciones a la inversión tales como la financiación colectiva. Si escogen bien sus intervenciones, unos pocos pueden llegar a tener más peso que todo el resto desorganizado.

Del lado de la política también están emergiendo con fuerza estas formas de financiación anónima de iniciativas y nuevos partidos que pueden parecer populares y ser algo completamente distinto. El potencial subversivo de esta infiltración del dinero oscuro en la política es cada vez mayor y este factor multiplicado por la instrumentación de todo el aparato digital y de formación de conciencia, desde los buscadores a las redes sociales pasando por las tecnologías financieras y la inteligencia artificial, arroja un resultado todavía más perturbador. No es de extrañar que se dispare la paranoia.

Los más paranoicos suelen tener un motivo adicional para serlo, y es que ellos han sido los primeros en usar esa panoplia de armas tanto en sus guerras de baja intensidad como en sus campañas relámpago, ya sean políticas, financieras o de divisas; y los grandes centros de poder norteamericanos dan

buena fe de ello. "Solo el paranoico sobrevive". La regla general sería "poten-
ciar las leyes de potencias", es decir, actualizar al máximo el poder de las
presentes estructuras para hacerlo efectivo, para hacerlo valer. Tampoco ha
sido tan diferente en el pasado, y sólo así se explicaría el incomprensible fenómeno de que en pueblos depauperados salgan elegidas, o al menos eso dicen,
opciones políticas que desprecian abiertamente la situación de las mayorías.
Aunque seguramente hay también algo más.

Se ve entonces que no basta decir "somos mayoría" o "somos el 90 por
ciento", o "somos el 99 por ciento". Está claro que la estimación cuantitativa es
muy insuficiente y, como dice Recio Andreu, hay que tener en cuenta la estructura, la dinámica pasada y las alternativas presentes. Una medida como la
eliminación del dinero por reserva fraccionaria cambiaría a la vez desde arriba
y desde abajo la estructura, y sobre todo el sentido de la dinámica pasada, la
dirección del flujo en esta gigantesca bomba de succión. El dinero soberano
tendría de inmediato efectos profundos tanto en lo político como en lo económico; y también daría un vuelco completamente inesperado al sentido político
del nacionalismo y el soberanismo, en España, en Europa, y en cualquier parte
del mundo.

Ahora bien, si el dinero soberano no está en las agendas de los partidos
políticos actuales, ¿cómo puede prosperar su demanda? Las primeras avanza-
dillas en países como Islandia o Suiza han tenido lugar por iniciativas de la
sociedad civil, y es de esperar que siga siendo así hasta que el tema experimen-
te una mutación y atraiga la atención de otros actores. En su favor juega,
precisamente, que es casi la única alternativa importante que queda y que no se
ha puesto en juego nunca, que es realmente inédita; y este sistema tiende a
agotarlo todo y a exprimir hasta la última posibilidad. Y eso mismo es lo que
tiene en su contra.

Medidas como la renta básica no son cosas inéditas sino una amplificación de los subsidios intentando resucitar el viejo estado del bienestar. Pueden
ser mejores y más eficaces que inyectar dinero en cantidades ingentes para inflar títulos y activos, pero nuevas desde luego no son, y en cualquier caso se
pondrán siempre *al servicio del pago de la deuda*. Se trata de tratamientos paliativos ya parcialmente ensayados y que a pesar de sus buenas intenciones
tienen un inconfundible aire de derrotismo y de claudicación. Sin embargo se
seguirá proponiendo como alternativa porque aún se les reserva un papel que
jugar.

Como decían los viejos alquimistas y muestra tan bien nuestra historia,
hay una querencia del volátil por el fijo y del dinero por el estado no menos
que hay oposición. Es decir, las alternativas y lances se suceden no sólo por la
oscilación de las circunstancias externas sino también por una interna indeterminación. Como el mercurio y el azufre, como los dos ejes de nuestras
coordenadas, como el agua y el fuego, como el zorro y el león, la liquidez busca seguridad y los activos acumulados buscan liquidez porque es la única

forma que tienen de ser valorizados. "Todo lo sólido se desvanece en el aire", sí, y del aire es de donde vuelve a caer.

El estancamiento secular con crecimiento episódico en la era de los rendimientos decrecientes empuja a los inversores a forzar sus apuestas en todos los campos y esto ya está haciendo mella en la política con su propio problema de agotamiento de propuestas. La tentación de viralizar y hackear la voluntad popular de estados enteros adquiere una fuerza aún más respetable cuando uno ni siquiera se tiene que manchar la punta de los dedos. Pero la rentabilidad decreciente también hace presión para que se transformen las formas y estructuras de producción de la llamada economía real.

A estas formas y estructuras le caben básicamente dos alternativas: o bien optimizar para el beneficio las estructuras presentes altamente diversificadas pero centralizadas tal como hacen las grandes firmas tecnológicas, o bien crear otras enteramente diferentes, más descentralizadas y horizontales, en los que el beneficio inmediato no sea el único criterio. Naturalmente también existe una fuerte propensión de las compañías de estructura vertical a absorber y subordinar a las segundas mediante compra directa o indirecta por participación.

Para abreviar, y si es posible tener algo de claridad dentro de esta indescriptible confusión, a los intereses realmente más horizontales e igualitarios les interesa reivindicar como prioridad absoluta el establecimiento del dinero soberano, y hacerlo tanto por la vía política como la económica extrayendo fondos suyos del sistema, que a su vez pueden servir para impulsar la iniciativa con independencia de otros intereses que siempre querrán reconducirlos a sus propios fines. Si algo tan dudoso en todos los sentidos como la salida de la Unión Europea se consiguió con una campaña de siete millones de libras esterlinas, sería absurdo desesperar de poder llevar adelante reivindicaciones como ésta.

Sólo espera su oportunidad, aunque no hay que quedarse esperando a que la oportunidad llegue. Todo un veterano como Miguel Ángel Fernández Ordóñez, gobernador del Banco de España entre el 2006 y el 2012, daba una charla hace sólo un año titulada "El futuro de la banca: dinero seguro y desregulación del sistema financiero". Era una propuesta de dinero soberano que se circunscribía a los puntos más fundamentales de lo que él entendía como un cambio a un sistema completamente diferente. Ordóñez se negaba razonablemente a hacer de esta medida una panacea para todos los problemas que nos aquejan pero lo que dijo no tenía desperdicio.

Esto nos hace ver que las mentes más sensatas están considerando esta posibilidad, lo que tendría que bastar para prestarle atención. El caso es que aquí el dinero soberano se solapa con la introducción del dinero electrónico, lo que aún hace más necesario extremar la alerta. Donde está el peligro, allí está la salvación —y viceversa. Los primeros bancos centrales del mundo, el Banco de Suecia y el Banco de Inglaterra, ya llevan tiempo estudiando detalladamente la cuestión y dedicándole programas y comisiones de investigación. En el caso del Banco de Inglaterra, esc programa plantea el análisis de 65 puntos, en absoluto aspectos técnicos triviales. Por el contrario, se trata de una hoja de ruta que da una idea de aspectos vitales que pueden convertirse en otras tantas bifurcaciones para bien y para mal. Seríamos necios sin remedio dejando esto sólo a la banca y empezando a largar sobre el fetichismo del dinero.

Ordóñez da sólo algunos ejemplos de estas cuestiones, como a quién ha de entregarse el dinero emitido. ¿A los gobiernos, o a los ciudadanos? ¿Con qué discreción? ¿Cómo responderá el crédito sin subsidios al endeudamiento? ¿Cómo se verá alterada la política monetaria si los tipos de interés los fija exclusivamente el mercado? Estos dependerán exclusivamente del acuerdo entre quienes prestan y quienes deciden endeudarse. Al separar el dinero de todo el sistema financiero, la banca en la sombra desaparecerá siempre y cuando no existan regulaciones. O algo de extremada importancia, ¿cómo se producirá la transición? Y es que los términos de la transición definen también los riesgos de una cristalización que puede ser prácticamente irreversible.

Habría muchos otros temas verdaderamente fundamentales que tratar. Por ejemplo, el del consentimiento; ahora el dinero que uno deposita se presta para cualquier otro fin, váyase a saber cuál, sin consentimiento de su titular, pero en un sistema trasparente no habría préstamos sin consentimiento entre las partes. O que haya asunción de riesgos tanto para las ganancias como para las pérdidas, cuando ahora se privatizan las ganancias y se socializan las pérdidas. Además los bancos nunca se dejan la piel en el empeño, puesto que casi todo el dinero que usan no es de sus accionistas. En definitiva, a pesar de la presunta complejidad del tema es bien fácil ver que de lo que se trata es de cambiar por completo las reglas del juego que hoy conceden a los bancos unos privilegios y ventajas inconcebibles, no ya en una sociedad racional, sino en una medianamente razonable y eficiente.

Esto no son remedios paliativos para apuntalar el sistema, esto es una transformación de arriba abajo y en profundidad, con temas mucho más fundamentales y de más alcance que los que hoy presentan los miserables programas de los partidos políticos; pero justamente lo primero que se echa en falta es más conciencia e implicación ciudadana. Claro que aquí nos espera el gran cruce de caminos: la soberanía monetaria es un asunto exclusivamente político, la liberalización del crédito es una cuestión de actividad y empeño económicos. La conciencia y la implicación deberían afectar simultáneamente a ambos factores.

Este diametral cruce de caminos provoca perplejidad y estupefacción en todas las orientaciones políticas y es como si dijéramos el fiel índice o signatura del caos al que nos acercamos. Pero al menos nos da unas coordenadas para enfocarlo con nuestra propia mirada en vez de ser tragados por el torbellino. Si Fernández Ordóñez se muestra exquisitamente circunspecto en su visión del tema, yo por el contrario quisiera tratar, por amplificación, de cómo trasciende la coyuntura y nos permite ver en ésta un guiño de algo más intemporal.

Si el dinero fuera sólo un símbolo, aún sería un símbolo completo y conectado a todo le demás; si fuera sólo un velo de la actividad, bastaría levantar con presteza un cabo de ese velo para tener un vislumbre fugaz de una totalidad que siempre es más cercana e inasible de lo que creemos. Pero sabemos que el dinero es también otras cosas, sabemos que tiene una estructura, comporta una dinámica, y aún tiene por delante poderosas alternativas. Es no sólo instrumento supremo de dominación sino también su más secreto prestigio.

Si la simplificación radical del dinero soberano no fuera acompañada de la desregulación del crédito, el potencial igualitario de la medida sería encauzado de inmediato por otras estructuras jerárquicas, ya sean los bancos actuales con su sistema, ya fuera con una banca nacionalizada que desde luego ahora nadie espera. Por más opuestos que parezcan, ambos nos llevan a la dependencia.

Dado que nunca se comenta, es oportuno recordar que los países socialistas nunca transformaron el sistema "burgués" de reserva fraccionaria y que la asignación de recursos por planificación fue siempre algo centralizado y jerarquizado. Y esto, y no ataques externos, es el meollo por el que se anquilosó primero y luego se descompuso toda la sociedad soviética. Sin las presiones financieras de la globalización, se desaprovechó la soberanía y se despreció la participación democrática, y el resultado fue otro proyecto más en el cubo de basura de la historia. Ahora, en condiciones mucho más apremiantes, los que estamos en la lista de espera somos nosotros, tanto los países occidentales como China, Japón o la misma Rusia.

Si por el contrario se consuma la desregulación del crédito que ya ha ganado mucho terreno con la banca paralela, pero no se alcanza la soberanía monetaria, ¿qué pasaría? Puesto que ahora mismo casi nadie espera que se adopte esa medida, el resultado sólo puede ser… la deriva actual con su casi total incertidumbre para el futuro. Pero si el trilema del mercado, la democracia, y la soberanía nos habla tan claramente de la libertad, la igualdad y la seguridad, el énfasis ante la creciente incertidumbre pasará necesariamente por la demanda de seguridad, que es lo que está trastornando el panorama político y no ha de dejar de afectar a los mercados si flaquea la supremacía del dólar.

Si la incertidumbre va en aumento, el valor en alza, tanto en los mercados electorales como en los financieros, sólo puede ser la seguridad. Y esto es lo que provoca el giro cada vez más conservador que se aprecia por doquier, tan difícil de controlar como el miedo. ¿Qué productos sacarán estos mercados para satisfacer esa creciente demanda? Ciertamente la soberanía monetaria daría seguridad interna a los diferentes países —Ordóñez llama al dinero soberano dinero seguro— si no fuera por el temor a los ataques y represalias del centro del imperio. Pero en algún momento no tan lejano pueden empezar a pesar más las razones internas, dependiendo de cómo se planteen las prioridades de la economía y la tolerancia a los sacrificios. O uno se sacrifica a sí mismo a su manera, o es sacrificado por otros. Naturalmente hay muchos otros factores que aquí es imposible abordar.

Tiene que venir alguien como Wolfgang Streeck, curtido en una de las más prestigiosas instituciones alemanas, para que la idea de salirse del euro no parezca un pataleo retrógrado. Esto sólo abunda en los problemas que la gente que se considera de izquierda tiene con la soberanía y el nacionalismo. Y sin embargo es fácil ver que la soberanía monetaria plantea un escenario completamente diferente, en el que la demanda de autodeterminación no es excluyente ni hostil a la autodeterminación en otros estados —no es un cierre ideológico—, sino más bien todo lo contrario. Son las oligarquías las que se abonan a bazas nacionalistas mientras apuestan por la actual deriva heterónoma: ése y no otro es el nacionalpopulismo regresivo. Hay que tomarse en serio esta bisagra entre los aspectos más legítimos de la soberanía popular nacional y el internacionalismo.

Lo mismo vale para el tema, tan ligado a la soberanía, de la inmigración. Ni se puede negar que ello supone una tremenda bomba de tiempo, ni se puede dar la espalda a los problemas que existen en los países de origen. Y desde luego, tampoco es deseable optar por vergonzosas estrategias neocoloniales como las que barajan las pequeñas potencias europeas. Hay que apostar decididamente por la soberanía monetaria para ellos igual que para nosotros, puesto que es la única forma de que los pueblos comiencen a tomar el destino entre sus manos.

Finalmente esto es válido para las relaciones del resto de los países con los Estados Unidos. Desde un punto de vista moral, la demanda por la soberanía monetaria no se puede aplastar fácilmente. Intentar sofocarla en otros países le puede suponer finalmente un coste imposible en términos del crédito que este país recibe desde fuera, así como del crédito que recibe entre sus propios ciudadanos. Aunque las fuerzas que lo dirigen no tengan el menor escrúpulo, la fuerza de la opinión sí, y aquí estamos tocando una fibra particularmente sensible del imaginario americano. Hasta el diablo necesita su pequeño diez por ciento de buena fe para existir —de otro modo no sólo se separa del bien y del mal, sino también del Árbol de la Vida.

Europa no puede refundarse sin la destrucción de la actual Unión Europea y sus completamente viciadas estructuras y dinámicas. Se ha dicho sin descanso que la unión monetaria europea no podía funcionar sin una armonización progresiva y unificación de las políticas fiscales; pero mucho antes de esto, el suelo cero por así decir de la unificación monetaria, previa a cualquier política fiscal, es la destrucción del sistema de reserva fraccionaria. Esto dotaría a cada país de otro margen de maniobra y de un terreno común de entendimiento incluso manteniéndose cada cual dentro de su propia moneda. El cambio real sólo puede producirse desde el interior de cada sociedad, no por ordenamiento supranacional. El experimento actual debería darse ya por fracasado para pasar lo antes posible a otro escenario.

No salimos del tema de la presión externa y la tensión estructural, del agua y el fuego, de la sagacidad de los mercados y de la voluntad política, del zorro y el león. Y si el Banco de Inglaterra, donde el león siempre fue detrás de la raposa, no se ha atrevido a plantear ese cambio radical, es obviamente por su identificación a muerte con los intereses de los más beneficiados por el viejo sistema dentro y fuera de la isla.

Y aun así nos llegan noticias de que incluso gente como Martin Wolf, jefe de economía del Financial Times, ha defendido esta medida, como lo hicieron en algún momento de su carrera célebres economistas de Chicago como Irving Fisher e incluso Milton Friedman; nombres e instituciones que inspiran un justificado temor y temblor. ¿No es esto de lo más inquietante?, se pueden preguntar muchos. Y sí, es inquietante, pero no por que lo considere Wolf, algo después de todo normal. Lo que es inquietante es que no acertemos a dedicarle un mínimo de tiempo nosotros, los que tendríamos que ser los principales beneficiarios.

Si estos y otros especialistas más que integrados en el actual sistema han considerado la cuestión y algunas de sus variantes no es porque pudiera beneficiar directamente a los bancos, lo que no es ciertamente el caso, sino porque contemplan su carácter dual: del lado de la creación del dinero se simplifican enormemente las condiciones y la estabilidad, y el sacrificio de poder y ventajas puede recuperarse tal vez con creces en un territorio mucho más libre de reglas para el crédito. Y después de todo ya se ve que la banca emigra decididamente en esa dirección. Ellos también tratan de ver el tema en su conjunto y no como una medida aislada; pero la legitimidad de la "medida aislada" está fuera de cuestión. Es el sistema actual el que no es legítimo, en espera de que el pueblo lo recobre para sí.

Aunque pueda producirnos miedo, lo que esto indica es que también la lógica horizontal de los mercados está aquí al acecho y en espera del momento adecuado para entrar. Pero sin el concurso del agua y del fuego, del mercado y el ejercicio de la soberanía, es imposible cocinar este plato. Lo que decanta la balanza en el resultado final no es otra cosa que el grado de participación popular, de democracia, pero no en el sentido gastado que ahora tiene. Hablamos de la democracia económica, del protagonismo de individuos y comunidades en el destino del dinero, en esas nuevas entidades que están llamadas a suceder a los bancos.

Retomando la pregunta anterior, en el caso de que a los pueblos, que no a los estados, se les niegue la soberanía monetaria y el dinero seguro, ¿dónde hallar un simulacro de seguridad? No hablamos ahora de políticas fiscales y redistributivas, que siempre aspiran a tener un papel estabilizador aunque son de suyo tambaleantes, sino de la base del sistema y su relación con los mercados. Una posibilidad ya en piloto automático es que el actual sistema de creación de dinero bancario consiga evacuar suficiente dinero en efectivo y se generalice un tipo de dinero electrónico que en nada cambie la situación de las cosas pero que aún haga más invulnerables a los bancos.

Esta es una de las perspectivas más sombrías, pero, aunque tenga a la deriva presente en su favor, no parece tener mucha viabilidad la vendan como la vendan. Sí los bancos consiguieran ser invulnerables sin tener que contar con nadie, lo único que podríamos esperar es su beneficencia a cambio de nuestra servidumbre; concesiones tales como la renta básica a cambio siempre del pago de la deuda y un goteo desde arriba que en realidad les costarían poco menos que nada porque sólo ellos controlarían el fondo indeterminado del valor nominal y los activos además de todos nuestros datos. Sinceramente, me niego a creer que podamos terminar así, y aun si llegáramos a esto, también me niego a creer que pudiera durar mucho.

Frente a esto parece mucho más verosímil una visión como la de Ordóñez, en la que el dinero electrónico llega a ser el dinero legal sin más y el crédito queda liberado para todo tipo de entidades e instituciones, a las que ya va emigrando el dinero en y de los bancos. Sin embargo la posibilidad del "campo de concentración financiero" no se puede ignorar, no sólo porque no dista tanto de la situación actual sino también y especialmente porque puede llegar bajo un disfraz, incluido el del dinero soberano.

La simple caracterización (dinero seguro + crédito libre), que también podemos llamar (dinero neutral + crédito libre), pensada sobre todo para el dinero electrónico y un máximo de liquidez, y que por supuesto no excluye en principio la coexistencia con el dinero físico, tal vez nos dé una idea falsa del conjunto haciéndonos pensar en su total separación. Esta claro que si sólo existe dinero legal la creación del dinero y la asignación del crédito quedan netamente separados en claro contraste con el sistema actual. Pero aún permanece abierto un frente tan vasto como el valor nominal de la moneda legal y su relación con los bienes, los activos u otras monedas, es decir, con el mercado. Puesto que ya el crédito encarna aquí al mercado, tendríamos que hablar, más bien, del producto de estos dos factores. Seguramente no hay un punto final en su dialéctica, lo que no quita para que suponga una impensada desgarradura en la trama actual.

Hay que poder ponerse en el peor de los casos, y en cómo los poderes privados podrían hacer de algo público un mercado cautivo —como ya ha sucedido tantas veces—, para abarcar cabalmente el círculo completo de posibles situaciones. Y esto por todo lo contrario al derrotismo. Para intentar hacer las cosas bien hay que ver todo lo que puede ir mal; y desde luego, nadie pensará que la banca va a soltar parcelas de poder de cualquier manera. Si somos capaces de imaginar a los mismos poderes de siempre después del cambio de escenario más radical, habremos aprendido algo de la historia y estaremos un poco más a la altura de las circunstancias.

Con las turbulencias en aumento sostenido, resulta más que conveniente crear colectivos y observatorios para estudiar detenidamente toda esta nueva constelación y el nuevo espacio de acción que abre. No sólo para analizar los distintos puntos sino para intentar recomponer continuamente la perspectiva del inasible conjunto y poder sacar conclusiones mejor fundadas. Y desde luego como más se aprende es experimentando y creando comunidades con una moneda propia. El asunto es de mucho calado y cuando llegue el día no perdonará la improvisación.

Los poderes actuales necesitan desesperadamente renovarse y no quieren perderse ninguna oportunidad. Cualquier cosa que se les antoje "revolucionaria", el primer impulso es comprarla, y esa primera reacción es la que cuenta, aunque luego no se use para nada; se trata, como mínimo, de tener "una opción de compra".

Por otro lado incluso a un observador poco informado que se detenga un momento le salta a la vista que aquí hay espacio libre para la acción, y de esto hay una necesidad aún más desesperada; como salta a la vista que puede aliviar la presión externa de los mercados y la tensión interna de las estructuras. Sólo que el coste en transferencia de poder es tan alto que tendría el lugar reservado a los últimos recursos. Ahí es donde la iniciativa pública ha de actuar.

Cuando hablamos de soberanía monetaria y del miedo de cualquier país a ser el primero en desafiar al sistema de reserva fraccionaria por temor a las represalias —y contando con que la Reserva Federal ya tiene su propio sistema de vasos comunicantes, la pregunta naturalmente es quién le pone el cascabel al gato. Pero mucho antes de que haya un país que de el primer paso, ya hay criptodivisas que suponen experimentos en vivo y en tiempo real con los tres componentes del trilema: con la participación de sus miembros, la interacción con el mercado, y la autonomía frente a éste.

En efecto, si el mercado global tiende a subvertirlo todo, y no queremos sacrificar la participación popular, la única forma de ganar soberanía es dándole la espalda en alguna medida a los mercados. Se dice, por ejemplo, que China no puede renunciar ahora a los mercados internacionales y en esas condiciones sólo puede hacerlo a expensas de la distribución de poder y en favor de su concentración —pero sabemos que la situación de los países occidentales no es muy diferente en esto último, sólo que con mucha menos soberanía. En cuanto a los Estados Unidos no hace falta decir que el no sacrificar los intereses imperiales, que tienden a identificarse con el mercado global, también tienen un enorme coste en términos de autonomía.

Ya hay criptodivisas que quieren ser un soporte para la autonomía de una comunidad y se niegan a que su valor dependa de la cotización en los mercados; se trata de monedas que intentan favorecer el valor de uso sobre el valor de cambio. A un nivel tan modesto como se quiera, son las primeras vallas que se levantan a la lógica horizontal del dinero desde el dinero mismo, y pensando en otra cosa que el dinero. En definitiva, son los primeros experimentos de soberanía monetaria a una escala reducida pero con un alcance trasnacional.

Si por un lado la creación de dinero como deuda es ya una invitación irresistible a la creación de burbujas, por otro lado la concentración del poder económico conduce a la reducción de costos y salarios para compensar la pérdida de rentabilidad. Esto crea simultáneamente pérdida de demanda, aumento de capacidad ociosa y búsqueda de mayores ganancias en el casino financiero global. Son algunos de los rasgos característicos del estancamiento secular que ya analizó Steindl ya hace casi setenta años y que a pesar de la gran diferencia de condiciones siguen manteniendo mucha de su vigencia.

Esto plantea el tema inmenso de la inversión de las actuales tendencias inversoras, es decir, "la inversión de la inversión" en su actual tendencia patológica crecientemente desligada de la economía y las necesidades reales. Esta dinámica no sólo desatiende muchas necesidades e intereses prioritarios sino que además destruye activamente las resistencias puramente defensivas que se le oponen. Y el dinero soberano es la forma más legítima tanto de rechazar la dinámica de deuda y burbujas como de oponer muros de contención para atender las prioridades de las comunidades más diversas.

Es autoevidente sin más: todo empieza por neutralizar el dinero haciéndolo completamente independiente de cualquier expectativa de beneficio o especulación. No faltarán interesados que digan que un dinero realmente neutro sería algo "muerto" o incluso "tonto" desde el punto de vista de la inversión; pero es muy fácil ver que sería todo lo contrario, sería un dinero mucho más sensible e imparcial si no está sobredeterminado con los tipos de interés del ente emisor que aún incentivan más la especulación y crean una dinámica adictiva. Este sería la precondición indispensable para un cambio de tendencia en la inversión.

Las expectativas de resultados pertenecen por el contrario al lado del crédito y la inversión. Si el beneficio puramente cuantitativo o ganancia de una ventaja cambiaria siempre pide desregulación, no se puede pedir luego regulación o discriminación contra las entidades que optan por poner sus propias condiciones al mercado porque eso ya forma parte de la misma diversidad de opciones del mercado. Si se desregula y deja hacer tiene que ser para todo el mundo.

La gran concentración de dinero del mercado especulativo es justamente la de la gran desigualdad de riqueza, lo que hace igualmente desigual la concurrencia. Las medidas y muros de contención impuestos por las propias comunidades a la lógica disolvente de los mercados especulativos es la única forma positiva de invertir la tendencia de la búsqueda de máximo beneficio y de escapar de la planificación central. Hay muchas más necesidades que no se rigen por la lógica del máximo beneficio que las que se rigen por él: de lo que se trata es de que las comunidades tengan formas de atenderlas en lugar de delegarlas en unas compañías o un estado con otras prioridades.

Es en esta dirección, desde lo terciario a lo primario, que deberían evolucionar las cosas, en lugar de la omnipresente terciarización de la economía de servicios moderna que lo desnaturaliza absolutamente todo. Si esta economía de servicios se ha extralimitado hasta lo absurdo es porque aún no hemos encontrado un bucle de realimentación adecuado.

Sería un error pensar que esto es una retirada hacia lo particular. La mostrenca deriva del mundo es lo particular; lo universal sólo puede plantearse en tanto que algo tiene fuerza para apartar el imperialismo del contexto y sustraerse a esa corriente que lo arrastra todo. Char habló de la soberanía de poder cerrar los ojos, y la gente buscará las criptomonedas y las comunidades de base por un montón de motivos diferentes, pero en cualquier caso no tanto por cuestiones de identidad como para defenderse de cosas como el acoso de la opinión y los mercados, la vigilancia permanente y el comercio con sus datos —las cosas menos universales que existen.

Las criptomonedas privadas y comunitarias, están en etapa de plena experimentación y cada cual tiene su propia política de prioridades; no es lo mismo la divisa que pueda emitir un banco que la creada por un colectivo de trabajadores que quieren reactivar un polígono. Si por un lado está la situación del dinero legal del estado, por otro está la política de convertibilidad, de cotización en el mercado de divisas, si está basada en el número limitado y en la administración de la escasez o está respaldada directamente por el trabajo, etcétera. Aunque se trate necesariamente de ensayos a pequeña escala, cualquier experimento es escalable y puede ser adoptado en todo o en parte por otras comunidades. Si la lógica de la diversificación jerárquica en las grandes compañías es la extracción de valor, aquí es por el contrario su creación y difusión.

Nada es nuevo en este mundo, sólo cambian las circunstancias; y las tecnologías son sólo una circunstancia más. Hasta mediados del siglo XIX los bancos emitían su propio dinero-papel, y fue por entonces cuando la emisión pasó a depender de los bancos centrales. Las rudimentarias técnicas analógicas de contabilidad de la época fueron cómplices del estiramiento de la masa monetaria para el crédito que tan a menudo terminaron de la peor manera; y estas mismas limitaciones técnicas de la contabilidad fueron la mejor excusa para bloquear las propuestas de terminar con el sistema de reserva fraccionaria en tiempos de Roosevelt.

Hoy sin duda las tecnologías no son un problema, así que esa excusa ha dejado de existir. En cuanto a la coyuntura actual y de los próximos diez años, probablemente aún sea más complicada y difícil de revertir que en los años treinta. Sin embargo lo verdaderamente llamativo de este giro es que de alguna manera estamos hablando de aprovechar un impulso tecnológico para viajar en el tiempo e intentar cambiar nuestro presente actualizando un preterible; del mismo modo que pensamos en aprovechar la extrema volatilidad de la transmisión electrónica para consolidar un "dinero seguro", "soberano", y "legítimo".

Klaus Schwab expresó famosamente en el foro de Davos de 2018 que "la línea de la división de hoy no está entre la izquierda y la derecha políticas, sino entre los que abrazan el cambio y los que quieren conservar el pasado", lo que sólo puede sonar como una suerte de conminación de las élites. Pero la realidad presente es mucho más complicada, puesto que ya estamos intentando utilizar el impulso hacia el futuro para conservar el pasado, y esta tendencia contradictoria no dejará de agudizarse con la crisis. El que tiene setenta años quisiera volver a tener quince sin renunciar a lo que ha aprendido; seguramente eso es un imposible biológico y biográfico. En la historia, sin embargo, parece que las únicas opciones que pueden recuperarse son las que nunca fueron tomadas, como si su pasada ausencia les abriera un hueco en el presente.

¿Cuánto hay de deriva inerte y cuánto de impulso real en el movimiento acelerado del presente? En una cuestión tan abstrusa como la que en su día sostuvieron los físicos a propósito de la fuerza viva y la inercia, que aún hay quien dice que nunca fue correctamente planteada. Pero, en la eterna indeterminación del momento presente, uno diría sin pensarlo que sólo está vivo aquello que es capaz de cambiar lo que parece inevitable. El futuro inevitable de estas élites autoelegidas nunca tuvo menos tracción ni menos fuerza viva.

¿Cómo calificar políticamente una medida como el dinero soberano? ¿Es "liberal" el dinero neutral? ¿Es "conservador" el dinero seguro? ¿Es "progresista"? ¿Es "igualitario"? Parece las cuatro cosas de forma manifiesta y positiva; y tal vez sea porque resulta tan difícil de capitalizar en exclusiva que los partidos no muestran demasiado interés por el asunto. Claro que encomendar hoy una idea a los partidos es la mejor forma de arruinarla.

Si los políticos hoy no tienen ninguna capacidad de limitar a los poderes financieros, las barreras tendrán que ponerlas de alguna manera los mismos agentes interesados; pero es evidente que en muchos terrenos no pueden jugar mano a mano con los monopolios tecnológicos. Las células y redes autónomas con sus propios medios financieros están llamados a jugar un gran papel de protección de prioridades, drenaje de recursos, desvíos a sanciones y organización de iniciativas políticas, y entre éstas se encuentra la demanda de que el estado no evada sus responsabilidades en la cuestión de la soberanía digital y las políticas de datos.

El mismo equipo de campaña de Trump, que pone el grito en el cielo por el "comunismo" de Sanders, considera ahora mismo nacionalizar la inmensa red de infraestructuras que deben soportar la 5G argumentando que se trata de evitar el espionaje chino; otra buena prueba de que al imperio no le importa sumar contradicciones cuando de lo que se le trata es de mantener su posición, además de ser una nueva demostración inequívoca de una economía de guerra. Ahora bien, no hace falta decir que la medida en sí misma es completamente legítima; lo que ya sería doblemente ilegítimo es si los Estados Unidos se opusieran a que otros países hagan lo mismo. Esperemos que todos los estados del mundo tomen nota.

Si las criptomonedas dependen ante todo de la encriptación, aún cabe plantearse hasta qué punto la soberanía monetaria es dependiente de la soberanía digital, y viceversa, puesto que ambas pertenecen a una misma esfera. Las medidas conducentes a la soberanía monetaria tienen que contemplar necesariamente las políticas de datos, y a su vez amplían el margen de maniobra para nacionalizar las infraestructuras. Todo esto tendría que suponer un giro decisivo.

Como nos recuerda Evgeny Morozov, desarrollar algoritmos de búsqueda no es un ningún problema y Google ha inventado mucho menos de lo que se cree; la auténtica diferencia estriba en disponer de los datos, y esto debería ser una cuestión política y legal antes que comercial. Hay tres situaciones posibles: seguir colonizados como ahora, permitir la posesión y venta de los datos, o permitir sólo la posesión pero no la venta. Cualquiera de las dos últimas es preferible a la primera, aunque la tercera parece más lógica si se tiene en cuenta que los más necesitados de dinero son los que menos interesan a unas compañías que se supone están al servicio del consumo.

Son los Estados Unidos los que están rompiendo una tras otra las reglas internacionales ya dictadas en gran medida por sus propios intereses además de iniciar de forma abierta y encubierta las hostilidades. En algún momento habrá que pasar a tomar la iniciativa, porque son ellos, y no el resto del mundo, quienes tienen más que perder. Es el mundo el que sustenta el excederse americano, no al revés. No es nada difícil dejar de suministrarles datos y comprarles dólares, sólo se trata de cambiar la tendencia; y cuando esa tendencia cambie de manera firme y justificada con hechos, nada la detendrá.

Si se nacionaliza la creación del dinero y las infraestructuras de red además de recuperar el flujo de los datos, se invertirá decididamente la tendencia a privatizar los bienes públicos y el persistente plan para desmantelar los estados y dejarnos a merced de las corporaciones sufrirá un revés decisivo. Ya que se nos ha hecho durante tanto tiempo la guerra, adoptemos también nosotros una economía de guerra, si es que no queremos seguir siendo despedazados. En general hablamos de medidas estrictamente defensivas.

En cuanto a la coexistencia de una moneda legal nacional o plurinacional de dinero seguro —sin reserva fraccionaria— con otras muchas monedas que sí pueden estar implicadas en el crédito y la economía productiva, aunque en un principio parezca contradictorio todo depende de cómo se articule la conexión y la convertibilidad; pero si de lo que se trata es de garantizar la tan reclamada resiliencia, esta debería ser la ruta natural. El terminar con la reserva fraccionaria de ningún modo excluye monedas complementarias, locales o privadas; y de hecho éstas tendrían que contribuir a la recuperación de los espacios públicos perdidos con un espíritu nuevo.

Los principales beneficios de terminar con la reserva fraccionaria que veía Fisher eran: (1) Mejor control de las fluctuaciones de los ciclos de negocios debidas al crédito bancario (2) Eliminación total de las ejecuciones bancarias (3) Reducción dramática de la deuda pública neta (4) Reducción dramática de la deuda privada, si la creación del dinero ya no depende intrínsecamente de la deuda. Kumhof y Benes, en su informe al FMI, añadían a estos cuatro grandes avances ganancias productivas cercanas al 10 por ciento.

Todas estas ventajas ya compensarían sobradamente los inconvenientes de una "economía de guerra económica". Incluso en los casos en que no se puede encontrar un recambio inmediato en otros mercados para las exportaciones a EUA. En cuanto a las importaciones, hay muy pocos productos para los que no pueda encontrarse otro proveedor provisional, y en cualquier caso es beneficioso para la economía de cada país buscar mayores cotas de autosuficiencia. Y, por supuesto, también están Rusia y China como socios.

Si los estados europeos adoptan con decisión la vía de la soberanía y la liberación —y la fuerza de esa decisión depende de asumir esas medidas monetarias y en la economía digital, habrá que ver cuál es la reacción estadounidense. No es imposible que la agresividad de su actual política comenzara a ceder y se empezaran a adoptar actitudes más dialogantes; pero incluso en el caso de precipitar una carrera de hostilidades tal como las que ahora sufre Rusia, tampoco es para echarse a temblar. Las consecuencias de no hacer nada ya son de hecho peores, y si pensamos a más largo plazo, mucho peores sin comparación. Porque, aparte de las consecuencias, y de la dignidad, también perdemos nuestra más íntima oportunidad.

"Anyone but China" —cualquiera menos China— susurran los hipnotizadores americanos a sus pacientes europeos; pero la falacia no puede ser más grosera. China no puede aspirar a ser un imperio mundial porque el conjunto de su impermeable cultura e instituciones no pueden ni remotamente imponerse al resto del mundo como lo ha hecho el modelo americano en el que el expansionismo es su razón de ser. China, que tiene su propio proyecto imperial pero no es en absoluto un relevo viable del imperio global americano, resulta un socio y un aliado eventual mucho menos asimétrico. Y ni qué decir de Rusia, siempre deseosa de mejorar sus relaciones con la enajenada Europa occidental. Pero es que a día de hoy las relaciones de los países europeos serían mejores con casi todo el mundo fuera de la tutela americana —especialmente si pueden levantar una nueva bandera y una nueva causa como la que aquí proponemos, a favor de todas las soberanías, incluida la actualmente sofocada de los EUA.

Hablamos entonces de una legítima guerra defensiva, pero con toda la iniciativa de una gran ofensiva. Y que no se crea que la gente va a lloriquear si le falta un iPhone; por el contrario, nuestras sociedades echan de menos poder recobrar algo de dignidad, de orgullo colectivo y solidaridad, aspectos que en absoluto tienen por qué ir separados. Fernández Ordóñez recuerda que una crisis bancaria como la del 2008 no costó los 40.000 millones de salvar a los bancos, sino más o menos unos 600.000 millones por consecuencias indirectas. Y no hablemos del daño moral hecho al conjunto de la sociedad. Y este es sólo uno de los perjuicios que tiene el actual sistema monetario.

Impulsando internacionalmente la adopción del dinero soberano estaremos ayudando a resolver el apremiante problema de la deuda ahora gestionado por el Fondo Monetario Internacional como otro instrumento más de control. Está claro que las deudas contraídas en el pasado y el paso a un sistema de creación de dinero independiente de la deuda futura son cosas completamente distintas, pero desde el momento en que un país invierte su dinámica de deuda pública las cosas tienen que resultar diferentes.

Se ha dicho que si les quitáramos a los banqueros de las manos el planeta que ya poseen, pero les dejáramos intacto su poder de hacer el dinero, no tardarían mucho en volver a comprarlo otra vez. Esto no puede ser muy exagerado si pensamos que son demasiado pocos para disfrutarlo todo, salvo por el fugaz milagro de la actualización que el dinero justamente representa; así como es sólo desde el presente que constantemente reorganizamos el futuro y el pasado.

Terminar con la llamada deuda odiosa, aquella que los pueblos pagan sin haberla contraído ni haberse beneficiado de ella, es algo absolutamente deseable; pero terminar con el sistema mismo que la hace necesaria una y otra vez es aún más prioritario y deseable todavía. En esto también hay poco lugar para el desacuerdo; sin embargo aquí, como en otras cosas, el cortocircuito del futuro sobre el pasado puede sorprendernos agradablemente como auténtico motor de innovación.

¿Innovación? ¿Qué innovación?

Antes de rozar siquiera este cambio en nuestra expectativa del tiempo conviene comentar algo sobre tópicos tan deteriorados del capitalismo tardío como la innovación y el espíritu emprendedor; tópicos raídos a los que el modelo vigente se agarra con uñas y dientes porque es su última baza para ocultar su cruda desnudez.

Pocas cosas se cultivan y manufacturan hoy con más mimo y detalle en los centros corporativos que la imagen de los fundadores y directores de las grandes compañías —vale decir, pocas cosas podrían ser más falsas en todo ese mundo ya rebosante de falsedad, en el que más de la mitad del valor de las acciones y de las ventas depende de la imagen pública. Sabido es que la misma Internet surgió como una estrategia del ejército para distribuir sus centros de decisión en caso de ataque nuclear; y desde entonces todos los grandes monopolios de la era digital tienen ADN de planificación militar y las agencias de inteligencia.

Al menos de Amazon se sabe que es el principal "contratista" del Pentágono y de la CIA. Pensar que tipos como Zuckerberg o Musk, por dar sólo dos ejemplos, han creado monstruos prácticamente de la nada es sencillamente ridículo, como es ridículo pensar que estos y otros de sus colegas se encuentran entre las fortunas de más peso en el mundo. El mero hecho de aceptarlo ya nos sitúa en la liga de los primos. "¿Esta gente peligrosa?" Naturalmente, decir la verdad no ayudaría mucho a las cuentas de resultados.

Y está claro que tales fachadas y testaferros no sólo benefician a las compañías y a la balanza de pagos americana, sino sobre todo a la fe en el bendito sueño americano de nuestras delicias. Nada más sagrado, y nada más digno de un poco de Relaciones Públicas, definidas ya hace cien años por sus emprendedores fundadores como "el programa de acción para ganar la aceptación pública". Desde entonces, con varias generaciones de cine de Hollywood, los guiones no han dejado de refinarse, y el resultado es... bueno, no muy diferente del calculado.

Un día sí y otro también nos enteramos de que Facebook está aceptando dinero oscuro para promover "iniciativas disruptivas" en política, pero ¿no podría ser que sean los que están detrás de la compañía los que las estén promoviendo con el mayor de los celos? Claro que si encima pueden conseguir dinero mejor que mejor. Aparte de su propia imagen, el nuevo grado de subversión es la verdadera innovación de estas marcas. Los algoritmos de búsqueda de Google sólo son un refinamiento y expansión de los criterios de búsqueda utilizados antes en investigación científica; la verdadera novedad de esta compañía es el grado de ocultación conseguido. Google es más falso que... uno no encuentra la palabra. Por el contrario, habría que decir de algo que es más falso que Google, puesto que son ellos los que han elevado los estándares de falsedad.

Schumpeter vaticinó el agotamiento del capitalismo por pérdida del impulso emprendedor en un medio adverso y se ha hecho todo lo posible por ocultar la pertinencia de esta previsión que realmente pone el dedo en la llaga. Y es que bien poco queda para emprender en un "ecosistema" que lo que intenta es comprar y controlar desde arriba cualquier cosa que pueda competir, y donde las ganancias ya están maximizadas a la séptima potencia. El espíritu emprendedor que hoy se vende ya sólo pretende que cada cual se busque la vida como pueda.

Claro que siempre se trata de ser inspirador. Pero el mal llamado capitalismo de la vigilancia, por lo demás, no sólo está instalado en las compañías tecnológicas; hoy es imposible saber el número de personas que reciben algún tipo de nóminas del entramado de agencias de inteligencia, defensa y seguridad del país, pero que, hasta en las estimaciones más conservadoras, asciende a varios millones de personas. No está mal para una sociedad que tanto critica el gasto gubernamental, si bien parece ser que a la hora de proteger la propiedad y el privilegio todos los cuidados son pocos. Cosas como éstas, más que ser peculiaridades del sistema americano, son cada vez más el telón de fondo sobre el que se proyecta todo.

Es como los famosos 21 billones de dólares (trillones en América) faltantes en las cuentas del ejército estadounidense. Naturalmente, estos 21 billones no se refiere a que haya un agujero de 21 trillones, pues eso superaría al gasto total de defensa en todos estos años; de lo que se trata, es, nada más, que de 21 billones en transacciones imposibles de justificar o rastrear. Después de estas tranquilizadoras aclaraciones la gente ya puede volver aliviada a sus quehaceres.

Cosas como estas no son sino ligeras pinceladas en torno a la nueva economía de plantación en el que el peso muerto de los factores improductivos pendientes de vigilar los recursos se sobreponen al resto de la economía. Semejante estado de cosas contiene implícitamente la rapacidad y la malignidad. Ante la evidencia de esta economía cada vez más improductiva, ya sólo queda proyectar la imagen de una creatividad sin límites donde cada nueva jugada es siempre más "revolucionaria" que la anterior y también más irrelevante.

En los Estados Unidos a la generación del milenio ya se la conoce como "la generación quemada". Son el último relevo en llegar al mundo laboral-real tras innumerables endeudamientos y estudios, haciendo un ímprobo esfuerzo cada día simplemente para no ser drásticamente evacuados del sistema. Muchos de ellos están votando ahora por la curiosa forma de supremacismo encarnada en su presidente como un recurso desesperado para rebelarse contra su destino, y es sólo cuestión de tiempo que comprendan definitivamente que, como dice Jorge Majfud, hoy hasta los blancos más blancos se han convertido en los negros de un 0,1 por ciento de la población. De poco les valdría que su país mantuviera su hegemonía a costa de su situación, lo que ya es precisamente el caso; ellos terminarán inclinando el fiel de la balanza en los próximos años.

Decir que hoy en los EUA la innovación es lo que menos importa sería faltar demasiado a la verdad de las cosas; sería más certero decir que se esperan en vano las virtudes regeneradoras de la innovación cuando la prioridad absoluta es mantener el terreno ganado y hay muy poco espacio permitido para la "destrucción creadora" de la que hablaba el conservador economista austriaco. En estas condiciones futuro y pasado, agua y fuego están separados, no hay interpenetración ni alumbramiento posible, no hay horizonte para el acontecimiento. "Después de la consumación", sentencia la penúltima coyuntura del Libro de los Cambios.

A pesar de su perpetua confusión, fuerza y poder son cosas antagónicas. La fuerza es capacidad de coerción y el poder por el contrario es la capacidad de suscitar adhesión. Unido íntimamente a la posibilidad de ascenso social, apelar a la innovación es el último recurso que al capital le queda para suscitar adhesión en el imaginario moral. Y lo que ya está descubriendo bien a su pesar esa generación quemada es que ni el ascenso social ni la innovación tienen hoy virtualidad. Dentro y fuera de sus fronteras, a los Estados Unidos ya sólo les queda recurrir a la fuerza y todos los excesos de despliegue y proyección que no alcanzarán a ocultar la realidad de las cosas.

Por supuesto que el resto de los países occidentales no tienen una deriva muy diferente, pero al disponer de menos fuerza y tener la suerte de padecerla están obligados a buscar otras salidas y a ser, verdaderamente, más creativos si es que quieren tener algún futuro. Siempre ocurre que lo que labra tu ascenso es lo mismo que te impide luego evitar el descenso, y eso es lo que hace que los Estados Unidos sean hoy el país menos indicado para buscar innovación y competitividad, y no digamos ya auténtica creación. Por más que intente no perderse ni una, a este torpe gigante todo le pilla con el pie cambiado. Ahora mismo y por algún tiempo seguir su estela es la peor de las ideas.

El objetivo de fondo de los grandes monopolios digitales es realizar el viejo sueño dirigista y totalitario de un circuito cerrado en realimentación con los átomos sociales con el que dar forma al conocimiento y con él a todas las cosas: un "círculo virtuoso" que pueda verter cualquier cosa que llegue de fuera en su marco autorreferencial con sus propios parámetros. Lo más opuesto que quepa imaginar a un libre espíritu de innovación, aunque con su novedad propia: la subversión completa de los mecanismos de adhesión en los que hemos cifrado el poder. La inversión total del liberalismo se ha consumado.

La moderna paradoja de la innovación es que la auténtica innovación social sólo puede darse en los terrenos que no están regidos por la lógica del beneficio, justamente donde menos se la espera —o donde menos le interesa al capital. Del lado de las ganancias ya sólo queda apurar el vaso. ¿Cómo salir de este impasse? Las monedas propias son la forma más directa de atender estos "intersticios" a menudo más básicos y amplios que las pistas rodadas de la economía visible; ellas son un instrumento para toda esta economía paralela, verdadero contrapunto de la banca paralela en la sombra con la que no tiene otro contacto que esa huidiza línea que separa la creación de valor de la especulación.

Por definición la economía de deuda no puede significar otra cosa que la hipoteca del futuro, así que hablar en estas circunstancias de innovación y apertura tiene mucho de grotesco. Cuando la pila de deuda ha adquiridos proporciones de montaña el futuro mismo ya está trabajando hacia atrás y está entorpeciendo el flujo natural de las cosas. Como mucho, se puede aspirar a explotar esta situación al máximo, tal como se hace con la creación del dinero-deuda actual, justamente para transferir las pérdidas a los que no están en las élites. Nuestro sistema económico actual tiene menos salidas para el problema de la deuda que en tiempos del Código de Hammurabi hace 3.800 años —lo que demuestra que hablamos de innovación para no plantear una renovación.

Somos los grandes fundamentalistas de lo irreversible, y no es por otra cosa que hemos llegado tan lejos; y sin embargo todas las leyes a las que atribuimos el funcionamiento de la naturaleza, las leyes físicas fundamentales, se basan en una preceptiva reversibilidad. ¿No es esto extraño? El positivismo científico, que no la ciencia en sí misma, ha terminado por reducir su idea de la naturaleza a lo encuadrado por la predicción, que aquí cumple exactamente el mismo papel que la ganancia en nuestra economía. Y esto, salido antes de nuestras prácticas que de nuestra teoría, ha terminado por tener un impacto enorme en lo que estamos dispuestos a contemplar e ignorar en nuestra relación con la naturaleza y en los límites que la tecnociencia perfila sobre nuestra sociedad.

La plenitud de los tiempos y la manzana de la inmortalidad

Según una visión muy superficial de las cosas a la que no dejan de adherirse tantos intelectuales, la época de la religión y del arte ya pasó, y hasta podría pasar la época de las democracias representativas, pero siempre nos quedará la ciencia y la tecnología para superar un límite tras otro con su ímpetu imparable. Mi opinión por el contrario es que la ciencia e incluso las tecnologías están en un callejón sin salida manifiesto y el estancamiento y la burocratización reinan supremos delante de nuestros ojos. Sólo el bombo de los medios nos hace creer en los espejismos de la aceleración constante.

No, movimiento y "dinamismo" no falta en nuestra ciencia, pero paren las montañas y sale un ratón. ¿Qué se sabe de nuevo sobre la masa y su origen después de la saga del último acelerador y el "descubrimiento" del "bosón de Higgs"? Absolutamente nada de nada, por más premio Nobel que se repartiera. ¿Qué se sabe de nuevo sobre la gravedad después de la supuesta detección de ondas gravitatorias provenientes de un "agujero negro", y que para algunos es imposible porque supera con mucho los límites del movimiento atómico y su indeterminación? Absolutamente nada de nada, por más premio Nobel que se repartiera.

Newton descubría más cosas una lluviosa tarde de domingo que las que pueda a aspirar a descubrir un físico hipermediático de hoy en toda su vida. Llámalo si quieres rendimientos decrecientes; pero el problema no es que andemos a hombros de gigantes, sino que llevamos a los gigantes a nuestros hombros. Newton, el que no fingía hipótesis, no era sino un positivista *avant la lettre* que sin estipularlo ya justificó a las teorías por su alcance predictivo y en eso seguimos. Sólo que antes de una sola ecuación se seguían infinitas predicciones y ahora se necesitan los más sucios sistemas de ecuaciones para no acertar a predecir una cuestión particular. Sí, los tiempos son muy distintos, no cabe duda, pero si son tan diferentes, ¿por qué no cambió un poco más la mentalidad?

Pues probablemente porque el sujeto político moderno no ha sabido salir todavía del tapete extendido por el liberalismo de cuyo nacimiento Newton fue contemporáneo. El mismo Newton que fue director de la Casa de la Moneda en los primeros años del Banco de Inglaterra; el mismo Newton que dirigió con mano de hierro la Royal Society, el primer gran *think tank* anglosajón, y lo convirtió en una máquina de guerra científica y que entendió como pocos, tras Bacon, que la ciencia es poder, y no sólo poder sino también prestigio. La ciencia es después de todo una labor colectiva y no basta con que uno entienda las cosas por su cuenta, debe haber una plataforma de acuerdo sobre la que dirimir y producir conocimiento. La plataforma newtoniana es la más antigua y sólida de todas las que soportan el sistema actual, y ciertamente no está exenta de arbitrariedades que no se han sabido movilizar hasta ahora.

Entiéndase bien que no hablamos aquí tanto de lo correcto o no de una teoría como del criterio previo para darla por buena, que en este caso es la predicción. Ésta cumple exactamente el mismo papel que el beneficio en economía y de aquí se sigue de suyo toda la deriva de formación, establecimiento y diversificación que caracteriza también a los imperios económicos, con su inexorable ley de rendimientos decrecientes. Dicha ley no sería inexorable si y sólo si hubiera un cuestionamiento del supuesto fundamental no sólo en la teoría sino también en la práctica.

El caso es que con Newton los criterios puramente empíricos y utilitarios se revistieron de indumentaria matemática y desde entonces se ha producido una irremediable confusión entre ambos, de forma idéntica a como en la física de los Principia, anteriores a la Revolución Gloriosa, se refleja una fusión del absolutismo francés con el incipiente liberalismo inglés. Se trata de una prodigiosa cristalización a la que aún no hemos sabido darle la vuelta, por más que el tiempo y la incansable actividad hayan hecho cuanto podían por desgastarla.

Hoy el interés por el poder explicativo de la ciencia y el nivel de la teoría ha decaído hasta tal punto que si no fuera por su asociación con las tecnologías habría que decir que es ya un tema muerto. Esa es realmente la Edad de Oro de la Ciencia en que vivimos. Los físicos en vano se desviven por poder transmitir al público el significado de sus investigaciones puesto que en el fondo ni ellos mismos lo saben. La representación y el sujeto que la representa se han pulverizado. La lógica de la predicción ha llevado salto por salto a prescindir de todos los vínculos de la razón y ahora lo que hay es una indescriptible torre de Babel.

La empresa científica moderna es profundamente irracional, puesto que en ella la razón es sólo una herramienta; de ahí que un irracionalista como

Spengler haya podido calar su declive como no lo ha podido hacer ningún teórico de la ciencia posterior. De hecho, hasta podría considerarse que la voladura de la razón ha sido el más grande de todos sus logros, con lo que difícilmente pueden quejarse los hombres de ciencia sobre la irracionalidad de la cultura moderna y las distorsiones que el público hace de su labor —nadie ha "trascendido" la razón como ellos.

Algunos de ellos, desesperados por justificar su empresa, aseguran que la meta, e incluso la "excelencia" de la ciencia, no estriba en la racionalidad sino en la inteligibilidad. ¿Pero qué inteligibilidad puede haber cuando eres incapaz de explicarle a alguien en qué estás trabajando? Y no será porque no lo intenten. Claro que no puede ser de otra manera puesto que lo que se enseña a lo largo de toda la carrera y práctica científica es a saltar sistemáticamente por encima de cualquier cosa que necesite explicación con tal de llegar al resultado deseado. Una tendencia que incluso ha colonizado a la misma matemática con el pretexto de convertirla en una ciencia "orientada a la resolución de problemas", lo que ciertamente siempre fue una de sus piernas.

El problema es que con una sola pierna no se anda sino que sólo se pueden dar saltos descompensados. Es lo que ha ocurrido en disciplinas como la física, que, muy comprensiblemente por lo demás, han tenido pavor a mirar hacia atrás y quedar empantanados en problemas bizantinos sobre el significado y los fundamentos. De aquí la forma típica de avance a impulsos, con revoluciones, estancamientos y nuevos cortes espistemológicos, que recuerda, con un ritmo de explotación diferente, la teoría de los ciclos de negocio y económicos.

Si incluso mentar la inteligibilidad ya es patético, no digamos nada hablar de universalidad. Pero esa universalidad que es la aspiración más elevada de la ciencia se ha transformado, por el contrario, en pretensión sobre la amplitud de su alcance y dominio, giro típico del expansionismo y de la conversión especulativa de pasivos en activos. Aún no nos ponemos de acuerdo en el valor de la constante de la gravedad en la Tierra con una precisión mayor de una parte por mil, pero pretendemos hacer cálculos con una precisión de doce cifras decimales a diez mil millones de años luz.

Para qué seguir si la ciencia nos aburre; si lo único que nos importa es conseguir cosas. Y aquí viene lo gracioso. Porque si la ciencia ya sólo nos importa como base de la tecnología, resulta que la técnica ya no tiene patrón, puesto que el sujeto ya fue pulverizado. Ortega decía con razón que la técnica sirve siempre a un tipo de hombre, y tiene por tanto una precondición antropológica. Seguramente, la presente deificación de la tecnología responde al hecho de que el hombre ya no existe o en cualquier caso su fondo se ha perdido de vista.

Tal sería el hombre-dios de las divagaciones de los transhumanistas, que no pueden encontrar verdadera resistencia porque la cuestión ya no es la superación de lo humano, sino que por el contrario éste es un factor que cuenta sólo por los límites técnicos que plantea. La némesis del utilitarismo que aplicamos durante siglos a la Naturaleza sólo puede llegar como experimentación en carne viva con el hombre.

Pero resulta que, ahora que la vía se halla despejada y libre de cualquier molesta referencia, los problemas técnicos se acumulan. Cuando ya el hombre no estorba, la naturaleza demuestra ser extremadamente díscola a la manipulación en detalle, un auténtico quebradero de cabeza. Los medios nos informan continuamente de las increíbles nuevas posibilidades que se abren, pero hablan poco o nada de cómo las dificultades se acumulan; tampoco es que pueda esperarse otra cosa de ellos. No es que falten los científicos que adviertan sobre lo segundo, pero se prefiere escuchar a los que auguran milagros.

Para ir un poco más al grano, las grandes promesas de la tecnociencia moderna ni pagan ahora ni van a pagar. Todo lo contrario, nosotros las vamos a pagar. No se comprende nada de lo que se está haciendo; en campos como la biología, la genética o la medicina por el contrario el procedimiento básico es hacer que nosotros paguemos en carne propia los experimentos para aprender con ellos —y es que esta es la única forma posible en cuestiones de tal complejidad. Naturalmente, un proceso así de ensayo y error, Bacon con ordenadores y matemática estadística, es terriblemente errático y lento. La falta de principios se paga, y en este caso hay que pagarla muy cara.

Una obra como la de Nassim Taleb, con la entronización del *stochastic tinkering* o manipulación estocástica, tenía que llegar; no es casualidad que la única obra viva sobre el conocimiento científico actual provenga de un financiero como él. Desde los años noventa se apreciaba una masiva migración de licenciados en física teórica a Wall Street, nada sorprendente si comprendemos que en ambos casos se trata de una idéntica mentalidad de especulación frenética; el llamado método de Montecarlo estaba firmemente establecido en física mucho antes de que empezara a hablarse del casino financiero global. Luego ha venido la migración no menos masiva de los matemáticos a las plantaciones del *big data*, donde tienen que poner los más abstractos conocimientos al servicio de la menos universal de las metas. Una vez más, la inversión total se ha consumado.

Resulta notoriamente difícil sondear el estado actual de la investigación científica ya que la inmensa mayoría de los investigadores bastante tienen con mantener su puesto de trabajo y los que pueden permitirse la crítica están alejados de los centros de decisión, difusión y relaciones públicas. La presión por la conformidad es enorme y está firmemente dirigida desde arriba por un amplio equipo de gestores, burócratas y difusores. Y además, con el aluvión de malas noticias que tenemos en todos los frentes nadie quiere privarse del consuelo de que en algunos campos estemos mejorando.

El mismo perfil altamente burocratizado de la investigación, sea pública o privada, ya nos habla con suficiente elocuencia del grado de innovación permitido. El investigador y el docente son los últimos monos, la gente importante de la ciencia de hoy no se mancha las manos con esas cosas. Naturalmente, se procura explotar sus ganas de hacer algo nuevo o su arribismo tanto como sea posible, pero siempre después de haber pasado los numerosos filtros de lo que se considera conveniente y políticamente correcto —y aquí el término "política" tiene un sentido sólo inteligible para los de la casa. Los métodos y criterios de publicación, con censura anónima, dirigen con mano diestra los temas y los frentes de ataque por donde interesa.

Ésta es sin duda una apresurada caracterización de la Gran Ciencia moderna, y espero que se me disculpe la simplificación. Pero los de dentro, por más que deban atender a sus intereses corporativos, saben de sobra de qué estoy hablando. Así, cuando se habla de la gran vitalidad de la tecnociencia americana y anglosajona y del prestigio incomparable de sus instituciones y universidades, mecas universales del talento, la innovación y la creatividad, también hay que saber de qué se está hablando.

De lo que se está hablando es simplemente de que estos centros y empresas sí están atrayendo talentos en gran número, no necesariamente a los mejores y más críticos, pero sí a esa mayoría que está dispuesta a jugar. Otra cosa completamente distinta es el rendimiento que puede tener ese talento en unas estructuras que favorecen la innovación en una sola dirección y no en otra que por fuerza se tiene que percibir como antagónica.

La paradoja de la innovación científica hoy es la misma que la paradoja de la innovación social y empresarial; si en éstas últimas la verdadera innovación está allí donde no impera la lógica del beneficio, en la ciencia se encuentra allí donde no prevalece la lógica de la predicción, esto es, la domesticación de la teoría conforme a sus resultados inmediatos. Pues cae por su propio peso que la búsqueda de resultados inmediatos tiende a apartarse de lo universal para buscar recetas y trucos expresos ad hoc, que abundan incluso en nuestras más celebradas ecuaciones. El talento tiene que pasar por el más estrecho de los embudos y enfocarse en lo más particular, lo que supone una forma muy definida de talento y no ciertamente de las más elevadas.

Dicho con otras palabras, todo esto de las gloriosas instituciones es mucho más cuestión de relumbrón y prestigio que de realidad; asunto de bombo y de marketing como casi todo lo demás en la gran burbuja americana. ¿Y cómo podría ser de otra forma, cómo podría sustraerse al clima general? A la ciencia se le tienen tantos miramientos porque sólo nos llegan sus relaciones públicas, porque no entendemos casi nada y porque siempre andamos necesitados de esperanza. Y naturalmente, porque los mismos científicos son los primeros que tienen que creer en ello.

La domesticación de la teoría por sus resultados inmediatos, el inexcusable y comprensible oportunismo que tiene que primar en la investigación, es el principal responsable de que luego se hagan necesarios cortes y rupturas y que el régimen de progreso en general sea por impulsos o "revoluciones". Lo que se pierde entretanto no es otra cosa que el hilo de continuidad, que conlleva la inteligibilidad, y que nos hace percibir la universalidad. Toda promoción de lo revolucionario en la ciencia es de suyo relaciones públicas, puesto que cada "revolución" no es sino un nuevo sacrificio de universalidad añadido a otros anteriores de dudoso sentido, fondo y naturaleza.

Lo único revolucionario en este contexto sería hacer lo contrario de lo que hoy se hace, es decir, buscar ese hilo de continuidad que es mucho mayor del que suponemos. En ciencia, ese hilo de Ariadna con su camino retrógrado conduce por vueltas y revueltas sucesivas directamente hasta Newton, en cuyos Principia se haya la gran cristalización, coagulación o "acumulación originaria", no ya a expensas de los semejantes sino de la Naturaleza y nuestro comercio con ella. Sólo cuando comprendamos cabalmente la influencia del pasado estaremos en condiciones de contrarrestarla; Newton ha influido en el resto de las ciencias más que todos sus fundadores, en la biología más que Darwin, en la economía más Turgot y Smith, y en las ciencias de la computación más que Turing y von Neumann juntos; y si no somos capaces de verlo, es porque aún no hemos descongelado el capital que su momento oculta.

Hay que volver de lo particular a lo general, usando las facetas de lo particular como multiplicada lente de aumento. Ni siquiera es necesario cuestionar la física de Newton; basta con reconducir muchos problemas modernos hasta su "otro origen" para empezar a tener una doble vista que es vital en medio de toda esta confusión. Compensa por sí mismo ver trasparecer la física clásica en las insolubles perplejidades de cosas como la mecánica cuántica, algo que están logrando físicos como Nicolae Mazilu, con resultados que ya son llamativos en sí mismos si bien sólo son el comienzo de un gran proceso de desocultamiento.

La versión estándar en la estimación del crecimiento del conocimiento científico nos dice que éste se duplica cada 15 años, lo que significa que la masa de conocimientos acumulados por nuestra presente sociedad es unos 4 millones de veces el que tenía el autor o autores de los Principia cuando la obra se escribió. Y sin embargo estos Principia son ya una obra sumamente compleja y oscura, difícil de leer y suturada por doquier, saltando sin apenas ruido sobre todo tipo de suposiciones y abismos. Si el investigador teórico de hoy, anulado por el control burocrático en la más completa irrelevancia, quisiera multiplicar por varios millones de veces el alcance de sus desvelos y trabajos, sólo tendría que tratar de buscar la continuidad más escrupulosa de su objeto de estudio con el capital congelado original. Aunque esta afirmación parezca una broma, si se entiende *cum maximo salis grano* no tiene nada de desatinada.

El problema no es que no haya talentos, el problema es que no pueden levantar la tapa de hierro que los aplasta. Sí, todo es una invitación a la originalidad, pero en una sola dirección y sin permiso para mirar a los lados, y los premios grandes suelen estar adjudicados antes de que uno se anime a empezar. En un artículo pasado afirmaba que hoy bastarían un centenar de investigadores independientes para cambiar por entero la faz de la ciencia, y lo sigo pensando aunque no vendría mal que fueran quinientos o mil. La mecánica cuántica la crearon diez o doce profesores escribiéndose cartas y reuniéndose de vez en cuando, sin mayores fuentes de financiación adicional. Como ya conocemos el margen de maniobra de la ciencia realmente existente, hay que buscar una estrategia completamente distinta de acción.

Hoy el multiespecialista, el que se ha formado en distintas competencias y no ha depositado su destino en ninguna de ellas, parece la única fuerza con músculo suficiente y la perspectiva necesaria para no tener que hacerse cómplice de las enormes inercias y mecanismos de frenado de los especializados feudos en su inevitable y triunfal proliferación. Autores como Mazilu pertenecen a esta categoría, y aunque ahora mismo parezcan desesperadamente aislados, la perspectiva es contagiosa y el espacio que se va abriendo tiene lo más importante para ganar la atención: saber dónde hay que buscar las cosas, que no es otro lugar que allí donde surgieron, y no en revoluciones y rupturas que sólo sirven para distraernos.

Por tanto este nuevo sujeto científico disperso tiene que encontrar su forma de coalescer sin perder su preciosa independencia. Que las instituciones dominantes no van a ayudar ya es algo con lo que se cuenta, y que incluso tendría que servir de estímulo. Lo más interesante de todo es que no se sabe qué puede surgir cuando se descorra el astro de este eclipse.

Sabido es que los años que preceden a la constitución de la Royal Society están animados por los llamados, desde Boyle, "colegios invisibles", posiblemente inspirados en la baconiana "Casa de Salomón" que se describe en la Nueva Atlántida y activados por personas como Samuel Hartlib, al que se ha llamado "el Gran *Intelligencer* de Europa". No es imposible que asistamos ahora algo similar aunque de signo distinto; de hecho, y dadas las condiciones, es lo que cabría esperar.

En cuanto al legendario gentleman Sir Isaac de tantas prolíficas tardes lluviosas y de las mil anécdotas apócrifas, descubridor de la gravedad, padre de la mecánica, creador del cálculo o análisis matemático, fundador de la óptica, conquistador del binomio que lleva su nombre, revelador de la ley de difusión del calor, saturnino ilustrador de sus propios anillos cromáticos, constructor de telescopios y variados artilugios, estudioso obsesionado por la alquimia hasta el punto de decirse que la física fue para él una distracción y legador de miles de páginas de ilegibles manuscritos, especulador de las medidas del Templo de Salomón y escrupuloso calculador de la cronología bíblica y del fin del mundo y el Apocalipsis, director de la Casa de la Moneda y la Royal Society, diseñador de barcos y teólogo arriano y antitrinitario... qué quieren que les diga. Me parece realmente increíble que nos hallamos podido tragar algo como esto. Sólo les faltó decir que escribió las Constituciones de Anderson y las narraciones de Swift.

Ha existido una industria de Newton como la sigue existiendo de Shakespeare, los dos pilares de la mitomanía inglesa y su incesante, compulsiva reinvención de la tradición. El cisne de Avon, un iletrado hecho a sí mismo que dejó una obra heteróclita con un vocabulario de 28.636 palabras distintas, a enorme distancia del resto de los autores de lengua inglesa incomparablemente más cultivados. Si en el caso del dramaturgo existe al menos una abundante y culta disidencia que se ha negado a comulgar con ruedas de molino, lo que sorprende es que no haya levantado sospechas el perfil del hombre de la manzana nacido para colmo un 25 de diciembre. Cuando estas cosas aparecen en hagiografías y escrituras sagradas, el juicio suele ser inequívoco: hablamos de la creación de mitos. Sin embargo aquí no tenemos reparos en creer en la versión literal.

En el caso de Shakespeare, dada la amplitud de vocabulario y las diferencias de estilo entre las obras, parece que lo único razonable es las diferentes autorías bajo un nombre común tras el que habrían elaborado Marlowe, Bacon, y otros apellidos de la nobleza. La propaganda de la dinastía reinante habría hecho más aconsejable el anonimato para unas obras cuya leyenda se ha ido creando con el tiempo y cuya grandeza no siempre está en proporción inversa a su leyenda. En el caso de Newton, nombre que suena ya a anagrama de Naturaleza, e incluso a "nueva fundación de la Naturaleza", parece haber una armonía preestablecida tras el telón de los hechos referidos: el Annus Mirabilis de 1666, los grandes nombres británicos en el origen del cálculo —Isaac Barrow, Gregory, Wallis, la cercanía a Halley y Wren, a Pepys y a Locke, la dirección de la Sociedad Real y la amistad con hombres como el Desaguliers de la Gran Logia de Londres, que fue su primer divulgador y hagiógrafo...

A diferencia del caso del dramaturgo, no es desde luego imposible que los Principia fueran escritos por un solo autor ni que éste fuera el tal Isaac Newton que ha sido registrado en las actas; todo lo demás sería básicamente un embellecimiento y engrandecimiento progresivo de la industria cultural y de la mitomanía, más que del pueblo inglés, de una cierta clase entregada en cuerpo y alma a la idea de supremacía y de la Misión; pero en cualquier caso parece mucho más interesante, en ese entorno de patentes intrigas, y habida cuenta de lo importante que es en ciencia la colaboración, la hipótesis de una cierta convergencia colectiva amparada bajo un mismo nombre. Por lo demás, tampoco dejo de creer en el genio individual, aunque esta gran obra le deba al menos tanto a una aplicada labor de costureros como a lo primero.

No sobra recordar que en la época de su publicación los Principia no convencieron a nadie y que entonces se antojaron más un programa de investigación que un libro portador de algún gran descubrimiento. Tal era la competente opinión de Leibniz, Huygens y otras lumbreras de la época. De hecho fue el despegue del cálculo, lenguaje que los Principia habían dejado de lado, lo que empezó a dar plausibilidad a tal programa superando la reticencia ante los abismos sobre los que sobrevolaba. Newton y sus acólitos no dejaron de notarlo y, ya un cuarto de siglo más tarde emprendieron una batalla campal sobre la paternidad del cálculo de la que lo único cierto es que Leibniz fue el primero en publicar.

No es fácil falsificar catedrales góticas, pero los manuscritos no presentan mayor dificultad, especialmente en un nido de subastadores, anticuarios y devotos artesanos. Nunca haremos justicia a la diligente pasión por la falsificación y las máscaras de esta mercurial e industriosa clase londinense a pesar de todo lo que hemos recibido de ella. Quién podría dudar de nada que venga de la ciudad de la niebla, especialmente si tiene mucha difusión.

Nada de lo cual quita para llevar toda la física actual a que mire de nuevo en dirección a los Principia. Y en realidad, y a pesar de trabajos como los de Mazilu y otros defensores de una cierta "física neoclásica" que nada tienen que ver con mi pasada digresión, es difícil discernir si el misterio de la recapitalización estriba en los Principia mismos o más bien en el hecho general de mirar hacia atrás desde la ventaja de una ganancia que se antoja irreversible.

Sería oportunista criticar el oportunismo de los científicos que en su día hicieron avanzar la ciencia; ellos no tenían la perspectiva que nosotros tenemos y la perspectiva ya es la mitad del conocimiento. Lo que resultaría lamentable, si no fuera inevitable, es la imposibilidad que existe bajo el férreo control de las actuales estructuras de aprovechar esa perspectiva para hacer algo distinto, para recuperar la continuidad y con ella su propia herencia. Y es que dichas estructuras e instituciones son no sólo monstruos burocráticos sino también monstruos hechos de tiempo y congelados en él, con todos los estratos de sus revoluciones. Bendito el que teniendo talento puede trabajar fuera de ellas.

Las intenciones neoclásicas de algunos físicos modernos no tienen nada que ver con tentativas de deconstrucción y desobjetivación filosóficas que ya han sido de sobra practicadas, sino con desarrollos posibles de la física que o no fueron adoptados o fueron relevados por otros siempre más agresivamente positivistas, y por lo mismo, más necesitados de nuevas ontologías y asunciones. Sin embargo, el hecho de variar la juntura entre las constelaciones de hechos y realidades matemáticas permite entrever cosas con las que la filosofía no ha soñado o no ha logrado hacer circular.

Los principios nos separan del principio. Hoy sabemos que se puede construir diversas réplicas matemáticas de toda la física newtoniana o de la relatividad general con idénticas o similares predicciones sin emplear para nada el principio de inercia, ¿Pero qué lo libraría a uno de la inercia mental en favor de la idea de la inercia? El sujeto-principio desaparece en favor del imperio de las conexiones y es el peso de éstas lo que prevalece. No se puede dar la vuelta a desarrollos que han llevado tres o cuatro siglos en tres o cuatro años; sin embargo, desembarazados de ciertos compromisos, tenemos una inmensa libertad para girar y aplicar la fuerza a discreción en uno u otro punto. Esto también hace concebible el alisamiento del espacio increíblemente arrugado de la ciencia contemporánea.

El interés de uno por la ciencia no está relacionado con el poder sino con la erótica del conocimiento. De la ciencia uno quiere, quien sabe si porque la ve como madre ideal de una futura humanidad, un terso cuerpo y unas bellas acciones, no el funcionamiento de sus entrañas. El idilio de la ciencia con el poder ha sido tal que el impulso erótico de los científicos se ha reducido a un mínimo, ha muerto o se ha literalmente congelado. Progresar desde atrás es necesario para reactivar este instinto.

El físico y la física tienen metas diferentes. Esta vez no va ser ella la que de a él el hilo para ir a matar al dragón; ni tampoco, con esa manía por invertir sin más las cosas, va ser ella la que avance para matar a un monstruo mitad hombre y mitad bestia. Ariadna la resplandeciente es ahora una horrible hembra peluda con ocho ojos y patas y fauces con forma de tijeras, pero así es la vida, y así es como las cosas se buscan a sí mismas. Incluso este indeseado andrógino nos habla de la frustrada interpenetración de lo externo y de lo interno, del poder y la belleza trabados a medio camino. No pensamos matarla ni darle la estocada de la cruz a la bola, aunque haya cruz y haya bola; bastará con calarla, bastará con conocerla para que se convierta en otra cosa.

Dado que estas disquisiciones pueden sonar demasiado espesas y ambiguas para los amigos de la resolución de problemas vamos a pasar ahora a un plano más concreto para simplemente comentar alguna de las grandes lagunas de las estrategias de investigación en diferentes áreas que no se arreglan con superficiales cambios revolucionarios sino que requieren una transformación profunda de las bases supuestas:

Genética. Ya el nombre es, más que engañoso, una calamidad. Prácticamente supone que la vida es una invención de los genes, en lugar de ser los genes una creación de la vida. El ADN como la molécula milagrosa con su alfabeto, su escritura y su programa: puro fundamentalismo de la religión del Libro, incluso con su Dogma Central de la biología molecular. Dogma por cierto que las enzimas, que son las creadoras de los genes, se pasan continuamente por sus partes: el mismo gen "codifica" proteínas muy diferentes en función de las condiciones del ambiente, que ciertamente no son igual de aislables. "Genética" sería el nuevo nombre de la eugenesia si no fuera algo todavía mucho peor: la vida como objeto viralizable y violable a voluntad. Y como la teoría/dogma pretende ignorar la evidencia de todo lo que no es controlable, sólo nos queda esperar a los monstruos.

Neodarwinismo: nos hablan continuamente del peligro de los reaccionarios creacionistas para que nos olvidemos de las críticas genuinas a su castillo de naipes y a sus conceptos vacíos de selección natural que en realidad sólo sirven en su traducción al darwinismo social. El mismo Darwin admite al comienzo de su obra, santa simplicidad, que sólo se propone llevar a la biología los supuestos económicos de Malthus. En realidad todo el magno edificio de la teoría de la evolución tendría que considerarse pura industria cultural, especialmente para los positivistas, puesto que su valor predictivo ha sido, es y será nulo. No hay forma más clara de definir una ideología. Y dado que su valor descriptivo reside en el puro coleccionismo, puesto que las transiciones siempre piden un principio, que estaría gobernado por... la genética. Esta es la gloriosa síntesis neodarwinista.

Economía neoclásica hoy todavía imperante: otro escandaloso corte epistemológico en pleno conservadurismo del siglo XIX para olvidarse de casi todo lo que podía haber de bueno en la teoría económica de entonces. La ficción se encuentra con las matemáticas y tienen un idilio de cuatro generaciones con las ecuaciones diferenciales para no llegar a decirnos ni cómo se crea el dinero, ni de dónde sale el beneficio, ni qué papel juega la deuda en la economía. Otro formidable edificio que debe inspirarnos pasmo y admiración. Sólo la forma falaz de mezclar continuamente la vacuidad de los modelos con los aluviones de datos cuantitativos nos invita al espejismo de creer que hay aquí algo relacionado con los hechos.

Cosmología: gran castillo de naipes que no debería pretender tener valor predictivo alguno, sino en todo caso descriptivo, y sobre todo ultraespeculativo. La teoría del Big Bang reedita a lo grande el creacionismo y nos sitúa por las bravas en un tiempo lineal e irreversible en espera de singularidades, agujeros negros, agujeros blancos, agujeros de gusano y otras patologías que harán las delicias de nuestro bisnietos. Encima se nos asegura que todo esto tiene valor predictivo; lo que no se dice es que, para empezar, incluso la radiación de fondo de microondas fue pésimamente estimada por Gamow y fue calculada con mucha más precisión y muchos años de adelanto por cuatro o cinco físicos que partían del supuesto de un universo estacionario. Ver para creer.

Teorías del todo en física fundamental, como las supercuerdas o la supergravedad. De forma típica, se trata de tragarse el todo de un bocado sin tener que revisar unos fundamentos que "están más allá de toda duda razonable." Aún no se hemos entendido bien qué es un campo, y ya queremos tener el Campo. Todos estos atragantamientos porque a nadie se le permite ya rebobinar. Por no tener, no se tiene consciencia ni del hecho más elemental: que toda teoría de campos, ya sea cuántica o clásica, es global por naturaleza, no local. Locales pueden ser sus predicciones, pero no su base que es el lagrangiano a partir del que se deriva y que sólo puede ser global. Esto es imperativo incluso para el viejo problema de Kepler, aunque no haya un físico entre mil que lo reconozca. Hay en teorías de campos una desconexión básica entre la conservación local y la global, entre la relatividad especial y la general, que evidentemente es previa a las relaciones entre la mecánica clásica y la cuántica pero que parece que ni existiera.

Inteligencia natural e inteligencia artificial. En el colmo de la estupidez, ahora ya se quiere definir la inteligencia como la capacidad de hacer predicciones; como si no tuviéramos ya bastantes anteojeras. Pero esto es tan inevitable y natural como nuestra pretensión de reducir toda la economía al beneficio y olvidarse de explicar el beneficio mismo. Y luego está ya la ridícula monomanía de querer compararnos con un ordenador. Volveré a mentar al psicólogo Robert Epstein: no sólo no nacemos con "información, datos, reglas, software, conocimiento, vocabularios, representaciones, algoritmos, programas, modelos, memorias, imágenes, procesadores, subrutinas, codificadores, decodificadores, símbolos o búferes", sino que no los desarrollamos nunca. ¿Es necesario extenderse sobre este punto?

Basten estos botones de muestra sobre el cómo y el porqué hay algo, hay vida y hay conciencia, más un plus para el único principio de organización social hoy universalmente reconocido, la economía y el dinero. Especialmente curioso resulta que, a pesar de la furia positivista de nuestras ciencias, las disciplinas volcadas en la manipulación y la predicción —teorías de campos, genética— estén acompañadas de un suplemento descriptivo o contemplativo —cosmología, teoría de la evolución— para justificar su marco de acción y darle un sentido al significado y un significado al sentido. Es decir, los aspectos normativos de las leyes predictivas, como las ecuaciones fundamentales de la física o el dogma central de la biología con su secuencia causal, para que tengan algún espesor y conexión con el devenir real de las cosas necesitan un complemento apologético que es absolutamente fundamental para pasar del orden simbólico al imaginario y viceversa. Algo similar ocurre con la relación que se plantea entre la inteligencia natural y la artificial, o entre las idealizadas ecuaciones de la economía neoclásica y su imaginaria superposición con datos y estadísticas.

Podríamos haber añadido, entre otros muchos posibles, uno tan cercano para todos como la medicina, esa enferma incurable a pesar de los ríos de dinero que se le dedican o más bien precisamente por ellos. Seguimos sin tener nada parecido a una ciencia de la salud, la degeneración y el envejecimiento —ni siquiera existe una definición útil de la salud—, es mucho más rentable ampliar sin freno el arsenal de armas contra un número de enfermedades y dolencias virtualmente infinito. Ya mostramos en otros ensayos que una ciencia de la salud es en sí misma perfectamente viable, lo que no parece es compatible con los intereses económicos que ahora dirigen todo.

A la gente le cabe en la cabeza que tales intereses económicos hayan podido distorsionar gravemente campos como la medicina, la genética o cualquier otra cosa fuertemente relacionada con la industria. También puede estar dispuesta a aceptar sin demasiados problemas que la teoría económica es un camelo y un engendro aberrante dispuesto en todo momento a justificar lo injustificable; pero le cuesta más creer que tales distorsiones sean posibles en ramas tan "venerables" como la teoría de la evolución, o no digamos ya la física teórica, a pesar de que su carácter especulativo salta a la vista. Y el problema es que hay una combinación de una parte desaforadamente especulativa con otra parte extraordinariamente bien probada experimentalmente pero también extraordinariamente recortada sobre el fondo. Esta superposición es la principal responsable de nuestros espejismos.

Los tibios debates que ha habido en las últimas décadas sobre el holismo y el reduccionismo en la ciencia moderna han estado mal planteados desde el principio y han hecho un flaco favor a los que aspiran a superar los modernos "paradigmas". Pues la física moderna ya es global en sus planteamientos, y es local sólo en sus interpretaciones y aplicaciones, pero difícilmente puede ser llamada mecanicista. Las ciencias que hoy se deben a la complejidad se beneficiarían mucho más de la física si atendieran más a lo que hay presente en sus principios en vez de atender a las interpretaciones: incluso, quién lo iba a decir, en la medicina entendida como biomecánica.

Las modernas teorías cuánticas de campos, en las que campo y partícula son inseparables, parece que terminan hablando al final sólo de partículas y no de los primeros. Partículas puntuales, vale decir ideales, pues sabemos que la materia ha de tener extensión. La teoría de la partícula extendida no existe porque para empezar, y esto es algo que nunca se dice, es incompatible con una relatividad especial que sólo contempla la conservación local. Y sin embargo teníamos categorías para tratar esto incluso antes de que llegara Planck, en obras como las de Weber o Hertz. No se piense que esto es sólo una cuestión de fundamentos. Ya hoy las nanotecnologías tienen que confrontarse a diario con partículas con dimensiones, aunque bien poco le aproveche hoy a la teoría; pero no tardará en llegar el día en que entenderemos que aquí hay un fulcro para trocar el sentido y el significado de la física entera, pues aquí es donde se sitúa la línea de flotación por la que navega entre lo material y lo ideal.

Si esto afecta a la relación de la materia con el espacio, aún tenemos las más básicas cuentas pendientes en cuanto a la operación de la materia con respecto al tiempo y la causalidad. Tanto la mecánica clásica como la cuántica son reversibles pero la irreversibilidad termodinámica se contempla sólo como un accidente macroscópico, como apenas otra cosa que una ilusión. Es completamente inaceptable que la propiedad más básica que apreciamos en el mundo real quede caracterizada como un espejismo. ¿Y no sería en todo caso más bien al contrario? Lo interesante, tanto en la naturaleza como en el tiempo del hombre y su biología, es cómo se crean islas de reversibilidad a partir de un fondo irreversible, y circuitos cerrados dentro de sistemas abiertos, no al revés. El día en que comprendamos esto habremos superado el fundamentalismo del tiempo lineal y acumulativo que es el supuesto básico de nuestra sociedad.

El mismo cálculo o análisis matemático, por más que haya recibido fundamentación desde Weierstrass, continúa siendo un método heurístico que sostiene supuestos simplemente inaceptables y depende de una colección de convenciones y recetas. Igual que en física, aquí las pruebas y demostraciones de consistencia sólo significan que se puede calcular —predecir— con ellos, no que los conceptos sean naturales ni legítimos. Una velocidad instantánea sigue siendo un imposible que la razón rechaza, y la teoría de los límites, sintética y no analítica, no ayuda en nada para esto. Lo único aceptable es partir del cálculo de diferencias finitas, rama por lo demás ya existente pero cuyas consecuencias están enteramente por depurar. Tampoco esto es sólo un problema de fundamentos puesto que atañe a cosas tan básicas como la teoría de la partícula extendida y a la relación entre lo reversible y la irreversibilidad. Nuestra actual idea del cálculo crea una ilusión de dominio sobre el infinito y el movimiento que naturalmente no puede sostenerse; pero el día en que esto cambie, en vez de utilizar la teoría de conjuntos para fundamentar el análisis, la estadística, el álgebra o la matemática discreta tal vez hagamos al contrario.

La comprensión de la función zeta de Riemann, surgida de la propia teoría de funciones antes que de cuestiones aritméticas, tendría que beneficiarse mucho de los puntos antedichos. Y lo importante aquí es la comprensión, no resolver la famosa conjetura. Un matemático muy conocido, de forma típica, dijo que si la conjetura fuera resuelta se entraría en el campo de los números primos como con un bulldozer; según esto habría ya planes de urbanización hasta para los infinitos números enteros. Ser más modestos ayudaría sin embargo a cambiar algo el mundo.

Físicos y matemáticos llevan mucho tiempo rascándose la cabeza pensando en la emergencia de esta misma función zeta en los espectros de niveles atómicos de energía. La distribución de la zeta está íntimamente ligada a la distribución de Zipf/Pareto que es tan ubicua en la naturaleza y con la que ya nos hemos encontrado de camino hasta aquí, y esta distribución de Zipf aparece igualmente en el grupo de renormalización común a toda la física de partículas. Por otro lado la "dinámica" asociada a la función es irreversible, ligada e inestable, y esto hace mucho más difícil identificar la conexión con unas teorías de campos que han evacuado o neutralizado de antemano ese tipo de signaturas. La zeta también permite regularizar y "desactivar" infinitos, la gran patología de la física moderna, dando valores finitos para expresiones aparentemente divergentes.

Los matemáticos aseguran incluso haber madurado el problema de la hipótesis de Riemann hasta el punto de que ya sólo les quedaría un gran y muy básico concepto faltante; aunque podría ser por el contrario que lo primero que hay que entender es la relación de la función con la física misma y el análisis. Lo que se echa en falta —incluso si no sirve para resolver la hipótesis— sería la comprensión de justo aquello a lo que se le bloquea el paso en la construcción de las teorías de campos, y cuya asunción volaría por los aires la idea que se tiene de todo el edificio. La zeta parece una inverosímil indicación de que estamos mirando el mundo del revés.

En economía sería absolutamente necesario empezar por una teoría del desequilibrio general, no la del equilibrio que ha demostrado ser manifiestamente falsa, aunque sea la clave de arco de la presente teoría neoclásica. Es evidente que el mercado no tiende a un "equilibrio benéfico para todos". Sin embargo el mercado es tan antiguo como la sociedad y sí que tiene numerosos efectos benéficos. Los problemas no siempre vienen de un déficit del papel del estado como única forma posible de compensación; muchos de ellos vienen de que los estados mismos y sus órganos ya están secuestrados y actúan en favor de los grandes agentes. El dinero mismo es el más importante de los secuestros, y habría que analizar la teoría del desequilibrio a la luz de un dinero público neutral y ajeno a los mecanismos compulsivos de deuda.

¿Economía cuántica? Parece una ocurrencia extravagante, y ya sabemos a qué ha conducido la imitación de la física por los economistas. Y sin embargo es una idea que merecería altamente la pena… si entendiéramos algo la mecánica cuántica, para empezar, y hubiéramos definido su conexión con la mecánica clásica y la termodinámica, naturalmente. Entonces, sí, podría hablarnos algo del mundo que nos es familiar. La incertidumbre y la indeterminación son realmente básicas en la economía y el dinero, pero ni siquiera en mecánica cuántica existe una relación única de indeterminación, sino muchas relaciones; así como hay otras indeterminaciones puramente clásicas. Si pudiéramos vincular estas relaciones con el concepto reflexivo de autoenergía y autointeracción de la electrodinámica, podríamos describir circuitos de realimentación como en cibernética o ecología, y habríamos dado un paso enorme, entre otros posibles, para vincular teorías fundamentales y teorías de la complejidad. A uno se le viene a la cabeza la teoría del dinero endógeno de Yamaguchi que une la teoría de sistemas, las ecuaciones diferenciales de la dinámica y la contabilidad. Pero ni siquiera reuniéndolo todo hay que pensar tanto en la predicción como en la clarificación conceptual.

El grupo de renormalización ya emerge naturalmente en el campo de la Inteligencia Artificial, que después de todo no es sino el producto aplicado (computación x estadística) a diferentes conjuntos de datos. Pero aquí tampoco se libra nadie del fatídico sesgo predictivo, puesto que se asume que ser inteligente es predecir. Sería interesante probar más bien lo contrario: no sé si la inteligencia, pero al menos la prudencia —que antes se llamaba sabiduría— nos viene de lo que podemos rastrear después de los hechos, como el tiempo por ejemplo, y no al revés. Intentémoslo, aunque sólo sea para poder apreciar en toda su amplitud el contraste y tener otra perspectiva que nos hace bastante más falta que la bendita predicción. Sabido es que los dioses para perder al hombre lo vuelven ciego, lo que no se sabe todavía es que ahora lo vuelven ciego gracias a las predicciones.

R. M. Kiehn acuñó en 1976 el término "determinismo retrodictivo": "Parece que un sistema descrito por un campo tensorial puede ser estadísticamente predictivo, pero determinista en forma retrodictiva." Esto vale de forma notoria para la misma electrodinámica que está en el origen de todas las teorías de campos, y para sus desviadas relaciones con la termodinámica. Tiene que existir otra forma de leer "el libro de la naturaleza" y esta forma no puede ser simplemente una inversión —no es simétrica o dual respecto de la evolución predictiva. La parte irreversible, disipativa del electromagnetismo parece estar incluida dentro de la covariancia intrínseca que las ecuaciones de Maxwell (y las de Weber extendidas a campos) muestran en el lenguaje de las formas diferenciales exteriores.

Nuestra cultura hipercinética se complementa a la perfección con el reino de la cantidad; a la matemática le corresponde, empezando por el cálculo mismo, desinvertir el movimiento en lo inmóvil, pero también lo cuantitativo en lo cualitativo y lo analítico en lo sintético. Habrá con todo que trocar el significado de estas palabras. Las mismas relaciones de indeterminación pueden envolver cualidades, igual que cabe retrotraer la función de onda de Schrödinger a su aritmetización de la teoría del color, tal como nos recuerda Mazilu. Hay relaciones inhomogéneas e impuras y relaciones homogéneas y puras, tanto desde el punto de vista cuantitativo como cualitativo, y existe un largo camino por andar en esta dirección. Por otro lado la mezcla continua de planos ha ocasionado una acumulación de falsas ontologías —partículas, genes, etc— que son la moneda común de cambio de cada disciplina. Una partícula extendida no es un corpúsculo con determinadas dimensiones y otras entidades dentro, sino la más efímera —pero aún significativa— de las configuraciones. Se han hecho ímprobos y poco convincentes esfuerzos por demostrar cómo es estable la materia, cuando probablemente ni siquiera lo es.

El desarrollo juicioso de estas ideas tiene potencial de sobra para trastocar todas nuestras ideas del espacio, tiempo, movimiento y causalidad. Ahora bien, estos mismos conceptos básicos ya se habían volatilizado por completo en la física moderna perdiendo su significado y convirtiéndose en aspectos subjetivos de la interpretación. ¿En qué podría consistir ahora darle la vuelta al calcetín? Decir que las leyes de la naturaleza se caracterizan por conductas predecibles era algo razonable después de todo; decir que lo predecible constituye la Ley, así sin más, una aberración que ni siquiera la ciencia moderna puede materializar dada su permanente necesidad de teorías descriptivas suplementarias y apologéticas.

Así pues, ir más allá de la predicción en la esfera terciaria ahora limitada a la predicción augura, por lo pronto, un contacto genuino y no apologético con la esfera secundaria o descriptiva, eso que otros han llamado nuestro imaginario. En otra parte incluso hemos dado indicios de cómo esta esfera secundaria puede ponerse en contacto con la esfera primaria de nuestra percepción inmediata partiendo del elemental principio de homogeneidad o de las proporciones físicas, aunque aquí nos bastará con dejarlo apuntado. En vez de intentar penetrar sin fin en lo real, en la medida en que conectamos estas tres esferas podríamos penetrarnos de lo real incluyendo en ello nuestra propia actividad.

El camino de la predicción, como el del beneficio inmediato, está cada vez más agotado y sus rendimientos futuros van a ser cada vez más miserables. ¿Porqué forzar a cualquier precio las líneas de investigación hacia esta vía muerta? Ya es hora de despertar, este es el camino de los rezagados y los mediocres. Pero cuando hablamos del contacto legítimo entre la esfera de las leyes fundamentales y los procesos de formación y devenir de la naturaleza, también estamos hablando del contacto legítimo entre tales leyes y unas ciencias de la complejidad que hoy por hoy son un amasijo de estadística, teoría de la computación, y diversas ideas fragmentarias y divagaciones.

Por otro lado, sería toda una calamidad que la ciencia hiciera grandes avances en terrenos como los citados si se mantiene la misma dinámica de explotación y control que ahora la conduce. Aunque aún nos cueste creerlo, todo lo que ideamos para "predecir" la naturaleza acaba por afectar a la naturaleza humana y cada vez de forma más directa. El álgebra de tensores de la física, extendido a más dimensiones, sirve ahora rutinariamente para definir los parámetros de conducta de grandes poblaciones humanas, y para intentar modularlos y modificarlos. En ello están nuestros amistosos gigantes tecnológicos cuyos nombres todos conocemos. Y eso que los algoritmos actuales son, después de todo, cosas bastante primitivas y rudimentarias, con un margen de mejora muy amplio. Es parte de la mencionada paradoja: los márgenes de mejora amplios están al servicio del perfeccionamiento del cierre del sistema. ¿Quién habló de "sociedad abierta"?

En toda empresa humana hay principios, medios y fines. En física por ejemplo, el cálculo o predicción siempre tenía que haber sido el medio, pero se convirtió en el fin. El fin en física es la interpretación, que no es un mero lujo subjetivo o filosófico sino que nos da una representación dentro de la cual se inscriben las aplicaciones. Los principios pueden estar… al final y para justificar unos medios traslaticios, como en los propios Principia de Newton. Este deslizamiento e inversión, con la evacuación del papel de la interpretación, requería otro semicírculo para y recomponer y cerrar el anillo, y así tenemos la contraparte descriptiva de estas ciencias normativas, su suplemento apologético o ideológico, que permite crear la nueva normalidad del imaginario moviéndose en un círculo virtuoso. Sin este suplemento, esas ciencias tan aparentemente duras y positivistas nos parecerían las más huecas abstracciones. En ciencia hay un doble circuito y una doble circulación, de forma muy similar a como en nuestro sistema monetario hay un doble circuito y una doble circulación del dinero, con un dinero legal emitido por los bancos y un circulante imaginario dependiente del crédito. No se trata de una vana analogía.

Si ya admitimos que los grandes monopolios tecnológicos han tomado sobre sí la tarea de dar forma al conocimiento colectivo, no sé cómo podríamos negar que ya existe toda una estrategia para esa parte del conocimiento colectivo que está más estructurada, la ciencia precisamente, y de cuyo seno siguen extrayendo valor estos monstruos. Esto no empezó ayer, comenzó en la época de la creación del Banco de Inglaterra y la Royal Society de Newton, los años en torno a 1700 en que Polanyi sitúa la Gran Transformación. Claro que hemos recorrido todo un camino desde entonces.

Las grandes instituciones que hoy controlan la producción de conocimiento científico a nivel mundial, casi todas ellas en territorio anglosajón, son el mayor obstáculo imaginable para un desarrollo libre de la ciencia. Desde Bacon y su Casa de Salomón el poder ha sobrepujado por completo a la verdad, y desde Newton la matemática y el intelecto se han puesto al servicio de la utilidad, el principio se ha convertido en Ley, lo intemporal se volcó en lo temporal y Atenas terminó siendo Jerusalén. No es del todo casualidad que una buena parte de los escritos teológicos del físico inglés estén ahora en la Biblioteca Nacional de Israel en la ciudad santa de las tres religiones del Libro.

Debemos comprender que otro mundo no es posible si somos incapaces de concebir otra ciencia, pues es con la ciencia que recreamos y concebimos nuestro mundo. Efectivamente, se trata para empezar de concebir otra forma de ciencia, antes que desarrollarla. La que tenemos ya está de sobra desarrollada y llegó a la edad provecta. Sin embargo, como en el caso de la mutación monetaria —pues no se trata ni de restauración ni reforma—, la mutación de la ciencia nos deja en la mayor de las incertidumbres con respecto a su virtualidad y a qué se seguiría con ella. Y ocurre que, como en una economía en la que no prima el beneficio, en una ciencia en la que no prima lo predictivo se suspende la compulsiva necesidad de ciclos y revoluciones y, paradójicamente, se está más por recuperar la continuidad que éstas hicieron imposible aunque sólo en la superficie. Pues las revoluciones están siempre en la superficie de la historia, en la orilla donde rompen sus olas.

¿Por qué hoy parece inconcebible la transformación de arriba abajo de la ciencia? Por el doble circuito que administra sus verdades y sus falsedades. Bastará unirlos en uno sólo —y desagregar lo que ahora está ilegítimamente unido, como en los bancos— para que empecemos a ver rápidamente lo que sobra y lo que falta. A pesar de lo lentos que se mueven los molinos del conocimiento, esto no necesita mucho tiempo, porque ya ha madurado durante mucho tiempo. Es sólo desde la posición actual que no se puede cosechar, que no podemos heredar nuestra propia herencia. Aprovechémoslo para dar el golpe de timón.

Quisiera invitar a los hombres y mujeres de ciencia a que se rebelen decididamente contra un sistema y una visión de la naturaleza de una inmoralidad profundas; un sistema optimizado para ignorar todo lo inconveniente y que por tanto, a pesar de sus pretensiones de exploración sin límites del mundo, lo está estrechando y reduciendo cada día más. Debe tenerse presente que lo más importante para la transmutación de los valores de la ciencia no puede depender de los grandes presupuestos ni las jerarquías que hoy dominan los discursos. Aquí como en todo, la claridad de visión ha de prevalecer sobre el punto ciego del poder.

Además, en una economía de guerra —y la ingeniería del conocimiento es un aspecto esencial de esa guerra— siempre se ensancha aún mucho más la distancia entre lo que se hace y lo que se dice. Que una buena parte de lo que hoy se hace está en flagrante conflicto con lo que se publica es lo último que nos podría sorprender en una época de proyectos encubiertos, secretos militares, espionaje industrial, experimentos genéticos y relaciones públicas. De lo que se trata siempre es de controlar la opinión y minimizar la producción de las potencias rivales. Las teorías consagradas y sus estándares bien pueden entorpecer y servir de pantalla a lo que realmente se hace, y los investigadores no son unos recién llegados a este tipo de intrigas en las que siempre han sido muy duchos.

En cuanto a las tecnologías aisladas del hombre, que aquí preferimos no tratar, la virtud está en simplificar todo lo que se pueda sin ocultar la complejidad, lo que ya de por sí plantea suficientes desafíos. Hoy se espera y desespera de un relevo tecnológico salvador para activar la economía e iniciar una nueva onda larga de Kondratiev que aliente a su vez otras encantadoras burbujas; y con estas o parecidas esperanzas se habla de la 5G y la internet de las cosas. Pero todo esto tiene mucho más de proceso de cierre que de apertura. ¿Saben qué tecnología sería mucho más rompedora que todas esas cosas del último minuto? Devolver el poder del dinero a la gente tal como proponemos. Los cambios que sólo dependen de la complejidad son fracasos para el hombre, cuando no catástrofes.

Desde el *big data* se habla con Anderson de que "la correlación reemplaza a la causación", como si fuera el no va más en eso de romper las amarras con todo el pasado conocido. Pero ocurre que a la física positivista nunca le importó la causación ni la mecánica, ni por lo demás se ha preocupado de conservar la homogeneidad en las cantidades de sus ecuaciones —la pureza de relaciones. Como de costumbre, un movimiento aparentemente revolucionario no hace sino mezclar aún más cosas que ya estaban mezcladas, sin por lo demás separar ni clarificar nada. Se perpetua así la lógica del doble circuito al servicio de la confusión.

Con el triunfo del liberalismo en la última década del siglo XX se habló del fin de la Historia y la plenitud de los tiempos, aunque tal vez lo que se abría ante nosotros era más bien la plenitud de la descomposición. Ya sólo iban a quedar pequeños detalles para completar el Libro: una teoría unificada del universo entero, la modificación genética del hombre, el apetecible fruto de la inmortalidad; naderías que sin embargo se hacen esperar demasiado para un hombre que ya no se conforma con menos que todo y pronto. Y que me temo tendrán que esperar mucho más allá del deceso de este régimen global corrupto, pues ha demostrado que con todo su apabullante despliegue no tiene ni siquiera el mínimo de intuición para saber qué pensar de esas cuestiones. Por fortuna para nosotros. Alargad la mano hacia la dorada manzana todo lo que queráis; no ha habéis nacido para tocarla.

Religiones del Libro

Las tres grandes religiones del Libro modernas tal vez no sean las que uno tiene en mente cuando piensa en Jerusalén, sino más bien el liberalismo, el marxismo y la religión del progreso científico, que se las arreglaron para encontrar su centro de cristalización e irradiación en Londres. El liberalismo y la ciencia cristalizaron simultáneamente, y más tarde el marxismo se ha presentado como la diametral antítesis del liberalismo, sin dejar de jugar en su terreno, y sin hacer prácticamente mella en su cosmovisión científica.

Lo que caracteriza a estas tres nuevas religiones, vuelco o inversión de las anteriores, es su fe en la salvación dentro de este mundo en contraste con la salvación ultramundana; son por tanto religiones mundanas, religiones de la redención dentro de la sociedad. Naturalmente, hablamos del liberalismo como la evolución secular de la reforma protestante. Si la ciencia y el capitalismo liberal se abonaron desde el comienzo y de la forma más descaradamente práctica al aprovechamiento del reino de lo posible —se actúa porque se puede, porque nada nos lo impide—, el marxismo quedó atrapado en el dominio harto más estrecho de la necesidad —se actúa o no se actúa porque es inevitable—, lo que desde el comienzo la relegó a un mesianismo que debía ensanchar sus bases con la proletarización de los pobres.

Las tres fes se apoyan en una misma lógica inexorable de la acumulación en el tiempo, lo que, dicho sea de paso, más que tener fe es jugar sobre seguro aunque nunca se conozcan los plazos. El conocimiento se acumula, la riqueza se acumula, las contradicciones y problemas se acumulan. El triunfo global y manifiesto del capitalismo hace que toda la culpa sobre el estado del mundo recaiga sobre él, no dejándole más que marginales y poco creíbles excusas. Libre de responsabilidades, aunque con una credibilidad harto menguada, el marxismo ha vuelto a pasar a la oposición. ¿Y qué hay de la ciencia entretanto? La ciencia por supuesto sigue al servicio del capitalismo y su cosmovisión, como lo ha estado siempre; pero el marxismo no llegó muy lejos discutiendo su método.

Siendo estrictamente coetáneos, que el espíritu de la ciencia ahora no importe más allá de su cosecha tecnológica —que esté muerto, en una palabra—

ya nos dice bastante de lo vivo que pueda estar el espíritu del capitalismo. Pues este "espíritu", en una como en otro, presupone la autonomía con respecto a su creación. Pero nada de esto es ya el caso. Si el marxismo a su vez desea ver muerto a su rival, pero es incapaz de advertir la muerte de la búsqueda de la verdad, demuestra que no está menos muerto tampoco. Critica la acumulación pero espera darse con ella el gran banquete al final de la Historia, a cabalgar como si fuera su jaca.

La verdad es que cuesta imaginarse revolucionarios con tarjeta de crédito, pero aunque así fuera, ¿cómo habría de surgir un hombre nuevo cambiando las relaciones de producción si al final producimos las mismas cosas? ¿Cómo adueñarse de la inercia y de esta deriva si apenas se tiene otra idea que remedar el desarrollo en los países menos industrializados? ¿Planificar el decrecimiento? Eso es una completa necedad. Lo único sensato a lo que cabe aspirar es a que no haya una necesidad artificial de crecimiento como con el dinero-deuda actual; el mero hecho de que se hable de cosas como esa en nombre de la naturaleza sólo demuestra que no se entiende que la naturaleza está igualmente dentro de nosotros. Es oyendo cosas como estas cosas que la gente dice: "El diablo tiene razón: está más claro que el agua que no hay alternativa".

No seguiré por aquí puesto que, al menos para uno, la principal batalla no está en los mecanismos de poder ni en la ubicua socialización sino en lo que se le escapa; incluso sabiendo de antemano que cualquier espacio nuevo que se abra está condenado a ser pasto para los diversos instintos y apetitos. Sí, todo es social y sí, todo es político, pero no es sólo social ni es sólo político, y es eso último lo que a algunos más nos interesa.

Las religiones antiguas ya eran lo bastante conscientes de la prisión social en la que vive el ser humano, y justamente lo que ofrecían era una vía de escape, aunque no hay ni que decir que ellas mismas se convirtieron en grandes estructuras de poder y de opresión. Por otra parte, los marxistas estarían menos furiosos si sopesaran hasta qué punto la socialización de toda la existencia es también un triunfo suyo, aunque naturalmente no estén muy dispuestos a admitirlo. Finalmente, no sé si se comprende lo bastante que el plus que ofrece el dinero y la propiedad para las élites —y para todo el mundo— más allá del poder, consiste en su promesa de evadirse de lo social, incluso si no se contempla a las masas como chusma. Señuelo que ha de quedar más o menos frustrado por diversas razones, como la cortedad de miras, o la más apremiante de que el karma del dinero, que es el tiempo de los demás, no perdona.

El proceso irreversible de acumulación, fundado en intercambios supuestamente reversibles, nos lleva de cabeza hacia la desactivación, que puede adoptar tres formas: la catástrofe, la muerte lenta, o la transformación en profundidad o transmutación. Para las dos primeras ya tenemos mil rutas, está por ver si tenemos algún argumento sólido para lograr la tercera.

Sin embargo, en cualquiera de los tres casos tenemos un conflicto vivo de intenciones y direcciones, entre seguir hacia adelante y retroceder que es tan característico de esta época y de los años que se avecinan como lo ha sido siempre de cualquier periodo de crisis y fractura. Este conflicto se revela también en toda la constelación que fulgura en torno al tema del dinero soberano o la recuperación de la ciencia, sin embargo, aquí al menos hay un potencial creador y creativo que equilibra los aspectos necesariamente destructivos y que no se aprecia en el resto de opciones, penetradas de derrotismo hasta el tuétano.

Es este torbellino del tiempo en nuestra turbulenta ruta hacia el caos el que se está amplificando en nuestra conciencia. Incluso podríamos decir que ese aparente moverse en la línea del tiempo no es otra cosa que ese zoom o amplificación. En cierto sentido, estaría ya siempre presente como indeterminado, y ahora como siempre sólo se está especificando. El misterio del tiempo es que el pasado existe más allá de nuestro poder, pero sólo por nuestra actividad o falta de ella se puede encender su sintonía.

Hoy nada de lo que se dirige a alguna parte tiene fuerzas para llegar a parte alguna; sería el momento para atender más a la vertical que no da pistas sobre puntos cardinales ni direcciones. Y si todos sentimos la creciente tensión e indecisión entre el pasado y el futuro, tal vez en ninguna parte se refleje tanto eso como en Israel, aunque como buen reflejo, allí tenga más bien el sentido inverso de presión.

Que Israel supone ahora mismo en el mundo una inversión de su campo de fuerzas lo muestra el hecho de que es el único nacionalismo en ascenso dentro del náufrago archipiélago de las naciones. Por supuesto, hoy existen por doquier intentos de avivar la llama nacionalista dentro de un orden internacional en plena crisis, pero todos carecen de suficiente convicción porque todos están atrapados por el mercado. Esto, por lo que se ve, no es suficiente para moderar la posición de Israel. Lo cual puede tener varias lecturas, además de la más obvia; en cualquier caso, el juicio de Yeshayahu Leibovitz —tal vez el primero en usar el término judeo-nazi- sigue siendo el más íntimamente acertado: los israelitas han abandonado su religión en favor de una religión nueva, el culto a su estado y al Judío superviviente del Holocausto.

Sin duda un nacionalismo con tan pocas fisuras ha de parecer admirable y envidiable para muchos de los que miran con nostalgia al pasado. Pero el sionismo moderno es algo más que un caso particular entre otros: es la única fuerza capaz de hacer que el siempre oportunista liberalismo termine abrazando el milenarismo, y el capitalismo, al apocalipsis. El círculo que se abría con los puritanos de Cromwell y los afanes de Ben Israel se cierra y se consuma: los judíos abandonan su espera mesiánica y la vuelcan en su estado; y los antiguos puritanos que habían volcado al espíritu en lo mundano cada vez cifran más sus esperanzas en que este mundo acabe lo antes posible. Bien puede decirse que las aberraciones conocidas como sionismo, integrismo islámico y evangelismo resultan del fuego cruzado entre las tres antiguas y las tres nuevas religiones.

"El judío, la serpiente, y el oro", dijo Jünger, tres misterios en uno solo. Y como, indudablemente, la apelación a "el judío" ha servido siempre para personificar algo que resulta misterioso, intentaremos dejar la personificación de lado y sustituirla por otras incógnitas más manejables. Podríamos haber sustituido el dicho por "el tiempo, el dinero, y el capital" y tendríamos un hueso igual de duro de roer.

Pues parece claro que el dinero y el capital son cosas sobremanera diferentes a pesar de que puedan equiparse; el dinero nos habla de lo que circula, y el capital de lo que se acumula. Sólo si todo el dinero se acumulara podría hablarse de un "truco de circulación", lo que es un contrasentido evidente incluso en el caso del patrón oro, que sin embargo permite contrastar el problema. Incluso hoy hay países como China o Rusia que maniobran para respaldar sus monedas con oro en el caso probable de que rompan sus compromisos con el dólar. El oro apuesta por una política de escasez y es sin duda retrógrado, pero eso no impide que sea una alternativa momentánea válida si quiebra el sistema monetario mundial.

Naturalmente se trata de emergencias antes que de tentativas restauradoras, y estamos muy condicionados para pensar que se trata de reflejos regresivos. Sin embargo el tema del oro plantea otras cuestiones interesantes sobre la tecnología y esa tremenda idea de la aceleración del tiempo y de los tiempos naturales que, según la observación de Eliade, fue introducida por los alquimistas. Hoy por ejemplo las cadenas de bloques y los medios electrónicos hacen más viable que nunca el dinero público y los dineros privados, así como su convergencia o divergencia; de eso no cabe duda. Sin embargo, la cuestión de la soberanía, que por supuesto siempre es algo relativo y problemático, está también íntimamente conectada con la cuestión de hasta qué punto algo así depende exclusivamente de esas tecnologías y es rehén de ellas o puede revertirse sin demasiados problemas hacia estadios más primitivos de la evolución monetaria: billetes, oro, notas, metales, cestos de monedas o de bienes, agentes cambiarios, conchas o lo que fuera. Parece un mero truismo que los sistemas más robustos tendrán que ser los que menos dependan de unas condiciones técnicas específicas; y lo mismo puede decirse de cualquier otra demanda o postulado emancipador, del que para saber cuán universal es habría que ver qué tal tolera el cambio de condiciones. Esto sería una forma de tomarle la medida al contexto sin ceder a su tiranía ni a sus chantajes. En el caso del dinero, está claro que la práctica manda.

Según este criterio, un cambio sería tanto más deseable cuando menos necesario o forzado sea desde el punto de vista de las condiciones materiales. O, en caso de que parezca forzado, en la medida en que pueda revertir su situación y operar en otras condiciones materiales con menor grado de interdependencia. También esto mide el grado de renovación o regeneración en el seno de la innovación, pues lejos de necesariamente regresivo también pude ser el mejor indicador de superación de una inercia. En definitiva, hoy que tanto se acaricia el concepto de resiliencia, se trata de ver cuánto dan de sí los principios de simplificación y reversibilidad aplicados a los usos y prácticas humanas. Puesto que nos acercamos a una fase de caos monetario —esperemos que creativo- no van a faltar las oportunidades de experimentar las interacciones entre dineros públicos y privados en distintos soportes.

Si, como dice Badiou, la abstracción monetaria es la única forma reconocida de universalidad, estamos obligados al menos a sacar la lección bien aprendida, o no tenemos remedio. Sólo recuperando ese poder cabe desmitificarlo y devolverle el colorido habitual de lo profano. Pues el dinero es el espíritu mismo de lo profano sacralizado tan sólo al ser enajenado de los mismos que lo crean, le dan valor y lo hacen circular.

Schumpeter decía que el marxismo parecía superior al capitalismo especialmente a los ojos de los intelectuales, que justamente son los que tienen la relación más "abstracta" con el dinero. A esta presunta superioridad moral de no estar envueltos en el mundo real, a la que apelaron tantos marxistas, le ha acompañado siempre una clínica aversión por el funcionamiento, no ya del capital, sobre el que no han dejado nunca de elaborar, sino del dinero, cuyos detalles han ignorado como por principio. Nada podría ser menos casual. Puesto que los maestros del dinero encarnarían esa inteligencia granburguesa que efectivamente mueve el mundo y es la gran rival del intelectual desocupado.

Sin embargo las gentes siempre han preferido adorar a esa inteligencia que mueve el mundo que a la de un motor inmóvil que a pesar de todo no puede quedarse quieto, del mismo modo que han preferido dejar de ser proletarios a ser proletarizados por igual desde la izquierda y desde la derecha. Y, otra cosa que el marxismo nunca supo entender, han adorado precisamente y ante todo su intrascendente brillo profano, pues ya se sabe que no todo el mundo está hecho para creer.

El fin del dinero-deuda bancario y su vuelta a las esferas pública y privada supondría acabar con el aura que todavía hoy el dinero tiene y que no puede responder a otra razón que la ignorancia de su funcionamiento y el escamoteo de su poder. Aunque pueda llevar su tiempo tomar contacto con esta parte de la conciencia social sustraída, es de esperar que con el uso el entusiasmo remita a cierta desencantada normalidad, que sería lo más deseable si es que queremos ocupar nuestro espíritu en otras cosas.

El marxismo siempre tuvo razón al insistir en que el dinero es tiempo de trabajo invertido; el dinero no es ni puede ser algo exterior a los mecanismos sociales de creación de valor. Pero en esto hay que incluir también el trabajo y el rendimiento de la propia esfera monetaria en el funcionamiento y eficiencia de todo el sistema, que no es una pequeña parte del todo. Un cuerpo no es sólo músculo, y si el cerebro es el órgano que más sangre necesita también es por algo.

Si un lector de los años previos a la eclosión de la era científica, alguien que leyera a Paracelso o a Böhme, hubiera sabido de nuestros desvelos y abstracciones, probablemente hubiera dicho que la tierra, el trabajo y el dinero, que vienen a corresponderse con los tres sectores tradicionales de la economía, son la sal, el azufre y el mercurio del compuesto social. Un teólogo de esta época, o incluso del medievo, hubiera dicho que son su cuerpo, su alma y su espíritu. Mucho se discutió entre atanores y tratados si los tres eran aislables, si tenían entidad propia o si eso era nada más que un espejismo y sólo "coexistían", lo que aún parecía más problemático. Las actuales disputas económicas siguen siendo variaciones de ese mismo tema, por más prestigios cuantitativos que le hayamos añadido. Y de hecho, sabemos a ciencia cierta que la parte más cuantitativa de la economía, la doctrina neoclásica, es a menudo la más falsa.

Esta visión, la de que hay principios que no se pueden descomponer, todavía predominaba en la química de la época de Newton, que aún por entonces era la ciencia de los procesos y transformaciones de la naturaleza por excelencia, y no una física que hasta para el mismo físico inglés sólo podía conformarse con descubrir ciertas leyes regulares. Su Óptica en particular era el primer gran intento de robarle a la cualidad su cantidad, pues no hay motivos para pensar que la gravedad sea más universal que la luz.

Llegó luego la culminante tentativa de Hegel en la que todo se resuelve en distintos momentos del sujeto: el ser en sí, el ser fuera de sí, y el ser para sí. De ahí extrajeron su inspiración desde el marxismo a la lógica pragmática de Peirce o los interesantes malabarismos de Lacan o Zizek, articulados ahora como lo real, lo imaginario y lo simbólico.

Sin embargo, ninguna de estas ejercitaciones del espíritu puede compararse en simplicidad, atrevimiento y genialidad con el experimento crucial de los viejos artistas del fuego, esos que se llamaban a sí mismos Filósofos: encerrar un determinado sujeto mineral herméticamente cerrado y dejar que él sólo se descomponga, se limpie, se recomponga y se exalte. En definitiva, más que hacer trabajar a la naturaleza, averiguar por la experiencia en qué le gusta trabajar a ella cuando las circunstancias no le son desfavorables. El avaro, el economista y el ingeniero social han buscado por todos sus desesperados medios algo parecido a ese círculo virtuoso, sin acertar nunca a preguntarle al incógnito sujeto por sus propias inclinaciones.

Había no pocas cosas de interés en las relaciones que tan certeramente y fuera de ulteriores consideraciones planteaban: que nada se mueve si no es por desequilibrio, que el espíritu del compuesto es femenino pero que su circulación determina los límites de lo mecánico, que el alma y vida del compuesto es masculina pero está atrapada y sofocada, y un largo etcétera de tópicos que son tan contrarios a nuestros tópicos de hoy que, más que "un espejo en que mirarnos", parecen un espejo que nos mira.

Desde este punto de vista un tanto "endógeno", aunque a su manera, un dinero puramente neutral o indiferente tampoco podría circular; para existir tiene ya que incorporar sus propios desequilibrios o ser un producto de ellos. Pero en un sentido más laxo, es admisible llamar dinero neutral a uno que no favorezca la acumulación sobre la circulación. El patrón oro lo favorecía; pero el dinero-deuda moderno aún la ha favorecido más. ¿De qué sirve representar al espíritu si no se es imparcial? Esa neutralidad que se traduce en objetividad es la única superioridad del espíritu, de hecho es lo que hace al espíritu; si no la guarda, él solo se destituye.

Y en efecto el espíritu femenino sólo desciende y se eleva en busca de equilibrio. Se ha usado de tarde en tarde la expresión "la alquimia del capital", pero no hace falta gran imaginación para figurarse que el afán de la naturaleza es todo lo contrario de la acumulación por extracción y por desigualdad. Las mañas del hombre y la fuerza intrínseca de las cosas no pueden ser más contrarios. La naturaleza aumenta su potencia por la homogeneidad de sus partes; las leyes de potencias, como la de Pareto, suponen un proceso de diversificación y restricción, y por ende de envejecimiento.

Es decir, la evolución de las leyes de potencias en el tiempo, si no implican redistribución sin condiciones ni canales específicos, comportan una restricción creciente y consecuentemente su creciente fragilización: no es en nada diferente del proceso de envejecimiento que podemos apreciar en nuestros semejantes y en nosotros mismos, así que no puede estar más en nuestra cara. Y aunque estoy hablando de algo que matemáticamente no se ha demostrado, no se necesita ninguna demostración porque tendría que resultar evidente. Tanto estudiar la complejidad para no ver estas cosas, que al menos si captó algún gran hombre de ciencia como Ramón Margalef.

Claro que el camino de la naturaleza del que hablaban los viejos Filósofos no es este tan natural del envejecimiento sino por el contrario el de su retrogradación, partiendo eso sí de la descomposición y total destrucción del compuesto; el espíritu que lo limita como su forma visible, y que se haya secuestrado en la circulación, es el mismo que precipita la putrefacción cuando lo abandona. Según este presupuesto, toda la naturaleza perecedera es ya naturaleza congelada, atrapada en su propio círculo mínimo. Si para Galileo la naturaleza era un libro escrito en lengua matemática y para Descartes la mente era un espejo de la naturaleza, para ellos, tal vez más perspicaces, la naturaleza ha sido siempre el espejo de la mente. Incluso nuestras mentes encerradas no pueden dejar de percibir circunstancias muy diferentes en lo mismo.

Hablamos pues del misterio de la serpiente que se intoxica con su propio veneno y también puede autoeliminarse. El animal que ya tenía forma antes de ser criatura, es, en el compuesto social, el dinero mismo, que también representa a su espíritu. Naturalmente, si hablamos de tres principios distintos es para articular un poco lo inarticulado, que no es el monstruo social sino lo anterior a él; pero nadie negará al menos que en lo social y en lo económico, como en los organismos, operan principios de diferenciación.

"El tiempo, el dinero y el capital". *Time is money* dicen los anglosajones, que alternativamente también dicen *time is gold*. Pero el capital puede drogar al dinero, así como las inyecciones de dinero son el único remedio que hoy encuentra el adicto capital. Idealmente, con el dinero, el crédito y la inversión se puede marcar el tempo de la economía, siempre que haya un retorno en forma de ingresos, consumo e impuestos. Pero la iniciativa colectiva que partía del establecimiento del dinero como su espacio natural ha desaparecido, pues la misma Reserva Federal hoy imperante carece en realidad de autonomía, estando simplemente al servicio de la oligarquía y su sistema de succión. Puesto que su principio presuntamente autónomo ha dejado manifiestamente de serlo, lo que cabe esperar es su descomposición acelerada.

Sólo librándose de sus oligarcas tiene hoy una nación alguna posibilidad de subsistir. La transmutación del sistema monetario cambiaría totalmente el tiempo y tiempos del compuesto social de la forma menos violenta que quepa concebir; pero si no se recupera cierta autonomía a tiempo, la creciente fragilidad estructural exhibida en la desigualdad precipitará la caída rápidamente. Sabido es que la bancarrota se fragua poco a poco pero se declara de repente. Por supuesto, el hundimiento a cámara lenta ya lo estamos viviendo.

Por más que hablemos tanto de ello, realmente nadie está preparado para que lo que ha funcionado toda nuestra vida deje de repente de funcionar. Mucho menos aún todos los que acarician la quiebra del capitalismo, y que ahora serían incapaces de hacer funcionar nada. En las revoluciones rusa o china aún había gente capaz de sacar adelante las cosas dentro de un contexto de enorme atraso general; pero la izquierda patrocinada de hoy se hace un lío hasta con un falso problema de identidad. El derrumbamiento que está sobre nosotros demandará soluciones prácticas y casi inmediatas, pues de lo que hablaremos entonces será de supervivencia.

Así que los que hablan todavía de tomar el Palacio de Invierno muy probablemente se van a encontrar con un panorama muy diferente de una revolución. Por supuesto que, como nos recuerda Charles Hugh Smith, las élites tampoco son capaces ni por un momento de imaginarse un mundo en el que las cosas no funcionen como hasta ahora. Si internet surgió para sobrevivir a un ataque nuclear y estamos todo el día en ella ya sabemos lo que tenemos que hacer: aplicar su lógica tanto dentro como sobre todo fuera de la red. Es decir, descentralizarlo todo tanto como sea posible: el dinero, "el capital, el poder político y el control de los recursos". Élites y centralización son términos sinónimos.

La capacidad de descentralizar sus estructuras y cuadros de mando o decisión y de hacerlas menos dependientes de una tecnología específica, es lo que determinará el grado de resiliencia de las naciones y el tejido social. Algunos países previsores y dados a la planificación, como por ejemplo China, pueden intentar soluciones mixtas manteniendo las jerarquías y negociando a conveniencia la descentralización y participación popular en su espacio interno. Si el Chile de Allende y el proyecto Cybersyn ya iban en esa dirección, no es difícil de imaginar todo lo que pueden evolucionar modelos de este tipo en países conformados por una ética confuciana y que ya tienen mandos al cargo de los problemas un poco a la altura de su complejidad. En casos así el circuito de control cibernético pondría a su servicio la realimentación de la serpiente monetaria.

En lo técnico este tipo de realimentación no dista gran cosa del bucle a cerrar por los monopolios globales norteamericanos, con la enorme salvedad de que estos últimos sólo se ponen al servicio de la ganancia y los cuadros políticos de un "socialismo de mercado" como el chino siempre intentan mantener un equilibrio. Tendrían así un margen de estabilidad y supervivencia superior, permaneciendo la formidable incógnita que en este tipo de modelos supone el ser rehén de la tecnología.

En el Occidente plagado de fuerzas centrífugas esto no parece viable ni deseable; habría que pensar más bien en el socialismo de mercado original que tuvo su primera formulación en Proudhon. El artesano autodidacta de Besanzón ignoró cuanto pudo la importancia decisiva del estado pero incluso en aquel tiempo ya vio claramente lo básico que era el dinero y el crédito para el mutualismo; y esto se reafirma en una economía como la actual que depende más del crédito que de los salarios.

Si las élites de los países occidentales tuvieran más conciencia del probable colapso, seguramente tratarían de negociar a partir de los dilemas monetarios planteados en la primera parte de este ensayo; pero a día de hoy ni ellos ni la ciudadanía se toman en serio, ni el tema del colapso, ni la decisiva alternativa monetaria con su complejo fuego cruzado.

Algunos países pueden servir de modelo a otros países, y algunas monedas pueden marcar a otras la pauta así como ciertos tipos de células y redes sociales del mundo real pueden ser semillas de futuro para otras organizaciones autónomas. Si queríamos modernidad y la modernidad es experimentación no nos faltarán ni de la una ni de la otra en el caso de que vivamos para contarlo. Claro que en esta silla del dentista hasta al tiempo de la modernidad le duelen las muelas.

Dos generaciones más tarde de la gran guerra parece que hemos agotado el mérito elevado al cielo por ese tremendo sacrificio del que siempre hemos vivido. Todo parece indicar que no vamos a poder vivir más de eso y que habrá que hacer méritos nuevos incluso sólo para no perecer, no digamos ya para crear un mundo nuevo. Esto, que es válido para todos, no se aplica a todos por igual porque ya hay demasiados que están pagando con su sangre el nuevo sacrificio.

La entera idea progresista del perfeccionamiento gradual del hombre y de la historia como serie de fases de emancipación es rehén de la tecnología y de una creciente dependencia que es lo contrario de la emancipación. El contrapeso a esa flagrante contradicción tiene que ser la atomización y el repliegue en la singularidad individual, que sólo se ve enriquecida en el sentido de tragárselo todo. Desde el nominalismo el triunfo de lo social y la exaltación de lo individual van de la mano; si no hay exaltación el tejido social se deprime y sus células dejan de reproducirse. El progresismo sigue asumiendo que la modernidad capitalista es un gran avance sobre una sociedad medieval tildada de oscurantista, a pesar de que sus burgos nos siguen mostrando, incluso con todas las leyendas negras vertidas, un increíble dinamismo, una gran presencia de espíritu y un sistema monetario mucho más equitativo que el actual. De este modo el progresista no puede dejar de mostrar de quién es deudor y cómplice.

Por sólo poner un ejemplo, hoy sabemos que en torno al año mil no hubo ni histeria ni temor ni milenarismo de ningún tipo, algo que sin embargo fue un azote en torno al 1600 cuando afinaban sus instrumentos Kepler o Galileo, o incluso todavía en el Londres del mirífico 1666 o en cualquier parte en 1999. No hace falta pensar que la edad media fuera ninguna edad de oro, incluso si le debemos mucho más de lo que creemos; el problema es que estemos tan necesitados de creer que fue mucho peor que nuestra época.

Un autoperfeccionamiento social de estilo cibernético con su propio bucle de realimentación como el antes mencionado nos parece opresivo y claustrofóbico; sin embargo la creencia en un autoperfeccionamiento del hombre en la sociedad en nada importante difiere de lo primero: en ambos casos se trata de no dejar correr el aire, de estrechar los anillos de la serpiente del tiempo para que se cierre aún más sobre nosotros. Y es que nuestra idea de un tiempo lineal coexiste con un tiempo circular más amplio nos interese o no saberlo.

China tiene por otra parte la enorme ventaja, que no dejará de aprovechar, de que la recepción que ha hecho de la ciencia moderna es puramente utilitaria y sin mayores compromisos ni raíces en su imaginario; es decir, le sobra todo lo que en la ciencia occidental es espurio sin que nosotros mismos lo sepamos, pues a pesar del relato de libre exploración no hemos acertado a trascender la utilidad. Tanto para ellos como para nosotros, la búsqueda de la verdad científica necesita reorientar por completo su método, y llegará tan lejos como el criterio utilitario permita. Una vez más el árbol de la ciencia del bien y del mal nos distrae del árbol de la vida.

El mito occidental del superhombre, acierta en esto la malicia de Geidar Dzhemal, no es algo que venga de finales del XIX, sino de mucho más atrás, de los tiempos del pseudohermético "Discurso sobre la dignidad humana" de Pico, manifiesto del Renacimiento y precedente de la "declaración de los de los derechos del hombre y el ciudadano" de la Revolución Francesa y el famoso manifiesto comunista. El mismo Corpus Hermeticum pergeñado por su tutor Ficino al amparo de los Medici es un vano y fatuo ejercicio de retórica renacentista capaz de aburrir a las ovejas si los comparamos con los oscuros y tres veces sellados escritos de los verdaderos artistas, tan bien calculados para extraviar al necio, inspirar al niño y alentar en su trabajo al trabajador. Sin embargo las vacuas generalidades de los humanistas inflamaron la imaginación e "impregnaron la 'espiritualidad' europea con la semilla de hierro de la voluntad de poder", en el más claro ejemplo de inversión de lo general y lo particular y con la incitación del más lento, delicado trueque de inteligencia y voluntad. Claro que, más que al superhombre, a lo que se parece cada vez más lo que va saliendo del gigantesco circuito de la destilación social es a un homúnculo.

A principios del XIX, la recreación de Goethe sobre la relación entre el fatuo Fausto y Mefistófeles, la de Grimm entre la hija del molinero y Rumpelstintkin, y la de Hegel entre el amo y el esclavo nos dan tres versiones distintas pero emparentadas del problema del reconocimiento, y en particular del reconocimiento del espíritu. Tal vez recuerdan, entre líneas, que la dinámica específica de Occidente, la anomalía que supone su trayectoria, habría sido imposible sin una segunda vista y un pathos de la distancia que ningún pueblo por sí solo puede lograr. De la Florencia de los Medici al Londres de los Rothschild, Marx y Disraeli o la Viena y el Nueva York del siglo XX, los judíos son el cuerpo dentro de otro cuerpo y el espíritu dentro de otro espíritu que el infatuado gentil se niega a admitir, como si la masa pudiera reconocer la levadura de otra forma que hinchándose. La vanidad de un lado y el orgullo del otro impedirán siempre la aclaración de las verdaderas relaciones.

Esta situación da un vuelco con la creación del estado de Israel, que aspira a darle al pueblo hebreo su propio cuerpo y su propia identidad. Pero tampoco aquí terminan ni mucho menos los equívocos problemas del reconocimiento: un estado que defeca habitualmente sobre el derecho internacional desea ser reconocido por todas las naciones; y por otra parte, sus más fuertes valedores aspiran a su través a un reconocimiento indirecto que de otro modo les delataría.

Pero tal vez el mesianismo hebreo más antiguo era ya un malentendido entre ese pueblo y su dios, pues suponía esperar algo en el mundo a cambio de la fe, lo que armonizó tan bien con el espíritu protestante. Ese vuelco en el mundo y en la historia es evidentemente el punto nodal de todos nuestros desequilibrios que por más que lo intenten no escapan a su origen religioso. Entretanto lo que al principio fue espera hoy se ha convertido en exigencia. Lo peor de tener que hablar de los judíos, en vez de los hebreos, es que la palabra "judío" carga ya sobre sí la connotación de "impugnación de Dios", en el doble sentido del "de"; en pugna consigo misma, ella sola se hace palabra detestada y detestable.

La impresión que se tiene es que, en la atribulada y exasperada Judea del imperio romano, a la figura de Cristo, cualquiera que sea su trasfondo, sólo le cabe el sentido de la abolición de la espera —el reino está dentro de vosotros—, la negación de la huida hacia adelante de la Historia. Implicaría entonces la recuperación de una vertical natural sobre un curso horizontal que también sería natural si no fuera forzado por los hombres; claro que ya desde los primeros tiempos comenzaron a darse visiones contrapuestas sobre lo histórico y lo no histórico, lo humano y lo divino en esta problemática cristalización.

Si hoy Israel supone una inversión del campo de fuerzas de la naciones, la atribulada y exasperada causa palestina y su derecho de retorno implica la inversión de esa inversión, un cuerpo dentro de otro cuerpo y, por mal que pese, un espíritu dentro de otro espíritu. No importa cuán abrumador sea tu espionaje y tu vigilancia, aquel al que oprimes te conoce, y por fuerza te conoce mejor que tú a él. Esto es lo que resulta tan intolerable.

Si miramos hoy un mapa del mundo los países que reconocen a Palestina veremos que ocupan la mayor parte de las tierras del globo, con casi toda Latinoamérica, África, Asia y Rusia: únicamente Norteamérica, Australia y Europa Occidental rehusan o demoran el reconocimiento. Esto sólo se explica por la intimidación y la presión, pero que nadie se queje de estar atado de pies y manos si no hace nada por romper el círculo. La causa palestina no es negociable y no depende de ulteriores expectativas; dándole la espalda también le damos la espalda a nuestra propia dignidad.

Efectivamente, que nadie se queje de vivir en un acolchado "campo de concentración financiero" si desprecia lo que ocurre en Gaza; sabemos por lo demás que hoy ambos encierros están íntimamente unidos. La infausta industria de la vigilancia y la seguridad con la que hoy Israel penetra en todo el mundo, el gran negocio paramilitar de aprovechamiento del caos creciente en todas las naciones, se vende preciándose de haber sido "probada sobre el terreno" y en carne viva. Romper el cerco palestino es romper el propio cerco.

Sorprendería entonces sin límites que tantos estados en Europa y en el mundo confíen algo tan absolutamente estratégico como su seguridad a empresas de un país tan decido a sacar ventajas por todos los medios; de un estado militar-policial cuya profunda inmoralidad sólo puede compensarse con el envilecimiento de cualquiera de sus interlocutores, no sea que pretenda darle lecciones de algo. Sorprendería, claro, si no fuera porque esas élites igualmente corruptas no pueden encontrar mejor complicidad a la hora de mantenernos a todos a raya.

No, no podemos tomarnos en serio la idea del colapso porque nos parece sencillamente inconcebible; pero a los rusos y a los pobladores del antiguo bloque comunista no les parece en absoluto inconcebible porque ya sufrieron uno bien calamitoso hace sólo poco más de dos décadas. Parece mentira que los europeos occidentales no seamos conscientes de algo así estando tan cerca, se ve que aún creemos tener derecho a algo diferente. En cuanto a Washington, es tan sólo normal que allí no tengan ni idea, a pesar de que los brindis por los despojos de la Unión Soviética de los sospechosos habituales se oyeron de la City a Wall Street pasando por Harvard. Luego está la ingeniosa ocurrencia de decir que no hay que preocuparse por la tercera guerra mundial porque esa ya la ganaron. Ahora bien, si eso es cierto, resulta que se les ha acabado la buena suerte, porque según la secuencia canónica de transformaciones no hay cuarta guerra buena, sino tan sólo la caída acelerada de la descomposición final.

No se trata tanto de decir que el colapso sea inevitable, puesto que todo este escrito aspira a su modo a conjurarlo, como de ver que incluso en el mejor de los escenarios no parece posible eludir una fase de profundo caos, algo que por el mero hecho de que Washington esté hoy al mando ya parece garantizado. Y en ese sentido, serían los países menos desvinculados de su esfera de poder los más expuestos a sufrir las consecuencias. Se puede aprender mucho más de cualquier país o pueblo que en esta última época haya conocido tiempos difíciles.

Si lo que crea el dinamismo del dinero es la búsqueda de beneficio, aún es una cuestión muy debatida qué condiciona su tasa fuera del sistema de precios. El neoricardiano Sraffa parecía sugerir, asumiendo una perspectiva endógena, que se trataba de una "variable técnica dependiente del tipo de interés", interpreta Apilánez; pero creo que si el mismo Hegel, contemporáneo de Ricardo, hubiera mostrado más atención a la incipiente teoría económica se habría abonado a esa tesis con la mayor determinación. Idealmente, pero contando aún con las asimetrías evidentes que no sólo la teoría neoclásica ignora, el excedente de valor no se relacionaría tanto con la explotación como con el modo global de distribución del producto social, que a su vez determinaría el tiempo subjetivo-objetivo en que esa sociedad vive. Esto armoniza con nuestra visión de la serpiente monetaria como el límite y forma conferido por la circulación. El interés como mera atención es anterior a todo lo demás, pues todo vive de nuestra solicitud. Tampoco es de extrañar que se hable hoy tanto de la economía de la atención, aunque sólo sea para robárnosla.

Hoy sabemos que los primeros estándares de medidas fueron elaborados en los templos de Egipto y Mesopotamia. La metrología es tan consustancial a ese gran salto que suponen las primeras grandes civilizaciones como la escritura y la contabilidad, y sin ella resultaría inconcebible la consolidación del estado o la expansión del comercio y la actividad económica. La convención siempre ha sido el más poderoso y torpe de todos los imperios. Hay estándares reversibles y estándares prácticamente irreversibles, como la ineficaz distribución actual de las letras del alfabeto en el teclado; y hay otros estándares capaces de englobar a otros del pasado en su esfera.

Casi todas las medidas o magnitudes de la física moderna exhiben un alto grado de heterogeneidad que no es sino el reflejo de los arbitrajes en el uso del cálculo y el álgebra en esos templos modernos que son nuestras grandes ecuaciones; su aparente simetría y elegancia esconde los grandes nudos de sus relaciones. Nuestro ideal de trasparencia parte de la pureza de las relaciones iniciales, no del aspecto que tienen al ser englobadas. La más inobstruida conexión con el pasado pasa por esta vía aparentemente estrecha.

En palabras de C. H. Smith, tendemos a optimizar más aquello que más se mide. También el beneficio obedece a este orden, sólo que el beneficio ha sido hasta ahora la diferencia más atendida, aunque en una economía cada vez más compleja también es proporcionalmente menos directa y más difícil de estimar. El polo de una economía ha tenido que ser entonces la medida más fácilmente disponible, y el beneficio se deja a la discreción del individuo. Si el campo de medida de la economía varía también varía el sistema y nuestra percepción de él. Pero el beneficio, más que optimizarse, se maximiza, lo que en sistemas con recursos finitos supone la fuente principal de inestabilidad, algo ya claramente visto por Aristóteles hace veinticuatro siglos. En estos tiempo de IA, bien cabe imaginar un sistema optimizado para recursos finitos y realimentado, que deje a la discreción de las monedas particulares los criterios de valoración y prioridades. Y puesto que estas tecnologías ya se aplican con los propósitos más claramente desestabilizadores, no vemos por qué no habría que usarlos en aras de un mínimo de estabilidad y bienestar colectivo. Los criterios y campos de medida en conjunción con la moneda permiten la transmutación de esos valores colectivos; buscar lo homogéneo en lo inhomogéneo es el oro de lo universal que permite contrarrestar el peso del oro muerto y dinamizar de otro modo la acumulación.

La transvaloración de los valores, la transmutación del tiempo y el valor, sólo puede operar desde el interior de nuestra conciencia, que antes se llamaba espíritu; pero como la superciudad global en que vivimos ya es la materialización de esta nuestra era del espíritu, nada nos resulta más difícil de reconocer. Para el hombre moderno ya es mucho conseguir acuerdos momentáneos entre su voluntad y su intelecto; pero que estos hayan podido tener alguna vez una unidad sustancial, que puedan ser uno en esencia, es algo que hoy resulta imposible concebir; la inconsistencia del deseo separa a aquellos dos de su común fondo indeterminado.

Y efectivamente, sólo volviendo a lo indeterminado podemos ver a lo ahora invisible destacarse. Lo que también significa, naturalmente, que está más allá de nuestra capacidad de determinación. Esto, más que resignación, sería la comprensión cabal de nuestros límites, de la que nunca dejamos de estar necesitados. Y en caso de que nos falte comprensión, nunca tendremos muy lejos la admisión de nuestra suprema impotencia.

Sabe más la compasión sin pretenderlo que todo el conocimiento del mundo. Leibovitz tenía razón al decir que los israelitas han abandonado su religión y a su Dios en beneficio de una religión de estado. Pero al menos su orden secular podría mantenerse si se salvara la idea de restitución que siempre fue motriz para ese pueblo. Si abandonan a su único Dios, abandonan la justicia, y abandonan la compasión, que es lo único que media entre ambos y nos recuerda a nuestros semejantes, es imposible que puedan subsistir. Da igual que sea simple humano orgullo, o que sea un orgullo inhumano; un orgullo ilegítimo sólo existe para quebrarse. Lo esencial es que el instinto no se comprenda a sí mismo. Habéis vendido vuestro derecho por un caótico plato de lentejas. Ni tenéis a David con vosotros, ni sabéis dónde brilla su estrella.

Por supuesto también creo que Leibovitz tenía toda la razón al pedir que la religión se mantuviera siempre y en cualquier caso completamente aparte del estado y las cuestiones de poder, lo que siempre ha sido más fácil de llevar a cabo en las naciones de la cristiandad, con una religión no legislativa, que en el judaísmo o el islam. Para poder concebir la dificultad que en estas dos religiones tuvo la separación de lo divino de lo político, pensemos por un momento si pidiéramos que la búsqueda de la verdad científica, toda la ciencia teórica fundamental, se mantuviera aparte del estado. O que la política económica de un país fuera completamente independiente de teorías económicas que sabemos son puramente ideológicas. En tales casos lo que observamos es una imposibilidad creciente de separación; y sin embargo pocas cosas serían más deseables. Si, la ciencia o la economía son cuestiones específicamente colectivas, pero eso no las inclina más a la verdad que a la falsedad.

El orgullo es lo primero, se dice; pero cada uno pone el orgullo en cosas diferentes, lo que basta para que se equivoque con él. Uno no puede evitar sentir profunda simpatía por un pueblo que a pesar de tener más de mil años de historia aún se debate por nacer. Algunos llaman a eso orgullo, pero el presentimiento del futuro, incluso en las peores condiciones, tal vez merezca un nombre diferente. Me estoy refiriendo a Rusia, que por cierto, también tiene las dosis adecuadas de conocimiento e inspiración para darle la vuelta a toda nuestra cosmovisión científica; aunque ahí, como en todas partes, sean los poderes políticos la mayor limitación. Orgullo legítimo podría sentir alguien por no comer carne ni participar en la matanza organizada de animales, pero, ¿orgullo de qué y frente a quién? Lo que menos separa al hombre es lo que más lo pone en pie y lo destaca.

Orgullo es lo que aún dicen tener muchos occidentales por nuestra dominación del mundo, que se ha basado no en ninguna superioridad moral sino en la explotación de una ventaja científica que fue siempre tecnológica. Pero justamente lo que a uno le parece más despreciable de Occidente es ese infatuado ventajismo que le impide ver qué ha hecho con la naturaleza y la verdad, y el científico, como no podía ser menos, suele ser el menos consciente de la reducción operada. Si los hombres de ciencia dieran un paso adelante y aprendieran a colaborar fuera de las estructuras de poder y los grandes presupuestos, todo los logros del pasado palidecerían y nos parecerían bolas de azúcar. Y por su puesto, a largo plazo, eso es lo que más habría que temer. La liberación de la naturaleza, y con ello me refiero a nuestra interpretación de ella, es una grandiosa y sagrada misión que no dejará de repercutir en todo lo humano de la forma más insospechada: si cambia lo suficiente nuestra idea de la relación entre lo reversible y lo irreversible también vuela en pedazos la mercantilización de las relaciones, el sujeto del tiempo y el tiempo de la sociedad. No se liberará el hombre mientras no se libre de la idea de dominar la naturaleza; y así se confirmará cabalmente que nada humano ha de durar eternamente.

Hoy todo es poco, todo se queda corto para curar la adicción a este tiempo pervertido del que parece imposible salir. Y sin embargo no hay que inventar nada, pues no hay enfermedad que no mejore con un poco de abstención, y no habría enfermedad más superficial que la ideología tecnológica si no formara un solo cuerpo con la voluntad de poder. Hay en ella dos extremos: los que ejercen esa voluntad hasta la empuñadura, y los que son empuñados y sustraídos de su propia voluntad. Y también se da, naturalmente, todo un tráfico de datos e interacciones entremedio. Y ya que las asimetrías también deberían servir de algo a los dominados, habrá que decir que la adicción a nivel de usuario es mucho más leve que la adicción del productor de adicción.

Ciertamente desconectar es un lujo que no todos se pueden permitir y que ahora se vende como otra desintoxicación más en boga. Empero conviene no banalizar el alcance que puede tener la verdadera abstinencia en un mundo donde nada se hace por un lapso sostenido y cuando es de eso de lo que se trata. Un padre del desierto dijo hace muchos siglos que en los últimos tiempos una persona haría tantos méritos en un día como los que entonces requerían años o toda una vida. ¿Entendemos lo que esto quiere decir? No sabemos si a la humanidad le quedan diez o diez millones de años; lo que sí sabemos es que copiar un texto en un códice medieval llevaba años y hoy nos impacientamos si se atasca la impresora o una descarga lleva más de diez segundos. Tendría que ser evidente que en muchos procesos físicos y mentales el tiempo se ha comprimido miles de veces, mientras que otros siguen demandando la misma duración; como también que hay otros que en puridad no tienen que ver con proceso ni duración alguna, como las imágenes, que deben a eso mismo su poder de atracción y ocultamiento.

Si realmente queremos asistir a la descomposición de un todo por sí mismo, no hará falta entonces buscar ningún sujeto mineral específico, porque uno mismo, por más que sea un caso perdido, tiene todo lo necesario para asistir al más instructivo de los cursos. Lo único que tiene que hacer es llevar adelante esa abstinencia mental el tiempo suficiente y distanciarse de estímulos externos. Nuestros tiempos de reacción y realimentación son hoy tan parpadeantes y breves, que hasta el cese de nuestra absurda música de fondo por un instante al que prestemos atención hace que las cosas sean diferentes. Qué no sucedería entonces si persistiéramos un poco en ello. ¿Cuánto? No hay que preocuparse por el cuánto, basta quedarse con lo que hay en el tiempo vacío incluso con el infinito desierto del tedio. ¿Pero el tiempo vacío es tiempo?

El cambio no requiere mayorías. Hoy todos hablamos de lo común pero a esto que es lo más común e inarticulado le tenemos auténtico pánico, lo que ya es una excelente señal. No sólo el capitalista, el intelectual también preferiría una buena bomba atómica. Así pues, el mero instinto, más necesario que nunca, nos dice que aquí hay un camino de supervivencia adentrándose en la zona de penumbra —pero no de supervivencia para imaginarias alimañas darwinistas. No parece muy digno preguntar sobre qué es lo que sobrevive aquí; si ya hoy se nos dan tantas facilidades mejor sería averiguarlo uno mismo.

Si internet si hizo para sobrevivir al ataque nuclear, la abstinencia ha existido desde siempre incluso para que ahora sobrevivamos a internet. Las facilidades son engañosas, el mérito es real, lo gratuito lo único eficaz. El espíritu sopla donde quiere, pero suele querer donde se le deja. La abstinencia es una vía de transformación y conocimiento válida para todo tipo de creencias y falta de ellas con tal de que uno ponga su parte. La conectividad está llena de nudos, la trasparencia nos parece oscura porque no podemos concebir que los nudos se disuelvan.

El animal no come cuando enferma, y el hombre, el animal enfermo, es el único capaz de ayunar cuando no está mal. En nuestra mistificación científica de los orígenes, habría que suponer que hubo un largo periodo indeterminado en que en el hombre se han debilitado grandemente los instintos a cambio de que surja gradualmente la razón, pero nadie responde a la tremenda pregunta de cómo se las arregló para sobrevivir todo ese tiempo en una condición tan lamentable. La naturaleza es la circunstancia, y de la circunstancia sólo sondeamos lo poco que nos aprieta. Mucho antes de la lucha por la vida existió la alerta, o tal vez sería mejor decir que siempre estuvo en otro orden de cosas. Por supuesto, no tenemos ni idea de qué grados de escucha pudo haber alcanzado ese mítico hombre de los orígenes, ni hasta dónde se habría extendido su mirada.

Nuestro viejo materialista dice: «Todo es materia y movimiento; pero yo, ya coma cerdo o bacalao, ya lo riegue con vino o con ginebra, soy el mismo viejo zorro de siempre.» Todo está gobernado por las relaciones materiales y de producción menos uno mismo; la naturaleza está ahí fuera para darle forma, no puede estar dentro dándonos forma a nosotros. Es una curiosa forma de materialismo, y también una curiosa forma de liberalismo. A esta bestia parda podemos llamarla liberal-materialismo o materialismo liberal, poco importa, es la misma que nos ha traído tan lejos a todos y a cada uno de nosotros.

Si hemos de hacer caso a lo que sugieren algunos antiguos, parece que nuestros primeros padres, esos grandes ausentes de la Edad de Oro, por olvidarse hasta se olvidaron de morir. No se habrían extinguido sino que más bien se habrían ido fundiendo con el fondo hasta hacerse irreconocibles. Si cada

[238]

época sueña a la siguiente y ellos se quedaron dormidos, han tenido tiempo de sobra para soñarnos a todos. Aun así preferimos soñar con el Antropoceno a despertar.

La última astucia del desesperado y fugitivo Benjamin fue tratar de fundir en un solo ser la receptividad de la espera mesiánica con la aspiración constructiva de las utopías. El mundo no estaría hecho de átomos, ni de historias, ni de transacciones con monedas, sino de mónadas, que como ya había visto Leibniz, son sólo un orden actualizado de fulguraciones. No sabemos si el idealismo ha quedado lejos o cerca, pero no podemos ignorar la evidencia de que todo en nuestro presente es puro proceso de actualización. O dejamos que el mundo nos actualice a nosotros, o elegimos que sea lo que se sustrae a su corriente lo que tenga la palabra.

Lo que pareció el colmo de lo inactual está condenado a tener cada vez más actualidad; esa necesidad de romper las costuras del tiempo por ambos costados para que la serpiente cambie de piel reclama más y más sus derechos en las esferas prácticas de la política y el dinero, y lo hará probablemente en la ciencia, las tecnologías y el entero dominio de nuestra expresión, pues nunca faltamos a la necesidad de identificar fuera lo que ya estamos sintiendo dentro. El ser moral del hombre requiere de su intelecto, su imaginación y su acción, y si aspiráramos a algún cambio en profundidad reconoceríamos nuestra impotencia a la hora de coordinarlos con más provecho que daño. Este reconocimiento es también nuestra máxima fortaleza y nuestra más grande libertad. Uncir esas cosas a nuestra voluntad es importante y necesario, pero desuncir nuestra voluntad de ellas es más importante todavía: lo que queremos unir lo separamos, pero lo que no separamos no hace falta reunirlo de ninguna manera.

En vano se habla de las contradicciones del capitalismo y el mundo moderno si no se comprende que tales contradicciones están encarnadas en cada uno de nosotros independientemente de nuestra convicción. Como no ha dejado de decirse, no es lo que te han hecho, sino lo que haces con lo que te han hecho, lo que importa. La trasparencia se sacrifica en su ideal; para poder aspirar al tiempo soberano, desocupado y sin dirección hemos de sacrificar debidamente a los dioses de las seis direcciones.

Bibliografía

Gilad Atzmon, *Los británicos y el holocausto*

Bruce Bogoshian, (2014): *Kinetics of wealth and the Pareto Law*

Michael Rothschild, (1990): *Bionomics: Economy as Business Ecosystem*

Michael Hudson, (2011): *How economic theory came to ignore the role of debt*

Chris Hamilton, (2019): *Why This Time is Completely, Utterly, Totally Different*

Charles Hugh Smith, *Pathfinding our Destiny: Preventing the Final Fall of Our Democratic Republic*

Alejandro Nadal (2018): *¿Hacia una economía sin dinero? No tan rápido*

Alejandro Nadal (2016): *Reforma monetaria: herejes contra excéntricos*

Miguel Ángel Fernández Ordóñez (2018): *El futuro de la banca: dinero seguro y desregulación del sistema financiero*
https://www.fundacionareces.es/recursos/doc/portal/2018/08/09/el-futuro-de-la-banca.pdf

Alfredo Apilánez (2017): *La ciencia aberrante*

Esteban Hernández (2018): *El tiempo pervertido*

Evgeny Morozov, *Socialize the data centres!*

Josef Huber, *Sovereign Money* https://sovereignmoney.eu

Jaromir Benes, Michael Kumhof (2012); *The Chicago Plan revisited*

Kaoru Yamaguchi (2019); *Money and macroeconomics dynamics —Accounting System Dynamics Approach*

Assis, A. K. T (2004); *The Principle of Physical Proportions*

N. Mazilu, M. Agop, (2018); *The Mathematical Principles of the Scale Relativity Physics — I. History and Physics*

Alain Badiou, (1989); *Conferencia sobre* El ser y el acontecimiento *y el* Manifiesto por la filosofía

Geidar Dzhemal, *El legado de Kirillov*

Walter Benjamin, *Sobre el concepto de historia*

Jean Gebser, *Origen y presente*

LA TECNOCIENCIA Y EL LABORATORIO DEL YO

7 mayo, 2019

Imagina que enciendes el móvil. Tienes una aplicación especial con un menú de interfaces para otro componente especial incluido en el hardware, un electrón confinado en un pozo cuántico. El juego consiste en modificar los estados de la partícula con el mínimo de ayuda de interfaz. Hay muchos niveles. En el límite, tendrías que poder soltar tu móvil y sintonizar/interactuar con el electrón a voluntad. ¿Sintonizar o controlar? Esa es la cuestión.

Introducción

Si la tecnología es antes el problema que la solución, usarla como solución de todos los problemas sólo amplifica al infinito el problema original. En el siglo XX se escribió sin cuento sobre la ciencia y se hicieron toda suerte de reflexiones profundas sobre la técnica, pero, de manera casi increíble, la relación que existe entre ambas se resiste a cualquier tratamiento razonable, mínimamente consistente. Y así, todo lo que digamos sobre la ciencia o sobre la técnica, por más que pretenda circunscribir su dominio, tiene que ser igualmente deficiente y falto de alcance. El saber-poder es un sujeto decididamente impuro que recuerda a un perro rabioso girando en círculo para morderse el rabo, y al que nadie se atreve a ponerle la mano entre la cola y los dientes.

Que este engendro moderno de la tecnociencia reduzca a tal impotencia nuestra capacidad de análisis ya lo dice todo. Apenas se advierte que es la ciencia, en tanto que arte sacerdotal, la que crea el marco de discursos sobre usos y aparatos, limitándose la tecnología al papel auxiliar de rellenarlos en nombre del beneficio del consumidor. Si en el horizonte de fusión hombre/máquina en que vivimos todo esto parece ya nimio es porque ha desaparecido cualquier sentido de la responsabilidad, y si ha desaparecido el sentido de la responsabilidad es porque se siente que no se puede hacer otra cosa.

La imagen del perro es por supuesto un chiste. Si en lugar de ello afirmara que la tecnociencia es una criatura que aún se revuelve en su huevo tal vez nos recorriera un estremecimiento. Se diría que uno tiene en la mano ese huevo y sopesa qué hacer con él. Hay en la palabra y en la cosa un potencial latente que no ha visto todavía la luz. Acercarlo al umbral de la conciencia es contrario a la deriva actual.

La utilidad de estas cosas para el hombre es lo de menos; no hay que preocuparse de dar de comer al que ya se ahoga en el vómito por sus excesos. Al contrario, se trataría de liberar eso que ahora está entretenido apretando un botón. Cuando dejamos de oprimir algo, ese algo tiene oportunidad de ascender. Podría ser la naturaleza, podría ser *nuestra* propia naturaleza.

Sin embargo aquí voy a hablar de leyes y de máquinas, cosas que atesoran un alto grado de abstracción. ¿Para qué? ¿Qué sentido tiene, cuando sólo absteniéndonos de su contacto tendríamos oportunidad de ver a dónde va todo? No encuentro una respuesta para esto. En el fondo, creo que se trata del más puro e injustificado optimismo por el futuro de la ciencia y de la técnica. O tal vez no tan injustificado, si éstas son un fiel reflejo del orden mundial, siempre transitorio.

Disposición de la mecánica

Quien elige un principio, seguro que ya ha elegido el final y hasta los medios. Para acercarse a la relación entre la ciencia y las máquinas, no hay nada mejor que los tres principios de la mecánica de Newton. Incluso plantear correctamente la mecanología, que es sólo una parte de nuestro tema, demanda una comprensión de la mecánica que traspase de lado a lado la visión convencional. Nadie sabe lo que puede un cuerpo, decía Spinoza; veamos entonces si los principios de la mecánica lo saben.

Los tres principios de Newton, surgidos como enmienda de los propuestos por Descartes, no sólo pertenecen a la física sino que tienen una indudable base común con los niveles más inmediatos de la experiencia humana en general. Lo que no significa que deban confundirse sin más con esa experiencia: cualquiera admitirá que están extraídos o abstraídos de ella, constituyendo la parte que nos parece cuantitativamente más relevante.

Ni que decir tiene que, dejando a un lado toda consideración cualitativa, esa parte cuantitativa ni agota ni engloba todos los aspectos medibles, sino que se contenta a lo sumo con simplificarlos. Cualquiera de los tres principios se perfila sobre un fondo de posibilidades indefinidamente mayor.

El primero de inercia, ya perfeccionado por Descartes, comporta el magno problema del sistema de referencia. Pero tanto la inercia como el sistema de referencia se siguen despachando con un mero expediente geométrico. Si de verdad se trata de hacer física y no sólo matemáticas, el origen de coordenadas de un marco de referencia, como muy justamente dice Patrick Cornille [1], ha de localizarse siempre en el centro de masa de una partícula puntual, cuyo valor ha de incorporar. Que la masa pueda existir en un punto es ya otra cuestión. Esta conexión es la indispensable precondición para que la descripción formal en términos de espacio y tiempo tome contacto con lo material a través del movimiento. Abundando en lo dicho, el movimiento de una bola que rueda ha de estar referido a ejes de coordenadas inerciales externos al objeto o sistema, con lo que tenemos un objeto aislado con la propiedad de no estar aislado.

El segundo que define la fuerza, no hace explícito que sólo se tienen en cuenta las fuerzas controlables. En física todo lo controlable es medible, pero no todo lo medible es controlable. En mecánica no puede haber cantidades incontrolables, pero en la realidad las hay por todas partes. Piénsese en la ley constitutiva de los materiales, donde es imposible hacer experimentos que midan simultáneamente los tres valores principales de la tensión o de la deformación. Las fuerzas derivadas de las combinaciones y grupos de rotación también pueden presentar este problema. Las cantidades incontrolables en absoluto son privativas de la mecánica cuántica.

El tercer principio de acción y reacción, tan subestimado y tan esencial, marca precisamente la línea de demarcación entre los sistemas abiertos y cerrados. Curiosamente Newton parece introducirlo para blindar los muchos aspectos inciertos de la mecánica celeste, aunque sea allí donde menos se puede verificar, como no dejaba de lamentar Hertz, que incluso llegó a proponer otros principios. Como se sabe, en el problema de Kepler no hay materia en el centro de la órbita. En la electrodinámica de Maxwell y Lorentz el tercer principio tampoco se cumple de partícula a partícula, sino que es necesario incluir el siempre nebuloso concepto de campo.

En las fuerzas sin contacto o fundamentales de la física moderna la cantidad conservada es el momento, no la acción y reacción. En estas fuerzas sin contacto se supone entonces un agente o medio que controla o entrega la acción entre un cuerpo y otro. La mecánica newtoniana y sus sucesoras actuales parten de un tiempo absoluto con simultaneidad o sincronización global, de tal modo que la mediación local de la información, la forma de comunicación, resulta imposible de especificar por principio. Por otro lado también en la mecánica con contactos con que evaluamos nuestras máquinas e ingenios empezamos por ignorar el contacto aislando un sistema ideal.

Ahora bien, antes de atender quejas, me gustaría subrayar que, aunque estoy tomando los argumentos de diversos físicos, mi punto de partida es la experiencia biomecánica de mi propio cuerpo. Me interesa partir de la experiencia en primera persona aunque por sí sola difícilmente me hubiera permitido llegar a estas conclusiones. Con un poco de paciencia, y con los más sencillos ejercicios isométricos de equilibrio basados en los tres ejes del espacio, cualquiera puede cerciorarse de que el centro de gravedad de su cuerpo, su marco de referencia físico, admite un juego tan complejo que de hecho comporta todo ese fondo más amplio del que los principios de la mecánica clásica emergen. Cualquier experto en biomecánica admitirá sin reparos que muchos problemas básicos de juegos de fuerzas o tensores en el cuerpo son intratables, a pesar de que nuestro organismo en movimiento los resuelve sin pensar a cada momento.

Así que, por lo que parece, esta cotidiana biomecánica que nos acompaña en nuestro cuerpo ya es más amplia y profunda que la que intentamos aplicar a todo el universo, aunque ciertamente no se nos antoje la más directa ni la más práctica para tratar problemas externos que son los que constituyen el objeto de la física.

Como ya observó Mach, el concepto de masa y el tercer principio están tan unidos que parecen redundantes; lo que sucede sin embargo es que de los tres principios es en el segundo que recae el peso central —no interrogamos a los cuerpos sino con fuerzas y a través de fuerzas. Entonces, en la mecánica clásica de la que ha partido todo, la fuerza ha sido siempre la interfaz.

¿Que la concreción física del primer principio está en desacuerdo con la idea de covariancia galileana y de la relatividad especial? ¿Que esto se refleja de forma inevitable en el tercero? Pues peor para la covariancia galileana y la relatividad especial. No estamos discutiendo ahora sobre qué es lo más conveniente para la caracterización externa de los problemas, que es el asunto de los físicos. Estamos tratando de ver qué pudiera haber antes de las conveniencias y arbitrajes de la física, en términos de la física misma. Esta contradicción aparente se hace verdaderamente necesaria si queremos terciar de forma significativa en el continuo ciencia-tecnología.

Y aquí es donde llegamos a una circunstancia tan evidente como poco notada. Los tres principios de la mecánica tratan de poner en un mismo nivel tres modos que, por lo demás, y siempre pueden estar en niveles lógicos diferentes. El principio de inercia es una posibilidad, el de fuerza un hecho bruto, la acción-reacción —un mismo acto visto desde dos caras— es una relación de mediación o continuidad. Son lo que el gran lógico Charles Sanders Peirce llamó primeridad, secundidad y terceridad en sus modos o categorías, que se corresponden con las tres personas de la gramática de todas las lenguas. Sabido es que Peirce usaba las concepciones de Hegel para restituirlas al contexto más físico y normativo kantiano.

Lo que no excluye, naturalmente, los múltiples deslizamientos de esos tres momentos, exactamente igual que ocurre en los razonamientos de los físicos, y que pueden estar más o menos justificados en función del punto de partida o de llegada. Podríamos en muchos casos considerar la fuerza como lo primario y la resistencia o reacción como secundaria; pero tanto el orden histórico de aparición de los tres principios como su reabsorción en la experiencia humana hacen más aconsejable el primer orden de correspondencias.

En este sentido tan elemental la física ya es de suyo una semiótica sin la menor necesidad de añadirle nada. Claro que toda la lógica de la ciencia descansa en la separación del sujeto con respecto al objeto, mientras que la actividad de la técnica consiste en la reapropiación de ese objeto transformado por el sujeto. La ciencia siempre ha buscado la nivelación universal, pero nunca ha dejado de aumentar el número de sus niveles; la técnica parte del aprovechamiento oportunista de las conexiones entre niveles diferentes conducentes a esa nivelación universal del uso que ahora llamamos conectividad.

Pero no abandonemos tan pronto la ciencia. Se podría pensar que los deslizamientos semánticos afectan sólo a los "asuntos internos" de la ciencia, a sus razonamientos, pero no a su frente externo, que es el que realmente le importa. Sin embargo, la historia misma es el mejor aval de que tales desplazamientos o corrimientos de tierra son a menudo los hechos más determinantes, dando fe de un doble movimiento de creciente exteriorización e interiorización, de reorientación desde los principios a los fines, y viceversa. Recordémoslo brevemente.

El mero principio de inercia es algo tan insondable como la estupefacción de mi rostro ante a un móvil que no funciona, y no es casual que haya llevado más de dos mil años perfilarlo, y que aun Galileo necesitara la ayuda de Descartes para llegar a una formulación medianamente aceptable. Sigue siendo por su puesto un principio incompleto porque de la inercia sabemos tan poco como del vacío, la masa o la gravedad. Que un cuerpo en movimiento uniforme tenga la misma caracterización física que un cuerpo en reposo no es algo fácil de aceptar, entre otras cosas, porque acaba para siempre con la idea del reposo. De hecho es tan difícil de aceptar como que cuerpos de peso distinto caigan a la misma velocidad.

Desde entonces hubo que lidiar con dos estados distintos de reposo. Pero la cosa no quedó ahí. Volviendo a la idéntica caída de objetos de peso diferente, el principio de equivalencia de la relatividad general —recordemos el famoso experimento mental del ascensor en caída libre— propone o estipula que la fuerza de la gravedad equivale a las fuerzas ficticias de inercia, es decir, no es una fuerza en absoluto. Creo que la forma más inmediata de acusar esto es decir que la gravedad no produce deformación en los cuerpos cuando produce movimiento (dejando a un lado las fuerzas de marea de índole geométrica), mientras que sí los deforma cuando algo se opone a su potencial (achatamiento de los cuerpos estáticos). Otra observación no menos digna de estupefacción, aunque ya en 1609 Kepler diera claras muestras de conocer esta equivalencia. Podemos hablar así de *tres estados de reposo*, cubriendo la entera gama de reposo relativo, movimiento uniforme y movimiento uniformemente acelerado.

A menudo, los teóricos contemporáneos en pos del campo unificado echan de menos un simple principio rector, algo en el estilo del principio de equivalencia relativista. Pero ya Simone Weil se preguntaba [2], sin ocuparse en absoluto de cuestiones técnicas, porqué hemos dado en pensar en la gravedad como una fuerza que lo mueve todo en lugar de verla como una tendencia al reposo. Si diéramos un paso más tal vez tendríamos que decir que es el reposo mismo visto desde el lado del movimiento y la distribución heterogénea de los cuerpos. En las mismas ecuaciones de campo la energía de la gravedad es negativa y cancela la energía asociada a la materia; como se cancelan las fluctuaciones cuánticas en un espacio plano.

Lo que le da todo su interés a la física, su verdadero móvil, es que siempre es algo más que geometría y movimiento, y eso es lo que se trata de algún modo de *sacar a la luz*. Ese "más allá del movimiento" es su auténtica pero invisible frontera. Dicho de otro modo, la geometría y el movimiento son la parte visible de algo que no puede hacerse ver. Considerando la relatividad especial, se ha dicho desde Pearson que un observador que viajara a la velocidad de la luz no percibiría movimiento alguno y viviría en un "eterno presente"; pero está claro que la luz se mueve y hasta pulsa con más precisión que el mejor reloj, luego esto es sencillamente falso. Si algo físico ha de haber fuera del movimiento y del tiempo, ciertamente no puede ser esto.

La relatividad especial —que es el marco general de la relatividad— es una teoría de conservación local que crea infinitos marcos de referencia, lo que no es menos extraño que el más extraño éter. La relatividad general —que es el marco especial de la relatividad para la gravedad— se rige sin embargo por el principio de conservación global, y es por eso que se recupera hasta cierto punto la mecánica del continuo. Sin embargo la propagación de la luz está determinada por la misma homogeneidad del espacio, mientras que en la gravedad destaca lo heterogéneo de la materia, como si esta consistiera justamente, según la expresión de Nicolae Mazilu, en las regiones confinadas a las que el espacio no tiene acceso.

La relatividad especial y general no están realmente conectadas y ya se sabe que ni siquiera ha sido posible la descripción geométrica del electromagnetismo, de modo que la misma mecánica clásica tiene una gigantesca laguna en su centro sin necesidad de mentar a la mecánica cuántica. Cabe decir al menos que en los años más recientes, y ya en pleno siglo XXI, se han desarrollado teorías gauge de la gravedad consistentes que satisfacen el criterio formulado por Poincaré en 1902, a saber, elaborar una teoría relativista en el espacio plano modificando las leyes de la óptica, en lugar de curvar el espacio con respecto a las líneas geodésicas descritas por la luz[1]. De manera muy notable, esta nueva y vieja teoría gauge permite sintetizar el principio de equivalencia y el general de la relatividad en un nuevo principio de equivalencia gauge que incluye rotaciones, pero ahondar en todo esto tan interesante nos alejaría demasiado de nuestro tema[2].

¿Son esto meras cuestiones semánticas? Aun si lo fueran, todo indica que han marcado los más grandes giros de orientación de la historia de la física, luego no parecen nada desdeñables. Hace ya mucho que se ha hecho de la física un asunto de cálculo, pero, siendo el cálculo el medio entre los principios y las interpretaciones, no tiene más remedio que subordinarse a ellos. De hecho, es fácil ver que cualquier cambio profundo ha de pasar necesariamente por estos últimos, siendo la labor del cálculo llenar todo el espacio que los separa.

Si semejantes desplazamientos y cambios críticos de orientación tienen lugar ya en el mero marco de las tres leyes de la mecánica no menos que en las tres personas de nuestro más llano lenguaje y práctica social, podemos dar por descontado que tienen un papel clave en las transiciones y la evolución tecnológica sin necesidad de rastrear ejemplos en la historia, que dejo para el lector interesado. Encaja a la perfección en este contexto la primera clasificación funcional de Jacques Lafitte de máquinas pasivas, activas y reflexivas.

Pondré finalmente el ejemplo más dramático de la relevancia de los principios y su desplazamiento con respecto al sentido. En cuanto a su espíritu, los tres principios de Newton pueden resumirse en la frase "nada se mueve si no lo mueve otra cosa", o bien que nada se mueve sin una fuerza externa. Ni la relatividad ni la mecánica cuántica pretenderán nunca algo distinto, y este es el motivo más básico de que, en vista de que todo aquí es movimiento, sólo parezca razonable explicarlo mediante un gran impulso externo original o gran explosión, a pesar de que las primeras y más precisas predicciones de la radiación de fondo de microondas no fueron las de Gamow u otros creacionistas, sino las de los físicos que asumían un universo en equilibrio[3]. Este es el mejor ejemplo de que el supuesto básico y sobreentendido se impone sobre todo lo demás, que por el contrario se procura acomodar al supuesto.

Y sin embargo, y en virtud de ese mismo viejo principio de equivalencia que ya asombraba a Galileo y a Kepler, es posible crear una mecánica consistente con las mismas observaciones que diga algo muy diferente e incluso completamente lo contrario. Se puede, tal como hace Assis[4], plantear una mecánica completamente relacional sin usar el concepto de inercia introduciendo a cambio el principio de equilibrio dinámico, de forma que "la suma de todas las fuerzas de cualquier naturaleza actuando sobre cualquier cuerpo sea siempre cero en todos los sistemas de referencia".

Lo diametralmente contrario a las llamadas leyes de la mecánica también permite una descripción consistente con lo que conocemos. Así, por ejemplo, Alejandro Torassa muestra una dinámica válida para todos los observadores en el que "el movimiento de los cuerpos no está determinado por las fuerzas que actúan sobre ellos, sino que son los propios cuerpos los que determinan su movimiento", equilibrando las fuerzas que actúan sobre ellos[5].

El mismo mundo, los mismos hechos, pueden describirse con principios e interpretaciones diametralmente opuestas, sin perjuicio de que otras consideraciones añadidas puedan llevar a divergencias. Si esto no produce asombro, no sé qué podría hacerlo. A pesar de la equivalencia primaria de teorías, insistamos algo más. Para el mismo principio —interno— de equivalencia de la relatividad general las fuerzas ficticias y las fuerzas reales causadas por interacción entre los cuerpos *no* son iguales, puesto que las primeras no conservan su valor al pasar de sistemas de referencia no inerciales o otros inerciales, a diferencia de las otras. El marco relativista depende de esta separación tanto como el marco newtoniano.

Como advierte Torassa, "la experiencia no muestra que existen fuerzas ficticias que no se comportan como las fuerzas reales", algo que, desde el punto de vista de la primera persona no se puede objetar. Pero, ¿cómo es posible armonizar esto con la descripción newtoniana y sus herederas? Elemental: porque, en una dinámica de autoimpulso, en una autodinámica, "el estado natural de un cuerpo en ausencia de fuerzas externas no es sólo el estado de reposo o de movimiento rectilíneo uniforme, sino que el estado natural de movimiento de un cuerpo es cualquier estado posible de movimiento... todo estado posible de movimiento es un estado natural de movimiento".

Pero ya el cuarto corolario de Einstein para el principio de Mach suponía que "un cuerpo en un universo que por lo demás estuviera vacío no tendría inercia"[6]. El movimiento de un cuerpo sin inercia puede ser cualquier movimiento. ¿Cómo puede seguir teniendo esto vigencia en este nuevo modelo sin inercia, cuando sabemos que el mundo está lleno de fuerzas? Pues justamente con el autoimpulso que propone Torassa, que es lo que las equilibra. *En principio*, sólo estamos desplazando los principios. ¿No habíamos advertido que la inercia no era una cuestión inofensiva?

Y en realidad una dinámica de automovimiento como la de Torassa, por absurda que pueda parecer a primera vista, tiene grandes ventajas sobre los complicados arbitrajes de la física clásica moderna. Pues no hay un sólo principio de equivalencia, sino cuatro al menos, si es que no se da una gama continua. Hoy, para acomodar a las variadas circunstancias y fenómenos que se presentan, se habla de un principio de equivalencia muy débil, uno débil, uno medio-fuerte y finalmente otro fuerte, que recuerdan inevitablemente a las categorías por pesos del boxeo. ¿Y no hay uno super-fuerte? Tendría que ser el autoimpulso de Torassa, puesto que es el único que engloba a todos los demás incluyendo también el principio de relatividad general que demanda que todos los sistemas de referencia tengan las mismas leyes naturales.

Si digo la verdad, mi principal interés por la física ha sido siempre mi rechazo y mi deseo de rebatir la idea de que sólo somos objetos de fuerzas externas. Para mí al menos se trata tanto de rechazar eso como de saber qué es lo que se ha perdido en el intento. A menudo buscamos respuestas imposibles sólo porque sabemos con certeza que lo que se propone no puede ser la verdad, sino sólo un descarado acomodo. Pero lo cierto es que no hace falta pedir imposibles, basta con mirar las mismas cosas desde el otro lado. Tal vez no sea del todo casual que los dos autores citados procedan del hemisferio sur.

Y eso mismo, ver el otro lado, es lo que querría hacer el círculo rabioso del saber-poder por más que sea eso lo que más fortalece esa dinámica. Está claro que los tics y tecnopatías de la tecnociencia viven más de la separación que de la unidad, pues es sólo cuando se separa que hay cosas luego por reunir.

Y ya que estamos hablando del Gran Animal de lo social, es inevitable un apunte sobre la sociología del conocimiento y las teorías funcionalistas de círculo cerrado que tienen su origen en Durkheim y Malinowski y florecen con los juegos del lenguaje de Wittgenstein y los paradigmas de Kuhn. Estas teorías se inclinan a pensar que lo social crea una realidad propia que tiende a cancelar toda otra realidad. Uno prefiere pensar que lo social de lo que se adueña es del sentido de la circulación, no de un significado que sigue estando ahí en medio de todas nuestras pugnas y diatribas y es ajeno a cualquier presión por la conformidad. Veremos más adelante cómo esto concurre con el tema de la realidad física y sus arbitrajes en una línea tan elemental como la que hemos tratado.

Insistamos todavía en lo que el superprincipio de equivalencia-relatividad supone. En su mero uso el lenguaje ya suele revelar la práctica científica harto mejor que la teoría. Ha habido siempre una magna y divertida confusión en el uso de las expresiones "fuerzas inerciales" y "fuerzas no inerciales", no menos que la habido con respecto a qué es especial y general en las dos teorías de la relatividad. Ahora bien, la experiencia de primera mano no nos dice en absoluto que haya unas fuerzas "auténticas" entre los cuerpos que deban cumplir con el tercer principio y unas "pseudofuerzas" o "fuerzas ficticias" que estén eximidas de cumplirlo. Esta distinción es totalmente oportunista y obedece a un propósito de cálculo, pero hay que pagar un precio por ella.

Si la suma de todas las fuerzas es cero en cualquier estado, sólo podrán medirse ratios de fuerzas; introducir aquí constantes con dimensiones tendría que estar fuera de lugar. Otra forma de enunciar este principio sería decir que "la suma cero de todas las fuerzas produce el movimiento observable", algo que cierta inercia mental hace difícil de aceptar. Tal vez lo captamos mejor si decimos que "el movimiento observable produce una suma cero de fuerzas", es decir, equilibra a las que tampoco son observables. El equilibrio de fuerzas nunca ha de confundirse con su ausencia.

"Siempre vendremos a parar a lo mismo, el movimiento es inmutable y el cambio es inmóvil". Esto no lo dijo Mach, sino Machado en su inspirada metafísica de poeta. La física pareció terminar para siempre con el reposo pero siempre lo ha llevado encima, como quien busca los anteojos que lleva puestos; con su matematización del móvil, supone ya el reposo absoluto dentro del movimiento mismo. Queda entonces por captar el movimiento dentro del reposo, y finalmente, la interpenetración de ambos. Y así se cumplirá que la piedra de fundación rechazada por los constructores se convertirá en su día en la guía y piedra angular.

El experimento mental del ascensor de Einstein fue una buena jugada, pero el ejercicio supremo consiste en dejar de pensar que exista inercia en absoluto. Abandonar el supuesto por completo. No existe mayor suspensión de "la actitud natural", como decía Husserl, no existe mayor *epojé*. Esa reducción trascendental es lo único que permite darle la vuelta a la reducción operada por la ciencia sin violencia y sin tener que tirar la casa por la ventana, pues a nadie se le pide que abandone sus operaciones y cálculos. Que exista la inercia mental es algo que también hay que poner en duda. Reintegrar el movimiento y el reposo en la inercia para luego hacer desaparecer a ésta es una puerta abierta para pasar de la mera la identificación al puro conocimiento por identidad.

Pedirle a un físico que se olvide de la inercia es como decirle a alguien que no piense en un elefante rosa. Hasta entonces ni se le había ocurrido detenerse en ello, pero desde el momento en que se le invita a evitarlo su fantasma no le abandona.

La posición de la primera persona no es indiferente a los asuntos eminentemente de tercer nivel del discurso científico ni a los de la disposición técnica. La intencionalidad no está en la experiencia, aunque parezca atrapada en ella. Cambiemos de tercio y consideremos cómo interactúa esta primera persona con un supuesto objeto en el entorno más minimalista posible.

Digital y analógico

Volvamos ahora al pozo del electrón en el móvil —aunque también podríamos haber supuesto un diapasón o un giroscopio integrados— ¿Cuántas maneras puede haber de influir en su estado? La respuesta inmediata es que habrá tantas como tecnologías e interfaces, y en tal sentido, tal vez pueda decirse que el número de posibilidades para valores discretos no es muy elevado; si lo que queremos es variedad, siempre se puede acudir a sistemas más complejos.

Ciertamente, a medida que las nanotecnologías se aproximan a la manipulación de átomos y estados de partículas individuales estamos cruzando un umbral que hay que ponderar debidamente. Por un lado, se ha repetido hasta la saciedad que las leyes del mundo cuántico tienen poco o nada que ver con las del mundo macroscópico en cuanto a tiempo, espacio y casualidad. Por otro, ni de los formalismos cuánticos ni de ninguna de sus interpretaciones se sigue dónde y en qué orden de longitud pasamos de la mecánica cuántica a la clásica —de hecho las previsiones sobre el tamaño de los transistores han debido corregirse permanentemente debido a esta enorme laguna. Finalmente, la misma idea de manipulación mecánica de átomos y partículas ya supone una obligada continuidad con nuestras nociones de mecánica ordinaria, con sus ruedas, manivelas y palancas. Surgen además los mismos problemas que ha tenido la ingeniería desde el comienzo de la revolución industrial, problemas como la estabilidad, el control, la disipación del calor, las fluctuaciones térmicas y la termodinámica en general.

Se está produciendo por tanto un decisivo solapamiento de los tres grandes dominios de la física: el clásico, el cuántico, y el termodinámico. Y a diferencia de objetos tan remotos e hipotéticos como los agujeros negros, aquí sí que se dispone de todo lo necesario para hacer estas cuestiones palpables. El problema aquí es que llevamos a remolque ideas y teorías que cristalizaron en un entorno experimental infinitamente más pobre pero imponen todavía sus anteojos.

Tampoco es cierto que todo esto se esté consiguiendo gracias al insuperable poder predictivo de la mecánica cuántica, tal como dicen los teóricos, sino más bien todo lo contrario. La mecánica cuántica ni siquiera puede predecir el colapso de su propia función de onda, por no hablar de interacciones colectivas o del problema recién comentado de la demarcación entre su dominio y el clásico. Por más que hacer cálculos sea arduo y tenga su mérito, es evidente que una teoría que sustrae infinitos de infinitos de forma recurrente y sistemática es capaz de predecir todo lo que sea necesario —después de que haya tenido lugar. Pero tan duro o más que hacer cálculos a posteriori es tener que vérselas como ingeniero o experimentador con entidades de las que no se tiene la menor idea de cómo casan con nuestra realidad. Y el punto es que ahora el interés de este trabajo tendría que ser aún más teórico que práctico, si tan solo la teoría reconociera sus limitaciones.

No hace falta recordar que muchos descubrimientos importantes en este dominio se han hecho en contra de las predicciones de los teóricos. Sabido es cómo en 1956 Bohr y von Neumann llegaron a Columbia para decirle a Charles Townes que la idea del láser, que requería el perfecto alineamiento en fase de un gran número de ondas de luz, era imposible porque violaba el inviolable Principio de Indeterminación de Heisenberg[7]. El resto es historia. Pero esto no ha sido la excepción sino la tónica general.

La distancia entre bombardear o estrellar partículas e intentar coordinarlas según una finalidad con el tacto presciente de un ladrón de cajas fuertes no puede ser más abismal; una diferencia tal tendría que reflejarse de forma proporcionada en la teoría. Si no lo ha hecho todavía, es porque ésta aún no ha acertado a soltarse del yugo. Pero esto no ha de durar mucho tiempo.

El empeño en manipular mecánicamente a átomos y partículas lleva ineluctablemente a ver los límites de aplicación de los tres principios en el dominio cuántico. Pero el mero hecho de que ya se consigan muchas aplicaciones consecuentemente mecánicas a escala atómica cuestiona abiertamente la idea de que el mundo microscópico ignore la mecánica clásica. Paso a paso la mecánica cuántica va descendiendo de su limbo y se ve forzada a encarnarse y a tomar contacto con nosotros.

Las mediaciones mecánicas a nivel microscópico pueden ser terriblemente complicadas, y por otro lado la lógica de Peirce es elíptica e involutiva sin remedio, estando más que visto que los intentos de retomarla no han conducido a parte alguna. Este carácter involutivo podría incluso adoptarse como una vía de regreso, naturalización o reapropiación, si no fuera porque no es así como nos reapropiamos las cosas. Y el empleo de la analogía, que aquí tendría que resultar providencial, queda "reducido" al valor esquemático de los diagramas que presiden el razonamiento matemático.

No hay duda de que el cómputo digital tiene muchas ventajas sobre el analógico, siendo la mayor de todas el control, la eliminación de los factores incontrolables. Así pues, lo digital es ya de entrada sinónimo de control, y hablar de una sociedad digital equivale a hablar de una sociedad de control; revertir esa elección es más que problemático. ¿Pero quién ha dicho que lo analógico tenga que ser un auxiliar del cálculo?

En las nanotecnologías no todo es manipulación; la sintonización y la modulación —ajuste y autoajuste— son igualmente importantes. La detestable afirmación de Bacon de que a la naturaleza hay que obedecerla para dominarla, en la base de nuestra sociedad moderna, podría encontrar aquí espacio para su rectificación. No sólo podríamos utilizar el mínimo de manipulación mecánica para sintonizar con ella, sino aprovechar esa sintonía para ajustarnos a nosotros mismos.

La técnica ha ido evolucionando desde un arcano e insondable principio de instrumentación a uno mucho más complejo y reflexivo de organización-información. Con su éxito también aumenta su grado de reflexividad o autoconciencia y va pasando gradualmente de la interacción con el medio externo y su dominio al control y administración de sus recursos internos, que alcanzan la prioridad. Hay pues un proceso de despliegue o emergencia que no tiene por qué regenerarse indefinidamente. De hecho en los procesos orgánicos el aumento de complejidad va ligado a una restricción creciente íntimamente ligada a lo que entendemos por envejecimiento, esclerosis o fragilización. Librada a sí misma, y si otros factores no lo impiden, la llamada sociedad digital es inherentemente una sociedad de control que tiende al cierre de su sistema y que, muy lejos de ser gobernada por la inercia se opone activamente a la emergencia de lo nuevo.

Si proponía el experimento mental de una aplicación que permitiera un contacto directo con un átomo o partícula no era ciertamente para tratar de probar la unidad cuerpo/mente o mente/materia, puesto que esa unidad ya la doy por descontada, sino más bien para sondear las posibilidades y umbrales de su desacoplamiento. Y si para liberar la intención de la disposición recurrimos a una suerte de reducción trascendental, aquí habría que proceder más bien por reducción al absurdo. Busquemos algo que nos suene lo bastante absurdo y veamos si desde ahí es posible descender a realidades más prosaicas.

En su libro sobre los misterios del Polo, Ibn Arabi dice haber conocido personalmente a alguien que había visto a la serpiente que ciñe a la montaña de Quaf que rodea la tierra con su cabeza mordiendo su cola. El hombre la saludó y la serpiente respondió para pedirle luego noticias de Abu Madyan, por entonces vivo en Bugía. El viajero se asombró de que la serpiente supiera su nombre, pero ésta le dijo que todos los seres del mundo, de los animales a las piedras, lo conocían, salvo los djinns y los hombres con alguna contada excepción.

En un lenguaje cibernético y de control, diríamos que la serpiente es el proceso de individuación que marca los límites de cada individuo en relación con el ambiente y lo hace emerger del indeterminado océano de la posibilidad, de forma tal que cualquier mundo también es un individuo entre otros muchos posibles. Por individuo entendemos aquello que está dotado de entidad propia y una forma-función dentro de un determinado ambiente cuyos parámetros no son intercambiables. Cada individuo es un ejemplar separado a la vez que sus géneros pueden engrosar un número indefinido de anillos concéntricos, o bien participar en colecciones con un comportamiento mecánico-estadístico.

Esta sería más o menos la visión de Raymond Ruyer de seres primarios con conciencia inmediata y capacidad para darse forma a sí mismos y seres secundarios o agregados de carácter colectivo. Las interacciones entre los elementos de seres colectivos tienen un carácter medible y calculable, mientras que la conciencia de los seres primarios, desde las partículas y átomos a los cerebros, no se infiere más que por la estabilidad de su forma externa y su actualización, que no es lo mismo que su acción.

Ruyer escribía en los años nacientes de la cibernética, que empezaron a aplicar los criterios de eficiencia tanto a máquinas como a seres vivos. El objetivo era tanto explicar como producir sistemas autónomos o con grados crecientes de autonomía. Los famosos trabajos de Wiener y Shannon datan de 1948, la misma fecha en que se definía la electrodinámica cuántica y la física fundamental se reducía, por primera vez de forma explícita, a una pura cuestión algorítmica. Desde Newton se había hecho lo mismo, pero ahora al menos se admitía.

En los setenta, con el auge de los modelos comunicativos, llegaría la cibernética de segundo orden, que pretendía profundizar en la idea de circularidad, con autores como Bateson, Varela y Maturana, o Kepinsky, entre otros muchos, y sus especiosas concepciones de la "ecología de la mente", la autopoiesis o el metabolismo de la energía-información. Era la enésima reinvención de la rueda.

Tras estos giros psicolingüísticos que quedaron en poco menos que nada, al final del siglo llegarían algunos intentos de devolver los problemas de la circularidad al ámbito de la física propiamente dicha: la endofísica de Rössler[8] o la teoría de la medida interna de Matsuno, Gunji y otros, en parte inspirada en algunos planteamientos del biólogo teórico Robert Rosen[9]. Esta cibernética de tercera generación volvía a la relación entre microfísica y biología retornando así un poco al espíritu de Ruyer con herramientas técnicas más sofisticadas. Sin embargo tan interesantes tentativas no alcanzan a tener mayor repercusión; sin un objetivo claramente definido, las barreras de las especialidades prevalecen sobre cualquier afán interdisciplinar.

No es que el tema del control-eficiencia-autonomía haya dejado de tener interés. Al contrario, el aparato burocrático de algunos estados y grandes compañías tecnologías busca el círculo perfecto con más ahínco que nunca. Inadvertida y simplemente, de ser un objeto de estudio hemos pasado a ser el objeto estudiado por una técnica-ciencia en permanente mejora y rectificación. Claro que esta técnica-ciencia es completamente heurística y carece por completo de principios en todos los sentidos, y aun si quisiera sería incapaz de dárselos.

Como Rosen recuerda, para muchos de los padres de la mecánica cuántica, y Schrödinger es el más conspicuo de los casos, la física más fundamental tenía mucho que decir sobre el enigma de la vida y los problemas de su autoorganización[10]; pero con el paso de los años incluso los argumentos del físico austriaco se usaron a favor de la "mera" visión molecular. Ponemos las comillas porque está claro que incluso el más simple enlace molecular nos pide que creamos lo imposible.

Después de lo dicho sobre la inercia y la disposición de lo mecánico, cualquier intento de buscar un hueco para lo amecánico podría resultar, más que innecesario, contraproducente. Tampoco se ha dejado de notar que el mismo Newton, más que demostrar que todo era mecánico, hizo lo contrario —en eso justamente estriba el gran salto operado sobre la física mecanicista cartesiana. Pero tendemos a olvidarnos de todos los detalles y deslizamientos, hasta tal punto, que luego nos tiene que parecer que la mecánica cuántica dice cosas realmente nuevas, cuando es en la escala donde está la diferencia principal. La simultaneidad relativista, incluso el determinismo local de la mecánica cuántica, son encajados en el supuesto básico newtoniano del sincronizador global, el tiempo absoluto en el que el tercer principio no tiene lugar de forma secuencial sino simultánea.

El determinismo parece evacuar al mecanicismo, aunque no lo hace imposible. Poincaré notaba que cualquier ley describible con principios de acción como son todas las de la física fundamental admiten infinitas descripciones mecánicas, que por eso mismo se convierten en irrelevantes. Un lagrangiano nunca es unívoco, lo que hace posibles incontables analogías de corte preciso y matemático.

Coincidimos sin embargo con Rosen y sus continuadores en que los supuestos conservativos que prevalecen en la mecánica cuántica inhabilitan a ésta para ocuparse debidamente de los problemas de la vida, y esto ya incluso al mismo nivel de las moléculas, por no hablar de niveles superiores o inferiores. La mecánica cuántica no es lo más fundamental, sino, muy al contrario, una forma muy especial de teoría —o de falta de ella. Volveremos luego sobre este punto.

Tanto la mecánica celeste como la atómica están basadas en las órbitas elípticas. Si el tercer principio se cumpliera sin más, la energía cinética y la potencial serían exactamente de signo contrario y su diferencia igual a cero; sin embargo el lagrangiano del sistema tiene un valor positivo, lo que sin duda hace pensar en una situación de desequilibrio permanentemente ajustada. Y en cuanto a la solución vectorial newtoniana que separa las condiciones iniciales de las fuerzas contemporáneas, es superponer dos planos distintos, pues está claro que la mecánica sólo puede existir entre fuerzas contemporáneas, y no con una mezcla de fuerzas presentes y pasadas.

En este esquema newtoniano, si la fuerza centrípeta contrarresta la velocidad orbital, y esta velocidad orbital es variable a pesar de que el movimiento innato no cambia, la velocidad orbital *es ya de hecho* un resultado de la interacción entre la fuerza centrípeta y la innata, con lo que entonces la fuerza centrípeta también está actuando sobre sí misma. El sistema entero tiene feedback, autointeracción, sin que sepamos nada de cómo esto ocurre[11].

El principio de reciprocidad de acción y reacción, del que se deriva también la conservación de energía, sólo puede tener vigencia para fuerzas internas a un sistema, nunca cuando intervienen fuerzas externas; éstas tienen que ignorar el tercer principio por definición. El tercer principio marca los límites de un sistema cerrado como las máquinas humanas hechas a nuestra escala; pero la más general conservación del momento en campos gravitatorios o electromagnéticos pasa por la contribución de un medio que presupone que el sistema está abierto.

Todo esto para recordar que los sistemas conservativos de la física fundamental no son del mismo tipo que los sistemas cerrados de nuestras máquinas, y dependen de un tipo de acción que no queda más remedio que considerar misteriosa puesto que siempre queda sin especificar. En este sentido tan básico la teoría del control y la estabilidad no son en nada ajenas a los problemas de los campos fundamentales, salvo porque el hecho obvio de que describen evoluciones colectivas de forma estadística.

Ruyer se atrevió a plantear directamente la posibilidad de que un átomo o partícula tuviera una conciencia individual de su medio. En mecánica cuántica tenemos el par medición/acción; en un átomo o partícula podemos hablar de absorción y de emisión, igual que en un animal podemos hacerlo de la percepción y la acción. Pero ambos son extremos del comportamiento observable; la conciencia, por definición, no puede ser observable, sino que ha de permanecer por siempre como un supuesto.

Es por el darse forma a sí mismas que Ruyer hablaba de formas absolutas basadas en una auto-observación infinita ajena a la causalidad, ya fuera en partículas, embriones o cerebros. Esta auto-observación permite un contacto inmediato consigo misma y con una infinidad de componentes sin necesidad de perspectiva ni distancia. Nadie dice que esto no sea problemático, pero no más que considerar mecánico a un átomo, un sistema solar o una galaxia basándose en el principio de simultaneidad, del gran sincronizador global. Ambas cosas vienen a ser equivalentes.

No se trata de que esta supuesta conciencia admita grados por analogía. No teniendo cualidades, siendo equipotencial y deslocalizada, sólo puede variar por el entorno en el que se refleja o manifiesta. En cambio los que sí que sólo pueden interpretarse mecánicamente por analogía son los principios variacionales de acción que rigen nuestra mecánica, puesto que no admiten una determinación unívoca. De modo que las cosas están al revés de lo que tan superficialmente suponemos.

Entonces, podríamos plantear una carrera ascendente y descendente para acceder a la realidad del átomo o la partícula, o, por mejor decir, dos tipos de ascenso y descenso. El primero ya ha recorrido gran parte del trayecto, se trata del trabajo experimental y de laboratorio que tiene ya más de un pie en todo tipo de aplicaciones industriales. El segundo es un descenso directo desde la conciencia sirviéndose directamente de la analogía exclusivamente en lo que hace a su entorno.

Hoy se busca tanto la manipulación como la modulación de estados cuánticos individuales, y florecen nuevas disciplinas como la medida cuántica continua, el feedback cuántico y la termodinámica cuántica, que hacen posible un filtrado creciente del ruido y una distinción cada vez más aguda entre las fluctuaciones cuánticas y térmicas. En algunos casos incluso se habla de autorrealimentación de una partícula dentro de una cavidad. Muchas de estas nuevas subdisciplinas ponen seriamente en cuestión la idea prevaleciente de la mecánica cuántica, pero al presentarse como una diversificación de aplicaciones no están en situación de presentar una enmienda a la totalidad.

Es curioso que en la historia de la mecánica cuántica haya primado tanto lo práctico y que ahora se presente a sí misma como la última palabra sobre lo fundamental. Cediendo al peso de su genealogía, la idea de separación se ha impuesto sobre la de participación. Pero el principio de Vico, que afirma que sólo comprendemos lo que hacemos, es más general que el de Descartes.

Aunque seguramente también se puede dudar de ese principio de Vico. Sé mover mi mano, pero ¿sé cómo es que muevo mi mano? De segunda mano, por así decir, no de primera. Tratemos pues de introducir en el ámbito del saber-poder el principio de Vico debidamente reformado: sólo comprendo aquello en lo que participo, y en la medida en que participo.

No es por el cálculo, sino por las artes prácticas, que mejor conocemos el mundo. El mismo concepto de eficiencia, como economía de esfuerzo o elegancia, era una noción natural en el arte de todas las culturas antes de que las técnicas fueran invadidas por una montaña apilada de mediaciones científicas; habría que sacarla del fondo de la pila. Existe un sentido natural de la eficiencia en cualquier actividad física, en la entonación justa, en cualquier gesto o pincelada.

Para pasar de un ámbito al otro, del funcional regido por el cálculo al funcional intuitivo, pensemos por ejemplo en el biofeedback o realimentación biológica. Una señal que esté en correspondencia con una función vital nos puede servir para variar ésta a voluntad, dentro por supuesto de unos límites. Sin embargo, y esto es lo importante, aquí debe quedar desterrada cualquier noción de manipulación, pues en este contexto no puede tener el menor sentido. Incluso el control, con toda su vasta teoría actual, queda subsumido en la idea de autocontrol, que lejos de ser un caso particular, parece el caso más indefinido y general.

En nuestro control físico ordinario de objetos externos también se invierte la relación entre acción y cálculo. Pensemos en el complicado equilibrio que conlleva ir en bicicleta; la dinámica a duras penas puede resolver el problema mediante las fuerzas centrífugas en caso de movimiento lento, pero se le va de las manos en casos de mayor velocidad. Y sin embargo para el ciclista es todo lo contrario: la velocidad es la solución, y la excesiva lentitud el problema. El movimiento se demuestra pedaleando.

Sin embargo dentro de la categoría del autocontrol hay algo más que ciclos de percepción y acción; hay también autoobservación. En el caso del biofeedback se presentan dos casos básicos, el seguimiento de una función de forma directa, como cuando al observar nuestra respiración la modificamos sin siquiera pretenderlo, y el seguimiento indirecto, ya sea mediante un espejo que nos devuelve nuestra imagen para intentar mover las orejas o por un aparato con sensores que nos traduce señales generadas por nosotros mismos pero de las que nosotros no somos conscientes.

El motivo del biofeedback puede parecer muy limitado puesto que desde su aparición y difusión hace cincuenta años apenas ha trascendido el nivel de una curiosidad. Sin embargo marca un punto de inflexión en la relación entre el hombre y la máquina. Si la idea más socorrida a la hora de explicar el surgimiento de herramientas es como extensiones o prótesis que proyectan fuera nuestra capacidad como organismos, y si luego hemos dado en reconocer que a partir de cierto punto se pierde toda relación armónica entre la herramienta y el órgano, aquí por primera vez empleamos la máquina para que nos ayude a tener o recobrar la conciencia de funciones orgánicas hundidas ya por debajo del umbral de la atención.

Así pues, si la técnica salió de la biología del organismo consciente, es justamente aquí que retorna a ella de la forma más mediada posible, aunque con la intención más directa. En puridad, toda la teoría cibernética del control tendría que retornar al autocontrol como su arquetipo, puesto que éste ya incorpora los ciclos de percepción y acción permitiendo el hueco justo para la autoconciencia. ¿Pero existe tal hueco, o es sólo una forma de hablar? Y también, ¿hemos llegado a estas máquinas con la intención de ayudarnos, o bien para ayudarlas a ellas a encontrar una salida fuera del cálculo?

Para lograr la autorregulación en funciones autónomas lo primero que hay que soltar es el principio de instrumentación, la idea de actuar sobre algo, puesto que ambas cosas se excluyen mutuamente. Por otra parte, si todas las herramientas nos intoxican con la sensación de multiplicación de la potencia, aquí lo que tenemos más bien es una reducción, o una desmultiplicación que no resulta reductiva en absoluto. La señal de referencia, sí, es una reducción dirigida conforme a la intención de la técnica, pero su interpretación la devuelve a la zona de contacto entre la sensación y un sujeto indeterminado.

La autorregulación demanda el abandono de la instrumentación y su reabsorción en el principio mimético, en la imitación, que tiene un sentido biológico mucho más inmediato. La imitación es la mitad activa y formativa y la percepción, primero de la señal, luego de las sensaciones, la pasiva y receptiva. La imitación es una forma de apego y la percepción, por sí sola, de ignorancia o perplejidad.

Sin desapego no hay conocimiento y sin conocimiento no hay desapego. La única forma de salir de este dilema es por la observación, que aun participando de ambos es distinta de los dos. Pero la observación de nuestra acción y percepción ya es autoobservación de suyo. La acción por sí sola es algo muy distinto de la actividad. Muy justamente dijo Rudolf Steiner que no pensamos porque somos sujetos sino que nos consideramos sujetos porque podemos pensar. El yo es un pensamiento entre otros, bien que mucho más conectado y actualizado que la mayoría; pero los pensamientos no son la actividad del pensar. A ésta sólo podemos llegar con la misma observación como actividad, no por el mero acoplamiento de acción y percepción, de percepción y pensamiento. Occidente ha confundido el pensamiento con el Logos, y nadie negará que eso ha contribuido a aumentar enormemente su volumen de producción de pensamiento, pero no a captar la pura actividad del pensar.

Y claro, ahora lo que buscamos es una analogía física y biológica en la que no resulte inconcebible este género de actividad, problema que siempre ha puesto en evidencia las limitaciones del dualismo. Pero quisiéramos una analogía que nos brinde algo más que una semejanza, una analogía que se revele funcionalmente útil a distintos niveles de organización, que pueda descender, recordémoslo, de la función biológica al átomo, y por lo mismo, ascender también en dirección contraria de lo microscópico a lo directamente observable.

¿De donde viene nuestra sensación de realidad e irrealidad? Cada sentido nos brinda una sección de percepción, pero ninguno de ellos por separado nos proporcionaría la sensación de realidad. El fondo natural e indefinido en el que ellos se asientan es en el cuerpo, como los sueños se asientan en el sueño sin sueños, del que nunca se sabe si es la conciencia vacía o el vacío sin conciencia. El crecimiento en proporciones epidémicas del sentimiento de irrealidad se debe en gran medida a la separación creciente entre esferas perceptivas, que la reparación del sueño apenas puede compensar. Como es sabido, el insomnio crónico también produce estragos en el sentido de irrealidad que tampoco los somníferos compensan.

En un texto anterior, dedicado a la biofísica y la biomecánica esbocé cierto argumento que ahora intentaré condensar. El ciclo de alternancia nasal en la respiración que exhiben los animales y el hombre tendría no sólo un papel en la regulación del equilibrio orgánico sino que definiría un cierto límite dinámico en la relación del organismo con su entorno. Conjeturaba, basándome en argumentos volumétricos, de locomoción y automoción en seres vivos, la existencia de una fase geométrica, es decir, de un desplazamiento de fase de la dinámica respiratoria en el entorno de un agujero o singularidad en la topología, un índice del hueco que buscábamos.

Un mito de los Baima dice que en el origen del mundo la primera pareja de dioses trató de envolver la tierra con el cielo pero no cabía. Para abotonarlos juntos no hubo más remedio que apretar la tierra estrujándola, de lo que resultó la irregularidad de montañas y valles, y por eso la tierra no es una mera superficie lisa. El frunce del ojal y su botón serían la singularidad no integrable en torno a la que se desplaza la fase, no sólo la signatura de un individuo, sino muestra del proceso de individuación de la que el individuo es sólo resultado. También indicaría el eje y polo de la individuación.

Curiosamente esta fase geométrica, "cambio global sin cambio local", que luego ha venido a incorporarse a la teoría del control para el movimiento de robots siguiendo ejemplos de locomoción animal como el de las serpientes, esta fase geométrica fue descubierta por Pancharatnam y generalizada por Michael Berry en 1983, momento desde el que no ha dejado de jugar un importante papel como "apéndice" o extensión de la mecánica cuántica.

Naturalmente, se ha puesto mucho cuidado en aclarar que la fase geométrica, faltaría más, no añade nada nuevo a esta mecánica, sin embargo la historia y las matemáticas no dicen lo mismo. Lo que dicen las matemáticas es que ni el espacio proyectivo de Hilbert ni la dinámica hamiltoniana bastan para describir esta fase sin el añadido de una curvatura. Y en cuanto a la historia, no hay más que recordar el desconcierto y la perplejidad que causó durante muchos años el efecto Aharonov-Bohm entre la opinión general de los físicos abonados a una interpretación local de la teoría.

De hecho el mismo Bohm, que tanto abundó en el tema del holismo y la no-localidad, no advirtió que la fase geométrica no era un fenómeno exclusivo del dominio cuántico, sino que se trata de algo universal que se presenta en los campos electromagnéticos clásicos, en el péndulo de Foucault y la fuerza inercial de Coriolis, en la superficie del agua y el movimiento de seres unicelulares, gatos y serpientes. O hasta en el acto de aparcar en paralelo o enroscar una bombilla. En qué estaría pensando gente tan argumentadora como Feynman para no ver esto.

Claro que siempre puede decirse que esto no es algo "fundamental". No sabemos cómo deciden los físicos lo que es fundamental, pero para nosotros algo que aparece a todas las escalas ya tiene algo de lo que carecen nuestras más fundamentales teorías, a saber, universalidad. Habría que ver entonces cómo se relaciona esto con lo más fundamental de todo, que para nosotros sólo puede ser el tema del marco de referencia y sus coordenadas. Sin duda quienes más han ahondado en este aspecto son Mazilu y Agop en su reciente trabajo sobre el principio de relatividad de escala, al que remitimos al lector interesado[12]. Los físicos rumanos intentan desarrollar a su vez el programa iniciado por Laurent Nottale, mayormente ignorado por las corrientes principales de investigación[13].

No tengo aquí espacio ni conocimientos suficientes para evaluar los méritos físicos de esta teoría y su desarrollo por Mazilu y Agop, pero su énfasis en el continuo, en la relatividad de escala, el nuevo significado que aquí encuentra el sistema de referencia, o el uso clarividente de la distinción entre partícula material y punto material en el sentido de Hertz, tan íntimamente relacionado con la dualidad onda-corpúsculo, pero no menos con la distinción de Ruyer entre las formas absolutas y las infinitas multiplicidades; todo esto, digo, conecta en gran medida con la perspectiva totalmente directa que querríamos adoptar respecto al tema del autocontrol y la individuación.

Recordemos que estábamos especulando sobre la extraña posibilidad de que nuestra conciencia pueda sintonizar con un estado cuántico y tal vez influir en él. En contra de la opinión más extendida sobre la radical separación entre las dos mecánicas, creemos que hay muy buenos argumentos para pensar que no estamos hablando de cosas diferentes, sino, sobre todo, de escalas de longitud y tiempo diferentes —con todo lo que eso comporta. De hecho el trabajo de Berry y Klein pone de manifiesto que siempre hay una escala de tiempo y de longitud en que las fuerzas resultan ser conservativas, independientemente de su naturaleza; Mazilu y Agop, apoyándose en argumentos de densidad y de la geometría de los parámetros, muestran que el problema de Kepler exhibe relaciones no conmutativas y conlleva necesariamente la idea de cuantización, e incluso la de los campos de Yang-Mills.

Como para conducir una bicicleta, las condiciones para interactuar directamente con un átomo o partícula son seguramente mil veces más difíciles de explicar que de hacer. De modo que más bien estaríamos justificando su posibilidad que acercándonos a ella, cuando por otro lado una práctica no necesita más justificaciones que su efectividad. Con todo, parece inconcebible que nuestra consciencia pueda sintonizar con frecuencias como las atómicas que escapan por completo a nuestro orden de cosas e intervalos perceptibles.

Por otra parte, la clasificación de estados cuánticos —puros, mezclados, coherentes, ligados, con muchos cuerpos, con cambio adiabático, etc, etc— es todo un mundo y permiten un sinnúmero de combinaciones que ahora no vamos ni a tantear.

Tenemos los estados de las partículas, y tenemos la representación o señalización de esos estados. Se trataría de ver si hay una zona de contacto entre ellos y nuestra capacidad de observación en tanto que autoobservación. Si por un lado no sabemos hasta dónde puede descender nuestra autoobservación dentro del propio cuerpo, no parece que tenga sentido hablar de dentro o fuera para muchos estados cuánticos no ligados. La cuestión, ya notada por Simondon, no es tanto que recibamos impresiones de la materia sino que la materia, igual que nos embota, también puede sensibilizarnos.

En realidad, ya se ha sugerido, todo esto no es más que buscarle la otra cara a la actual carrera en los laboratorios por la manipulación de estados cuánticos individuales en aplicaciones mecánicas o de información; del mismo modo que buscamos la desmultiplicación de potencia y la inmediatez que todas estas tecnologías hacen cada vez más remotas. Si las tecnologías son nuestras prótesis, igualmente pueden suponer la autoamputación de capacidades orgánicas ya no más reconocibles.

Hoy el cálculo es pura heurística como siempre lo fue, y la acción/percepción o imitación/percepción como método heurístico no tiene nada por lo que haya que juzgarlo inferior —salvo, evidentemente, por su ausencia de desarrollo formal. Por el contrario, abre posibilidades de interacción más directas y cercanas a lo biológico que sin embargo no tienen por qué confinarse a un ámbito; de lo que se trata es de explorar su universalidad. Las clásicas nociones biológicas de analogía y homología, de semejanza y continuidad, encontrarían así un campo mucho más vasto y libre de aplicación.

La individuación, problema y solución

Naturalmente, cabe preguntarse si este tratar de reabsorber una ciencia y tecnología instrumentales en lo inmediato es un empeño legítimo y no contradictorio. Prefiero dejar abierta una cuestión que podría decidirse en no más de diez o quince años si tan sólo se concretan las preguntas y los experimentos. Se trata sin embargo de una vía demasiado condicionada por nuestra actual tecnología y conocimientos científicos como para considerarla universal.

Si buscamos lo más básico, aquello que es independiente de aparatos, no hay más que prescindir de ellos desde el comienzo. Con todo juzgamos que puede ser conveniente sugerir una vía tecnoinstrumental para todos aquellos que ya han encauzado sus energías en esa dirección, que hoy —no hay más que ver el número de usuarios de teléfonos móviles— son ya mayoría. Puesto que las máquinas hoy conducen a la dimisión del hombre en campos verdaderamente críticos, nosotros no queremos dimitir de su control; y no por humanismo, si es el humanismo el que nos ha llevado hasta aquí.

En cualquier caso es necesario buscar un planteamiento que sea independiente de la tecnología, cualquiera que sea nuestra actitud hacia ésta. En los supuestos que hasta aquí nos trajeron, todo ha salido del yo, y todo tiene que volver al yo, en un círculo que se querría perfecto si no fuera por el pequeño detalle de que sabemos que no hay yo, y si no lo sabemos lo dudamos en todo momento.

En la estela de Heidegger y Foucault, Agamben nos recuerda que la palabra dispositivo se remonta al término *dispositio* con el que la teología trinitaria cristiana trató de definir la *oikonomía* o circulación de las tres personas de la divinidad, palabra de donde ha salido nuestra idea de administración, gestión o *management*[14]. A este respecto no deja de ser significativo el que Newton fuera, según la leyenda, un criptoarriano y antitrinitario, puesto que quiso poner los tres principios de la mecánica en un mismo nivel —la razón de ser de la mecánica es la nivelación universal. El mismo Descartes ya había propuesto tres principios, y, por motivos simbólicos, funcionales y semióticos, bien puede decirse que tanto la ciencia como la modernidad reposan en esta extrusión trinitaria con la ficción de un yo que se mantiene aparte y determina la objetividad. Esta es la razón de ser del mecanicismo cuyo punto ciego supone igualmente un punto de fuga para la mezcla bastarda de materialismo e idealismo modernos.

Fue probablemente en una reacción contra el idealismo intrínseco al símbolo trinitario que una serie de pensadores de estilo muy variado se volvió en el siglo XX, y especialmente tras la posguerra, hacia los esquemas cuaternarios como símbolos de la totalidad. Probablemente fue Jung el primero en esto, seguido luego por autores tan conocidos como Heidegger con su cuaternidad tierra-cielo-celestes-mortales, o el Schumacher de la magnífica "Guía para perplejos" con su cuádruple campo de conocimiento, yo interno-mundo interno-yo externo-mundo externo como determinantes de la experiencia, la apariencia, la comunicación y la ciencia[15]. Raymond Abellio también insistió en la falsa dualidad del objeto y el objeto y propuso una cuaternidad en la que el sujeto se desdobla en los sentidos y el conjunto del cuerpo, y el objeto se desdobla en lo recortado sobre el fondo y el fondo que es el mundo[16].

Podríamos encontrar otros ejemplos, pero aquí nos basta con estos. Creo que hay algo de suma importancia, como no dejó de notar Jung, en el paso en Europa de una clave ternaria a una cuaternaria, una transición que seguramente aún no se ha cobrado ni la mitad de su camino. Podría hablarse de la búsqueda de una nueva condición de estabilidad, en los mismos años en que en los Estados Unidos surgía la nueva teoría cibernética del control, gemela de la de la estabilidad. Podría hablarse de un intento de puesta de la materia en las mismas condiciones que los otros elementos, más formales, con que hasta ahora la hemos medido. Se ha hablado también de una reconsideración de la feminidad, que en absoluto tiene porqué confundirse con la temática de la materia —o sí, dependiendo de cómo lo entendamos. Abellio habló de una lógica de la doble contradicción en la que hay una contradicción antagonista y una no antagonista, algo que vio reflejado en el Libro de los Cambios y la interpretación de la dialéctica de Mao —y que ha tenido una gran importancia en la dialéctica del capital, tan diferente de la marxista, que se las arregla para emplear muchos problemas y contradicciones en su provecho. En fin, esta misma situación tiene ya mucho de tragedia y de comedia, que daría para largo interpretar.

También tenemos la interpretación puramente existencial, igualmente en busca de la superación del idealismo: esa cruz horizontal, situacional, como cifra de la propia existencia. Lo que no resulta admisible es verla como clave trágica del desgarramiento del yo, pues eso sólo tendría sentido si el yo estuviera en su centro, y aquí lo que vemos es que siempre queda orillado a la periferia. Esto es lo decisivo; que el sujeto, ya sea interno o externo, permanezca como un sector periférico de un nuevo centro. Aquí tenemos ya el símbolo de la nueva *oikonomía*, de la futura disposición.

Por lo visto hasta ahora no hemos llegado ni a la mitad del proceso de transición, y nada garantiza que éste tenga que ser exitoso. Y, mucho más que la ciencia o la gestión de nuestros conocimientos y recursos, nos interesa el paso *de la idea de individuo a la idea de individuación*, pues no vemos otra forma de darle salida a nuestras presentes contradicciones. Hoy el yo es algo cada vez más externo tanto para el extrovertido como para el introvertido, tal vez por eso lo pongamos como prefijo de nuestros yófonos y otros aparatos; sin embargo la disposición actual de toda su constelación está en la línea de la mecánica estadística y de las ciencias secundarias, no de las primarias: la lógica del átomo social.

Lo mejor que puede hacerse en esta situación es, obviamente, cambiar la situación, no pedir más protagonismo en un aparato con las elecciones contadas y monitorizadas. A esto corresponde la cristalización del nuevo símbolo. Y aunque ni la ciencia ni la economía son el destino, tendría que ser bueno para nosotros abrirle paso también en estas esferas que ahora son las que más nos ahogan. El idealismo, todo el mundo parecía querer superarlo; pero sólo a algunos puede sorprenderles que se las arregle para sobrevivir tan bien en el más conformista y materialista de los entornos. La lógica del cálculo y álgebra, su teoría no menos que su práctica, garantiza que nunca vaya uno solo sin el otro.

Así pues, vamos a intentar encontrar un paso para lo nuevo en lo más viejo del régimen presente, en lo que por su mismo éxito es más refractario a la modificación —el inalterado planteamiento de la ciencia moderna. En los primeros años de la cibernética Simondon insistió en que la información podía servir como "fórmula para la individuación" sólo si se pensaba más allá de la actual teoría probabilística de la información; sin embargo esta transformación tan necesaria aún está esperando su hora.

Una clara línea de inspiración para avanzar en tal dirección nos llegaba de nuevo de los Estados Unidos, en la llamada psicología postcognitiva, encarnada o ecológica inaugurada con los trabajos de psicofísica de la percepción de James Gibson. Como dice Robert Epstein, no sólo no nacemos con "información, datos, reglas, software, conocimiento, vocabularios, representaciones, algoritmos, programas, modelos, memorias, imágenes, procesadores, subrutinas, codificadores, decodificadores, símbolos o búferes", sino que no los desarrollamos nunca[17]. La analogía de lo humano con el ordenador es eso, una analogía, pero de las malas. No creo que haga falta extenderse sobre esto. En lugar de especular sobre qué hay en nuestra cabeza, Gibson trató de ver en qué está nuestra cabeza metida; de ahí el término "ecológico", que sólo se refiere a identificar lo propio o específico de nuestra interacción con el ambiente; igualmente podría hablarse de fenomenología o empirismo radical. La información que nos resulta *directamente* relevante en el entorno no son las formas o colores sino las invariantes. No hablamos de una abstracción de la invariante sino de su irreducible efectividad.

La escuela ecológica ha tenido éxitos iluminadores, aunque poco reconocidos, incluso en los problemas donde más claramente se podría interpolar el modelo del cálculo, como por ejemplo en el caso de la determinación visual de trayectorias en los batazos de béisbol. No habrá que decir que los fanáticos del paradigma algorítmico no parecen entusiasmados por la brutal simplificación de un pseudoproblema.

Sería pues del mayor interés poder encontrar más problemas, experimentos y casos en los que un proceso cinemático que envuelva a patrones perceptivos y motores se resuelve en aspectos cualitativos con sus valores propios, las invariantes sobre transformaciones específicas de las propiedades que las causaron. No creo que se puedan poner reparos a lo apropiado y científico de este programa.

Lo que buscamos es pues esta información específica, y ver si puede existir naturalmente en una matriz cuaternaria del tipo que hemos considerado. Un buen ejemplo y de muy considerable alcance sería el estudio de la percepción y acción en el movimiento rítmico coordinado, el famoso modelo Haken-Kelso-Bunz de los años ochenta.

Recordemos un ejemplo de la tarea básica propuesto por Kelso: "Tomar los dos dedos índices y moverlos arriba y abajo para que hagan lo mismo al mismo tiempo. Esto supone 0° de media de la fase relativa, lo que es fácil de hacer y mantener sobre una amplia gama de frecuencias. Ahora haz que tus dedos se alternen; esto es 180° de media de la fase relativa, y también es fácil de producir y mantener, aunque en un rango menor de frecuencias; a 3 o 4 Hz, bajo la instrucción de "no interferir", 180° se vuelve inestable y la gente de manera típica vuelve a 0°. Otras coordinaciones (especialmente el ritmo intermedio de 90°) son típicamente inestables sin entrenamiento y las personas no pueden mantenerlas frente a perturbaciones tales como el aumento de frecuencia"[18].

Este tipo de fenómenos se mantienen cuando los miembros coordinados son de personas diferentes y el acoplamiento es puramente visual. Se trata de un modelo puramente fenomenológico en que la ecuación tan sólo se ajusta al patrón de los datos. Los investigadores identifican los parámetros del sistema y diseñan una dinámica con sus condiciones de estabilidad a perturbaciones, ritmo, o escala de frecuencias. El aprendizaje se describe como una transición de fase entre el ritmo impuesto y la dinámica intrínseca. Como dice Rod Swenson, "la estrategia que se requiere para entender los ciclos de percepción-acción es la estrategia de identificar las "condiciones del campo" precedentes"[19].

Parece que esta y otras tareas, con su información específica que no desvirtúa lo cuantitativo ni lo cualitativo, pueden situarse con toda naturalidad dentro de una matriz cuaternaria como la de Schumacher o Abellio. Claro que la cuestión aquí no es ponerse a estudiarlo, sino ponerse a uno mismo en situación de poder ver en su propia periferia a su yo interno y externo —a su percepción y a su cuerpo, a su objeto y al mundo del que emerge. ¿Es esto imposible o es inevitable? No parece ni una cosa ni otra. La psicología experimental puede ocuparse del tema en lo que tiene de más particular, pero el mayor interés de este enfoque es que tendría que trascender ampliamente las especialidades.

Lo que nos va en cada *experimentum crucis* de este género es la relativización del yo, ese eterno impostor, y el desbloqueo del proceso de individuación, que comprende la relación del individuo y lo colectivo, y en el que lo colectivo hace ya a lo individual. No es pequeña cosa, y uno tiene todo el derecho a preguntarse si tales cuestiones no se resuelven mejor en lo abierto de la vida que entre las paredes de un laboratorio. Si así fuera, aún hablaría mejor del "método", puesto que significaría que puede enseñar algo de lo que el actual método científico carece. Y no me cabe duda de que en un área tan difícil de evaluar como la psicología ya lo ha conseguido.

Ignoro si Simondon, que dirigió un laboratorio de psicología y tecnología en París V, llegó a tener conocimiento del trabajo de Gibson, pero creo que es lo que más se acerca a sus requerimientos sobre información para hacer posibles cristalizaciones, transmisiones horizontales de gérmenes nuevos de conocimiento de alcance general. Podemos preguntarnos también hasta qué punto la identificación de esta información específica es imprescindible para abrirse paso en el problema límite antes planteado de la aplicación del biofeedback a parámetros físicos de partículas u otros sistemas más amplios. ¿Hay algún denominador común entre ambos extremos? ¿Es posible conectar la fase geométrica de la locomotricidad con la que puede darse en la evolución adiabática de un electrón? La misma evolución adiabática es para Berry una transición espacio-temporal; así pues, no son cuestiones absurdas en absoluto, por más que estemos llevándolas intencionadamente a su límite. Están además muy en la línea de las elaboraciones del pensador francés sobre la mecánica ondulatoria y el desfase del potencial. Muchos lectores pueden pensar que dichas elaboraciones en torno a la física se encuentran entre los aspectos más dudosos de este filósofo pero yo por el contrario pienso que revelan un instinto excelente, más penetrante que el de muchos físicos teóricos.

Desde el punto de vista de la dialéctica el cuaternario y la doble contradicción recuerdan más a la dialéctica que podían concebir los antiguos, una dialéctica no de superación y absorción sino de mero y precario equilibrio, donde las cosas siempre están donde han estado a pesar de los vaivenes y los cambios. La primera es la de Hegel, Marx y el progreso, la segunda la de Proudhon y de las culturas antiguas que nunca quisieron engañarse con la idea de una mejora continua, y con bastante más distinción prefirieron pensar que la suma de los bienes y males siempre se compensa mal que les pese a los seres humanos. Seguramente que superar algo en la vida tiene más que ver con pasar por ello que con edificar sobre ello. Incluso podría decirse que si hay algún "progreso" interno es en la medida en que no nos dejamos engañar por los cambios: tal tipo de proceso sería la individuación.

La dinámica *intrínseca* de Gibson y su noción de las invariantes perceptivas incluye ya en sí misma el ciclo de percepción y de acción; aquí estaría la "revolución" de la teoría de la información, puesto que trasciende enteramente la versión digitalizada y encauzada que actualmente impera. Y aunque Gibson no se ocupe específicamente de la teoría de la percepción del color no hay duda de que su planteamiento es extensible a este dominio sin abuso ni desnaturalización. Las invariantes perceptivas del color pueden ponerse en contacto con las teorías del color modernas, como la de Schrödinger, que implican una aritmetización del continuo cromático, y a la que Mazilu y Agop dedican unas cuantas páginas en su obra sobre la relatividad de escala, donde también se reelabora cuidadosamente el legado de Louis de Broglie[20].

Goethe, creador de un "esbozo de teoría" puramente cualitativa y fenomenológica del color, de indudable mérito en cualquier caso, no desesperaba de que algún día sus ideas encontraran su Lagrange. En la zona de contacto entre Gibson y Schrödinger, entre la invariancia cualitativa y la métrica cromática, se inscribe esta posibilidad que la inmensa mayoría ha considerado siempre una quimera. Y cuya concreción no dejaría de tener un gran alcance, puesto que el color nos sigue pareciendo a algunos mucho más que una cualidad secundaria tal como desde Galileo se viene despachando.

No es sólo que el color no sea sólo externo; no es sólo que también inunde nuestro mundo interno. Es que el color expresa una categoría superior a la de lo interno y externo, la de lo íntimo, aquello en la que ambos se interpenetran. Ahora bien, esto no es sólo mística, puesto que la única forma *aceptable* de entender las llamadas "ondas electromagnéticas" no es como ondas propagándose en el espacio, sino como un promedio estadístico del comportamiento en el espacio *y* en la materia. Este era precisamente el problema mecánico del éter electromagnético antes de que consideraciones secundarias, meramente cinemáticas, lo redujeran a la cuestión de la relatividad[21].

Algo tan elemental como el color, que nos inunda y es copartícipe de nuestro sentido de la profundidad, trasciende nuestras concepciones de lo que está dentro y fuera, el sujeto y el cuerpo, el objeto y el mundo. Si Mazilu y Agop traducen la secuencia aritmética sugerida por Georgescu-Roegen infrafinito-finito-transinfinito a la secuencia física microcosmos-macrocosmos-universo, en la relación entre frecuencia y longitud de onda de la luz "podemos decir que el color es una expresión de trascendencia del orden transfinito al finito"[22]. Por supuesto todo esto debe entenderse en el marco específico que los autores conceden a la escala de Planck y al uso que hacen de los conceptos hertzianos de partícula y punto material. Creo que se trata de un aplicación muy afortunada de conceptos para reubicarnos ante la perplejidad que toda esta conocida problemática produce.

La obra del gran psicólogo americano no es sólo clave a la hora de comprender la percepción o de suministrarnos ejemplos de información intrínseca; su idea de la percepción y de la formación de los órganos como derivados de la actividad dentro de un entorno da además una pauta extremadamente valiosa de la fase preinstrumental de la tecnología, aquella en que los distintos seres vivos y sus órganos interactúan con su entorno y excavan su propias cavernas. Excavar la propia caverna a la vez que se busca la salida de ella: otra imagen posible de la individuación.

Quiero suponer también, sin tener ahora la menor forma de justificarlo, que todos los problemas centrados en sus propios términos —en su propia cruz — tienden a dibujar anillos concéntricos en su periferia, mientras que aquellos que son desnaturalizados y forzados a la cuantificación tienden a aumentar el desorden subjetivo y seguramente objetivo. Claro que este desorden no deberíamos seguir confundiéndolo con la entropía.

Finalidad y entropía

Como ya advirtió Poincaré la entropía es un concepto extraordinariamente complejo y el gran uso y abuso que de él se ha hecho desde entonces en absoluto han contribuido a aclararlo. Si la noción de fuerza admite en el dominio más clásico un espectro de valores incontrolables, y en la energía lo inespecificado se multiplica, en el caso de la entropía parece que tocamos el límite de lo que la razón puede abstraer con algún tipo de provecho o utilidad. De hecho aquí el concepto se dispersa en una variedad de contextos de entropía, pero nadie desea introducir otro concepto de cuarto orden que estaría demasiado enrarecido para permanecer en nuestra noosfera.

Un astrofísico como Eric Chaisson nos recuerda que una medida tan simple y elementalmente física como la densidad de flujo de energía es harto más fiable y expresiva para la métrica de la complejidad que cualquiera de las definiciones de entropía, mucho más abstractas, que proliferan; y en esta complejidad incluía, naturalmente, la de la biología[23]. Lo cual ya nos dice algo, incluso si esa medida más simple pudiera no llevarnos muy lejos.

Este uso y abuso actual de la noción de entropía no es sino una parte del tributo que rendimos al mundo digital y a la computación, aunque no esté de más recordar que el contexto original del concepto con Clausius en 1865 fue el de la termodinámica de la primera revolución industrial, allá en el primer gran siglo de las máquinas. Pero, ¿cómo es que una noción tan supuestamente pragmática y multiuso como la entropía va perdiendo filo hasta no servir para aclarar casi nada? En realidad esto es algo muy ordinario en ciencia y tecnología: la extralimitación, la extensión ilegítima de un concepto nunca deja de causar más y más problemas.

Para Clausius, cuyos supuestos eran puramente energéticos y no mecánicos, "la entropía del mundo tiende hacia el máximo". A Clausius y Thompson la idea que les vino inmediatamente a la cabeza —y la primera reacción suele ser la más verdadera— fue que existía una tendencia intrínseca a disipar al máximo los potenciales o gradientes termodinámicos. La energía se degrada, y se degrada todo lo posible. La entropía es sólo la relación entre calor y temperatura, $dE = dQ/T$. Esto no tiene nada de misterioso, incluso en términos mecánicos, si pensamos simplemente que las moléculas tienden a expandirse todo lo que pueden. El calor siempre disipa, puesto que es movimiento molecular expulsado de las regiones más calientes a las más frías, donde hay menos "densidad de movimiento" o más "espacio para moverse". Evidentemente, si se mueven, tienen que moverse de donde están a lugares donde no están. Hasta aquí, la más simple estadística no puede estar contaminada por nada.

Y sin embargo, fue justamente la apropiación de la entropía por la mecánica estadística con Maxwell, Boltzmann y Gibbs, especialmente el segundo, lo que empezó a embrollar las cosas. A las cuestiones de movimiento molecular y de la cinética de gases Boltzmann añade una consideración totalmente innecesaria y subjetiva sobre el orden y el desorden —una racionalización— que ha llegado hasta hoy. Para cuando se ha llegado a admitir —y aún no por todos— que orden y desorden son nociones subjetivas, la equiparación de desorden y entropía parece que ya no tiene remedio, como si el positivismo científico hubiera exportado el desorden al sentido común.

Basándose en el modelo de un gas en un cajón cercano al equilibrio, Boltzmann avanzó que moléculas "moviéndose a la misma velocidad y en la misma dirección" eran "el caso más improbable concebible… una configuración de energía infinitamente improbable". Lo que ciertamente parece una buena conclusión para un cajón con gas, pero no para la evolución de la vida en un planeta o el universo. Boltzmann percibe lo arbitrario del concepto de orden pero es incapaz de librarse de él al depender su descripción de la apariencia de los estados macroscópicos. A pesar de todo, la biología compró este modelo y desde entonces ha supuesto, con las excepciones de rigor, que donde la física termina, y como si no hubiera contacto entre ambos, empieza la evolución.

La interpretación de la entropía como desorden ha tenido un gran éxito en las filas de los positivistas y ha sido promocionada por ellos por más que, lejos de ser una versión neutral, introduce elementos subjetivos de la forma más innecesaria. Y no sólo eso, contradice frontalmente al orden que apreciamos por todas partes y que conocemos desde los griegos como cosmos. En realidad, para lo que resultaba muy oportuno era para la demarcación de territorios entre especialidades: los físicos, cuyo linaje pertenece a la mecánica, podían hacer de la amenazante irreversibilidad un asunto secundario y macroscópico, sin mayores relaciones con la "física fundamental", que debía seguir siendo mecánica y reversible, por supuesto. Y la biología podía heredar el derecho en exclusiva a ocuparse de la organización de la complejidad en la materia.

Pero incluso desde el punto de vista de la microfísica era de lo más sencillo interpretar la tendencia irreversible a la máxima entropía como algo natural. El principio de Huygens, que es el principio universal de propagación de la luz, también para la electrodinámica cuántica, describe un frente de onda que se deforma continuamente en todas sus partes y lo llena todo —la luz se rige por el principio de homogeneidad del espacio, con el que prácticamente se confunde. La luz tiene invariancia de escala, las partículas con masa que separa y une, no; estas ya suponen ya una heterogeneidad. ¿Pero quién ha dicho que la luz sea reversible en el tiempo? Todavía estamos por ver los rayos de luz volviendo a ingresar en una bombilla.

Y por otro lado, una partícula con masa como un electrón o un neutrón puede tener centímetros o metros de sección en la medida en que otras partículas le dejan expandirse; esto es algo que en los laboratorios ya están hartos de comprobar. Es la materia del entorno la que confina a la "materia", que de otro modo se expande sin límite predeterminado ni medida, porque como onda tiende siempre al nivel más bajo de energía. Sola en el universo, una partícula lo llenaría todo. La partícula-en-el-campo y la onda son en realidad lo mismo, sólo cambian las circunstancias; sin embargo para los físicos la partícula sujeta a fuerzas no era lo mismo, o de otro modo no hubieran mostrado tal desconcierto ante los efectos de potencial del tipo Aharonov-Bohm. Bohm trató más tarde de concebir este potencial como un puro campo de información; sea como fuere, hoy sabemos que la cualidad de este potencial en absoluto es privativa del mundo cuántico sino que siempre fue universal.

Así pues, existía un gran interés entre las especialidades en mantener el equívoco de la entropía como tendencia al desorden, mientras la biología, además, procuraba desentenderse tanto como fuera posible de la evolución conjunta y se centraba en los organismos como portadores de genes empaquetados. La biología estaba encantada con un modelo muerto y mecanicista que aún daba mucha más relevancia al papel jugado por la genética como gran vector de la información a expensas de un ambiente que "sólo" operaba como selección natural. Y es que los ácidos nucleicos son manipulables mientras que cualquier interacción global con el ambiente escapa por siempre a nuestro cálculo y control.

Sin embargo, visto desde la misma materia la visión de una tendencia de la naturaleza a aprovechar al máximo su potencial se impone por sí sola. Es finalidad sin la menor intención, pero no se puede negar que es una finalidad, una tendencia activa. Comentando fenómenos de convección como las células de Bénard, Swenson habla de autocatakinesis, término ya usado por Ostwald y Lotka. Pero la gran diferencia entre la autoorganización en sistemas sin vida y la de los sistemas vivos con capacidad de replicación es que los primeros son cautivos de los potenciales locales mientras que los segundos no; unos se desvanecen en ausencia de energía y los otros, cuando falta energía aumentan por el contrario su actividad en busca de otras fuentes[24].

En definitiva, Swenson hace del "principio de máxima producción de entropía" un criterio de selección física, y la producción de "orden", en su irreductible sentido subjetivo-objetivo, algo tan inexorable como la Segunda Ley. Pues es innegable que el orden es algo subjetivo, tan innegable como que lo percibimos por doquier. Aun si sólo fuera apariencia, esa apariencia nos sigue adonde quiera que vamos. Lo insostenible es la posición de Boltzmann, la que ha triunfado, que pretende que el orden es algo objetivo a la vez que lo limita sólo al dominio macroscópico.

Los principios termodinámicos están profundamente conectados a los ciclos de acción-percepción tal como ya lo entendió Vernadsky o Gibson y ahora intentan recoger las neurociencias. Hay una inexorabilidad física y hay un oportunismo en la exploración de un agente en su campo que es el que identifica un "orden" a la vez que lo crea. Dicho de otro modo, cualquier medida de orden es oportunista, por eso es también subjetiva. Y así podemos empezar a entender que una noción con una definición inicial tan sencilla pase a convertirse en algo tan problemático, tan terriblemente complicado. La inexorabilidad física es ya un impulso en dirección a la finalidad, pero no el objeto de ésta, que sólo lo ponemos nosotros.

La piedra angular de Gibson en la relación medio-animal no es el dualismo sino el mutualismo, la reciprocidad. Esto debe traducirse en el sentido primario tanto de la termodinámica como de la información. Pero dado que al parecer no podemos desembarazarnos de la idea de orden sin deshacernos también de la idea del mundo, hay otra forma de zanjar las cosas mucho más verídica y directa que la inútil sofisticación del argumento estadístico de Boltzmann. Para Swenson, "el mundo está en el asunto de la producción de orden, incluida la producción de seres vivos y su capacidad de percepción y acción, pues el orden produce entropía más rápido que el desorden"[25].

Pretender derivar la irreversibilidad macroscópica de la reversibilidad mecánica ya es querer forzar bien las cosas. A nadie le entrará jamás en la cabeza que esto se deriva de un razonamiento natural. Y que además incluso diversos experimentos de físico microscópica comienzan a desmentir, aunque sus conclusiones no resulten muy populares entre la comunidad de físicos teóricos[26]. La evidencia experimental no dejará de crecer en los años venideros con la explosión de las nanomáquinas allí donde se manifieste el conflicto entre fluctuaciones térmicas y cuánticas. Claro que cualquier evidencia puede desviarse aduciendo la socorrida problemática cuántica de la medición o la inconveniencia de cambiar de formalismos.

Sencillamente, la mecánica permite cálculos mucho más explícitos que la termodinámica, esto es lo "fundamental". Nada hay más intuitivamente cierto e inexorable que la segunda ley para cualquiera, hasta que se interponen las consideraciones de mecánica. Por tanto, nada más natural para la visión en primera persona que aquí nos interesa que considerar esto como lo fundamental, y los sistemas mecánicos, como pequeñas islas o anillos de estabilidad. Algunos supuestos básicos de la mecánica cuántica, como la existencia de sistemas aislados con fuerzas estacionarias, son desde el punto de vista termodinámico ilegítimos.

De hecho damos por supuesto que todas las fuerzas fundamentales desde el problema de Kepler han sido deducidas de arriba abajo, de lo global a lo local, y no al revés como se pretende contar. La naturaleza no obedece las leyes que hemos descubierto, nuestras leyes son una ingeniería inversa del comportamiento de la naturaleza al que le hemos añadido una interpretación local de abajo arriba. Para Planck todavía era patente el finalismo tanto de nuestros principios de acción mecánicos como de la segunda ley de la termodinámica; otra cosa es que se prefiera olvidarlo porque interfiere con una idea nada neutral de la "neutralidad".

En esta línea no puede extrañar que surjan intentos de unir ambos extremos y reformular toda la mecánica con un nuevo principio variacional, como hace Mario Pinheiro para sistemas rotatorios fuera de equilibrio, con un conjunto de dos ecuaciones diferenciales de primer orden y un balance entre la variación mínima de energía y la producción máxima de entropía. De este modo el sistema permite energía termodinámica libre con grados de libertad entre diversos niveles y puede haber una conversión de momento angular en momento lineal con un componente de torsión que también cabe interpretar como un cambio de densidad. Con esta formulación obtenemos una mecánica irreversible de la que emergen comportamientos reversibles[27].

Una cosa que llama la atención en esta reformulación de la mecánica es la reinterpretación que hace Pinheiro —otro físico nacido en el hemisferio sur, y ya van tres— del famoso experimento del cubo de agua de Newton, heredero lejano del de Empédocles. Recuérdese que en el experimento de Newton, que cualquiera puede reproducir, al empezar a girar el cubo el agua está prácticamente plana pero al aumentar la velocidad va adquiriendo impulso por la fricción hasta que finalmente cubo y agua dan vueltas a la misma velocidad y su superficie adquiere la concavidad consabida.

Ante este concurso de una fuerza impartida y una fuerza ficticia de inercia caben tres posiciones: la del espacio absoluto de Newton, la puramente relacional de Leibniz o Mach, que la conecta con el resto de objetos hasta las estrellas lejanas, o la realmente mecánica que trata de detallar una causalidad eficiente desde abajo hasta arriba. Como sabemos, la explicación relativista se queda a mitad de camino entre Newton y Mach y no satisface ni un punto de vista ni otro. En cuanto a la explicación mecánica del tipo cartesiano, ya sea con un sustrato, vórtices o lo que se quiera, está la objeción ya comentada por Poincaré de que cualquier sistema variacional admite infinitas explicaciones. Lo cual no excluye la posibilidad de explicación sino sólo su unicidad.

La explicación de Pinheiro elude las objeciones a cualquiera de estas tres posiciones y preserva eso que parece querer dar la razón a cualquiera de las tres. "Lo que importa es el transporte de momento angular (que impone un equilibrio entre la fuerza centrífuga empujando el fluido hacia fuera) contrapesado por la presión del fluido"[28]. Que hay una causalidad mecánica, es algo tan claro como el hecho de que al agua le cuesta adquirir su concavidad estando la fricción de por medio. De nada de esto se puede dar cuenta con ficciones idealistas sobre el tiempo absoluto o las puras relaciones. Pero por otra parte la apelación a la mecánica sólo puede adoptar un cariz estadístico, como nos vemos forzados a admitir cada vez que queremos hacer explícita la relación causal, por ejemplo, en el caso de las ondas electromagnéticas.

Si la luz y el calor nos muestran una expansión omnímoda en la homogeneidad del espacio con invariancia de escala como en los procesos estocásticos, la gravedad por el contrario nos muestra la heterogeneidad a gran escala. Lo que llamamos partículas cargadas también tiene una distribución heterogénea pero sus interacciones tienden pronto a cancelarse con las distancias, mientras que la gravedad no se cancela y es siempre aditiva —por más que se le de un signo negativo a su energía total para compensar el resto de las energías. Tendiendo a concentrar materia, la primera impresión que se tiene es que la gravedad equilibra en conjunto la general disipación de energía, sin que por ello halla que juzgar que se opone a la entropía; aunque en realidad es fácil ver que aumenta el orden entendido como mayor potencial para la disipación.

De este modo la gravedad y la energía positiva ejemplifican a escala cosmológica los ciclos de percepción-acción que crean una selección mutua entre entorno y agente, no siendo al decir de Swenson todos los estados ordenados otra cosa que "estados de simetría de orden superior del propio mundo"[29]. Si en las modernas teorías cuánticas de campos no podemos separar la partícula del campo sin serios malentendidos, lo mismo cabe decir de cualquier agente o ser vivo dentro de los potenciales termodinámicos. "Los estados ordenados son la producción de sus campos hacia sus propios fines". Aquí podría aducirse que tanto orden como simetría son conceptos subjetivos, y es su ruptura la que refleja la dependencia del tiempo.

El principio de máxima entropía se aprecia incluso en esos monstruos de la razón que llamamos agujeros negros, que son la forma que ha encontrado la mecánica de tragarse la irreversibilidad. El principio holográfico asociado con ellos afirma que la entropía de la masa en general es igual al área de su superficie y no su volumen; pero la luz, el transmisor universal de información, siempre ha sido un fenómeno de superficies por definición. Como Mazilu no deja de notar, no es la geometría del rayo de luz lo importante, sino su simetría bidimensional, y esto es particularmente válido para la teoría del color[30].

Finalmente, sabido es que hasta de la gravedad se ha querido hacer un fenómeno emergente producido por la entropía en vista de que todo intento de localizar microscópicamente su acción se muestra inviable. En esta última pirueta del idealismo mecanicista, todo se desarrolla sólo en un film o superficie y el universo puede equipararse a un gigantesco ordenador. Se habla continuamente de información pero no de fricción, que es justamente otro fenómeno de superficies —de contacto entre superficies, se entiende. No puede negarse que en su estilo esto es tan consecuente como altamente típico de toda una mentalidad.

Semejantes especulaciones bien podrían estar edificadas sobre el aire. En torno al principio de máxima entropía, podemos citar todavía el gran trabajo de Gian Paolo Beretta, Gyftopoulos y Hatsopoulos sobre termodinámica cuántica siguiendo la estela de Keenan y su escuela del MIT. Keenan fue el primero en demostrar que se podía definir la segunda ley por la unicidad del estado de equilibrio sin necesidad de apelar a ninguna noción de orden[31].

Como afirma Beretta, "el reconocimiento del rol central de la estabilidad en la Termodinámica es quizás uno de los descubrimientos más fundamentales de la física de las últimas cuatro décadas, pues suministra la clave para la resolución coherente del dilema entropía-irreversiblidad-no equilibrio"[32].

Esta nueva termodinámica cuántica, que a diferencia de la mecánica estadística y la cuántica parte en su formalismo de ecuaciones no-lineales reducibles a las lineales, abarca un conjunto de estados mucho más amplio que el que la mecánica cuántica contempla. De forma nada paradójica, los ingenieros han adoptado implícitamente que la entropía es una propiedad física exactamente igual que la energía, y por tanto los estados del sistema son mucho más amplios que los de la mecánica con entropía cero. La nueva teoría mantiene todos los logros de cálculo de las ya consolidadas a la vez que elimina sus ambigüedades e inconsistencias permitiendo una comprensión mucho más amplia de la irreversibilidad y siendo apta para tratar con la termodinámica alejada del equilibrio; todo ello sin tener que sacrificar nociones tan arraigadas como la causalidad o las trayectorias.

El "principio de máxima producción de entropía" ha sido reclamado por muchos autores como criterio unificador de validez general. Beretta prefiere puntualizar que, al menos a nivel cuántico, la segunda ley puede expresarse con el criterio coincidente pero menos restrictivo de "atracción en la dirección del ascenso de entropía más pronunciado"[33].

Podría elaborarse mucho sobre el significado de esta aparentemente leve y sin embargo muy profunda rectificación de la termodinámica, aunque aquí no lo vayamos a hacer. Si es cierto que las transformaciones más hondas llegan de la forma más imperceptible, apenas podríamos encontrar en toda la historia de la ciencia ejemplos como éste; hay que esperar para empezar a calibrar su alcance. Entretanto lo que se impone son los estándares establecidos para la resolución de problemas y la comunicación científica, casi imposibles de modificar mientras no haya motivos de fuerza mayor para hacerlo. Se forman así grandes nuevos potenciales en espera de oportunidades para su actualización.

Envejecimiento e individuación

Desde Schrödinger se ha ido abriendo una vía para el tratamiento de los seres vivos como sistemas abiertos con los principios de la termodinámica del no equilibrio. En un organismo como el cuerpo humano hay comportamientos que se acercan mucho a un perfil conservativo, como la dinámica de fluidos del sistema circulatorio, y otros que se alejan gradualmente de ese perfil, empezando por la misma respiración directamente conectada con la circulación a la que también le proporciona una expansión mediante un cambio de estado.

En otros artículos ya hemos tocado brevemente los equívocos que surgen y aún han de surgir entre sistemas abiertos y cerrados a la hora de ubicar sus directrices y principios. Hoy por hoy ni siquiera existe un criterio macroscópico para caracterizar el envejecimiento, y por no haber, no hay ni una definición mínimamente operativa de la salud o la vitalidad[34],[35]. Aplicar a organismos nociones como la entropía, ya sea termodinámica o informativa, sin tener una referencia para los conceptos antedichos y sus conexiones con las restricciones crecientes o no de un sistema biológico y los aspectos reversibles e irreversibles, no puede dejar de ser un tanteo a ciegas en un cuarto oscuro de dimensiones inmensas.

En la confluencia entre la matemática, la ecología de poblaciones, la teoría de la evolución y la termodinámica, Lotka propuso en su día un *principio de máxima potencia* que maximiza el consumo y el flujo de energía; sin duda este principio parece, a primera vista, en perfecta sintonía con el impulso más ciego de nuestra economía o ese otro principio fatalmente intemporal que dice que siempre se ejerce todo el poder que se tiene. ¿Pero con qué contrastar estos principios de máximos? Ya habíamos visto en Pinheiro una forma de combinar mínimos de energía y máximos de entropía en una reformulación irreversible de la mecánica que puede hacerse compatible con sistemas abiertos. Los sistemas vivos no parecen buscar mínimos de energía ni de materia siempre que haya suficiente disponibilidad.

Compárese con la definición de principios del siglo XX, debida al "vitalista" Ehret: *la vitalidad es potencia menos la obstrucción* (V = P—O), en realidad la única mecánica y funcional que se ha dado hasta ahora, y también la más veraz y simple posible. La potencia aquí puede equipararse con la presión y la obstrucción con la resistencia de la materia —partiendo aquí de la primera teoría de campos, la hidrodinámica, aplicada en este caso a los valores de la circulación sanguínea.

Tendría que resultar de interés ver qué nos dice la formulación de Pinheiro, válida para la electrodinámica, siendo ésta una mera extensión de las nociones de flujo y circulación hidrodinámicos, cuando la situamos entre el principio de salud-vitalidad de Ehret y el principio de potencia de Lotka. El tema tiene múltiples ramificaciones y lecturas, tanto para comportamientos globales como la economía, como para definir mejor el proceso de individuación del que los individuos resultan. Citaré un artículo mío anterior:

"Simplificando al máximo, el envejecimiento es un falta creciente de eliminación de lo obstructivo, que se acumula en forma de estructuras materiales más o menos características. Dicho de otra forma, es el crecimiento acumulativo de la obstrucción. Aunque, ni que decir tiene, un organismo puede eliminar demasiado sin eliminar todo lo que obstruye. La naturaleza en plenitud sabe muy bien qué eliminar y cómo; es a la naturaleza impedida a la que hay que ayudar, por medios que pueden ser menores, o mayores en casos como la cirugía.

Esto es lo realmente importante, y lo demás son corolarios. Lo obstructivo es siempre lo superfluo, luego no puede ser característico sino en el sentido más externo o limitativo. Es lo menos individual si entendemos al individuo como singularidad infinita, y es lo más individual que cabe si entendemos al individuo como mera corporalidad, como lo limitado por excelencia...

La cuestión a dilucidar es siempre muy concreta: cuánto hay de reversible y de irreversible en una evolución que tiende a la creciente restricción y a un desenlace abrupto mucho antes que a la uniformidad total de la muerte térmica. Todo esto, que es abordable de manera experimental y poco especulativa, tiene el más profundo interés teórico y práctico"[36].

Por supuesto, la individuación supone mucho más que el envejecimiento del cuerpo; pero éste es un buen exponente de ese proceso más general e ilustra de forma elocuente la mutua relación entre un agente y su entorno, y del cuerpo mismo como entorno acumulado en el tiempo. Este contexto permite tal vez hacer un uso no desnaturalizado de la entropía junto a otras medidas que no deberían perder su carácter específico.

La idea de la dinámica y el peso de la mecánica

Quién no ha oído hablar en alguna fiesta de la imposibilidad aerodinámica del vuelo del abejorro. Se cuenta que Igor Sikorsky, el famoso pionero de la aviación y los helicópteros, puso este rótulo a la entrada de su oficina: ""el abejorro, según los cálculos de nuestros ingenieros, no puede volar en absoluto, pero el abejorro no lo sabe y vuela."

El chisme no le hace mucha gracia a los especialistas en aerodinámica pues no favorece precisamente su reputación, por lo que no han dejado de emplearse a fondo para disipar de una vez el mito o la leyenda urbana de ese pesado abejorro. Incluso wikipedia dedica un apartado para acabar de una vez con el malentendido: ¡el abejorro vuela, luego ningún especialista ha podido decir que no lo hace!

Este mito tan ignaro no está mal como problema, y si no que se lo pregunten a los especialistas. Si la cuestión no ha dejado de incordiar desde los años treinta del siglo pasado —o probablemente desde la teoría aerodinámica de 1918-1919—, no era hasta el 2000 y años sucesivos que los físicos, tras penosos e innumerables cálculos y desproporcionadas simulaciones por ordenador se atrevieron a adelantar una demostración.

Tan sólo había un pequeño problema. Las diversas demostraciones, surgidas de las más famosas instituciones y universidades, no coincidían del todo. Según un estudio experimental de la Universidad de Oxford en 2009 que usaba túneles de viento y cámaras de alta velocidad, el secreto del vuelo del abejorro está en la fuerza bruta, antes que en una eficiencia aerodinámica que resulta pésima[37]; un argumento con el que podría estar bien de acuerdo un niño de nueve años. Otro estudio, más cuantitativo, del Departamento de Biología Orgánica y Evolutiva de Harvard, del año 2013 asegura en cambio que el *Bombus impatiens* es un prodigio en el aprovechamiento de los flujos de aire inestables, rodando con la corriente mejor que el más hábil surfista y optimizando hasta el último girón de cualquier vórtice y turbulencia[38]. Aún hay más teorías, pero con estas dos explicaciones diametralmente opuestas creo que nos podemos hacer una idea del estado de la cuestión.

O sea, que lo único cierto, para decirlo con un generoso eufemismo, es que la aerodinámica no es una ciencia exacta. Claro que eso ya lo sabíamos hace cien años. ¿Pero hasta tal punto es arbitraria y chapucera? Podemos estar seguros de que los aeroplanos vuelan por una larga cadena acumulada de ensayo y error, porque si de las razones y cálculos dependiera nadie sería tan loco de montarse en un avión. Y lo mismo, y con más razón, puede decirse de salir al espacio exterior o viajar a la Luna. Los cálculos han llegado siempre después, no sólo en la tecnología de nuestras máquinas sino también en la tecnología de la propia teoría, que es el cálculo justamente. "Nada es más práctico que una buena teoría", decía Dirac, pero porque la teoría es la que decide en qué sección de los datos se hace el corte apto para la predicción —asunto notoriamente práctico, sin duda.

No es tanto que la teoría sea la primera ingeniería inversa como que tiende a ser la última. Y la historia de la ciencia viene a dar buena fe de ello, pues lo que importa no es quién llegue primero, sino el último —dónde se cree momentáneamente que ha quedado resuelta una cuestión. Podríamos dar el caso de Weber con respecto a Maxwell, Lorenz y Einstein, pero no es ni mucho menos el único. La historia que nuestra atención sintetiza tiene que ser altamente selectiva por definición.

Ahora bien, lo que seguramente ignoran los físicos y especialistas en aerodinámica de estas evaluaciones recientes es que Juan Rius Camps había realizado estudios sobre el vuelo del abejorro en la Facultad de Biología de la Universidad de Navarra desde 1976 hasta 2008 en los que el insecto vuela normalmente durante uno o dos minutos... en una cámara de descompresión a 13 milibares, es decir, con sólo 1,3% de la densidad atmosférica habitual[39]. Si se mantuvo ese resto fue porque sin un mínimo de vapor de agua el abejorro "hierve" rápidamente por descompresión. Así pues, si aquellos voluntariosos equipos hubieran estado al tanto de estos experimentos efectivamente publicados, aunque ciertamente no en publicaciones de las especialidades afectadas, hubieran tenido que arreglárselas para sacar de sus cálculos un efecto de sustentación casi 80 veces mayor.

Lo escandaloso del caso es que Rius Camps apela directamente a una "nueva dinámica" que sustituya en casos como éste los principios de la vieja, la mecánica inercial desarrollada desde los principios de Newton —en lugar de buscar la enésima vuelta de tuerca a los cálculos de sustentación que deben hacer posible el vuelo. Y claro, esto, desde el punto de vista de todas las especialidades, ya sea la física teórica, ya sea la aerodinámica aplicada, por no hablar del entomólogo y el naturalista, no es "serio". Sabido es que el propio Newton hizo los primeros cálculos de resistencia y sustentación y concluyó que el vuelo no era posible, pero él no estuvo en condiciones de estimar bien los "detalles".

Bien que ahora es mucho más difícil admitir que, contando con medios tan sofisticados, estemos todavía a dos órdenes de magnitud de las respuestas correctas. En el límite bien cabe preguntar ¿Podría un abejorro mecánico que no necesitara presión residual volar en el vacío? A eso es a lo que después de todo apunta el experimento de Rius Camps. No es ningún secreto que laboratorios en diversas partes del mundo llevan largo tiempo trabajando en insectos electromecánicos que repliquen los modelos que nos ofrece la naturaleza.

Rius Camps habla también de una Nueva Dinámica irreversible que desecha la presente idea de la inercia: no pueden existir sistemas inerciales aislados. En esto al menos es fácil coincidir con él, a pesar de que sea el inverosímil fundamento de nuestra mecánica. Identifica fuerzas que no sólo dependen de la aceleración, como las newtonianas, sino también de la velocidad, como las que Gauss y luego Weber propusieron para la electrodinámica. Ya en Weber parecía problemática la conservación, que sólo tardíamente fue verificada para sistemas cíclicos. Camps contempla casos no conservativos y naturalmente la mecánica clásica seguiría siendo aplicable en el límite en que los sistemas se comportan como si estuvieran aislados o las otras fuerzas resultan despreciables. También trata de reformular el concepto de entropía basándose en la energía cinética y potencial y sin usar directamente el calor o la temperatura o un criterio estadístico del tipo de Boltzmann.

En el caso del abejorro bien poco se nos aclara sobre porqué realmente vuela incluso con densidades mínimas. Se habla de nuevos componentes de fuerza, de masas variables, de la resistencia aportada por un sustrato y de acoplamientos, pero no se unen las piezas. No por ello dejan de plantearse asuntos básicos de extraordinario interés.

Estas ideas están basadas en la dinámica de un punto orientado de Frenet de 1847, que añaden tres dimensiones de rotación para el punto material para un total de seis, y que pueden recordar al lagrangiano efectivo con tres dimensiones adicionales que se usa en sistemas no conservativos; de esta dinámica del punto orientado, que puede revolverse sobre sí mismo, también puede derivarse el espín o giro de diversas partículas, así como generar vórtices.

Camps se detiene también en propulsores lineales sin reacción similares a algunos que exhibe la literatura sobre metamateriales en condiciones de resonancia, que también incumplen las leyes de la mecánica ordinaria aunque puedan explicarse como caso particular de la ley de Weber[40]. Lo interesante en estas secuencias de propulsores es la condición de acoplamiento y el hecho de que deshacerlo implica una disipación de parte de la energía disponible. Tenemos aquí una forma simple de concebir la gran cuestión, a saber, cómo surgen islas de reversibilidad sobre un fondo general irreversible. Cuestión que no puede dejar de afectar a nuestra idea de los seres vivos por más que estos sean sistemas abiertos no conservativos.

Se consideran en esta nueva dinámica casos tan elementales como el del equilibrio de la bicicleta, la eficacia del martillo o máquinas que parecen burlar el principio de conservación de momento angular; para este último caso nuestro autor habla incluso de creación y destrucción de momento angular. Lo cual también excede el nivel de lo mínimamente aceptable en la física moderna —puesto que destruye las simetrías que fundamentan la consistencia de todos sus cálculos. La física moderna puede hablar sin problemas de partículas que viajan hacia atrás en el tiempo, de operadores de creación y aniquilación, de partículas virtuales y de sustracciones de cantidades infinitas cada vez que haga falta, pero lo que no puede es saltarse las simetrías que generalizan los principios de conservación.

Por supuesto esta imposibilidad de entenderse procede del modo de entender la inercia: como un principio de cierre formal, en la física moderna, o como referido a un sustrato material, en el caso de este esbozo de nueva dinámica ahora comentado. Sin embargo, ambos pueden englobarse dentro del superprincipio de equivalencia implícitamente asumido por Torassa en su idea de equilibrio dinámico.

Como es sabido hay juguetes y objetos como la llamada "piedra celta" capaces de invertir por sí solos su dirección de giro, lo que ha dado lugar a intentos desesperados de los físicos tratando de justificar este comportamiento. Si en casos como el del abejorro se apela a la turbulencia y la viscosidad, aquí no cabe más remedio que hacerlo con la fricción. Pero lo que llama la atención de estas "demostraciones" de que no se violan los principios fundamentales, aparte de lo pronto que cambian de criterios, es la increíble complejidad cualitativa de los cálculos necesarios para racionalizar algo que pronto aburre a un niño.

Algo parecido ocurre con el ya comentado equilbrio dinámico en una bicicleta, por más que aquí no haya violación aparente de ninguna ley: los cálculos convencionales son de una complejidad ridícula para un acto tan simple. La descripción que Camps da del equilibrio usando una masa variable se ajusta a la sencillez de la acción, otra cosa es la utilidad de cálculos que permita[41].

La ciencia moderna dice honrar la mal llamada "navaja de Ockham", en realidad el mucho más antiguo principio de economía, parsimonia o simplicidad; sin embargo aquí como en otras muchas cosas hace todo lo posible por ignorarlo en beneficio de complejidades sin cuento y todo tipo de argumentos ad hoc. ¿Por qué hay que introducir tantas racionalizaciones, justificaciones y epiciclos?

El mero hecho de que otro tipo de dinámica simplifique radicalmente la cualidad de un problema, incluso con independencia de que se simplifiquen o no los cálculos, ya es un serio argumento a su favor.

Y en cuanto al cálculo, heurística basada en la reciprocidad de integración y diferenciación, podemos oponerle la igualmente heurística reciprocidad de acción y percepción. Ya hemos comentado en otras ocasiones que el presente fundamento del cálculo sigue sosteniendo ideas tan inaceptables como la velocidad instantánea y que debería basarse en argumentos de diferencias finitas[42]; lo que a su vez se relaciona con cómo se plantean los problemas de escala y de diferenciabilidad. Lo mismo ha de tener validez en la nueva heurística de los ciclos de acción/percepción cuando se desarrolle; y en verdad, ese enorme vacío aún por atender en el cálculo moderno, que, no lo olvidemos, es "la tecnología interna de la ciencia", tendrá que ser conscientemente abordado en esta nueva heurística desde el comienzo.

Algunos de los efectos físicos que aduce Camp en favor de su dinámica, además de la famosa y controvertida inducción unipolar de Faraday, caben perfectamente en el capítulo de las llamadas "anholonomías" con fase geométrica, que yo prefiero llamar holonomías porque el criterio de totalidad no debería ser una integrabilidad arbitraria; lo que nos lleva de nuevo al tema de la transición de escalas. Ya hemos visto una serie de lugares donde la fase geométrica puede tener un rol importante, precisamente, en una integración funcional de factores que no es ciertamente la del cálculo; ésta emerge naturalmente incluso en la reformulación entrópico-energética de la mecánica en Pinheiro.

El caso más típico de fase geométrica es justamente el acoplamiento órbita-rotación. Podemos preguntarnos si, en casos como el del abejorro, hay, junto a la presupuesta relación constructiva de abajo arriba partículas-átomos-moléculas-células-órganos-organismo-movimiento, una descendente que modula la integración de ese conjunto. Esto va en contra de la visión adoptada por la mecánica pero no en contra de la forma en cómo se han encontrado las leyes fundamentales y el electromagnetismo en particular, que es desde afuera hacia adentro.

Por lo demás coincidimos con la apreciación de todos los pueblos antiguos de que nada hay más expresivo de cada ser vivo que el sonido que emite; en el caso del abejorro es bien fácil ver su zumbido y la vibración de todo su cuerpo como una modulación del conjunto, de arriba abajo no menos que de abajo arriba. Bien que con una gran diferencia en frecuencias y escalas, las vibraciones sonoras no están radicalmente separadas de las ondas electromagnéticas como a menudo se dice: las primeras son ondas en la materia, y las segundas son un promedio en el espacio y la materia, pero aún admiten una interfaz electromecánica como podemos ver en diversos dispositivos.

Entonces, tal vez, más que de un control desde arriba hacia abajo, tendríamos que hablar de una *autoinducción* surgida espontáneamente desde abajo pero guiada desde arriba por el gradiente que el abejorro va encontrando en su campo de acción-percepción. Después de todo el abejorro es un gran especialista en la *succión* de polen y bien puede decirse que va guiado por ella. Tenemos dos frecuencias destacadas, la del aleteo y la del zumbido. Podemos dar por seguro que el abejorro es un artista en no separar las cosas tanto como nosotros lo somos en hacerlo, pero aun así está claro que encontrar un factor de sustentación en el vuelo 80 veces mayor pasa por algo más que refinar los modelos.

Sin embargo, la "autoinducción" de la que hablamos tendría que ayudarnos a ver cómo se acoplan en un sistema no conservativo las tres dimensiones externas e internas, el espacio y contraespacio de este lagrangiano efectivo. En vez de pensar en los vórtices entorno a los que el insecto vuela, habría que ver más bien el vórtice generado por su propio centro de masa con superficie y volumen variables, capaz de generar acoplamientos y efectos altamente no lineales. Digamos que esto es una forma de mediar entre la física fundamental y la aplicada, entre nuestras presunciones sobre qué es causalidad intrínseca y qué efectos derivados; aunque las meras cifras ya dicen más que cualquier interpretación.

Al hablar del biofeedback conjeturábamos el lugar que la fase geométrica desempeñaba en conectar los ciclos de percepción y acción. La forma a todos los efectos definitiva de "integrar" una bicicleta no es en la cadena de montaje sino montándola al pedalear. Nos preguntábamos si algo parecido era posible en el caso de un electrón y con mucha más razón habría que hacerlo con un ser vivo como un abejorro. Naturalmente, no nos montamos sobre el abejorro o sobre el electrón, sino que tratamos de ponernos "en su lugar" —que es su equilibrio dinámico sin marcos de referencia preestablecidos. Semejante equilibrio es de suyo un campo específico de transformaciones.

El principio de Vico o el de los ingenieros de que sólo conocemos lo que hacemos se ve desmentido a cada momento por los ingenieros mismos: ellos son los primeros en confesar que no saben cómo ni porqué funciona el cálculo, lo mismo que no saben cómo ni porqué funciona la electricidad a pesar de todos los dispositivos que diseñan y fabrican. Siguiendo de arriba abajo, tampoco los teóricos han podido ahondar más porque para cuando llegan a las partículas han tenido que renunciar a la causalidad. Definitivamente, hacer algo con algo no equivale a penetrar más en su naturaleza. Pero el criterio de participación es insuperable: montar la bicicleta nos da un conocimiento superior al de cualquier análisis, sin obligarnos a renunciar a lo que el análisis pueda decir sobre el estado de las partes.

Podemos ver entonces al usuario como gran ensamblador e integrador de estructuras. Sin embargo, la mayor parte de la tecnología que usamos tiene un grado de organicidad muy limitado, debido precisamente a la forma arbitraria de separar los niveles; la arbitrariedad de esas separaciones agrega capas de opacidad que impiden la transparencia del conocimiento por el uso pero que como muy bien sabemos no excluyen la exploración de sus límites.

¿Qué limites presenta a la exploración directa de sus funciones un sistema natural, o mejor, una dinámica natural, como la de la respuesta de nuestro sistema vascular al esfuerzo, el vuelo de un abejorro o los estados de un electrón? Esto era lo que antes se quería plantear a través de las escalas, a caballo entre la analogía, la caracterización exacta y la parte no integrable de una evolución.

Visto lo visto, identificar *la dinámica* del vuelo del abejorro, su "mecanismo", nos permitiría por primera vez hacer réplicas complejas guiadas por una idea orgánica que deje definitivamente atrás nuestra presente idea de las máquinas. Así, el "malentendido" del vuelo del pequeño abejorro nos plantea un desafío al lado del cual el vuelo de los hermanos Wright o la llegada del hombre a la Luna son puras bagatelas. Sí, es cierto que tendemos a considerar lo último como lo más importante y que lo más lejano se da simplemente por hecho; pero en este caso hablamos de algo bien diferente de ir un poco más lejos o un poco más rápido. Hablamos de algo que cambiaría para siempre nuestra idea de la vida y de las máquinas, de qué está abajo o arriba, dentro o fuera.

Y por añadidura, sin pretenderlo siquiera, empezaríamos a cambiar nuestra idea de qué es la inteligencia y la inteligencia artificial. Lo cierto es que ni siquiera hemos sido capaces de crear todavía un sistema inteligente que tenga el nivel de autonomía y capacidad de respuesta que tiene un mosquito o una diminuta mosca de la fruta —lo mismo que hemos sido incapaces de replicar su movimiento. Ahora bien, ambas cosas están más relacionadas de lo que se piensa, de hecho no hay que pensar mucho para ver que están *íntima e indisolublemente* relacionadas. El problema físico del campo de parámetros y variables en que se mueve el insecto está inevitablemente conectado, por no decir que coincide, con las coordenadas en que se mueve su inteligencia y su sentido del equilibrio en el campo de acción-percepción.

Rectificación de la idea de la dinámica

La distinción que los diccionarios proponen entre mecánica y dinámica, respectivamente, como el estudio del movimiento y como el estudio de las fuerzas sobre el movimiento, hoy son en la práctica completamente irrelevantes. Y sin embargo las palabras mismas, sin necesidad de excavar en las etimologías, revelan una abismal oposición en el espíritu, una confrontación total. Cuando esa confrontación llegó a vivirse en Europa como un gran duelo ideológico entre el vitalismo y el mecanicismo, hacía mucho tiempo que el segundo tenía ganada la partida.

Estaba ganada desde el momento en que, precisamente con Newton, se empezó a hablar indistintamente de "principios de la mecánica" y "principios de la dinámica". Es aquí que cristaliza el liberal-materialismo o materialismo liberal, la dudosa mezcla de idealismo y materialismo que ha venido a convertir a Europa en Occidente y que define la gama de tonalidades de nuestro crepúsculo.

Al más elemental instinto de limpieza tendría que repugnarle semejante mezcla y confusión. Si quiero rectificar aquí el sentido de estas palabras no es por alguna nimia afectación de precisión sino más bien lo contrario: hay aquí aún espacio para las más impensadas bifurcaciones, de una amplitud tal que incluso todos los conocimientos actuales se tornan adventicios frente a su calado.

Atendiendo a su espíritu, la cosa es bien sencilla: mecánica es toda descripción o formulación que depende del principio de inercia; dinámica, la que no depende de él. Esto es todo, y es más que suficiente. Lo demás son sólo consecuencias.

Visto así, la historia de la Dinámica todavía no habría empezado.

Que autores como Assis, Torassa o Pinheiro hablen aún en términos de mecánica antes que de dinámica después de haber cruzado este particular Rubicón no sólo demuestra nuestra adherencia al uso convencional de las palabras. Tomar conciencia de ello es ya comenzar a liberar lo que en ellas se encontraba dormido.

Pues este uso de las palabras es cósmicamente expresivo de las circunstancias. La mecánica es inevitablemente idealista porque el uso que hace del principio de inercia pide que lo aislado no esté aislado, obligando a que todo tenga que reformularse en su clave. El "todo es movido por otro" significa que no hay cabida para un móvil interno, que lo ideal se pone al servicio de lo exterior y lo exterior ha de ser devorado por lo ideal. Esta es la "dinámica" encerrada en la mecánica.

A lo largo de la aún breve historia de la física moderna cabe hablar de una dialéctica entre el peso muerto de lo mecánico y la idea viva de la dinámica, sin que haya necesidad de interpretar "vivo" y "muerto" como "bueno" y "malo": todo lo más podrán representar una sensación subjetiva de mutua resistencia. Los dos principales creadores del cálculo, Newton y Leibniz, se disputaron el legado mecanicista cartesiano con estrategias opuestas: el inglés a favor de las propiedades intrínsecas, el alemán de las puras relaciones. Esta oposición llegó hasta la moderna teoría de la relatividad, que procuró reconciliarlas. Sin embargo el dinamismo leibniziano nacía ya demasiado lastrado desde el momento en que no se emancipaba del principio de inercia. La fuerza misma no era todavía para Newton ni algo puramente mecánico, ni enteramente formalizado, tal como llegó a serlo para la posteridad.

Lo "intrínseco" en Newton es el espacio absoluto como sustrato, pero eso intrínseco sólo puede residir en el principio de inercia con lo inevitablemente externo de su expresión. De modo que, tanto por un lado como por el otro, lo mejor habría sido desprenderse del principio de no haber sido juzgado como el fundamento mínimo indispensable. Pero este juicio era erróneo.

La relatividad general es incapaz de dar con una expresión matemática de la relatividad de la inercia, porque de suyo es un concepto que nunca puede definirse en los propios términos de un sistema que lo acepta. ¿Porqué entonces no fue desechado como se hizo con la idea del éter? El caso es el mismo. La respuesta es tan simple como que sin inercia la palabra "mecánica" deja de tener sentido.

Si con frecuencia se ha dicho que la inercia es un concepto redundante, la mejor forma de demostrarlo es prescindiendo de él.

Inercia y sustrato son dos palabras para lo mismo. También el sustrato parece imposible de caracterizar en términos inerciales, por más que se apele de muchas maneras a sus propiedades como continuo en la relatividad general, como vacío de las imprescindibles partículas virtuales, o como campo para generar la masa de las partículas. ¿Será igual de imposible de caracterizar en términos relacionales como los de Assis, Weber o Mach?

A esto puede responderse que básicamente no importa. Del mismo modo que la mecánica que partió de la inercia y fue incapaz de definirla no dejó por ello de avanzar, la dinámica incorpora ya en su seno la idea del sustrato con su noción de equilibrio sin que tenga por ello necesidad de hacerlo explícito. De esta forma puede avanzar sin complejos ni impedimentos.

La diferencia es que la inercia mecánica es un principio formal, y el equilibrio dinámico que incluye el sustrato cualquiera que sea es un principio material. ¿Alguna duda sobre esto? Hay un criterio muy simple: la inercialidad excluye la fricción y la disipación, que quedan arrojadas a las tinieblas exteriores. El equilibrio dinámico no excluye absolutamente nada, y la termodinámica mucho menos.

Entonces, aquí está el nudo para disolver esa complicidad entre materialismo e idealismo que constituye a la ciencia moderna y le ha dado su razón de ser. ¿Porqué a la física de partículas se la llamó "mecánica cuántica" si es la cosa menos mecánica que existe? Pues porque incluso si la idea de fuerza deja de ser ahí un factor primario, aún se ha forzado todo a encajar en el molde clásico de la mecánica y de partículas en el vacío, aun sabiéndose que eso es sólo la mitad de la verdad. Es más, a la teoría ondulatoria se la llamó "mecánica ondulatoria" también, como para que no quedaran dudas sobre lo honorable de sus intenciones.

Y a pesar de todo, vemos que en estados cuánticos coherentes la inercia aumenta al cuadrado del número de componentes —electrones, por ejemplo—, y que el tiempo mismo resulta bidireccional. En distintos experimentos se cuestiona hoy si el principio de equivalencia es válido a nivel cuántico. Pero, de nuevo, ocurra lo que ocurra a este respecto, siempre habrá una forma u otra de usar cualquiera de *los* principios de equivalencia y su manipulación de los marcos de referencia para asegurar que no hay nada que no esté bajo control.

Y así se ve claramente en qué consiste el estéril juego del mecanicismo y su inseparable compañero el logicismo a la hora de buscar descripciones de imposible consistencia pero cuya inconsistencia siempre está por demostrar. Aun si un insecto mecánico volara en una atmósfera cero con un efecto de sustentación un trillón de veces superior al habitual, siempre se encontrará la forma de aseverar que nada de eso viola las leyes ordinarias de la mecánica. Sólo que estos certificados de buena conducta llegan siempre tras los hechos, por lo que no hay que tomarse en serio ninguna advertencia sobre lo que se nos dice que es imposible.

De lo que va entonces el mecanicismo es de administrar desde arriba La Ley, explotando la doble circunstancia del reduccionismo y el misterio. Por un lado, "las cosas no son nada más que…" Por otro, como no sólo no se explican mecánicamente las cosas sino que además se asegura que es imposible, se puede capitalizar hasta el infinito el misterio y la perplejidad que todo esto produce. Este administrar la Ley y el Misterio desde arriba se refleja en la compartimentación de todas las especialidades de nuestra torre de Babel y no sólo en ellas sino en el carácter altamente heterogéneo que incluso tienen las medidas de las ecuaciones más fundamentales.

Cuanto más maravillosa se dice que es la simetría de las ecuaciones fundamentales, más cantidades heterogéneas esconden. Las ecuaciones de Maxwell, una vez depuradas, ofrecen una simetría que no se advierte en la más antigua ley de fuerza de Weber; sin embargo ésta, integrada sobre un volumen, también permite describir la teoría del campo electromagnético incluyendo fenómenos como la radiación. ¿Merece la pena sacrificar la homogeneidad de las cantidades en nombre de la simplicidad algebraica? Es una buena y profunda pregunta, puesto que hasta el día de hoy las dualidades que emergen de las ecuaciones de Maxwell son consustanciales a los intentos más ambiciosos de unificación.

Desgraciadamente lo más tautológicamente mecánico de la brillante teoría de Maxwell ni siquiera se aprovecha, en beneficio de un esqueleto de representación vectorial. El aspecto más mecánico en Maxwell es también el más envolvente y orgánico, puesto que viene de la mecánica de fluidos, arquetipo de las teorías de campos. Sigue siendo entonces del mayor interés tomar la formulación más elegante y comprensiva que existe de las ecuaciones de Maxwell, con formas diferenciales exteriores, y hacerla retroceder en dirección a su equivalente de campo de la ley de Weber —en clave de equilibrio dinámico en vez de la clave inercial de la mecánica. Vale la pena recordar que son los ingenieros, y no los físicos teóricos, los que usan la representación integral de las fórmulas de Maxwell.

La mecánica moderna desnaturaliza por completo tanto la causalidad eficiente como la formal, por no hablar de la material y la final. A ellas habría que añadir, como hacía Whitehead, una causalidad singular que sólo el principio de equilibrio dinámico puede generalizar y particularizar a la máxima potencia sin necesidad de desnaturalizar nada.

La idea misma de singularidad en la física moderna es altamente expresiva de las patologías y disfunciones de toda una mentalidad especulativa que ni mucho menos se limita al ejercicio de la física. Este "síndrome del agujero negro" no es sólo la forma que encuentra lo reversible de tragarse la irreversibilidad, también es el modo en que una ideología refractaria a que se le impongan fines se erige fin en sí misma y busca activamente sus propios simulacros del apocalipsis: ya se trate de singularidades gravitatorias o de singularidades tecnológicas, todas carecen de la menor verosimilitud, pero cumplen el imprescindible rol *dinamizador* del que sus propios supuestos carecen.

¿Cómo desmarcarse del infantilismo consustancial a todas estas visiones? Naturalmente lo mejor sería ignorarlas sin más. Sin embargo, como en toda literatura de evasión lo importante es apartarnos de lo importante, empezando por la singularidad de lo real. Dejando a un lado que las patologías de los infinitos empiezan ya por una viciada aplicación del cálculo a la física que no respeta el hecho de que sólo existen diferencias finitas, en Maxwell tenemos una teoría que no permite partículas puntuales, en la relatividad especial una que no permite partículas extensas y luego en la relatividad general otra en la que, retornando a un inaprensible continuo, las partículas puntuales son de nuevo imposibles.

Hoy se usa la óptica de transformación y las anisotropías de los metamateriales para "ilustrar" los agujeros negros o para "ejemplificar" y "diseñar" —se dice— espacio-tiempos diferentes. Y sin embargo es evidente que sólo se están manipulando las propiedades macroscópicas de las viejas ecuaciones de Maxwell. Pero, dejando a un lado lo arbitrario de estas ilustraciones, ¿cómo se pasa de unas a otras si hay la más manifiesta incompatibilidad entre las tres teorías? Al menos con la ley de Weber se puede trabajar desde el principio tanto con partículas puntuales como con partículas extensas, ya sea en electrodinámica o gravitodinámica. La singularidad de masa relativista es una densidad infinita en un punto que a la vez no puede ser un punto, muy en la línea de las imposibilidades por definición que ya el principio de inercia inauguraba.

La fuerza de Weber, la primera gran aplicación a la dinámica de los principios de la estática de Arquímedes, nos da la pauta de la física relacional, la única física que los griegos hubieran podido aceptar. Sabido es sin embargo que esta teoría, que incluso dedujo un átomo elíptico muchas decenios antes de Bohr, tiene a veces extrañas soluciones con masas negativas o la inversión de una fuerza atractiva en una repulsiva en función de umbrales o distancias críticas. Físicos como Helmholtz adujeron estas soluciones como muestra de que no era una teoría viable, pero en lugar de ver aquí patologías, más bien debería haberse visto una forma de salir de ellas. De hecho, muchas de las inversiones de signo que aparecen precisamente en el comportamiento de los metamateriales pueden explicarse en este marco de forma mucho más directa. Pero eso no es todo.

Una cosa es hablar de la suma cero de fuerzas en un punto conforme a la forma más simplificada del equilibrio dinámico y otra hablar de densidades de masa o energía, que entrañan necesariamente un volumen. En tal caso cabe hablar de productos o cocientes con respecto a un hipotético medio homogéneo cuyo valor invariable sería la unidad. Para la física relacional como la de Assis o Weber es una cuestión de principios que no existen constantes absolutas con dimensiones y que éstas tendrán que variar necesariamente con el entorno; claro que en el caso de la materia grave sometida al arbitrio de los múltiples principios de equivalencia, no es fácil saber cuándo estamos hablando de un cambio de masa o de un cambio en la constante de la gravedad. Hay pues *mucho espacio al fondo para el ajuste*, y es un "ajuste fino" completamente diferente del improcedente principio antrópico que la cosmología especulativa ha propuesto. Pero ante todo el principio de equilibrio dinámico de lo que quiere librarnos de una vez es de la escolástica de los sistemas de referencia y su siempre oportunista casuística. La física relacional marca un cruce de líneas rectas que sólo los meandros de los arbitrajes de la lógica mecánica nos impiden percibir.

Por más simple que parezca, esta diferencia entre sumas y productos en la expresión de fuerzas, masas, energías e incluso entropías marcan un camino de retorno desde la sofisticación innecesaria y abusiva en que ha incurrido la física en busca de predicciones y resultados a la pureza de conceptos y medidas que es lo único que nos demanda la verdad.

Desde una perspectiva depuradamente fenomenológica, Raymond Abellio insistía en que «la percepción de relaciones pertenece al modo de visión de la conciencia "empírica", mientras que la percepción de proporciones forma parte del modo de visión de la conciencia "trascendental"»[43]. Esto puede aplicarse al conjunto del método relacional: trabajar con relaciones puras es sólo el punto de partida para acceder a las proporciones que liberan a la complejidad de lo real de sus nudos. Por el contrario, el método que ha elegido la física moderna desde Maxwell es simplificar el álgebra a expensas de la pureza de las relaciones, que quedan cada vez más enredadas en nudos inextricables.

Aquí entiendo lo trascendental como lo inmanente antiespeculativo, pero se trata de una inmanencia que difícilmente podría apreciarse sin haberse elevado en la indefinida escala de las relaciones antes de volver a descender de ellas. Lo relacional por sí solo no alcanza ni siquiera a plantear la realidad, lo veíamos en la lectura de Pinheiro del experimento del cubo de agua. Es un puro fenomenalismo de la cantidad. Las puras relaciones excluyen la causalidad, pero nuestro sentido subjetivo de la causalidad es como nuestro sentido de la realidad, que sólo "se condensa" al sumar las capas de los distintos sentidos sobre un incógnito sustrato.

El principio de equilibrio dinámico, como suma y como producto, no necesita explicitar el sustrato para llevarlo siempre consigo: es como si hubiéramos cogido en nuestra mano un puñado de tierra con una semilla dentro, que esperamos que pueda germinar. No hay mejor imagen para este género de agricultura celeste, tan opuesto a una física actual que a pesar de todo ha trasmitido ciertas condiciones.

Esta renacida Dinámica de la que hablamos sólo puede ver la luz ignorando concienzudamente el gran horizonte unificador que moviliza a la física especulativa moderna con sus complejidades sin cuento. Si aquí no me he privado de comentar teorías especulativas, como la de relatividad de escala u otras, no es tanto por sus ambiciones de abarcar la física conocida como por la pertinencia de alguno de sus principios. La física sabe demasiado y en esas condiciones es casi imposible plantear lo nuevo, sencillamente hay demasiadas cosas que integrar. Esto puede verse como un reto aún mayor para la ya recalentada capacidad especulativa, pero en el fondo es totalmente paralizante para otras potencialidades mucho más frescas y valiosas. Como regla general hay que esforzarse por no entrar en los problemas que uno mismo no ha planteado.

La dinámica como inspiración es como volver del monoteísmo dualista al no-dualismo del signo que se quiera; los griegos no ignoraron la unidad, lo que rechazaban era que esta pudiera revelarse de una vez para siempre. Por el contrario, es nuestra forma de querer forzar la unidad en una sola Ley la que está condenada al fracaso no sin antes convertirlo todo en un desierto. Sin duda hacer ciencia es buscar unidad, pero la unidad no la soportamos nosotros, sino que nos soporta, y esto es sencillamente incompatible con la forma actual de entender la ley física.

Sería ridículo pensar que un sistema autónomo de alta no linealidad y respuesta inmediata, un abejorro o un ínfimo mosquito, tengan que cambiar en tiempo real sus marcos de referencia para que su comportamiento no entre en conflicto con las leyes conocidas de la física. No, sus coordenadas únicas e intrínsecas demandan el mínimo de restricciones y el máximo contacto implícito con el sustrato que las abarca todas. Dicho de otro modo, demandan un tratamiento inteligente del principio de equilibrio dinámico que empieza por la física misma, siendo lo cognitivo y el control secciones o aspectos emergentes, no añadidos como si se tratara de un barniz. Una dinámica de lo nuevo, no una mecánica para encajarla en lo viejo, porque esto último ya ocurre permanentemente sin necesidad de teorías.

Vida y muerte, ascenso y descenso

La manipulación de la vida con las biotecnologías tiene lo necesario para desencadenar el más profundo cisma y la más grande conflagración entre seres humanos que hayamos conocido. Tarde o temprano la gente se verá obligada a definir su posición al respecto y esto, por más que se intente instrumentalizar, romperá por completo todos los lineamientos políticos conocidos basados en el cálculo de intereses.

Bruce Sterling escribió en su momento una recordable fuga sobre las pugnas entre formadores y mecanicistas en un horizonte de singularidad tecnológica, pero como a toda buena *phantasy* anglosajona no podemos pedirle que tenga mucho que ver con el mundo real.

La mecanología francesa y Deleuze en particular distinguió entre máquinas simples o mecánicas en el sentido más newtoniano de la palabra, máquinas energéticas más sensibles a la entropía, y máquinas digitales o informáticas que configuran nuestra moderna sociedad del control[44].

Es cierto que hoy la sociedad del control, tan encimada sobre nosotros, sigue siendo el horizonte que separa lo pensable y lo impensable en una perspectiva tan limitada que se abruma con lo que pueda pasar en la batalla 5G. Pero lo realmente "disruptivo" a todos los niveles va a ser la actitud que adoptamos ante la vida, de respeto o de intervención, porque va a ser esto, y no el cálculo, lo que determinará "la cuarta generación de máquinas", que dependerá de cómo entendamos la vida y cómo entendamos lo mecánico, y por supuesto, de qué es lícito e ilícito en la conexión entre ambos.

Gregory Bateson, pionero en propaganda militar y publicidad encubierta, gustaba de hablar de manzanas y aún más de sugerirlas. Recordemos sólo dos citas. La primera: "Sabíamos cómo poner un cajón encima de otro para llegar a la manzana, y el hombre occidental se vio a sí mismo como un autócrata con poder absoluto sobre un universo que estaba hecho de física y de química. Y los fenómenos biológicos tendrían, finalmente, que ser controlados como procesos en un tubo de ensayo. (...) Pero esa arrogante filosofía científica está ahora obsoleta, y en su lugar alboreó el descubrimiento de que el hombre es sólo una parte de sistemas más amplios, y que la parte nunca puede controlar el todo"[45]. La segunda: "La cibernética es el mayor mordisco al fruto del Árbol del Conocimiento que la humanidad ha dado en los últimos dos mil años"[46].

Si este era el mordisco, podría uno decir, sin duda se quedó con las ganas; aunque seguramente sólo se trataba de resultar tentador. Por otra parte, la idea hoy en vigencia de la cibernética como serpiente que se muerde la cola es mucho más pragmática que en las ya lejanas teorías de sistemas: poco importa que el sistema sea incomprensible, siempre que podamos controlarlo. Es decir, lo que se trata es de controlar sus entradas y salidas, de modularlas. Que nadie entiende nada, eso ya presupone. La tentación del bien y del mal nunca es el conocimiento, que es sólo una excusa, sino el poder.

La cibernética llegaba demasiado tarde dentro de un determinado ciclo como para traer cosas nuevas, de hecho lo que se pretendía era relevar a unas viejas figuras del conocimiento científico cada vez más desfasadas, ponerse al día. Ahora bien, lo que se procura en la cibernética es controlar los sistemas desde arriba, no desde abajo, pues de lo que hay abajo se intenta hacer el menor número de hipótesis posibles. La eficacia del control en tiempo real depende en gran medida de eso.

En este sentido los bucles de realimentación en la entrada y salida de datos masivos, ya sea para el dominio de los nichos de mercado o para la modulación de la opinión pública son ya interfaces masivos para el control de poblaciones, ingentes pero inadvertidos artefactos biopolíticos en cuyo seno nos movemos. Están ya en la zona límite de contacto con nuestra vida, pero, al menos según nuestros propios criterios dualistas de percepción, lo hacen sólo a través de nuestra conciencia, con lo que aún no han traspasado la frontera de la intervención directa. Lo que queda por conquistar es nuestro consentimiento a dicha intervención.

En realidad todo aquello con lo que Bateson jugaba como con un acertijo, lemas y definiciones tan impagables como "la diferencia que hace una diferencia" para referirse a la información, su estricto contemporáneo Gibson había conseguido concretarlo. Sorprende entonces que no se conozca más el valor y sentido de su obra. Esto, por lo que hace a lo cualitativo e intrínseco de la información. En cuanto al sentido más cuantitativo, el del puro cálculo, hace mucho que tenía que haber estado claro que las únicas diferencias que hacen una diferencia son las diferencias finitas, puesto que atañen tanto a la diferenciabilidad como a la escala de resolución. Y sin embargo esta aparente platitud no era bienvenida en un cálculo que desde el principio nos había brindado la halagüeña ilusión de dominio, si no sobre lo infinito, al menos sobre su contraparte infinitesimal.

Así que el proyecto de dominio de la ciencia moderna tiene una secuencia de causalidad ascendente y otra descendente. La ascendente o constructiva se aúpa hacia arriba desde partículas indivisibles, átomos, moléculas, células, órganos, organismos, poblaciones, etcétera. La descendente subsume las colecciones de elementos en leyes generales, ya sean deterministas, estadísticas, o una mezcla de ambas. Sin embargo y como no podía ser menos, es materia de fe y dogma que en los sistemas naturales es lo de abajo lo que afecta a la salida global, pero lo global no puede afectar a lo de abajo, compuesto por definición de bloques impenetrables. Así tenemos, por ejemplo, el llamado por los mismos especialistas "dogma central de la biología molecular" —dogma que las enzimas que sintetizan las proteínas ignoran continuamente, puesto que crean distintas moléculas en función de imponderables condiciones del medio.

Es sumamente comprensible que los humanos que quieren controlar la naturaleza procuren desterrar la idea de que la naturaleza tenga formas de control que podrían entrar en conflicto con las de los humanos o arrojar sobre ellas una indeseable luz. Por eso se habla tan poco del ridículo al que está sometido el dogma central en cada una de nuestras células, y que los laboratorios se esfuerzan heroicamente en ignorar. Hace ya muchas décadas que Faustino Cordón mostró sobradas evidencias de que las proteínas globulares, nuestras actuales enzimas, eran entidades vivas por derecho propio, pero ahora que tenemos miles de veces más información y datos hacemos todo lo posible para mirar a otro lado para poder seguir pensando en un Código de la Vida que nos franqueará las puertas hacia todos los milagros.

La exquisita especificidad del ensamblaje macromolecular da buena fe de que estos elementos discretos siguen actuando bajo las leyes de un medio continuo con propiedades muy determinadas. Nos atenemos a las moléculas porque es lo directamente manipulable, mientras que la interacción con el medio ambiente es mucho más elusivo a nuestro cálculo y control. Las partículas por sí solas son completamente tontas, de ahí la cara que se les quedaba a los físicos con el efecto Aharonov-Bohm a pesar de ser un aspecto elemental incluso de la física clásica. Ahora bien, la misma fase geométrica presente en este efecto puede medirse y calcularse con exactitud en biopolímeros como el ADN, al que hoy se retuerce exactamente igual que si fuera una toalla[47]. Pero, manipulaciones humanas aparte, esta sensibilidad a la fase es una forma de acusar el potencial del medio que, efectivamente, se parece mucho a un campo de información, aunque no en el sentido humano del término. Una comparación mucho más adecuada es la de los potenciales termodinámicos con la posibilidad de acción que brindan a los agentes inmersos en ellos.

Nos resistimos a ver finalidad en la naturaleza simplemente porque nuestras finalidades intencionales son incompatibles con la finalidad espontánea que ella exhibe.

Algunos han contado dieciocho interpretaciones distintas de la mecánica cuántica y con un poco de paciencia podríamos llegar a las dieciocho mil. No es que una interpretación no pueda ser importante, de hecho puede serlo incluso mucho más que el cálculo, pero a condición de que se comprenda bien lo más obvio, que es su conexión con los fines. Lo cual supone desactivar la subversión de las causas finales en la naturaleza por nuestros particulares motivos, circunscritos en la palabra "predicción".

A diferencia de las matemáticas, en física local y global no significan "pequeño" y "grande". La cuestión de "lo de arriba" y "lo de abajo" no es un mero problema lógico de inducción y deducción, también es un problema de una formulación precisa de las transiciones de escala y su relación con cosas como la fase geométrica; y no es un problema sólo formal o geométrico, sino estadístico y material. Como recuerdan Mazilu y Agop, la descripción de la materia es materia de escala por definición, pues de lo que se trata siempre es del "grano grueso"; sólo así podríamos salir de las aporías del continuo y la apariencia.

El mapa no es el territorio; tratemos de ver lo que esto significa en relación con el problema del marco de referencia, que se superpone al de la inercia. En el mecanicismo inercial el sustrato sólo puede ser pasivo, por más que esté realizando constantemente operaciones imprescindibles para el mantenimiento de los principios conservativos. Con el principio de equilibrio dinámico el sustrato vuelve a ser activo incluso si nos abstenemos de caracterizarlo. La definición o resolución es parte de esa actividad hasta ahora dada por supuesta. Resulta fácil estar de acuerdo con que el principio de relatividad de escala no sólo atañe a la física sino que se trata de un principio del conocimiento en general, uno de los que con más gusto hubiera suscrito Leibniz —especialmente si hubiera podido enmendar su idea del cálculo; lo que ya me parece más discutible, habida cuenta de la aplicación de los criterios de Hertz para el punto y la partícula material, es si se debería partir de las dos teorías de la relatividad hoy en boga o de la teoría de la relatividad original de Weber, que, tal vez, permita rectificar los problemas de ajuste y no diferenciabilidad que plagan este proyecto. La ley de Weber es ya una puerta natural al cálculo de umbrales o diferencias finitas.

Lo único que puede sustituir con ventaja al cálculo es estar ahí donde el cálculo no está; conciencia es lo que solíamos llamar a eso, y eso es lo que significa que el mapa no es el territorio. El cálculo ha sido tanto herramienta como expresión del instinto de presa, así que no deja de haber justicia poética en el hecho de que haya ignorado lo más fundamental en su análisis, allí donde había que pasar de la matemática a la física y el movimiento real. Reconocer esta extralimitación sería reconocer otras muchas, pues en poco más de un siglo hemos pasado de la Metafísica, la especulación con conceptos desnudos, a la Metamática, la especulación vestida de cantidad y cálculo llevada más allá de cualquier sentido de la proporción.

Hay todavía un destino glorioso en la Física, que consiste justamente en invertir la tendencia especulativa que hoy ha puesto a la matemática a su servicio. Para Descartes el modelo del pensamiento era la geometría; para Kant, proponente de un plano trascendental, el modelo había pasado a ser la física newtoniana, irreducible ya a lo geométrico. Se ha dicho luego que la teoría de la relatividad invalidaba muchos de los supuestos kantianos, pero eso es confundir planos y cosas. Lo crítico del horizonte trascendental, más allá del idealismo, es que en la realidad física hay algo más que en la matemática, y por lo tanto, es buscando eso que la propia realidad matemática se profundiza, y sólo se profundiza cuando advierte lo precario de su fundamento.

Si hablamos antes de una piedra de fundamento y una piedra angular, está claro que el gesto de culminar coincide con el de conmover el cimiento o desafirmarlo. La piedra de toque de cualquier veracidad es la irreversibilidad y lo abierto como origen de los sistemas reversibles cerrados, con la que podemos volver a descender de las nubes una vez que hayamos rectificado nuestra idea general de la naturaleza y de la dinámica. Y puesto que el instinto desinteresado de conocimiento es mucho más fuerte en la física que en la biología, igualmente es mucho más probable que lleguemos a su común verdad a través de la primera que de la segunda, pues después de todo en el actual reparto de poderes la biología nunca ha dejado de ser una especialidad dominada y subalterna.

Cabe entonces suponer que hay una integración desde arriba hacia abajo que nada tiene que ver con nuestros intentos de integración y control, y del que el modelo biofísico de la alternancia respiratoria con su desplazamiento de fase entorno a un centro nos da un perfecto y accesible arquetipo, e incluso un modelo experimental y para el cálculo en términos de energía cinética y potencial, así como de eficiencia. Este modelo puede ser evaluado tanto por el principio de eficiencia de Ehret como del principio de máxima potencia y consumo de Lotka. Esto tendría que ser relevante para nuestra idea de la dinámica, del proceso de individuación en diversos tipos de entidades, desde los seres humanos a nuestras economías, que hoy no pueden estar más alejadas de los criterios de eficiencia de la naturaleza.

La singularidad que tenemos en nuestro propio cuerpo y detrás de nuestra agitada consciencia me parece infinitamente más interesante que esas otras surgidas como patologías del cálculo, aparte de ser más accesible a la medida y el seguimiento. Desde una perspectiva elementalmente biofísica, puede mostrarnos el modelo por excelencia de convergencia entre la causalidad eficiente, causalidad final y causalidad singular. Y aunque en este caso particular se ignoren las cuestiones de "física fundamental" tal como ahora suelen entenderse, la conexión básica con las teorías de campos en términos de tensiones y deformaciones, unidas a la conexión con la fase geométrica, por un lado, y las cuestiones sobre la irreversibilidad termodinámica y los sistemas abiertos, por otra, ya lo hacen más que suficientemente fundamental en la escala humana de cosas y en aquello que nos lleva más allá de esa escala.

El horizonte de la fusión hombre-máquina es pura fuga y escapismo, arrastrados, nadie lo duda, por la fuerza de la huída de la sociedad en general. A esta suerte de "dinámica" sólo se le quiere oponer, bien que a otro nivel que el de masas a la deriva, el modelo cibernético del control de esas masas. Pero el *telos* de lo cibernético es la autopreservación y reproducción de lo mismo. Puesto que las máquinas no tienen aún capacidad de autorreproducción se utilizan a los organismos biológicos para asistir en esta tarea de autoperpetuación, a tal punto, que siempre se plantea la pregunta de si no sería un alivio para la vida en general que las máquinas se reprodujeran. Sin embargo el "cierre operacional" de los sistemas, como lo llamaba Luhmann, lejos de garantizar la eficiencia total o la ausencia de fricción lo que asegura es la degeneración sistémica y la descomposición de los vínculos entre sus partes. Evacuar la novedad, sustituyéndola por otra ya prefabricada no puede tener otro resultado que el de dejar de sentirse vivo, por más que también de esto se saque partido.

Está claro que toda esta mentalidad de embudo está dispuesta para no salir de una misma narrativa, aunque, por supuesto, siempre se nos quiere *empoderar,* que equivale a poder olvidarnos un poco de que no queremos lo que queremos.

¿De qué voluntad de poder puede hacer gala el hombre prometeico si está obligado a querer por todo? ¿A qué se va a atrever si a nada se puede resistir? Ya puede hacer lo que quiera, que no por ello se hará más dueño de sí mismo.

He dicho en otra parte que la liberación de nuestra naturaleza coincide con la liberación de nuestra idea de la naturaleza, y que ambas constituyen una sola y sagrada misión. ¿Liberarla de qué? Liberarla, primero de todo, de los sacerdotes y fanáticos de la Ley. Sencillamente, o vive la ley o vivimos nosotros; si parece que aún hay término medio, es porque la ley vive a nuestras expensas.

Buscar el dominio de la naturaleza, complacerse en él, es buscar el dominio del hombre por el hombre y complacerse en él igualmente. La sociedad humana se vuelve de espaldas a la naturaleza externa pero reproduce su interna naturaleza y la exterioriza hasta que deja de reconocerse en ella. Dividir el movimiento del mundo en una parte activa que es la fuerza y otra parte pasiva e inerte ya tiene incorporado el dualismo en lo más básico de su planteamiento y suscribir esta situación es perpetuarla. La única forma de terminar con esto es prescindir por completo de la idea de la inercia y ascender por el enorme hueco que se abre con esta sencilla jugada.

Dejar de "apretar el botón" como consolación de nuestra impotencia llamaría a aquello que se quiere liberar desde lo más profundo de nosotros. El espíritu siempre tendrá que elegir entre ir hacia abajo o ir hacia arriba, entre el embotamiento o el despertar, entre la disociación y la recuperación de la unidad de entendimiento y vida.

"Ayúdame y te ayudaré", le dijo al artista el espíritu de la materia. Es imposible ver a dónde nos conducen estas cosas, y de ahí su interés, a diferencia de lo otro que siempre se convierte en lo mismo. Si el hombre quiere ayudarse de la naturaleza para mejorarse, la naturaleza humana se pondrá en marcha y se activará, en eso consiste nuestro optimismo. El camino conocido sólo puede conducir a más de lo ya conocido.

Si en este mundo la evidencia primaria es que todo es movimiento hasta en lo más ínfimo, y nos empeñamos en considerarlo un mecanismo inerte, no hay otra forma de sobreponerse a la evidencia que explicarla por una puesta en acción en un plano completamente diferente, donde para empezar nos saltamos todas las leyes de conservación. Esta y no otra es la razón profunda, enteramente teológica y de disposición interna, del modelo cosmológico estándar, no las predicciones ni su ajuste a las observaciones, pues ya hemos recordado que, en contra de una narrativa descaradamente falsa, las mejores y más antiguas predicciones de la radiación de fondo, con gran diferencia, fueron las que asumían un universo en equilibrio dinámico, no en estado estacionario ni en expansión.

Nada nos puede extrañar cuando ya se nos propone el universo como un *supercomputer*, formidable ejemplo de cómo la ciencia actual nos libra del antropomorfismo. Se nos dispensará entonces si abogamos por ir en la dirección contraria, ayudados por los metamateriales, por ejemplo. Mazilu, otra vez, exhumaba hace unos años el descubrimiento por Irwin Priest en 1919 de una sencilla y enigmática transformación bajo la cual el espectro de radiación de cuerpo negro que motivó la famosa fórmula de Planck rendía una distribución gaussiana o normal. No hay ni que decir que para entonces la citada ecuación se iba asentando con categoría de ley. Sin embargo Priest, aun siendo consciente de la importancia de la interrogante planteada, fue incapaz de acercarse a una explicación física de la transformación[48].

Mazilu intenta hacer una suposición bien fundada del ajuste exquisito de la fórmula de Priest admitiendo que no tenemos una interpretación física para la raíz cúbica de la frecuencia que plantea la transformación. Refiriéndose a la radiación cósmica de fondo, "y tal vez a la radiación térmica en general", el físico rumano, ahondando siempre en la lógica del continuo, no puede evitar pensar en un tensor de tensiones electromagnético con unos componentes promedio en el plano que entrarían en tal relación. En sus conclusiones trae a colación los rayos y paquetes de Airy que surgen en la vecindad de las cáusticas, no menos que en los pozos electrónicos, y que hoy se asocian a través de Berry con la cuantización pero que podrían ser tan independientes de ella como la misma fase geométrica.

La fascinante reconstrucción histórica de las tramas que aquí se mueven nos llevaría muy lejos y el propio Mazilu junto a Agop le dedica al "momento de Airy" hondas reflexiones en su exploración de la relatividad de escala[49]. El artículo de Priest fue olvidado casi por completo y curiosamente de este físico apenas se recuerda su dedicación a la colorimetría, en la que estableció un criterio de temperaturas recíprocas para la diferencia mínima en la percepción de colores[50]. Mazilu cierra su suposición recordando que "debería hacerse mención de que tal resultado bien podría ser específico de la forma en que las medidas de la radiación se hacen habitualmente, a saber, mediante un bolómetro"[51].

Todo lo cual nos lleva a pensar que, si se están utilizando compuestos de metamateriales para "ilustrar" los agujeros negros mediante la selección de los parámetros macroscópicos de las ecuaciones de Maxwell con los atributos cuasimágicos de la óptica de transformación, con mucha más legitimidad y pertinencia se pueden buscar los parámetros que justifican físicamente la transformación de Priest; por supuesto ya se ha conseguido modular rayos ópticos de Airy, que no se dispersan pero se aceleran, con una distribución gaussiana[52]. A estos artificios que confrontan la ingeniería inversa de la matemática sobre la naturaleza con otra ingeniería inversa que la busca donde la matemática no acierta a producirla podemos llamarlos metamáquinas. Vuelta de tuerca al principio de Vico por los ingenieros, están destinadas a jugar un papel creciente en la investigación toda vez que la era de los grandes proyectos se acaba y se pone cada vez más en duda el lugar de lo derivado y lo fundamental.

Naturalmente la construcción o reconstrucción de la transformación de Priest cuestionaría la necesidad del desarrollo de toda la mecánica cuántica, lo que constituía la motivación de Mazilu para empezar. Las consecuencias que esto pueda tener a estas alturas ya son más difíciles de evaluar, cuando se da por hecho que esta mecánica tan poco mecánica está más que bien asentada. También hay numerosos dispositivos experimentales y hasta en el mercado que ponen en cuestión principios tan universalmente aceptados como el de indeterminación de Heisenberg[53], y nadie se molesta en revisarlo, sino que a lo sumo se añaden nuevos términos de corrección, nuevos epiciclos. "Lo que funciona, funciona."

Tampoco se puede anticipar si podría tener alguna incidencia en la cosmología, donde cabría utilizar estos metadispositivos igual que los ojos de Gibson exploran su caverna. ¿Agujeros negros, principio holográfico, el gran superordenador? Un equipo chino de la Universidad de Nanjing explica cómo utiliza la fase geométrica para encontrar nuevos grados de libertad en metasuperficies codificadas digitalmente con muchas aplicaciones prácticas[54]. Sin embargo, centrándonos en estas aplicaciones lo que hacemos una vez más es atenernos a los aspectos controlables desinteresándonos de todo lo demás. Haría falta un poco de ambición teórica. Justo cuando se atisba otra luz y se nos presenta la sublime oportunidad de devolver la microfísica de la materia al dominio del continuo nos volvemos corriendo a la caverna para dedicarnos diligentemente a nuestras cosas.

Naturaleza es continuo, apariencia discontinuidad. Habría que ponerse donde la termodinámica cuántica quiere ponernos desde un principio, con un número de estados mucho mayor que el que la mecánica cuántica contempla. El conjunto de verdaderos estados de un diminuto bolómetro podría ser mayor que el del omnicomprensivo ordenador cuántico del universo, la megamáquina última según el fundamentalismo digital.

El continuo es metaempírico o trascendental, pero su reconocimiento es el fondo que transfigura todo este escenario. Este continuo puede ser reconstruido sin ningún límite predefinido, incluyendo cualquiera de los que la mecánica cuántica quiera interponer. De hecho, si la escala de Planck se revelara insuperable, sería por argumentos de continuidad y relatividad de escala, no por una cuantización de un supuesto cronómetro del universo; este sólo aspecto permite confrontar ambas concepciones, aunque la relatividad especial no es algo que merezca calificarse como una teoría continua.

Esa reconstrucción del continuo con independencia de cualquier aplicación práctica ya es de por sí unificación en el sentido más puro del término, actividad reflexiva que se vale del cálculo y el experimento. Proceso que se encuentra en la antípoda de la especulativa empresa de la unificación como conquista de todo el territorio. La única forma de ahondar en la unidad es perderla de vista como objetivo; lo deliberado del más mínimo gesto unificador lo delata ya a la legua. Ya se dijo que no hay unificación deliberada por la que no hayamos pagado un precio tan alto como el de su éxito. Atender la continuidad es fórmula infalible para desembarazarnos de nuestras pretensiones y la de los otros, para olvidarnos de los gestos deliberados y ensayados. Esperemos que algún día la unificación deje de ser un desafío deportivo al que uno se apunte simplemente "porque está ahí", como el Everest.

Con esta ingeniería inversa tecnológica de la ingeniera inversa científica cerramos un círculo nunca bien asumido por el sacerdocio teórico pero que siempre estuvo cerca del experimentador y el técnico. En una tecnociencia idealmente anfibia, ser mitológico todavía por consagrar, principios, medios y fines deberían fluir en ambas direcciones por igual; sabemos cuánto se aleja la realidad de eso y tampoco ignoramos del todo los motivos. Que este ser mitológico nos parezca un monstruo es la mejor prueba de que aún no se ha reconocido a sí mismo. Pero ya sea como doble dragón o como águila bicéfala, su instinto y vocación no puede dejar de estar reñido con el de esa otra serpiente de la dirección única que tiende a un fatal aislamiento.

Al final la voluntad de poder tecnocientífica es sólo la incapacidad de poder querer otra cosa, a la que no hay más remedio que llamar destino. Nada hay más cómico que un científico fatalista a no ser que pensemos en un fatalista liberal, pero había que llegar a esto. Si Whitehead dijo que no es que hagamos elecciones porque somos libres, sino que somos libres porque hacemos elecciones, habría que añadir que tampoco hay destino sin la elección ni consciencia de elección.

Una extendida fantasía quiere que en el desarrollo del conocimiento en cualquier civilización o planeta sólo es cuestión de tiempo pasar por los mismos estadios de descubrimiento y desenvolvimiento tecnológico; pero basta mirar con un poco de atención nuestra propia historia para ver lo contingentes que son los grandes momentos y cristalizaciones y hasta qué punto dependen de los azares del conocimiento disponible y el orden de sedimentación de las teorías. Sólo una tecnociencia idealmente anfibia sería capaz de eliminar esas formas de acumulación que a la larga garantizan el estancamiento, por más que sea mucho pedir dentro de las actuales estructuras o de cualquier estructura en general. Esto se halla en perfecta sintonía con la interpretación directa de los procesos de restricción, envejecimiento y degeneración en el cuerpo que tanto nos resistimos a aceptar, lo que muestra hasta qué punto la naturaleza se adueña de los procesos históricos. Ni siquiera se eligen las narrativas, simplemente se amoldan a lo que hay que justificar. Pero la sociología científica no es nada comparado con el misterio de la creación y la regeneración. La biología los exhibe, la física-química los custodia. Y está muy bien que así sea; es doblemente bueno que sea así.

No hará falta decir que el Continuo físico no puede confundirse con la mera continuidad geométrica, de cuya insuficiencia hace tanto que nos hemos hecho conscientes. Este Continuo incluye en sí la unidad o continuidad entre la geometría y el carácter indiscutiblemente discreto de la aritmética, las entidades y sus operaciones en el tiempo. A la depuración del Cálculo finito, que nunca puede ser más análisis que síntesis, le corresponde la tarea infinita de mediar entre ambos con la ayuda de su no menos operacional compañera el álgebra. El mismo carácter físico del Continuo se convierte entonces en la fe más ilimitada y conmovedora, porque queremos en él la eterna síntesis viviente que encarna y da sentido a nuestros esfuerzos dispersos.

¿Espontáneo o automático?

Casi toda la luz que vemos y de la que depende tan directamente nuestra vida se produce, según la física moderna, por "un proceso" al que se conoce como "emisión espontánea". Los físicos son los primeros que encuentran chocante tener que recurrir a una palabra como ésta, pero está claro que no se ha encontrado otra mejor.

Podemos excitar la materia para que libere su luz, aumentando su calor, por ejemplo; pero el acto íntimo por el que el más mínimo destello —eso que llaman "fotón"— es emitido siempre escapa a nuestro control, es "espontáneo". ¿Puede haber algo más significativo?

"Espontáneo" es lo que carece de causa ulterior, y por tanto, equivalentemente, aquello que es autocausado o es causa de sí mismo. Que un fenómeno se explique por un giro reflexivo sobre sí no es algo que esté en el estilo inquisitivo de la física; si a pesar de todo se incurre en ello sistemáticamente, significa tan sólo que estamos ante algo irreductible.

Tampoco deja de haber una doble ironía en esta circunstancia. Justamente en casos como éste, en que algo se presenta "espontáneamente", nos resistimos a la resignación y reclamamos profundizar en el mecanismo subyacente, pues ésa y no otra será siempre, decimos, la eterna vocación de la física; pero por otro lado, son los físicos los primeros en haber renunciado a la aclaración del mecanismo y el porqué. ¿En qué quedamos?

Y sin embargo, ya hemos visto que, incluso desde un punto de vista clásico, la única forma admisible de causalidad sólo puede ser de naturaleza estadística o probabilística. No hay por tanto aquí contradicción, pero sí el primer signo de exaltación de algo que aún cuesta reconocer.

Por supuesto también para problemas "últimos" en cosmología y teorías de campos se habla de ruptura espontánea de la simetría, con lo que es fácil ver que lo que estamos en realidad es ante un último recurso, y en tal tesitura resulta indiferente si hablamos de la naturaleza o de las limitaciones de nuestro conocimiento.

Basta con insistir en la demanda de un mecanismo explicativo para que los físicos se cierren en banda; basta con insistir en que la explicación por un mecanismo es imposible para que los físicos empiecen a preguntarse porqué. Ahora bien, si lo espontáneo es el último recurso dentro de una física enteramente dirigida por la predicción, tal vez baste con salirse de la prioridad predictiva para que empiece a ser el primero; al menos no dejaría de haber una profunda lógica en ello.

Pero, ¿qué se puede ganar aquí si no es en capacidad de predicción? Se puede ganar en contexto, y al final el contexto lo es todo. Especialmente en los casos de último recurso.

El segundo gran momento de Planck en la historia de la física es cuando en 1911 introdujo el campo electromagnético del punto cero para sortear las ideas de Einstein sobre la discontinuidad en los procesos de emisión y absorción. Con el establecimiento definitivo de la mecánica cuántica, la emisión espontánea vino a sobreentenderse como algo indisociablemente unido a las fluctuaciones del vacío. Algunos de los proponentes de la electrodinámica estocástica, como Trevor Marshall, propusieron que, al igual que un fotón ultravioleta de un láser se descompone ("espontáneamente") en dos fotones visibles de más baja energía, debía existir un proceso inverso capaz de crear un fotón de alta frecuencia a partir de dos fotones de frecuencia más baja[55]. Desde 2009 varios equipos han detectado este proceso[56],[57]. Otros autores han considerado también la posibilidad de absorción espontánea usando las derivaciones de la distribución de la radiación de cuerpo negro[58].

Sin duda estos y otros trabajos para ver "la cara oculta de la Luna" tendrían más repercusión si la explicación de lo espontáneo en física se valorara tanto como la predicción. Los trabajos de Marshall, Boyer y otros[59] muestran que puede encontrarse una explicación clásica y local para los fenómenos que implican la constante h de Planck —el mismo espectro de radiación de cuerpo negro ha de derivarse de la radiación del punto cero, que es el vacío y el mismo Éter electromagnético entendido no meramente como medio sino como promedio entre el espacio y la materia. La reacción radiativa, las fluctuaciones del vacío y el problema cuántico de la medición son aspectos íntimamente ligados que parecen admitir una descripción clásica[60].

Lo espontáneo surge desde los niveles más profundos de la realidad física y la relación entre espacio, materia y movimiento. Buscar el fondo y contexto del que surge lo espontáneo es procurar ir más allá de la causalidad, pues la idea de causalidad procede de la conexión eventual de niveles superpuestos cuando estos se antojan diferentes, y lo espontáneo es su realineación y trasparencia no forzadas.

¿Cuál era la palabra griega para lo espontáneo? Sorprendentemente, la palabra que emplea Aristóteles es *automaton*, que para nosotros sería lo más opuesto a lo espontáneo que cabría concebir, si bien es cierto que para el filósofo tendría el sentido de lo que acontece de forma accidental e inesperada. En tal sentido, es lo contrario a la naturaleza ordinaria o *physis*, que si porta el sentido más moderno que atribuimos a la espontaneidad[61].

Se está tentado a pensar que espontáneo es cualquier proceso que no está causado o forzado por la necesidad —todo lo que no es mecánico o maquinal. Ahora bien, ya hemos visto varios criterios diferentes de lo mecánico: la inclusión del principio de inercia, y la vigencia del tercer principio de acción-reacción, que se aplica a los sistemas cerrados. ¿Cuál de las dos es aquí más pertinente?

No hay una razón profunda para decir que la acción y reacción en el ejercicio de una fuerza no sean espontáneas; otra cosa es que no sean propiamente un proceso, sino las dos caras de un solo hecho. Tampoco la inercia de una bola que rueda es algo más mecánico que espontáneo. Sin embargo, tanto el primer principio como el tercero tienen un aspecto doble, mientras que la espontaneidad, en tanto que ser irreductible, es moneda de una sola cara.

Como la emisión de luz, la desintegración radiactiva tendría que ser también un proceso espontáneo; sin embargo Shnoll y otros han mostrado a lo largo de muchas décadas "la ocurrencia de estados discretos durante fluctuaciones en procesos macroscópicos" del tipo más variado, desde reacciones enzimáticas y biológicas hasta la desintegración radiactiva con periodos de 24 horas, 27 y 365 días, que obviamente responden a un patrón astronómico y cosmofísico[62].

Sabemos que esta regularidad es "cribada" y descontada rutinariamente como "no significativa", en un ejemplo de hasta qué punto los investigadores están bien enseñados a seleccionar los datos, pero, más allá de esto, la pregunta sobre si tales reacciones son espontáneas o forzadas permanece. La respuesta también: uno las llamaría espontáneas incluso en el caso en que pudiera demostrarse un vínculo causal, desde el momento en que los cuerpos parecen contribuir con su propio impulso.

¿O deberíamos decir más bien que, con su propio retroceso, los cuerpos contribuyen con una creación de espacio? Mientras no falte, el espacio es algo que siempre damos por supuesto, en física igual que en cualquier otro dominio de la experiencia. La tendencia hacia la máxima entropía sería igualmente un proceso espontáneo, y de hecho fue en termodinámica, antes que en mecánica cuántica, que se empezó a hablarse de procesos que liberan energía y tienden a los estados más estables.

C. K. Thornhill propuso una teoría cinética de la radiación electromagnética con un éter gaseoso compuesto por una variedad infinita de partículas, de manera que la frecuencia de las ondas electromagnéticas se correlaciona con la energía por unidad de masa de las partículas en lugar de la energía sin más, lo que permite una derivación de la distribución de Planck mucho más simple. Los breves escritos de Thornhill pueden brindar indicaciones relevantes sobre otros problemas no menos importantes, desde la cosmología a la aritmética y la ley de potencias[63].

La buena noticia de esto es que la regularidad y estabilidad que observamos en la naturaleza no depende necesariamente de la supuesta uniformidad de los elementos constituyentes. Los electrones o protones del modelo estándar tienen masas mucho más iguales que los tornillos producidos por una fábrica. ¿Qué puede tener eso que ver con la naturaleza? ¿Y por qué motivo algo tan desordenado como una gran explosión inicial habría tenido que producir bloques con valores idénticos? Precisamente un orden es tanto más espontáneo —más natural— cuando menos depende de la uniformidad o simplicidad de sus partes constituyentes.

La conexión entre la física fundamental y las entidades complejas con altos niveles de organización no puede ser sólo una construcción de abajo arriba, ha de tener restricciones del todo a las partes tal como habría que esperar de cualquier teoría de campos. Fundamental no es sinónimo de elemental; sólo cuando acabemos con este malentendido volverá la física a tratar de la *physis*, de los procesos de la naturaleza.

La llama de una vela parece tener mucho más que ver con la realidad de la vida que todas las abstracciones de alto vuelo de la física moderna, y tal vez sea por esto que busquemos una conexión a un nivel mucho más básico entre ésta y el carácter ineluctable de la segunda ley de la termodinámica. El concepto de espontaneidad y la búsqueda del contexto del que emerge es otra forma de retorno a lo más básico, y el hecho de que en física las fórmulas más aptas para la predicción sean también las más recortadas sobre el fondo es lo único que cabía esperar.

La presencia de la idea de espontaneidad en el corazón de la física moderna abre así una vía directa de retorno desde lo más abstracto a lo más inmediato, y desde lo más profundamente encerrado en la materia y en la física como especialidad al caso más general posible de la conciencia; pero para que esta idea prenda haremos bien en encontrarle toda suerte de contextos más cercanos a los de nuestra experiencia ordinaria.

Por otro lado, el principio de equilibrio dinámico que ya mencionamos al comienzo, entendido como superprincipio de equivalencia, permite anticipar que no hay nada mecánico que no pueda transformarse en algo enteramente espontáneo, algo que se mueve por sí mismo. Con todo, más que en lo teórico, será en los casos prácticos, especialmente allí donde se acuse una falta de espacio para la acción —una restricción de los grados de libertad— donde la idea de espontaneidad puede hacerse más patente.

Por ejemplo, ¿qué puede parecernos más espontáneo que respirar? Y sin embargo, todos nosotros experimentamos en determinados momentos una *suspensión espontánea* de la respiración, bien sea en momentos de gran atención en la vigilia, o durante el sueño profundo sin sueños, en fases que no han de confundirse con la apnea patológica.

¿Cómo puede producirse una suspensión espontánea de la respiración? Está claro que aquí "espontánea" significa no forzada, también más allá de lo voluntario y de lo involuntario. La suspensión forzada se experimenta como falta de espacio para respirar, como restricción impuesta, mientras que la suspensión espontánea es *una ganancia de espacio adicional*.

Este simple ejemplo podría dar lugar a los más complejos análisis; análisis que, por más alejados que puedan parecer, revelarían en última instancia una analogía apropiada con los viejos problemas de la radiación y el éter electromagnético. Que son cosas muy diferentes, eso ya lo sabemos; lo que ignoramos es cuán íntima puede ser su relación atendiendo a los aspectos más globales ahora descuidados. Ya vimos que una fase geométrica en el ciclo respiratorio, análoga a la que se presenta en sistemas electromagnéticos, parece altamente plausible.

En el ciclo respiratorio lo voluntario e involuntario se interpenetran, y en la suspensión espontánea no hay ni esfuerzo ni automatismo —algo que también podría afirmarse de cualquier nivel óptimo de acción o ejecución, sin necesidad, por supuesto, de que se suspenda nada; la ejecución musical es sólo un ejemplo entre tantos.

En el orden humano espontaneidad sólo puede significar ausencia de esfuerzo y deliberación, de interferencia por nuestra parte; claro que también nuestras ideas sobre qué sea natural son interferencias.

(Continuará)

Referencias (Endnotes)

1. Henri Poincaré, *Ciencia e hipótesis,* Editorial Espasa, 2005

2. David Hestenes, *Spacetime Calculus for Gravitation Theory,* geocalc.clas.a-su.edu/pdf/NEW_GRAVITY.pdf

3. A. K. T. Assis, *History of the 2.7 K Temperature Prior to Penzias and Wilson, APEIRON Vol. 2 Nr. 3 July 1995Page 79* https://www.ifi.unicamp.br/~assis/Apeiron-V2-p79-84(1995).pdf

4. A. K. T. Assis, *Relational Mechanics and Implementation of Mach's Principle with Weber's Gravitational Force* (Apeiron, Montreal, 2014), 542 pages, ISBN: 9780992045630. Book in PDF format (6 Mb): http://www.ifi.unicamp.br/~assis/Relational-Mechanics-Mach-Weber.pdf

5. Alejandro Torassa, *Sobre la mecánica clásica* (1996)

6. M. Reinhardt, *Mach's principle — A critical review*. Zeitschritte fur Naturforschung, (1973)

7. Carver Mead, *The Spectator Interview,* American Spectator, Sep/Oct2001, Vol. 34 Issue 7, p68. http://worrydream.com/refs/Mead%20-%20American%20Spectator%20Interview.html

8. Otto Rössler, *Endophysics, The world as interface* (1998)

9. https://en.wikipedia.org/wiki/Internal_measurement

10. Rosen, R. (1996) *Biology and the measurement problem,* Computers & Chemistry. 20 (1): 95–100. doi:10.1016/S0097-8485(96)80011-8

11. Miguel Iradier, *Autoenergía y autointeracción —Partícula extensa y termodinámica.* https://www.hurqualya.net/autoenergia-y-autointeraccion-particula-extensa-y-termodinamica/

12. Nicolae Mazilu and Maricel Agop, *The Mathematical Principles of the Scale Relativity Physics, I. History and Physics* http://vixra.org/pdf/1809.0599v2.pdf

13. Laurent Nottale, *The Theory of Scale Relativity*, (1991). https://www.researchgate.net/publication/260653389_The_Theory_of_Scale_Relativity/download

14. Giorgio Agamben, *¿Qué es un dispositivo?* http://filosofianews.blogspot.-com/2011/10/giorgio-agamben-que-es-un-dispositivo.html

15. Schumacher, E.F. (1977) *A Guide for the Perplexed*

16. Emilio Saura Gómez, *La estructura de la percepción en Raymond Abellio.* http://institucional.us.es/revistas/fragmentos/4/ART%201.pdf

17. Robert Epstein, *The empty brain.* https://aeon.co/essays/your-brain-does-not-process-information-and-it-is-not-a-computer

18. Sabrina Golonka, Andrew D. Wilson, *Gibson's ecological approach —a model for the benefits of a theory driven psychology.* http://avant.edu.pl/wp-content/uploads/SGAW-Gibson-s-ecological-approach.pdf

19. Rod Swenson, M. T. Turvey, *Thermodynamic Reasons for Perception-Action Cycles.* http://www.ecologicalpsychology.com/

20. Mazilu & Agop, op. cit.

21. N, Mazilu, *Mechanical problem of Ether* Apeiron, Vol. 15, No. 1, January 2008

22. Mazilu & Agop, op. cit.

23. Eric J. Chaisson, *Energy Flows in Low-Entropy Complex Systems,* (2015). https://pdfs.semanticscholar.org/99d4/d779353709d7e733fb691daa84b-c7a6f57d5.pdf

24. Swenson & Turvey, op. cit.

25. Swenson & Turvey, op. cit.

26. T. B. Batalhao, A. M. Souza, R. S. Sarthour, I. S. Oliveira, M. Paternostro, E. Lutz, R. M. Serra, *Irreversibility and the arrow of time in a quenched quantum system.* https://physics.aps.org/featured-article-pdf/10.1103/PhysRevLett.115.190601

27. Mario J. Pinheiro, *A reformulation of mechanics and electrodynamics* (2017) . https://www.heliyon.com/article/e00365/pdf

28. Mario J. Pinheiro, op. cit.

29. Swenson & Turvey, op. cit.

30. Mazilu & Agop, op. cit.

31. Gian Paolo Beretta, *What is Quantum Thermodynamics?.* http://quantum-thermodynamics.unibs.it/WebSite1.pdf

32. Beretta, op. cit.

33. Beretta, op. cit.

34. Miguel Iradier, *Salud, vida, envejecimiento, evolución.* https://www.hurqualya.net/salud-vida-envejecimiento-evolucion/

35. Miguel Iradier, *¿Hacia una ciencia de la salud?— Biofísica y biomecánica.* https://www.hurqualya.net/hacia-una-ciencia-de-la-salud-biofisica-y-biomecanica/

36. Miguel Iradier, *Salud, vida, envejecimiento, evolución*

37. *Flight Of The Bumble Bee Is Based More On Brute Force Than Aerodynamic Efficiency.* ScienceDaily, https://www.sciencedaily.com/releases/2009/05/090507194511.htm

38. Sridhar Ravi, James D. Crall, Alex Fisher, Stacey A. Combes, *Rolling with the flow: bumblebees flying in unsteady wakes* http://jeb.biologists.org/content/216/22/4299

39. Juan Rius Camps, *La nueva dinámica irreversible y la metafísica de Aristóteles,* Ediciones Ordis, 2010. http://www.irreversiblesystems.com/wordpress/wp-content/uploads/JRC_IYMETAFI.PDF

40. Rius Camps, op. cit. p.76

41. Rius Camps, op. cit. p. 92

42. Miguel Iradier, *Caos y transfiguración.* https://www.hurqualya.net/caos-y-transfiguracion/

43. Emilio Saura Gómez, op. cit.

44. Gilles Deleuze, *Post-scriptum sobre las sociedades del control*

45. Gregory Bateson, *Pasos hacia una ecología de la mente,* Editorial Lumen, 1998

46. Gregory Bateson, op. cit.

47. Joseph Samuel and Supurna Sinha, *Molecular Elasticity and the Geometric Phase* (2018)

48. Nicolae Mazilu, *A case against the First Quantization* (2010). http://vixra.org/pdf/1009.0005v1.pdf

49. Mazilu & Agop, op. cit.

50. Irwin G. Priest, *A Proposed Scale for Use in Specifying the Chromaticity of Incandescent Illuminants and Various Phases of Daylight,* (1932)

51. Nicolae Mazilu, *A case against the First Quantization* (2010)

52. *Scientists make first observation of Airy optical beams* https://phys.org/news/2007-11-scientists-airy-optical.html

53. Paul Marmet *The Subjectivity of Heisenberg's Uncertainty Relationship*. https://www.newtonphysics.on.ca/heisenberg/chapter3.html

54. Ke Chen, Yijun Feng, Zhongjie Yang, Li Cui, Junming Zhao, Bo Zhu & Tian Jiang; *Geometric phase coded metasurface: from polarization dependent directive electromagnetic wave scattering to diffusion-like scattering.* Sci. Rep. 6, 35968; doi: 10.1038/srep35968 (2016). https://www.nature.com/articles/srep35968

55. Trevor Marshall, *Nonlocality —The party may be over* (2002), https://arxiv.org/pdf/quant-ph/0203042.pdf

56. Sun, Jinyu; Zhang, Shian; Jia, Tianqing; Wang, Zugeng; Sun, Zhenrong (2009). *Femtosecond spontaneous parametric upconversion and downconversion in a quadratic nonlinear medium.* Journal of the Optical Society of America B. 26 (3): 549–553.

57. S. Akbar Ali; P. B. Bisht; A. Nautiyal; V. Shukla; K. S. Bindra & S. M. Oak (2010). *Conical emission in β-barium borate under femtosecond pumping with phase matching angles away from second harmonic generation.* Journal of the Optical Society of America B. 27 (9): 1751–1756.

58. R. Bora Bordoloi, R. Bordoloi, H. Konwar, J. Saikia and G. D. Baruah, *Spontaneous absorption and Einstein's rate equation approximation,* https://www.scholarsresearchlibrary.com/articles/spontaneous-absorption-and-einsteins-rate-equation-approximation.pdf

59. T. Marshall ha insistido en que si las primeras tentativas de la Electrodinámica Estocástica fueron más bien un fracaso ello se debió en gran medida a no haber tenido en cuenta la estructura extensa del electrón, responsable de aspectos como el espín. De hecho los trabajos de Schwinger ya incluían una partícula cargada con dimensiones. Los desarrollos más recientes de la EE han rectificado esta situación. Véase Giancarlo Cavalleri; Francesco Barbero; Gianfranco Bertazzi; Eros Cesaroni; Ernesto Tonni; Leonardo Bosi; Gianfranco Spavieri & George Gillies (2010). *A quantitative assessment of stochastic electrodynamics with spin (SEDS): Physical principles and novel applications.* Frontiers of Physics in China. 5 (1): 107–122. Bibcode:2010FrPhC...5..107C. doi:10.1007/s11467-009-0080-0

60. Atilla Gurel, Zeynep Gurel, *Source Field Effects and Wave Function Collapse* https://arxiv.org/abs/quant-ph/0307157

61. Brian J. Bruya, *The rehabilitation of spontaneity: a new approach in philosophy of action.* https://pdfs.semanticscholar.org/0920/38aa9aa985f37b643c1c6ae38c0-cde568150.pdf

62. S E Shnoll, V A Kolombet, E V Pozharski⎤, T A Zenchenko, I M Zvereva, A A Konradov, *Realization of discrete states during fluctuations in macroscopic processes.*

https://www.researchgate.net/publication/238723521_Realization_of_discrete_states_during_fluctuations_in_macroscopic_processes/download

63. C. K. Thornhill, *The kinetic theory of electromagnetic radiation,* http://vixra.org/pdf/0702.0040v1.pdf. Para Thornhill la velocidad de la luz sería proporcional a la raíz cuadrada de la temperatura de la radiación de fondo, lo que a su vez haría innecesario el escenario inflacionario para el universo más temprano. El modelo primitivo de la teoría de campos, recuerda Thornhill, no es la calibrada y restringida teoría electromagnética de Maxwell, sino las ecuaciones de fluidos de Euler de las que las de Maxwell son un caso particular. En este contexto el concepto de capa límite de Prandtl se presenta naturalmente y nos muestra otro escenario de asociaciones, tanto para la ley de potencias y fenómenos físicos de naturaleza autosimilar, como para la ecuación de Madelung y la relatividad de escala reinterpretada por Mazilu y Agop.

LA GRAN ESCISIÓN

6 junio, 2019

La manipulación de la vida con las biotecnologías tiene lo necesario para desencadenar el más profundo cisma y la más grande conflagración entre seres humanos que hayamos conocido. Tarde o temprano la gente se verá obligada a definir su posición al respecto y esto, por más que se procure instrumentalizar, romperá por completo todos los lineamientos políticos conocidos basados en el cálculo de intereses.

Mientras escribía "Caos y transfiguración" pensaba en el papel que desempeña Israel en industrias odiosas como el ciberespionaje o las paramilitares empresas de seguridad que aspiran a convertir el mundo en una gigantesca franja de Gaza. "Al menos", me dije para mí mismo, "para ser un estado que prioriza el desarrollo tecnológico como quien empuña un arma, no se han metido en las biotecnologías". Eso creía. Quise atribuirlo a un cierto escrúpulo religioso, que uno aún supone que tiene su peso en ese país.

Para confirmar mi suposición, hice una rápida búsqueda en la red "biotecnología israel" y en las pocas entradas que ojeé no encontré nada que contrariara mi idea de que, ya fuera por la religión o por mero cálculo inteligente, o por una mezcla de ambos, e incluso por mero instinto, los ciudadanos del estado judío había decidido no mezclarse con ese género de asuntos —lo que me hablaba bien de su juicio.

Debo advertir, por si hay suspicacias, que mi interés primario en esta asociación de ideas era el estado de la biotecnología en el mundo, no el estado judío —éste por el contrario me parece un sismógrafo críticamente sensible en la falla tectónica, que no es menos juntura, entre la fe monoteísta y la hoy casi todopoderosa religión del mercado que sólo pudo surgir de la primera.

Cabe suponer, también, que la manipulación de la vida socava de manera igualmente crítica la autoridad religiosa, lo que tendría que ser un punto particularmente sensible en cuanto a la posición de un estado que ya supone un culto de suyo. En esta búsqueda desganada pude comprobar también que el último Congreso Mundial de Derecho Médico y Bioética se había celebrado en Tel Aviv en septiembre del 2018.

El caso es que a los pocos días y ya olvidado del asunto encontré un trabajo partisano que echó por tierra mis ideas bienpensantes, "El fabuloso negocio de los recién paridos" de María Poumier, cuyo capítulo final se titulaba "La responsabilidad israelí". Puesto que su autora se ha ganado el calificativo de "antisemita" e incluso ha sido amenazada de muerte desde hace muchos años, tengo buenas razones para pensar que sus imputaciones son más que fundadas, pues de otro modo ya estaría en la cárcel o con orden de busca y captura.

Poumier, que habla de Israel como "el primer país en exportación de pornografía, trata de blancas y negras, y tráfico de órganos" también lo considera "el pionero en la globalización de este negocio". En cuanto a los primeros cargos, que muchos tomarán como propios de un libelo, dudo de que se pueda encontrar mucha documentación fiable, así que el lector tiene todo el derecho a ponerlas entre paréntesis o a olvidarlas por completo si así lo prefiere. Sí que parece cierto que Israel figura en listas negras de tráfico de órganos e incluso un medio como el New York Times habla del "papel desproporcionado" que los israelíes han jugado en grandes tramas de tráfico de órganos; algo que también es admitido por Haaretz. En cualquier caso se comprenderá fácilmente que uno no esté demasiado interesado en rastrear estas tramas.

En cuanto a la globalización del negocio de los vientres del alquiler, es algo mucho más difícil de ignorar puesto que requiere toda una cobertura legal y un concertado "ecosistema", tal como ahora lo llaman, de médicos, abogados, psicólogos, publicidad, agencias y laboratorios de fama mundial. "En Israel", dice Poumier, "la actividad comercial no encuentra trabas estatales; toda la industria apunta al mercado global, y a nivel de legislación, la lógica del derecho mercantil contractual tiende a sustituir cualquier otra reflexión jurídica, como en EEUU". Por otra parte, desde el punto de vista religioso, según la misma autora, "no se considera pecado experimentar sobre los seres humanos no judíos". Habría pues una connivencia entre el punto de vista religioso del judaísmo y los intereses demográficos, comerciales y estratégicos del estado judío y sus ciudadanos de derecho.

Para que nos hagamos una idea, Poumier resume algunos de estos manejos: "La agencia Tammuz fue la agencia pionera en el comercio triangular: importar células sexuales desde EEUU, fabricar embriones en Israel, congelarlos e implantarlos en úteros asiáticos, seleccionados por médicos locales en «granjas de bebés», entregárselos a parejas de cualquier parte del mundo, asegurando no sólo los cuidados médicos, sino los servicios de abogados para sobreponerse a la legislación propia de cada país, y lograr la exportación legal del niño, con los documentos y la nacionalidad deseada por los compradores, supuestos "padres de intención".

Con un 25 por ciento, Israel tiene tal vez la tasa de infertilidad más alta del mundo, pero diversos factores como la proliferación de agresiones químicas, disruptores hormonales, aumento de la polución electromagnética y otras muchas condiciones de la vida moderna hacen cuanto pueden para que el problema se dispare casi en todas partes; espoleada por la indispensable publicidad, la demanda no dejará de crecer y la industria contempla un futuro dorado. Pero, evidentemente, no estamos aquí para hablar de negocios.

¿Qué tiene la biotecnología para poder trastocar todos los alineamientos políticos desde América a Australia, desde Rusia a Oriente Próximo, desde China e India a los países donde el Islam es mayoritario, desde Japón a Europa occidental? ¿Qué hay en ella tan decisivo, que pueda lograr que dentro de veinte o treinta años las relaciones diplomáticas de cualquier país con Washington se conviertan en un asunto secundario en comparación?

En un mundo con algo de sensatez nadie se atrevería a hacer estas preguntas; en un mundo con alguna sensatez se daría por supuesto que la vida tiene ascendiente sobre el dinero. No en este mundo nuestro, y ahí es precisamente donde puede plantearse la Gran Escisión. Del mismo modo que va adquiriendo fuerza la oposición a la globalización por su mismo triunfo y sus excesos, considero que un rechazo cada vez más violento a la invasión de la vida por la lógica del mercado es no sólo inevitable, sino también deseable.

Que la teología del mercado ya ha invadido todos los órdenes de la vida y no sólo la economía no es ningún secreto. Que el punto de fisión se acerque al querer tratar la vida misma como puro objeto biológico será tan sólo por la más legítima reacción de autodefensa de la propia vida y la conciencia luchando por mantener un mínimo de integridad.

Pero hay una gran diferencia entre la creciente oposición a la globalización y el rechazo al tráfico y desnaturalización de la vida. El movimiento populista contra la globalización puede tener aspectos legítimos pero está sin duda motivado por el interés y el deseo de mantener ciertos privilegios entre amplios sectores que sólo conocen la movilidad social hacia abajo.

El rechazo a hacer de la vida misma una mercancía trasvasada de una probeta a otra es algo mucho más intenso y profundo, aunque no deje de tener una fortísima relación con la extremada desigualdad social. Seguramente es al combinarse ambos factores que entramos en un terreno peligroso y sin cartografiar.

Las llamadas de lo que antes se llamaba izquierda para luchar contra un supuesto fascismo en ascenso son hoy un mero juego de conveniencia electoral que cualquiera puede ver a la legua. Pero el oportunismo de esta desgastada épica burguesa con su no menos raído teatrillo burgués corre el riesgo de ignorar cosas mucho más serias que podrían empezar a concretarse, justamente, al dejar de repetirse una función de la que todos estamos cansados. Aquí es donde se ciernen, no tan lejos de nosotros, otros espectros bien distintos del totalitarismo, que además tienen todas las posibilidades de polarizarse y adoptar signos opuestos.

El antiliberal americano de hoy todavía comparte los mimetismos del poder económico hasta el punto de querer creer que un magnate inmobiliario puede representar sus intereses. Apelando a lo más egoísta y embotado de cada cual, se consigue aún ocultar la evidencia de que la mayoría de la población son negros al servicio de una minoría ínfima que íntimamente los desprecia. Aunque es de suponer que la ingeniería social del autoengaño tiene sus límites.

En cualquier caso, desprecio es la palabra clave. Y una de las muchas formas de estas "élites", de mostrar su desprecio, seguramente la mayor, es utilizar a las masas como su reserva biológica privada. Un desprecio insufrible que seguramente demanda reciprocidad o algo más que reciprocidad. Si ellos no quieren quitarle la mano a la vida de encima, es normal que otros quieran quitarse de encima esa mano de la forma más violenta.

Es verdad que en principio estas cosas no se hacen sin un consentimiento entre las partes, pero por otro lado, todo la ampliación de este negocio, y no sólo del negocio sino de la estrategia global de la que forma parte, depende de ir ganando más y más consentimiento de nuestra parte a estas prácticas. O estamos ya efectivamente muertos o tarde o temprano el conflicto está servido.

Puesto que el desprecio es un lujo, un deshacerse de algo que nos sobra, también las masas desfavorecidas quieren darse el lujo de despreciar, y nada hay hoy tan despreciable como estas élites a las que con mi mejor griego acostumbro a llamar la Megachusma.

Cuando mayor sea la presión para obtener nuestro consentimiento en cuestiones como la manipulación de la vida y su apropiación por otros, más fuerte ha de ser este rechazo. Es una cuestión de puro asco y de desprecio, que a su vez se muda en desprecio por toda visión que quiere reducir lo humano a la economía, ya sea desde la derecha o desde la izquierda moribundas: y así es como encontrará su fin el entretenido teatrillo ideológico al que todavía asistimos.

Entonces si que veremos una realineación masiva de posiciones e identidades, a las que dudo incluso que les duren sus nombres actuales. No soy tan milenarista como para creer que esto nos tenga que acercar a "la hora de la verdad", pero lo que sí es cierto es que supondrá todo un desafío para la larga tradición de la política del cálculo.

Efectivamente, y como bien lo prueba el tema del que estamos escribiendo, el actual sistema no quiere ni parece que puede privarse de aprovechar la más mínima oportunidad; no tiene otra fatalidad que ésta. Y así, también el cálculo político intentará cabalgar este tigre y aprovechar el casi ilimitado caudal de desprecio que ya hemos conseguido acumular. Sólo que esta vez probablemente no se trate de un gato castrado, ni siquiera de un animal hembra como el tigre, y los que jueguen con fuego tendrán ocasiones para arder en la pira como los mejores pirómanos.

El rechazo a inmiscuirse en lo más íntimo de la vida, su reproducción, difícilmente puede calificarse como "un prejuicio religioso" del monoteísmo, cuando vemos que ha sido justamente la cultura judeocristiana la que ha llevado las cosas hasta este punto. Por el contrario, la incapacidad para dejar nada tranquilo, si que parece un intolerable prejuicio de ese otro monoteísmo, el económico, que ya tiene decidido que nada tiene otro valor que el que le pone el hombre.

La misma idea del genoma como el Libro de la Vida o como programa informático no deja de ser otra fantasía fundamentalista, del mismo estilo que comparar nuestro cerebro a un ordenador. Afortunadamente para nosotros, la naturaleza demuestra ser bastante más compleja que todo eso, de otro modo la intervención humana ya habría llegado mucho más lejos. El mismo ADN, para garantizar la estabilidad de la herencia, tiene que ser una molécula pasiva, y son las enzimas las que demuestran discriminación sintetizando proteínas distintas partiendo de unas mismas bases. El ADN no ha hecho a la vida, sino que la vida ha hecho al ADN. ¿Quién pondrá en duda esto? Y a pesar de todo, se nos sigue intentando convencer de lo contrario. Si de hecho hay algún motivo para no ser del todo alarmista, no es por las intenciones del hombre, sino por la tenaz resistencia que ofrece todo lo vivo a la simplificación.

Pero si la genética siempre tendrá un alcance muy limitado, ya se encargan los talentos creativos de enmendar su insuficiencia con otros recursos, ya sean células madre, cultivos de tejidos y órganos, y todo un mundo de infinitas posibilidades que aquí no queremos ni mencionar. En definitiva, si la metáfora del código resulta tan estrecha para la vida, siempre podremos apelar a su plasticidad ilimitada.

Claro que esta lógica también se aplica entre los escalones cada vez más empinados de la pirámide social, y no como metáfora sino como cruda realidad. Dado que nos importa tan poco qué pueda ser la naturaleza más allá de los manejos humanos, estamos condenados a verificar cómo responde la naturaleza humana en las condiciones de aislamiento propias de una reserva, en eso que denominamos "el experimento social".

Ni una derecha ni una izquierda fundadas en los presupuestos económicos y que sólo disputan sobre cómo ha de administrarse lo humano podrán tener jamás la fuerza necesaria para rechazar como se debe lo que se nos viene encima. La manipulación de la vida no sólo socava la autoridad religiosa, también la poca credibilidad que le queda a los defensores del mercado. Más todavía: apunta directamente a esa "aristocracia financiera" que, de no cambiar sus planes, figurará como lo más despreciable de todo. Y en tales condiciones, sólo se puede gobernar con el terror, y no por mucho tiempo.

La justicia distributiva es sin duda una buena causa, pero al haberse diluido sin remedio por tanto cálculo, ha dejado de ser *causa justa*, causa capaz de justificar acciones y sacrificios, y no sólo de justificarlos, sino impulsarlos.

Poner la mano sobre la vida de estas maneras es atraer desgracias sin cuento sobre los humanos. ¿Superstición? Es lo único que cabe con la implacable lógica de estos negocios y paranegocios. Y ya que estas élites tan distinguidas no entienden otra lengua que la del comercio, sería de desear que las compañías se abstengan de ejercer su proverbial perspicacia y no adquieran gangas minutos antes de que se conviertan en muertos caminando.

Abstenerse es aquí palabra clave, la única tal vez que podría revertir la intoxicación del poder. Puesto que tras haber porfiado tanto, se ha llegado a poder hacer estas cosas, el único poder verdadero sería... poder abstenerse de ellas.

¿Se entiende el poder de la abstención en asuntos de este calibre? Crean un hueco y un espacio donde ya ha dejado de haberlo; donde es tan desesperadamente necesario. Dicen que el gobierno consiste en combinar el ejercicio de la fuerza y la capacidad de adhesión, aspectos que tanto gustan de excluirse. Saber no ejercer un poder también es ganar una espontánea capacidad de adhesión.

La abstención también vale para el "consumidor que se lo puede permitir", e incluso para el que no tiene otra cosa que su desprecio, tal vez demasiado fácil. Ceder es demasiado fácil en los tres casos, por eso la abstención conquista un mérito que atrae bendiciones, crea una situación nueva y de algún modo conjura ese aciago no poder resistir. Pero esta abstención no excluye otras formas de acción sino que más bien las alumbra.

Hay una atracción fatal del que se sitúa de espaldas a la vida por apropiarse de ella, que no puede subestimarse. Debe ser tomada muy en serio si se quiere obrar en consecuencia.

Notas

1. María Poumier, *El fabuloso negocio de los recién paridos*: Parte IV: 'La responsabilidad israelí' https://redinternacional.net/2019/04/17/el-fabuloso-negocio-de-los-recien-paridos-parte-iv-la-responsabilidad-israeli-por-maria-poumier/

2. Kevin Sack, *Transplant Brokers in Israel Lure Desperate Kidney Patients to Costa Rica* https://www.nytimes.com/2014/08/17/world/middleeast/transplant-brokers-in-israel-lure-desperate-kidney-patients-to-costa-rica.html

3. Noga Klein, *Israel Became Hub in International Organ Trade Over Past Decade.* https://www.haaretz.com/israel-news/.premium-israel-became-hub-in-international-organ-trade-over-past-decade-1.6492129

4. María Poumier, op. cit.

5. María Poumier, op. cit.

EL CAPITAL Y SUS AMIGOS

4 agosto, 2019

El llamado "estudio científico del capitalismo", venga de donde venga, ha sido desde siempre una perfecta coartada para no decapitar al capital y dar largas al asunto. Y ciertamente no estoy hablando desde posiciones "radicales" ni "revolucionarias" ni cosas por el estilo. No se necesita nada de eso para llegar a las más elementales conclusiones. Mucho menos aún estoy pensando en el derramamiento de sangre ajena ni en desquites ni en derrocar a alguien para que mejor levante su cabeza la bajeza humana. No.

Que la infinita polisemia de lo social admita un sólo tipo de análisis científico fue siempre, para decirlo suavemente, más que problemático, pero aún así se ha seguido presentando no ya como algo posible, sino hasta consumado ya por el marxismo. Sólo restaría extender el análisis hasta el tema o las condiciones objetivas de turno.

Los análisis pueden ser abstractos, infinitos e interminables; los nombres y las personas, no. Y para colmo, el más frío análisis matemático apuntaba directamente desde el principio a esas personas y nombres. Hasta tal punto apuntaba claramente, que había que hacer un gran esfuerzo por ignorarlos. Hacía falta crear teorías para olvidarlos y sacarlos del primer plano.

En un escrito anterior, titulado "Caos y transfiguración", mostraba sumariamente cómo la llamada "ley de Pareto" de los pocos indispensables, o regla del 80/20, extendida debidamente como ley sucesiva de potencias, nos lleva inequívocamente a la conclusión de que la mayor parte de la riqueza, y sobre todo del poder de decisión económico del mundo depende de no más de tres o cuatro grandes fortunas que necesariamente han de tener nombres y apellidos.

El principio de distribución de Pareto dice que el 20 por ciento de la población posee el 80 de la riqueza, pero a su vez es la quinta parte de esa quinta parte la que tiene cuatro quintos de las cuatro quintas partes —y así sucesivamente, en una ley de potencias con invariancia de escala.

Ya se ha dicho hasta la saciedad que las 62 personas más ricas tienen más patrimonio que la mitad de la población mundial, los 3.700 de millones de pobres. Lo que capta menos la atención del lector es que la mera prolongación analítica de esa ley nos dice que la mayoría del poder de la oligarquía mundial está concentrada en unas pocas manos, aún muchas menos de las que creemos: casi toda la riqueza de esos 62 sería de 12, y casi toda la riqueza de esos doce sería sólo de 3 o a lo sumo 4 personas o familias.

En algún momento, ese número podría reducirse a uno sólo, con la consecuente subordinación del resto. Concentración es el nombre del juego, con la subrogación como compensación obligada.

Aun conociendo el patio, no deja de sorprender el nulo eco que esta sobrecogedora evidencia matemática tiene entre nuestros diversos economistas y "analistas". Y aunque no he merecido el castigo de leerlo, los que así lo han hecho aseguran que ni siquiera el famoso tocho de setecientas páginas de Piketty sobre la estructura de la desigualdad económica, tan bendecido por la élite económica, utiliza la citada ley de potencias que tan directamente ejemplifica toda la esencia del asunto, y despacha a Pareto con unas displicentes pocas líneas para ignorar ampliamente las implicaciones de su distribución.

Verdaderamente conveniente, aunque posteriormente unos cuantos economistas y matemáticos desprevenidos hayan sido lo bastante impertinentes como para combinar ambos tipos de datos, y concluir que Piketty intenta hacer increíblemente complicado algo que sin duda es peligrosamente simple. De ahí la gran promoción de los análisis del economista francés, que pocos en su sano juicio estarán dispuestos a seguir en sus interminables vericuetos sólo para llegar a conclusiones tan inofensivas como consabidas.

Pero la cosa no viene de ahora. Esto es lo que decía el Weekly Register de Hezekiah Niles tan pronto como en 1836:

"Los Rothschild son el asombro de la banca moderna ... vemos a los descendientes de Judah, después de una persecución de dos mil años, mirar desde arriba a los reyes, elevarse por encima de los emperadores, y sostener un continente entero en el hueco de sus manos. Los Rothschild gobiernan un mundo cristiano. Ni un solo gabinete se mueve sin su consejo. Extienden la mano, con la misma facilidad, desde Petersburgo hasta Viena, desde Viena a París, de París a Londres y de Londres a Washington. El Baron Rothschild, cabeza de la casa, es el verdadero rey de Judah, el príncipe en el cautiverio, el Mesías tanto tiempo buscado por este pueblo extraordinario. Sostiene las llaves de la paz o la guerra, de la bendición o maldición... Son los corredores y consejeros de los reyes de Europa y de los jefes republicanos de América. ¿Qué más pueden desear?" 1

Difícilmente podría haberse acusado a Niles de "antisemitismo", de haber existido entonces la palabra, cuando sólo se hacía eco de algo que ya era de dominio público ¿Podía estar más claro ya por entonces quién movía el mundo?

Para resolver ese serio problema de exceso de notoriedad y arrojar ríos de tinta sobre el agua cristalina hizo falta el meditado advenimiento del "socialismo científico", ya que sabido es que, antes de Marx, Proudhon y otros muchos sólo habían sido capaces de balbucear variadas supersticiones y majaderías, a la que todavía hoy llaman algunos "curanderismo".

Hasta hace poco estaba disponible en la "Biblioteca Anarquista" un artículo muy al punto de Varlaam Cherkesov dirigido a Kautsky sobre el descarado plagio del Manifiesto Comunista del Manifiesto de la Democracia del "utópico" socialista francés Victor Considerant escrito cinco años antes y que los autores en entredicho no podían ignorar.

De hecho Marx había escrito en 1842: "Trabajos como los de Leroux, Considerant, y sobre todo el penetrante libro de Proudhon no admiten una crítica superficial; antes de ser criticados demandan un largo y cuidadoso estudio" 2. Incluso a Kautsky, primer papa del marxismo internacional, no le quedó más remedio que admitir mansa y resignadamente que todas las ideas del panfleto de Marx y Engels habían aparecido antes en diversos escritos.

Ignoro por qué motivos este valioso texto ha desaparecido de la citada biblioteca virtual, y es de esperar que algún paciente exhumador nos lo devuelva al efímero reino de la literatura disponible. A falta de un texto tan inapelable y explícito, podemos conformarnos con la mención que de él hace Rudolf Rocker en su artículo "Marx y el anarquismo".

Un alma muy caritativa aún podría pensar que los autores del Manifiesto, que no podían menos que empezar hablando de fantasmas, eran dotados médiums que canalizaban "inconscientemente" el clamor popular, pues también el espiritismo americano arranca de esa misma época. Pero la cosa supera todos los límites de la credulidad cuando reparamos en que el famoso texto de Engels sobre la clase trabajadora inglesa no parece sino una variación del escrito anterior de Eugene Buret "De la miseria de las clases trabajadoras en Inglaterra y Francia", que incluso el propio Marx cita en 1844 profusamente. Y es que la rica literatura socialista francesa de la época era la obligada referencia para el resto de Europa.

Es casi obligado recordar esto puesto que la "crítica" vertida en Miseria de la filosofía, después de ningunear con la mayor de las malicias a Proudhon para ir haciéndose hueco en escena, aún se adorna con la sugerencia de que el autor francés debe el grueso de su trabajo al angloamericano Bray. El ratón de biblioteca no podía tolerar que un pastor y tonelero tuviera ideas propias, y menos aún que él mismo tuviera alguna deuda con un genuino autodidacta.

Claro que todo esto es muy anterior a la lenta y meditada incubación del llamado socialismo científico que habría nacido con El Capital. El de Tréveris, mil veces más rabino que profeta, no duda en vaticinar que en el futuro la banca será domesticada por la industria y que ésta la llevará hacia los fines más productivos; pero los marxistas actuales aún aseguran que el gran visionario ya previó todo el tardío carácter especulativo del "capital ficticio". Sin duda uno siempre encuentra a qué agarrarse.

En realidad al Manifiesto Comunista no se le hizo en su día prácticamente ningún caso, eso es algo comúnmente admitido aunque no menos comúnmente olvidado. No empezó ninguna época ni "proceso revolucionario" más que en retrospectiva, cuando los marxistas ya habían organizado y consolidado el control de la oposición, lo que siempre fue su principal cometido. Es muy socorrido hablar de la "traición" de Bernstein y la socialdemocracia, pero el primero en mostrarse desvergonzadamente oportunista fue Marx, enganchándose a la honda impresión que suscitó la Comuna de París cuando ya desde 1849 había advertido en contra la acción directa y a favor del estudio y consideración de las condiciones objetivas, desalentando repetidamente todos los intentos de levantamiento de la Liga de los Comunistas.

Esta fue la posición por más de veinte años de quien cerraba su diatriba contra Proudhon con las puramente literarias palabras de George Sand: "El combate o la muerte, la lucha sanguinaria o la nada. Es así como se plantea inexorablemente la cuestión"3. Todo un revolucionario, al que sólo la observancia de las formas le impidió recibir condecoraciones de la industria y la banca, o ser nombrado Caballero de la Orden del Imperio Británico.

De hecho y como recuerda Rocker el Congreso de la Haya de 1872 sirvió para convertir la Internacional, que había arrancado con clara mayoría proudhonista y anarquista, "en una máquina electoral, incluyendo una cláusula para obligar a las varias secciones (nacionales) a luchar por la toma del poder político" 4. No, ciertamente el oportunismo no empezó con Kautsky ni Bernstein; pero en cuanto a lo oportuno de un socialismo científico, que hablara de procesos y no de nombres, parece que ya se vio claramente incluso antes de que Marx cogiera la pluma.

Pondera igualmente Rocker que incluso Lenin y los bolcheviques estuvieron hasta la última hora preñados de programas y promesas electorales, hasta que el verano de 1917, con las condiciones más calamitosas e irrepetibles en Rusia, empujaron al tardío autor de El Estado y la Revolución y a sus allegados a adoptar in extremis la vía violenta y a justificarla. Sí, también la Revolución de Octubre fue una cuestión de oportunidad.

Pero volvamos atrás, a los orígenes del autodenominado socialismo científico. En la segunda mitad del siglo XIX la acumulación de riqueza de los Rothschild era tan abrumadora que la principal cuestión era cómo diversificar las inversiones para que todo resultara menos evidente. Ya fuera en los proyectos de Rhodes o en Rio Tinto, en el petróleo, los ferrocarriles, los canales transoceánicos, o en otras firmas bancarias bajo distintos nombres, el mundo se llena de una serie de tramas y esquemas de inversión en cuyo centro se sitúa la moderna figura de la sociedad anónima, de la que el gran jurista alemán Rudolf von Jhering pudo decir en 1877:

"A los ojos del moderno legislador, las sociedades anónimas se han transformado en agencias de robo y de estafa. Su historia secreta descubre más bajeza, infamia y truhanería de la que hay en un presidio; solo que aquí los ladrones, los estafadores, los truhanes viven entre rejas, mientras allí nadan en la opulencia". 5

Y así, mientras los anarquistas —que también fueron infiltrados por Policía e Interior para ser desacreditados- apuntaban directamente a los responsables de tanto latrocinio, el marxismo se apresuró a hablar de la necesidad una descripción impersonal y "científica" de la dinámica del capital y la lucha de clases. Dar nombres de banqueros hubiera sido muy ordinario, era mucho más conveniente hablar del "burgués", que era un comodín lo bastante amplio, y apto para ser odiado, ridiculizado y denostado, e idóneo para impedir cualquier unión entre clases contra los realmente poderosos.

En la misma línea de romper posibles alianzas entre estratos sociales estaba la promesa de la "dictadura del proletariado", la más bochornosa añagaza parida por intelectual alguno en los últimos siglos, y ya es mucho decir, vestida igualmente con el ropaje de necesidad científica antes del advenimiento del Hombre Nuevo. Y todo mientras la banca, según el gran profeta, iba camino de ser domesticada por las necesidades productivas de la industria burguesa. La opinión humana es harto moldeable, pero sólo con el apoyo más decidido de la plutocracia puede explicarse que hayan prosperado argumentos semejantes. Leer para creer.

Decir capital es decir anonimato; por lo tanto, el estudio "impersonal y científico" del capital ampara y favorece de forma esencial la impunidad de los que lo detentan, por lo demás bien poco incomodados por las teorías. ¿Quién no puede verlo?

Es por esto que se ha dejado prosperar hasta tal punto a la industria académica del marxismo y se ha permitido este fácil desahogo a la crítica, sabedores todos de su casi perfecta inocuidad. Y al parecer esto ha sido suficiente para que tantos intelectuales tranquilizaran su conciencia.

Sin duda, incluso con los discursos absolutamente gastados de hoy, la actualidad es tan innombrable que basta con decir "capital" o "capitalismo" para obtener la ilusión de que hemos identificado el problema y ya sólo queda matar al dragón. Es un buen hueso para el que tenga vocación de roer.

Pero claro, con el análisis impersonal y científico resulta que el dragón es ubicuo y por tanto no tiene corazón ni cabeza que cercenar. Si el capitalismo lo llena todo, qué vas a matar; mata al todo o mátate tú. A eso es a lo que se nos invita. Sumamente conveniente, una vez más.

Así pues, el marxismo y el anticapitalismo al uso es un perro perfectamente domesticado para ladrar sin morder nunca. Denunciar al capitalismo o al capital no es denunciar absolutamente nada; sólo es contentarse con una palabra. Es como hablar de "la dictadura de los mercados", cuando nunca hubo mercados más amañados que los de ahora, y amañados por menos.

Ese dragón tan ladrado y mitificado sólo es impersonal en apariencia; y en realidad, cualquiera puede ver que su misma supervivencia depende de su ocultamiento en la forma impersonal. Dicen que la Hidra de Lerna tenía nueve cabezas; pero nuestro tan metido monstruo, si hacemos caso de las matemáticas, tiene muchas menos. Tres o cuatro a lo sumo, como dijimos.

Funcionalmente puede resultar indiferente si estos tres o cuatro son los Rothschild, los Rockefeller, la Corona de Inglaterra, el Vaticano, o los celebrados Medici que hicieron su fortuna con su tesorería, que no era otra que la de toda la cristiandad. En cuanto al objetivo sí que está justificado hablar de la lógica impersonal del capital. Sin embargo, hasta el más obtuso tendrá que admitir que el mero hecho de saber quiénes son y tener un cierto control de sus movimientos les quitaría cuando menos la mitad de su poder y le daría un golpe de gracia a toda la estructura recursiva de dominación que se ha montado amparada en el anonimato.

Si los Rothschild estaban tan podridos de dinero que ya hacia 1890 tenían que "financiar" a nuevos ricos como Cecil Rhodes para diversificar y evaporarse discretamente en el aire, qué no habrá pasado desde entonces. ¿Hay alguien en su sano juicio que crea que familias así han podido venir a menos para tener que conformarse con una discreta fortuna? ¿Cómo sería eso posible si los bancos apenas arriesgan su propio dinero, y las tramas de las sociedades anónimas están justamente concebidas para que quienes las levantan no puedan ser cogidos por ningún lado? Además, nunca se supo de grandes reveses financieros bien documentados en una familia como ésta, a la que es inevitable imaginar como cada vez más conservadora con el paso del tiempo.

Las mismas grandes compañías tecnológicas rara vez han salido de los garajes de jóvenes prodigios como nos dice el cómico cuento, y si lo hicieron, bien pronto fueron otra cosa, pues al final se trata de apuestas sobre seguro con respaldo y cobertura de las más poderosas instituciones. Nada necesitan más los inversores que un rostro amable para sus estudiadas jugadas.

Y por añadidura, ¿no es la lógica más elemental del capital la acumulación y la concentración? ¿No se ha visto una y otra vez que las crisis cíclicas de la economía son ante todo para los desprevenidos y expuestos, y no para los que manejan los resortes, que aprovechan sin piedad las múltiples ventajas que les concede la posición adquirida? Si los hombres más ricos del mundo fueran recién llegados con cara de bobo como Gates o Zuckerberg, tal como pretenden revistas de entretenimiento como Forbes, habría que concluir que las viejas familias de banqueros son decididamente idiotas, y no esos obsesos pervertidos que su posición invita a suponer.

Si tanto rigor académico y tantos montones de citas sólo sirven para no distinguir a tres tiburones blancos en una bañera porque su color viene a ser el mismo, arrojemos semejante rigor por el váter y pensemos en algo más útil e iluminador.

La misma distribución de Pareto, con su evolución en el mundo moderno y la elevación gradual de sus potencias, que coincide con el aumento de la desigualdad y el estiramiento de la pirámide social, debería estar cargada de información bastante más científica y significativa de hacia dónde vamos y por qué, pues como ya se ha apuntado no puede ser más expresiva del gigantesco sifón o maquinaria de succión, así como de las relaciones de subordinación y dominación entre fortunas, la compras de activos y el sistemático descenso de favores desde arriba y el ascenso de "servicios" desde abajo; en definitiva, los auténticos cambalaches del mundo real y su portentoso tinglado.

En cuanto a la relación entre la ocurrencia de esta ley de potencias en la sociedad y su aparición en muchos sistemas naturales, el tema daría para mucho y tiene tal profundidad analítica que aquí no podemos ni rozarlo6.

Tiendo a pensar con Sraffa que lo que determina la tasa de ganancia es el tipo de interés y no al contrario. Parece que el aplanamiento de los tipos de interés, su virtual reducción a cero —aunque sólo a ciertos efectos— coincide con la universalización del crédito para todo, y con el estiramiento en vertical de la pirámide de la desigualdad, lo que igualmente apunta a la universal servidumbre por crédito, un fenómeno que se ha repetido cíclicamente en la historia pero que ahora enfrenta a sus límites de escala. Por eso la llamada "lógica del capital" tiende hoy a contradecirse tan flagrantemente a sí misma, abogando por la inflación y luchando contra el ahorro. Como para seguir hablando del espíritu burgués del capitalismo. Pero aquí hubo gato encerrado desde el principio.

Es bien poco fascinante saber quiénes están en el extremo de la cadena trófica; en general uno es mucho más feliz ignorando por completo estos temas. Y además, el mero hecho de darle demasiada importancia a la economía ya es una derrota del espíritu humano en toda la regla, sin duda su mayor fracaso.

Pero cuando la misma economía no es sino pretexto para la dominación y la desnaturalización de todo lo humano, estamos obligados a defendernos. Saber sus nombres sería la más eficaz de las defensas.

Y no sé si conseguiremos alguna vez llevar a estos personajes de la oscuridad de sus guaridas a la luz pública, pero deberíamos no perder ese objetivo de vista en vez de aceptar las innumerables imposturas que se nos ofrecen para que nos olvidemos de ello. La denuncia abstracta del capital es sólo otra más de esas imposturas, y a estas alturas tendría que producirnos náuseas. Hasta los más pobres de espíritu sienten que se les quiere tomar el pelo, cuando no se dejan llevar por los bajos instintos y las ganas de revancha —fuerzas con las que aún muchos cuentan.

No es pequeño asunto que gente tan contada y poderosa se vea obligada a esconderse; de esta condición contrahecha de la criptarquía se derivan mil y una desdichas para el mundo, que para no ser más que sus amos se ve obligada a remedarla. Sacando a estas personas a la luz no sólo las liberaríamos de su miseria, desactivaríamos ante todo el inmenso potencial subversivo y destructivo que se sigue para la sociedad del hecho de que lo que querría estar más alto tenga que esconderse bajo tierra. Todo un misterio de iniquidad, que dirían los teólogos; que por lo demás bien puede entenderse de la forma más elemental.

Puesto que en política toda posición es correlativa, el efecto real que el marxismo viene a tener en la mayoría de la gente es el de un espantajo o asustaviejas al revés, que en vez de incitarte a abandonar tu casa te convence de que te quedes en ella pase lo que pase: "Si esta es la alternativa, no hay más remedio que aguantar". Y para eso están, para decirnos todo el santo día que ellos son la alternativa y que no hay ninguna otra. Cuesta demasiado creer que quienes tanto se desvelan por mantener la exclusiva ignoren el efecto que esto produce invariablemente; por eso las únicas tentativas y simulacros de socialismo no han tenido lugar sino en países subdesarrollados y destrozados por las guerras.

Sólo la bestia podría maldecir la trampa en lugar de al trampero, si fuera capaz de perder el tiempo con ello. Sin embargo el marxista es experto en arrojar espumarajos por la boca contra la trampa aunque ni por casualidad acierta a dar con el resorte, que sólo la rabia podría hacer invisible.

¿Y si resulta imposible conocer los nombres de estas contadísimas personas? Y ello cuando no parece lejano el día en que se controlen los movimientos de hasta el más indigente, al que tal vez se le facilite un móvil para garantizar su seguimiento. Se supone que los distintos aparatos de Inteligencia están para controlarnos a nosotros, no a ellos. No es fácil invertir una situación que a ellos mismos se debe.

Aun así, conviene no perder de vista que en la cumbre hay algo más pequeño que una célula terrorista. Y sólo no olvidando la enormidad de este hecho podríamos pedir acciones proporcionadas a esta increíble situación.

Si no podemos saber quiénes son, sí sabemos a ciencia cierta que, con la salvedad de un número de países, ellos son los acreedores en última instancia de toda la estructura de la Deuda Mundial —lo que sólo es la consecuencia lógica de la concentración del capital a lo largo de su triunfal carrera histórica.

A medida que aumentan las potencias en la ley de potencias de la desigualdad aumenta también la apuesta y con ella la necesidad de engrase y cobertura. Una estructura tan vertical sería un auténtico castillo de naipes si no estuviera reforzada por una continuidad y dependencia crecientes a todos los niveles. La analogía con el sistema circulatorio y otros ejemplos de crecimiento orgánico está más que justificada.

Hay dos medidas indispensables para cortar la dependencia de este organismo de su cabeza parasitaria —para el caso en que tuviéramos una cabeza de repuesto, naturalmente. La primera es devolver el control del dinero y su emisión al estado y al público, retirando ese poder de los bancos privados que lo han tomado sobre sí. Así se acaba con la raíz del dinero-deuda actual, núcleo de nuestro sistema. Con razón se ha dicho que si les quitaran todas sus propiedades a las grandes fortunas pero aún les dejaran la capacidad de hacer y controlar el dinero, en poco tiempo volverían a hacerse con todo.

La segunda que debe acompañarla es cancelar o reducir dramáticamente la montaña de deuda pública y privada en cuyo extremo están esas cabezas que no quieren dar la cara. Si no quieren dar la cara, dejemos de darle al menos la sangre que succionan.

Con estas dos limpias medidas se acababa con la larga vida de este monstruo, con esa su triunfal carrera histórica.

Recuperación de la moneda por el pueblo y cancelación de la deuda son las dos caras de una sencilla y redonda reivindicación.

Demasiado sencilla para los gestores de la opinión.

La cancelación de deudas ha sido una medida recurrente y necesaria a lo largo de la historia. En general es el trabajo honrado el que tiene que estar pagando indefinidamente a los que se han hecho con el control del dinero público de forma ilegítima y han amasado sus fortunas financiando e impulsando guerras causantes de tantísimos millones de muertes y desgracias, o diseñando o amparando regularmente las mayores estafas que el mundo ha conocido. Un plante ante semejantes acreedores sería el comienzo de una vida ampliamente más decente para todos.

Pero los argumentos basados tan sólo en la mayoría siempre son engañosos. El número no lo es todo, no es ni siquiera lo esencial. Este formidable despliegue de extracción y succión del capitalismo no deja de ser el más aparatoso despliegue del espíritu, aunque obviamente sea un espíritu dirigido hacia abajo. Se necesitaban las verduleras añagazas del materialismo histórico para distraernos de una evidencia capaz de impresionar al más berzas.

Sí, en su día el materialismo "era tendencia", como inevitable reacción a la falta de fundamento del idealismo. ¿Pero qué decir del materialismo hoy como estrategia de análisis? ¿Quién no puede darse cuenta de que la economía no es sino mero instrumento para sojuzgar? ¿Por qué asumir una filosofía que nos convierte de entrada en sometidos y derrotados? En piedras con necesidades.

El número no importa, la inmensa mayoría no importa si puede ser distraída y dividida. Así ha sido hasta ahora y la cosa no va a cambiar con ninguna tecnología. Por el contrario, el número de distracciones y divisiones aumenta con la capacidad de diversificación. Puesto que el materialismo histórico ya es una patata hay que explotar cualquier cosa capaz de hacernos olvidar lo más obvio, como el cambio climático, por ejemplo.

Y con qué ganas se lanzan muchos: "La lucha contra el cambio climático y contra el Sistema son una sola cosa". Bingo. Y además, todos somos responsables, todos tenemos la culpa. Modelo perfecto del tipo de problemas que interesa. Hay muchos más, pero la lista es demasiado larga y no es necesario enumerarlos, pues todo lo que percute continua y masivamente en los medios es por definición altamente sospechoso.

Y se proyectan especialmente aquellos problemas para los que no parece existir solución. Porque los que tienen una solución clara son demasiado comprometedores.

Ni siquiera merece la pena entrar al trapo y cuestionar lo que ponen. Piensa en lo que no ponen, y verás cómo aquello de lo que he hablado se sitúa en lo más alto de la lista. De la lista de sus intereses. ¿Qué otra cosa podría estar por encima?

Notas

1. Weekly Register. 1836. p. 41.
   https://en.wikipedia.org/wiki/Rothschild_family

2. Rheinische Zeitung, number 289, 16 October 1842.

3. https://es.wikipedia.org/wiki/La_miseria_de_la_filosof%C3%AD

4. https://theanarchistlibrary.org/library/rudolf-rocker-marx-and-anarchism

5. Jesús Alfaro, Una breve historia de la sociedad anónima y el comercio transoceánico. https://almacendederecho.org/una-breve-historia-la-sociedad-anonima-comercio-transoceanico/

6. La distribución de Pareto ha servido para argumentar a fascistas y conservadores en pro de la desigualdad, al poder aducir que la famosa ley de potencias es un fenómeno ubicuo en la indiferente e insolidaria naturaleza. Pero mi interpretación, aunque no pretenderé precisar los argumentos matemáticos —algo que por lo demás ellos nunca hacen-, es completamente distinta, y creo, además, que infinitamente más interesante. A mi juicio, el tipo de interés y la creación del dinero es sólo el equivalente dentro de un fenómeno humano y social de parámetros y coeficientes que han de ser identificables en fenómenos puramente físicos, tales como la circulación sanguínea. Por ejemplo, nuestro propio sistema de circulación sanguínea, que con su naturaleza autosimilar admite la misma ley de potencias. En ello tendría que jugar un papel crítico la viscosidad y la fricción, y con ello, un concepto tan interesante y bien conocido como la capa límite de Prandtl. Ahora bien, si queremos generalizar todo lo posible el tema y volvernos incluso hacia la física fundamental, habría que recordar que en realidad el modelo primitivo de la teoría de campos no es la teoría electromagnética de Maxwell, sino las ecuaciones de fluidos de Euler, de las que las de Maxwell son un caso particular. La ley de poten-

cias o de Zipf se vincula de forma casi inmediata con la función zeta de Riemann, para la que también se busca obsesiva pero aún no desesperadamente una conexión con las modernas teorías de campos. Por lo demás, la teoría electromagnética de Riemann, anterior a la de Maxwell y no del todo errónea como hoy tan desconsideradamente se dice, hacía un uso mucho menos restringido de las ecuaciones de Euler y en ella la ecuación de Prandtl encaja naturalmente. Si esta analogía tiene suficiente validez y se le dan las condiciones necesarias tendrían que surgir conexiones profundas incluso con la fundamental distribución de Planck, las transiciones de fase o el grupo de renormalización, y a este respecto aquí sólo puedo limitarme a mencionar los breves pero relevantes trabajos de C. K. Thornhill, especialmente *The foundations of Relativity* y *The Kinetic Theory of Electromagnetic Radiation*. Ha habido muy poca paciencia con los argumentos clásicos, pero al final la paciencia compensa más que la inteligencia. Aunque trabajar con tesis como las de Thornhill requiere desviarse ampliamente de la sabiduría convencional, el premio parece ampliamente superior a los señuelos con que la academia adiestra a sus sabuesos.

Referencias

Miguel Iradier, Caos y transfiguración, https://www.hurqualya.net/caos-y-transfiguracion/

Rudolf Rocker, Marx and anarchism, https://theanarchistlibrary.org/library/rudolf-rocker-marx-and-anarchism

LA GRAN TRAMPA CHINA NO ES LA TRAMPA DE TUCÍDIDES

28 agosto, 2019

Como de costumbre, hay mucho humo y espejos en los análisis sobre la rivalidad chino-americana, con guerras comerciales o sin ellas. Ahora mismo la presente guerra comercial es una gran fuente de ruido que sirve para distraer al mundo y a los ciudadanos chinos de otra realidad más inexorable e inquietante. China se está haciendo más dependiente del capital exterior y eso a largo plazo podría acabar con su autonomía económica y política.

El que sí lo nota es William Engdahl, quien sugirió, tras el hundimiento del Baoshang Bank de Mongolia Interior en mayo de este año y la posterior intervención del gobierno, que el sistema bancario chino podría necesitar ayuda del capital extranjero —"China necesita la cooperación de los bancos occidentales para mantener su impresionante economía"[1]. Se hacía incluso un paralelismo, bastante desproporcionado por cierto, con el caso tristemente famoso de Lehman Brothers que desató la crisis del 2008.

¿China necesitar ayuda de la banca occidental? Uno tiende a suponer que una de las grandes diferencias de la economía del gigante asiático es la enorme cantidad de ahorro acumulado por el pueblo chino en su ascenso; pero incluso eso es poco ante las enormes montañas de deuda contraída. Sin embargo, en contraste con la mayor parte del mundo, la deuda china es deuda interna, no deuda contraída con acreedores de otros países.

En un artículo más reciente, el mismo periodista aporta datos que parecerían confirmar esta inquietante posibilidad.[2] Por primera vez en 25 años, China puede afrontar un déficit en su cuenta corriente, que resulta de la suma de su balanza comercial y sus flujos de capital. En el 2007, aún tenía un superávit del 10 por ciento.

Si China continúa experimentando un déficit de cuenta corriente en el futuro sí que necesitaría inversiones exteriores para mantener su solvencia, y esto daría al traste con una larga trayectoria de independencia financiera. Las consecuencias de esto podrían ser enormes.

¿Cómo es posible que a China se le escape de las manos el arma más fiable que tenía para mantener su independencia?

De poco sirve esgrimir ante la opinión pública argumentos patrióticos en una guerra comercial cuando las élites chinas sacan inmensas sumas de capital fuera. Por otra parte, y como en el resto del mundo, esas mismas élites se han valido del incremento exponencial de la deuda tanto para mantener el ritmo de crecimiento como para aumentar la dependencia y sometimiento de las masas.

El problema central en todas las economías, el elefante en medio del cuarto de estar, es el sobreendeudamiento, pero los de arriba no tienen la menor intención de cambiar una situación que garantiza la sujeción de la mayoría por una minoría exigua pero críticamente escalonada. Y parece ser que la patriótica élite económica china estaría dispuesta a terminar con la independencia del país con tal de seguir manteniendo el control de las masas.

Esta es lo único que a uno se le ocurre para explicar lo inexplicable. Lo que ya no sabemos es cómo podrán justificarlo ante el pueblo el día que la cosa se haya hecho patente. ¿Serán las guerras comerciales o una crisis financiera mundial suficientes para enmascarar la más trasparente realidad? Algo funciona rematadamente mal en el caso de que China llegue a necesitar ayuda externa.

Es muy sencillo acabar con el dinero-deuda y el sistema bancario de reserva fraccional con su fragilidad inherente y dependencia de la confianza; pero en todas partes se ha convenido que es un sistema ideal para el control general de la población y la succión de riqueza desde arriba.

En ningún país del mundo era tan viable como en China restaurar el carácter auténticamente público del dinero y quitárselo de las manos a los bancos, tener "un dinero revolucionario", como lo llamó en su día Miguel Ángel Fernández Ordóñez [3], que acabara limpiamente con la dinámica de succión; pero también aquí la confusión de lo público y lo privado ha acabado actuando en la dirección más equivocada, o por mejor decirlo, en la dirección más correcta para una minoría. A este paso dentro de poco ni China tendrá ya capacidad de elegir, y habrá perdido la guerra sin paliativos, mientras nosotros seguiremos hablando de escaramuzas comerciales o militares.

Puesto que el devolver el poder del dinero al pueblo no se considera todavía una opción realista, al gobierno chino no le queda otra opción a corto plazo que disciplinar un poco a sus inversores e imponer ciertas restricciones a la salida de capital. Pues cualquier pérdida o cesión de la soberanía financiera sería inequívocamente juzgada como una escandalosa traición al país, y nada podría deteriorar más la credibilidad del gobierno y la estabilidad general.

China necesita la "ayuda" de la banca internacional tanto como pueda necesitar un guante de hierro apretando su cuello. Semejantes afirmaciones no hablan muy bien de la independencia de analistas como Engdahl, pero sí sirven para airear elocuentemente las intenciones de esa banca tan dispuesta siempre a echar una mano.

Por otra parte, el tiempo hará cada vez más necesaria una evaluación en profundidad del rol del dinero en la actual deriva del tejido social y tecnológico, y esto no sólo en China sino en todas partes. El dinero-deuda y la banca de reserva fraccionaria es ante todo un medio de control vertical y succión de la riqueza que tiende en última instancia hacia el anquilosamiento y la pérdida de movilidad social antes que hacia el "dinamismo", aunque durante la fase expansiva se aprecie el efecto contrario.

La antigua medicina china decía, con términos hermosamente genéricos, que la salud del organismo depende de que el fuego se dirija hacia abajo y el agua hacia arriba, pues el movimiento intrínseco de ambos elementos actúa en la dirección opuesta —si el fuego está arriba y el agua abajo, sólo hay divorcio y separación.

Ninguna nueva revolución tecnológica va a cambiar por sí misma un sistema que está sobre su cabeza; eso es acelerar la manivela del cambio para que todo siga igual o peor. Devolver la naturaleza del dinero a su función pública anterior a la usurpación de los bancos y acabar con la basura tóxica del dinero-deuda es *la* condición fundamental para que el organismo social recupere el equilibrio, la justicia y la salud. No hay sustituto sintético para esto.

Hace treinta años Gene Sharp era expulsado de China tras su sospechosa cercanía a las protestas de Tiananmén. "Aprendimos mucho de esa experiencia", admitió el ingeniero de las revoluciones de colores. Ahora tenemos la escenificación de las protestas en Hong Kong.

Es curioso ver cómo el Imperio, totalmente incapaz ya de manejarse como una república, exige por todas partes la democracia, palabra que así no deja cada día de adquirir más connotaciones indeseables. Querríamos hablar del dinero soberano, totalmente separado del mecanismo de deuda, en términos de "democracia económica", pero vista la deriva del término, habrá que pensárselo dos veces.

Necesitamos manuales de subversión como el de Sharp, pero no para conquistar alguna huera democracia con todos sus muñecos bien puestos, sino para lograr una democracia económica que les quite sus ilegítimos privilegios a los bancos y a la élite que se sirve de ellos. Manuales con cientos de acciones políticas y económicas no violentas que minen la obediencia a un sistema que es cualquier cosa menos confiable. Y no sólo manuales. Debería haber muchas más vías y medidas en pos de la democracia económica que para un cambio en el poder.

Es curioso que hablemos de "subversión" cuando de lo que se trata es de recuperar la justicia más elemental, pero a esto es a lo que hemos llegado.

Los Estados Unidos tienen una enorme maquinaria de subversión al servicio del "cambio de régimen" en cualquier país que suponga un problema, lo que tiene cada vez menos es una buena causa. Pues todos los cambios que inspira huelen a farsa recalentada una y otra vez.

¡En cambio aquí tenemos una verdadera buena causa a la que al parecer le falta respaldo y organización! La situación no puede ser más interesante, cuando se sabe hasta qué punto las buenas causas son escasas.

China todavía hoy se comporta como una isla gigante rodeada por el Océano y conectada con él a través de otra isla. No hablamos de la descripción de la Atlántida por Platón, sino del flujo internacional de capitales y el papel de intercambiador que Hong Kong en esto desempeña. Cuando se habla de que en el futuro Hong Kong será inexorablemente sustituido por otro centro como Shanghai o Shenzhen, la condición que suele mencionarse es "la ausencia de controles al capital extranjero o a la expresión". O al menos eso es lo que dicen *libertarios* como David Xia del Cato Institute [4].

Siempre poniendo condiciones, como si el sistema internacional fuera el modelo de todas las virtudes. Pero tenemos bastantes buenas razones para pensar lo contrario.

Pues en realidad toda moneda apalancada por la deuda no es una ciudad en una colina, sino una isla de porquería en un mar de basura. Y es por eso que los bancos de casi todos los países acumulan montañas de legislación sin cuento, para que lo insostenible pueda sostenerse. El dinero seguro, el dinero soberano, haría innecesaria toda esa legislación y encarnaría limpiamente toda esa liberalización por la que tan poca prisa tienen nuestros liberalizadores.

De este modo una isla puede convertirse en mar, y de este modo podemos también convertir a los mares en islas. Pues el capital, además de privilegios, no busca menos fundamentos sanos sobre los que parasitar con provecho, y ahora mismo corre ya un serio riesgo de "matar al huésped".

Hoy los flujos de capitales todavía favorecen al dólar que engorda a expensas de todo el mundo, y los bancos centrales participan en una absurda carrera hacia los intereses negativos. Pero esta circunstancia cambiará en los inminentes años veinte de este siglo, aunque no lo hará por sí sola. Hay que ayudarla a cambiar. Y hay que cambiar radicalmente la percepción de lo que es una moneda y una economía saneadas.

Con razón se ha observado que China no puede pretender una hegemonía global como la americana puesto que su peculiaridad cultural le impide jugar ese papel. Un "mundo sinocéntrico" resulta impensable: pero esto no es un problema, y por tanto no hay que buscarle una ridícula solución de relaciones públicas tales como hacer mejores películas y engrasar la industria cultural.

En eso, en cuestiones de maquillaje y de vender humo, el Imperio de la Mentira es sencillamente imbatible. Para constituir una alternativa hay que ser justamente una alternativa y no una mala imitación. El dominio anglosajón depende hoy críticamente de que no haya auténtica innovación en sus bases; si China quiere ganar puntos en la apreciación internacional, tiene que asumir el riesgo de liderar allí donde el cambio es *real*.

Referencias

1. F. William Engdahl, *Is Baoshang Bank China's Lehman Brothers?* http://www.williamengdahl.com/englishNEO7July2019.php

2. F. William Engdahl, *Will China Trigger Next Financial Tsunami?* http://www.williamengdahl.com/englishNEO9August2019.php

3. Miguel Ángel Fernández Ordóñez, *Un dinero revolucionario*, https://el-pais.com/elpais/2018/04/11/opinion/1523444783_459700.html

4. Nicole Hao, *Beijing Launches Plans for Shenzhen to Become World Hub, in Apparent Bid to Replace Hong Kong* https://www.theepochtimes.com/beijing-launches-plans-for-shenzhen-to-become-top-financial-center-in-apparent-bid-to-replace-hong-kong_3049218.html

QUÉ DÍA ES MEJOR PARA ROMPERSE LA CRISMA

1 septiembre, 2019

Los *bloggers* compiten por ver quién resulta más listo y pertinente, y, por supuesto, anticipa antes las maniobras de un poder cuyo alcance a todos se nos escapa. De esta guisa escribía Charles Hugh Smith hace unos días una entrada en la que recomendaba a los asesores de Trump permitir que reviente la burbuja económica ahora para buscar una recuperación antes de las elecciones, en lugar de aguantar en el presente a toda costa para que estalle el año que viene cuando el plebiscito esté encima y no halla tiempo de "tomar medidas" [1].

Sí, es cierto que en política encontrar el momento oportuno es más de la mitad del éxito. ¿Pero quién nos dice que si la crisis echara a rodar este mismo otoño habría tiempo para que se percibiera algún tipo de recuperación, siquiera anímica, antes del 3 de noviembre del 2020? ¿Y con qué medidas se puede contar para eso? ¿Con subir un poco los tipos del dinero para tener de nuevo algún margen de reducción luego? ¿Con un sorpresivo acuerdo comercial de Estados Unidos con China que deje a todos contentos, tal como el mismo Smith sugiere?

¿Tan seguros están los americanos de que basta con dar un silbido para que los dirigentes chinos acudan corriendo como el mejor perro de su amo? ¿Estará tan deseoso el gobierno de Beijing de salvar a Trump y asegurarle una segunda reelección? Parece cuando menos dudoso, y en cualquier caso, habría que ver quién estará más necesitado de un trato por entonces. Pero hay aquí algo más que una guerra comercial.

Incluso entre los analistas más optimistas, que ya dan por hecha una crisis "correctiva" pero menos profunda que la del 2008, se barajan periodos mínimos de entorno a dieciocho meses para que se perciba un clima de recuperación. Claro que nadie sabe si realmente nos espera sólo una crisis correctiva, puesto que por otro lado se admite que ahora hay menos margen de medida para los bancos centrales, además de haber peores condiciones para el comercio internacional. Tampoco la deuda se ha reducido, sino que por el contrario ha seguido aumentando —y por su puesto la deuda está en el centro de casi todos los problemas actuales. ¿Entonces?

Lo más probable es que, tanto en un caso como en otro, Trump se tenga que tragar toda la crisis con patatas fritas en pleno periodo electoral. Y si los mandatarios chinos decidieran la suerte de las elecciones presidenciales americanas simplemente por "negarse a colaborar", y sin el menor viso de injerencia, la humillación del gigante yanqui sería muy curiosa de ver. Pero mejor no adelantarse a los acontecimientos.

Hablando de "interferencias extranjeras" en las elecciones yanquis, hemos asistido durante años a la bochornosa farsa del Russiagate, cuyo utilidad básica, aparte de limitar los movimientos del presidente, consiste en hacer olvidar al pueblo americano la humillante realidad de que el sionismo interfiere en la política de su país entre diez y cien veces más que lo que pueda hacer cualquier otro país, o que altos cargos como Pompeo o Bolton se desempeñan a menudo en otros países como meros emisarios de Israel. Admitir esto sí que sería doloroso para el supuesto orgullo americano. Pero para ocultar lo evidente existen los medios.

De todos modos es hasta degradante ocuparse de quién va a salir en las próximas elecciones vista la casi nula existencia de alternativas. Poco importa a estas alturas si el actual inquilino de la Casa Blanca se declara presidente vitalicio para proteger los intereses de su país, pues tampoco él va a decidir nada, y ya está visto que con las formalidades cada vez hay menos contemplaciones. El presidente es irrelevante, pero las alternativas que maneja la élite también porque prácticamente no existen, y así se aburre hasta el mismísimo Dios, al que tampoco conviene provocar demasiado.

Tal vez no estemos bromeando, pues la ausencia de alternativas crea un vacío realmente peligroso, un abismo de cuya altura, anchura y profundidad nuestros actuales gestores no parecen tener la menor idea. Quién sabe lo que se colará por ese abismo, pero yo en su lugar me preocuparía un poco.

El neoliberalismo ha sido el primero en cargarse los aspectos positivos del mercado, como la capacidad de informar de los precios justos de las cosas. Con unos intereses por los suelos, pero no para todos ni para todo, los precios de muchos valores especulativos se han inflado desmesuradamente, mientras que los de muchas cosas imprescindibles se han despeñado en comparación. Pero si este sistema ha acabado con sus principales virtudes, ¿qué es lo que puede defender?

La explosión de deuda cuyo ciclo acaba ha inflado lo más improductivo y ha obligado hasta el extremo a los sectores más inmediatamente productivos, trabajadores y granjeros.

La deuda china ha subido en la última década tanto como la del dólar y el euro juntos, pero tendría que ser más fácil de enjugar puesto que se supone que, con el permiso de la banca en la sombra, el principal tenedor es el estado y no los bancos públicos.

No preguntes qué día es mejor para romperte la crisma; todos son malos, especialmente si ni siquiera hay un médico que sepa cómo arreglarlo. Andar con los tipos de interés a estas alturas es propio de curanderos que ya han demostrado sobradamente su ineptitud; no hay que esperar más de ellos.

Hasta el actual gobernador del Banco de Inglaterra, Mark Carney, que no ha dejado de mofarse de las criptodivisas, ha hablado recientemente del fin de la hegemonía del dólar y de la urgencia de una criptomoneda para los bancos centrales [2]. Este es el momento para romper con el viciado sistema de dinero-deuda y reserva fraccional. No deberíamos esperar a que nos encuentren soluciones, pues si lo permitimos, será siempre a favor de los que ya han abusado hasta el límite hasta el día de hoy. ¿Qué podríamos esperar de eso?

Al estado actual en la creación del dinero por los bancos se ha llegado tanto por dejación como por usurpación; hoy ambas cosas son inadmisibles.

Los requisitos del dinero soberano son en general infinitamente más sencillos que el indescriptible amaño del tinglado actual, y su simplicidad será siempre la salvaguardia de su rectitud y su equidad.

Notas

1. Charles Hugh Smith, *Dear Trump Advisors: Prop the Market Up Now and Lose in 2020, or Let the Market Crash and Win in 2020,* https://www.oftwominds.com/blogaug19/prop-up-lose8-19.html

2. Philip Inman, The Guardian, *Mark Carney: dollar is too dominant and could be replaced by digital currency,* https://www.theguardian.com/business/2019/aug/23/mark-carney-dollar-dominant-replaced-digital-currency

LA LUZ Y LA CIUDAD

6 septiembre, 2019

Tiene ya muchos problemas la ciudad moderna como para preocuparse de la calidad y cualidad de su alumbrado. Tráfico, ruidos, contaminación, omnipresente agresión publicitaria, explotación sistemática del hombre por el hombre y de la mujer por la mujer... no pararíamos de contar. A esto se añaden enemigos invisibles como los pulsos de ondas electromagnéticas y microondas que fríen a fuego lento nuestros sistemas nerviosos y cerebros, que ya están lo suficientemente habituados, preparados y precocinados como para someterse al inminente bombardeo de la infausta quinta generación de tontería móvil, que aspira a decuplicar o centuplicar la suma de todas las anteriores.

En tales condiciones, plantearse cuestiones sobre la luz que irradia nuestras calles, pues esto también es una irradiación, pero de la sensibilidad toda, podría parecer una frivolidad —pero sólo si tenemos una idea harto frívola de lo que es la esfera sensible, que no es sino la piel manifiesta de una cebolla de muchas capas que se nos escapa. Pues en materia de sensibilidad todo está relacionado, y las cosas más aparentes se conectan directamente con las más celosamente escamoteadas.

Durante las últimas décadas los astrónomos pusieron el grito en el cielo, nunca mejor dicho, por el grado de contaminación lumínica de nuestras ciudades. En general estoy de acuerdo con las soluciones que proponen, que convergen en la idea de usar el alumbrado público con la mayor sobriedad; coincido en lo cuantitativo, pero no en lo cualitativo y estético, que es bastante más de la mitad de la cuestión.

Pues los astrónomos, en su celo por recuperar la visibilidad de las estrellas en nuestras ciudades, que después de todo no deja de ser el interés y foco de su gremio, olvidan la damnificada sensibilidad de los transeúntes y atrapados y permanentes habitantes. Abogan así por las farolas de vapor de sodio de característica luz "amarillenta brillante" que hace tiempo impera en la mayor parte del globo, y que yo más bien he encontrado siempre de un amarillo anaranjado chillón del peor gusto imaginable.

Y pensar que con esa luz de verbena que nos recuerda a las bombonas de butano nos gloriamos de *realzar* nuestros mejores monumentos, catedrales, óperas, parlamentos y arcos del triunfo, cuyo color natural y sustancial acostumbra a ser el sobrio gris del granito, por no hablar del saurio ancestral que dormita en nuestro asfalto igualmente gris. Sabido es que el sodio es un elemento altamente corrosivo, incendiario y que quema la piel; un metal que pesa menos que el agua y explota al contacto suyo. ¿Habrán sospechado nuestros luminotécnicos que ese amarillo sulfúreo es el color de la corrosión de las piedras mismas y hasta del carácter?

Pero la vocación de lo urbano es no sólo perderse, sino también tratar de olvidarlo.

Si queremos cielos más oscuros y nítidos sobre nuestras cabezas, si en nuestro magno altar de la destrucción aún aspiramos a vislumbrar alguna tímida estrella, hay muchas soluciones sencillas que no ofenden nuestra sensibilidad, soluciones, además, que no cuestan dinero sino que lo ahorran. Reducir la cantidad de alumbrado, que ya de por sí es a todas luces excesiva y ostentosa; o evitar proyectar esa sobreabundancia lumínica innecesariamente hacia arriba, donde no hace ninguna falta. O usar reductores del flujo en plazas y calles a partir de ciertas horas, cuando la mayor parte de la gente descansa. Etcétera.

No hay ninguna necesidad de degradarnos ante nuestros propios ojos con una luz infecciosa, incriminatoria y cainita. "Tóxica", diríamos hoy, abusando de un calificativo que seguramente resulta demasiado superficial para lo que tratamos. Y es que aunque la luz baña las superficies, también es responsable de nuestro sentido de la profundidad.

Convendríamos en que el problema de ver o no ver las estrellas desde nuestros cañones excavados en el cemento es un asunto menor al lado del aire sospechoso y febril que arroja sobre nuestros semejantes —si tan siquiera hubiéramos reparado en ello.

Estas luces recuerdan vivamente a los reflectores de las cárceles de seguridad, y no parecen diseñados por urbanistas, menos aún por los amigos de la vida en común, sino por las Fuerzas del Orden y el Ministerio del Interior. Y en absoluto contradice esto el hecho de que las tonalidades que difunde sean una permanente inspiración delictiva.

¿Y cómo es que no ofenden a nuestra sensibilidad? Probablemente, porque ésta ha sido hasta tal punto acostumbrada a la violación y al ultraje que ya no acierta a ver algo anormal en ello. Hay pocas cosas a las que no pueda acostumbrarse el ser humano.

Nuestros temperamentos y fisiología difieren ampliamente, incluso recrean en pequeño su propio espectro de la totalidad con todas las combinaciones posibles. De forma reveladora, unos prefieren luces más cálidas, otros luces más frías ¿Quién pretendería entonces que hay una medida o un criterio común para toda la especie?

Por cierto que el frío o el calor no son las únicas cualidades presentes en la luz, aunque sea tan fácil de traducir cuantitativamente, que incluso la medimos con engañosa exactitud en grados Kelvin. Aun así, llamar "cálida" al tono de las lámparas de sodio me parece una broma. Pero en el extremo opuesto, la luz blanco-azulada es innecesariamente fría, depravada, y enfermiza, vampírica incluso, mostrándose frontalmente contraria a la normalidad de las funciones biológicas.

La luz de vapor de sodio tendría que asemejarse a la de las viejas antorchas y hachones, pero la luz de llama, ofensiva y peligrosa como de hecho es, aparte de estar viva y oscilar continuamente, encuentra naturalmente su irradiación mucho más limitada. En cuanto a la pretendida semejanza con la luz del Sol, no debería merecernos el menor comentario.

Lo único que evoca esta luz es la sofocada combustión del azufre asfixiado como está bajo tierra. Es por tanto una luz propia del inframundo, o al menos con clara vocación infernal.

La luz del Sol, que es blanca en su origen pero que se filtra en la atmósfera hasta producir ese tono amarillo, es incomparable con nuestro alumbrado porque para empezar llena todo el cielo sin ser cernida por la oscuridad y para terminar hace nuestros días y no nuestras noches.

¿Y qué es lo que nos da la Naturaleza para las noches? La tenue y serena luz de la Luna. Evidentemente, no se trata de que nos conformemos en todos los casos con una luz de intensidad tan débil con la de nuestro satélite, sino que se trata de la cualidad, de la que nos es dada inequívocamente la pauta.

La luz de luna es fresca más que fría, y en sí misma admite toda una gradación desde que sale hasta que se pone pasando por lo más alto. Podríamos tomar los extremos, la salida y la puesta, como el máximo de calidez admisible para una luz reflejada o apantallada, y el máximo de frialdad, para la luna en toda su altura.

Ya vemos qué poco difícil es encontrar el tono y el óptimo matiz. Hasta hace poco tiempo había relativamente poco entre lo que elegir en materia de alumbrado público, y los órganos competentes se veían más o menos forzados a elegir entre las viejas lámparas de vapor de mercurio, de luz blanca, y las de sodio de nuestras más recientes pesadillas. Pero desde que llegaron los leds o diodos luminiscentes tenemos acceso a todo tipo de mezclas de luz, con un consumo más económico, y una más fácil regulación de intensidad e incluso de matiz.

No hay ninguna necesidad de usar diodos con más contenido de luz azul que el de la luna. Ésta marca con suficiente claridad la línea entre lo saludable y lo no saludable.

No deberíamos buscar un mal remedo de la luz del Sol para el horario nocturno. Esto sólo denota nuestra falta de polaridad y de alternancia, la fijación las 24 horas del día con ese ojo único del panóptico de la eficiencia. Pero la insistencia sin alternancia es bastante más ineficiente.

No hacen falta estudios de psicología de la percepción para darse cuenta que desde el momento en que se pone el Sol una luz blanca es mucho más serena y apacible. Seguro que las trasnochadas lámparas de mercurio, con su blanco de tonos verdosos, no eran el súmmum de la calidad óptica, pero nunca quisimos las farolas para leer novelas sentados en un banco, ni para admirar la gama de colores de los últimos modelos de automóviles, ni para apreciar la calidad de reproducción de la última consola de videojuegos.

Basta con que nos eviten tropezar con el borde de la acera o nos permitan ver los charcos.

A los políticos municipales les encantan estas luces de relumbrón, puesto que subrayan hasta la náusea todos los gastos acometidos con el erario público, y así se figuran que los justifican. La noche no es para dejar a los ciudadanos tranquilos, sino para deslumbrarlos y acosarlos. Si brilla cuatro veces más, otras tantas veces más de dinero que se puede reclamar.

Así, las luces de nuestras calles, plazas y fachadas no son una invitación al bien ganado reposo y a la contemplación, sino que son ante todo la Luz de la Oficialidad y de lo Público como órgano sancionador, de la que los pobres peatones escapan como ratas asustadas.

Hecha la salvedad de la iluminación excesivamente fría, es fácil y casi inevitable generalizar y decir que la luz blanca es tan benigna como la amarilla de sodio es vejatoria. La primera nos llama a la tranquilidad y el descanso, la segunda nos conmina a hacer lo que tengamos que hacer lo antes posible, ya sea lícito o ilícito.

Verdaderamente la seguridad y el bienestar ciudadanos se inclinan mucho más del lado de una iluminación blanca que del de un amarillo estridente y casi radiactivo. Si hasta ahora había una dudosa coartada tecnológica, definitivamente esa coartada ha desaparecido.

Y en cuanto a invitación al descanso, el neoliberalismo y el turbocapitalismo no podían habernos situado bajo una luz más imperiosa que la de este demente amarillo naranja del sodio. Parece querer decirnos: "El dinero nunca duerme". Ni el sistema, ni el control. Como para que tú luego puedas dormir tranquilo. Es como si hubieran hecho un jugoso trato con los fabricantes de somníferos.

Lo increíble es que no haya habido protestas y revueltas contra esta envilecedora luz de la sospecha. Posiblemente la fealdad extrema obliga a nuestra sensibilidad a embotarse a modo de defensa y a ignorar lo que considera inevitable. No encuentro otra explicación.

¿Tanto abundar en nuestra refinadísima sensibilidad urbana y cosmopolita, tantas pinacotecas y orquestas filarmónicas, para luego tragarnos como si tal cosa 12 horas cada día este impávido rebuzno del desierto? ¿No es la cualidad de la luz algo mucho más inmediato y elemental que todo lo que leemos o aprendemos de oídas? ¿El fondo más decisivo que lo que aparece en primer plano? Parece ser que tampoco a muchos magnates les importa delatarse ornando sus mansiones y jardines con esta luz de feria.

Pero no escribo estas líneas para despotricar. Por el contrario, creo que hay muchos motivos para pensar que esta luz alucinante será finalmente proscrita. Su dominio no puede durar mucho, y en muchos sitios, incluso sin "concienciación", ya experimenta una clara retirada en favor de distintas modalidades de luz blanca.

Esto es además un ejemplo patente de que no siempre los avances deshumanizan nuestro entorno, y de que la tecnología puede ir decididamente en el sentido contrario, y revertir la imparable deshumanización sin costos adicionales.

Cuando llegué a China por primera vez, en el 2012, me sorprendió favorablemente ver que había mucha más luz blanca en calles, plazas y parques que en Europa, pero desde entonces la presencia de la luz amarilla no ha dejado de crecer. Espero que se trate de algo puntual de la pequeña ciudad donde vivo, y quiero creer que la sempiterna búsqueda de la armonía se impondrá a la larga en el antiguo Imperio de la Luna, que es por lo demás el principal fabricante de diodos.

La luz, como digo, es algo más que un símbolo; es el trasfondo sensible en el que otros símbolos más perceptibles nadan. Y en este caso la lectura es muy sencilla. La luz pública blanca expresa confianza en lo comunitario, mientras que la impostura del Sol por las noches, la sobreextensión de la autoridad del Estado y la corporatocracia a la intimidad de los seres humanos —del fascismo aplanador se venda como se venda.

Esa culpable luz naranja que tanto tiempo lleva haciéndonos la guerra quiere sofocar cualquier plácido crecimiento vegetativo de nuestros sueños. Quién sabe si a la larga *la batalla por la luz* y su espectro visible no será más determinante que la actual y efímera batalla por el espectro invisible de los pulsos electromagnéticos en la carrera digital —pues la primera podría ser determinante en nuestra "percepción" de la segunda.

Habrá que verlo. Tenemos en el fondo muy poca confianza en lo perceptible, y no es de extrañar, pues lo estamos ignorando todo el rato, mientras nos refugiamos en nuestras cabezas.

Pero si están teniendo éxito iniciativas para la reducción del tráfico en el centro de nuestras urbes y la promoción consciente de la lentitud en nuestras vidas, aún tendría que ser mucho más fácil ganar la batalla por una luz humana y natural. Si incluso la tecnología, para variar, está de nuestra parte, ya sólo nos queda convertirnos en alegres heraldos del cambio.

Reclamemos desde ya una luz suave y decente en nuestras calles. Son tantas las cosas que huirían de nuestras pesadillas.

UN CISNE NEGRO VUELA SOBRE ARABIA

19 septiembre, 2019

El cisne negro es un dron[1], decía una vez más certeramente Charles Hugh Smith en su blog. Se refería naturalmente al ataque coordinado o en enjambre contra las mayores instalaciones de procesado de petróleo del mundo localizadas en Arabia Saudí, de las que sale cada día un cinco por ciento de la producción del planeta.

Asistimos ahora al peligroso juego de imputaciones sobre la autoría del ataque y sus bases de origen, con los habituales dedos acusadores señalando a Irán. Pero no es Irán el que ha empujado a la monarquía Saudí a invadir el Yemen para causar la muerte de cerca de 100.000 personas y la desgracia de millones.

En realidad, son los que han secundado semejante aventura, el Eje de la Corrupción formado por Estados Unidos, Israel y Reino Unido, los que han contribuido como nadie a este ridículo espantoso de la citada monarquía, de la que por otro lado son los grandes valedores. Unos venden bien cara la soga con la que los otros se empeñan en ahorcarse. Hasta aquí, poco o nada nuevo.

En cuanto a la autoría y origen, Juan Cole afirma con razón que no es de recibo decir que los drones no han podido salir desde Sana, que está a mil millas del objetivo, cuando un ataque anterior a las estaciones de bombeo en al-Duwadimi distaba nada menos que 853 millas de la capital yemení. Algunos vehículos no tripulados iraníes, como el vuelan 1.100 millas y no se ve por qué motivo no iba a utilizarlos el país agredido para tratar de disuadir a su implacable agresor[2].

Tal vez los daños en el complejo de refinerías se subsanen en cuestión de días y se evite la temida escalada del petróleo, que a su vez pudiera ser la paja que quiebra el lomo del camello de la más que comprometida situación de la economía mundial. Es para ese contexto de incertidumbre económica que Taleb introdujo la noción del cisne negro como elemento disruptor.

Pero ya no hablamos sólo del cisne negro sino de su alargada sombra, pues lo que es un evento puntual amenaza con pasar a formar parte del panorama de omnímoda proliferación de amenazas. Máquinas que pueden costar mil dólares pueden provocar daños de muchos millones y tener un efecto imposible de cuantificar —un enjambre como el del último ataque a Aramco se puede obtener por unos módicos $ 20.000.

Lo que hasta hoy sólo era posible, ahora empieza a sumarse a la larga lista de sucesos. Claro que los drones llevan muchos años asesinando a discreción, pero eso era más fácil de alejar de los focos. ¿Llamarán a lo de Aramco terrorismo?

Lo cierto es que estos ataques coordinados son baratos y extremadamente difíciles de defender. Pueden ser quirúrgicamente letales y pueden también lograr grandes golpes de efecto que se conviertan en una pesadilla para los más poderosos.

Puesto que el gato ya está suelto las medidas para limitar la vulnerabilidad en determinados espacios públicos no se hará esperar. Como no hay manera de distinguir entre drones «buenos» y «malos», lo único que cabe en estos casos es prohibirlos en la mayor parte del territorio. Desde hace meses el uso legal de drones requiere matrícula en la Unión Europea y los Estados Unidos, pero eso no parece que vaya a ser suficiente.

Aumenta sin freno la «volatilidad», nunca mejor dicho, y el inevitable contrapeso que eso conlleva es el aumento de la coerción y de la vigilancia. Los drones y los enjambres son sólo otro episodio de una tendencia absolutamente general, y esto es lo realmente preocupante. Nick Turse y Tom Englehardt lo llamaron en su día Terminator Planet[3]. Todo un horizonte de sucesos.

Cuanto más peligro, más negocio para la industria de seguridad, y más justificación para los poderes opresivos; y encima ambos intereses están destinados a entenderse.

¿Cisne o agujero negro? Antes que alentar el miedo, mejor que vuelen por los aires.

Notas

1. Charles Hugh Smith, *The black swan is a drone*, https://www.oftwominds.com/blogsept19/black-swan-drone9-19.html

2. Juan Cole, *Trump Awaits orders from Saudis; and Why the Houthis could have Done It* https://www.juancole.com/2019/09/awaits-orders-houthis.html

3. Nick Turse and Tom Englehardt, *Terminator Planet: The First History of Drone Warfare*, 2001-2050 https://www.tomdispatch.com/books/175550/terminator_planet%3A_the_first_history_of_drone_warfare%2C_2001-2050_%28a_tomdispatch_book%29/

DE TAIPING A HONG KONG

23 septiembre, 2019

La Rebelión de Taiping fue una terrible guerra civil china entre el poder central del norte y el sur del país que duró desde 1850 hasta 1864 y que en dureza y número de víctimas hace palidecer todos los conflictos experimentados por Europa hasta esa época. Dejando a un lado los masivos desplazamientos de población, las estimaciones más conservadoras hablan de entre 20 y 30 millones de muertos, la mayor parte causada por el hambre y epidemias.

A modo de comparación, el número de bajas de la tantas veces mentada y revisada guerra de Secesión estadounidense (1861-1865) fue de poco más de seiscientas mil.

A pesar de la magnitud de esta tragedia, que terminó de sumir en la oscuridad al Imperio del Centro tras una larga trayectoria descendente, los historiadores no se han mostrado demasiado inclinados a indagar en las más que dudosas circunstancias de sus orígenes, que ni siquiera un medio tan anglosajón como Wikipedia se molesta en disimular.

Según se cuenta, Hong Xiuquan, aspirante a funcionario fracasado, se proclamó Rey Celestial, hijo de Dios y hermano menor de Jesucristo, y con este brillante currículo consiguió poner a cerca de la mitad de la población del Imperio de su parte.

Casualmente, Hong había estado estudiando en 1847 con el misionero baptista americano Issachar Jacox Roberts, en una época en que los misioneros se veían como agentes de inteligencia apenas disfrazados, aunque tolerados a la fuerza por el humillante tratado de Nankín de 1842 al terminar la Primera Guerra del Opio.

Roberts permaneció en Cantón durante buena parte de la guerra civil para volver a la capital del nuevo reino de Taiping, que no era otra que Nankín, en 1860, donde volvería a ejercer de consejero del familiar y mano derecha de Xiuquan, el primer ministro y luego ministro de asuntos exteriores Hong Rengan.

De casualidad en casualidad, resulta que también Rengan había estado trabajando estrechamente con los diligentes enviados de la Sociedad Misionera de Londres en Hong Kong en plena guerra civil entre los años 1855 y 1858, siendo su intervención desde entonces decisiva para que los rebeldes se mantuvieran armados hasta después de la Segunda Guerra del Opio (1856-1860), en la que los británicos, secundados ahora por los franceses, obtuvieron el anhelado acceso al interior del país.

Después de estas nuevas concesiones Londres ya no tenía mucho interés en que se prolongara el conflicto, y estaba claro que prefería tratar con un emperador sumamente debilitado en Pekín antes que con todo un pueblo en pie de guerra. Las cosas no podían esperar y el talentoso Rengan, cuyas medidas habían sido tan providenciales para la supervivencia del movimiento poco antes, fue inexplicablemente destituido en 1861, apenas firmado el nuevo tratado.

La Primer Guerra del Opio había tomado a la dinastía Qing totalmente por sorpresa, pero perdido ese factor se requería un despliegue mucho mayor para poder acceder al siguiente nivel de objetivos. Sin el tremendo desgaste que supuso para Pekín la lucha con los rebeldes, incluso con la abrumadora ventaja en armamento de la coalición occidental todo hubiera sido mucho más costoso y complicado.

Después de la ratificación del tratado de Tientsin y el misterioso cese de Rengan los rebeldes empezaron a perder terreno rápidamente. Los británicos, que habían adoptado una postura oficial de neutralidad, intervinieron en última instancia a favor de Pekín para erigirse en árbitro de la contienda. Hasta entonces siempre se indujo a pensar al rey de Taiping y sus allegados que los occidentales simpatizaban con su alzamiento. Tras tantos años indemne, Hong aparecía inopinadamente envenenado en 1864 y poco después caía Nankín con la intervención decisiva de las tropas inglesas. Fue también en una cañonera inglesa que el reverendo Issachar Roberts había escapado de la ciudad dos años antes.

De forma muy característica, la prensa inglesa se mostró comprensiva con la rebelión hasta la ratificación del tratado perseguido; después empezaron a difundir historias en las que los líderes de Taiping cortaban cabezas de niños y las estampaban contra la pared. Lo que se dice una música familiar.

El credo de Hong suena incoherentemente milenarista, puritano y "moderno" si se piensa que el grueso del público al que iba dirigido eran campesinos chinos iletrados de mitad del diecinueve. Abolición de la propiedad privada, supresión de la coleta impuesta bajo pena de muerte por los manchúes, estricta igualdad y separación de sexos, prohibición de vida en común y relaciones sexuales incluso entre los matrimonios, ejércitos de hombres y mujeres, sustitución de los textos confucianos por la Biblia como materia de los exámenes para el funcionariado.

Piénsese bien en esto. Marx perorando sobre el larguísimo proceso histórico que mediaba entre el campesinado medieval y la conciencia de clase del proletariado industrial, y resulta que en China estos mismos campesinos ya habían abrazado el extremismo más radical a las primeras de cambio.

Se hablaba de la supresión de la "idolatría confuciana", aunque todo el mundo sabía que el confucianismo era muy anterior a los manchúes y constituía el fundamento de la sociedad. Resulta impensable que un ideario chino autóctono apostara por el cristianismo a expensas de su propia cultura y raíces.

Un lugar común es que la rebelión no hubiera podido extenderse como la pólvora sin el concurso de las inevitables tríadas o mafias chinas y su honda penetración en el tejido de la vida rural. Las tríadas llevaban muchos siglos existiendo, pero sólo por esta época, con la entrada masiva del opio y las nuevas reglas del comercio, se fraguó esa legendaria subcultura de los bajos fondos, con sus redes de espías, cambalaches, fumaderos, antros y tugurios.

Lo turbio se hizo norma. Los líderes rebeldes anatemizaron el consumo de drogas, la prostitución y todo lo demás, mientras la corrupción entre ellos se hacía rampante. "Haced lo que digo, no lo que hago". Las potencias occidentales decían ser neutrales mientras sus traficantes de armas hacían el agosto.

Mientras tanto en la India tenía lugar la llamada Rebelión de los Cipayos de 1857, que condujo al cambio administrativo en la gran colonia. Frente al desafío que China suponía después de 1842, existían toda suerte de dudas sobre cuál era el modelo de penetración y explotación más rentable. Para los Rothschild, Elgin, Disraeli y compañía la guerra civil china era también un gran banco de pruebas para "esperar y ver" hasta dónde podía llegar la resistencia del poder central y del pueblo en su conjunto.

Por lo demás el "divide e impera", la injerencia decidida y sistemática so capa de falsa neutralidad, fue siempre el principio supremo de los británicos en el exterior y se aplicó con mano experta cada vez que se dio una coyuntura favorable. La escisión entre el norte y el sur era un tema recurrente en la historia de la gran potencia de extremo oriente y desde luego el pueblo tenía mil motivos para abrazar la rebelión contra el manchú opresor. Para abrir tan gran melón sólo hacía falta un buen cuchillo.

A pesar del elocuente cúmulo de coincidencias en el dónde, el cuándo, el qué, el cómo y el a quién beneficiaba la rebelión, todavía no he encontrado una versión occidental de los hechos que apunte a la responsabilidad británica en el origen y desarrollo de la revuelta, lo que me parece sencillamente increíble. Cabe suponer que la historiografía china tendrá diferente opinión, pero si es así, no ha conseguido hacerse escuchar entre nosotros. El hecho de que se considere que Taiping inspiró a los posteriores movimientos revolucionarios de Sun Yat-sen y del Partido Comunista Chino no debería nublar el juicio ante lo que parece tan evidente.

Por supuesto, a estas alturas no vamos a encontrar ninguna pistola humeante, y hasta los historiadores chinos tienen que apoyarse en los testimonios del reverendo Roberts a la prensa inglesa, a misioneros y otros diplomáticos occidentales puesto que son casi lo único de lo que se dispone, a pesar de que hasta sus propios correligionarios admitieran su conducta errática y la escasa fiabilidad de sus relatos. Después de todo, ¿quién podría dar crédito a Roberts? Se nos dice además que el misionero padecía la lepra desde los años treinta, lo cual parece muy conveniente para alejar a los curiosos, aunque no a todo un buscador de la verdad como Hong Xiuquan.

La historia entera apesta de principio a fin. Pero si aún dudamos, no hay más que ver lo que, salvadas todas las distancias, ocurre en estos momentos. Actualmente vemos cómo Estados Unidos, Gran Bretaña y el atlantismo ni siquiera ocultan que hacen cuanto pueden para desestabilizar China e introducir una cuña tan profunda como sea posible para que salte en pedazos —pues Hong Kong es sólo la hendidura más a mano para abrir bien la grietas en Taiwan, Tíbet o Xinjiang.

Si ahora asistimos a tamaño empeño por introducir el caos, en un mundo en el que la interdependencia hace que las consecuencias se multipliquen, qué no iba a suceder en 1850 cuando la impunidad era casi absoluta y lo único que cabía temer era que un excesivo desangramiento de China redujera demasiado las ganancias.

Por supuesto, la China actual no tiene nada que ver con la de aquella tenebrosa época. Sin embargo la estrategia de las potencias atlánticas apenas ha variado con el tiempo, y donde antes usaba misioneros, ahora emplea abnegadas fundaciones en pro de la democracia y los derechos humanos como la NED financiados por las correspondientes agencias del gobierno.

Pero la democracia tiene poco que ver con los problemas reales del Hong Kong actual. Hong Kong nunca tuvo democracia con los británicos, que la pusieron como una condición de la retrocesión para que la zorra pudiera seguir metiendo la pata en el gallinero; así que poca nostalgia puede haber a ese respecto. Lo que de verdad aprieta los zapatos de los hongkoneses son las dificultades económicas, el precio insensato de la vivienda y la crisis de la propiedad, unido a la falta de perspectivas ante la pérdida de estatus de la ex-colonia. Cuestiones claramente del vil metal y de cómo salir adelante en la vida.

Esto es lo único capaz de movilizar a la gente durante meses y meses. Irónicamente, en el fondo el descontento principal es contra el turbocapitalismo que Hong Kong, Gran Bretaña y los Estados Unidos han abanderado, un modelo que sólo se cuida de los especuladores y oligarcas. ¿Cómo entonces se ha conseguido desviar este descontento en contra del gobierno de Pekín? Se afirma reiteradamente que los gobernantes de la capital han pactado con la oligarquía local a cambio de su apoyo político.

Ahora bien, esto es lo que ocurre rutinariamente en los estados clientes de los Estados Unidos repartidos por todo el mundo incluida la misma Eurolandia, si bien aquí existe otra jerarquía en la subordinación que pasa por Bruselas y Berlín. Y cuando se habla de autonomía y soberanía, que les pregunten por ejemplo a los griegos del grado de autodeterminación de que gozan. Por cierto que no son los únicos, como los españoles saben muy bien. De hecho, las elecciones sólo sirven para que nos olvidemos un poco de ello.

Y en cuanto al ambiente deprimido y la precariedad, es algo cada vez más generalizado, también en la acomodada Europa y hasta en la misma Alemania; pero en Hong Kong escuece mucho más porque el resto de China crece tanto como ellos menguan. Tampoco se quiere recordar que su bienestar se construyó sobre la enorme desigualdad con la China continental, de la que se beneficiaba en todos los sentidos.

Uno incluso diría que por lo visto se ha respetado hasta ahora mucho más a los hongkoneses que a los griegos. Las oligarquías locales nos venden a todos en todas partes, la única diferencia es a qué centro de poder nos remiten. Indudablemente Washington es la capital mundial de la oligarquía y allí no quieren perder clientes.

Y así me resulta imposible contemplar el conflicto en Hong Kong como una pugna entre liberalismo y autocracia. El neoliberalismo realmente existente es una oligarquía que sólo utiliza las elecciones como su coartada, y hay poco más que hablar. Sin embargo es cierto que se trata de un asunto "complicado", y no sólo porque de complicarlo se hayan encargado unos cuantos.

En el caso de Grecia ya vimos cómo el poder emana más de los bancos centrales que de las urnas; pero los bancos centrales no son realmente entidades públicas sino el órgano coordinador de los bancos privados. Y así el mundo de los intereses privados mete directamente su pie en los zapatos de la cosa pública sin pasar por el menor control democrático. Esto rompe de entrada cualquier simetría y balance de poderes, y hace completamente engañosa la oposición entre el liberalismo efectivo y el poder central.

La Reserva Federal americana es tan centralista en su estructura como un poder puede serlo, con la diferencia de que su prioridad absoluta es el interés de una oligarquía extractiva y especuladora. El neoliberalismo realmente existente se difunde y tutela desde allí.

En China con respecto a nosotros existe una realidad "a pie cambiado", por así decir: uno de los pies del poder político se mete en uno de los zapatos del poder económico, mientras que en Occidente los bancos metieron directamente su pata, no sólo en un zapato de la política sino en su dirección, en el timón mismo.

El sistema chino aún tiene más margen de maniobra para recuperar el equilibrio que el occidental, puesto que la línea entre la banca privada y la pública se diluye; podría aprovechar esa holgura para mirar decididamente el futuro y tomar medidas en profundidad. Claro que sabemos demasiado bien que "política" no es sinónimo de trasparencia ni de prioridad del interés común o público.

En todo caso, este sistema sí tiene o debería encontrar espacio para salir del círculo vicioso de la deuda pública y privada, mientras que en Occidente acabar con el sistema de reserva fraccionaria que la ampara amenaza con destruir el eje y palanca del poder plutocrático —en verdad nuestra única referencia.

China y Hong Kong incluso podrían abordar un experimento monetario conjunto de cámaras de descompresión en relación con los mercados internacionales, lo que aún mantendría la continuidad con la dinámica operante desde 1949. Y puesto que la realidad muestra un lento punto de inflexión el desafío sería conducir el cambio de signo: del dinero-deuda como bomba de succión hacia arriba y hacia los intereses especulativos, de los que el skyline hongkonés es la más elocuente materialización, a un dinero público que transfiera la soberanía monetaria hacia abajo y a los ciudadanos, y no a otra autoridad monetaria al servicio de los bancos privados.

Esto cambiaría el paisaje económico y político de arriba abajo; hoy la democracia económica, el dinero soberano público, es cien veces más importante que las elecciones. Hasta el gobernador del Banco de Inglaterra ponderaba en la última reunión en Jackson Hole la conveniencia de terminar con el sistema de la Reserva Federal —y hablaba codo con codo con Jerome Powell, su actual presidente. Pero el golpe de mano que ya se baraja es para que los bancos privados capturen aún más poder a través de un nuevo sistema, que pasaría por las nuevas opciones que permite el dinero electrónico. Más plutocracia todavía, sin otro control ni reglas que los que ellos mismos dispongan.

Aunque por lo que se cuenta, también el gobierno chino tiene sus planes al respecto. Menos los comentaristas políticos al uso, todos parecen haber oído algo.

Una isla dentro de una isla: tal es el ideograma, el emblema de la situación actual. ¿Pero qué isla, y dentro de cuál otra? Hay varias candidatas metafóricas y literales, y cierto número de sorprendentes combinaciones. Como siempre la realidad no deja de hacernos guiños, aunque nunca sepamos a qué carta quedarnos.

*

Frente a la oportunidad que impera y ciega en la política existen los destellos gratuitos de sincronicidad en los acontecimientos que escapan a sus deliberados manejos; los advierten a menudo los más ajenos al poder, o incluso los historiadores al final del día cuando bajan los brazos y dejan de perseguir sus tesis. Así por ejemplo, la guerra civil de Taiping precedió y coexistió en el tiempo con la guerra civil americana. Es algo que puede no significar nada, y a la vez, no significar una sola cosa sino muchas —todas las que queramos.

Para mí es muy significativo que China adquiriese su máxima expansión territorial con los Qing hacia 1800, tan sólo un poco antes de que empezara su ruina y etapa más oscura. Suceden estas cosas con harta frecuencia, sin que por supuesto tenga nada que ver la expansión exterior con el bienestar del pueblo ni aun con la consolidación del poder.

La guerra civil americana tuvo un signo casi diametralmente opuesto. El momento histórico que la preside no es ciertamente la liberación de los oprimidos, en este caso los esclavos negros, sino la expansión de la Unión y del futuro imperio, con la concentración de poderes del gobierno federal. En definitiva, es el primer gran choque de una incontenible onda expansiva.

Ahora, si seguimos pensando en términos de máximos y mínimos, las cosas parece que han vuelto para describir un semicírculo. El influjo anglosajón ha alcanzado un apogeo difícilmente superable, y uno diría que desde el 2016 —año de la victoria del brexit y de Trump— ha comenzado un descenso que el tiempo dirá si es más o menos pronunciado.

¿Qué ocurre con esto? Que las tendencias centrífugas que existen en cualquier estado también dependen en gran medida de la evolución del frente exterior. La misma Unión Europea, tras expandirse a marchas forzadas, empezó pronto a experimentar la melancolía y el efecto de las fuerzas disgregadoras, y en eso seguimos. Los Estados Unidos de América han parecido inmunes a esas dolencias hasta ahora tan sólo porque el aumento de su influencia crecía imparable, pero desde Trump se acentúan las fuerzas de la discordia no ya al nivel de los partidos sino entre "modelos de negocio" para el imperio o en las guerras intestinas entre los múltiples organismos y agencias. Sin duda hay un gran potencial de fisión, igual que hay grietas de sobra para explotarlo.

Como máxima expresión del capitalismo, los Estados Unidos encuentran en la expansión su razón de ser, y el día en que ésta falle sin una renovación convincente de expectativas, sus elementos internos, tan dados a la impaciencia, pueden entrar en ebullición. Y en cuanto al horizonte de la Gran Bretaña actual o de una Unión Europea incapaz de aproximarse a Rusia, qué se puede decir. Hay toda suerte de indicios de que la suerte de Occidente está llegando a un límite, y si decimos indicios es sólo para usar el más suave de los eufemismos.

En tan delicada coyuntura no es muy inteligente sembrar cizaña en los campos de tu adversario y aliarse con las fuerzas centrífugas, incluso si es lo que se ha hecho toda la vida, porque todo está entrando en otra dinámica. Mientras están tan pendientes de la cara que pone su rival, podría estarles saliendo un grano en el culo, o hasta en la mismísima punta de la nariz. Tienen más motivos de inquietud que los que aquí hemos indicado, pero ya que son tan sagaces, que se preocupen ellos de encontrarlos.

OSO CONSTANTE, ROCA OSCILANTE

14 noviembre, 2019

«Lego el movimiento del Oso Constante a los ancianos, a los enfermos y a los débiles. Es un ejercicio maravilloso y tradicional que es a la vez simple y fácil. También puede usarse para la autodefensa hasta una edad avanzada. Todo esto se obtiene fácilmente. Aunque mi explicación es corta y simple, si entiendes sus principios y practicas con perseverancia, después de tan solo cien días de mover tu chi, notarás una marcada mejoría en tu salud y fuerza y ya no tendrás que preocuparte por la enfermedad. Es verdaderamente una «balsa sagrada» para fortalecer nuestros cuerpos y no admite comparación con otros ejercicios más conocidos pero inferiores»[1].

Estas eran las palabras con las que Cheng Man Ching confiaba a la posteridad lo que él consideraba como la más concentrada síntesis posible de los principios del Tai Chi Chuan: el ejercicio del Oso Constante. ¿Eran demasiado altas sus expectativas?

Han pasado más de 44 años desde que el «maestro de las cinco excelencias» se marchara, pero aunque su concepción del arte marcial se haya difundido notablemente por el mundo, el ejercicio que estaba llamado a ser el gran divulgador del Tai Chi entre los más variados sectores de la población sigue siendo muy poco conocido a pesar de su simplicidad extrema.

Contradictorio, sin duda. Pero no debemos de olvidar que el mismo Cheng ya advirtió sobre el carácter elusivo del principio que subyace al ejercicio: «Aunque es más fácil conseguir cien onzas de oro que el verdadero método, incluso éste se deja caer fácilmente al pasarlo y se te puede escurrir de las manos»[2].

Lo elemental de este movimiento de torsión sincronizada lleva muy fácilmente a subestimar su potencial para infinitas transformaciones como el hilo dorado que conecta las más diversas acciones y posturas: «El Oso Constante combina los cinco animales y el Tai Chi en un solo movimiento, búscalo y lo recibirás, descuídalo y lo perderás»[3].

Así pues, tenemos un movimiento elemental pero que contiene un principio de largo alcance, tan fácil de obviar como difícil de apresar. Tai Chi en estado puro.

El Tai Chi Chuan carece de opinión
no tiene intención
es una idea sin motivo

Es un acto sin deseo,
es propiamente la respuesta natural
a una fuerza externa
cuando no es percibida como tal

Pues en la naturaleza
todo es uno
y acción y reacción son una sola cosa
no se ejerce un poder sin resistencia
la misma fuerza se ve corregida y reciclada

El movimiento malintencionado retorna
los principios del Tai Chi son los mismos que rigen
los engranajes de la gran máquina del universo [4]

Para muchos de los que hemos practicado Tai Chi, el origen de este arte
y de sus movimientos supone un enigma fascinante. Hoy se acepta generalmente, como asunto de mero sentido común, que las formas elaboradas con
una secuencia de movimientos, por las que hoy se distingue a los diversos estilos de este arte, son el resultado último de una evolución; es decir, son una
composición o síntesis de posturas, gestos y ejercicios dispersos, bastante elementales, que en tiempos anteriores debieron practicarse por separado.
Algunos de ellos, como el ascenso y descenso de las manos, el empuje frontal,
o las manos ondeantes como nubes, se encuentran entre los más primarios y
aunque han sufrido todo tipo de transformaciones, siguen trasmitiendo por sí
solos el aroma de esta disciplina.

Y así, las rutinas clásicas hoy más conocidas, cualquiera que sea su estilo y ya tengan 24, 37, 66 o 108 movimientos, conllevan un nivel de
composición que podríamos asemejar al de las sinfonías, aunque nadie pone en
duda que antes de las sinfonías tuvo que haber canciones, y antes de las canciones, acordes y tonadas. Lo contrario carecería por completo de sentido.

Las interminables disputas entre estilos y linajes suelen versar, ya sea
sobre asuntos de prioridad histórica, ya sea sobre quién ha capturado mejor la
esencia de un arte que reclama para sí lo intemporal. Lo primero se deja zanjar
por documentos fechados dentro de cronologías, sin bien siempre de forma
provisional —porque, del mismo modo que ocurre con el registro fósil en pa-
leontología, los documentos que llegan a las manos de los mejores
especialistas, aun en el caso de que sean auténticos, son siempre una parte ínfima de los documentos desconocidos que aún podrían aflorar para desmentir
nuestras suposiciones.

Así por ejemplo, la idea más comúnmente aceptada y consolidada es
que el Tai Chi, tal como hoy lo entendemos, tiene su origen mejor documenta-
do en el linaje de la familia Chen desde el siglo XVII y en particular desde el

general Chen Wangting (1597-1664); sin embargo ahora diversos estudiosos como Christensen sostienen, apoyándose en evidencia documental, que el primer clásico sobre la materia procede de la familia Li de la localidad de Tang, en Henan, y dataría de 1590. Tal vez esto no introduzca una gran disonancia en la cronología hoy consagrada, pero sí en las líneas de transmisión, lo que a su vez abre nuevos interrogantes, pues la misma familia Li cuenta sus ancestros hasta un casi legendario Li Dao Zi, nacido unos mil años antes[5].

Las disputas sobre las esencias son, como podía esperarse, mucho más difíciles de demarcar, aunque no por ello son menos importantes. De hecho, para el que busca en el Tai Chi una experiencia viva y siempre renovada, tienen mucho más peso que dataciones y cronologías, más propias de historiadores y eruditos: no se deciden en el papel y en la tinta de viejos manuscritos, sino en el cuerpo y el espíritu del practicante.

La posición de Cheng Man Ching sobre esta cuestión de los orígenes contiene una hipótesis altamente especulativa en lo histórico pero bastante irreductible en lo esencial.

Y de hecho en la perspectiva de Cheng lo histórico se acomoda sin necesidad de mayores detalles a lo intemporal. Puesto que está claro que él no pretendía que el médico Hua Tuo (c. 140–208) estuviera en el origen del moderno Tai Chi, sino del ancestro común que éste compartía con los gestos del Wuqinxi o Juego de los Cinco Animales, que ya incluían al Oso y que efectivamente se le atribuyen.

En toda esta evolución lo más antiguo nos remite siempre a formas menos diferenciadas, y por añadidura, tampoco nos han llegado instrucciones detalladas de cómo pudieron ser los Cinco Animales de tiempos de Hua Tuo, ya fuera él su autor o su recolector. Ha habido desde entonces un gran número de ejercicios imitando el porte y marcha del oso, así que la figura original es lo bastante difusa como para admitir una amplia descendencia —si bien no tanto como para que no pueda reconocerse su linaje. También en esto es indispensable mantener un sentido de las proporciones.

Ni siquiera Cheng dejó una demostración grabada de cómo entendía él ese balanceo incesante del oso, así que no queda más remedio que volver sobre sus palabras:

«Hay tres aspectos a observar en la práctica del ejercicio del Oso:

Lo primero es el constante balanceo de la cintura de izquierda a derecha y de adelante a atrás. Debería practicarse pasados unos treinta minutos después del desayuno o la cena. Los más débiles deberían empezar con 200 ó 300 balanceos, añadiendo 5 o 10 más cada semana. No disminuir el número, sino aumentarlo siempre. Cuidarse de progresar gradualmente. Aumentar el número de vaivenes hasta completar un tiempo de entre 10 ó 15 minutos manteniendo en todo momento un estado de ánimo agradable.

Lo segundo es que al practicar no descuelgues la cabeza como lo hace el oso real, sino que lo combines con el llamado 'mirar como un búho', en el que la cabeza queda como suspendida desde lo más alto y gira alineada sobre su propio eje mirando siempre al frente. La cabeza no se debería de mover de manera independiente, se mueve alineada con el ombligo. En Tai Chi esto se denomina 'la energía más fina y ligera asciende hasta arriba de la cabeza', y 'mantener el weilu centrado y recto para que el espíritu llegue hasta lo alto de la cabeza'.

Lo tercero, como en el Tai Chi, es distinguir claramente entre lleno y vacío, tal y como apunta la expresión 'pesado como una montaña y ligero como una pluma'. Cuando giras a la izquierda, tu peso debe estar totalmente en tu pierna izquierda, siendo pesado como una montaña. Y lo mismo al volver sobre tu pierna derecha.

Asegúrate al practicar de que tu mente y tu aliento se mantienen por debajo del ombligo, y también de que las plantas de los pies guarden el contacto con el suelo»[6].

Aunque lo que aquí se describe es un simple movimiento alterno de balanceo y giro, todavía quedan muchos cabos sueltos que permiten ejecuciones diversas en espíritu y en apariencia. De forma muy característica, podemos distinguir entre las cuestiones de principio, que son de observancia obligada, y las cuestiones de grado que quedan libradas a lo que la discreción del practicante juzgue conveniente. Por ejemplo, aquí nada se dice sobre el grado de flexión de las rodillas o el ángulo que pueda describir el eje del tronco en su vaivén; por no hablar de otros aspectos como el ritmo, la altura o movimiento de las manos o si el balanceo y el giro hayan de realizarse conjuntamente o por separado.

En cualquier caso, el movimiento, cerrado sobre sí mismo en un círculo incesante, y aprovechando el impulso obtenido en el movimiento anterior para continuarlo en el sentido contrario con el mínimo de esfuerzo, incorpora de la forma más literal el popular dicho para siempre asociado con Hua Tuo: «el eje de la puerta que se usa no se oxida». La atribución del ejercicio al médico de la dinastía Han, aun no siendo demostrable, es cuando menos juiciosa y atinada.

Pues pocas dudas puede haber de que muchos siglos antes de la elaboración de rutinas específicamente marciales con coreografías definidas tuvieron que existir movimientos que encarnaban el espíritu del Tai Chi de una forma más o menos completa. ¡Después de todo, cualquiera de sus linajes se reclama heredero del taoísmo y el yangsheng, que sabemos que son miles de años más viejos! Y además, está en el orden natural de las cosas que estas artes hayan evolucionado de lo más difuso e informe a las formas más definidas y diversificadas.

El Oso Constante se encontraría entonces en ese cruce de caminos, tan difícil de concebir, entre los movimientos primitivos menos perfilados y la recapitulación secuenciada de una totalidad en una serie de pasos organizados. Y es aquí donde ejerce todo su ascendiente la fascinación, la magia del Origen como rememoración.

Comprendamos un dilema que no es tal. Por un lado parece obvio que el ejercicio que propone Cheng Man Ching, después de toda una vida dedicada al estudio y síntesis de estas artes, no puede ser igual que un «movimiento primitivo y espontáneo» hecho a semejanza, esto es, imitando a los retozos libres de los animales que no están compelidos por necesidad ni restricción alguna. Por otro lado, ya vemos que este movimiento primitivo en cuanto arte sólo puede ser imitación —de otra síntesis, esta espontánea, que es la que supone el hábito y jugueteo de un animal al poner en armonía impulsos e instintos que apuntan en muchas direcciones.

Pero el caso es que Cheng, por añadidura, atribuye la paternidad del ejercicio a Hua Tuo, también un médico sumamente experimentado y consciente, creador para colmo de una serie de cinco ejercicios que imitan movimientos de otros tantos animales y en cuyo centro, como si fuera el elemento tierra, se encuentra el oso —la síntesis de un marco que ya es a su vez una recapitulación.

Entonces se entiende que la coartada de Cheng es perfecta: lo mismo que a la historia, no podemos concebir el origen sino reproduciéndolo, el análisis nos dejará siempre fríos. Y aquí en el cruce de caminos entre la prehistoria del Tai Chi y el Tao Yin o qigong de la salud se nos pone a otro médico autoconsciente creador de su propia síntesis. El Oso constante es tanto un descubrimiento como una recreación.

Lo que ocurre es que si hay muchas ejecuciones posibles del Oso, han de tener ciertos elementos irreductibles, que no son otros que los que Cheng destaca, y que además coinciden puntualmente con los principios más básicos del Tai Chi. Es por eso que se cuida mucho de dar más especificaciones, que restringirían innecesariamente su campo de acción. Lo que también conviene por la otra parte, pues las sueltas de los animales no deben de estar menos libres de restricciones.

Así pues, aquí lo irreductible está condenado a coincidir con cierto grado no menos irreductible de indefinición o ambigüedad, y también aquí hay que decir que se halla el Principio mismo del Tai Chi en acción. Liu Hsi-Heng cuenta haber visto a Cheng practicar el ejercicio en su casa de Taipei mientras editaba uno de sus manuscritos, y decir: "Este simple movimiento es Tai Chi, no hay nada más que esto" [7]. Es la prueba por síntesis, la prueba del crisol, la prueba de lo irreductible —la prueba del oro. No hace falta más, puesto que la práctica contiene la prueba:

«Si practicamos estos tres puntos, la postura del 'Gallo Dorado Sobre Una Pierna' tendrá firmeza; 'Rechazar al Mono' no será estropeado por el movimiento de Mono Sensible; 'Abrazar al Tigre y Regresar a la Montaña' será tan decisivo como el rugido de un tigre; el 'Mirar a la Derecha y Ojear a la Izquierda' o el 'Vuelo Diagonal' serán más rápidas que el propio Ciervo.[8]»

Y si alguien tiene dudas, que busque otro movimiento, uno sólo, con entidad propia que pueda resumir el Tai Chi de forma tan breve y completa como el Oso Constante. Así pues, este es el genuino Tai Chi del bolsillo, el único que puede desenvolverse libremente en un solo metro cuadrado. El Oso revela su identidad por el hecho de que se queda sólo: para igualarlo, cualquier otro movimiento se tiene que asimilar a él. Reúne en su abreviatura mínima la condición necesaria y suficiente. Es por eso que, si tuviera que elegir uno sólo de entre la infinidad de ejercicios que existen, sería seguramente este.

*

Si Hua Tuo concibió efectivamente un ejercicio del Oso, seguro que éste no comportaba una realización de los principios formales tan depurada y autoconsciente como la que pudo aportar un maestro de Tai Chi de la segunda mitad del siglo XX, con un conocimiento exhaustivo del Qigong y las artes marciales de China. Ahora bien, el conocimiento de la forma es sólo la exteriorización del conocimiento en el espíritu, que aún se puede pasar sin ella, pues la forma sigue a la función y ésta a la intención. Volvamos de nuevo la vista al pasado.

Es un lugar común aludir a los más que plausibles orígenes chamánicos del taoísmo. De entre las solitarias danzas chamánicas, la del Oso ha mantenido siempre un lugar prominente. El Yubu y el Bugang, que rememoran «los pasos» del legendario Yu el Grande, se han relacionado siempre con la Estrella Polar, la séptuple constelación de la Osa Mayor (para los chinos «el Cazo del Norte», cuya cuarta estrella se denomina precisamente Tian Quan, «Balanza Celeste»). Si bien estos pasos se utilizaron posteriormente en rituales taoístas y se asociaron con la demarcación de recintos y otras delimitaciones, la idea original que subyace es el vuelo extático de ida y vuelta por las estrellas del extremo norte indicadoras de la salida y entrada en el cosmos, tema chamánico por excelencia.

Pues según los viejos tratados como el Zhengyi xiuzhen lueyi, el propósito de estos pasos rituales, como medio de autocultivo, no era otro que conducir al practicante, que a menudo resultaba un gobernante, «de la existencia a la nada», motivo tan inconcebible como absurdo para los modernos. Lo que nos obliga a detenernos en ciertas consideraciones.

Con razón dice Cheng que el Tai Chi carece de intención y de motivo. Lo que llamamos pensamiento es sólo el ejercicio intermitente y discontinuo de la intención, que hilvana y da una apariencia de continuidad a lo que no dejan de ser conceptos separados y en sí mismos huecos. Acercarse al Tai Chi comporta buscar la continuidad real más allá de esas fulguraciones, esto es, suprimir la intención y la parcialidad que colorea nuestros pensamientos. Pero no hay nada en el mundo que no esté coloreado por nuestra intención, de modo que si nuestra intención queda suspendida, salimos por el hueco del mundo y entramos en la «nada», que en realidad es el puro potencial de la mente previo a cualquiera de sus actos.

El pensamiento ordinario, sin darse cuenta, está haciendo continuamente lo contrario: sale de la nada, de lapsos inadvertidos en blanco, y entra una y otra vez en «el mundo», en la selva de los pensamientos entre los que salta como un mono de rama en rama. El Oso que se yergue sobre sus patas traseras fue para el hombre un jeroglífico viviente del Polo, y el polo es la propia Intención cuando no está dirigida hacia los pensamientos y las cosas terrenas — cuando no está, por así decirlo, «a cuatro patas». El Polo es lo que queda de la Intención cuando no intenta; «intentar no intentar», «tratar de no tratar», parece haber sido siempre la aspiración y divisa del taoísmo.

La idea incondicional del Destino Manifiesto surgido entre los pueblos más occidentales apunta hacia una misión terrena en la que el espíritu necesariamente se agota. La condicional idea china del Mandato del Cielo apunta por el contrario hacia una guía celeste que hace posible la renovación de las cosas. En nuestros tiempos la virtualidad de esta noción se ha perdido casi por completo. La expresión china Tianming, nos habla de una «voluntad del Cielo», pero si el Cielo nos reconduce a la unidad del Polo Supremo (Tai Chi, literalmente) es justamente porque carece de voluntad particular, de intenciones, de motivos. El Cielo es la guía que desata los nudos, nos libera de cada intención particular y nos abre un espacio con nuevos grados de libertad. Esa es su prerrogativa y en ello consiste su incesante e sigilosa capacidad de renovar el Tiempo y los tiempos.

Como bien se ha notado, el taoísmo juzga el progreso en el autocultivo del hombre según sus transformaciones físicas desde las más superficiales a las más sutiles, el confucianismo tiene como criterio la conducta y el budismo las manifestaciones mentales; son sólo tres perspectivas diferentes de un único proceso.

Incluso en los aspectos más elementalmente físicos del Tai Chi o de un ejercicio como el Oso Constante, el requisito de mantener recto el eje vertical de la columna guiándolo desde lo alto de la cabeza se le antoja al no iniciado como una rigidez y una restricción innecesaria, cuando en realidad es la condición básica del movimiento sin esfuerzo y libre. Sin duda hay una libertad para agotarse como hay una libertad para renovarse, y ambas, incluso viendo lo mismo, miran en direcciones opuestas.

Por si alguien no se ha dado cuenta todavía, el movimiento del Oso tal como lo hemos descrito traza en el espacio un dibujo del todo similar al propio Taijitu, el símbolo popularmente conocido como «círculo del Yin y el Yang», y lo hace no sólo en dos sino también en las tres dimensiones además de en el tiempo, lo que da un interés añadido y otro sentido vertical, más allá de la dualidad, a este elusivo, incierto moverse entre el ser y el no ser.

*

Descendamos de nuevo a aspectos más terrenales y tangibles. Sabido es que muchos maestros y practicantes de Tai Chi tienen un vientre distendido o prominente debido a la respiración abdominal que promueve. Esto no tiene porqué ser malo, si bien hoy se ha impuesto artificialmente la idea de que nuestra tripa tendría que estar lisa como una tabla. Como no hay regla sin excepción, también existen maestros de Tai Chi que contra la norma general promueven una respiración pulmonar alta, son más corpulentos y no exhiben ese típico vientre. De todos modos no entraremos aquí en qué forma de respirar pueda ser mejor; si de lo que se trata es de respirar con libertad, ninguna modo deliberado puede serlo.

En mi caso, las formas Yang de Tai Chi nunca me produjeron ninguna distensión abdominal, pero el Oso Constante sí, y hasta tal punto que me obligó a cuestionarme si estaba haciendo algo mal. Puesto que este ejercicio es como si dijéramos un concentrado de los movimientos desplegados en una forma, también puede pensarse que tiende a amplificar cualquier problema básico en la ejecución. El problema disminuía tras un día o dos de suspender el ejercicio, y volvía a presentarse casi de inmediato cuando lo retomaba, así que pocas dudas podía haber sobre la causa. Sin embargo no alcanzaba a identificar qué detalle en particular podía ser el responsable de este efecto indeseado.

En Qigong hay muchas modalidades de ejercicio y yo había explorado diversos estilos y variantes a lo largo de varias décadas. Hay muchos ejercicios exigentes que en absoluto son recomendables para practicantes poco preparados y tienen numerosas contraindicaciones, mientras que en el extremo opuesto existe el Qigong médico o terapéutico cuyos riesgos para personas de condición física normal son mínimos o prácticamente nulos. Sin duda hacer el Oso pertenece a esta última categoría y por eso Cheng Man Ching no dudó en recomendarlo como ideal para la recuperación de las personas de salud más frágil. Y a pesar de esto y de la absurda simplicidad del ejercicio, era incapaz de detectar el origen del problema.

El juicio sobre el fenómeno se complica por el hecho de que, hasta cierto punto, la práctica de esta rutina conduce a una sensación natural de acumulación de poder en esa zona; pero si sobrepasa el límite de la comodidad es seguro que se está haciendo algo mal. La presión interna debería circular y distribuirse, antes que acumularse; aunque ambas cosas están íntimamente relacionadas.

Consulté a instructores descendientes del linaje de Cheng, pero los dos que conocí no parecían estar mejor que yo. Uno de ellos, profesor excelente que le dedicaba al ejercicio cerca de una hora diaria, tenía un vientre promi-

[353]

nente como una sandía, así que ni siquiera quise sacar el tema puesto que era evidente que tampoco había resuelto el problema. Ejecutaba además una forma muy baja, con las rodillas muy flexionadas, que a mí no me resulta la más conveniente para que la presión se distribuya sin tensiones ni trabas. Sin embargo la lentitud y firmeza de su postura tenían gran valor. No se puede juzgar sólo por la forma ya que el efecto total depende de la condición física, el grado de relajación y la sensibilidad despierta en el ejecutante.

Mucho después le pregunté por correo a Jacob Newell de la Old Oak School of Dao en Sonoma, California. Él también admitió que el ejercicio del Oso existe una presión que se acumula en la práctica, aunque en el estilo Ruyu de Tai Chi desarrollado por C. K. Chen se procura que no se acumule allí sino que descienda hasta la planta del pie[9]. A Jacob le costó años llevar la presión hasta el suelo después de desbloquear primero la articulación de la cadera, y más tarde la de la rodilla. Para llegar al fondo de la cuestión usó como método permanecer de pie en una roca oscilante.

Usar una roca oscilante es una forma excelente de aprovechar nuestro innato sentido del equilibrio para soltar las articulaciones y unificar la coordinación del cuerpo. Son tres aspectos relacionados que yo había aprendido a desarrollar en un grado suficiente a lo largo de una práctica de muchos años de zhan zhuang, —posturas estáticas como el famoso «abrazo del árbol». Estaba convencido de que ya llevaba la presión del peso hasta la planta del pie, por lo que la causa de la hinchazón abdominal debía estar en otra parte.

Reparé luego en que no se suele especificar cuánto se debe girar a uno y otro lado, y que yo solía ejercitar el giro casi al máximo, llevando la mirada en dirección más o menos opuesta entre 150 y 180 grados. Esto retuerce especialmente la zona media del cuerpo, y puede hacer que la presión quede estrangulada en dicha región. Probé a realizar unos giros más moderados, de unos 120 grados, y el problema desapareció casi por completo. Luego encontré un artículo de la citada Old Oak en que se precisa un giro total de 90 grados[10]. Tras esto he comprobado que no hay ninguna necesidad de extremar los giros para buscar un ejercicio más intenso, como tampoco lo hay de bajar mucho en la postura. Más que la postura, es la percepción del peso lo que debe bajar. En Tai Chi menos es a menudo más. Pero desde luego mi experiencia es muy limitada, y sería deseable conocer un amplio abanico de opiniones[11].

Me quedo sin embargo con la idea de usar una roca o una tabla oscilante como ayuda para desarrollar del modo más rápido ese sentido unificado del cuerpo y del movimiento que es la esencia del Tai Chi. En las escuelas y templos de antaño los útiles elementales de este tipo siempre fueron medios aceptados y aun consagrados. Aunque también necesite su tiempo, no es necesario que la gente se dedique durante años a disciplinas exigentes como el zhan zhuang cuando podemos adquirir la aptitud necesaria de una forma mucho más disfrutable y llevadera.

Se nos ocurre entonces que, si ya el Oso Constante es una magnífica forma de divulgar el Tai Chi y hacer accesible su esencia a sectores muchos más amplios de población, ponerlo sobre la «roca oscilante» sería una piedra de toque ideal para profundizar en un ejercicio que demasiado a menudo sólo se aborda de la forma más superficial. Especialmente por aquellos que no practican las formas largas, dado que éstas son en sí mismas un medio de poner a prueba el calado de nuestro aprendizaje. Otros medios en compañía son el empuje de manos y la competición.

Como el propio Tai Chi, el Oso tiene un amplio margen de lecturas y ejecuciones posibles; incluso su práctica fuera de los preceptos básicos del Tai Chi, como mero ejercicio de soltar el cuerpo, sin cuidarse de la alineación del tronco, procura notables beneficios para la salud.

El tercer y más concurrido campo de batalla entre las diversas escuelas de Tai Chi gira en torno a la eficacia. Enconado, ciertamente, puesto que tradicionalmente se ha recurrido al combate para ver quién tiene la última palabra. Pero aunque la competición puede cambiar muchas opiniones, tampoco es un tribunal supremo en el que puedan dirimirse adecuadamente cuestiones más sutiles como la eficacia médica y el efecto sobre la salud.

La diversidad de estilos en el Tai Chi ha surgido más por diferencias de acento y énfasis que de principios; y las diferencias de acento sólo se hacen eco de diferencias en el espíritu, la complexión y la sensibilidad de los practicantes. Una complexión corpulenta no suele tener la misma sensibilidad que una delgada, y la sensibilidad es crucial en este arte, pues es ésta la que descubre el margen de acción y los grados de libertad disponibles. Por lo demás, el Tai Chi no sería un arte si no existiera ese indefinido margen junto a la necesidad de su interpretación. Por supuesto, por mera cuestión vital de adhesión a la práctica, todos necesitamos creer que nuestra escuela o estilo es el mejor y los demás son inferiores —al menos de momento y hasta que decidamos cambiarlo por otro.

Muchos practicantes de otras formas más bajas, no menos que el sentido común, pondrán seriamente en duda que se pueda practicar una forma tan derecha, natural y relajada como el Ruyu sin perder potencia y empuje, pero si no existiera esa posibilidad, el Tai Chi no tendría particular interés. En general, y aunque todo depende del grado de sensibilidad, los estilos más relajados se encuentran en mejor disposición para ahondar en los grados de libertad del arte.

Enumeramos en una nota aparte los puntos a atender para realmente aprovechar el potencial del ejercicio, según el estilo Ruyu. Debería sentirse la pierna con peso como el auténtico pivote del giro, más que la cintura o la columna.También encuentro preferible concentrarse en el centro de la planta de pie en lugar del dantien bajo el ombligo; la función energética de ambas regiones es completamente diferente.

Lo que queremos es apreciar el potencial del ejercicio lo antes posible. Los aspectos biomecánicos, con una visión en tercera persona, constituirían el componente más externo de este potencial. En una visión en primera persona no podemos descuidar las sensaciones que percibimos, pues han de ser sólo el aspecto más sutil e interno de esta misma realidad física. En la moderna ciencia de los materiales hablamos de carga y estrés, de tensión-presión y deformación —y esto comporta necesariamente fuerzas tanto dentro como fuera de los cuerpos. Aquí, primera persona sólo significa desde el interior, y ha de ser subjetiva por necesidad. Y en el cuerpo tenemos partes y tejidos duros y blandos, que en el viejo lenguaje taoísta serían más yin y más yang. En relación con esto y con la presión y la tensión asociada, podemos hablar en nuestras sensaciones, tal como las percibimos, de energías frías y calientes, del «elemento agua» o de «elemento fuego».

Para simplificar al máximo podemos decir que en el cuerpo percibimos energías frescas y cálidas, en un sentido positivo, así como se perciben zonas recalentadas y frías o rígidas, en sentido negativo; lo que puede equipararse a la tradicional distinción entre joven yin y yang, y yang y yin viejos. El dantien o «campo de cinabrio» inferior se llama así precisamente porque es el lugar natural para la mezcla íntima de lo fresco y lo cálido (estando el cinabrio hecho de mercurio y azufre). Sin embargo el lugar por donde más entra lo fresco en el cuerpo es la suave planta del pie —especialmente, después de que las energías residuales ya usadas han sido llevadas a tierra.

Trabajar desde la planta del pie equivale, para usar una expresión de los antiguos taoístas, a «respirar desde los talones», o, como también se decía, desde los huesos. Es decir, desde el nivel más profundo y desde los extremos, mientras que el centro del cuerpo es el lugar donde los extremos se funden. La diferencia puede ser grande cuando esto se lleva realmente a efecto: como la que hay entre andar por un trayecto ordinario y caminar por la montaña inspirando la frescura de las cumbres nevadas. Sin embargo, probablemente lo mejor de todo es no concentrarse en ningún punto en particular y permanecer en la sensación global.

Las viejas representaciones del neidan que recreaban todo un paisaje de montes y cascadas en el interior del cuerpo humano responde a una muy elemental realidad, con la única condición de que uno sepa atender a la cualidad de sus propias sensaciones.

La medicina china tradicional hablaba de dirigir el fuego del cuerpo hacia abajo y el agua hacia arriba para compensar la tendencia natural de estos elementos a divorciarse y dejar de reaccionar. No se pueden resumir procesos más complejos con menos palabras. A nivel biomecánico, lo que corresponde al fuego y el agua son la tensión y la presión. Vivimos entre la presión y la tensión, toda nuestra vida es un escenario de ese juego, con la deformación, la capacidad de ceder, como una interfaz o superficie de contacto entre ambas.

Los otros elementos o actividades que distinguían las medicinas tradicionales surgen de las combinaciones y entresijos de esta relación básica.

En Tai Chi tiene más valor mover un poco todo —coordinamente, se entiende— que mover mucho desacompasadamente unas cosas para olvidarse por completo de otras. Cuantitativamente, no es poco obtener un 50 por cien de los beneficios de un ejercicio como éste; pero cualitativamente, ese 50 por cien es quedarse a mitad de camino de la unión de los extremos donde tendría que gestarse su fruto. Si las altas expectativas que Cheng puso en el ejercicio del Oso no se han cumplido, tal vez se deba a que aún no hemos acertado a enfocar mejor la singularidad de su camino propio.

La roca oscilante es sólo una piedra de toque para afinar el sentido interno del equilibrio. Cualquiera que hace equilibrios sobre una tabla aprende que tiene que ahuecar el cuerpo de una forma determinada para optimizar la capacidad de respuesta coordinada de los miembros. El equilibrio, efectivamente, involucra a la totalidad del cuerpo, y en este arte siempre deberíamos partir de la totalidad. La totalidad es tanto el principio como el objetivo último.

Del mismo modo haciendo el Oso podemos sentir que nuestra ejercitación está siendo excesiva o del todo insuficiente, demasiado vacía o demasiado llena. Pero ya sea un tipo u otro de exceso, ambos nos dejan una sensación de insatisfacción y de falta de aprovechamiento. El ejercicio mismo parece quejarse: «si no fueras tan torpe, podría ser mucho mejor que como me haces». Esta sensación de incumplimiento nos está mandando el mensaje correcto, que es que estamos perdiendo el punto del ejercicio.

Lleno y vacío son términos correlativos; cuando el cuerpo entero se siente homogéneamente lleno, en la misma medida deja de percibirse la línea que separa lo interior y lo exterior, y por lo mismo, la que distingue entre lo lleno y lo vacío. No es pequeña cosa armonizarlos, y sin embargo, tampoco es algo que se pueda «hacer», sino más bien algo que se descubre a través de la acción, como se descubre un sendero insospechado en la montaña que puede llevarnos a no se sabe qué magníficas vistas. El margen u holgura cambiante nos define la anchura y las vueltas del camino.

Dado que cada cual ha de encontrar su grado óptimo de ejercitación, que no sólo varía con cada individuo sino para el mismo individuo a lo largo del tiempo, cualquier regla general tendrá algo de engañosa. Merece en cualquier caso recordar las palabras de Cheng Man Ching: «Las indicaciones para los Cinco Animales se perdieron, salvo las palabras 'hasta la transpiración'. Sudar un poco no está mal en los días calurosos del verano, pero en otoño o invierno sólo debería practicarse hasta sentir la apertura de los poros antes de que el sudor brote en la espalda o en la frente; descansa entonces, no sigas hasta sudar» [12].

Esto es una indicación válida, pero indirecta, pues no nos habla de cuánto bajar en la postura, que, más que la duración del ejercicio, es lo que hace que se sude o no. En Tai Chi se habla de no ejercitarse nunca más allá de un 70 por ciento de la propia capacidad. De todos modos, se puede obtener una gran fuerza de este movimiento sin la menor necesidad de sudar.

Una buena orientación sobre el grado de flexión en la postura puede ser esta: cuanto más bajes, más debes buscar la ligereza; y cuanto más erguido estés, más debes concentrarte en hundir el peso. De este modo exploramos una y otra vez la amplitud de nuestra escala y podemos estimar el justo medio reuniendo doblemente los extremos. Un «barrido paradójico» similar puede hacerse con respecto al ritmo o velocidad óptima. Firmeza y sensibilidad tienen que estar unidas, no separadas, si queremos progresar.

*

El Oso Constante puede aportar todos los beneficios del Tai Chi con un movimiento ridículamente simple. Puesto que el balanceo y el giro usan el impulso de un movimiento para iniciar el siguiente, el esfuerzo es mínimo y parece que podríamos continuarlo indefinidamente; a menudo cuesta más pararse que seguir. Si se ha dicho con razón que el Tai Chi es tanto más placentero cuando más circular es, en ningún otro caso podría disfrutarse tanto como en este movimiento alterno circular, que equivale a un cargarse y descargarse a sí mismo —cargarse de esa presión natural que es vitalidad, y descargarse de esa tensión que obstruye la libre circulación de la presión. Cuerpo y movimiento conforman un solo campo, no se trata de cosas separadas. La cuestión es aprender a ahondar en el ejercicio de la forma más satisfactoria para uno mismo.

Dicho sea de paso, la comparación con un generador eléctrico o alternador no es del todo trivial, pero aquí el juego de «corrientes», si se nos permite la analogía, es más rico y tiene un interés añadido, puesto que también estamos ante un eliminador, o si se quiere, un sistema de bombeo doble o más bien cuádruple. Sería fantástico si pudiéramos aplicar estos mismos principios a nuestro entorno y a la atmósfera, y si entendiéramos la analogía con la debida proporción, no tardaríamos en identificar a distintos niveles los procesos naturales correspondientes.

Algunos afirman que, si lo que buscamos es un método de mantenimiento de la salud, existen series de qigong como las 18 manos de Lohan (Shaolin) o las famosas 8 piezas de brocado (ba duan jin) que son tan eficaces como el Tai Chi y llevan mucho menos tiempo aprenderlas. Pero si estas series se aprenden en unas pocas sesiones, el Oso Constante, o «ejercicio del Taijitu», como también podríamos llamarlo, puede aprenderse literalmente en cinco minutos sin renunciar a nada del misterio. ¿Quién puede superar eso?

Hay ejercicios como el zhan zhuang, el cultivo de las posiciones estáticas, que pueden ser igualmente potentes y profundos. Algunas escuelas de Tai Chi, especialmente la Chen, recurren a su práctica para dar firmeza y potencia a sus movimientos. Pero en nuestra sociedad hipercinética es cada vez más difícil encontrar gente con la paciencia suficiente para estarse inmóvil por periodos apreciables de tiempo —para la mayoría de nosotros es poco menos que una tortura, y en el mejor de los casos, un «aguantar la postura» que en sí mismo bloquea el acceso a los niveles profundos de la práctica. Este tipo de cultivo nunca estuvo muy extendido, y hoy sólo puede ser explorado en profundidad por una exigua minoría, muy inferior al 1 por ciento de la población.

Por añadidura, tales posiciones estáticas hacen casi indispensable la supervisión, pues si no se aplican debidamente los principios de alineación del cuerpo o no existe la debida relajación se pueden cosechar tantos problemas físicos como beneficios.

Está claro que en un entorno como el nuestro que nos hace acumular tensiones la ejercitación con movimiento es mucho más atractiva, puesto que el movimiento es la forma más básica de aliviar las tensiones y arrojarlas fuera. Aunque lento generalmente en sus formas, el Tai Chi no deja de aprovechar los atractivos y virtudes del dinamismo. Algunas estadísticas meramente orientativas hablan de entorno a un 5 por ciento de practicantes de Tai Chi en China y un 1 por cien en los Estados Unidos de América.

Aun recurriendo al movimiento, para la mayoría, tanto en Occidente como en China, el Tai Chi sigue siendo algo incomprensiblemente lento y complicado, y por más que emane de un principio universal, esto ni siquiera puede ser apreciado. Sin embargo hacer el Oso nos permite imbuirnos por completo de su espíritu con una simplicidad tal que desafía abiertamente a nuestra inteligencia.

Naturalmente, nadie dice que el Oso deba sustituir a las formas más desarrolladas; sino que, por el contrario, es una introducción insuperablemente simple al Tai Chi que no traiciona en lo más mínimo su esencia.

Además de ser más accesible sin comparación, la rutina del Oso tiene un buen número de ventajas: No requiere un espacio amplio como las formas de Tai Chi tradicionales, siendo ideal tanto para interiores ventilados como para espacios exteriores; tampoco exige cambiarse de ropa ni esperar mucho tiempo después de las comidas. Dado que no hay que memorizar muchas formas, la atención se hace más inquisitiva desde el principio y emprende sin demora la búsqueda de lo que está más allá de ellas.

Otras grandes ventajas están relacionadas con la investigación en geriatría, rehabilitación, y los efectos médicos del Tai Chi o el qigong. Todo se simplifica enormemente cuando la población de muestra para un determinado estudio sólo tiene que aprender y practicar un elemental movimiento. Además, la mayor parte de estos ejercicios para mantener o recuperar la salud demandan que el practicante cuente de entrada con una condición física mínima, mientras que un movimiento como el Oso, que admite una amplísima gradación de intensidades, lo puede practicar cualquier persona de cualquier edad que cuente simplemente con las fuerzas necesarias para andar y mantenerse en pie.

La importancia del ejercicio de cualquier tipo para el mantenimiento de la salud no puede subestimarse, pues se trata de algo que ni siquiera las condiciones más favorables pueden sustituir. Sabemos de sobra, sin embargo, que las circunstancias en que casi todos vivimos están muy lejos de serlo, que nuestro organismo tiene que librar un combate continuo contra todo tipo de agresiones del entorno —físicas, químicas y psicológicas—, y que las sociedades más desarrolladas, con el envejecimiento de la población, se ven abocadas a una crisis sanitaria de grandes proporciones.

Pues está claro que los grandes triunfos del modelo biomédico contemporáneo han sido la lucha contra las enfermedades infecciosas, debida tanto a la mejora de las condiciones higiénicas como a las propiamente médicas, y los prodigiosos avances de la cirugía. Pero todo eso, y lo que aún quede por avanzar en esa dirección, tiene muy poco que decir sobre las enfermedades degenerativas, que no son sino la postrera manifestación de cómo hemos vivido. Y aunque no se dejarán de probar nuevas tecnologías para evitar la inevitable reacción de la naturaleza en nuestra propia carne, no será sin grandes costes, tanto económicos como morales.

Envejecer es como arruinarse: primero ocurre poco a poco, luego de repente. No se puede engañar a la naturaleza, no se puede revertir sin más un proceso que ha llevado muchas décadas gestarse antes de aflorar. Verdaderamente, quien crea lo contrario, cree en la magia; pero ya se sabe que la medicina moderna se basa en gran medida en la idea de que hay una «bala mágica» para todo. Si hemos podido llegar a creer en estas cosas, es por el muy breve tiempo transcurrido entre los grandes triunfos de la medicina y la acumulación de los efectos perniciosos de la vida moderna, que apenas empiezan a manifestarse. Y es que, además, el mismo éxito en alargar la duración de la vida multiplica la incidencia y peso de las enfermedades degenerativas. Sin duda la percepción de estas serias cuestiones cambiará mucho tan sólo de aquí a treinta años, por no hablar de escalas de tiempo mayores.

En el extremo opuesto, nos encontramos que el mayor problema hoy y en el futuro para la formación de los más jóvenes es la hiperactividad y la incapacidad de mantener la concentración, conocida clínicamente como «déficit de atención». Por supuesto, hay todo tipo de niños, y los impulsos individuales, junto al entorno familiar, son una gran parte de la cuestión. Pero antes de convertir al niño en un enfermo sujeto desde edad temprana a medicación, es necesario admitir que el primer factor de desequilibrio es nuestra apresurada sociedad enviando sin cesar estímulos contradictorios y produciendo todo tipo de excitación artificial.

En este contexto de permanente excitación mental, creo que estaría muy bien invitar a los niños a «imitar el movimiento del Oso» para que la energía de su cuerpo, que sube continuamente a su cabeza y se extiende a la periferia por la demanda que ocasiona la sobreestimulación, descienda de nuevo hacia su centro de gravedad natural. Uno podría pensar que un ejercicio como éste es demasiado lento para la impulsividad infantil, pero si sabemos combinar hábilmente los elementos de imitación y el juego paradójico entre los extremos, como sentir velocidad cuando uno se mueve lentamente, y al contrario, y sentirse ligero al bajar en la postura y pesado al elevarla —algo que los niños aman y a lo que se sienten muy dispuestos—, podemos reconducirlos a la serenidad y ayudarles a crear armonía en su propio medio interno. Hay para ellos un gran fascinación en moverse entre dos puntos oscilantes que tranquiliza la mente y el ánimo. Esto podría ser una gran ayuda, tanto para una genuina educación física, como para la formación del carácter.

*

Las cinco artes o excelencias de las que habló Cheng Man Ching y que siempre consideró como expresiones varias de un mismo principio rector fueron la caligrafía, la poesía, la pintura, las artes marciales y la medicina. Que el Tai Chi y la caligrafía con pincel comparten la misma idea rectora es algo bastante evidente: el pincel se ha de sostener vertical y con la muñeca suelta, del mismo modo que en Tai Chi la columna debe estar recta y con todas las articulaciones tan libres de trabas como se pueda.

En cuanto a la poesía y la pintura, también está claro que ambas aspiran a la «suspensión de la realidad ordinaria», en verdad sólo un sesgo extremadamente parcial; esto es, aspiran a suspender la intención y los más estrechos propósitos utilitarios para acceder a una economía, una eficacia, y una lógica más abarcantes y de un orden superior. ¿Y qué es el Tai Chi sino la indagación y puesta en práctica de la Ley de la Levedad, de un uso del movimiento que aspira a suspender el sentido del Tiempo?

Así pues, el hermanamiento de estas disciplinas tendría que resultar natural. La conexión con la medicina china tradicional, tan abierta a los matices, tampoco era muy problemática; la auténtica dificultad ha surgido con la biomedicina, y en general, con la fisonomía de la ciencia moderna. Y sin embargo no es imposible que aquí nos aguarden sorpresas, una vez que hayamos hecho los deberes y se depuren conceptos más enfocados en un interés particular que general.

En Tai Chi se utiliza el movimiento para acceder a un potencial que siempre mantiene un fondo indefinido. Junto con otros muchos maestros, Cheng Man Ching ha podido decir que «la quietud en el movimiento es verdadera quietud». En física, la fuerza en movimiento tiene preeminencia y todo se deduce a partir de ellos: masa y movimiento, energía cinética y potencial están bien definidos... por definición, y en campos, también, por elección. Ahora

bien, los sistemas donde en la práctica estos componentes no están bien definidos son legión: desde la biomecánica del propio cuerpo humano hasta el clima,
pasando por la economía. En realidad, todo lo que tiene un margen de incertidumbre interno se puede interpretar como algo más que indeterminación.

Dicho de otro modo, la física se ocupa de la reacción de los sistemas sujetos a fuerzas externas, mientras que el Tai Chi, como nos recordaba Cheng
en su poema, indaga en «la respuesta natural a una fuerza externa cuando no es
percibida como tal». Parece un acertijo insoluble, y sin embargo resume de algún modo tanto las diferencias como las posibles formas de contacto entre
ambas perspectivas.

¿?
Una partícula cargada siente el potencial
incluso allí donde los campos eléctrico y magnético son cero
los físicos dijeron que era incomprensible
y que así son las cosas de la mecánica cuántica
pero hoy se admite que ocurre un poco en todas partes
enroscando una bombilla
o aparcando en paralelo
lo llaman desplazamiento o fase geométrica
cambio global sin cambio local
La serpiente se vale de ello en su avance
o el gato que se revuelve al caer
y que tanto asombraba a nuestro amigo Maxwell

«Los potenciales son traicioneros»
dijo mister Heaviside,
que quiso declararlos proscritos
pero no son más extraños que tú y yo
cuando no hacemos nada
sin que por ello desaparezcamos

El Oso lo percibe
incluso cuando parece que hace el tonto
vacilando de un lado a otro
cayendo hacia adelante y hacia atrás
se mantiene sin embargo en pie
y aprende a andar antes del primer paso

Subiendo y bajando
torna y retrocede
alterna y simultáneamente
se ahueca y se suelta

se carga y se libera
se afirma y se dispersa
describe el vórtice esférico del mundo
sin levantar las plantas del suelo
acecha al Medio Invariable
y despeja el camino de su ascenso y descenso

Entre el Cielo y la Tierra
desde el fondo hasta lo alto
más allá de las palabras
se insinúa
la lenta puerta a lo sublime

Todos asociamos de forma inmediata la rigidez con la muerte, nuestro instinto lo sabe muy bien sin que nadie se lo explique. El Taoísmo aspiró siempre a armonizar la inteligencia y el instinto, puesto que sin ambos no podemos sobrevivir ni como individuos ni como especie. Un cuerpo rígido no puede hacer equilibrios sobre una tabla, se cae o no se cae; pero un cuerpo flexible y con márgenes internos hace las dos cosas a la vez, pues también sabe caer hacia dentro para seguir de pie. Aún queda mucho por aprender de estos los motivos más simples —o no, según se entienda la palabra «aprender».

Lo mejor de ser aspirante es que exige inspiración, pues sólo el sabio o el muerto no la requieren. El sabio, por su parte, probablemente no observa la quietud porque sea necesario, sino para honrar lo potencial: y aunque esto se halle en todo, difícilmente puede hacerse patente entre lo que se mueve, salvo por el hecho mismo de que se mueve. Desde este punto de vista, el movimiento conforma la parte más trivial de la realidad, por más que nada lo sea. Cuando un potencial se explota, retrocede; cuando se observa y se aprecia, enriquece. Entre ambos extremos habría un cierto margen de uso responsable que conviene no sobrepasar. Allí donde existe incertidumbre, existe siempre también la posibilidad de poner nuestra balanza para aprender donde se encuentran los límites, pero mientras nuestro estudio de «la» naturaleza se atenga sólo a la explotación y a la predicción, nunca interesará demasiado cómo podemos hacerlo.

*

El Tai Chi ha sido uno de los mejores embajadores de la cultura china en el resto del mundo, y Cheng Man Ching ha tenido su buena parte en este proceso de apertura y difusión. Aun así es como si una parte importante de su legado estuviera esperando a dar frutos. Ahí está sin embargo el pozo; que se saque o no agua de él no es asunto suyo, ni reclama derechos de propiedad.

Sin duda existen en el mundo diversos países y climas, pero para la Nación del Tai Chi, orientada hacia el Polo, todas las regiones convergen.

Oso blanco y oso negro, lo importante no es que cacen ratones sino que juntos den con la miel

Ya veo a la gente reuniéndose entorno a una tabla, una piedra o una losa inestable discutiendo sobre la mejor manera hacer el Oso y hablando de cómo han recobrado agilidad, seguridad en el andar y esa maravillosa despreocupación y ligereza que tenían de jóvenes. Y en verdad, si se persevera en la práctica y no se abandona, uno llega a andar como nunca lo hizo antes, porque el cuerpo-movimiento ha dado con una capacidad y unos grados de libertad enteramente nuevos. Y aunque la paciencia siempre compensa, dedicándole el tiempo suficiente los efectos empiezan a notarse desde el primer día.

Naturalmente, tratar de encarnar el Taijitu y de entrar en fase con él es bastante más que un ejercicio físico. Es una ayuda y un medio creativo para el autocultivo, que nos permite establecer una relación directa e infinitamente matizada entre lo más alto y lo más bajo de nosotros, entre el instinto y la inteligencia, entre la fuerza y la sensibilidad. No es necesario extenderse sobre algo que sólo la práctica permite comprender.

Lo que el Tai Chi busca empieza allí donde se percibe el no hacer dentro del hacer aparente; esto puede parecer algo demasiado vago, y sin embargo brinda la evidencia inconfundible, mucho más importante que cualquier detalle técnico externo. Hay una inteligencia que tiende a embotarse en lo mecánico como hay una inteligencia que crece con la sensibilidad y crea espacio nuevo en su autopercepción, y no deja de ser maravilloso que podamos captar esta última incluso en el movimiento natural del cuerpo.

Notas

1. Cheng Man Ching, *Master of Five Excellences*, p. 113-117; traducción de Mark Hennessy. Frog Books, 1995.

2. Ibid.

3. Ibid.

4. Cheng Man Ching, Taichi, https://taiji-forum.com/tai-chi-taiji/tai-chi-philosophy/poem-prof-cheng-man-ching/ https://taiji-forum.com, Author Nils Klug.

5. Lars Bo Christensen, *Tai Chi -The True History and Principles*, 2016, ISBN 978-1539789314. Véase también Fighting Words de Douglas Wile, 2016: http://www.wooddragon.org.uk/fighting_words.pdf

6. Cheng Man Ching, *Master of Five Excellences*, p. 113-117.

7. Ibid.

8 Ibid.

9. La forma desarrollada por Cheng Man Ching es un estilo Yang más alto, y la del Ruyu desarrollada por el maestro Chen Qu Kuan (conocido como C. K. Chen) es heredera de la de Cheng pero aún es considerablemente más derecha y relajada, sin que, según sus defensores, se sacrifique la potencia.

10. Sam Edwards & Frank Broadhead, *C.K. Chen's Vertical Axis Taijiquan.* http://oldoakdao.org/yahoo_site_admin/assets/docs/Ruyu. Like_a_Tree_Frank_Sam.1210359.pdf

11. Las directrices de la escuela Ruyu que Jacob Newell me recordaba en una comunicación personal son: 1) mantener el peso correctamente equilibrado en la fuente burbujeante – en Ruyu-Taiji llamamos «fuente burbujeante» a la mitad del arco (no al punto Riñón-1); 2) mantener la rodilla flexionada pero no demasiado; 3) «song-kua» que significa relajar y permitir que se hundan las caderas en el surco inguinal; 4) dejar caer la parte baja de la espalda, pero no forzándola; 5) colgar de la coronilla (bajar la barbilla pero mantener la garganta abierta); 6) los hombros se relajan, los codos se hunden, las axilas respiran; 7) separar completamente el cambio de peso del giro —esto es específico de Ruyu, y no todos los estilos que provienen de Cheng Man Ching lo hacen. El giro debería realizarse sólo tras haberse consolidado el peso en el otro pie, y es éste, más que la cintura o la columna, el que actúa como pivote. Esto favorece decisivamente la sensación de arraigo y la circulación a fondo de la energía.

12. Cheng Man Ching, *Master of Five Excellences*, p. 113-117

ORINA Y CORONAVIRUS

12 marzo, 2020

En las vacaciones del año nuevo chino, creo que fue el 29 de enero, tuve una sensación de náusea tras un paseo que daba al acabar de comer y al volver a casa, como seguramente tenía algo de fiebre, me metí en la cama y decidí que no iba a comer nada ni tomar ninguna medicina hasta que me sintiera bien; sólo me iba a beber mi propia orina. Después de cuatro o cinco horas me levanté perfectamente.

En las vacaciones del año nuevo chino, creo que fue el 29 de enero, tuve una sensación de náusea tras un paseo que daba al acabar de comer y al volver a casa, como seguramente tenía algo de fiebre, me metí en la cama y decidí que no iba a comer nada ni tomar ninguna medicina hasta que me sintiera bien; sólo me iba a beber mi propia orina. Después de cuatro o cinco horas me levanté perfectamente.

Vivo en Mianyang, provincia de Sichuan, y eran los días en que la declarada epidemia empezó a coger impulso y apenas se hablaba de otra cosa, pero no soy hipocondríaco y el riesgo me parecía mínimo. Lo de ayunar y beberme la orina es algo que hago cada vez que tengo síntomas de gripe o un simple resfriado, y suele detenerlo en menos de un día, a veces sólo 12 horas. John W. Armstrong lo aseguraba en su popular libro «El agua de la vida», y a mí siempre me ha funcionado.

La verdad es que no tengo ni idea si pudo ser el coronavirus o cualquier otra cosa, pero no suelo guardar cama por un resfriado, una gripe o una gastroenteritis. Una gran parte de la gente que tiene el virus permanece asintomática, o con síntomas muy leves que desaparecen por sí solos.

Pero lo que sí es cierto es que dejar de comer y beber la orina es muy eficaz contra la gripe común, por lo que sé mucho más eficaz que cualquier medicamento conocido. ¿Qué medicina te corta totalmente una gripe en 12 o como mucho en 24 horas?

Ya sé que estas cosas parecen puro curanderismo a muchos, pero me da igual. Con una sola persona a la que esto pueda ayudar, ya justifica el que escriba.

Tiene que haber gente para todo, y por supuesto respeto el abnegado trabajo de todo el personal sanitario. Una de las razones para sobredimensionar el alcance de la epidemia es que se quiere evitar que nuestros sistemas de salud queden completamente desbordados. Lo colectivo no funciona como lo individual, pero empieza y termina en lo individual.

La verdad es que de momento este coronavirus es muy similar por sus efectos a los anteriores conocidos de la gripe; puede tener algo más de mortalidad pero no es muy diferente, y así lo admiten investigadores y especialistas.

Mi opinión con respecto a enfermedades víricas y motivadas por microorganismos es la misma que la de Armstrong y otros muchos renombrados naturópatas: el llamado vector de la infección es mucho menos importante que la condición en que se encuentra nuestro medio interno. Virus y bacterias hay en grandes cantidades por todas partes, empezando por nuestro propio organismo. La diferencia principal es qué condiciones los hacen proliferar —los hacen, como solemos decir, virulentos.

Esto también debería tenerse en cuenta para no estar todo el día buscando chivos expiatorios. La misma palabra «infección» es altamente infecciosa.

Armstrong decía que gran parte de nuestros resfriados y gripes se debían al exceso de deshechos acumulados en el cuerpo por nuestra dieta, debidos sobre todo a nuestras altas sobredosis de féculas y proteínas. El dejar de comer y beber la orina invierte súbitamente esta tendencia y ayuda grandemente al cuerpo a eliminar excedentes.

Pero está claro que en medio día o un día sólo podemos eliminar una pequeña parte de los detritos acumulados. ¿Por qué entonces se cortan tan rápidamente los síntomas? En primer lugar, parece que la orina provoca una respuesta inmunológica positiva muy rápida, ayudando decisivamente a nuestras defensas.

En segundo lugar, siempre me ha sorprendido lo rápidamente que se nota el aumento de capacidad respiratoria tras unas cuantas horas de beber la orina sin comer. La sensación que se tiene es que los pulmones se expanden en la caja torácica de manera libre y maravillosa. Sin duda esto tiene que estar relacionado con la mejora inmediata de la eliminación de mucus y desechos en todo el tejido pulmonar y no sólo en los bronquios.

Es totalmente lógico que la limpieza sea mucho más inmediata en el tejido más esponjoso del cuerpo: la densidad de los pulmones es con mucho la más baja en relación con el líquido que circula a través de ellos. Por eso la mejora de la función respiratoria es tan rápida que incluso hace pensar en una causa mecánica. Y efectivamente, se trata de una razón biomecánica elemental.

Atendamos brevemente al cuadro clínico y la evolución provocada por el nuevo coronavirus. Desde que se manifiestan los primeros síntomas, fiebre principalmente, hasta que se producen dificultades respiratorias agudas suele pasar un lapso de tiempo que se acerca de media a los ¡8 días! Desde el punto de vista de la rapidez de la reacción del cuerpo al ayuno de orina, se trata de un tiempo larguísimo, lo que ya debería darnos una gran tranquilidad.

Hay un largo trecho desde los primeros síntomas de disnea hasta la dificultad respiratoria aguda, que puede llegar a provocar el daño al corazón y la parada cardiorespiratoria. En el empeoramiento de los síntomas hay sobre todo dos claves: la respuesta inmunitaria y la capacidad de eliminar los deshechos que rápidamente se acumulan en el tejido pulmonar. En ambos casos el efecto del ayuno con orina es rápido y absolutamente positivo.

Armstrong nota que el ayuno con orina tiene unos efectos sobre la gripe mucho más rápidos que el ayuno normal sólo con agua. Yo también he comprobado la diferencia, que tiene que obedecer a estos dos puntos comentados, la reacción inmunitaria y el aumento de la eliminación.

Sinceramente, y aunque cada cual es muy libre de pensar lo que quiera, considerar sucia la orina es poner las cosas del revés. Se trata de un suero de la sangre filtrado por los riñones, y en unas horas sin comer se hace limpio y trasparente. Dejando a un lado la infección de la orina, en cuyo caso beberla está totalmente contraindicado, lo único que hace poco recomendable nuestra orina es justamente la cantidad de cosas sucias que ingerimos, incluyendo medicamentos, no el suero propiamente dicho de la orina, que es bastante parecido al líquido amniótico.

En 2016 le dieron el premio Nobel de Medicina a Yoshinori Ohsumi por sus estudios de la autofagia y los efectos terapéuticos del ayuno. Esperemos que pronto se analice debidamente la evidencia de que el ayuno con orina fortalece rápidamente nuestra respuesta inmune y facilita de manera espectacular la capacidad de eliminación, especialmente en órganos huecos o esponjosos como los pulmones.

Bibliografía

John W. Armstrong, *El agua de la vida. Un tratado de urinoterapia.*

Los que gusten de problemas sencillos, pueden intentar demostrar esta relación antes de seguir adelante. Es insultantemente fácil:

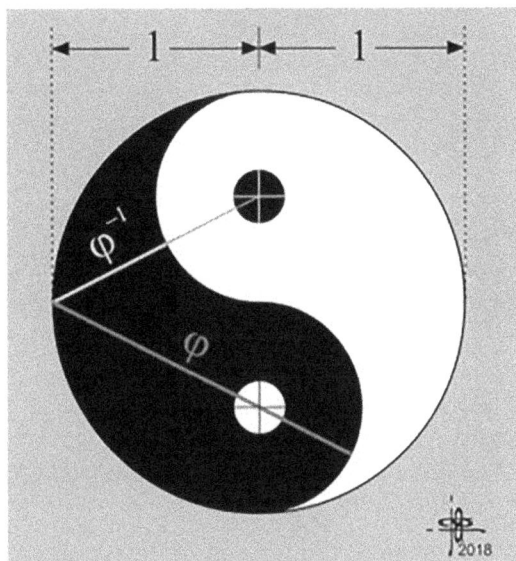

$$\varphi = 1/\varphi + 1 = \varphi - 1 + 1 = 1/\varphi - 1$$

Debemos este afortunado descubrimiento a John Arioni. El que quiera puede ver la elemental demostración, junto a otras relaciones inesperadas, en la página correspondiente de Cut the knot, [1]. El número φ es, naturalmente, la razón áurea $(1+\sqrt{5})/2$, en cifras decimales $1,6180339887...$, y cuyo recíproco es $0,6180339887...$. Y puesto que sus infinitas cifras pueden calcularse por medio de la fracción continua más simple, aquí también la llamaremos razón continua o proporción continua, debido a su rol de mediador entre aspectos discretos y continuos de la naturaleza y la matemática.

Podría pensarse que esta es la típica asociación casual de las páginas de matemáticas recreativas. Se puede obtener φ de muchas maneras con círculos, pero por lo que sé ésta es la más elemental de todas, y la única en que la unidad de referencia es el radio. Dicho de otro modo, esta relación parece demasiado simple y directa para no contener algo importante. Y sin embargo no se ha descubierto sino muy recientemente.

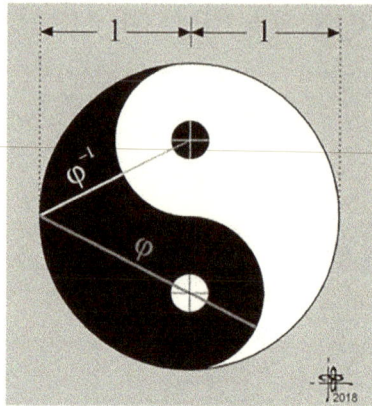

John Arioni

Desde Euclides y probablemente desde mucho antes, la entera historia de las investigaciones sobre esta proporción se ha derivado de la división de un segmento «en extrema y media razón», y ha proseguido con la construcción de cuadrados y rectángulos. Los casos más inmediatos implicando al círculo provienen de la construcción del pentágono y el pentagrama, conocidos sin duda por los pitagóricos; pero no hace falta saber nada de matemáticas para darse cuenta de que la relación contenida en este símbolo es de un orden mucho más fundamental —tanto como, desde el punto de vista cuantitativo, el 2 está más cerca del 1 que el 5, o desde el punto cualitativo, la díada está más cerca de la mónada que la péntada.

Si el círculo y su punto central son el símbolo más general y abarcador de la mónada o unidad, aquí sin duda tenemos la proporción más inmediata y reveladora de la reciprocidad, o simetría dinámica, presentada tras la división en dos partes. El Taijitu tiene una doble función, como símbolo del Polo supremo, más allá de la dualidad, y como representación de la primera gran polaridad o dualidad. Se encuentra, como si dijéramos, a mitad de camino entre ambos, y ambos se vinculan por una relación ternaria —justamente la proporción continua.

Una relación es la percepción de una conexión dual, mientras que una proporción o correlación implica una relación de tercer orden, una «percepción de la percepción». Desde al menos los tiempos del triángulo de Kepler, hemos sabido que la razón áurea articula y conjuga en sí misma las tres medias más fundamentales de la matemática: la media aritmética, la media geométrica, y la llamada media armónica entre ambas.

Podríamos preguntarnos qué hubiera ocurrido si Pitágoras hubiera conocido esta correlación, que ciertamente habría exaltado a Kepler también. Se dirá que, como cualquier otro supuesto contrafáctico, la pregunta es irrelevante. Pero la pregunta podría no estar dirigida tanto a los pasados que pudieron

[370]

ser como a los futuros posibles. Pitágoras difícilmente hubiera podido sorprenderse tanto como nosotros, puesto que nada sabía de los valores decimales de φ o de π. Hoy sabemos que son dos razones con un número infinito de cifras, y que sin embargo se vinculan de manera exacta por la más elemental relación triangular.

La verdad matemática está más allá del tiempo, pero su revelación y construcción no. Esto nos permite ver ciertas cosas con la mirada de una Geohistoria, como si dijéramos, en cuatro dimensiones. Se ha especulado sobre lo que habría pasado si los griegos hubieran conocido y hecho uso del cero, sobre si tal vez hubieran desarrollado el cálculo moderno. Ello es muy dudoso, pues aún habrían necesitado dar una serie de grandes saltos muy lejanos a su concepción del mundo, como el sistema de numeración, el cero y su uso posicional, la idea de derivada, etcétera. Las espirales dobles eran un motivo común en la Grecia arcaica, y las especulaciones aritmológicas de los pitagóricos, muy similares en naturaleza a las que con el paso del tiempo desarrollaron los chinos; pero por lo que fuera los griegos no entrelazaron las dos espirales en una, y, en la misma China, no se llegó a un diagrama como el que hoy conocemos sino hasta finales de la dinastía Ming, tras una larga evolución.

Lo que es sólo otro ejemplo de cuánto cuesta ver lo más simple. No es tanto la cosa misma, sino el contexto en el que emerge y en el que encaja. Según se mire, esto puede ser tan alentador como desalentador. En el conocimiento siempre hay un alto margen para simplificar, pero como en tantas otras cosas, ese margen depende en la mayor medida de saber encontrar las circunstancias.

El *Taijitu*, el símbolo del polo supremo, es un círculo, una onda y un vórtice todo en uno. Por supuesto, el vórtice está reducido a su mínima expresión en la forma de una doble espiral. De forma característica, los griegos separaron sus espirales dobles, y llegaron con el tiempo a dibujarlas cuadradas, en lo que hoy conocemos como grecas. No es sino otra expresión de su gusto por la estática, un gusto que también sirvió de marco general para la recepción de la proporción continua en la matemática y el arte, y que ha llegado hasta nosotros a través del Renacimiento.

La serie de números que aproximan hasta el infinito la razón continua, conocida ahora como números de Fibonacci, aparecía ya mucho antes en los triángulos de números consagrados en la India al monte Meru, «la montaña que rodea al mundo», que es justamente otra designación del Polo. Como es sabido, de esta figura, conocida en Occidente como triángulo de Pascal, se derivan un enorme número de propiedades combinatorias, de teoría de la probabilidad o de escalas y secuencias de notas musicales.

```
                              1
                          1       1
                      1       1     2  3
                  1       2       1   5   8
              1       3       3       1  13
          1       4       6       4       1
      1       5       10      10      5       1
  1       6       15      20      15      6       1
```

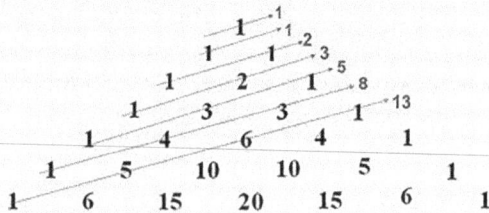

El triángulo polar, conocido en otras culturas como triángulo de Khay-yam o triángulo de Yang Hui, es uno de esos objetos matemáticos de los que se dice que están «extraordinariamente bien conectados»: de él pueden derivarse la expansión binomial, las distribuciones binomial y normal de la estadística, la transformada sen(x)n+1/x del análisis armónico, la matriz y la función exponencial, o los valores de los dos grandes engranajes del cálculo, las constantes π y e. Resulta casi increíble que la elemental conexión con el número de Euler no se haya descubierto hasta el año 2012 —por Harlan J. Brothers. Se trata, en lugar de sumar todas las cifras de cada fila, simplemente de extraer la ratio de ratios de su producto; la diferencia entre sumas y productos es un motivo que emergerá varias veces a lo largo de este artículo.

El triángulo polar parece una representación aritmética y «estática», mientra que el Taijitu es como una instantánea geométrica de algo puramente dinámico. Sin embargo las complejas implicaciones para la música de este triángulo, parcialmente exploradas por el gran trabajo de investigación de Er-vin Wilson, burlan en buena medida las separaciones creadas por adjetivos como «estático» y «dinámico». En cualquier caso, si la escalera de cifras descrita por el monte Meru es un despliegue infinito, al ver las líneas escondidas en el diagrama circular del Polo sabemos de inmediato que se trata de algo irreductible —la primera nos ofrece su despliegue aritmético y la segunda su repliegue geométrico.

La primera mención conocida del triángulo, si bien de forma críptica, se encuentra en el Chanda' śāstra de Pingala, donde el monte Meru se muestra como arquetipo formal para las variantes métricas en la versificación. También cabe decir que el primer autor chino que trata del triángulo polar no es Yang Hui sino Jia Xian (ca. 1010–1070), estricto contemporáneo del primer autor que difundió el símbolo del yin y del yang, el filósofo y cosmólogo Zhou Dun-yi (1017–1073).

Hoy en día muy pocos son consciente de que ambas figuras son representaciones del Polo. Es mi conjetura que todas las relaciones matemáticas que pueden derivarse del triángulo polar también pueden encontrarse en el Taijitu, o al menos generarse a partir de él, aunque ciertamente bajo un aspecto muy diferente, y con un cierto giro que posiblemente implique a φ. Ambas serían la expresión dual de una misma unidad. Queda para los matemáticos ver qué hay de cierto en esto.

Entre contar y medir, entre la geometría y la aritmética, tenemos las áreas básicas del álgebra y el cálculo; pero hay sobrada evidencia de que éstas últimas ramas se han desarrollado en una dirección particular más que en otras —más en descomponer que en recomponer, más en el análisis que en la síntesis, más en las sumas que en los productos. Así que el estudio de las relaciones entre las dos expresiones del polo podría estar llena de interesantes sorpresas y resultados básicos pero no triviales, y plantea una orientación muy diferente para las matemáticas.

Se observa que el triángulo aritmético tiene diversas asociaciones con aspectos fundamentales del cálculo y la constante matemática e, mientras que el Taijitu y la constante φ carecen a este respecto de conexiones relevantes —de ahí el carácter totalmente marginal de la proporción continua en la ciencia moderna. Se ha dicho que ésta es una relación estática, a diferencia de la íntima relación con el cambio del número de Euler. Sin embargo el carácter extremadamente dinámico del símbolo del yin y el yang ya nos advierte de un cambio general de contexto.

Durante siglos el cálculo ha estado disolviendo la relación entre la geometría y el cambio en beneficio de la aritmética, de no tan puros números. Ahora podemos darle la vuelta a este reloj de arena, observando lo que ocurre en la ampolla superior, la inferior y en el cuello.

*

La disposición de la proporción continua entre el yin y el yang en un entorno puramente curvilíneo no solo no es estática sino que por el contrario no puede ser más dinámica y funcional, y, efectivamente, el Taijitu es la expresión más acabada de actividad y dinamismo con el número mínimo de elementos. El diagrama tiene además una intrínseca connotación orgánica y biológica, evocando de forma inevitable la división celular, que en realidad es asimétrica, y, al menos en el crecimiento vegetal, sigue a menudo una secuencia gobernada por esta razón. Es decir, el contexto en el que aquí emerge la razón continua es la verdadera antítesis de su recepción griega prolongada hasta hoy, y eso debería tener profundas consecuencias en nuestra percepción de dicha proporción.

Oleg Bodnar ha desarrollado un elegante modelo matemático de la filotaxis vegetal con funciones hiperbólicas áureas en tres dimensiones y con coeficientes recíprocos de expansión y contracción que puede verse en el gran libro panorámico que Alexey Stakhov dedica a la Matemática de la Armonía [2]. Es un ejemplo de simetría dinámica que puede conjugarse perfectamente con el gran diagrama de la polaridad, con independencia de la naturaleza de las fuerzas físicas subyacentes.

La presencia de patrones espirales basados en la proporción continua y sus series numéricas en los seres vivos no parece demasiado misteriosa. Ya sea en el caso de un nautilo o de zarcillos vegetales, la espiral logarítmica —el caso general— permite un crecimiento indefinido sin cambio de forma. Las hélices y espirales son un resultado inevitable de la dinámica del crecimiento, por la acreción constante de material sobre lo que ya está allí. En todo caso habría que preguntar por qué entre todas las posibles medidas de la espiral logarítmica surgen tan a menudo las que se acercan a este número en particular.

Y la respuesta sería que las aproximaciones discretas a la proporción continua tienen también unas propiedades óptimas desde varios puntos de vista —y el crecimiento celular depende en última instancia del proceso discreto de división celular, y a niveles de organización más elevados, de otros elementos discretos como las hojas. Puesto que la convergencia de la razón continua es la más lenta, y las plantas tienden a ocupar al máximo el espacio disponible, esta proporción les permite emitir el mayor número de hojas en un espacio dado.

Esta explicación parece, desde un punto de vista descriptivo, suficiente, y hace innecesario invocar la selección natural o mecanismos más profundos relacionados con la física. Sin embargo, además de la relación básica entre lo continuo y lo discreto, contiene implícito un vínculo de gran alcance entre formas generadas por un eje, como las piñas de un pino, y la termodinámica, en particular con el llamado «principio de la máxima producción de entropía», que volveremos a encontrar más adelante.

Ni que decir tiene que no pensamos que esta proporción contenga «el secreto» para ningún canon universal de belleza, puesto que seguramente un canon tal ni siquiera existe. Sin embargo su presencia recurrente en los patrones de la naturaleza nos muestra aspectos muy variados de un principio espontáneo de organización, o autoorganización, detrás de lo que denominamos superficialmente «diseño». Por otra parte la aparición de esta constante matemática, por sus mismas irreductibles propiedades, en un gran número de problemas de máximos y mínimos —de optimización— y de parámetros con puntos críticos permite vincularla natural y funcionalmente con el diseño humano y su búsqueda de las configuraciones más eficientes y elegantes.

La emergencia de la razón continua en el símbolo dinámico del polo —del principio mismo— augura un cambio sustantivo tanto en la contemplación de la naturaleza como en las construcciones artificiales de los seres humanos. Contemplación y construcción son actividades antagónicas. Una va de arriba abajo y la otra de abajo arriba, pero siempre se produce alguna suerte de equilibrio entre ambas. La contemplación permite liberarnos de los vínculos ya construidos, y la construcción se apresta a llenar el vacío resultante con otros nuevos.

Resulta un tanto extraño que la razón continua, a pesar de su frecuente presencia en la naturaleza, se encuentre tan poco conectada con las dos grandes constantes del cálculo, Π y E —salvo por la ocurrencia de la «espiral logarítmica áurea», que es sólo un caso particular de espiral equiangular. Sabemos que tanto Π como E son números trascendentales, mientras que φ no lo es, aunque sí es el «número más irracional», en el sentido de que es el de más lenta aproximación por números racionales o fracciones. φ también es el más simple fractal natural.

Hasta ahora, el vínculo más directo con las series trigonométricas ha sido a través del decágono y las identidades φ = 2cos 36° = 2cos (π/5). Tampoco hasta ahora se ha asociado demasiado con los números imaginarios, siendo i, por así decirlo, la tercera gran constante, que se conjuga con las dos citadas en la fórmula de Euler, de la que la llamada identidad de Euler (eiπ = -1) es un caso particular.

El número e, base de la función que es su propia derivada, aparece naturalmente en tasas de cambio, las subdivisiones ad infinitum de una unidad que tienden a un límite y en la mecánica ondulatoria en general. Los números imaginarios, por otro lado, tan comunes en la física moderna, aparecen por primera vez con las ecuaciones cúbicas y retornan cada vez que se asignan grados de libertad adicional al plano complejo.

En realidad los números complejos se comportan exactamente como vectores con dos dimensiones, en los que la parte real es el producto interno o escalar y la parte llamada imaginaria corresponde al producto cruz o vectorial; así que sólo cabe asociarlos a movimientos, posiciones y rotaciones en el espacio en dimensiones adicionales, no a las cantidades físicas propiamente dichas.

Esto se dice más fácil que se piensa, puesto que es aún más «complejo» determinar qué es una cantidad física o una variable matemática independientemente de cambio y movimiento. Tanto para interpretar geométricamente el significado de vectores y números complejos en física como para generalizarlos a cualquier dimensión, se puede usar una herramienta como el álgebra geométrica —ese «álgebra que fluye de la geometría», al decir de Hestenes; pero aún así queda más para la geometría de lo que podemos pensar.

Muchos problemas se simplifican en el plano complejo, o al menos eso nos aseguran los matemáticos. Uno de ellos bajo el seudónimo Agno enviaba en el 2011 una entrada a un foro de matemáticas con el título «Razón Áurea Imaginaria», que muestra una conexión directa con π y e : Φi = e ± πi/3 [3]. Otro autor anónimo encontró esta misma identidad en 2016, junto con similares derivaciones, buscando propiedades fundamentales de una operación conocida como «adición recíproca», de interés en cálculos de resistencias en paralelo y en circuitos. Siendo la refracción un tipo de impedancia, también puede tener pertinencia en la óptica. Nuestro motivo de partida puede relacionarse desde el comienzo también con las series geométricas y funciones hipergeométricas ordinarias y con argumento complejo asociadas a fracciones continuas, formas modulares y series de Fibonacci, e incluso con la geometría no conmutativa [4]. La razón áurea imaginaria, en cualquier caso, refleja como en un espejo muchas de las cualidades de su modelo real.

El Taijitu es un círculo, una onda y un vórtice, todo en uno. El genio sintético de la naturaleza es bien diferente del de el hombre, y no necesita ninguna unificación porque le basta con no separar. A la naturaleza, como decía Fresnel, no le importan las dificultades analíticas.

El diagrama del Taijitu viene a ser una sección plana de una doble espiral expandiéndose y contrayéndose en tres dimensiones, movimiento éste que parece darle una «dimensión adicional» en el tiempo. Resulta siempre un auténtico desafío la visualización y recreación animada de este proceso, a la vez espiral y helicoidal, dentro de un cilindro vertical, que no es sino la representación completa de la propagación indefinida de un movimiento ondulatorio, el «vórtice esférico universal» en el que se detiene René Guenon en tres muy breves capítulos de su obra «El simbolismo de la Cruz» [5]. La cruz de la que habla Guenon es ciertamente un sistema de coordenadas en el sentido más metafísico de la palabra; pero el lado más físico del tema no es en absoluto despreciable.

La propagación de una onda en el espacio es un proceso tan simple como difícil de captar en su integridad; no hay más que pensar en el principio de Huygens, el modo universal de propagación, que subyace también a toda la mecánica cuántica, y que entraña una deformación continua en un medio homogéneo.

En ese mismo año de 1931 en que Guenon escribía sobre la evolución del vórtice esférico universal, se publicaba el primer trabajo sobre lo que hoy conocemos como la fibración de Hopf, el mapa de las conexiones entre una esfera tridimensional y otra en dos dimensiones. Esta fibración, tan enormemente compleja, se encuentra incluso en un simple oscilador armónico bidimensional. También en ese año, el físico Paul Dirac conjeturaba la existencia de ese unicornio de la física moderna conocido como monopolo magnético, que trasladaba el mismo tipo de evolución al contexto de la electrodinámica cuántica.

Un acercamiento completamente fenomenológico a la clasificación de los diferentes vórtices nos la da el maravilloso trabajo de Peter Alexander Venis [6]. No hay aquí nada de matemática, ni avanzada ni elemental, pero se propone una secuencia de transformaciones de 5 + 5 + 2, o bien 7 clases de vórtices con mucho tipos e incontables variantes que se despliegan desde lo completamente indiferenciado para volver de nuevo a lo indiferenciado —o a la infinidad de la que habla Venis. Las transiciones desde el punto sin extensión a las formas aparentes de la naturaleza sin el concurso de los vórtices son cuando menos arbitrarias, de ahí su importancia y universalidad.

Peter Alexander Venis

Venis no toca ni la matemática ni la física de un tema complejo como los vórtices, y por supuesto no aplica a ellos la proporción continua; por el contrario nos brinda el privilegio de una visión virgen de estos ricos procesos, y en la que, como sin quererlo, parecen darse cita la visión de un naturalista presocrático y la capacidad de síntesis de un sistematizador chino.

Aun si la secuencia de Venis admite variaciones, nos ofrece en todo caso un modelo morfológico de evolución que va más allá del alcance de las ciencias y disciplinas ordinarias. El autor engloba bajo el término «vórtices» procesos de flujo que pueden tener rotación o no, pero hay un buen motivo para hacerlo, puesto que esto es necesario para abarcar condiciones clave de equilibrio. También aplica la teoría del yin y el yang de una forma a la vez lógica e intuitiva, que probablemente admite una traducción elemental a los principios cualitativos de otras tradiciones.

revolute   pylon   bulb   amplicone   swirl

Peter Alexander Venis

El estudio de esta secuencia de transformaciones, en la que se unen estrechamente cuestiones de acústica y de imagen, debería ser de interés inmediato para profundizar en los criterios de la morfología y el diseño incluso sin necesidad de adentrarse en consideraciones ulteriores. Pero hay mucho más que eso, y luego volveremos sobre ello.

Una descripción independiente de métricas sería, justamente, el contrapunto perfecto para un sujeto tan perjudicado por la discrecionalidad y la arbitrariedad en los criterios de medida como el estudio de la proporcionalidad. Naturalmente, también la matemática dispone de herramientas esencialmente libres de métrica, como las formas diferenciales exteriores, que permiten estudiar los campos de la física con la máxima elegancia. Entonces, tal vez, las métricas de las que se ocupa la física podrían ejercer de término medio entre ambos extremos.

Así pues, en esta búsqueda por definir mejor el entorno de aparición de la razón continua en el mundo de las apariencias, podemos hablar de tres tipos de espacios básicos: el espacio amétrico, los espacios métricos, y los espacios paramétricos.

Por espacio amétrico entendemos los espacios que son libres de métrica y la acción de medir, desde la secuencia puramente morfológica de vórtices ya comentada a la geometría proyectiva y la afín o las partes independientes de métrica de la topología o las formas diferenciales. El espacio amétrico, el espacio sin medida, es el único y verdadero espacio; si a veces hablamos de espacios amétricos es sólo por las diversas conexiones posibles con los espacios métricos.

Por espacios métricos, entendemos sobre todo a los de los de las teorías fundamentales en física, no sólo las actualmente en circulación sino también otras relacionadas, con un énfasis especial en el espacio métrico euclídeo en tres dimensiones de nuestra experiencia ordinaria. Incluyen constantes físicas y variables, pero aquí nos interesan particularmente las teorías que no dependen de constantes dimensionales y pueden expresarse en proporciones o cantidades homogéneas.

Por espacios paramétricos o espacios de parámetros entendemos los espacios de correlaciones, datos, y valores ajustables que sirven para definir modelos matemáticos, con cualquier número de dimensiones. Podemos llamarlo también el sector algorítmico y estadístico.

No nos vamos a ocupar aquí de las incontables relaciones que puede haber entre estos tres tipos de espacios. Baste decir que para salir de este laberinto de la complejidad en el que ya se encuentran inmersas todas las ciencias el único hilo de Ariadna posible, si es que hay alguno, tiene que describir un camino retrógrado: de los números a los fenómenos, con el énfasis puesto en estos últimos y no al contrario. Y nos referimos a fenómenos que no están ya previamente acotados por el espacio de medida.

Mucho se ha hablado de la distinción entre las «dos culturas», las ciencias y las humanidades, pero se debe observar que, antes de intentar cruzar esa distancia hoy por hoy insalvable, habría que empezar por salvar la brecha entre ciencias naturales, descriptivas, y una ciencia física que, al justificarse por sus predicciones, se confunde cada vez más con el poder de abstracción de la matemática mientras se aísla del resto de la naturaleza, a la que querría servir de fundamento. Revertir esta fatal tendencia es de la mayor importancia para el ser humano, y podemos dar por bien empleados todos los esfuerzos encaminados en esa dirección.

POLO DE INSPIRACIÓN: LA FÍSICA Y LA PROPORCIÓN CONTINUA

8 abril, 2020

Ya vemos que existen razones puramente matemáticas para que la razón continua aparezca en los diseños de la naturaleza con independencia de la causalidad, ya sea física, química o biológica: de hecho la conveniencia del crecimiento logarítmico es independiente incluso de la forma propiamente dicha, como lo es el hecho elemental de la división discreta y asimétrica de las células.

Ya vemos que existen razones puramente matemáticas para que la razón continua aparezca en los diseños de la naturaleza con independencia de la causalidad, ya sea física, química o biológica: de hecho la conveniencia del crecimiento logarítmico es independiente incluso de la forma propiamente dicha, como lo es el hecho elemental de la división discreta y asimétrica de las células.

Visto así, se trataría de una propiedad emergente, de un plano paralelo del acontecer. Por otra parte la idea de planos paralelos con una conexión meramente circunstancial con la realidad física resulta un tanto extraña, y en cualquier caso muy distante de lo que tan bien expresa el diagrama del polo —que ninguna forma ni nada aparente se sustrae a la dinámica.

El hecho es que la conexión entre la física y la proporción continua es muy tenue, por decir algo. Sin embargo tenemos importantes ocurrencias de esta razón incluso en el Sistema Solar, donde es casi imposible ignorar la mecánica celeste. Una mejor comprensión de la presencia de la proporción continua en la naturaleza no debería ignorar el marco que definen las teorías físicas fundamentales, ni lo que estas pueden dejar fuera.

Tenemos tres acercamientos posibles con grados crecientes de riesgo y profundidad:

Se puede estudiar la razón continua en la naturaleza con total independencia de la física subyacente, como una cuestión matemática; esta sería la postura más prudente, pero así hay bien poco que añadir a lo ya conocido —salvo, tal vez, por diversas implicaciones en teoría de la probabilidad y las distribuciones estadísticas. El citado A. Stakhov ha desarrollado una teoría algorítmica de la medida basada en dicha razón que puede usarse para analizar a su vez otras teorías metrológicas de ciclos, fracciones continuas y fractales como por ejemplo el llamado Escalamiento Global.

Se puede estudiar esta razón conforme a alguna de las visiones compatibles con la física conocida o estándar; por ejemplo, como lo ha hecho Richard Merrick, que hace una relectura neopitagórica de los aspectos colectivos armónicos de la mecánica ondulatoria, como las resonancias, y en las que phi sería un factor crítico de amortiguación [7]. Estas ideas son totalmente accesibles al experimento, ya sea en acústica o en óptica, de manera que pueden ser verificados o falsados.

La idea de interferencia armónica de Merrick está al alcance de cualquiera y no carece de profundidad. Se complementa naturalmente con la concepción holográfica promovida por David Bohm y su distinción entre el orden explicado y el orden implicado. Aunque la interpretación de Bohm no es estándar, sí es compatible con los datos experimentales. La teoría de la interferencia armónica también puede combinarse con otras teorías de ciclos y escalas matemáticas como las citadas.

O, finalmente, se pueden considerar teorías clásicas que difieren en alguna medida de las actuales teorías estándar, pero que pueden aportar perspectivas más profundas sobre el tema. Dentro de esta categoría, hay varios grados de cuestionamiento de las principales teorías vigentes: desde una lectura ampliada de la termodinámica, hasta revisiones en profundidad de la mecánica clásica, la mecánica cuántica y el cálculo. Esta tercera opción no es muy especulativa, sino más bien divergente en el espíritu y la interpretación.

Aquí nos centraremos más en el tercer nivel, que puede parecer también el más problemático. Uno puede preguntarse qué necesidad hay de revisar la física mejor establecida para buscarle razones más profundas a una mera constante matemática que no las requiere. Además, los dos primeros niveles ya ofrecen espacio de sobra para la especulación. Pero esto sería una forma muy superficial de plantearlo.

No podemos profundizar en la presencia de la razón continua en un símbolo de la reciprocidad perfecta olvidándonos de la cuestión de si nuestras presentes teorías son el mejor exponente de la continuidad, la homogeneidad o la reciprocidad —y en verdad están muy lejos de serlo.

POLO DE INSPIRACIÓN: DOS TIPOS DE RECIPROCIDAD

8 abril, 2020

El *Taijitu*, emblema de la acción del Polo con respecto al mundo, y de la acción recíproca con respecto al Polo, recuerda inevitablemente, además, a la figura más universal de la física; nos estamos refiriendo naturalmente a la elipse —o más bien, habría que decir, a la idea de generación de una elipse, con su barrido de áreas y dos focos, puesto que aquí no existe ninguna excentricidad. La elipse aparece en las órbitas de los planetas no menos que en las órbitas atómicas de los electrones, y en el estudio de las propiedades de refracción de la luz da lugar a todo un campo de análisis, la elipsometría. El viejo problema de Kepler tiene invariancia de escala, y juega un papel determinante en todo nuestro conocimiento de la física desde la constante de Planck a las más lejanas galaxias.

En física, el principio de reciprocidad por excelencia es el tercer principio de la mecánica de Newton de acción y reacción, que está en el origen de todas nuestras ideas sobre la conservación de la energía y nos permite, por así decir, «interrogar» a las fuerzas cuando estamos obligados a suponer la constancia o proporcionalidad de otras cantidades. El tercer principio no habla de dos fuerzas diferentes sino de dos aspectos diferentes de la misma fuerza.

Ahora bien, la historia del tercer principio es curiosa, porque es casi obligado pensar que Newton lo estableció como clave de arco de su sistema para atar los cabos sueltos de la mecánica celeste —en particular en el problema de Kepler— antes que para la mecánica terrestre basada en el contacto directo entre los cuerpos. El tercer principio permite definir un sistema cerrado, y a los sistemas cerrados se ha referido toda la física fundamental desde entonces —sin embargo, es justamente en las órbitas celestes, como la de la Tierra entorno al Sol, donde menos puede verificarse este principio, puesto que el cuerpo central no está en el centro, sino en uno sólo de los focos. La fuerza designada por los vectores tendría que actuar sobre espacios vacíos.

Desde el primer momento se argumentó en el continente que la teoría de Newton era más un ejercicio de geometría que de física, aunque lo cierto es que, si la física y los vectores valían para algo, lo primero que fallaba era la geometría. Es decir, si suponemos que las fuerzas parten de y actúan sobre centros de masas, en lugar de meros puntos matemáticos. Pero, a pesar de lo que nos dice la intuición —que una elipse asimétrica sólo puede proceder de una fuerza variable, o bien de una generación simultánea desde los dos focos—, el deseo de expandir el dominio del cálculo se impuso sobre las dudas.

De hecho el tema ha permanecido tan ambiguo que siempre se ha intentado racionalizar con argumentos diferentes, ya sea el baricentro del sistema, ya sea la variación de la velocidad orbital, ya sea las condiciones iniciales del sistema. Pero ninguno de ellos por separado, ni la combinación de los tres, permite resolver el tema satisfactoriamente.

Puesto que nadie quiere pensar que los vectores están sometidos a un quantitative easing, y se alargan y acortan a conveniencia, o que el planeta acelera y se frena oportunamente por su propia cuenta como una nave autopropulsada, con el fin de mantener cerrada la órbita, se ha terminado finalmente por aceptar la combinación en una sola de la velocidad orbital variable y el movimiento innato. Pero ocurre que si la fuerza centrípeta contrarresta la velocidad orbital, y esta velocidad orbital es variable a pesar de que el movimiento innato es invariable, la velocidad orbital es ya de hecho un resultado de la interacción entre la fuerza centrípeta y la innata, con lo que entonces la fuerza centrípeta también está actuando sobre sí misma. Por lo tanto, y descontadas las otras opciones, se trata de un caso de feedback o autointeracción del sistema entero en su conjunto.

Así pues, habrá que decir que la afirmación de que la teoría de Newton explica la forma de las elipses, es, como mucho, un recurso pedagógico. Sin embargo esta pedagogía nos ha hecho olvidar que no son nuestra leyes las que determinan o «predicen» los fenómenos que observamos, sino que a lo sumo intentan encajar en ellos. Comprender la diferencia nos ayudaría a encontrar nuestro lugar en el panorama general.

La reciprocidad del tercer principio de Newton es simplemente inversa, por cambio de signo: a la fuerza centrífuga ha de corresponderle una fuerza opuesta de igual magnitud. Pero la reciprocidad más elemental de la física y el cálculo es la del producto inverso, como ya lo expresa la fórmula de la velocidad, ($v = d/t$), que es la distancia partida por el tiempo. En este sentido tan básico, tienen toda la razón los que han apuntado que la velocidad es el hecho y fenómeno primario de la física, del que el tiempo y el espacio se derivan.

El primer intento de derivar las leyes de dinámica del hecho primario de la velocidad se debe a Gauss, hacia 1835, cuando propuso una ley de la fuerza eléctrica basada no sólo en la distancia sino también en las velocidades relativas. El argumento era que leyes como la de Newton o la de Coulomb eran leyes de estática, más que de dinámica. Su discípulo Weber refinó la fórmula entre 1846 y 1848 incluyendo las aceleraciones relativas y una definición del potencial —un potencial retardado.

La fuerza electrodinámica de Weber es el primer caso de una fórmula dinámica completa en la que todas las cantidades son estrictamente proporcionales y homogéneas [8]. Fórmulas así parecían exclusivas de la estática de Arquímedes, o de leyes como la de la elasticidad de Hooke en su forma original. De hecho, aunque se trata de una fórmula expresa para cargas eléctricas y no una ecuación de campos, permite derivar las ecuaciones de Maxwell como un caso particular, e incluso pueden obtenerse los campos electromagnéticos integrando sobre el volumen.

La lógica de la ley de Weber podía aplicarse igualmente a la gravedad, y de hecho Gerber la utilizó para calcular la precesión de la órbita de Mercurio en 1898, diecisiete años antes de los cálculos de la Relatividad General. Como es sabido, la teoría de la Relatividad General aspiraba a incluir el llamado «principio de Mach», aunque finalmente no lo consiguió; pero la ley de Weber sí era enteramente compatible con tal principio además de usar explícitamente cantidades homogéneas, mucho antes de que Mach escribiera sobre el tema.

Se ha dicho que el argumento y la ecuación de Gerber era «meramente empírica», pero en cualquier otra época el no tener que crear postulados ad hoc se habría visto como la mejor virtud. En todo caso, si la nueva ley proporcional se utilizó para calcular una divergencia secular ínfima, y no para la elipse genérica, fue por la sencilla razón de que en un solo ciclo orbital no había nada que calcular ni para la vieja ni para la nueva teoría.

La fórmula puramente relacional de Weber no puede «explicar» tampoco la elipse, puesto que la fuerza y el potencial se derivan sin más del movimiento —pero al menos no hay nada unphysical en la situación, se garantiza el cumplimiento del tercer principio mientras se da cabida a una significación más profunda.

Irónicamente, al modificar la idea que se tenía de las fuerzas centrales, lo primero que Helmholtz y Maxwell le reprocharon a la ley de Weber era que no cumplía con la conservación de la energía, aunque finalmente en 1871 Weber demostrara que sí lo hacía con la condición de que el movimiento fuera cíclico —lo que ya era el requisito básico para la mecánica newtoniana o lagrangiana. La conservación es global, no local, pero lo mismo valía para las órbitas descritas en los Principia, no menos que las de Lagrange. No hay conservación local de fuerzas que puedan tener significado físico. El mismo Newton habló de una honda, siguiendo el ejemplo de Descartes, al hablar del movimiento centrífugo, pero en ningún lugar de sus definiciones se habla de que las fuerzas centrales deban entenderse como unidas por una cuerda. Sin embargo la posteridad tomó el símil al pie de la letra.

¿Por qué afirmar que hay en cualquier caso feedback, autointeracción? Porque todos los campos gauge, caracterizados por la invariancia del lagrangiano bajo transformaciones, equivalen a un feedback no trivial entre la fuerza y el potencial, lo que a su vez se confunde con el eterno «problema de la información», a saber, cómo sabe la Luna dónde está el Sol y cómo «conoce» su masa para comportarse como se comporta.

Efectivamente, si el lagrangiano de un sistema —la diferencia entre la energía cinética y potencial— tiene un determinado valor y no es igual a cero, ello equivale a decir que la acción—reacción nunca se cumple de manera inmediata. Sin embargo el tercer principio de Newton se supone que se cumple de manera automática y simultánea, sin mediación de una secuencia de tiempo, y la misma simultaneidad se asume en la Relatividad General. La presencia de un potencial retardado, señala al menos la existencia de una secuencia o mecanismo, incluso si es incapaz de decirnos nada sobre él.

Lo cual nos demuestra que la reciprocidad aditiva y la multiplicativa son notoriamente diferentes; y la que nos muestra la proporción continua en el diagrama del Polo incluye la segunda clase. La primera es puramente externa y la segunda es interna al orden que se considera.

Todos los malentendidos del mecanicismo provienen de aquí. Y la diferencia esencial entre un sistema mecánico en el sentido trivial y un sistema ordenado u autoorganizado está justamente en este punto.

En su momento se creyó que los experimentos de Hertz confirmaban las ecuaciones de Maxwell y desmentían las de Weber, pero eso es otro malentendido porque si la ley de Weber —que fue el primero en introducir el factor relativo a la velocidad de la luz— no predecía ondas electromagnéticas, tampoco las excluía. Sencillamente las ignoraba. Por otra parte, tampoco han faltado los observadores perspicaces que han notado que en realidad lo único que demostró Hertz fue lo incuestionable de la acción a distancia, pero eso es ya otra historia.

Como contrapunto, vale la pena recordar otro hecho que demuestra, entre otras cosas, que Weber no se había quedado rezagado con respecto a su tiempo. Entre las décadas de 1850 y 1870 desarrolló un modelo estable del átomo con órbitas elípticas —muchas décadas antes de que Bohr propusiera su modelo de átomo circular, sin necesidad de postular fuerzas especiales para el núcleo.

La dinámica relacional de Weber muestra otro aspecto que a la luz de las presentes teorías puede parecer exótico: de acuerdo con sus ecuaciones, cuando dos cargas positivas se aproximan a una distancia crítica, producen una fuerza neta atractiva, en lugar de repulsiva. ¿Pero acaso no es la idea de una carga elemental exótica, o habrá que decir tan sólo puramente convencional? En cualquier caso, esto se aviene muy bien con el diagrama del Taijitu, en el que en puntos extremos se produce la inversión de las fuerzas polarizadas en su opuesto. Sin este rasgo, difícilmente podría hablarse de fuerzas y potenciales espontáneos, o si se quiere, «vivos».

POLO DE INSPIRACIÓN: LA MANZANA Y EL DRAGÓN

8 abril, 2020

Por lo que sé, Nikolay Noskov fue el primero en apreciar, en los años 90 del pasado siglo, que la dinámica de Weber era hasta el momento la única que permitía dar cuenta de la forma de las elipses, incluso si no pretendían dar una «explicación mecánica» de su creación. A ese respecto, Noskov insistió particularmente en asociar los potenciales retardados con vibraciones longitudinales de los cuerpos en movimiento para darle un contenido a la conservación, meramente formal en Weber, de la energía; también insistió en que su ocurrencia penetraba todo tipo de fenómenos naturales, desde la estabilidad de los átomos y sus núcleos, al movimiento elíptico orbital, el sonido, la luz, el electromagnetismo, el flujo del agua o las ráfagas de viento [9].

A pesar de los malentendidos sobre el tema, estas ondas longitudinales no son incompatibles con la física conocida, y Noskov recordaba que la misma ecuación de onda de Schrödinger es una mezcla de ecuaciones diferentes que describen ondas en un medio y ondas dentro del cuerpo en movimiento —y lo mismo ocurrió desde el comienzo con las «ondas electromagnéticas» de Maxwell, que incluso desde el punto de vista más clásico no pueden ser otra cosa que un promedio estadístico entre lo que ocurre en porciones de espacio y de materia.

Fue también Noskov quien advirtió que el comportamiento de las fuerzas y potenciales en la ley de Weber habían entrañado desde siempre un feedback, aunque no parece haber percibido que esto es extensible a todas las teorías gauge, y, finalmente, incluso a la propia mecánica celeste newtoniana, si bien en todos estos casos se presenta disfrazada. Los átomos serían definitivamente «tontos» sin esta capacidad de ajuste incorporada en la misma idea del campo.

*

Volvamos ahora a la razón continua. Miles Williams Mathis se pregunta cómo es que, habida cuenta de la igualdad $\Phi 2 + \Phi = 1$, no se ha relacionado phi con las más elementales leyes de cuadrados inversos de la física; más aún, se pregunta cómo es que no ha sido asociada con la propia esfera, siendo tan evidente que la superficie de una esfera también disminuye al cuadrado [10].

Podría argumentarse que la serie de Fibonacci no cae al cuadrado, pero el factor Φ sí, como puede visualizarse fácilmente en los cuadrados sucesivos de la espiral áurea (1, $1/\Phi$, $1/\Phi 2$, $1/\Phi 3$ …) o en su expresión como raíz cuadrada continua. Mathis no está confundiendo el cuadrado inverso con la raíz cuadrada, sino que está hablando de un factor de escala entre dos hipotéticos subcampos el uno dentro del otro.

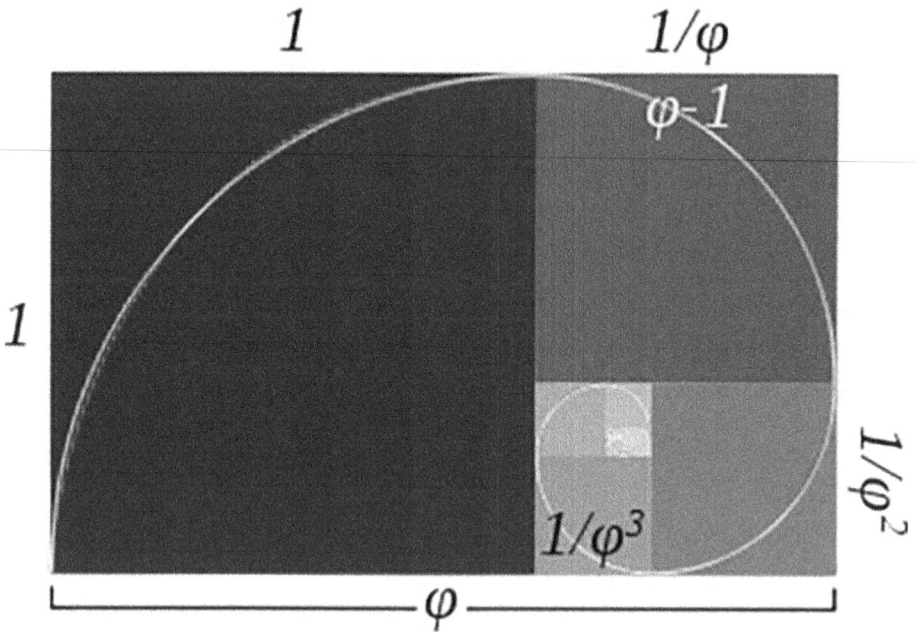

MILES MATHIS: MORE ON THE GOLDEN RATIO AND FIBONACCI SERIES

$$\varphi = \sqrt{1 + \sqrt{1 + \sqrt{1 + \sqrt{1 + \cdots}}}}.$$

Puede que Mathis esté en lo cierto al insistir en que la presencia de phi debe tener también una causa física subyacente; el único problema es que la física moderna ignora y niega por completo una relación de escala entre carga y gravedad, en verdad luz y gravedad, como el que propone. Sin embargo el origen de su correlación se encuentra en el mismísimo problema de la elipse de Kepler, en el que quiere ver una acción conjunta de dos campos diferentes, el segundo basado no sólo en el cuadrado inverso de la distancia sino también en una ley inversa a la cuarta potencia (1/ r4) con un producto de la densidad por el volumen, en lugar de la fórmula habitual de masas.

Ahora bien, Mathis es quien primero que ha hablado expresamente de la conflación de la velocidad orbital y el movimiento innato en Newton, interpretando el lagrangiano como el velado producto de dos campos, de efectos atractivo y repulsivo, cuya proporción o intensidad relativa está en función de la escala y densidad [11].

La inclusión de la densidad tendría que ser fundamental en una física verdaderamente relacional que siguiera el espíritu de Arquímedes, lo que nos lleva de vuelta al tema de las ondas y las espirales. Las espirales son una ocurrencia común en astronomía, siendo las galaxias su manifestación más aparente; estas galaxias han sido descritas en términos de ondas de densidad.

[386]

También en el Sistema Solar y la distribución de sus planetas se ha querido ver una espiral logarítmica con Φ como clave. Como en el caso de la llamada «ley», o más bien regla de Titus-Bode, la existencia de un orden no aleatorio parece bastante evidente, pero el ajuste fino de los valores dados resulta un tanto arbitrario.

No hay ni que decir que la elipse es la transformación del círculo cuando su centro se divide en dos focos; aunque desde el otro punto de vista bien puede decirse, y ello no carece de importancia, que el círculo es sólo el caso límite de la primera. Abundando en el problema de Kepler, aunque bajo otra luz, Nicolae Mazilu nos remite al teorema de Newton sobre las elipses giratorias en precesión. Newton ya había considerado cuidadosamente el caso de fuerzas decreciendo al cubo de la distancia, y en este caso hipotético los cuerpos describen órbitas en forma de espiral logarítmica, que por supuesto nadie ha observado.

Ahora bien, los trabajos de E. B. Wilson de 1919 y 1924 mostraban que las órbitas estables de los electrones en el átomo no eran elipses sino espirales logarítmicas; sólo que la fuerza implicada no es la fuerza de Coulomb, sino una fuerza de transición entre dos órbitas elípticas diferentes. La solución posterior del problema ha cubierto de olvido un modelo que también era consistente. Y como para todas las aplicaciones de las secciones cónicas a la física, también aquí se encuentra esa signatura de cambio en el potencial, el desplazamiento en la polarización o plano de fase conocido como fase geométrica, descubierta por Pancharatnam y generalizada con tanto éxito a la mecánica cuántica por Berry [12] .

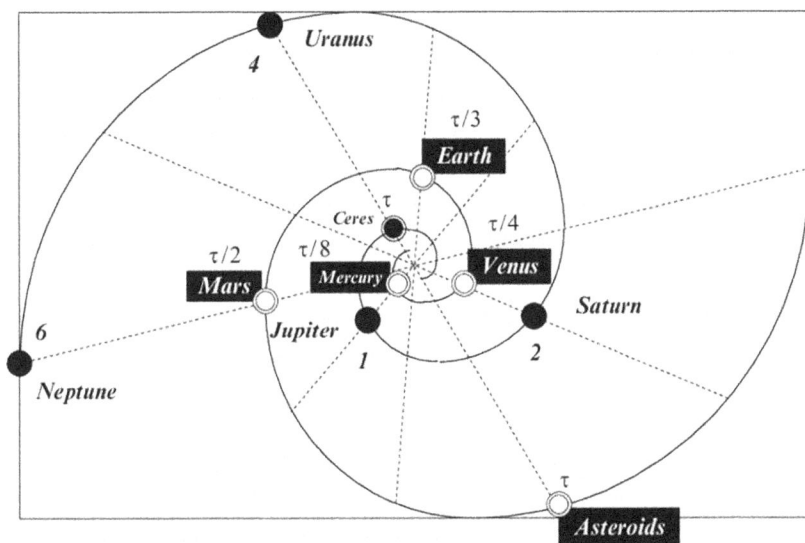

Jan Boeyens: Commensurability in the Solar System

Diversos estudios han mostrado que la distribución de los planetas del Sistema Solar sigue la pauta de una espiral logarítmica áurea con una precisión de más del 97 por ciento, que puede aumentar si se tienen en cuenta los años siderales y periodos sinódicos del sistema en su conjunto [13]. Para Hartmut Müller, la proximidad se debería simplemente a la cercanía de phi al valor de $\sqrt{e}$, que es 1,648. Según otros recuentos que no he verificado, el promedio de la distancia entre planetas consecutivos desde el Sol a Plutón, tomando la distancia entre los dos anteriores como unidad, es justamente 1,618. Si se descarta este último planeta la media se desvía ampliamente, lo que da una idea de la fragilidad de estas calibraciones.

Se ha dicho a menudo que la armonía perceptible en el Sistema Solar no es posible sin algún mecanismo de feedback, mientras que el acercamiento newtoniano combina sin más una fuerza a distancia con trayectorias como las balas de cañón, dependientes de fuerzas externas o colisiones. Sin embargo ya hemos visto que incluso en el caso newtoniano se esconde una autointeracción al fundir en uno solo el movimiento innato y la velocidad orbital.

La mecánica celeste da paso a una versión más abstracta, la mecánica lagrangiana, para evitar este embrollo; la diferencia entre la energía cinética y la potencial se remiten a las llamadas «condiciones iniciales», pero estas no son otra cosa que el movimiento innato de Newton... el caso es que esta diferencia promedio del lagrangiano y la excentricidad promedio de las órbitas es del mismo orden de magnitud que las desviaciones de la distribución del sistema solar obtenidas por la espiral logarítmica áurea. Así pues, se puede tomar la densidad lagrangiana del sistema entero y sus promedios y ver cómo van encajando en ella los planetas con sus órbitas.

Parece ser que las publicaciones científicas han dejado de admitir estudios sobre la distribución planetaria, puesto que, al no tener una física subyacente, quedan relegados al limbo de la especulación numerológica. Sin embargo el lagrangiano usado rutinariamente en mecánica celeste tampoco es nada más que una pura analogía matemática, y existe sólo para difuminar diferencias del mismo orden de magnitud. Basta con admitir esto para darse cuenta de que en realidad no nos movemos en terrenos diferentes.

Admitirlo es admitir también que la gravedad es de suyo una fuerza de ajuste que depende del entorno y no una constante universal, pero esto es algo que ya está implícito en la mecánica relacional de Weber.

La teoría de Mathis, es más específica en el sentido de que contempla G como una transformación entre dos radios. No se ha ocupado de encajar sus propias nociones de la física subyacente a la Sección Áurea en la espiral del Sistema Solar, pero si ha tratado en detalle la Ley de Bode de forma mucho más simple basándose en una serie basada en $\sqrt{2}$, además de incluir naturalmente en ella la equivalencia óptica, el desatendido hecho de que muchos planetas vienen a tener el mismo tamaño desde el Sol, del mismo modo que muchos satélites tienen el mismo tamaño que el Sol vistos desde sus respectivos planetas. No se trata por tanto de una mera coincidencia puntual [13]. La equivalencia óptica sería el guiño final que nos dedica la Naturaleza para ver quién es más ciega, si ella o nosotros.

Y ya que parece una típica travesura de la Naturaleza, aquí vamos a permitirnos una pequeña diversión numerológica. La equivalencia óptica que se pone de manifiesto en los eclipses totales es una relación angular y proyectiva (con un valor aproximado de 1/720 de la esfera celeste) en concordancia con el número 108, tan importante en diferentes tradiciones, y que implica el número de diámetros solares que hay entre el Sol y la Tierra, el número de diámetros terrestres en el diámetro del Sol y el número de diámetros lunares que separa a la Luna de la Tierra.

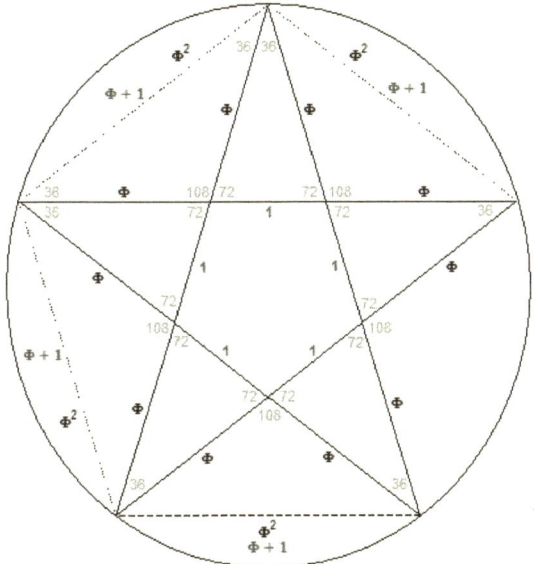

Dimensions of the pentagram and its relation to PHI - (by: Birol Koc) - EyePhi.com

En el pentagrama que sirve para construir una espiral áurea —y con el que también puede determinarse unívocamente una elipse en geometría esférica— vemos que los ángulos recíprocos del pentágono y la estrella son 108 y 72 grados. Por otra parte, el mismo Mathis comenta, sin relacionarlo para nada con la equivalencia óptica, que en los aceleradores la masa relativista de un protón suele encontrar un límite de 108 unidades que ni la Relatividad ni la mecánica cuántica explican, y hace una derivación del famoso factor gamma que lo vincula directamente con G.

Por supuesto, el factor relativista de Lorentz coincide con la mecánica de Weber hasta un cierto límite de energía —aunque en la segunda lo que aumenta es la propia energía interna y no la masa. No podría haber conexión más natural con la equivalencia óptica que la de la propia luz, y la teoría de Mathis establece una serie de ecuaciones e identidades entre la luz y la carga, la carga y la masa, y la masa con la gravedad.

Por el otro lado, si tiráramos una piedra en un pozo que perforara la Tierra de lado a lado, y esperáramos a que volviera igual que un muelle o un péndulo, tardaría unos 84 minutos, lo mismo que un objeto en una órbita cerrada. Si hiciéramos lo mismo con una partícula de polvo en un asteroide del tamaño de una manzana, pero de la misma densidad que nuestro planeta, el resultado sería exactamente el mismo. Este hecho, que parece asignar un papel importante a la densidad sobre la propia masa y la distancia, traspasa la apariencia del fenómeno gravitatorio, y debería resultarnos tan pasmoso como la comprobación de Galileo de que los objetos caen a la misma velocidad independientemente de su peso; también encaja muy bien en el contexto de una espiral igual a todas las escalas.

En cualquier caso el lagrangiano, la diferencia entre energía cinética y potencial, tiene que desempeñar un papel fundamental como referencia para el ajuste fino de los distintos elementos del Sistema Solar. En mecánica celeste, a pesar de lo que se diga, la integral siempre ha conducido al diferencial, y no al contrario. Como ya dijimos la ley descubierta por Newton no produce la elipse sino que aspira a encajar en ella.

Así pues tenemos la manzana de Newton y el Áureo Dragón de la Espiral del Sistema Solar. ¿Se tragará el Dragón a la Manzana? La respuesta es que no necesita tragársela, puesto que desde el principio ha estado dentro de él. Repitámoslo de nuevo: los campos gauge, caracterizados por la invariancia del lagrangiano bajo transformaciones, equivalen a un feedback no trivial entre la fuerza y el potencial, que a su vez se confunde con el eterno «problema de la información», a saber, cómo sabe la Luna dónde está el Sol y cómo «conoce» su masa para comportarse como se comporta. ¿Por qué se pregunta por el problema de la información al nivel de las partículas y se ignora donde puede verse a simple vista para empezar?

Considerando los ajustes del lagrangiano con respecto a un sistema descrito exclusivamente por fuerzas no variables, el entero Sistema Solar parece una enorme holonomía espiral.

El lagrangiano también puede esconder tasas virtuales de disipación —virtuales, claro, pues que las órbitas se conservan es algo que ya sabemos. De hecho lo que Lagrange hizo fue diluir el principio de trabajo virtual de D'Alembert introduciendo coordenadas generalizadas. Pero estamos tan acostumbrados a separar los formalismos de la termodinámica de los de los sistemas reversibles, supuestamente más fundamentales, que cuesta ver lo que esto significa. Sin embargo, el instinto más cierto nos dice que todo lo reversible no es sino pura ilusión, y los comportamientos reversibles, meras islas rodeadas por un océano sin formas. No hay movimiento sin irreversibilidad; pretender lo contrario es una quimera.

Mario J. Pinheiro ha querido reparar ese divorcio entre convicciones y formalismos proponiendo una reformulación de la mecánica alternativa a la mecánica lagrangiana, con un principio variacional para sistemas rotatorios fuera de equilibrio y un tiempo mecánico-termodinámico en un conjunto de dos ecuaciones diferenciales de primer orden. Aquí el equilibrio se da entre la variación mínima de energía y la producción máxima de entropía.

Esta termomecánica permite describir consistentemente sistemas con unas características bien diferentes de las de los sistemas reversibles, particularmente relevantes para el caso que nos ocupa: los subsistemas dentro de un sistema más grande pueden amortiguar las fuerzas que se ejercen sobre ello, y en lugar de estar esclavizados queda espacio para la interacción y la autorregulación. Puede haber un componente de torsión topológica y conversión de movimiento lineal o angular en movimiento angular. El momento angular sirve de amortiguador para disipar las perturbaciones, «un mecanismo de compensación bien conocido en biomecánica y robótica» [15] .

Hasta donde sé, la propuesta de Pinheiro de una mecánica irreversible es la única que da una explicación apropiada del famoso experimento de Newton del cubo de agua y el torbellino formado por su rotación, por el transporte de momento angular, frente a la interpretación absoluta de Newton o la puramente relacional de Leibniz, ninguna de las cuales hace verdaderamente al caso. Baste para ello recordar la observación elemental de que en este experimento la aparición del vórtice requiere tanto tiempo como fricción, y la materia es transferida a las regiones de mayor presión, signo claro de la Segunda Ley. Lo extraordinario es que no se haya insistido en esto antes de Pinheiro —algo que sólo puede explicarse por los papeles convenidos de antemano para las distintas ramas de la física. Por lo demás salta a la vista que muelles, torbellinos y espirales son las formas idóneas y más eficientes para la amortiguación.

Tal vez sea oportuno recordar que el llamado «principio de máxima entropía» no tiende hacia el máximo desorden, como muy a menudo se piensa incluso dentro del mundo de la física, sino más bien hacia lo contrario, y así es como lo entendió originalmente Clausius [16]. Esto establece un vínculo muy amplio pero esencial con el mundo de los sistemas más altamente organizados, a cuya cabeza solemos poner a los seres vivos. Por lo demás, basta con detenerse a contemplarlo un momento para comprender que una espiral como la del Sistema Solar sólo tiene sentido como proceso irreversible y en producción permanente.

El concepto de orden que introdujo Boltzmann no es menos subjetivo que el de armonía, siendo la principal diferencia que en la mecánica estadística los microestados, que no los macroestados, han recibido una más o menos adecuada cuantificación. Claro que no deja de ser otra grandiosa racionalización:

la irreversibilidad de los fenómenos o macroprocesos se derivaría de la reversibilidad de los microprocesos. Pero la mera postulación de órbitas estacionarias en los átomos —pretender que pueda haber fuerzas variables en sistemas aislados— es ilegal tanto desde el punto de vista termodinámico como desde el mero sentido común.

El principio variacional propuesto por Pinheiro fue sugerido por primera vez por Landau y Lifshitz pero no ha tenido desarrollo hasta el día de hoy. Esto recuerda inevitablemente la idea de los pozos de amortiguación de la teoría de Landau y Zener, que surgen de la transferencia adiabática de par de torsión al cruzarse ondas sin interferencia destructiva. Richard Merrick ha relacionado directamente estos pozos o vórtices con las espirales áureas en condiciones de resonancia [17]. Muchos dirán que no se ve cómo pueden satisfacerse esas condiciones en el Sistema Solar, pero, una vez más, las resonancias de la teoría clásica de perturbaciones en la mecánica celeste de Laplace no se encuentran en mejor situación, no siendo otra cosa que puras relaciones matemáticas. Podría en todo caso decirse que están en peor situación, puesto que se nos pide que creamos que la gravedad puede tener un efecto repulsivo.

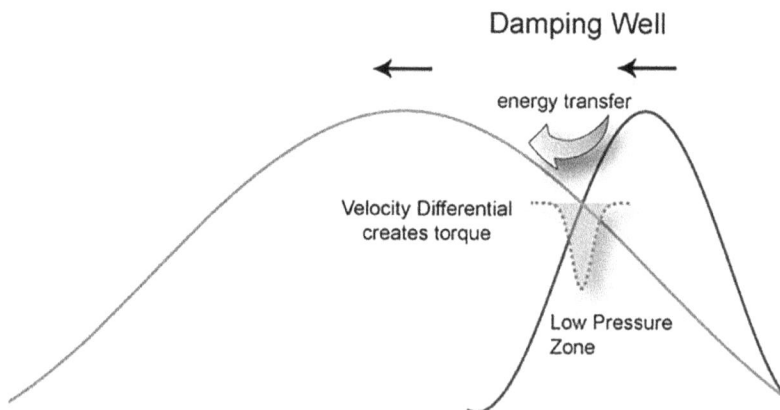

Richard Merrick: Harmonic formation helps explain why phi pervades the solar system

Aunque la termomecánica de Pinheiro conlleva algo similar a esta forma de transferencia, que evoca el transporte paralelo de la fase geométrica, incorpora además un término para la energía libre termodinámica, y esta es la diferencia capital. Un sistema reversible es un sistema cerrado, y no hay sistemas cerrados en el universo.

La propia teoría de la interferencia armónica de Merrick se vería elevada a un nivel mucho más alto de generalidad con sólo apreciar que el principio de máxima producción de entropía no es contrario a la generación de armonía sino más bien conducente a ella.

El principio de máxima producción de entropía se puede trasladar a la mecánica cuántica sin apenas más sacrificio que el la idea de la reversibilidad, como ha mostrado la termodinámica cuántica de Gian Paolo Beretta, Hatsopoulos y Gyftopoulos; el tema es de extraordinaria importancia pero ahora nos llevaría demasiado lejos [18].

*

Los físicos se precian mucho del alto grado de precisión de algunas de sus teorías, lo que es harto comprensible habida cuenta de los trabajos que se toman en llevar adelante sus cálculos, en algunas ocasiones hasta diez y doce cifras decimales. Pocas cosas serían más elocuentes que tal precisión si llegara de forma natural, sin asunciones especiales ni arbitrarios ajustes ad hoc, pero en realidad ese suele ser el caso la mayoría de las veces. Aún no se puede medir el valor de la gravedad en la Tierra con más de tres cifras decimales, pero se pretenden hacer cálculos con diez o doce cifras hasta los confines del universo.

En el caso de Lagrange y Laplace esto es absolutamente evidente, y algún día nos preguntaremos cómo hemos podido aceptar sus métodos sin ni siquiera pestañear. Lo cierto es que esos procedimientos no se digirieron de la noche a la mañana, pero si finalmente se dieron por buenos fue precisamente por el deseo mismo de expandir más y más el dominio del cálculo, todo ello dentro de la idea, heredada de Newton y Leibniz, de que la Naturaleza no era sino una maquinaria de relojería de una precisión virtualmente infinita. Y para los medios qué mejor que servir al Ideal.

Con razón se ha dicho que si Kepler hubiera tenido datos más precisos, no hubiera avanzado su teoría del movimiento elíptico; y en verdad, los óvalos de Cassini, curvas de cuarto grado con un producto de las distancias constante, parecen reproducir las trayectorias observables con mejor aproximación, lo que habría que atribuir a las perturbaciones. Estos óvalos plantean además interesantes y profundas cuestiones sobre la conexión dinámica entre elipses e hipérbolas. Curiosamente, los óvalos de Cassini se utilizan para modelar la geometría de la curvatura negativa espontánea de los glóbulos rojos, en los que también se ha encontrado la proporción áurea [19].

Como nota Mathis, los primeros análisis de perturbaciones incluían, ya desde Newton y Clairaut, un factor 1/ r4 con una fuerza repulsiva, lo que muestra hasta qué punto los elementos «auxiliares» de la mecánica celeste están escondiendo algo mucho más importante [20].

Para la mirada del naturalista, acostumbrado a la muy variable precisión de las ciencias descriptivas, la espiral del Sistema Solar tendría que aparecer como el más espléndido ejemplo de ordenamiento natural; un orden tan magnífico que, a diferencia del de Laplace, puede incluir en su seno catástrofes sin apenas desdibujarse. Esta es una característica que atribuimos invariablemente a los seres vivos. Ya se juzgue como fenómeno natural o como organismo, teniendo todo en cuenta, la espiral muestra una precisión, más que suficiente, excelente.

¿Y cuál es el lugar del Taijitu, nuestro símbolo del Polo generador del Yin y el Yang, en todo esto? Bueno, ni que decir tiene que el sistema del que estamos hablando, junto con sus subsistemas —planetas y satélites— es un proceso eminentemente polar, con unos ejes que definen su evolución; y que también lo es la holonomía espiral que los envuelve. Y en cuanto al Yin y el Yang, si dijéramos que también pueden ser la energía cinética y la potencial, se nos diría que estamos proponiendo una correspondencia demasiado trivial. Pero lo ya apuntado debería servir para ver que no es el caso.

Sabemos que en las órbitas la energía cinética y la potencial ni siquiera se compensan, y cuando debieran hacerlo, como en el caso del movimiento circular en la ecuación de Binet, ni siquiera obtenemos una fuerza única —se requiere al menos una diferencia entre el centro del círculo y el de la fuerza. Buscando el argumento más simple posible, lo primero que viene a la mente es que la emergencia de la sección áurea en el Taijitu, el vórtice esférico en libre rotación, encierra una suerte de síntesis, analógica y a priori, de 1) una ley de áreas aplicada a las dos energías, 2) la geometría focal de las elipses, y 3) una diferencia integrable y un giro o cambio en el plano de polarización que no lo es. Este tercer punto solapa el lagrangiano y una fase geométrica que en principio parecen cosas bien diferentes.

Por supuesto, aquí dejamos grandes cabos sueltos que un diagrama tan simple no puede traducir. Para empezar, que una elipse tenga en su interior dos focos no significa que haya que buscar el origen de las fuerzas que la determinan en su interior, y esto nos llevaría a la teoría de perturbaciones. Pero cualquier influencia ambiental, incluida la de otros planetas, debería estar ya incluida en la fase geométrica.

Si pasáramos por un momento de la dinámica orbital a la luz, podríamos reinterpretar en clave de los potenciales retardados y su incidencia en la fase los datos de la elipsometría o el «monopolo abstracto con una fuerza de —1/2 en el centro de la esfera de Poincaré» al que apela Berry en su generalización de la fase geométrica. Ahora bien, conviene no olvidar que la luz era ya un problema esencialmente estadístico incluso desde los tiempos de Stokes y de Verdet. Grado de polarización y entropía de un haz de luz fueron siempre conceptos equivalentes, aunque aún estemos lejos de extraer todas las consecuencias de ello.

Damos por supuesta la coincidencia del potencial retardado y la fase geométrica, aunque ni siquiera existe una literatura específica sobre el tema, como tampoco hay acuerdo, por lo demás, en torno a la significación y estatus de la propia fase geométrica. No han faltado quienes la han visto como un efecto del intercambio de momento angular, y, en cualquier caso, en mecánica clásica la fase geométrica se pone de manifiesto con la formulación de Hamilton-Jacobi de variables de ángulo y acción [21].

Si armonía es totalidad, la llamada fase geométrica tendría que tener su parte en la matemática de la armonía, puesto que aquella no es sino la expresión de un «cambio global sin cambio local». Ya notamos que la fase geométrica es inherente a campos que involucran secciones cónicas, así que su inclusión aquí es completamente elemental. Ahora bien, el que no implique a las fuerzas de interacción reconocidas no significa que se trate de meras «fuerzas ficticias»; se trata de fuerzas reales que transportan momento angular y resultan esenciales en la configuración efectiva del sistema.

Puesto que este transporte de energía es un fenómeno de interferencia, la energía potencial del lagrangiano ha de comprender la suma de todas las interferencias de los sistemas adyacentes, siendo este el «mecanismo de regulación». Puede aducirse que en el curso de los planetas no observamos la manifestación de interferencias que caracteriza a los procesos ondulatorios, a pesar de que no se dude en recurrir a «resonancias» para explicar perturbaciones. Veamos esto un poco más de cerca.

Si hasta ahora se ha querido ver la fase geométrica, en mecánica clásica la diferencia en el ángulo sólido o ángulo de Hannay, como una propiedad relacional, la forma más adecuada de entenderla tendría que ser dentro de una mecánica puramente relacional como la ya mencionada de Weber. Ahora bien, como ya notó Poincaré, si tenemos que multiplicar la velocidad al cuadrado ya no tenemos forma de distinguir entre la energía cinética y la potencial, e incluso éstas dejan de ser independientes de la energía interna de los cuerpos considerados. De aquí la postulación de una vibración interna por Noskov. Empero, esta ambigüedad inherente no impide hacer cálculos tan precisos como con las ecuaciones de Maxwell, además de tener otras obvias ventajas.

Recuérdese la comparación de la piedra que atraviesa la Tierra y la partícula de polvo en su diminuto asteroide, que vuelven al mismo punto en el mismo tiempo. En un medio hipotético de densidad homogénea, esto sugeriría un efecto de amortiguación y sincronización conjuntos y a distintas escalas espaciales. Pero, sin necesidad de hipótesis alguna, lo que la fase geométrica implica es el acoplamiento efectivo de sistemas que evolucionan a diferentes escalas temporales, por ejemplo, los electrones y los núcleos, o fuerzas gravitatorias y atómicas, o, dentro de la misma gravedad, las interacciones entre los distintos planetas. Esto la hace particularmente robusta al ruido o las perturbaciones.

La ambigüedad de la mecánica relacional no tiene por qué ser una debilidad, sino que podría estarnos revelando ciertas limitaciones inherentes a la mecánica y su cálculo. Justo cuando queremos llevar a su extremo lógico el ideal de convertir la física en una pura cinemática, una ciencia de fuerzas y movimientos, de mera extensión, es cuando se revela su inevitable dependencia de los potenciales y de factores considerados «no locales», aunque más bien tendríamos que hablar de configuraciones globales definidas.

Lo esencial en la comparación, aparentemente casual, entre el Taijitu y la órbita elíptica es que ésta última también es una expresión íntegra de la totalidad: no sólo de las fuerzas internas sino también de fuerzas externas que contribuyen contemporáneamente a su forma. Si el mecanismo de compensación sirve de regulación efectiva no puede afectar sólo a los potenciales sino igualmente a las fuerzas.

POLO DE INSPIRACIÓN: CUESTIONES DE PRINCIPIO

8 abril, 2020

Los principios de la física newtoniana se basan, como no podía ser menos, en lo circular de sus definiciones de magnitudes vectoriales y escalares como fuerzas y masa; la mecánica lagrangiana y los campos gauge, que para decirlo eufemísticamente la «extienden», dicen no renunciar al fondo invariable de esas definiciones pero demandan elecciones para regular los grados de libertad redundantes. La ley de Weber permitía ya apreciar en el problema de Kepler los elementos constituyentes de los campos gauge incluso si prescindía por completo de la idea misma de campos —lo que cambia es el status mismo de las definiciones fundamentales, que se desdibujan. Los potenciales retardados permiten dar cuenta de los aspectos esenciales de la física moderna, incluidos los llamados efectos relativistas.

Lo conocido y lo desconocido se confunden el uno con el otro muy fácilmente. A nivel inmediato, para nosotros una fuerza es, por un lado, lo que induce movimiento, y por otro, lo que produce deformaciones en otros cuerpos. Pero la «fuerza» de la gravedad no deforma a los cuerpos cuando los fuerza a moverse, y en cambio si lo hace cuando no los fuerza —cuando permanece como potencial. Newton dijo que el torbellino del cubo de agua dando vueltas era debido a «fuerzas ficticias» centrífugas en un espacio absoluto, pero Empédocles había mostrado dos mil años antes que ese mismo cubo dando vueltas sobre nuestras cabezas contrarresta la fuerza de la gravedad.

¿Por dónde se empuña el eje del Polo? El Polo, lo que equilibra los extremos de la realidad, no se deja empuñar. Sin embargo el Taijitu nos invita a mirar desde su perspectiva. En cuanto a su espíritu, los tres principios de Newton se resumen tácitamente en la frase «nada se mueve si no lo mueve otra cosa», esto es, nada se mueve sin una fuerza externa —y ni la relatividad, ni la mecánica cuántica, ni la moderna cosmología han pretendido nunca otra cosa. Todo está muerto, salvo por el empujón que algo externo le ha dado. Ahora bien, todo este prodigioso desarrollo de la ciencia moderna entendida como mecanicismo no es sino el despliegue de las consecuencias del principio de inercia, y el giro irónico es que se pueden realizar todos los cálculos de la física moderna, y muchos otros más, sin recurrir a este principio para nada.

El principio de equivalencia nos dice que la masa gravitatoria y la masa inerte son iguales o indiscernibles, y por eso la teoría general de la relatividad afirma que no hay diferencia entre la «fuerza» gravitatoria y las fuerzas ficticias. Este es un intento de caminar en dirección a una física relacional, pero después de terribles rodeos, y de arbitrar distintas versiones —muy débil, débil, medio-fuerte y fuerte— de dicho principio, se termina por volver al punto de partida, que es de lo que se trataba.

El punto de partida es el principio de inercia, del que nunca se querría prescindir. El principio de inercia, que de puro obvio se ha juzgado redundante, esconde toda la intencionalidad de los razonamientos en física. Dicho de otro modo, hacer física sin el principio de inercia equivale a suspender su intención, aquello que lleva todas las operaciones de vuelta al razonamiento circular de costumbre, con la ayuda de los otros dos principios.

Se ha juzgado el principio de inercia, ilustrado por la bola que rueda por toda la eternidad en un espacio vacío, como algo perfectamente ideal. Pero no se trata de un ideal perfecto sino contradictorio: el movimiento de la bola debe relacionarse con ejes de coordenadas externas a ese sistema, y así tenemos un sistema aislado que tiene la propiedad de no estar aislado. En realidad no puede haber sistemas inercialmente aislados.

Se puede, e incluso se debe, tal como hace Assis, plantear una mecánica completamente relacional sin usar el concepto de inercia introduciendo a cambio el principio de equilibrio dinámico, de forma que "la suma de todas las fuerzas de cualquier naturaleza actuando sobre cualquier cuerpo sea siempre cero en todos los sistemas de referencia». Esto libera a la física de los conceptos de inercia, masa inerte, espacio absoluto, y las escolásticas distinciones entre marcos de referencia [22].

Lo diametralmente contrario a lo implícito en las leyes de la mecánica también permite una descripción consistente con lo que conocemos. Así, por ejemplo, Alejandro Torassa muestra una dinámica válida para todos los observadores en el que «el movimiento de los cuerpos no está determinado por las fuerzas que actúan sobre ellos, sino que son los propios cuerpos los que determinan su movimiento», equilibrando las fuerzas que actúan sobre ellos. «El estado natural de un cuerpo en ausencia de fuerzas externas no es sólo el estado de reposo o de movimiento rectilíneo uniforme, sino que el estado natural de movimiento de un cuerpo es cualquier estado posible de movimiento... todo estado posible de movimiento es un estado natural de movimiento» [23] .

Si la suma de todas las fuerzas es cero en cualquier estado, sólo podrán medirse diferencias y ratios de fuerzas; introducir aquí constantes con dimensiones tendría que estar fuera de lugar. Otra forma de enunciar este principio sería decir que «la suma cero de todas las fuerzas incluye el movimiento observable», algo que cierta inercia mental hace difícil de aceptar. Tal vez lo captamos mejor si decimos que «el movimiento observable compensa al resto de fuerzas», es decir, equilibra a las que tampoco son observables. El equilibrio de fuerzas no se confunde con su ausencia, pero lo que observamos es movimiento y velocidad, no fuerzas.

Existen por supuesto otras formas de representar este equilibrio fundamental sin una dependencia directa del movimiento. Podemos tomar la idea de René Guenon de un medio inicialmente homogéneo, en el que a cada compresión en un punto deba corresponderle una expansión igual en otro punto, de tal modo que sus densidades sean recíprocas y su producto sea siempre la unidad, aunque las fuerzas asociadas a ellos puedan ser de signo contrario, atractivas o repulsivas [24]. Si en medio originalmente homogéneo imaginamos la aparición de una porción más llena y otra más vacía, ambas no podrían surgir sin más sin una torsión o helicidad que las conecte —y esa torsión sería un cambio de densidad. La caracterización del equilibrio como producto es lo que hemos considerado aquí como reciprocidad en el sentido más intrínseco.

La cosmología de la física moderna puede aducir que aspectos como el equilibrio general no son cuestiones de principios sino de observación. Lo que ocurre en realidad es que, si todo lo que se observa es movimiento, y se parte del principio de inercia, todo tiene que remitir a causas externas a lo que se observa —de ahí la mano de Dios para definir el movimiento innato de los planetas en Newton, o la noción de un evento al comienzo del tiempo que saque toda la energía de la nada. Así por ejemplo, y contrariamente a la historia publicitada hasta la saciedad, las primeras y más precisas predicciones de la radiación de fondo de microondas no fueron las de Gamow u otros creacionistas, sino las de los físicos que asumían un universo en equilibrio dinámico [25].

Este es el mejor ejemplo de que el supuesto básico sobreentendido se impone sobre todo lo demás, que por el contrario se procura acomodar al supuesto. Poco importa que esto implique la más descomunal violación del principio de conservación de energía, con tal de que se arroje fuera de los límites del terreno de juego.

Para la física moderna, y no sólo la física, el desequilibrio es el padre de todas las cosas, y el equilibrio es sinónimo de muerte y desorganización. Pero las mismas observaciones y datos, han permitido siempre decir que el equilibrio dinámico es el padre y la madre de todas las cosas y que la entropía no lleva a la muerte térmica sino al aumento de la organización.

La verdadera relevancia de este equilibrio dinámico se apreciará debidamente cuando la mecánica y la termodinámica se unan en una sola disciplina como la termomecánica del tipo de la propuesta por Pinheiro u otras equivalentes y más desarrolladas. Y puesto que su sistema de dos ecuaciones es una alternativa al lagrangiano, aún encaja mejor en las ecuaciones de Noskov, puesto que las vibraciones longitudinales de los cuerpos — que coinciden con la fórmula de Planck— equivalen al ingreso de energía libre disponible en el medio.

La termomecánica de Pinheiro está concebida para sistemas abiertos o fuera de equilibrio, y la mecánica relacional, incluso si no se consideran las propiedades del medio, al carecer de constantes dimensionales depende implícitamente del entorno.

POLO DE INSPIRACIÓN: CUESTIONES DE INTERPRETACIÓN —Y DE PRINCIPIO

8 abril, 2020

Según Proclo, el objetivo principal de Euclides al escribir sus Elementos era elaborar una teoría geométrica completa de los cinco sólidos platónicos. De hecho, se ha dicho en diversas ocasiones que tras el nombre de «Euclides» podría haber un colectivo con un fuerte componente pitagórico. La existencia de sólo cinco sólidos regulares es posiblemente el mejor argumento para pensar que vivimos en un mundo de tres dimensiones.

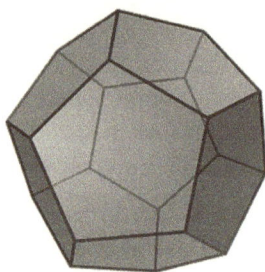

Otro de los grandes campeones del concepto de armonía en la ciencia fue Kepler, el astrónomo que introdujo las elipses en la historia de la física, bastando con recordar el título de su obra magna, *Harmonices Mundi*. Descubrió la convergencia de la serie de Fibonacci, combinó el teorema de Pitágoras con la razón áurea en el triángulo que lleva su nombre y teorizó ampliamente sobre los cinco sólidos platónicos, a los que incluso colocó entre las órbitas de los planetas, y que han sido considerados por una cierta tradición como los arcanos de los cuatro elementos más la quintaesencia o Éter.

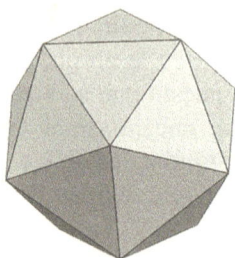

Este último estaría representado por el pentágono y el pentagrama, y por el dodecaedro complementario del icosaedro, en el que quiso verse una figuración del elemento agua.

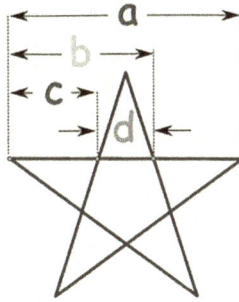

$$a/b = b/c = c/d = (1+\sqrt{5})/2$$

La cascada de proporciones idénticas a distintas escalas evoca de inmediato su capacidad para generar formas autosimilares como la espiral logarítmica que despliega indefinidamente su razón en una serie de potencias: φ, $\varphi2$, $\varphi3$, $\varphi4$... Si una recursión es aquello que permite definir a algo en sus propios términos, el pentagrama nos muestra el proceso recursivo más simple que pueda darse en el plano.

Todavía en 1884 Félix Klein, reconciliador de la geometría analítica y la sintética, daba unas *Conferencias sobre el Icosaedro* en las que consideraba a éste como objeto central de las principales ramas de la matemática: «Cada objeto geométrico único está conectado de una forma u otra a las propiedades del icosaedro regular». Estamos ante otro de esos objetos «extraordinariamente bien conectados» y sería muy interesante trazar los vínculos con las dos representaciones del Polo de las que partíamos. La fracción continua de Rogers-Ramanujan, por ejemplo, cumple un rol análogo para el icosaedro que la función exponencial para un polígono regular.

La orientación que propuso el influyente Klein no obtuvo tanta aceptación como la del célebre programa de Erlangen; para profundizar debidamente en ella se requería la guía dinámica de la naturaleza, de la física y de la matemática aplicadas. Incluso los tiempos actuales son más propicios para recuperar este programa, a pesar de que la misma física se haya hecho más abstracta a pasos agigantados. La mejor forma de reimpulsar hoy el segundo gran programa de Klein tendría que pasar por herramientas como un álgebra geométrica con los pies bien hundidos en la tierra.

La sección áurea emerge bajo el sello inequívoco de las simetrías quíntuples, que se creían privativas de los seres vivos hasta el descubrimiento de los cuasicristales. Que los cristales ordinarios, estructuras estáticas por definición, excluyan este tipo de simetría parece indicar que aquí se hacen posibles condiciones de equilibrio de más largo alcance. Se están estudiando intensivamente las propiedades ópticas de cuasicristales fotónicos y otras estructuras menos periódicas —a menudo con una refracción cero o un doble cero de permitividad y permeabilidad— en 1D, 2D, y 3D. Como era de esperar, se han encontrado fases con holonomía espiral. Al igual que en el grafeno, aunque la curvatura de Berry ha de ser cero, el desplazamiento de fase puede ser igual a cero o a π [26].

Sería interesante estudiar todos estos nuevos estados desde el punto de vista de la termomecánica, la termodinámica cuántica y los potenciales retardados, pudiendo ofrecer estos últimos una interpretación mucho más convincente de, por ejemplo, los llamados efectos relativistas del grafeno; al igual que permiten tratar los puntos singulares de manera más lógica. En la frontera entre lo periódico y lo aleatorio, los numerosos secretos de la simetría quíntuple no se abrirán sin una lectura cuidadosa.

*

Salvo para confundir las mentes y las cosas, la proscripción del Éter por la relatividad especial no deja de ser del todo irrelevante. Primero de todo, porque lo que hace funcionar a la relatividad especial es la transformación de Lorentz-Poincaré, concebida expresamente para el Éter. Segundo, porque aunque la relatividad especial, que es la teoría general, prescinda del Éter, la relatividad general, que es la teoría especial para la gravedad, lo demanda, aunque sea de forma harto teórica. En electrodinámica se puede escoger entre ambos caminos.

La electrodinámica de Weber coincide muy aproximadamente con el factor de Lorentz hasta velocidades de 0.85 c sin necesidad de arrojar por la ventana el tercer principio de la mecánica. Pero en cualquier caso, y aun si nos atenemos a las ecuaciones de Maxwell, que es el nudo mismo de la cuestión, lo que tenemos es que no existen ni pueden existir ondas electromagnéticas moviéndose en el espacio con un componente transversal al otro, sino un promedio estadístico de lo que ocurre entre el espacio y la materia. Esta es la conclusión de Nicolae Mazilu, pero sólo hay que ver el rotundo fracaso de todos los intentos de hacer efectiva la descripción geométrica del campo y las ondas [27].

Lo extraño, una vez más, es que no se haya visto con claridad esto antes. Pero resulta que la idea que se tenía del Éter hacia 1900, o al menos la que tenía Larmor, entre otros, es que éste no era sólo un medio entre las partículas de materia, sino algo que penetraba también esas partículas, que eran vistas como sus condensaciones —igual que ahora podemos ver las partículas como condensaciones del campo . Había Éter fuera en el espacio y Éter dentro de la materia —como en las ondas electromagnéticas, entre las que se encuentra la luz.

El Éter no es otra cosa que la misma luz, pero puede ser también otras cosas que la luz que vemos, y que todo el espectro electromagnético. Ocurre sólo que no podemos conocer nada sin el concurso de la luz. La luz es el mediador entre un espacio que no podemos conocer directamente, pero nos da la métrica, y una materia que se encuentra en la misma situación, pero es objeto de medida.

Y ahora que ya sabemos que estamos en medio del Éter, como el burgués gentilhombre que descubrió que siempre había hablado prosa sin saberlo, tal vez podamos mirar las cosas con más tranquilidad. Sólo una mentalidad consumadamente dualista que piense en términos de «esto o lo otro» ha podido permanecer perpleja durante tanto tiempo ante esta cuestión.

Esta idea del Éter in medias res no podía estar muy clara a principios del siglo XX, de otro modo los físicos no le habrían abierto los brazos a la teoría de la relatividad como lo hicieron. Si ésta fue bienvenida, dejando otras razones aparte, fue porque parecía terminar de una vez por todas con una serie interminable de dudas y contradicciones —o al menos así se creyó en su momento, hasta que empezaron a aflorar las insolubles «paradojas» una tras otra. Se dice que para entonces la ley de Weber, que ni siquiera precisaba la existencia de un medio porque tampoco hablaba de ondas, había caído mayormente en el olvido —aunque no para autores tan bien informados como Poincaré.

Naturalmente, en vez de Éter también podemos usar la palabra «campo», siempre que no lo entendamos como el suplemento de espacio que rodea a las partículas, sino como la entidad fundamental de la que éstas emergen.

En cualquier caso la relatividad especial por sí sola prácticamente no entra en contacto con la materia, y cuando lo hace a través de la electrodinámica cuántica desde Dirac, de nuevo volvemos a la polarización del vacío y a un medio aún más poblado, extraño y contradictorio que cualquiera de los anteriores avatares del Éter.

Hoy se usa la óptica de transformación y las anisotropías de los metamateriales para «ilustrar» los agujeros negros o para «diseñar» —se dice— espacio-tiempos diferentes. Y sin embargo sólo se están manipulando los parámetros macroscópicos de las viejas ecuaciones de Maxwell, como la permeabilidad y la permitividad. Puestos a distorsionar, ya no se podía llegar más lejos. ¿Y porqué habría de tener propiedades el espacio vacío si estuviera realmente vacío? Pero, una vez más, de lo que se trata es de promedios estadísticos entre el espacio y la materia. Sólo el prejuicio creado por la relatividad nos impide ver más claramente estas cosas.

Debería tener mucho más interés estudiar las propiedades del continuo espacio-materia accesible a nuestra modulación directa que aspectos exóticos de objetos hipotéticos de una teoría, la relatividad general, que ni siquiera se ha podido unificar con el electromagnetismo clásico.

Y si el éter de 1900 podía resultar inconveniente, ¿qué decir de una teoría que rompe con la continuidad de las ecuaciones de toda la mecánica clásica, y que para paliarlo introduce infinitos marcos de referencia? Ciertamente, no es una solución económica, y aún parece peor si pensamos que con el principio de equilibrio dinámico podemos prescindir de la inercia y de la distinción de marcos —embrollo que se ha usado, además, para dejar fuera de juego a otras teorías.

Para colmo, y de la forma más notoria, las ecuaciones de Maxwell sólo sirven para porciones del campo con extensión; la relatividad especial sólo es válida para eventos puntuales, y en las ecuaciones de campo de la relatividad general las partículas puntuales de nuevo vuelven a carecer de sentido. La óptica de transformación aprovecha esta triple incompatibilidad con un bypass que deja a la relatividad especial en el limbo, para unir a Maxwell con otra teoría incompatible. Y sin embargo, aunque esto no se diga, es por la relatividad especial que la mecánica cuántica ha sido incapaz de trabajar con partículas extensas. En cambio, partiendo de la mecánica de Weber no había problemas para trabajar tanto con partículas extensas como puntuales.

Para los que todavía crean que el marco fundamental de la mecánica clásica debe tener cuatro dimensiones, puede recordarse que en pleno siglo XXI, se han desarrollado teorías gauge de la gravedad consistentes que satisfacen el criterio formulado por Poincaré en 1902, a saber, elaborar una teoría relativista en el espacio plano ordinario modificando las leyes de la óptica, en lugar de curvar el espacio con respecto a las líneas geodésicas descritas por la luz. La luz es el mediador entre el espacio y la materia; y si la luz se deforma, lo cual es evidente, no hace falta deformar nada más.

Las ecuaciones de Maxwell ni siquiera son un caso general, sino un caso particular, tanto de Weber como de las ecuaciones de fluidos de Euler. Dentro de la mecánica de fluidos, Maxwell buscó el caso para un medio estático o sin movimiento propio; si las ecuaciones de Maxwell no son fundamentales, el principio de relatividad tampoco puede serlo [28]. La reciprocidad de la relatividad especial es puramente abstracta y cinemática, no mecánica, puesto que no está ligada a centros de cuerpos materiales con masa, y no permite distinguir entre fuerzas internas que cumplan con la tercera ley y fuerzas externas que no tienen porqué cumplirla. El principio de relatividad que afirma la imposibilidad de encontrar un marco de referencia privilegiado es válido sí y solo si no existen fuerzas externas a las consideradas dentro del sistema —pero por otra parte, al desatenderse el tercer principio, tampoco se definen mecánicamente las fuerzas internas.

El llamado estrés de Poincaré que el físico francés introdujo para que la fuerza de Lorentz cumpliera con el tercer principio cumple el mismo rol en el contexto relativista que las vibraciones longitudinales de Noskov para la fuerza de Weber. El hecho de que dicho estrés se considerara luego irrelevante para la relatividad especial muestra concluyentemente su divorcio de la mecánica.

Las ecuaciones de Maxwell, como dice Mazilu, son una reacción ante los aspectos parcial o totalmente incontrolables del Éter. En las teorías físicas las cantidades que importan no son las medibles, sino las controlables, pero de este modo prescindimos de información que podría ser integrada en un marco teórico más amplio.

Las cuestiones de interpretación nos devuelven inevitablemente a las cuestiones de principio; sin modificar los principios estamos condenados a trabajar para ellos.

El principio de relatividad es contingente y por lo tanto innecesariamente restrictivo, dependiendo además de procedimientos de sincronización arbitrarios. El principio de equivalencia de la relatividad general tampoco termina con los problemas de los marcos de referencia, y, en combinación con el principio de relatividad, más bien los multiplica.

El principio de equilibrio dinámico de la mecánica relacional simplifica radicalmente esta situación sin crear restricciones innecesarias. Dejando a un lado la generalidad, un principio no debería ser restrictivo, sino necesario. Por otra parte, la incapacidad del principio de equivalencia para librarse del principio de inercia lo subordina automáticamente a éste.

Y no es casualidad. Si de la inercia sabemos lo mismo que del Éter, más bien nada, es porque la inercia misma se solapa inadvertidamente con la idea del Éter y lo suplanta. Entonces, el Éter sólo podría emerger sin mixtificaciones de una física que prescindiera por completo de la idea de la inercia, lo cual es perfectamente viable y compatible con toda nuestra experiencia.

Sin duda cada teoría tiene sus propias virtudes, pero las de Maxwell y la relatividad ya se han ensalzado más que suficientemente. Aquí preferimos volver la vista a la teoría que tiene precedencia histórica sobre ambas, dado que la presentación que se hace hoy no puede ser más parcial.

Volviendo al pasado, vemos que el medio sin arrastre de Lorentz, el de arrastre parcial de Fresnel y Fizeau, y el de arrastre total de Stokes no son contradictorios y se refieren a casos claramente diferentes. Existen experimentos, como los de Miller, Hoek, Trouton y Noble, y otros muchos, que pueden volver a realizarse en muchas mejores condiciones y brindan una información inestimable desde todos los puntos de vista, siempre y cuando nuestro marco teórico nos permita contemplarlo, lo que ahora no es el caso [29]. Se trata por lo demás de experimentos miles de veces menos costosos, más simples y más informativos que las actuales «confirmaciones» de la relatividad especial y general.

Hay además una inevitable complementariedad entre los aspectos constitutivos del electromagnetismo en los modernos metamateriales, con su mezcla de factores controlables e incontrolables en la materia, y la medición de aspectos incontrolables del medio libre en el espacio. Pero esta complementariedad no puede apreciarse sin principios y un marco que, para empezar, permitan hacerlos compatibles. Por otro lado no es necesario decir que entre la óptica de transformación y la relatividad general no puede haber contacto, sino sólo paralelismo.

Otra forma de hablar de una fase geométrica es decir que es una transformación u holonomía en torno a una singularidad. Esta singularidad puede ser un vórtice, lo que brinda una conexión natural con la entropía o la atenuación de ciertas magnitudes, que evidentemente no pueden alcanzar valores infinitos.

Un caso interesante lo constituye la llamada transmutación de vórtices ópticos, esto es, el cambio cualitativo de su rasgo más intrínseco, que es la vorticidad, y que se ha podido realizar recientemente incluso en el espacio libre [30], involucrando además simetrías pentagonales. Los vórtices se presentan en los cuatro estados de la materia —sólido, líquido, gaseoso y plasma, que son nuestra versión de los antiguos cuatro elementos. Teniendo en cuenta que puede describirse su comportamiento característico en función de relaciones constitutivas de tensión/deformación, también es viable una descripción cuantitativa de la transmutación de los estados de la materia ampliamente diferente de la transmutación nuclear de los elementos, sin perjuicio de que también los núcleos se pueden describir más o menos clásicamente con vórtices como los eskirmiones.

La llamada fase geométrica, ese fenómeno tan universal que incluso se manifiesta como vorticidad sobre la superficie del agua, aplicada al electromagnetismo clásico viene a ser algo así como «la quinta ecuación de Maxwell», puesto que pone en juego y engloba a las cuatro conocidas. El mismo nombre «fase geométrica» parece claramente un eufemismo, puesto que no son los geómetras los que suelen ocuparse de ella, sino los físicos, y más aún, los físicos aplicados. Por lo demás, prefiero llamarla holonomía en lugar de anholonomía, pues lo último se refiere a que no es integrable dentro del cálculo de una teoría, mientras que la holonomía se refiere a un aspecto global que puede reconocerse incluso a simple vista.

El mismo Berry admite que la fase geométrica es una forma de incluir los (incontrolables) factores ambientales que no están dentro del sistema definido por la teoría [31]. En este sentido, para llegar a «la quinta ecuación» de Maxwell no hace falta añadir términos, sino remitirse a la «predinámica» de las ecuaciones menos restringidas o más generales de las que proceden —Weber y Euler. Y lo mismo vale para la relatividad.

Sin duda la fenomenología de la luz es tan vasta que no deja de sorprendernos, pero todo esto tendría una trascendencia incomparablemente mayor si un esfuerzo paralelo se dedicara a los aspectos incontrolables, pero complementarios, que ahora están proscritos o enmascarados por la teoría dominante.

Pero en realidad no hay parte de la física que hoy no se esté contemplando bajo una óptica innecesariamente distorsionada.

*

En la teoría de los agujeros negros también emerge la razón áurea, justo en el punto crítico de inflexión en que su temperatura pasa de aumentar a caer: $J2/M2 = (1+\sqrt{5})/2$, siendo M y J la masa y el momento angular cuando las constantes c y G son 1. El significado y relevancia de esto no está claro, pero abunda en la costumbre de esta constante en aparecer en puntos críticos [32].

En fuerzas del tipo de la de Weber no hay cabida para objetos teóricos como los agujeros negros ya que la fuerza disminuye con la velocidad, y sería interesante ver si la óptica de transformación es capaz de encontrar una «réplica» de laboratorio para la evolución de estos parámetros. En la mecánica relacional, por contraste, lo más que puede esperarse es distintos tipos de singularidad de fase, como los vórtices ópticos mencionados.

Si algún interés tiene para nosotros la emergencia de φ en los agujeros negros, aunque se trate de cálculos puramente teóricos, es por su asociación directa con el momento angular, la entropía y la termodinámica. Nos muestra al menos que la proporción continua puede emerger también de acuerdo con el principio de máxima entropía que consideramos fundamental para entender la naturaleza, la mecánica cuántica, o la formulación termomecánica de la mecánica clásica. Si puede hacerlo allí, también puede hacerlo en otro tipo de singularidades, como la de fase de los vórtices, en el modelo óptico que para el rayo de luz construyó de Broglie, o en los hologramas.

Pues tal vez el mayor interés del estudio teórico de los agujeros negros haya sido introducir este principio de máxima entropía en la física fundamental, si bien como un término final, cuando seguramente se trata de algo efectivo en cualquier momento del pasado y el presente. En la física teórica con más predicamento, esto podría expresarse a través del llamado principio holográfico, lo que no está del todo mal dado que este principio hace un uso extensivo de la fase lumínica, y, después de todo, ya hemos visto que no hay conocimiento de nuestro mundo físico que no pase por la luz. Sin embargo existen todo tipo de dudas sobre cómo aplicar tal principio a la física ordinaria de bajas energías.

Los agujeros negros son objetos teóricos extremos de máxima energía, pero se ha llegado a ellos a través de la física ordinaria de la gravedad, gobernada por los principios de acción de mínima variación de energía. Técnicamente, esto no envuelve ninguna contradicción, pero sí nos lleva a preguntarnos por la naturaleza misma de los principios de acción, algo que aún preocupaba a un físico conservador como Planck.

El principio de acción de la ley de Weber, o el de Noskov, no permite la existencia de estos objetos extremos porque, aplicando la reciprocidad de forma estrictamente mecánica sobre los centros de masa, la fuerza y la velocidad, éstas últimas siempre se compensan. En la descomposición del lagrangiano por Mathis en dos fuerzas, también ocurre lo mismo. En la termomecánica de Pinheiro, en que hay un equilibrio entre mínima variación y máxima entropía, tampoco parece que esto sea posible, siempre que haya energía libre disponible.

El lagrangiano ordinario es el más «vacío» de causalidad, y la teoría de Mathis, que quiere prescindir de la energía y el principio de acción para quedarse sólo con vectores y fuerzas, es obviamente el modelo más «lleno»; otra cosa es que esto sea viable. Los otros dos se sitúan en lugares intermedios. Sabemos que con principios de acción las causas unívocas son imposibles. Uno puede elegir el camino que prefiera y ver hasta dónde llega, pero mi posición al respecto es que aunque no es posible una determinación unívoca de causas, sí podemos tener un sentido estadístico pero cierto de la causalidad, relacionado con la Segunda Ley de la termodinámica. El principio de acción de Noskov y el de Pinheiro son ciertamente compatibles.

El giro irónico es que es el tercer principio el que define qué es un sistema cerrado, pero no se puede aplicar este principio sin el concurso de un medio abierto y con energía libre que contribuya a cerrar el balance. Esto ocurre incluso en el modelo de Mathis, donde la carga libre es reciclada por la materia. Así pues, cualquier mecánica reversible emerge como una isla de un fondo irreversible, y es este doble nivel el que nos brinda nuestra intuición de la causalidad.

La propagación de la luz se funda en la homogeneidad del espacio, pero las masas sobre las que actúa la gravedad suponen una distribución no homogénea. Si suponemos un medio primitivo homogéneo, ningún tipo de fuerza, incluida la gravedad, puede alterar esa homogeneidad salvo de forma transitoria. La autocorrección de las fuerzas, que ya está implícita en Newton y en el lagrangiano original, lleva en esa dirección y parece la única forma concebible de cancelar los infinitos que surgen en los cálculos. El tratamiento entrópico y termodinámico de la gravedad también tendría que pasar necesariamente por ahí.

El surgimiento de la razón continua y sus series en el crecimiento vegetal, en piñas o girasoles, nos hace pensar en vórtices hechos de unidades discretas, a la vez que nos devuelve a las consideraciones sobre *El óptimo, que no máximo*, aprovechamiento de recursos, materia y recolección de datos del que parece hacer gala la naturaleza.

Yasuichi Horibe demostró que los árboles binarios de Fibonacci estaban sujetos al principio de máxima producción de entropía informativa [33], algo que podría extenderse a la entropía termodinámica y, tal vez a otras ramas como la óptica, la holografía, o la termodinámica cuántica. La cuestión es si estas series pueden emerger sin más del principio de máxima entropía o se encuentran en algún punto óptimo variable entre la mínima energía y la máxima entropía, como sugieren las ecuaciones de Pinheiro.

Puesto que éste comienza por probar su mecánica con algunos modelos bien simples, como una esfera rodando en una superficie cóncava, o el periodo de oscilación de un péndulo elemental, sería del mayor interés determinar el problema más simple, dentro de esta mecánica, en la que la razón continua aparezca con un rol crítico o relevante. Con esto podríamos retomar el hilo de Ariadna de esta razón para variables de acción y problemas de optimización.

A Planck todavía le inquietaba el hecho de que los principios de acción parecen entrañar una finalidad. Y lo mismo ocurría con la Segunda Ley de la termodinámica para Clausius, aunque a éste el hecho no le incomodaba en ab-

soluto. Es bien fácil ver que ambos tipos de procesos, aparentemente tan alejados, son efectivamente teleológicos, y ello no es una coincidencia puesto que
ni siquiera están separados, tal como la termomecánica de Pinheiro muestra.
Parece que la inclusión simultánea de dos indudables propensidades de la naturaleza es más natural que su tratamiento por separado.

En Occidente ha habido un fuerte rechazo a cualquier connotación teleológica porque la teleología se ha confundido siempre o con la teología y la
providencial mano invisible o con la mano intencionada del hombre. Tertium
non datur. Sin embargo está claro que aquí, tanto para la mecánica como para
la termodinámica, estamos hablando de una tendencia tan innegable como espontánea. Entender esta tercera posición, que ya existía antes del falso dilema
del mecanicismo, nos lleva a cambiar radicalmente nuestra comprensión de la
naturaleza.

POLO DE INSPIRACIÓN: REALIMENTACIÓN BIOLÓGICA —
modelos cuantitativos y cualitativos

8 abril, 2020

En otra parte hemos especulado sobre la presencia de una fase geométrica o memoria de fase y el ciclo nasal bilateral, aprovechando cierta analogía entre la mecánica del sistema circulatorio y un campo gauge como el electromagnético [34], y teniendo en cuenta que las ecuaciones de Maxwell son un caso particular de las ecuaciones de fluidos. Sabido es que al poco de su descubrimiento la fase geométrica se generalizó más allá del caso adiabático o incluso el cíclico, y que hoy se estudia incluso en sistemas abiertos disipativos y en diversos casos de locomoción animal. La analogía puede ser pertinente a pesar de que, obviamente, el sistema respiratorio opera en fase gaseosa en vez de líquida, sin dejar por ello de estar acoplado con la circulación sanguínea.

Según V. D. Tsvetkov, la razón entre el tiempo de la sístole y la diástole en humanos y otros mamíferos promedia los mismos valores recíprocos de la razón áurea, y también la proporción entre la presión máxima sistólica y la mínima diastólica apunta a un valor relativo de 0.618/0.382. Aunque estos valores puedan ser arbitrariamente aproximados tendríamos aquí una excelente ocasión de contrastarlos mecánicamente y ver si realmente existe algún tipo de optimización subyacente, puesto que el tiempo sistólico ya se hace eco de la onda vascular refleja, y lo mismo ocurre con el tiempo de la diástole.

Por otro lado está la Velocidad de la Onda del Pulso, que es una medida de la elasticidad arterial: ambas se derivan de la segunda ley de la mecánica a través de la ecuación de Moens-Korteweg. Esta velocidad de la onda varía con la presión, así como con la elasticidad de los vasos, aumentando con su rigidez. La distancia de retorno de la onda refleja y el tiempo que conlleva aumenta con la estatura, y una menor presión diastólica, que indica menor resistencia del conjunto del sistema vascular, reduce la magnitud de la onda refleja. El tratamiento de la hipertensión debería centrarse, se dice, en disminuir la amplitud de la onda refleja, rebajar su velocidad, y aumentar la distancia entre la aorta y los puntos de retorno de esta onda.

Así pues, podemos intentar aplicar aquí la idea del potencial retardado y las ondas longitudinales de Noskov, teniendo en cuenta que él fue el primero en proponer su lugar en el feedback más elemental y su universalidad; de hecho, tal vez no haya mejor forma de ilustrar estas ondas y su correlación con ciertas proporciones en un sistema mecánico completo que el propio sistema circulatorio.

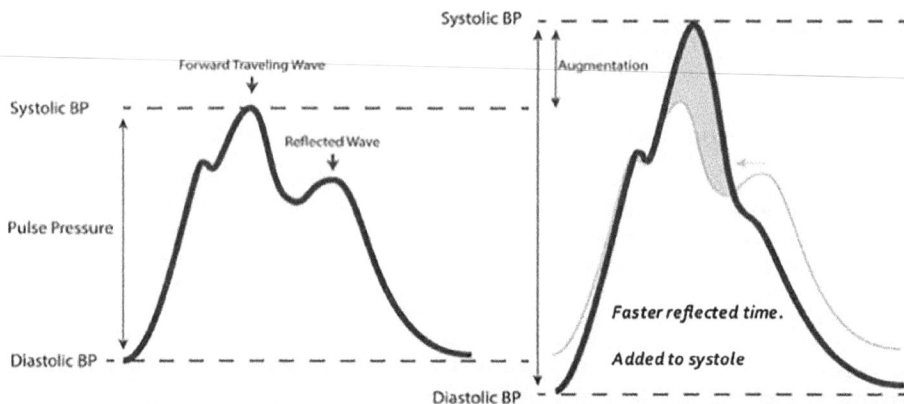

A **Normal**   B **Arterial Stiffness**

Systolic BP

Forward Traveling Wave

Augmentation

Systolic BP

Reflected Wave

Pulse Pressure

Faster reflected time.

Added to systole

Diastolic BP

Diastolic BP

Dado que, en buena medida, parece que podemos considerar la elasticidad de la onda refleja como un potencial retardado de Weber-Noskov dependiente de la distancia, fuerza y velocidad de fase, y comprobar si esto procura un acoplamiento o unas condiciones de resonancia que, incidentalmente, tendieran a los valores de la sección áurea. El miocardio es un músculo autoexcitable pero a ello también concurre el retorno de la onda refleja, así que tenemos un hermoso ejemplo de circuito de transformaciones tensión-presión-deformación que se realimentan y que no difieren en lo esencial de las transformaciones gauge de la física moderna, en los que también hay un implícito mecanismo de realimentación.

Esta sería una instancia perfecta para explorar estas correlaciones como un proceso «en circuito cerrado», aunque el sistema mantenga una apertura a través de la respiración, lo que no es contrario a nuestro planteamiento porque para nosotros todos los sistemas naturales son abiertos por definición. Permite tanto la simulación numérica como la aproximación por modelos físicos reales creados con tubos elásticos y «bombas» acopladas, de modo que puede abordarse de la forma más tangible y directa [35].

Sin embargo conviene revisar a fondo la idea de que el corazón es realmente una bomba, siendo como es una cinta muscular espiral, o que el movimiento de la sangre, que genera vórtices en los vasos y el corazón, se debe a la presión, cuando es la presión la que es un efecto del primero. En realidad este es un ejemplo magnífico de cómo puede darse una descripción estrictamente mecánica a la vez que se cuestiona radicalmente no sólo la forma sino el mismo contenido de la causalidad. El factor esencial de la presión creada no es el corazón, sino el componente abierto, en este caso, la respiración y la atmósfera. Y aunque es evidente de que se trata de casos muy diferentes, esto se haya en consonancia con nuestra idea de los campos gauge y de los procesos naturales en general.

*

La dinámica y biomecánica del pulso sanguíneo puede derivarse de la fuerza aplicada, pero si buscamos dentro de la ciencia moderna un equivalente adecuado para los tres principios de la mecánica de Newton en sistemas abiertos como los organismos biológicos, no lo vamos a encontrar. Para encontrar algo parecido tenemos que mirar hacia atrás, para buscar luego una traducción cuantitativa y matemática.

Realmente, el triguna del Samkya indio —samkya significa proporción — y su aplicación al cuerpo humano como tridosha en el Ayurveda es lo que encuentra más semejanza para el caso. El triguna, como si dijéramos, es el sistema de coordenadas para modalidades del mundo material en términos cualitativos. Las tres cualidades básicas, Tamas, Rajas y Satwa, y sus formas reactivas en el organismo, Kapha, Pitta y Vata se corresponden muy bien con la masa o cantidad de inercia, la fuerza o energía, y el equilibrio dinámico a través del movimiento (o pasividad, actividad y equilibrio). Pero es evidente que en este caso hablamos de cualidades y los sistemas se consideran abiertos sin necesidad de definición.

Aquí la tercera ley de la mecánica ha de dejar paso a la conservación del momento y admite implícitamente un grado variable de interacción con el medio. En armonía con esto, el Ayurveda considera que Vata es el principio-guía de los tres ya que tiene autonomía para moverse por sí solo además de mover a los otros dos. Vata define la sensibilidad del sistema en relación con el ambiente, su grado de permeabilidad o por el contrario embotamiento con respecto a él. Es decir, el estado de Vata es por sí mismo un índice del grado en que el sistema es efectivamente abierto.

En el cuerpo humano la forma más explícita y continua de interacción con el medio es la respiración, y por lo tanto está en el orden de las cosas que Vata gobierne esta función de forma más directa. Aunque los doshas son modos o cualidades, en el pulso encuentran su fiel traducción en términos de valores dinámicos y de la mecánica del continuo —siempre que nos conformemos con grados de precisión modestos, pero seguramente suficientes para darnos una idea cualitativa de la dinámica y sus patrones básicos.

Los otros dos modos son lo que mueve y lo que es movido, pero la articulación y coexistencia de los tres puede entenderse de formas muy diferentes: desde una manera puramente mecánica a otra más específicamente semiótica. Posiblemente también aquí tiene algún grado de vigencia la condición de indistinción o ambigüedad entre la energía cinética, la potencial y la interna que ya hemos notado en la mecánica relacional.

El principio de inercia es una posibilidad, el de fuerza un hecho bruto, la acción-reacción —un mismo acto visto desde dos caras— es una relación de mediación o continuidad. Podemos ponerlos en un mismo plano o ponerlos en planos diferentes, que constituyen una gradación ascendente o descendente, tal como en efecto son las modalidades del Samkya.

Realmente, no tendría que ser demasiado difícil hallar el suelo común que tienen las semiologías india y china del pulso más allá de las diferencias de terminología y categorías, y pasar de este suelo común al lenguaje cuantitativo, pero extremadamente fluido, de la mecánica de medios continuos. Así tendríamos un método para pasar de aspectos cualitativos a cuantitativos, y viceversa; y encontrar dinámicas y patrones que ahora nos pasan desapercibidos por inherentes. Hay aquí varias cuestiones. Una es hasta qué punto pueden hacerse estas descripciones cualitativas consistentes.

Otra cuestión es hasta qué punto pueden hacerse intuitiva la representación de una escala cualitativa. Pensemos por ejemplo en las señales del biofeedback, que pueden resultar efectivas bajo la representación de fuerzas, de potenciales, y de otras muchas relaciones más indirectas. Lo interesante es que estos tipos de realimentación asistidos no apuntan hacia el control y la manipulación, sino hacia la sintonización con el principio organizador de los «sistemas».

Desde nuestra perspectiva, ya lo hemos dicho repetidamente, todos los sistemas físicos, también los átomos, tienen realimentación ¿Cuáles son los límites físicos de, por ejemplo, un ser humano, para sintonizar con otras entidades? ¿La ritmodinámica de fase y sus resonancias, las escalas de tiempo, de energía, las relaciones constitutivas de tensión-deformación, la dependencia de la energía libre? ¿O la capacidad para alinearse con el polo que ambos sistemas tienen en común? ¿Hay interferencia o hay más bien un paralelismo sobre un mismo fondo?

Se trata de temas para los que la ciencia todavía no ha encontrado ni siquiera los mínimos criterios, pero que precisamente debería ayudarnos a superar la compulsión instrumental o síndrome de instrumentación que ha guiado a la tecnología humana desde las primeras herramientas, y que se intensifica a medida que el objeto ofrece menos resistencia.

Otra cuestión más es si este tipo de análisis trimodal, o incluso uno bimodal, tiene un carácter recursivo, como la misma realimentación y la presencia de la proporción continua en el sistema circulatorio permiten conjeturar; y de qué tipo de recursividad se trata.

*

La caracterización del equilibrio dinámico debería indicarnos siempre el Polo de la evolución de un sistema, si es que este lo tiene. En el caso del Sistema Solar y los planetas la cosa resulta obvia —y a pesar de todo todavía está muy lejos de recibir toda la atención que merece. Pero resulta que el ciclo nasal bilateral también nos está hablando de un eje en algo presuntamente poco polar, desde el punto de vista de la física, como la compresión y la liberación de un gas en nuestro propio organismo. Esto también debería llamar grandemente nuestra atención, y nos brinda un cabo a través del cual pueden revelarse otras muchas cosas.

De hecho el propio clima terrestre o el de otros planetas, con su enorme complejidad, es un sistema más explícitamente polar que el régimen respiratorio de cualquier mamífero —y en este caso la barrera separadora sería la zona de convergencia intertropical. La cuestión de interés es que, si se nos permite la analogía, desde un punto de vista termomecánico el grado de separación que ejerce la barrera, posiblemente asociado a una torsión topológica, podría estar definiendo también el grado de autonomía del sistema con respecto a las condiciones exteriores —llamémoslo el componente endógeno, si se quiere. Una visión endógena que tendría que complementarse debidamente con los sensores y observaciones apropiadas del llamado tiempo espacial [36].

Si antes decíamos que el que una elipse tenga en su interior dos focos no significa que sólo haya que buscar el origen de las fuerzas que la determinan en su interior, lo mismo vale para las perturbaciones que de ordinario afectan a otros organismos o sistemas, lo que no impide que sinteticen en su comportamiento la suma de factores externos e internos, en la respiración no menos que en otros balances que discurren en paralelo.

POLO DE INSPIRACIÓN: LA RAZÓN CONTINUA, LA ESTADÍSTICA Y LA PROBABILIDAD

8 abril, 2020

Se dice desde hace algún tiempo que en la ciencia de hoy «la correlación reemplaza a la causación», y por correlación se entiende evidentemente una correlación estadística. Pero ya desde Newton la física no se ha preocupado demasiado por la causación, ni podía hacerlo, así que no se trata tanto de un cambio radical como de un incremento progresivo en la complejidad de las variables.

En el manejo de distribuciones y frecuencias estadísticas apenas tiene sentido hablar de teorías falsas o correctas, sino más bien de modelos que se ajustan peor o mejor a los datos, lo que dota a esta área de mucha mayor libertad y flexibilidad con respecto a los supuestos. Las teorías físicas pueden ser innecesariamente restrictivas, y por el contrario una interpretación estadística es siempre demasiado poco vinculante; pero por otro lado, la física moderna está cada vez más saturada de aspectos probabilísticos, así que la interacción entre ambas disciplinas es cada vez estrecha en ambas direcciones.

Las cosas aún se ponen más interesante si introducimos la posibilidad de que el principio de máxima producción entropía esté presente en las ecuaciones fundamentales, tanto de la mecánica clásica como de la mecánica cuántica —y ya no digamos si se descubriesen relaciones básicas entre este principio y la proporción continua φ.

Tal vez el modelo de onda refleja/potencial retardado que hemos visto para el sistema circulatorio nos da una buena idea de un círculo virtuoso correlación/causación que cumple sobradamente con las exigencias de la mecánica pero deja en suspenso el sentido de la secuencia causa-efecto. A falta de construir esos vínculos más sólidos e internos, ahora nos contentaremos con mencionar algunas asociaciones más circunstanciales entre nuestra constante y las distribuciones de probabilidad.

La primera asociación de la media áurea con la probabilidad, la combinatoria, la distribución binomial y la hipergeométrica viene ya sugerida por la presencia de las series de Fibonacci en el triángulo polar ya comentado.

Cuando hablamos de probabilidad en la naturaleza o en las ciencias sociales dos distribuciones nos vienen ante todo a la cabeza: la casi ubicua distribución normal o gaussiana, en forma de campana, y las distribuciones de leyes de potencias, también conocidas como distribuciones de Zipf, de Pareto, o zeta para los casos discretos.

El ya citado Richard Merrick ha hablado de una «función de interferencia armónica» resultado de la amortiguación de armónicos, o dicho de otro modo, del cuadrado de las primeras doce frecuencias de la serie armónica partido por las frecuencias de los primeros doce números de Fibonacci. Se trataría, según su autor, de un equilibrio entre la resonancia espacial y la amortiguación temporal.

De este modo llega a lo que llama un «modelo simétrico de interferencia reflexiva», formado de la media armónica entre un círculo y una espiral. Merrick insiste en la trascendental importancia que tiene para toda la vida su organización en torno a un eje, lo que ya Vladimir Vernadsky había considerado como el problema clave de la biología.

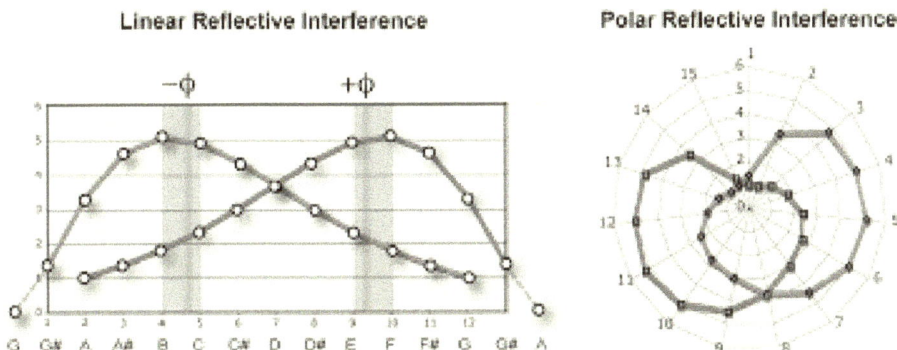

Richard Merrick, Harmonically guided evolution

Las ideas de Merrick sobre umbrales de máxima resonancia y máxima amortiguación pueden ponerse en concordancia con las ecuaciones de termomecánica de Pinheiro, y como ya hemos notado tendrían más alcance si contemplaran el principio de máxima entropía como conducente a la organización en lugar de lo contrario. Merrick elabora también una cierta teoría musical sobre una proporción privilegiada 5/6-10/12 a diferentes niveles, desde la organización del torso humano a la disposición de la doble hélice de DNA vista como la rotación de un dodecaedro en torno a un eje bipolar.

*

Las leyes de potencias y distribuciones zeta son igualmente importantes en la naturaleza y los acontecimientos humanos, y se presentan tanto en leyes de física fundamentales hasta la distribución de la riqueza entre la población, el tamaño de las ciudades o la frecuencia de los terremotos. Ferrer i Cancho y Fernández notan que φ es el valor en el que coinciden los exponentes de la distribución de probabilidad de una magnitud discreta y el del valor de la magnitud frente a su rango. De momento no se sabe si esto es una curiosidad o permitirá profundizar en el conocimiento de estas distribuciones [37].

Las distribuciones zeta o de Zipf están ligadas a las estructuras jerárquicas y a los acontecimientos catastróficos, y también se solapan con los

[417]

fractales en el dominio espacial y con el llamado ruido 1/f en el dominio de los procesos temporales. A. Z. Mekjian hace un estudio mucho más generalizado de la aplicación de los números de Fibonacci-Lucas a la estadística que incluyen leyes de potencias hiperbólicas [38] .

I. Tanackov et al. muestran la estrecha relación de la distribución exponencial elemental con el valor 2ln φ, que les hace pensar que la aparición de de la proporción continua en la Naturaleza podría estar ligada a un caso especial de procesos de Markov —un caso no reversible, diríamos nosotros. Sabido es que las distribuciones exponenciales tienen máxima entropía. Con los números de Lucas, generalización de los de Fibonacci, se puede obtener una convergencia al valor de e mucho más rápida que con la misma expresión original de Bernouilli, lo que ya da en qué pensar; también con paseos no reversibles se puede obtener una convergencia más rápida que con el paseo aleatorio habitual [38bis].

Edward Soroko propuso una ley de armonía estructural para la estabilidad de los sistemas autoorganizados, basado en la razón continua y sus series considerando la entropía desde el punto de vista del equilibrio termodinámico [39]. Sin duda una parte de su trabajo es aprovechable o puede ser fuente de nuevas ideas, aunque aquí hemos hablado más de entropía en sistemas alejados del equilibrio.

Sería de gran interés precisar más las relaciones de las leyes de potencias con la entropía. El uso del principio de máxima entropía parece especialmente indicado para sistemas abiertos fuera de equilibrio y con alta autointeracción. Investigadores como Matt Visser piensan que el principio de máxima entropía entendido en el sentido de Jaynes permiten una interpretación muy directa y natural de las leyes de potencias [40].

Normalmente se buscan leyes de potencias discretas o leyes de potencias continuas, pero en la naturaleza se aprecia a menudo un término medio entre ambas como observa Mitchell Newberry a propósito del sistema circulatorio. Como casi siempre, en tales casos se impone la ingeniería inversa sobre el modelo natural. La proporción continua y sus series nos ofrecen un procedimiento recursivo óptimo para pasar de escalas continuas a discretas, y su aparición en este contexto podría ser natural [41].

El promedio logarítmico parece ser el componente más importante de estas leyes de potencias, y la base de los logaritmos naturales, el número e, lo asociamos de inmediato con el crecimiento exponencial en el que una determinada variable aumenta sin restricciones, algo que en la naturaleza sólo puede aparecer en breves lapsos de corta duración. En cambio la proporción continua parece surgir en un contexto de equilibrio crítico entre al menos dos variables. Pero esto nos llevaría más bien a las curvas logísticas o en S, que son una forma modificada de la distribución normal y también una compensación a escala de una función tangente hiperbólica. Por otro lado las distribuciones exponenciales y las de leyes de potencias parecen muy diferentes pero a veces pueden estar directamente conectadas, lo que merecería un estudio por sí solo.

Como ya se apuntó, también podemos conectar las constantes e y Φ a través del plano complejo, como en la igualdad ($\Phi i = e \pm \pi i/3$). Aunque la entropía siempre se ha medido con álgebras de números reales, G. Rotundo y M. Ausloos han mostrado que también aquí el uso de valores complejos puede estar justificado, permitiendo tratar no sólo una energía libre «básica» sino también «correcciones debidas a alguna estructura de escala subyacente»[42]. El uso de matrices de correlación asimétricas tal vez pueda conectarse con las matrices áureas generalizadas por Stakhov y que Sergey Pethoukov ha aplicado a la información del código genético [43].

En el contexto mecánico-estadístico la máxima entropía es sólo un extremo referido al límite termodinámico y a escalas de recurrencia de Poincaré inmensurables; pero en muchos casos relevantes en la naturaleza, y evidentemente en el contexto termomecánico, hay que considerar una entropía de equilibrio no máxima, que puede estar definida por el grano grueso del sistema. Pérez-Cárdenas et al. demuestran una entropía de grano grueso no máxima unida a una ley de potencias, siendo la entropía tanto menor cuando más fina es la granulosidad del sistema [44]. Esta granulosidad se puede vincular con las constantes de proporcionalidad en las ecuaciones de la mecánica, como la propia constante de Planck.

*

La probabilidad es un concepto predictivo, y la estadística uno descriptivo e interpretativo, y ambos deberían estar equilibrados si no queremos que el ser humano esté cada vez más gobernado por conceptos que no entiende en absoluto.

Por poner un ejemplo, el grupo de renormalización de la física estadística tiene cada vez más importancia en el manejo de datos de los filtros multinivel del aprendizaje automático, hasta el punto en que hoy hay quien afirma que ambas son la misma cosa. Pero no hay ni que decir que este grupo surgió históricamente para compensar los efectos de la autointeracción del lagrangiano en el campo electromagnético, un tema central de este artículo.

Para la predicción, los efectos de la autointeracción son más que nada «patológicos», puesto que complican los cálculos y conducen a menudo a infinitos —aunque la culpa de esto está en la incapacidad de tratar con partículas extensa de la relatividad especial, más que en la propia autointeracción. Pero para la descripción e interpretación el problema es el inverso, se trata de recuperar la continuidad de una realimentación natural rota por capas y más capas de reglas de cálculo, con sus convenciones y arbitrariedades. La conclusión no puede ser más clara: la búsqueda de predicciones, y la «inteligencia artificial» así concebida, ha crecido exponencialmente a costa de ignorar la inteligencia natural —la capacidad intrínseca de autocorrección en la naturaleza.

Si queremos revertir de alguna manera que el hombre sea gobernado por números que no entiende —y hasta los especialistas los entienden cada vez menos—, se impone ocuparse del camino regresivo o retrodictivo con al menos igual intensidad. Si los dioses destruyen a los hombres volviéndolos ciegos, los hacen ciegos por medio de las predicciones.

*

Como apunta Merrick, para la actual teoría de la evolución, si la vida desapareciera de este planeta o tuviera que empezar otra vez de cero, los resultados a largo plazo serían completamente diferentes, y si surgiera una especie racional sería biológicamente inconmensurable con el hombre. Eso es lo que comporta una evolución aleatoria. En una evolución armónicamente guiada por resonancia e interferencia como la que él contempla, los resultados volverían a ser más o menos los mismos, salvo por la incierta incidencia que puedan tener los grandes ciclos cósmicos más allá de nuestro alcance.

No existe azar puro, no hay nada puramente aleatorio; a poco organizada que sea una entidad, así sea una partícula o átomo, no puede dejar de filtrar el azar circundante según su propia estructura interna. Y el primer signo de organización es la aparición de un eje de simetría, que en las partículas viene definido por ejes de rotación.

La teoría de la evolución dominante, como la cosmología, ha surgido para llenar el gran vacío entre unas leyes físicas abstractas y reversibles, y por lo tanto ajenas al tiempo, y el mundo ordinario de la flecha del tiempo, las formas perceptibles y las secuencias de acontecimientos. La entera cosmología actual parte de un supuesto innecesario y contradictorio, el principio de inercia. La teoría biológica de la evolución, de uno falso, que la vida sólo está gobernada por el azar.

La presente «teoría sintética» de la evolución sólo ha llegado a existir por la separación de disciplinas, y en particular, por la segregación de la termodinámica de la física fundamental a pesar de que nada hay más fundamental que la Segunda Ley. No es casual que la termodinámica surgiera simultáneamente a la teoría de la evolución: la primera empieza con Mayer, de consideraciones sobre el trabajo y la fisiología, y la segunda con Wallace y Darwin partiendo, según la cándida admisión de éste último en las primeras páginas de su obra principal, de los supuestos de competencia de Malthus, que a su vez se retrotraen a Hobbes —una es una teoría del trabajo y la otra del ecosistema global entendido como un mercado de capital. En este ecosistema el capital acumulado es, por supuesto, la herencia biológica.

La evolución armónica de Merrick, por la interferencia colectiva de las partículas-ondas, es una puesta al día de una idea tan vieja como la música; y es además una visión sin finalidad y atemporal del acontecer del mundo. Pero para alcanzar la deseada profundidad en el tiempo, debe estar unida a los otros dos dominios claramente teleológicos, pero espontáneos, presentes en la mecánica y la termodinámica, y que aquí llamamos termomecánicos para abreviar.

Bastaría unir estos tres elementos para que la presente teoría de la evolución empezara a resultar irrelevante; y eso sin hablar de que la evolución humana y tecnológica es decididamente lamarckiana más allá de cualquier especulación. Hasta las moléculas de DNA están organizadas de la forma más manifiesta por un eje. Y en cuanto a la teoría de la información, sólo hay que recordar que ha salido de una interpretación peculiar de la termodinámica, y que es imposible hacer cómputos automáticos sin componentes con un eje de giro. Sea cual sea el grado de azar, el polo define su sentido.

Sin embargo, para entender mejor la acción del polo y la reacción espontánea que comporta la mecánica tendríamos que redescubrir la polaridad.

En física y matemáticas, como en todas las áreas de la vida, tenemos principios, medios y fines. Los principios son nuestros puntos de partida, los medios, desde el punto de vista práctico-teórico, son los procedimientos de cálculo, y los fines son las interpretaciones. Estas últimas, lejos de ser un lujo filosófico, son las que determinan el contorno entero de representaciones y aplicabilidad de una teoría.

En cuanto a los principios, como ya comentamos, si queremos ver más de cerca de dónde emerge la razón continua, deberíamos observar todo lo posible las ideas de continuidad, homogeneidad y reciprocidad. Y esto incluye la consideración de que todos los sistemas son abiertos, puesto que si no son abiertos no pueden cumplir con el tercer principio de una forma digna de considerarse «mecánica».

Estos tres, o si se quiere cuatro principios, están incluidos de forma inespecífica en el principio de equilibrio dinámico, que es la forma de prescindir del principio de inercia, y de paso, del de relatividad. Si por lo demás hablamos de continuidad, ello no quiere decir que afirmemos que el mundo físico deba de ser necesariamente continuo, sino que no se debería romper lo que parece una continuidad natural sin necesidad.

En realidad los principios también determinan el alcance de nuestras interpretaciones aunque no las precisan.

En cuanto al cálculo, que en forma de predicciones se ha convertido para la física moderna en la casi exclusiva finalidad, es precisamente el hecho de que siempre se trata de justificar la forma en que se han llegado a resultados que ya se conocían de antemano —en el comienzo de las teorías, antes de que se empiecen a emitir predicciones potencialmente contenidas en ella— lo que lo ha convertido en un útil heurístico por encima de consideraciones de lógica y consistencia. Por supuesto que existe una trabajosa fundamentación del cálculo por Bolzano, Cauchy y Weierstrass, pero ésta se preocupa más de salvar los resultados ya conocidos que de hacerlos más inteligibles.

En este punto no podemos estar más de acuerdo con Mathis, que ha emprendido una batalla en solitario por intentar depurar y simplificar estos fundamentos. A lo que Mathis propone se le puede buscar el precedente del cálculo de diferencias finitas y el cálculo de umbrales, pero éstos se consideran subdominios del cálculo estándar y en última instancia no han contribuido a aportar claridad.

Una velocidad instantánea sigue siendo un imposible que la razón rechaza, y además no existe tal cosa sobre un gráfico. Si hay teorías físicas, como la relatividad especial, que rompen innecesariamente con la continuidad de las ecuaciones clásicas, aquí tenemos el caso contrario, pero con otro efecto igualmente disruptivo: se crea una falsa noción de continuidad, o pseudocontinuidad, que no está justificada por nada. El cálculo moderno nos ha creado para nosotros una ilusión de dominio sobre el infinito y el movimiento sustrayendo al menos una dimensión del espacio físico, no haciendo en este caso honor a ese término «análisis» del que tanto se precia. Y esto, naturalmente, debería tener consecuencias en todas las ramas de la física matemática [45].

Los argumentos de Mathis son absolutamente elementales e irreductibles; se trata también de cuestiones de principio, pero no sólo de principio puesto que los problemas del cálculo son eminentemente técnicos. El cálculo original se concibió para calcular áreas bajo curvas y tangentes a esas curvas. Es evidente que las curvas de un gráfico no pueden confundirse con las trayectorias reales de objetos y que en ellas no hay puntos ni instantes, luego las generalizaciones de sus métodos contienen esa conflación dimensional.

El cálculo de diferencias finitas está además íntimamente relacionado con el problema de las partículas con extensión, sin las cuales es casi imposible pasar de la abstracción ideal de las leyes físicas a las formas aparentes de la naturaleza.

El mismo Mathis admite repetidamente, por ejemplo en su análisis de la función exponencial, que hay muchísimas cosas todavía por definir en su redefinición del cálculo, pero esto deberían ser buenas noticias, no malas. Al menos el procedimiento es claro: la derivada no se encuentra en un diferencial que se aproxima a cero, sino en un subdiferencial que es constante y que sólo puede ser la unidad, un intervalo unidad; un diferencial sólo puede ser un intervalo, nunca un punto, y es a esto a lo que la misma definición del límite debe su rango de validez. En los problemas físicos ese intervalo unidad debe corresponder a un tiempo transcurrido y una distancia recorrida.

Tratando de ver más allá de los esfuerzos de Mathis, podría decirse que, si las curvas vienen definidas por exponentes, cualquier variación en una función tendría que poder expresarse en forma de equilibrio dinámico cuyo producto es la unidad; y en todo caso por un equilibrio dinámico basado en un valor constante unitario, que es el intervalo. Si el cálculo y la mecánica clásicos crecieron uno junto al otro como gemelos casi indistinguibles, con aún más razón debería hacerlo una mecánica relacional en la que la inercia se disuelve siempre en movimiento.

La parte heurística del cálculo moderno se sigue basando en el promedio y la compensación de errores; mientras que la fundación es racionalizada en términos de límite, pero funciona por el intervalo unidad subyacente. La semejanza entre la barra de una balanza y una tangente es obvia; lo que no se ve es qué es precisamente lo que se compensa. El cálculo de Mathis no opera por promedios, el que opera por promedios es el cálculo estándar. Mathis ha encontrado el fiel de la balanza, ahora lo que falta es poner a punto los platos y los pesos. Luego volveremos sobre esto.

Las disputas que de cuando en cuando todavía existen, incluso entre grandes matemáticos, respecto al cálculo estándar y no estándar, o incluso las diversas formas de tratar infinitesimales, revelan al menos que distintos caminos son posibles; sólo que para la mayoría de nosotros resultan remotas y muy alejadas de las cuestiones básicas que habría que analizar en primer lugar.

Antes hablábamos de una fórmula de Tanackov para calcular la constante e mucho más rápida que «el método directo» clásico; pero es que matemáticos aficionados como el ya citado Harlan Brothers han encontrado, hace apenas veinte años, muchas formas cerradas diferentes de calcularla más rápidas y a la par que más compactas. La comunidad matemática lo puede tratar como una curiosidad, pero si esto pasa con los rudimentos más básicos del cálculo elemental, qué no podrá ocurrir en la tupida selva de las funciones de orden superior.

Un caso hasta cierto punto comparable sería el del cálculo simbólico o álgebra computacional, que ya hace 50 años comprobó que muchos algoritmos clásicos, incluida gran parte del álgebra lineal, eran terriblemente ineficientes. Sin embargo, y por lo que se ve, nada de esto ha afectado al cálculo propiamente dicho.

«Trucos» como los de Brothers permanecen en el dominio de la heurística, aunque hay que reconocer que ni Newton, ni Euler, ni ningún otro gigante del cálculo los conocía; pero aunque sean heurística no pueden dejar de apuntar en la dirección correcta, puesto que la simplicidad suele ser indicativa de la verdad. Sin embargo en el caso de Mathis hablamos no sólo de los fundamentos mismos, que ninguno de las revisiones del cálculo simbólico ha osado tocar, sino incluso de la validez de los resultados, lo que ya rebasa lo que los matemáticos están dispuestos a considerar. Al final del capítulo veremos si se puede justificar esto.

En realidad, pretender que un diferencial tienda a cero equivale a permitirlo todo con tal de llegar al resultado deseado; es la condición ideal de versatilidad para la heurística y la adhocracia. La exigencia fundamental del cálculo constante o unitario —del cálculo diferencial sin más— puede parecer al principio como poner un palo en una rueda que ya funciona a pleno rendimiento, pero es ante todo veraz. Ninguna cantidad de ingenio puede sustituir a la rectitud en la búsqueda de la verdad.

Lo de Mathis no es algo quijotesco; hay aquí mucho más de lo que puede verse a simple vista. Existen estándares reversibles y estándares prácticamente irreversibles, como la ineficaz distribución actual de las letras del alfabeto en el teclado, que parece imposible de cambiar aunque ya nadie usa las viejas máquinas. No sabemos si el cálculo infinitesimal será otro ejemplo de estándar imposible de revertir pero lo que aquí está en juego está mucho más allá de cuestiones de conveniencia, y bloquea una mejor comprensión de una infinidad de asuntos; su superación es condición indispensable para la transformación cualitativa del conocimiento.

*

Los físicos teóricos de hoy, obligados a una manipulación altamente creativa de las ecuaciones, tienden a desestimar el análisis dimensional como algo irrelevante y estéril; seguramente esa actitud se debe a que consideran que cualquier revisión de los fundamentos está fuera de lugar, y sólo cabe mirar hacia adelante.

En realidad, el análisis dimensional es más inconveniente que otra cosa, puesto que de ningún modo es algo inocuo: puede demostrar con sólo unas líneas que la carga es equivalente a la masa, que las relaciones de indeterminación de Heisenberg son condicionales e infundadas, o que la constante de Planck sólo debería aplicarse al electromagnetismo, en lugar de generalizarse a todo el universo. Y puesto que a la física teórica moderna está en el negocio de generalizar sus conquistas a todo lo imaginable, cualquier contradicción o restricción a su expansión por el único lugar por el que se le permite expandirse tiene que verse con notoria hostilidad.

En realidad es fácil ver que el análisis dimensional tendría que ser una fuente importante de verdades con sólo que se le permitiera ejercer su papel, puesto que la física moderna es una torre de Babel de unidades sumamente heterogéneas que son el reflejo de las contorsiones realizadas en nombre de la simplicidad o elegancia algebraica. Las ecuaciones de Maxwell, en comparación con la fuerza de Weber que le precedió, son el ejemplo más elocuente de esto.

El análisis dimensional cobra además un interés añadido cuando ahondamos en la relación entre cantidades intensivas y extensivas. La desconexión entre las constantes matemáticas e y φ también está asociada con esta amplia cuestión. En materia de entropía, por ejemplo, usamos los logaritmos para convertir propiedades intensivas como la presión y la temperatura en propiedades extensivas, convirtiendo por conveniencia relaciones multiplicativas en relaciones aditivas más manejables. Esa conveniencia se convierte en necesidad sólo para los aspectos que ya son extensivos, como la expansión.

Ilya Prigogine mostró que cualquier tipo de energía puede descomponerse en una variable intensiva y otra extensiva cuyo producto nos da una cantidad; una expansión, por ejemplo viene dada por el producto PxV de la presión (intensiva) por el volumen (extensiva). Lo mismo puede hacerse para relaciones como cambios de masa/densidad con la relación entre velocidad y volumen, etcétera.

La imparable proliferación de medidas en todas las especialidades ya hace cada vez más necesaria la simplificación. Pero, aparte de eso, existe la urgencia de reducir la heterogeneidad de magnitudes físicas si es que queremos que la intuición le gane la batalla a la complejidad de la que somos cómplices.

Todo esto además se relaciona estrechamente con el cálculo finito y la teoría algorítmica de la medida, igualmente finitista, desarrollada por A. Stakhov. La teoría matemática clásica de la medida se basa en la teoría de conjuntos de Cantor y como es sabido no es constructiva ni está conectada con los problemas prácticos, por no hablar ya de los arduos problemas de la teoría de medida en física. Sin embargo la teoría desarrollada por Stakhov es constructiva e incorpora naturalmente un criterio de optimización.

Para apreciar el alcance de la teoría algorítmica de la medida en nuestra presente babel numérica hay que comprender que nos lleva de vuelta a los orígenes en Babilonia del sistema de numeración posicional, llenando una laguna de gran importancia en la actual teoría de los números y los campos numéricos. Esta teoría es isomorfa con un nuevo sistema numérico y una nueva teoría de las poblaciones biológicas. El sistema numérico, creado por George Bergman en 1957 y generalizado por Stakhov, se basa en las potencias de φ. Si para Pitágoras «todo es número», para este sistema «todo número es proporción continua».

La teoría algorítmica de la medida también plantea la cuestión del equilibrio, puesto que su punto de partida es el llamado problema de Bachet-Mendeleyev, que curiosamente aparece también por primera vez en la literatura occidental en 1202 con el Liber Abacci de Fibonacci. La versión moderna del problema consiste en encontrar el sistema óptimo de pesos estándar para una balanza que tiene un tiempo de respuesta o sensibilidad. En el caso límite, en que no hay lapso de respuesta, el tiempo no interviene como factor operativo en el acto de encontrar los pesos.

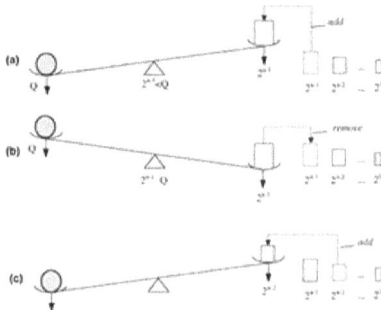

Alexey Stakhov, The mathematics of Harmony

Según Stakhov, el punto clave del problema de los pesos es la profunda conexión entre los algoritmos de medida y los métodos posicionales de numeración. Sin embargo, mi impresión es que aún admite una conexión más profunda con el cálculo mismo y los problemas de ajustar una función. En fin, los pesos de los platillos que necesitaba el fiel de la balanza identificado por Mathis. Naturalmente, no decimos que sea necesario utilizar potencias de φ ni cambiar de sistema de numeración, pero se pueden desarrollar ideas muy útiles sobre los algoritmos más simples.

Por supuesto, la teoría algorítmica de la complejidad nos dice que no se puede demostrar que un algoritmo es el más simple, pero eso no significa que no los busquemos continuamente, con independencia de la demostración. La eficiencia y la demostración no tienen por qué coincidir, eso no tiene nada de sorprendente.

El ser humano tiende inevitablemente a optimizar aquello que más mide; sin embargo no tenemos una teoría que armonice las necesidades de la metrología y la teoría de la medida con las de la matemática, la física y las ciencias descriptivas, ya sean sociales o naturales. Hoy de hecho existen muchas teorías de la medida diferentes, y cada disciplina tiende a buscar aquello que más le conviene. Sin embargo todas las métricas vienen definidas por una función, y las funciones vienen definidas por el cálculo o análisis, que no quiere tener nada que ver con los problemas prácticos de la medida y pretende ser tan pura como la aritmética aunque esté muy lejos de ello.

Esto puede parecer una situación un tanto absurda y de hecho lo es, pero también sitúa a una hipotética teoría de la medida que esté en contacto directo con los aspectos prácticos, los fundamentos del cálculo y la aritmética en una situación estratégica privilegiada por encima de la deriva e inercia de las especialidades.

El cálculo o análisis no es una ciencia exacta, y es demasiado pretender que lo sea. Por un lado, y en lo que respecta a la física, comporta al menos una conexión directa con las cuestiones de medida que debería ser explícita del lado mismo de la matemática; por el otro lado, el carácter altamente heurístico de sus procedimientos más básicos habla por sí solo. Si la propia aritmética y la geometría tienen grandes lagunas, siendo incomparablemente más nítidas, sería absurdo pretender que el cálculo no puede tenerlas.

*

Por otra parte, la física nunca va a dejar de tener tanto componentes discretos y estadísticos —cuerpos, partículas, ondas, colisiones, actos de medición, etc— como continuos, lo que hace aconsejable un análisis estadístico relacional cronométrico.

Un ejemplo de análisis estadístico relacional es el que propone V. V. Aristov. Aristov introduce un modelo constructivo y discreto del tiempo como movimiento usando la idea de sincronización y de reloj físico que ya introdujo Poincaré justamente con la problemática del electrón. Aquí cada momento del tiempo es un cuadro puramente espacial. Pero no sólo se trata de la conversión del tiempo en espacio, también de entender el origen de la forma matemática de las leyes físicas: «Las ecuaciones físicas ordinarias son consecuencias de los axiomas matemáticos, 'proyectados' en la realidad física por medio de los instrumentos fundamentales. Uno puede asumir que es posible construir relojes diferentes con una estructura diferente, y en este caso tendríamos diferentes ecuaciones para la descripción del movimiento.»

El mismo Aristov ha provisto modelos de reloj partiendo de procesos no periódicos, esto es, supuestamente aleatorios, que también tienen un gran interés. Un reloj que parte de un proceso no periódico podría ser, por ejemplo, un motor de pistón en un cilindro; y esto puede dar pie a incluir igualmente los procesos termodinámicos.

Hay que notar, además, que los procesos cíclicos, aun a pesar de su periodicidad, enmascaran influencias adicionales o ambientales, como bien hemos visto con la fase geométrica. A esto se suma el filtro deductivo de principios innecesariamente restrictivos, como ya hemos visto en el caso de la relatividad. Y por si todos ello fuera poco, tenemos el hecho, apenas reconocido, de que muchos procesos considerados puramente aleatorios o «espontáneos», como la desintegración radiactiva, muestran estados discretos durante fluctuaciones en procesos macroscópicos, como ha mostrado extensivamente S. Shnoll y su escuela durante más de medio siglo.

Efectivamente, desde la desintegración radiactiva a las reacciones enzimáticas y biológicas, pasando por los generadores automáticos de números aleatorios, muestran periodos recurrentes de 24 horas, 24 horas, 27 y 365 días, que obviamente responden a un patrón astronómico y cosmofísico.

Sabemos que esta regularidad es «cribada» y descontada rutinariamente como «no significativa», en un ejemplo de hasta qué punto los investigadores están bien enseñados a seleccionar los datos, pero, más allá de esto, la pregunta sobre si tales reacciones son espontáneas o forzadas permanece. Pero se puede avanzar una respuesta: uno las llamaría espontáneas incluso en el caso en que pudiera demostrarse un vínculo causal, desde el momento en que los cuerpos contribuyen con su propio impulso.

El rendimiento estadístico de las redes neuronales multinivel —la estrategia de la fuerza bruta del cálculo— se ve frenado incrementalmente por el carácter altamente heterogéneo de los datos y unidades con los que se los alimenta, aun a pesar de que obviamente las dinámicas tratadas sean independientes de las unidades. A la larga no se puede prescindir de la limpieza de principios y criterios, y los atajos que han buscado las teorías para calcular suponen un peso muerto que se acumula. Y por encima de todo, de poco sirve a qué conclusiones puedan llegar las máquinas cuando nosotros ya somos incapaces de interpretar las cuestiones más simples.

El rendimiento de una red relacional es también acumulativo, pero justo el sentido contrario; tal vez habría que decir, más bien, que crece de manera constructiva y modular. Sus ventajas, como los de la física que lleva tal nombre —y las redes de información en general— no se advierten a primera vista pero aumentan con el número de conexiones. La mejor forma de probar esto es extendiendo la red de conexiones relacionales. Y efectivamente, se trata de trabajo e inteligencia colectivas.

Con los cortes arbitrarios a la homogeneidad relacional aumenta la interferencia destructiva y la redundancia irrelevante; por el contrario, a mayor densidad relacional, mayor es la interferencia constructiva. No creo que esto requiera demostración: Las relaciones totalmente homogéneas permiten grados de inclusión de orden superior sin obstrucción, del mismo modo que las ecuaciones hechas de elementos heterogéneos comportan ecuaciones dentro de ecuaciones en calidad de elementos opacos o nudos por desenredar [46].

*

Volvamos de nuevo al cálculo, aunque bajo otro ángulo. El cálculo diferencial de Mathis no siempre obtiene los mismos resultados del cálculo estándar, lo que parecería suficiente para descartarlo. Puesto que su principio es indudable, los errores podrían estar en el uso del principio, en su aplicación, quedando todavía los criterios por clarificar. Esto por un lado. Por el otro, que hay una «reducción dimensional» de las curvas en el cálculo estándar es un hecho, que sin embargo no es muy reconocido porque después de todo ahora se supone que los gráficos son secundarios y aun prescindibles.

¿Lo son realmente? Sin los gráficos el cálculo nunca hubiera nacido, y eso ya es suficiente. David Hestenes, el gran valedor del álgebra y cálculo geométricos, suele decir que la geometría sin álgebra es torpe, y el álgebra sin geometría ciega. Habría que añadir que no sólo el álgebra, sino igualmente el cálculo, y en una medida mayor de la que nos imaginamos; siempre que comprendamos que en la «geometría» hay más de lo que suelen decirnos los gráficos. Vamos ahora a observar otro tipo de gráficos, esta vez de vórtices, debidos a P. A. Venis [47].

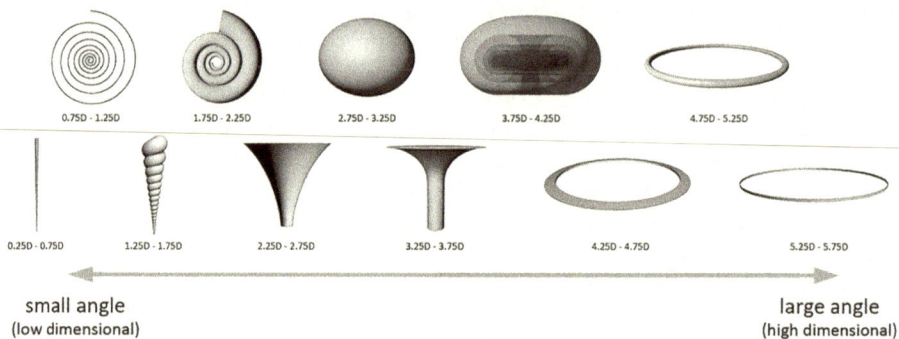

0.75D - 1.25D	1.75D - 2.25D	2.75D - 3.25D	3.75D - 4.25D	4.75D - 5.25D

0.25D - 0.75D	1.25D - 1.75D	2.25D - 2.75D	3.25D - 3.75D	4.25D - 4.75D	5.25D - 5.75D

small angle
(low dimensional)

large angle
(high dimensional)

Peter Alexander Venis

En la secuencia de transformación de vórtices Venis hace una estimación de su dimensionalidad que al principio puede parecer arbitraria, aunque se basa en algo tan «evidente» como el paso del punto a la recta, de la recta al plano y del plano al volumen. También sorprenden las dimensiones fraccionarias, hasta que comprendemos que se trata de una simple estimación sobre la continuidad dentro del orden de la secuencia, que no puede ser más natural.

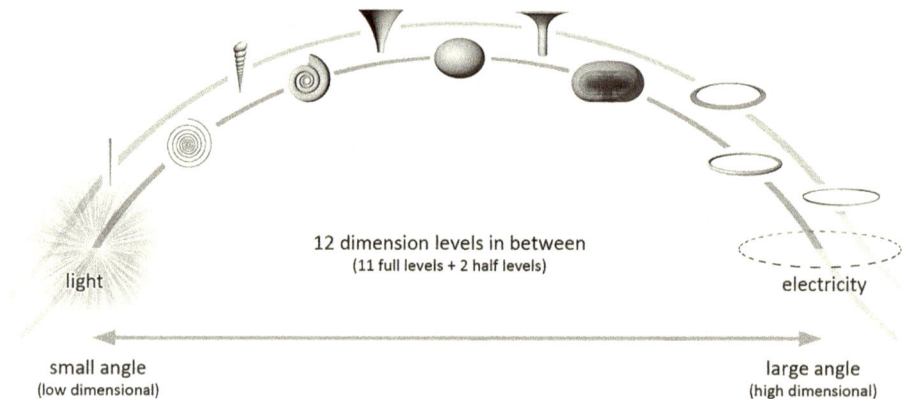

12 dimension levels in between
(11 full levels + 2 half levels)

light

electricity

small angle
(low dimensional)

large angle
(high dimensional)

Peter Alexander Venis

Aunque Venis no busque una demostración, su secuencia de transformaciones es más convincente que un teorema. Basta mirar un minuto con atención para que su evolución resulte evidente. Se trata de una clave general para la morfología, con independencia de la interpretación física que queramos darle.

Para Venis la aparición de un vórtice en el plano físico es un fenómeno de proyección de una onda de un campo único donde las dimensiones existen como un todo compacto y sin partes: otra forma de hablar del medio homogéneo como unidad de referencia para el equilibrio dinámico. Está claro que en un medio completamente homogéneo no podemos caracterizarlo ni como lleno ni como vacío, y lo mismo da decir que tiene un número infinito de dimensiones que decir que no tiene ninguna.

Así, tanto las dimensiones ordinarias, como las fraccionarias, e incluso las dimensiones negativas son un fenómeno de proyección, de geometría proyectiva. La naturaleza física es real puesto que participa de este campo único o medio homogéneo, y es una ilusión proyectada en la medida en que lo concebimos como una parte independiente o una infinidad de partes separadas.

Las dimensiones negativas se deben a un ángulo de proyección menor de 0 grados, y conducen a la evolución toroidal que va más allá del bulbo en equilibrio en tres dimensiones —es decir, las dimensiones superiores a las tres ordinarias. Forman por tanto un contraespacio proyectivo complementario del espacio ordinario de la materia, que no es menos proyección que el primero con respecto a la unidad. La luz y la electricidad están en extremos opuestos de la manifestación, de evolución e involución en la materia: la luz es el fiat, y la electricidad la extinción. Se podría elaborar mucho sobre esto pero dejaremos algo para luego.

Cortes arbitrarios en la secuencia dejan expuestas dimensiones fraccionales que coinciden con las formas que apreciamos. Puesto que el propio Mathis atribuye las diferencias de resultados entre su cálculo y el cálculo estándar a que este último elimina al menos una dimensión, y en la secuencia de transformaciones tenemos toda una serie de dimensiones intermedias para funciones básicas, éste sería un excelente banco de pruebas para comparar ambos.

Michael Howell afirma que con el análisis fractal se evita la reducción de dimensiones, y traduce la curva exponencial en «una forma fractal de aceleración variable» [48]. Hay que recordar que según Mathis el cálculo estándar tiene errores incluso en la función exponencial; el análisis de la evolución dimensional de los vórtices nos brinda un amplio espectro de casos para sacarnos de dudas. Pienso en derivadas fraccionales y curvas diferenciables, antes que en fractales entendidos como curvas no diferenciables. Sería interesante ver cómo se aplica el diferencial constante a derivadas fraccionales.

La historia del cálculo fraccional, que ha adquirido tanto auge en el siglo XXI, se remonta a Leibniz y a Euler y es uno de los raros casos en que matemáticos y físicos echan en falta una interpretación. A pesar de que su uso se ha extendido a dominios intermedios en procesos exponenciales, ondulatorios, difusivos y de muchos otros tipos, la dinámica fraccional presenta una dependencia no local de la historia que no concuerda con el tipo de evolución temporal acostumbrado; aunque también existe un cálculo fraccional local. Para tratar de conciliar esta divergencia Igor Podlubny propuso distinguir entre un tiempo cósmico inhomogéneo y un tiempo individual homogéneo [49].

Podlubny admite que la geometrización del tiempo y su homogeneización se deben ante todo al cálculo, y nota que los intervalos de espacio pueden compararse simultáneamente, pero los de tiempo no, y sólo podemos medirlos como secuencia. Lo que puede sorprender es que este autor atribuya la no homogeneidad al tiempo cósmico, en lugar de al tiempo individual, puesto que en realidad la mecánica y el cálculo se desarrollan al unísono bajo el principio de la sincronización global, de la simultaneidad de acción y reacción. En esto la relatividad no es diferente de la mecánica de Newton. El tiempo individual sería una idealización del tiempo creado por la mecánica, lo que es ponerlo todo del revés: en todo caso sería el tiempo de la mecánica el que es una idealización.

Por un lado el cálculo fraccional es contemplado como un auxiliar directo para el estudio de todo tipo de «procesos anómalos»; pero por otro lado el mismo cálculo fraccional es una generalización del cálculo estándar que incluye al cálculo ordinario y por lo tanto también permite tratar toda la física sin excepción. Esto hace pensar que, más que ocuparse de procesos anómalos, es el cálculo ordinario el que produce una normalización, que afecta a todas las cantidades que computa y entre ellas el tiempo.

Venis también habla de ramas temporales y tiempo no homogéneo, aunque sus razonamientos se quedan más bien a mitad de camino entre la lógica de su secuencia, que representa un flujo del tiempo individualizado, y la lógica de la relatividad. Sin embargo es la lógica secuencial la que debería definir el tiempo en general y el tiempo individual o tiempo local en particular —no la lógica de la simultaneidad del sincronizador global. Volveremos pronto sobre esto.

POLO DE INSPIRACIÓN: DEL MONOPOLO A LA POLARIDAD

8 abril, 2020

La polaridad fue siempre un componente esencial de la filosofía natural y aun del pensamiento sin más, pero la llegada de la teoría de la carga eléctrica sustituyó una idea viva por una simple convención.

A propósito del vórtice esférico universal, hablábamos antes de la hipótesis del monopolo de Dirac. Dirac conjeturó la existencia de un monopolo magnético por una mera cuestión de simetría: si existen monopolos eléctricos, ¿por qué no existen igualmente unidades de carga magnética?

Mazilu, siguiendo a E. Katz, razona que no hay ninguna necesidad de completar la simetría, puesto que en realidad ya tenemos una simetría de orden superior: los polos magnéticos aparecen separados por porciones de materia, y los polos eléctricos sólo se presentan separados por porciones de espacio vacío. Lo cual está en perfecta sintonía con la interpretación de las ondas electromagnéticas como un promedio estadístico de lo que ocurre entre el espacio y la materia.

Y que pone el dedo sobre la cuestión que se procura evitar: se dice que la corriente es el efecto que se produce entre cargas, pero en realidad es la carga la que está definida por la corriente. La carga elemental es una entidad postulada, no algo que se siga de las definiciones. Con razón puede decir Mathis que puede prescindirse por completo de la idea de carga elemental y sustituirla por la masa, lo que está justificado por el análisis dimensional y simplifica enormemente el panorama —librándonos entre otras cosas, de constantes del vacío como la permitividad y permeabilidad que son totalmente inconsecuentes con la misma palabra «vacío» [50].

Visto así, no se encuentran monopolos magnéticos porque para empezar tampoco existen ni monopolos eléctricos ni dipolos. Lo único que habría es gradientes de una carga neutra, fotones, produciendo efectos atractivos o repulsivos según las densidades relativas y la sombra o pantalla ejercida por otras partículas. Y por cierto, es este sentido puramente relativo y cambiante de la sombra y luz lo que caracterizaba la noción original del yin y el yang y la polaridad en todas las culturas hasta que llegó el gran invento de la carga elemental.

Así pues, bien puede decirse que la electricidad mató a la polaridad, muerte que no durará mucho tiempo puesto que la polaridad es un concepto mucho más vasto e interesante. Es verdaderamente liberador para la imaginación y nuestra forma de concebir la Naturaleza prescindir de la idea de cargas embotelladas por doquier.

Y es más interesante incluso para un objeto teórico tal como el monopolo. Los físicos teóricos han imaginado incluso monopolos cosmológicos globales. Pero basta con imaginar un vórtice esférico universal como el ya apuntado, sin ningún tipo de carga, pero con autointeracción y un movimiento doble para que surjan las rotaciones asociadas al magnetismo y las atracciones y repulsiones asociadas a las cargas. Las mismas inversiones del campo en la electrodinámica de Weber invitaban ya a pensar que la carga es un constructo teórico.

Deberíamos llegar a ver la atracción y repulsión electromagnéticas como totalmente independientes de las cargas, e inversamente, al campo único que incluye la gravedad, como capaz tanto de atracción como de repulsión. Esta es la condición, no ya para unificar, sino para acercarse a la unidad efectiva que presuponemos en la Naturaleza.

*

El tema de la polaridad nos lleva a pensar en otro gran problema teórico para el que se busca un correlato experimental: la función zeta de Riemann. Como es sabido ésta presenta una enigmática semejanza con las matrices aleatorias que describen niveles de energía subatómicos y otros muchos aspectos colectivos de la mecánica cuántica. La ciencia busca estructuras matemáticas en la realidad física, pero aquí por el contrario tendríamos una estructura física reflejada en una realidad matemática. Grandes físicos y matemáticos como Berry o Connes propusieron hace más de diez años confinar un electrón en dos dimensiones y someterlo a campos electromagnéticos para «obtener su confesión» con la forma de los ceros de la función.

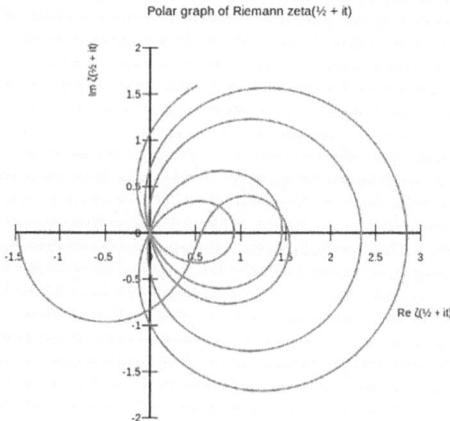

Polar graph of Riemann zeta($\frac{1}{2}$ + it)

Polar zeta

Se ha conjeturado ampliamente sobre la dinámica idónea para recrear la parte real de los ceros de la función zeta. Berry conjetura que esta dinámica debería ser irreversible, acotada e inestable, lo cual la aleja de los estados ordinarios de los campos fundamentales, pero no tanto de las posibilidades termomecánicas; tanto más si lo que está en cuestión es la relación aritmética entre la adición y la multiplicación, frente al alcance de las reciprocidades multiplicativas y aditivas en física.

Los físicos y matemáticos piensan en su inmensa mayoría que no hay nada que interpretar en los números imaginarios o el plano complejo; sin embargo, en cuanto se toca la función zeta, apenas hay nadie que no empiece por hablar de la interpretación de los ceros de la función —especialmente cuando se trata de su relación con la mecánica cuántica. A este respecto todo son muy débiles conjeturas, lo que demuestra que basta con que no se tengan soluciones para que sí haya un problema de interpretación, y de gran magnitud, por lo demás.

Tal vez, para saber a qué atenerse, habría que depurar el cálculo en el sentido en que lo hace Mathis y ver hasta qué punto se pueden obtener los resultados de la mecánica cuántica sin recurrir a los números complejos ni a los métodos tan crudamente utilitarios de la renormalización. De hecho en la versión del cálculo de Mathis cada punto equivale al menos a una distancia, lo que debería darnos información adicional. Si el plano complejo permite extensiones a cualquier dimensión, deberíamos verificar cuál es su traducción mínima en números reales, tanto para problemas físicos como aritméticos. Después de todo, el punto de partida de Riemann fue la teoría de funciones y el análisis complejo, antes que la teoría de los números.

Seguramente si físicos y matemáticos conocieran el rol del plano complejo en sus ecuaciones no estarían pensando en confinar electrones en dos dimensiones y otras tentativas igualmente desesperadas. La función zeta de Riemann nos está invitando a inspeccionar los fundamentos del cálculo, las bases de la dinámica, y hasta el modelo de la partícula puntual y carga elemental.

La función zeta tiene un polo en la unidad y una línea crítica con valor de 1/2 en la que aparecen todos los ceros no triviales conocidos. Obviamente los portadores de la «carga elemental», el electrón y el protón, tienen ambos un espín con valor de 1/2 y el fotón que los acopla, uno con valor igual a 1. ¿Pero porqué el espín ha de ser un valor estadístico y la carga no? Está claro que hay una conexión íntima entre la descripción de los bosones y fermiones y las propiedades de la función zeta, que ya se ha aplicado a muchos problemas. El interés de las analogías físicas para la función zeta sería posiblemente mucho mayor si se prescindiera del concepto de carga elemental.

Que la parte imaginaria de la función de onda del electrón está ligada al espín y a la rotación no es ningún misterio. La parte imaginaria de las partículas de materia o fermiones, entre las que se cuenta el electrón no tiene sin embargo ninguna relación obvia con el espín. Ahora bien, en las ondas electromagnéticas clásicas se observa que la parte imaginaria del componente eléctrico está relacionada con la parte real del componente magnético, y al revés. Las amplitudes de dispersión y su continuación analítica no pueden estar separadas de las estadísticas de espín, y viceversa; y ambos están respectivamente asociados con fenómenos de tipo tiempo y tipo espacio. También puede haber distintas continuaciones analíticas con distintas interpretaciones geométricas en el álgebra de Dirac.

En electrodinámica todo el desarrollo de la teoría va de la forma más explícita de lo global a lo local. El teorema integral de Gauss, que Cauchy usó para demostrar su teorema del residuo del análisis complejo, da el prototipo de integral cíclica o de periodo, y originalmente está libre de especificaciones métricas —como lo está la ley de electrostática de Gauss, aunque esto muy rara vez se recuerda. La integral de Aharonov-Bohm, prototipo de fase geométrica, tiene una estructura equivalente a la de Gauss.

Como subraya Evert Jan Post, la integral de Gauss funciona como un contador natural de unidades de carga, igual que la de Aharonov-Bohm lo es para unidades de flujo cuantizadas en la autointerferencia de haces. Esto habla en favor de la interpretación colectiva o estadística de la mecánica cuántica como opuesta a la interpretación de Copenhague que enfatiza la existencia de un sistema individual con estadísticas no-clásicas. Los principales parámetros estadísticos serían aquí, en línea con el trabajo de Planck de 1912 en el que introdujo la energía de punto cero, la fase mutua y la orientación de los elementos del conjunto [51]. No hay ni que decir que la orientación es un aspecto independiente de la métrica.

Ni que decir tiene, este razonamiento integral demuestra toda su vigencia en el efecto Hall cuántico y su variante fraccional, presente en sistemas electrónicos bidimensionales sometidos a condiciones especiales; lo que nos llevaría a los mencionados intentos de confinamiento de electrones, pero desde el ángulo de la estadística ordinaria. En definitiva, si hay una correlación entre la función y los niveles de energía atómicos, ello no debería atribuirse a alguna propiedad especial de la mecánica cuántica sino a los grandes números aleatorios que pueden generarse a nivel microscópico.

Si algo no lo podemos entender en el dominio clásico, difícilmente lo vamos a ver más claro bajo las cortinas de niebla de la mecánica cuántica. Existen correlatos bien significativos de la zeta en física clásica sin necesidad de invocar el caos cuántico; y de hecho modelos bien conocidos como el de Berry, Keating y Connes son semiclásicos, lo que es una forma de quedarse a mitad de camino. Podemos encontrar un exponente clásico en los billares dinámicos, empezando con un billar circular, que puede extenderse a otras formas como elipses o la llamada forma de estadio, un rectángulo con dos semicírculos.

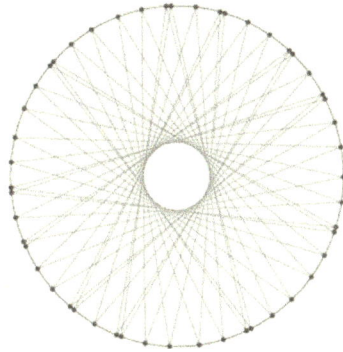

La dinámica del billar circular con una partícula puntual rebotando es integrable y sirve, por ejemplo, para modelar el comportamiento del campo electromagnético en resonadores tales como cavidades ópticas o de microondas. Si se abren rendijas en el perímetro, de modo que la bola tenga cierta probabilidad de escapar del billar, tenemos una tasa de disipación y el problema adquiere mayor interés. Por supuesto, la probabilidad depende de la ratio entre el tamaño de las aperturas y el del perímetro.

La conexión con los números primos viene a través de los ángulos en las trayectorias según un módulo $2\pi/n$. Bunimovich y Detteman demostraron que para un billar circular con dos aperturas separadas por 0, 60, 90, 120 o 180° la probabilidad está únicamente determinada por el polo y los ceros no triviales de la función zeta [52]. La suma total se puede determinar explícitamente y comporta términos que pueden conectarse con las series armónicas de Fourier y las series hipergeométricas. Desconozco si esto puede extenderse a contornos elípticos, que también son integrables. Es al pasar del contorno circular a contornos deformados como el del estadio que el sistema deja de ser integrable y se torna caótico, requiriendo un operador de evolución.

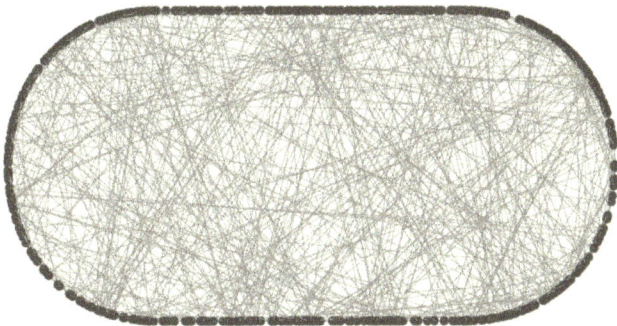

Los billares dinámicos tienen múltiples aplicaciones en física y se usan como ejemplo paradigmático de los sistemas conservativos y la mecánica hamiltoniana; sin embargo el «escape» que se permite a las partículas no es otra cosa que una tasa de disipación, y de la forma más explícita posible. Por lo tanto, nuestra idea inicial de que la zeta debería tener vigencia en sistemas ter-momecánicos irreversibles a un nivel fundamental es bien fácil de entender — es la mecánica hamiltoniana la que pide la excepción para empezar. Puesto que se asume que la física fundamental es conservativa, se buscan sistemas cerra-dos «un poco abiertos», cuando, según nuestro punto de vista, lo que tenemos siempre es sistemas abiertos parcialmente cerrados. Y según nuestra interpre-tación, hemos entendido la cuestión al revés: un sistema es reversible porque es abierto, y es irreversible en la medida en que deviene cerrado.

Pasando a otro orden de cosas, el aspecto más evidente del electromag-netismo es la luz y el color. Goethe decía que el color era el fenómeno fronterizo entre la sombra y la luz, en esa incierta región a la que llamamos pe-numbra. Por supuesto lo suyo no era una teoría física, sino una fenomenología, lo que no sólo no le quita valor sino que se lo añade. La teoría del espacio del color de Schrödinger de 1920, basada en argumentos de geometría afín aunque con una métrica riemaniana, se encuentra a mitad de camino entre la percep-ción y la cuantificación y puede servirnos, con algunas mejoras introducidas posteriormente, para acercar visiones que parecen totalmente inconexas. Mazi-lu muestra que también aquí pueden obtenerse matrices semejantes a las que surgen de las interacciones de campo [53].

Ni que decir tiene que a Goethe se le objetó que su concepto de polari-dad entre luz y oscuridad, a diferencia de la firmemente establecida polaridad de carga eléctrica, no estaba justificado por nada, pero nosotros creemos que es justamente lo contrario. Lo único que existen son gradientes; la luz y la sombra pueden crearlos, una carga que es sólo un signo + o — adscrito a un punto, no. El color está dentro de la luz-oscuridad como la luz-oscuridad está dentro del espacio-materia.

Se dice por ejemplo que la función zeta de Riemann podría jugar el mis-mo papel para los sistemas cuánticos caóticos que el oscilador armónico para los sistemas cuánticos integrables. ¿Pero se sabe todo del oscilador armónico? Ni mucho menos, ya vemos lo que ocurre con la fibración de Hopf o el mismo monopolo. Por otra parte, sabido es que la primera aparición de la zeta en la fí-sica es con la fórmula de radiación de cuerpo negro de Planck, donde entra en el cálculo de la energía promedio de lo que luego se llamaría «fotón».

La interpretación física de la función zeta siempre obliga a plantearse las correspondencias entre la mecánica cuántica y la clásica. Por tanto, un pro-blema casi tan intrigante como éste tendría que ser encontrar una contraparte clásica del espectro descrito por la ley de Planck; sin embargo las tendencias dominantes no parecen interesadas en encontrar una respuesta para esto. Mazi-lu, otra vez, nos recuerda el descubrimiento por Irwin Priest en 1919, de una sencilla y enigmática transformación bajo la cual la fórmula de Planck rinde una distribución gaussiana o normal con un ajuste exquisito a lo largo de todo el espectro [54].

En realidad el tema de la correspondencia entre la mecánica cuántica y la clásica es incomparablemente más relevante a nivel práctico y tecnológico que el de la función zeta. Y en cuanto a la teoría, tampoco existe ningún tipo de aclaración por parte de la mecánica cuántica sobre dónde se encontraría la zona de transición. Probablemente haya buenos motivos para que este campo reciba aparentemente tan poca atención. Sin embargo es altamente probable que la función zeta de Riemann conecte de manera inesperada distintos dominios de la física, lo que hace de ella un objeto matemático de un calado incomparable.

La cuestión es que no existe una interpretación para la raíz cúbica de la frecuencia de la transformación de Priest. Refiriéndose a la radiación cósmica de fondo, «y tal vez a la radiación térmica en general», Mazilu no deja de hacer sus conjeturas para terminar con esta observación: «debería hacerse mención de que tal resultado bien podría ser específico de la forma en que las medidas de la radiación se hacen habitualmente, a saber, mediante un bolómetro». Dejando a un lado esta transformación, se han propuesto diversas maneras más o o menos directas de derivar la ley de Planck de supuestos clásicos, desde la que sugiere Noskov partiendo de la electrodinámica de Weber a la de C. K. Thornhill [55]. Thornhill propuso una teoría cinética de la radiación electromagnética con un éter gaseoso compuesto por una variedad infinita de partículas, de manera que la frecuencia de las ondas electromagnéticas se correlaciona con la energía por unidad de masa de las partículas en lugar de sólo la energía, obteniendo la distribución de Planck de una forma mucho más simple.

La explicación estadística de la ley de Plank ya la conocemos, pero la transformación gaussiana de Priest demanda una explicación física para una estadística clásica. Mazilu hace mención expresa del dispositivo de medición empleado, en este caso el bolómetro, basado en un elemento de absorción —se dice que la función zeta de Riemann se corresponde con un espectro de absorción, no de emisión. Si hoy se emplean metamateriales para «ilustrar» variaciones del espacio tiempo y los agujeros negros —donde también se usa la función zeta para regularizar los cálculos—, con más razón y mucho más fundamento físico y teórico se podrían utilizar para estudiar variantes del espectro de absorción para poder reconstruir la razón por una suerte de ingeniería inversa. El enigma de la fórmula de Priest podría abordarse desde un punto de vista tanto teórico como práctico y constructivo —aunque también la explicación que se da del rendimiento de los metamateriales es más que discutible y habría que purgarla de numerosas asunciones.

Por supuesto para cuando Priest publicó su artículo la idea de cuantización ya tenía ganada la batalla. Su trabajo cayó en el olvido y del autor apenas se recuerda más que su dedicación a la colorimetría, en la que estableció un criterio de temperaturas recíprocas para la diferencia mínima en la percepción de colores [56]; se trata de temperaturas perceptivas, naturalmente, no físicas;

la correspondencia entre temperaturas y colores no parece que pueda establecerse jamás. Si existe un álgebra elemental aditiva y sustractiva de los colores, también debe haber un álgebra producto, seguramente relacionada con su percepción. Esto hace pensar en la llamada línea de púrpuras no espectrales entre los extremos rojo y violeta del espectro, cuya percepción está limitada por la función de luminosidad. Con la debida correspondencia esto podría prestarse a una hermosa analogía que el lector puede intentar adivinar.

Por otra parte conviene no olvidar que la constante de Planck no tiene nada que ver con la incertidumbre en la energía de un fotón, aunque hoy sea una costumbre asociarlos [57]. Las vibraciones longitudinales en el interior de los cuerpos en movimiento de Noskov recuerdan de inmediato el concepto de zitterbewegung o «movimiento trémulo» introducido por Schrödinger para interpretar la interferencia de energía positiva y negativa en la ecuación relativista del electrón de Dirac. Schrödinger y Dirac concibieron este movimiento como «una circulación de carga» que generaba el momento magnético del electrón. La frecuencia de la rotación del zbw sería del orden de los 1021 hertzios, demasiado elevada para la detección salvo por resonancias.

David Hestenes ha analizado diversos aspectos del *ZITTER* en su modelo de la mecánica cuántica como autointeracción. P. Catillon et al. hicieron un experimento de canalización de electrones en un cristal en el 2008 para confirmar la hipótesis del reloj interno al electrón de de Broglie. La resonancia detectada experimentalmente es muy próxima a la frecuencia de de Broglie, que es la mitad de la frecuencia del zitter; el periodo de de Broglie estaría directamente asociado a la masa, tal como se ha sugerido recientemente. Existen diversos modelos hipotéticos para crear resonancias con el electrón reproduciendo la función zeta en cavidades y billares dinámicos como el de Artin, pero no suelen asociarse con el zitter ni con el reloj interno de de Broglie, puesto que este experimento no encuentra acomodo en la versión convencional de la mecánica cuántica. Por otro lado sería recomendable considerar una energía de punto cero totalmente clásica como puede seguirse del trabajo de Planck y sus continuadores en la electrodinámica estocástica, aunque todos estos modelos se basan en partículas puntuales. [58].

La matemática, se dice, es la reina de las ciencias, y la aritmética la reina de la matemática. El teorema fundamental de la aritmética pone en el centro a los números primos, cuyo producto permite generar todos los números enteros mayores que 1. El mayor problema de los números primos es su distribución, y la mejor aproximación a su distribución proviene de la función zeta de Riemann. Esta a su vez tiene un aspecto crítico, que es justamente averiguar si todos los ceros no triviales de la función yacen en la línea crítica. El tiempo y la competencia entre matemáticos ha agigantado la tarea de demostrar la hipótesis de Riemann, el K-1 de la matemática, que comportaría una especie de lucha del hombre contra el infinito.

William Clifford dijo que la geometría era la madre de todas las ciencias, y que uno debería entrar en ella agachado igual que los niños; parece por el contrario que la aritmética nos hace más altivos, porque no necesitamos mirar hacia abajo para contar. Y eso, mirar hacia abajo y hacia lo más elemental, sería lo mejor para la comprensión de este tema, olvidándose de la hipótesis tanto como fuera posible. Naturalmente, esto también podría decirse de innumerables cuestiones donde el sobreuso de la matemática crea un contexto demasiado enrarecido, pero al menos aquí se admite una falla básica en la comprensión, y en otras partes eso no parece importar demasiado.

Cabe decir que hay dos formas básicas de entender la función zeta de Riemann: como un problema que nos plantea el infinito o un problema que nos plantea la unidad. Hasta ahora la ciencia moderna, impulsada por la historia del cálculo, se ha ocupado mucho más del primer aspecto que del segundo, a pesar de que ambos estén unidos de manera indisociable.

Se dice que si se encontrara un cero fuera de la línea crítica —si la hipótesis de Riemann resultara falsa—, eso provocaría estragos en la teoría de los números. Pero si los primeros ceros que ya evaluó el matemático alemán están bien calculados, la hipótesis puede darse prácticamente por cierta, sin necesidad de calcular más trillones o cuatrillones de ellos. En realidad, y al hilo de lo dicho en el capítulo anterior, parece mucho más probable encontrar fallos en los fundamentos del cálculo y sus resultados que encontrar ceros fuera de la línea, y además el saludable caos creativo que produciría seguro que no quedaría confinado a una rama de las matemáticas.

Naturalmente, esto cabe aplicarlo al cálculo de la propia función zeta. Si el cálculo simplificado de Mathis, usando un criterio unitario de intervalo, encuentra divergencias incluso para los valores de la función logarítmica elemental, estas divergencias tendrían que ser mucho más importantes en un cálculo tan complicado como el de esta función especial. Y en cualquier caso nos brinda un criterio diferente en la evaluación de la función. Más aún, este nuevo criterio podría revelar si ciertas divergencias y términos de error se cancelan.

Los abogados del diablo en este caso no habrían hecho todavía la parte más importante de su trabajo. Por otra parte, también se han calculado derivadas fraccionales de esta función que permiten ver dónde convergen la parte real y la imaginaria; esto tiene interés tanto para el análisis complejo como para la física. De hecho se sabe que en los modelos físicos la evolución del sistema con respecto al polo y los ceros suele depender de la dimensión, que en muchos casos es fraccionaria o fractal, o incluso multi-fractal para los potenciales asociados con los números mismos.

La aritmética y el acto de contar existen primariamente en el dominio tiempo, y hay buenas razones para pensar que los métodos basados en diferencias finitas tendrían que tener preferencia al tratar de cambios en el dominio temporal —puesto que con infinitesimales se disuelve el acto de contar. El análisis fraccional de la función también debería estar referido a las secuencias temporales. Finalmente, la relación entre variables discretas y continuas característica de la mecánica cuántica también tendría que pasar por los métodos de diferencias finitas.

La física cuántica pude describirse de una forma más intuitiva con una combinación de álgebra geométrica y cálculo fraccional para los casos que contienen dominios intermedios. De hecho los dominios intermedios pueden ser mucho más numerosos de lo que creemos si se tiene en cuenta tanto la asignación mezclada de variables en la dinámica orbital como las diferentes escalas a las que pueden tener lugar ondas y vórtices entre el campo y las partículas en una perspectiva diferente como la de Venis. La misma autointeracción del *ZITTERBEWEGUNG* reclama todavía de una concreción mucho mayor de la lograda hasta ahora. Este movimiento permite, entre otras cosas, una traducción más directamente geométrica, e incluso clásica, de los aspectos no conmutativos de la mecánica cuántica, que a su vez permiten una conexión natural clave entre variables discretas y continuas.

Michel Riguidel somete a la función zeta a un trabajo intensivo de interacción para buscar un acercamiento morfogenético. Sería excelente si la potencia de cómputo de los ordenadores pudiera usarse para refinar nuestra intuición, interpretación y reflexión, en vez de lo contrario. Sin embargo aquí es fácil presentar dos grandes objeciones. Primero, la enorme plasticidad de la función, que aun siendo completamente diferenciable, según el teorema de universalidad de Voronin contiene cualquier cantidad de información un número infinito de veces.

La segunda objeción es que si ya la función tiene una enorme plasticidad, y por otro lado los gráficos sólo representan en todo momento aspectos muy parciales de la función, las deformaciones y transformaciones, por más evocadoras que puedan ser, aún introducen nuevos grados de arbitrariedad. Se puede transformar el logaritmo en una espiral a mitad de camino entre la línea y el círculo, y crear ondas espirales y qué no, pero no dejan de ser representaciones. El interés, en todo caso, está en la interacción función-sujeto-representación —la interacción entre herramientas matemáticas, conceptuales y de representación.

Pero no se necesitan más enrevesados conceptos. El mayor obstáculo para profundizar en este tema, como en tantos otros, reside en la frontal oposición a revisar los fundamentos del cálculo, la mecánica clásica y la cuántica. Por otro lado, cuanto más complejos sean los argumentos para demostrar o refutar la hipótesis, menos importancia puede tener el resultado para el mundo real, sea cierta o falsa.

Suele decirse que el significado de la hipótesis de Riemann es que los números primos tienen una distribución tan aleatoria como es posible, lo que por supuesto deja totalmente abierto cuánto azar es posible. Tal vez no tengamos más remedio que hablar de azar aparente.

Pero aún así, ahí lo tenemos: el máximo grado de azar aparente en una simple secuencia lineal generalizable a cualquier dimensión esconde una estructura ordenada de una insondable riqueza.

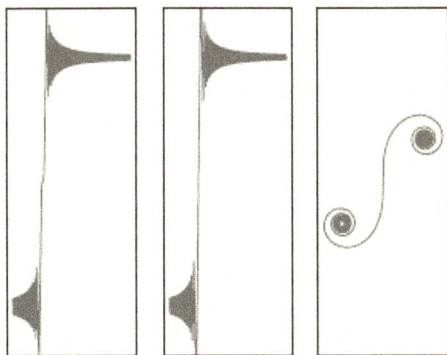
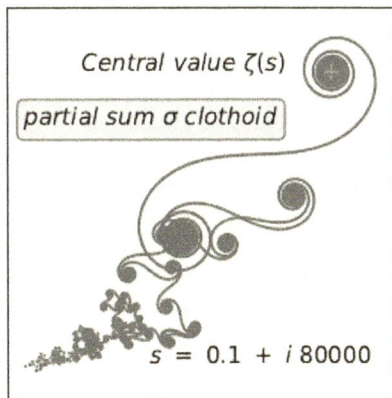

Michel Riguidel: Morphogenesis of the Zeta Function in the Critical Strip
by Computational Approach

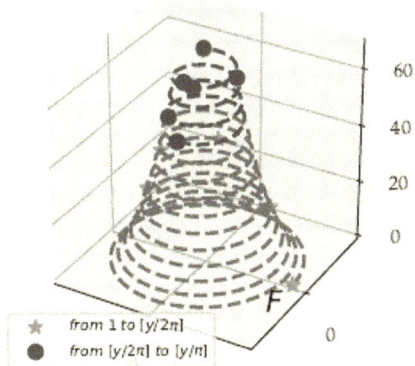
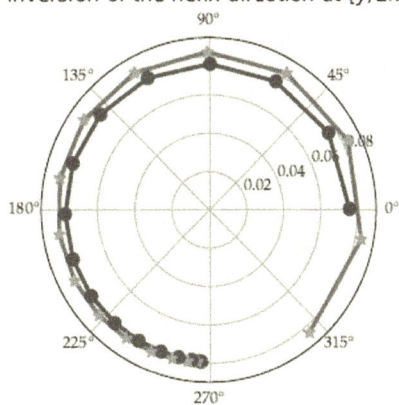

Michel Riguidel: Morphogenesis of the Zeta Function in the Critical Strip
by Computational Approach

*

Volvamos ahora al aspecto cualitativo de la polaridad y a la problemática relación con el dominio cuantitativo. Pero no sólo la relación entre lo cualitativo y lo cuantitativo es problemática, sino que la misma interpretación cualitativa plantea un interrogante básico, que inevitablemente remite a las conexiones cuantitativas.

Para Venis todo puede explicarse con el yin y el yang, que él ve en términos de expansión y contracción, y de una dimensión más alta o una dimensión más baja. Aunque su interpretación ahonda mucho la posibilidad de conexión con la física y la matemática, supone una asunción básica de la acepción del yin y el yang del filósofo práctico japonés George Ohsawa. Se suele afirmar repetidamente que en la tradición china, el yin se relaciona básicamente con la contracción y el yang con la expansión. Venis conjetura que la interpretación china puede ser más metafísica y la de Ohsawa más física; y en otra ocasión opina que la primera podría estar más relacionada con los procesos microcíclicos de la materia y la segunda con los procesos mesocíclicos más propios de nuestra escala de observación, pero ambas consideraciones parecen bastante divergentes.

Cuesta creer que sin resolver estas diferencias tan básicas puedan alguna vez aplicarse estas categorías a aspectos cuantitativos, aunque aún puede hablarse de contracción y expansión, con y sin relación a las dimensiones. Pero por otro lado, cualquier reducción de categorías tan vastas y llenas de matices a meras relaciones lineales con coeficientes de aspectos aislados como «expansión» o «contracción» corre el peligro de convertirse en una enorme simplificación que anula precisamente el valor de lo cualitativo para apreciar grados y matices.

La lectura que Venis hace no es en absoluto superficial, y por el contrario es fácil ver que lo que hace es darle una dimensión mucho más amplia a estos términos, y nunca mejor dicho. Su extrapolación a aspectos como el calor y el color puede parecer falta de la deseable justificación cuantitativa y teórica, pero en cualquier caso son lógicas y consecuentes con su visión general y están abiertas a la profundización del tema. Sin embargo el radical desacuerdo en la cualificación más básica ya es todo un desafío para la interpretación.

Habría que decir para empezar que la versión china no puede reducirse de ningún modo al entendimiento del yin y el yang como contracción y expansión, ni tampoco a ningún par de opuestos conceptuales con exclusión de los demás. Contracción y expansión son sólo uno entre los muchos posibles, y aun siendo muy empleado, depende enteramente, como cualquier otro par, del contexto. Tal vez la acepción más común sea la de «lleno» y «vacío», que por otra parte no deja de estar íntimamente ligada a la contracción y la expansión, aunque no sean ni mucho menos idénticos. O también, según el contexto, la tendencia a llenarse o a vaciarse; no es por nada que se distinga muy a menudo entre yang viejo y joven, y lo mismo para el yin. Estos puntos de espontánea inversión potencial también están expresados en el *Taijitu*, puesto que la inversión espontánea es el camino del Tao.

Por otra parte, cualidades como lo lleno y lo vacío no sólo tienen un significado claro en términos diferenciales y de las teorías de campos, la hidrodinámica o aun la termodinámica, sino que también tienen un sentido inmediato, aunque mucho más difuso, para nuestro sentido interno, o cenestesia, que es justamente el sentido común o sensorio común, que es justamente nuestra sensación indiferenciada anterior al impreciso «corte sensorial» que parece generar el campo de nuestros cinco sentidos. Esta cenestesia o sentido interno también incluye la cinestesia, nuestra percepción inmediata del movimiento y nuestra autopercepción, que puede ser tanto del cuerpo como de la misma conciencia.

Este sentido interno o sensorio es sólo otra forma de hablar del medio homogéneo e indiviso que ya somos, y es a él que se refiere siempre la percepción mediada por cualquiera de los sentidos. Y cualquier tipo de conocimiento intuitivo o cualitativo toma eso como referencia, que evidentemente va más allá de cualquier criterio racional o sensorial de discernimiento. Y a la inversa, podría decirse que ese trasfondo se obvia en el pensamiento formal pero se lo supone en el conocimiento intuitivo. Los físicos hablan a menudo de que un resultado es «contraintuitivo» sólo en el sentido de que va contra lo esperado o el conocimiento adquirido, no contra la intuición, que en vano querríamos definir.

Sería con todo absurdo decir que lo cualitativo y lo cuantitativo son esferas completamente separadas. Las matemáticas son cualitativas y cuantitativas por igual. Se habla de ramas más cualitativas, como la topología, y ramas más cuantitativas como la aritmética o el cálculo, pero una inspección más atenta revela que eso apenas tiene sentido. La morfología de Venis está totalmente basada en la idea de flujo y en nociones tan elementales como puntos de equilibrio y puntos de inversión. El mismo Newton llamó a su cálculo «método de fluxiones», de cantidades en flujo continuo, y los métodos para evaluar curvas se basan en la identificación de puntos de inflexión. De modo que hay una compatibilidad que no sólo no es forzada sino que es verdaderamente natural; que la ciencia moderna haya avanzado en dirección contraria hacia la abstracción creciente, lo que a su vez es el justo contrapeso a su utilitarismo, es ya otra historia.

Polaridad y dualidad son cosas bien diferentes pero conviene percibir sus relaciones antes de que se introdujera la convención de la carga eléctrica. La referencia aquí no puede dejar de ser la teoría electromagnética, que es la teoría básica sobre la luz y la materia, y en buena medida también sobre el espacio y la materia.

Evidentemente, sería totalmente absurdo decir que una carga positiva es yang y una carga negativa es yin, puesto que entre ambos sólo hay un cambio de signo arbitrario. En el caso de un electrón o protón ya intervienen otros factores, como el hecho de que uno es mucho menos masivo que el otro, o que uno se encuentra en la periferia y el otro en el centro del átomo. Pongamos otro ejemplo. A nivel biológico y psicológico, vivimos entre la tensión y la presión, grandes condicionantes de nuestra forma de percibir las cosas. Pero sería absurdo también que uno u otro son yin o yang en la medida en que entendamos la tensión sólo como una presión negativa. Dicho de otro modo, los meros cambios de signo nos parecen enteramente triviales; pero se hacen mucho más interesantes cualitativa y cuantitativamente cuando comportan otras transformaciones.

Que todo sea trivial o nada lo sea, depende sólo de nuestro conocimiento y atención; un conocimiento superficial puede presentarnos como triviales cosas que en absoluto lo son y están llenas de contenido. La polaridad de la carga puede parecer trivial, lo mismo que la dualidad de la electricidad y el magnetismo, o la relación entre la energía cinética y potencial. En realidad ninguna de ellas es en absoluto trivial ni siquiera tomada por separado, pero cuando intentamos verlo todo junto tenemos ya un álgebra espacio-temporal con una enorme riqueza de variantes.

En el caso de la presión y la tensión, la transformación relevante es la deformación aparente de un material. Las variaciones de presión-tensión-deformación son, por ejemplo, las que definen las propiedades del pulso, ya sea en la pulsología de las medicinas tradicionales china o india como en el moderno análisis cuantitativo del pulso; pero eso también nos lleva a las relaciones tensión-deformación que define a la ley constitutiva en la ciencia de materiales. Las relaciones constitutivas, por otro lado, son el aspecto complementario de las ecuaciones del campo electromagnético de Maxwell que nos dicen cómo éste interactúa con la materia.

Se dice normalmente que electricidad y magnetismo, que se miden con unidades con dimensiones diferentes, son la expresión dual de una misma fuerza. Como ya hemos señalado, esta dualidad implica la relación espacio-materia, tanto para las ondas como para lo que se supone que es el soporte material de la polaridad eléctrica y magnética; de hecho, y sin entrar en más detalles, esta parece ser la distinción fundamental.

Todas las teorías de campos gauge pueden expresarse por fuerzas y potenciales pero también por variaciones de presión-tensión-deformación que en cualquier caso comportan un feedback. Y hay un feedback porque hay un balance global primero, y sólo luego uno local. Estas relaciones están presentes en la ley de Weber, sólo que en ella lo que se «deforma» es la fuerza en lugar de la materia. La gran virtud de la teoría de Maxwell es hacer explícita la dualidad entre electricidad y magnetismo que se oculta en la ecuación de Weber. Pero hay que insistir, con Nicolae Mazilu, que la esencia de la teoría gauge se puede encontrar ya en el problema de Kepler.

Ya vimos que relaciones constitutivas como la permitividad y la permeabilidad con sus magnitudes respectivas no pueden darse en el espacio vacío, por lo que sólo pueden ser un promedio estadístico de lo que ocurre en la materia y lo que ocurre en el espacio. La materia puede soportar tensión sin exhibir deformación, y el espacio puede deformarse sin tensión —esto está en paralelo con las signaturas básicas de la electricidad y el magnetismo, que son la tensión y la deformación. Deformación y tensión no son yin ni yang, pero ceder fácilmente a la deformación sí es yin, y soportar la tensión sin deformación es yang —al menos por lo que respecta al aspecto material. Entre ambos tiene que haber por supuesto todo un espectro continuo, a menudo interferido por otras consideraciones.

Sin embargo, desde el punto de vista del espacio, al que no accedemos directamente sino por la mediación de la luz, la consideración puede ser opuesta: la expansión sin coacción sería yang puro, mientras que la contracción puede ser una reacción de la materia ante la expansión del espacio, o de las radiaciones que lo atraviesan. Las mismas radiaciones u ondas son una forma alterna intermedia entre la contracción y la expansión, entre la materia y el espacio, que no pueden existir por separado. Con todo una deformación es un concepto puramente geométrico, mientras que una tensión o una fuerza no, siendo aquí donde empieza el dominio de la física propiamente dicha.

Sin embargo, desde el punto de vista del espacio, al que no accedemos directamente sino por la mediación de la luz, la consideración puede ser opuesta: la expansión sin coacción sería yang puro, mientras que la contracción puede ser una reacción de la materia ante la expansión del espacio, o de las radiaciones que lo atraviesan. Las mismas radiaciones u ondas son una forma alterna intermedia entre la contracción y la expansión, entre la materia y el espacio, que no pueden existir por separado. Con todo una deformación es un concepto puramente geométrico, mientras que una tensión o una fuerza no, siendo aquí donde empieza el dominio de la física propiamente dicha.

Tal vez así pueda vislumbrarse un criterio para conciliar ambas interpretaciones, no sin una atención cuidadosa al cuadro general del que forman parte; cada una puede tener su rango de aplicación, pero no pueden estar totalmente separadas.

Es ley del pensamiento que los conceptos aparezcan como pares de opuestos, habiendo una infinidad de ellos; encontrar su pertinencia en la naturaleza es ya otra cosa, y el problema parece hacerse insoluble cuando las ciencias cuantitativas introducen sus propios conceptos que también están sujetos a las antinomias pero de un orden a menudo muy diferente y desde luego mucho más especializado. Sin embargo la atención simultánea al conjunto y a los detalles hacen de esto una tarea que está lejos de ser imposible.

A menudo se ha hablado de holismo y reduccionismo para las ciencias pero hay que recordar que ninguna ciencia, empezando por la física, ha podido ser descrita en términos rigurosamente mecánicos. Los físicos se quedan con la aplicación local de los campos gauge, pero el mismo concepto del lagrangiano es integral o global, no local. Lo que sorprende es que aún no se haya aprovechado este carácter global en campos como la medicina, la biofísica o la biomecánica.

Partiendo de estos aspectos globales de la física es mucho más viable una conexión genuina y con sentido entre lo cualitativo y lo cuantitativo. La concepción del yin y el yang es sólo una de las muchas lecturas cualitativas que el hombre ha hecho de la naturaleza, pero aun teniendo en cuenta el carácter sumamente fluido de este tipo de distinciones no es difícil establecer las correspondencias. Por ejemplo, con las tres gunas del Samkya o los cuatro elementos y los cuatro humores de la tradición occidental, en que el fuego y el agua son los elementos extremos y el aire y la tierra los intermedios; también estos pueden verse en términos de contracción y expansión, o de presión, tensión y deformación.

Y por supuesto la idea de equilibrio tampoco es privativa de la concepción china, puesto que la misma cruz y el cuaternario han tenido siempre una connotación de equilibrio totalmente elemental y de carácter universal. Es más bien en la ciencia moderna que el equilibrio deja de tener un lugar central, a pesar de que tampoco en ella puede dejar de ser omnipresente, como lo es en el mismo razonamiento, la lógica y el álgebra. La misma posibilidad de contacto entre el conocimiento cuantitativo y cualitativo depende tanto de la ubicación que demos al concepto de equilibrio como de la apreciación del contexto y los rasgos genuinamente globales de lo que llamamos mecánica.

A diferencia de los conceptos científicos acostumbrados, que tienden inevitablemente a hacerse más detallados y a especializarse, nociones como el yin y el yang son ideas de la máxima generalidad, índices a identificar en los más concretos contextos; si queremos definirlas demasiado pierden la generalidad que les de su valor como guía intuitiva. Pero también las ideas más generales de la física han estado sujetas a constante evolución y modificación en función del contexto, y no hay más que ver las continuas transformaciones de conceptos cuantitativos como fuerza, energía o entropía, por no hablar de cuestiones como el criterio y rango de aplicación de los tres principios de la mecánica clásica.

Los vórtices pueden expresarse en el elegante lenguaje del continuo, de las compactas formas diferenciales exteriores o del álgebra geométrica; pero los vórtices hablan sobre todo con un lenguaje muy semejante al de nuestra propia imaginación y la plástica imaginación de la naturaleza. Por eso, cuando observamos la secuencia de Venis y sus variaciones, sabemos que nos encontramos en un terreno intermedio, pero genuino, entre la física matemática y la biología. Tanto en una como en otra la forma sigue a la función, pero en la ingeniería inversa de la naturaleza que toda ciencia humana es, la función debería seguir a la forma hasta las últimas consecuencias.

Venis habla repetidamente incluso de un equilibrio dimensional, es decir, un equilibrio entre las dimensiones entre las que se sitúa la evolución de un vórtice. Este amplía mucho el alcance del equilibrio pero hace más difícil contrastarlo. El cálculo fraccional tendría que ser clave para seguir esta evolución a través de los dominios intermedios entre dimensiones, pero esto también plantea aspectos interesantes para la medida experimental.

Cómo puedan interpretarse las dimensiones superiores a tres es siempre una cuestión abierta. Si en lugar de pensar en la materia como moviéndose en un espacio pasivo, pensamos en la materia como aquellas porciones a las que el espacio no tiene acceso, la misma materia partiría de una dimensión cero o puntual. Entonces las seis dimensiones de la evolución de los vórtices formarían un ciclo desde la emisión de luz por la materia al repliegue del espacio y la luz en la materia otra vez —y las tres dimensiones adicionales sólo serían el proceso en el sentido inverso, y desde una óptica inversa, lo que hace que se evite la repetición.

Es sólo una forma de ver algunos aspectos de la secuencia entre las muchas posibles, y el tema merece un estudio mucho más detallado que el que podemos dedicarle aquí. Una cosa es buscar algún tipo de simetría, debe haber muchos más tipos de vórtices de los que conocemos ahora, sin contar con las diferentes escalas en que pueden darse y las múltiples metamorfosis. Sólo en el trabajo de Venis puede encontrarse la debida introducción a estas cuestiones. Para Venis, aunque no haya manera de demostrarlo, el número de dimensiones es seguramente infinito. Un indicio de ello sería el número mínimo de meridianos necesarios para crear un vórtice, que aumenta exponencialmente con el numero de dimensiones y que el autor asocia con la serie de Fibonacci.

Puede hablarse de polaridad siempre que se aprecie una capacidad de autorregulación. Es decir, no cuando simplemente se cuenta con fuerzas aparentemente antagónicas, sino cuando no podemos dejar de advertir un principio por encima de ellas. Esa capacidad ha existido siempre desde el problema de Kepler, y es bien revelador que la ciencia no haya acertado a reconocerlo. La fuerza de Newton no es polar, la fuerza de Weber sí, pero el problema de los dos cuerpos exhibe una dinámica polar en cualquier caso. De hecho llamar «mecánica» a la evolución de los cuerpos celestes es sólo una racionalización, y en realidad no tenemos una explicación mecánica de nada cuando se habla de fuerzas fundamentales, ni probablemente podemos tenerla. Sólo cuando advertimos el principio regulador podemos usar el término dinámica haciendo honor a la intención original aún presente en tal nombre.

POLO DE INSPIRACIÓN: EL TIEMPO Y EL RELOJ

8 abril, 2020

Péndulos, círculos, ondas, vórtices, electrones, elipses, espirales... ¿Qué clase de «reloj» podría construirse con todo esto? O mejor todavía, ¿qué clase de «tiempo» estaría midiendo, contando, o calculando? Y además, ¿lo estaría calculando, o más bien señalando?

Hablar del tercer principio en dinámica es hablar del concepto mismo de reciprocidad —dentro de sistemas cerrados. La reciprocidad de los sistemas de referencia relativistas es puramente matemática, puesto que no está ligada a la masa de ninguna partícula—pero lo mismo ocurre con las fuerzas en las elipses según Newton.

La simultaneidad relativista, incluso el determinismo local de la mecánica cuántica, se insertan en el supuesto básico newtoniano del sincronizador global, el tiempo absoluto en el que el tercer principio no tiene lugar de forma secuencial sino simultánea. Pero el mismo vórtice del experimento del cubo del propio Newton, como nota Pinheiro, niega ese tiempo absoluto de la forma más convincente y categórica —y no sólo para el instinto, siempre más fuerte que la metafísica. La lectura termomecánica permite obtener más información, además de otro tipo de indicación. Y ese mismo vórtice es ya otro modelo de reloj, completamente diferente, que hemos de aprender a contemplar —si es que para contemplar algo, en este nuestro mundo artificial, hemos de empezar por poder de algún modo reproducirlo.

Nuestro punto de vista aquí es el mismo que el Pinheiro y otros autores [59]. Diversos argumentos y cálculos numéricos indican que el tercer principio no es aplicable a sistemas fuera de equilibrio; y si es aplicable, sólo puede serlo en el sentido de los potenciales retardados. Es decir, damos por supuesto que incluso las órbitas órbitas celestes están siempre fuera de equilibrio y que sólo lo alcanzan instantáneamente gracias a un término adicional que representa la acción del medio sobre la materia; este término puede ser entrópico, o responder a una vibración longitudinal, o un bombardeo constante por otras partículas.

En mecánica cuántica, que se supone que es la teoría fundamental, las fuerzas pasan a ser secundarias con respecto al potencial; sin embargo seguimos entendiéndolo todo según la lógica de los tres principios, incluso tras la generalización relativista del principio de equivalencia.

Pero el giro decisivo ya había tenido lugar cuando el potencial pasa, de ser una mera posición, a tener un componente temporal irreductible. Para la mecánica relacional de Weber que surgió a mitad de camino entre la clásica y la cuántica no tiene sentido separar el componente dinámico del estado del sistema, ni las fuerzas del entorno en el que se presentan. La aplicación rigurosa del principio de equilibrio dinámico también hacía improcedente esta distinción, como lo hacía al principio de equivalencia, puesto que también la inercia es irrelevante.

Si en virtud del principio de equilibrio dinámico prescindimos del concepto de inercia, prescindimos también de la intencionalidad subyacente a la mecánica, su dispositio. El Sincronizador Global, tan perfectamente intangible, es el símbolo supremo de poder en el presente ciclo civilizatorio. Es inatacable por lo metafísico, pero suprime o en todo caso vuelve irreconocible el intercambio local de información del sistema abierto y su interacción con el medio.

Se ha dicho que después de Newton el universo pasó de respirar como una madre a hacer tic tac como un reloj; todavía estamos a tiempo de devolverle el aliento a su cuerpo.

POLO DE INSPIRACIÓN: TAO DE LA TECNOCIENCIA

8 abril, 2020

Los caminos en el continuo ciencia-tecnología pueden ser innumerables pero todos presuponen una reciprocidad potencial entre conocimiento y aplicación —luego entre conocimiento y poder. Y sin embargo aún no tenemos la menor idea de qué clase de círculo cierran conocimiento y poder sobre nosotros.

La mecánica celeste de Newton parecía inicialmente muy alejada de los asuntos mundanos pero la generalización no justificada de sus principios a cosas muy alejadas de los artefactos humanos tuvo el efecto de convertir al mundo en una máquina que rodaba sin que se le vieran las ruedas.

La sociedad se ha ido dando forma a sí misma en la medida en que se aislaba de la naturaleza pero no puede subsistir sin un intercambio o comercio con ella que a su vez depende de nuestro conocimiento de ella. Cualquier relación de dominio sobre la naturaleza se reproduce al interior de la sociedad, entre unas partes que ejercen el control y otras que lo padecen.

El sistema solar ligado por la gravedad, o la función del corazón en la circulación, se han visto como gobernados sin más por el concepto de fuerza en nuestra presente cosmovisión. Desde mitad de siglo XX la teoría de la estabilidad y la cibernética han desarrollado una teoría del control sobre esas mismas pretendidas «fuerzas ciegas», generalizando una versión de la entropía que ya de por sí estaba muy alejada de su contexto termodinámico original. Habría que ver cómo evoluciona la teoría del control si se asume la regulación espontánea en los principios dinámicos de acción, en la Segunda Ley y en la resonancia colectiva entre elementos; así como en la relación entre estos tres aspectos.

La superación del reduccionismo de ningún modo puede pasar por las correcciones de última hora que pretenden compensar grados crecientes de abstracción con grados también crecientes de subjetividad en nombre de la inclusión del observador, ya sea en la mecánica estadística, la mecánica cuántica o la relatividad; pasa en todo caso por corregir las lagunas de la posición fundacional, que hasta ahora permanece inafectada.

Pero la reciprocidad entre el hombre y la naturaleza llega mucho más lejos de todo cuanto sospechamos, y no puede ser abarcada por un mero giro teórico, por amplio o profundo que parezca. No se trata de buscar una naturaleza externa idealizada a la que retornar, pues también todo lo que está atrapado en el ser humano es naturaleza.

No sabemos ni tal vez queremos prescindir de las máquinas. ¿Podemos cambiar nuestra relación con ellas? También las máquinas son naturaleza atrapada, comprimida y moldeada; y mientras se nos fuerza a depender de ellas se nos entrena rutinariamente para la obediencia. Recojo ahora algunos párrafos de un tema que traté más extensamente en La tecnociencia y el laboratorio del yo:

«El principio de Vico, que afirma que sólo comprendemos lo que hacemos, es más general que el de Descartes. Aunque seguramente también se puede dudar del principio de Vico. Sé mover mi mano, pero ¿sé cómo es que muevo mi mano? De segunda mano, por así decir, no de primera. Por supuesto hacer no es producir, salvo en el pensar, y producimos máquinas para no hacer cosas directamente, y para no directamente pensar. Podemos tratar entonces de introducir en el ámbito del saber-poder el principio de Vico debidamente reformado: sólo comprendo aquello en lo que participo, y en la medida en que participo.

No es por el cálculo, sino por las artes prácticas, que mejor conocemos el mundo. El mismo concepto de eficiencia, como economía de esfuerzo o elegancia, era una noción natural en el arte de todas las culturas antes de que las técnicas fueran invadidas por una montaña apilada de mediaciones científicas; habría que sacarla del fondo de la pila. Existe un sentido natural de la eficiencia en cualquier actividad física, en la entonación justa, en cualquier gesto o pincelada.

Para pasar de un ámbito al otro, del funcional regido por el cálculo al funcional intuitivo, pensemos por ejemplo en el biofeedback o realimentación biológica. Una señal que esté en correspondencia con una función vital nos puede servir para variar ésta a voluntad, dentro por supuesto de unos límites. Sin embargo, y esto es lo importante, aquí está fuera de lugar cualquier noción de manipulación, que en este contexto pierde todo su sentido. Incluso el control, con toda su vasta teoría actual, queda subsumido en la idea de autocontrol, que lejos de ser un caso particular, parece el caso más indefinido y general.

En nuestro control físico ordinario de objetos externos también se invierte la relación entre acción y cálculo. Pensemos en el complicado equilibrio que conlleva ir en bicicleta; la dinámica a duras penas puede resolver el problema mediante las fuerzas centrífugas en caso de movimiento lento, pero se le va de las manos en casos de mayor velocidad. Y sin embargo para el ciclista es todo lo contrario: la velocidad es la solución, y la excesiva lentitud el problema. El movimiento se demuestra pedaleando.

Sin embargo dentro de la categoría del autocontrol hay algo más que ciclos de percepción y acción; hay también autoobservación. En el caso del biofeedback se presentan dos casos básicos, el seguimiento de una función de forma directa, como cuando al observar nuestra respiración la modificamos sin siquiera pretenderlo, y el seguimiento indirecto, ya sea mediante un espejo que nos devuelve nuestra imagen para intentar mover músculos involuntarios o por un aparato con sensores que nos traduce señales generadas por nosotros mismos pero de las que nosotros no somos conscientes.

El motivo del biofeedback puede parecer muy limitado puesto que desde su aparición y difusión hace cincuenta años apenas ha trascendido el nivel de una curiosidad. Sin embargo marca un punto de inflexión en la relación entre el hombre y la máquina. Si la idea más socorrida a la hora de explicar el surgimiento de herramientas es como extensiones o prótesis que proyectan fuera nuestra capacidad como organismos, y si luego hemos dado en reconocer que a partir de cierto punto se pierde toda relación armónica entre la herramienta y el órgano, aquí por primera vez empleamos la máquina para que nos ayude a tener o recobrar la conciencia de funciones orgánicas hundidas ya por debajo del umbral de la atención.

Así pues, si la técnica salió de la biología del organismo consciente, es justamente aquí que retorna a ella de la forma más mediada posible, aunque con la intención más directa. En puridad, toda la teoría cibernética del control tendría que retornar al autocontrol como su arquetipo, puesto que éste ya incorpora los ciclos de percepción y acción permitiendo el hueco justo para la autoconciencia en torno a la que giran; lo automático se subsume en el autocontrol, el autocontrol en la autointeracción y ésta en lo espontáneo.

A pesar de que estamos hablando de que los campos gauge contienen un mecanismo básico de feedback, el uso del lagrangiano en teoría del control parece totalmente secundario, lo que supone una curiosa situación. Las cosas podrían cambiar si se trabajara con fuerzas del tipo de la de Weber, y también con fuerzas disipativas, termomecánicas, en el sentido propuesto por Pinheiro. También la teoría de la medida tendría que ajustarse a los requerimientos de este tipo de sistemas.

Hoy se dice que el doble acceso a la percepción y a la acción definen un problema de inteligencia artificial. Pero todavía hay un campo mayor esperándonos en la autopercepción y la inteligencia natural.

POLO DE INSPIRACIÓN: EVOLUCIÓN INDIVIDUAL DE UNA ENTIDAD

8 abril, 2020

La presente síntesis de la teoría de la evolución nunca ha tenido el menor poder predictivo, pero tampoco ha tenido poder descriptivo, por lo que, como la cosmología, se ha usado mayormente como complemento narrativo para leyes físicas sin ningún espesor temporal en el más decisivo de los sentidos.

Para paliar las evidentes limitaciones de una teoría que sólo gracias a la fantasía puede tener algún contacto con las formas naturales —y no desestimemos el poder de la fantasía en un campo como éste—, la evolución se ha combinado con la perspectiva del desarrollo biológico (evo-devo), y aun con la ecología (eco-evo-devo), pero ni aún así se ha podido crear un marco medianamente consistente o unitario para describir problemas como la emergencia, la maduración, el envejecimiento y la muerte de los seres organizados.

No hay necesidad de llamar a todo esto por otro nombre que evolución sin más, dado que la presente teoría sólo se ha apropiado de ese nombre para dedicarse luego a tratar cuestiones especulativas y remotas, en lugar de problemas cercanos y plenamente abordables.

¿Qué es lo que determina el envejecimiento y muerte de los organismos y las sociedades? Esto es un problema real de evolución.

El astrofísico Eric Chaisson ha observado que la densidad de la tasa de energía es una medida mucho más decisiva e inequívoca para la métrica de la complejidad y su evolución que los distintos usos del concepto de entropía, y sus argumentos son muy simples y convincentes [60]. En todo caso sería deseable la inclusión de esta cantidad en un contexto mejor articulado con otros principios físicos.

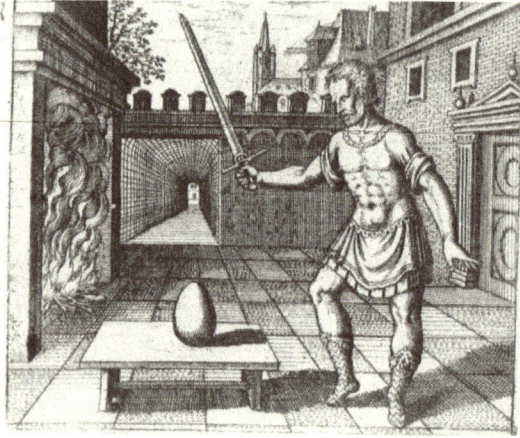

Georgiev et al. han intentado hacerlo estableciendo un bucle de retroalimentación entre dicho flujo de energía, el principio físico de mínima acción entendido como eficiencia o como movimiento a lo largo de los caminos con menor curvatura o restricción, y un principio cuantitativo de máxima acción; es decir, con la densidad de flujo por masa mediando entre la eficiencia y el tamaño, aplicándolo experimentalmente a CPUs como sistemas de flujo organizado [61]. Cuando estos vértices de flujo-eficiencia-tamaño se conectan en un bucle de realimentación positiva se produce un crecimiento exponencial de los tres y surgen relaciones de leyes de potencias entre ellos. Aunque este modelo admite muchas mejoras y puede ilustrarse de formas muy diferentes, parece que apunta en la buena dirección.

Puesto que el problema básico del envejecimiento es la restricción creciente y la incapacidad de superarla, y ninguna teoría que no aborde esto como asunto fundamental puede hacer mella en el tema. Otra forma de decir lo mismo es que el envejecimiento orgánico es la incapacidad creciente para eliminar. Envejecimiento es irreversibilidad, y la irreversibilidad es una incapacidad para seguir siendo un sistema abierto.

Piénsese un poco en esto. Algo tan básico y elemental en física como el principio de mínima acción es capaz de decirnos algo absolutamente esencial sobre el envejecimiento: para darle su debido valor sólo tenemos que saber aplicar medidas globales adecuándolas a sistemas abiertos con un uso variable de la energía libre disponible.

El avance teórico en este campo es infinitamente más factible que en la «síntesis moderna» e infinitamente más relevante, puesto que aquí de lo que se trata no es ya de especies, sino del destino individual de cualquier organización espontánea, ya sea un vórtice o un solitón, un ser humano o una civilización; en buena medida afecta incluso a la evolución lamarckiana de máquinas y ordenadores con un diseño o finalidad asignada.

La densidad de la tasa de energía es una medida cuantitativamente robusta, profundamente significativa desde una perspectiva cósmica, y también puede tener alcance a la hora de llevar a tierra criterios de entropía poco manejables. Naturalmente, el criterio flujo-curvatura-tamaño puede contrastarse con el criterio flujo-curvatura-entropía, ya sea ésta última máxima o no.

Este triple criterio densidad de flujo-curvatura-tamaño puede aplicarse con fruto a contextos donde el flujo es lo decisivo, ya sea en modelos tan fuertemente cuantitativos como el de los flujos monetarios, como en modelos puramente cualitativos de vórtices como el que propone Venis, evolucionando entre la expansión y la contracción. Puede aplicarse incluso al círculo del destino individual, y hace pensar en un reloj de esa evolución, que en la terminología actual muchos llamarían un reloj del envejecimiento.

POLO DE INSPIRACIÓN: DEL LIBRO DE LOS CAMBIOS AL ÁLGEBRA DE LA CONCIENCIA, PASANDO POR EL ANÁLISIS TÉCNICO

8 abril, 2020

En su espléndido libro sobre la Matemática de la Armonía, Alexey Stakhov dedica una sección a la teoría matemática de la decisión e interacción estratégica de Vladimir Lefebvre, que a diferencia de otros desarrollos en este área como la tan promocionada teoría de juegos, incluye un intrínseco componente conductual y moral [62].

Todo parte de la observación de que, si a alguien se le pide que separe alubias verdes buenas y malas en dos montones, la probabilidad del número final de alubias no se reparte en una proporción 50%—50%, sino en una 62%-38% a favor de las consideradas buenas.

Según Lefebvre, lo que hay al fondo de esta percepción asimétrica es una triple gradación de implicaciones lógicas definibles dentro de una lógica binaria o álgebra booleana:

A [a0conciencia→a1reflexión→a2intención]

siendo la conciencia el campo primario, la reflexión el secundario y la intención una reflexión de segundo orden.

Dentro de esta estructura de la reflexión humana, la evaluación personal de la conducta comporta, por implicación lógica, una autoimagen: $A= a0a1a2$; $A=(a2\rightarrow a1)\rightarrow a0$.

La tabla de verdad subsiguiente nos da una secuencia asimétrica de 8 posibles valores, con 5 con una estimación positiva y 3 con una negativa. Naturalmente, 8, 5 y 3 son números adyacentes de la serie de Fibonacci.

Lo extraordinario del marco lógico de cognición ética creado por Lefebvre es que, sin que él mismo parezca haberlo notado, permite una interpretación completamente moderna del Libro de los Cambios sin desvirtuar su índole sapiencial y moral. No es algo que aquí vayamos a probar, pero dada la profunda influencia del Yi Jing en la historia de la cultura china, sería del máximo interés buscar la correspondencia rigurosa entre ambas visiones.

Sin duda el marco de Lefebvre está más formalizado, y más enfocado en la imagen que el individuo o agente tiene de sí mismo, que en la situación o coyuntura, como es el caso del Yi Jing; en realidad podríamos decir que la formalización de Lefebvre es un límite booleano y mensurable para interacciones con el menor número de individuos, pero aún así la correspondencia se mantiene intacta y se puede llevar a grados mucho más amplios e impersonales de implicación, y por tanto, de comprensión.

*

Stakhov le dedica a continuación un apartado al análisis técnico bursátil de ondas de Elliott, que como se sabe también se fundan en las series de Fibonacci. El alcance teórico de las ondas de Elliott es, en el mejor de los casos, limitado, por más que su modalidad de análisis fractal pueda aplicarse a discreción. Pero aquí quería apuntar a una cuestión metodológica mucho más profunda.

El modelo de Lefebvre nos muestra que estas series tienen, o al menos admiten, un componente reflexivo —de hecho su trabajo se ha calificado como una teoría reflexiva de la psicología social. Y ese componente reflexivo es justamente lo que más se echa en falta en el modelo de Elliott. Existe también una teoría reflexiva de la economía y el mercado, con ciclos de feedback positivos y negativos; esta teoría no carece de mérito, si la comparamos por ejemplo con la hipótesis del mercado eficiente, que, aun si no fuera falsa, siempre será incapaz de decirnos nada. Además, la teoría reflexiva no afecta sólo a los precios, sino también a los fundamentos de la economía.

La reflexividad económica es un modelo de autointeracción, como lo es también de autoimagen, y nunca se podrá prescindir de ese decisivo elemento en los asuntos humanos, aunque sea imposible de cuantificar. ¿Pero qué ocurre cuando la autointeracción atraviesa la conducta de los sistemas naturales? Pensemos por ejemplo en el caso del análisis del pulso que hemos mencionado, que es un modelo clarísimo de autointeracción, y que, como bonus, tiende a ratios áureas en el ritmo y la presión. Pero está claro que en los sistemas sociales la reflexividad pasa por el conocimiento de una situación externa, mientras que en un sistema orgánico la reflexividad es una pura cuestión de acción.

¿Cuánto espacio le deja un tipo de reflexividad a la otra? ¿Hasta dónde puede manipularse la percepción de los mercados? Hoy vemos además que los bancos centrales intervienen sin el menor disimulo en los precios, inyectando dinero a discreción y convirtiéndose en guardianes de las burbujas financieras. Pues bien, el análisis del pulso, la transformación de sus modalidades, y el estudio de los límites de la manipulación consciente a través del biofeedback nos están dando lo más cercano que hay a un marco cualitativo para estudiar ese inasible problema. Y si, además de las implicaciones cuantitativas que todo esto ya tiene, se desean métodos más intensivos, también es posible aplicar a los flujos monetarios modelos con CPUs como el de la realimentación triangular de flujo-eficiencia-tamaño que comentábamos anteriormente.

*

En El álgebra de la conciencia Lefebvre hacía un análisis comparativo del contexto ético estadounidense y soviético dentro del marco de confrontación de la guerra fría [63]. El sistema W del mundo occidental cree que el compromiso entre el bien y el mal es malo, y que la confrontación entre el bien y el mal es buena. El sistema S del mundo soviético, por el contrario, creía que el compromiso entre el bien y el mal es bueno y la confrontación entre el bien y el mal es mala —lo que no dice Lefebvre, porque va más allá de su análisis formal, es que el afán de confrontación del sistema W no se basaba en ninguna idiosincrasia moral sino en la imprescindible expectativa de seguir creciendo; del mismo modo que el deseo de evitar la confrontación del sistema S se basaba en su miedo a desaparecer.

En cualquier caso, de las opciones e implicaciones entre el compromiso y la confrontación surgen cuatro actitudes básicas, la del santo, el héroe, el filisteo y el hipócrita: el santo lleva al máximo el sufrimiento y la culpa; el filisteo quiere disminuir el sufrimiento pero puede sentir una aguda culpa; el héroe minimiza su culpa pero no su sufrimiento; y el hipócrita minimiza el sufrimiento y la culpa.

Podríamos haber creado 8 tipos en lugar de 4, en consonancia o disonancia con otros 8 escenarios o tropismos naturales, con dos implicaciones binarias más de tercer grado o una única de sexto grado. La lógica y el cálculo sirven para ascender esta escalera y la comprensión empieza donde acaba el cálculo. Así, la razón áurea nos mostraría de forma muy directa su rol de mediador entre lo discreto y lo continuo, lo digital y lo analógico.

En realidad tenemos aquí un insospechado Centauro, a saber, un punto medio entre la lógica formal binaria y la lógica dialéctica entendida a la manera de Hegel. Pero la prueba de que se trata de algo genuino, y no una mezcla arbitraria, es que incorpora «de fábrica» una asimetría que es un rasgo inequívoco de la naturaleza. Podríamos llamarlo una lógica asimétrica de la implicación.

Se ha dicho que la teoría de Lefebvre fue usada a los más altos niveles de negociación durante el colapso de la Unión Soviética; y aquí no entraremos a juzgar qué rol positivo o negativo pudo tener, y para quién. En cualquier caso su marco sólo abarca a dos agentes, y no al escenario o coyuntura que puede disponer de ellos. El marco del Yi Jing puede servir no sólo para ver cómo uno se ve en el mundo, sino también para ver cómo el mundo lo percibe a uno; a fin de cuentas se trata de ilusiones paralelas. Se diría que la percepción asimétrica forma parte de la misma realidad; una doble asimetría abraza mejor las implicaciones y el eje inadvertido de su dinamismo.

Sin duda se podría hacer un gran juego de mesa o de salón con estos argumentos. Más interés tiene, sin embargo, el estudio de la conciencia moral o social por el análisis de sus implicaciones. Y mayor interés aún tiene el tomar conciencia de cómo se interpenetran la coyuntura externa, para la que siempre buscamos imagen, con la cambiante imagen que nos hacemos de nosotros mismos, formando ambos un mapa momentáneo de nuestra situación y conciencia.

Es de suponer que Lefebvre conoce el texto del Yi Jing; sin embargo es evidente que la línea de sus razonamientos es del todo independiente del clásico chino y ha llegado a su «sistema posicional» de la conciencia moral partiendo de la tradición lógica y matemática occidental. Le hubiera bastado con ver por un segundo el *TAIJITU* con la razón áurea entre el yin y el yang para que la chispa saltara en su mente. En los próximos años podemos asistir a otras muchas conmixtiones de este género inducidas por un cambio de contexto.

Hemos procurado tratar un solo tema desde los ángulos más diversos, para que cada cual tenga alguna posibilidad de conectarlo de la forma más directa con sus propios intereses. Se trata de una introducción mínima que remite a una bibliografía en absoluto exhaustiva, pero necesaria para ahondar en cualquiera de los aspectos tratados.

Claro que nuestra tema no era la razón áurea, sino que hemos usado esta constante como un índice de reciprocidad, para sondear cual es la relación de la ciencia con la misma reciprocidad. La constante φ sigue teniendo un papel atípico, marginal y episódico dentro de la ciencia moderna, centrada sobre todo en el cálculo.

Así pues, mi punto de vista preferente no es tanto el de la ciencia y la objetividad, como el de la reciprocidad misma, a la que concedo más importancia; como intento dar más importancia a la conciencia de la realidad que a la ciencia.

Y la realidad misma se parece a una parábola. Podemos decir que junto a la unidad, a veces también simbolizada por el punto, el círculo y la constante π, existen desde la eternidad otras dos grandes constantes matemáticas, e y φ. La constante e, base de los logaritmos naturales y de la función exponencial, encarna a la perfección la exhaustividad analítica del cálculo y mira hacia la pluralidad del mundo. La constante φ, el algoritmo natural de una naturaleza que ignora por completo el cálculo, mira a la unidad sin saberlo. Y la propia unidad, si realmente lo es, no puede mostrar preferencia por ninguna de las dos.

Ahora bien, en la ciencia moderna el peso de e es infinitamente mayor que el de φ, hasta el punto de que podríamos prescindir de φ sin siquiera darnos cuenta. El número e nos remite al continuo y la infinita divisibilidad; φ nos remite a operaciones discretas sin finalidad —y se sobreentiende que la divisibilidad infinita ya es una finalidad humana que siempre puede exceder sus límites de operación. De aquí la necesidad de volver al contradictorio fundamento del cálculo.

Como es sabido, el número e fue identificado por vez primera por Jacob Bernoulli en 1683 en un problema de interés compuesto, y es absolutamente consustancial al moderno espíritu del cálculo con todo lo que conlleva. La razón áurea tiene sin duda un pasado mucho más antiguo pero, a ojos de los modernos, cuesta mucho ver cómo podría haber tenido un papel relevante en el conocimiento de la antigüedad. El número de Euler está en la base de la llamada matemática avanzada o superior, mientras que el número amigo de las musas no puede quitarse de encima lo elemental e ingenuo de su origen —lo que también constituye su mayor encanto. Este el motivo de su permanente popularidad entre matemáticos aficionados.

Esta circunstancia indudable esconde otra ingenuidad por parte del espíritu del cálculo que deberíamos aprender a apreciar. Sabido es que hombres como Stevin o Newton todavía creían que el hombre antiguo podía haber tenido conocimientos más amplios que sus contemporáneos; si matemáticos como ellos aún osaban pensar eso, hay que atribuirlo sin duda al impacto incomparable que en esa época tuvo el legado de Apolonio y Arquímedes —los más avanzados matemáticos de la antigüedad.

Pero esto ya presuponía una idea totalmente sesgada sobre qué era lo avanzado en el conocimiento, que se ha perpetuado hasta hoy.

Se dice que la cantidad de conocimiento se duplica regularmente cada 15 años desde la revolución científica, lo que implica que hoy nuestros conocimientos de física y matemáticas son cuatro millones de veces mayores que en 1687 cuando se publicaron los Principia. Por lo demás esta obra magna ya es de por sí un tratado oscuro y difícil de leer que ha sido y sigue siendo rutinariamente malinterpretado incluso por los mejores expertos.

Intentemos comprender cuatro millones de Principia. No caminamos a hombros de gigantes, sino que los gigantes avanzan sobre nuestros hombros, aunque cada vez menos, como es fácil comprender. Y la lógica del capital acumulado es que el capital acumulado no se arriesga. La teoría de la relatividad y otras «revoluciones» fueron adoptadas siguiendo el principio de mínima eliminación y de máxima conservación del capital. Toda la búsqueda exacerbada de novedad en la física teórica no es sino la huída hacia adelante obligada por no estar permitido examinar realmente los fundamentos. Pero cuanto menos se elimina, y menos se renueva el fundamento, más inexorablemente se envejece.

Obviamente la estratificación del conocimiento y la ramificación de especialidades sigue la lógica del interés continuo y el capital —y deuda- acumulados.

Es realmente curioso que dos constantes tan ubicuas como e y φ, los «dos fractales naturales», crucen tan poco sus caminos en un campo tan ilimitado pero redundante como las matemáticas. Tan curioso, que el estudio del encuentro y desencuentro de ambas constantes debería ser un área de investigación matemática por derecho propio, llena de interés tanto para la matemática pura como para la matemática aplicada. Si esto no ha ocurrido todavía, es por el desarrollo absolutamente unilateral de todas las ciencias y las matemáticas del lado del cálculo y la predicción, que han puesto el resto de sus armas, como por ejemplo el álgebra, enteramente a su servicio.

Se comprende que exista, entre muchos matemáticos, una típica reacción alérgica a las cuestiones que plantea la razón áurea y la matemática de la armonía, y que se vean más como un estorbo que como una guía, puesto que en el fondo de lo que se trata es de ponerle límites discretos y constructivos a un análisis para el que no se quiere la menor restricción. Nada debe medir al que mide.

Parece ser que en la época en que surgió la escritura y las primeras grandes ciudades la casta sacerdotal guardaba los estándares de medida en los templos. Pero la naturaleza es el templo perfecto que lo guarda todo sin ocultar nada.

Hemos dicho que φ parece «el algoritmo natural» de una naturaleza que no sabe medir ni calcular. Pero no tener ningún sistema de medida y de cálculo equivale, en cierto sentido, a tenerlos todos y superarlos a todos; del mismo modo que la falta de intención de la naturaleza supera infinitamente los propósitos humanos. Entonces, el valor de esta rama de la matemática para la teoría de la medida y la computación debería estar fuera de cuestión. Se trata de identificar problemas pertinentes en el dominio de la interdependencia.

En poco más de tres siglos hemos tenido al menos cinco grandes cortes con la concepción constructiva y proporcional de la medida: el cálculo infinitesimal y la mecánica clásica, la teoría de Maxwell, la teoría de conjuntos, la relatividad y la mecánica cuántica. Con cada uno de estos sucesivos pasos, el problema de la medida se ha ido tornando más y más crítico y discutible. Pero es absolutamente superficial pensar que sólo los últimos desarrollos cuentan y que la propia teoría de la medida es un auxiliar para nuestras predicciones. Justamente así es como se construyó esta torre de Babel.

*

El interés de la razón áurea iría más allá de nuestra implicación en la complejidad y el cálculo modernos. En este área, siempre son posibles descubrimientos nuevos a nivel elemental tan inesperados que ni siquiera sabemos cómo valorar. Por lo demás, su aparición persistente en la música —esa aritmética inconsciente, al decir de Leibniz—, en ritmos fisiológicos y secuencias anatómicas nos indica su carácter no sólo intuitivo, sino, en última instancia, prenumérico.

Hay aquí una gran pista abierta no sólo para la arqueología del saber, sino para la misma activación de ese conocimiento antiguo que nos parece hoy inconcebible. En el Libro de los Cambios hemos visto un álgebra asimétrico de implicación. Las seis líneas de un hexagrama se corresponden con las seis direcciones del espacio en los extremos de sus tres ejes, que contraponen a un yo y su circunstancia. Pero aquí la simetría de las coordenadas es sólo el marco externo y pasivo, es la asimetría la que constituye el resorte dinámico interno en el que se interpenetran agente y situación.

El Libro de los Cambios es el mejor ejemplo posible de un saber analógico que no depende del cálculo, y hacia el que una cierta lógica natural de la implicación confluye. Lo importante no son los 64 casos o las 384 líneas, sino el plano de síntesis hacia el que apuntan.

Si el análisis tiene su llamado plano complejo para operar con cualquier número de dimensiones o variables, no menos cabe concebir una lógica de implicación que es capaz de reducir cualquier número de variables a un plano igualmente intangible de síntesis, que llamaremos el plano de la síntesis universal o de la inclusión universal.

Por supuesto, en esta época cualquiera que oiga hablar de una «inclusión universal» sólo puede pensar en la confusión universal. Por eso hemos desarrollado el análisis, porque no creemos en el conocimiento que no esté debidamente formalizado. Sin embargo, el desarrollo de la formalización no ha contribuido a una mayor inteligibilidad, sino más bien lo contrario. Para nosotros, cada vez más, el conocimiento formal no es tanto luz como sombra; una sombra que sabemos demasiado bien está proyectada por nosotros mismos. La sombra del poder sobre la naturaleza o los procesos sociales.

Toda la filosofía de Occidente desde Descartes se basa en la idea de una inteligencia separada. Por eso los sucesivos cortes que vienen uno detrás de otro desde Newton no nos parecen tales, puesto que, dentro de esta lógica, más separación de la naturaleza es más autoafirmación. Pero cualquier proceso tiene su límite, y cuando ya no hay nada sobre lo que afirmarse —porque la naturaleza es inhallable—, todo deja de tener sentido, salvo por el mero ejercicio del poder, que carece de estímulo intrínseco para el conocimiento.

Y además, la época dorada en que aumentaba el campo de las predicciones queda ya muy atrás, cada vez más lejos. No volverá, por la sencilla razón de que todo se optimizó para obtener predicciones y toda la fruta baja del árbol ya está cogida. Sólo cabe raspar rendimientos decrecientes en la fea lucha con la complejidad. A pesar de todo a la ciencia moderna le resulta casi imposible revisar sus bases, que es en lo único donde podría haber verdadera novedad. Tenemos la gran ventaja de nuestra perspectiva histórica, pero la misma existencia de las especialidades depende de que no se reflexione sobre sus fundamentos.

La ciencia moderna no es capaz de habérselas ni con la trascendencia ni con la inmanencia; porque ni puede ya separarse más, ni sabe cómo volver a ver las cosas desde el interior de la naturaleza.

Ahora bien, si volvemos la vista atrás como hemos hecho, tan sólo reordenando nuestra percepción de las presentes teorías, ¿qué significa prescindir del principio de inercia? ¿Qué sentido tiene decir que todo se basa en la autointeracción? ¿Qué sentido tiene decir que lo único que percibimos es el Éter?

Se trata de afirmaciones trascendentales, en el sentido en que podría haberle dado el padre de la fenomenología, Edmund Husserl, si se hubiera ocupado de la física. Sin embargo suspender el principio de inercia derriba al falso idealismo de la física de su caballo de madera, esa contradicción tan fecunda que aísla a una bola que rueda del resto del mundo menos de nosotros mismos. Darnos cuenta de que sólo percibimos el Éter, porque sólo percibimos en el modo de la luz es darnos cuenta de que ya estamos siempre en medio y que la propia materia y el espacio son límites trascendentales.

Finalmente, decir que los planetas o los electrones orbitan sus centros por autointeracción sólo puede entenderse como que la relación entre la materia y el medio parece reflexiva simplemente porque ambos no están separados.

Separación y reflexividad son ambas apariencia tanto en el sujeto como en el objeto, y es inútil querer adherirse a una parte queriendo negar la otra, como la ciencia ha pretendido. La inteligencia y el ser coinciden —al menos desde el punto de vista de la inteligencia, puesto que ésta es incapaz de percibirse a sí misma. Esta reflexividad, esta inteligibilidad, es el mismo plano de la síntesis universal. Pero esto también tiene una traducción física. La evolución de un vórtice en seis dimensiones en las coordenadas de Venis podrían ser un buen ejemplo de intersección del naturalismo con el plano trascendental.

Estas ideas las puede aplicar uno mismo tanto al conocimiento mediato como al inmediato de la naturaleza. Desde el punto de vista operativo y formal, todo el conocimiento observable de la física se puede incluir en el principio de equilibrio dinámico. Pero desde el punto de vista de la cognición inmediata, apenas puede uno sostenerse en la contemplación del instante sin la inercia —hasta tal punto esa bola que rueda ha capturado nuestra idea subjetiva de la sucesión. Sin embargo, estos principios, que ahora nos resultan mucho más exigentes desde el punto de vista intuitivo, puesto que están mucho más llenos de contenido, no se basan en la separación de la naturaleza y por lo mismo hacen menos necesaria su forzada «unificación» por el hombre.

Verdaderamente, ese plano trascendental es aquel en que la trascendencia con respecto a la naturaleza y su regreso a ella coinciden —pero en verdad la única naturaleza que aquí se trasciende es la relativa a la inercia de los hábitos, lo que llamamos nuestra «segunda naturaleza». Aquí podríamos decir con Raymond Abellio: «La percepción de relaciones pertenece al modo de visión de la conciencia «empírica», mientras que la percepción de proporciones forma parte del modo de visión de la conciencia «trascendental» [64].

Pero, por supuesto, en la ciencia moderna apenas hay proporciones, porque todas las unidades que manejamos son un amasijo heterogéneo e ininteligible de cantidades —por eso se las confiamos cada vez más a los ordenadores y sus programas para que «trituren» los datos.

El término «trascendental» sólo puede tener significado para aquellos que se ocupen de lo inteligible del conocimiento, no para aquellos que simplemente se contentan con su formalización para obtener predicciones. Sin embargo, aquí lo estamos haciendo descender al núcleo mismo de los principios físicos y de esa eterna incógnita que llamamos causalidad; y esto puede hacerse no sólo de forma cualitativa, sino igualmente cuantitativa.

Ningún físico o matemático necesita creer en la existencia del plano complejo o las variedades complejas, por más aconsejable que pueda ser revisar sus fundamentos; menos aún se nos podría pedir que probemos la existencia de un plano de síntesis trascendental, puesto que la palabra «trascendental» significa que es la condición del conocimiento. El movimiento se demuestra andando, y el conocimiento, comprendiendo.

Además, hablar de la «existencia» de semejante plano con relación al mundo de objetos y medidas no sólo está fuera de lugar sino que invierte por completo la situación. Decía Santayana que las esencias son «lo único que la gente ve y lo último que nota»; desde una perspectiva acorde con lo que ya hemos dicho, y que desde luego poco tiene que ver con las habituales narrativas y cosmologías, la entera experiencia es una transición entre una materia incognoscible pero medible y un espacio diáfano al conocimiento pero inmensurable. La existencia misma es ese proceso de despertar, pero con ritmos disímiles para todo tipo de sistemas y entidades.

Esta nuestra condición «entre el Cielo y la Tierra», entre lo diáfano y lo mensurable, no es una mera acotación filosófica o poética, sino que determina la gama entera de nuestras posibilidades de conocimiento, que empezaron por los actos de contar y medir, de la aritmética y la geometría, y que se han ido complicando sucesivamente con el cálculo, el álgebra y todo lo demás hasta llegar hasta aquí. Y no sólo podemos ver que la determina, sino apreciar que existe siempre una doble corriente, una doble dirección, descendente y ascendente.

Tampoco hay creer que este plano de las esencias se reduzca al aspecto matemático; por el contrario éste es sólo una expresión posible de una infinidad de modalidades. En nuestra época hemos llegado a creer que la complejidad sólo existe en los números, los ordenadores y los modelos, pero la riqueza de los fenómenos siempre ha sido infinita, independientemente de cualquier cuantificación. También nuestras percepciones, como nuestros pensamientos, son una parte fugaz del absoluto.

*

La tecnociencia es un continuo de práctica y teoría que dicta lo que parece admisible para ambas. Por otra parte, no son las ideas las que determinan nuestras acciones, sino que es lo que hacemos y lo que queremos hacer lo que determina nuestras ideas.

Para la tecnociencia actual, que la inteligencia esté totalmente separada de la naturaleza es condición indispensable para recombinar todos los aspectos de la naturaleza a nuestro antojo: átomos, máquinas, moléculas biológicas y genes, la interfaz entre cualquiera de ellos bajo el criterio menos restrictivo posible de la información.

Pero garantizar esta separación de dominios para poder manipularlos con toda libertad exige, como hemos visto, principios innecesariamente restrictivos, como se advierte ya en la física fundamental, que es también el plano fundante de nuestro comercio con la naturaleza en general.

Reintegrar la inteligencia a la unidad del ser es absolutamente contrario al principio liberal de separación arbitraria para poder unir y recombinar a su antojo. La mera posibilidad de una inteligencia en la naturaleza amenaza de cortocircuito a la propia inteligencia separadora que se ha erigido en árbitro supremo.

Y sin embargo, ya lo hemos visto, la idea de que hay realimentación en la órbita de un planeta o un electrón es menos contradictoria que el predicado habitual de que estamos ante una bala de cañón atrapada en un campo. De hecho no es contradictoria en absoluto: sólo es absolutamente desconcertante, además de inconveniente.

Queremos ver por un lado una inteligencia separada, y por otro una materia completamente inerte, y entre ambas ficciones, la evidencia de una conciencia perfectamente impersonal, preindividual y sin cualidades se hace del todo inconcebible.

Tampoco tiene nada de extraordinario que los cuerpos aparentemente heterogéneos busquen el equilibrio con el medio homogéneo del que han salido y que no puedan hacerlo sin su concurso. El aspecto particular de este equilibrio es indiscernible de la inteligencia de esa entidad o sistema, que no puede dejar de participar de la inteligencia universal. De no ser por la conexión con ésta, nuestra misma inteligencia sólo existiría subjetivamente para nosotros mismos.

No es extraño, pero es totalmente inconveniente para las prácticas en las que estamos sumidos, para la mezcla horizontal indiscriminada que aspira a disolver todas las barreras naturales.

*

En la inmediata postguerra, en torno a 1948, y a la sombra del proyecto Manhattan y otros programas militares, surgen tres nuevas «teorías» que consolidan el nuevo estilo «algorítmico» de las ciencias: la electrodinámica cuántica con sus interminables ciclos de cálculo, la teoría de la información, y la cibernética o moderna teoría del control. A esto se sumaba, cinco años después, la identificación de la hélice del ADN, que pronto sería reducida igualmente a la categoría de la información.

Salvo por las proezas de cálculo que son su única justificación, la cuantización del campo electromagnético era una empresa superflua a nivel teórico que nada nuevo añadía a las ecuaciones conocidas. Lo gracioso es que sus promotores tuvieran que estar ahuyentando términos como «autointeracción» y «autoenergía» que continuamente les saltaban a la cara. Además de lo indeseable de estos términos para una teoría que se precie de fundamental, en física se supone que cualquier retroalimentación sólo puede aumentar los efectos no lineales.

Así, mientras la física fundamental luchaba a brazo partido por conjurar la idea de retroalimentación, la cibernética tenía que asumir que ésta es una propiedad emergente de seres con organización compleja, constituidos a su vez por bloques «fundamentales». Simultáneamente, la teoría de la información pirateaba una versión paralela de la entropía mecánico-estadística de Boltzmann, en lugar de la entropía irreversible de la termodinámica. Cuestionar la herencia del pasado hubiera estado fuera de lugar, así que los teóricos se contentaron con generalizar procedimientos heurísticos, y no podía ser de otro modo puesto que el continuo ciencia-tecnología no demanda otra cosa.

Hemos visto que nuestra misma idea de la mecánica celeste, del cálculo y de la interpretación mecánico-estadística de la Segunda Ley están basadas en flagrantes racionalizaciones —por no hablar de desarrollos más recientes. Incluso la explicación del funcionamiento de nuestro corazón se basa en una racionalización que intenta ignorar la monumental evidencia del papel de la respiración en la dinámica global de la circulación de la sangre.

La única razón por la que mantenemos estos espejismos es porque reafirman nuestra idea de que tenemos una inteligencia separada, a la vez que justifica nuestra intervención indiscriminada en la naturaleza, una naturaleza que muy convenientemente se quiere reducir a leyes ciegas y procesos aleatorios. A los hombres de ciencia les parece chocante como mínimo hablar de lo trascendental en el conocimiento pero todo el conocimiento científico moderno se basa en un yo que se pretendía trascendental, y que finalmente se hizo trivial.

POLO DE INSPIRACIÓN: LA RELIGIÓN DE LA PREDICCIÓN Y EL SABER DEL ESCLAVO

9 abril, 2020

En el cálculo, las cantidades infinitesimales son una idealización, y el concepto de límite que se aporta para fundamentar los resultados obtenidos, una racionalización. La dinámica idealización-racionalización es consustancial al material-liberalismo o liberalismo material de la ciencia moderna. La idealización es necesaria para la conquista y la expansión; la racionalización, para colonizar y consolidar el terreno conquistado. La primera reduce en el nombre del sujeto, que siempre es más que cualquier objeto X, y la segunda reduce en nombre del objeto, que se convierte en nada más que X.

Pero irse a los extremos no asegura para nada que hayamos captado lo que queda en medio, que en el caso del cálculo es el diferencial constante. Percibir lo que no cambia en medio del cambio, ése es el gran mérito del argumento de Mathis, que ninguna otra consideración le puede quitar. Ese argumento tiene la virtud de encontrar en el núcleo del concepto de función aquello que está más allá del funcionalismo, pues la física ha asumido hasta tal punto que se basa en el análisis del cambio, que ni siquiera parece plantearse a qué está referido éste.

Piénsese en el problema de calcular la trayectoria de la pelota tras un batazo para cogerla —evaluar una parábola tridimensional en tiempo real. Es una habilidad ordinaria que los jugadores de béisbol realizan sin saber cómo la hacen, pero cuya reproducción por máquinas dispara todo el arsenal habitual de cálculos, representaciones y algoritmos. Sin embargo McBeath et al. demostraron en 1995 de forma más que convincente que lo que hacen los jugadores es moverse de tal modo que la bola se mantenga en una relación visual constante —en un ángulo constante de movimiento relativo—, en lugar de hacer complicadas estimaciones temporales de aceleración como se pretendía [65]. ¿Puede haber alguna duda al respecto? Si el corredor hace la evaluación correcta, es precisamente porque en ningún momento ve nada parecido al gráfico de una parábola. El método de Mathis equivale a tabular esto en números.

¿Cuánto puede sintetizarse el conocimiento? Si no hay forma de demostrar que un algoritmo es el más compacto o el más económico en términos de tiempo, tampoco puede haber ningún límite explícito para su compresión, y lo mismo cabe decir para todo el conocimiento formal. Sin embargo, existe una guía informal pero eficaz tanto para sintetizar el conocimiento como para mejorar su calidad: atender siempre al medio invariable, a lo que no cambia en medio del cambio. Y aunque se trate de un principio informal, siempre es posible reconocer sus lineamientos: el ejemplo citado es suficientemente claro tanto en el mundo real como en el análisis formal.

De hecho, habría que decir que nos da una pauta incomparablemente más recta y simple que los «modelos alternativos», que son justamente los modelos establecidos del cálculo estándar y el análisis de algoritmos para tareas en inteligencia artificial. Con el tiempo podemos encontrar una infinidad de instancias con un potencial de convergencia al menos tan grande como lo es el potencial de divergencia para el acostumbrado análisis del cambio.

Ejemplos de idealizaciones son la inercia, las cantidades infinitesimales, las partículas puntuales y su identidad individual, la reversibilidad a nivel fundamental, el sincronizador global newtoniano y el relativista, las constantes físicas con dimensiones que serían independientes del entorno, o el espacio como variedad diferenciable. Se trata de ideas-fuerza que, a la vez que surgieron como necesidad íntima de un sujeto y una cultura, expresaban su voluntad de expansión hasta la última potencia. Esta idealización requería una fe intensa en el programa que hoy sólo podemos subestimar cuando incluso la fase de racionalización ya nos parece innecesaria.

Al momento presente le correspondería moverse más acá de idealizaciones y racionalizaciones, no más allá de ellas, puesto que ellas ya son la expresión de un vaivén entre extremos y del uso extremista del ejercicio de la abstracción y la experimentación. Lo cosificado es sólo pensamiento, pero el sujeto que piensa es otro pensamiento también, y la actividad del pensar, el Logos que da forma al mundo, sólo puede reverberar de forma distorsionada entre ambos.

La idea de un medio invariable y la idea de equilibrio dinámico, principios hasta ahora alejados de escena por idealizaciones que se sobreviven, son las dos caras de la misma moneda y definen un nuevo espectro de relaciones entre el conocimiento formalizado y conocimiento no formalizado, entre dualidad y no dualidad.

Pensar que hoy estamos más cerca de una «teoría final» en física de lo que estábamos en tiempos de Newton es sólo un espejismo. Se podría aumentar la cantidad de conocimientos por un trillón sin por ello acercarnos más a ninguna verdad definitiva. En la práctica llega mucho antes el cansancio que el verdadero conocimiento; pero el cansancio mismo llega por la incapacidad de eliminar y renovarse, igual que en el envejecimiento físico.

Tampoco estamos más cerca de «desentrañar el misterio de la conciencia» que en la época de Leibniz y Newton. De hecho estamos más cerca de esa época que de «la solución final»… entre otras cosas, y para empezar, por ni siquiera haber reconocido cosas como por qué funciona el cálculo. Parece que ni hemos sospechado que ambas cosas puedan estar conectadas.

El conocimiento formal puede aumentar indefinidamente sin llegar jamás a lo que ahora mismo estamos experimentando, y el avance en el conocimiento informal sólo se produce por el reconocimiento y apreciación de la existencia de algo donde creíamos que no hay nada. Igual que el poder y el conocimiento se limitan mutuamente, también lo hacen el conocimiento sin forma y el formal, pero no puede haber ninguna ley que limite ni anticipe sus relaciones.

No hay entonces un «horizonte trascendental» de acercamiento gradual a la verdad para el conocimiento social acumulado, pero tampoco para el conocimiento que ha trascendido o ha ignorado siempre las formas. Por lo mismo, hay en el conocimiento formalizado la posibilidad de trascender las formas, en el sentido de dejar atrás idealizaciones y racionalizaciones.

Hoy se podría aprender mucho más modulando delicadamente los estados de las partículas que estrellándolas en los aceleradores, igual que se puede aprender más desarrollando la teoría de la partícula con extensión que especulando sobre el origen del universo. Pero para ello habría que quitarse de encima el peso extremado de nuestras apuestas, vale decir, las exigencias de nuestras presentes teorías. Decir que en ciencia ya hemos llegado a «el fin de la teoría» sería el ejemplo más claro de propaganda extrema de las ya existentes. De hecho si muchos experimentos de laboratorio no tienen hoy mayor trascendencia es porque de inmediato se fuerza una interpretación estándar de hechos que en absoluto estaban previstos por esa teoría.

Sabido es cómo en 1956 Bohr y von Neumann llegaron a Columbia para decirle a Charles Townes que su idea de un láser, que requería el perfecto alineamiento en fase de un gran número de ondas de luz, era imposible porque violaba el inviolable Principio de Indeterminación de Heisenberg. El resto es historia. Pero esto no es una excepción, sino lo que ocurre constante y rutinariamente. Está claro que una teoría que sustrae infinitos de infinitos todas las veces que haga falta puede predecir cualquier cosa, sobre todo después de los datos. A esto se lo llama «métodos poderosos».

Entonces, no hay observación que la electrodinámica cuántica no pueda racionalizar. Y lo mismo ocurre con las dos teorías de la relatividad, con la mecánica estadística, la mecánica clásica o el cálculo. Hablar de «métodos poderosos» significa sobre todo esto, lo que pone a la búsqueda de la verdad en una situación desesperada. Los epiciclos de Ptolomeo también eran sin duda un método poderoso, puesto que podía hacer frente a todo tipo de observaciones celestes con un poder de predicción prácticamente inmejorable para la época.

El gran problema del conocimiento formalizado es que una vez que se acepta un estándar y se fuerzan en él todo tipo de cosas es terriblemente difícil salir de él. En el caso de la relatividad se aceptó cierta reforma de la mecánica clásica porque además de la urgencia de resolver flagrantes contradicciones, la unificación con la electrodinámica prometía una expansión aún mucho mayor, lo que hacía ciertos sacrificios necesarios. Otra cuestión es que desde Gauss y Weber se podía haber hecho todo de manera diferente, sacrificando otras cosas y obteniendo a cambio otras ventajas.

Incluso si no aumentara un ápice la cantidad de conocimiento acumulado, la formalización del conocimiento pasa por la matemática, y la matemática siempre es capaz de expresar cualquier concepto y relación de conceptos de una forma nueva y hasta irreconocible. Ya lo hemos visto: se pueden describir los mismos fenómenos diciendo que el movimiento de los cuerpos está determinado por las fuerzas externas, que afirmando que son los propios cuerpos los que determinan su movimiento. Quien no se sorprenda con esto, no se sorprende por nada.

Sería mucho más atento con la realidad tratar de recombinar un poco nuestras ideas que tratar de recombinar todas y cada una de las cosas del mundo sin interesarnos más por ellas que en la medida en que las podemos manipular. También sería más atento con la calidad de nuestro conocimiento. En el conocimiento formal cualquier cosa puede llegar a convertirse en cualquier otra cosa, pero aquí no estamos hablando de transformaciones arbitrarias, sino de transformaciones históricamente posibles, transformaciones del sentido.

Con otras palabras, no se puede cambiar todo de golpe ni mucho menos. Pero hay líneas claras de acción para darle la vuelta a un guante sin romperlo, y aquí hemos estado hablando de ese tipo de líneas. El aumento cuantitativo del conocimiento no tiene nada que ver con la mejora de su calidad, y es más bien el síntoma de un gran desequilibrio.

Y a la inversa, la mejora de la calidad está íntima pero no expresamente relacionada con el equilibrio entre el conocimiento formal, basado en el cambio, y la consciencia de lo invariable e indiviso, que no busca el infinito porque sabe que lo tiene dentro de sí. Este equilibrio depende también de la armonía entre principios, medios y fines; en cómo se cierra el círculo de la interpretación sobre el principio usando los medios más rectos.

Incluso si a la matemática le trae sin cuidado cuál es la realidad, no deja de depender de la forma, que se convierte así en su realidad propia. Es a través de la física matemática que ha salido de su extraordinario aislamiento, pero la física ha usado y abusado de la matemática para conquistar el mundo más que para verlo. Claro que lo contrario siempre es igualmente posible: la matemática puede usar la física para indagar su relación con la realidad, de una forma totalmente distinta de la empleada hasta ahora.

Puesto que la realidad es ante todo lo que no tiene forma y lo que es el soporte de las formas, pero la matemática puede empezar a vislumbrar otra relación con ella a través del reconocimiento en la unidad de la constancia en el cambio. Es en este sentido, como intérprete de la física en su sentido más básico, que puede trascenderse a sí misma y alcanzar el plano trascendental.

*

En el diálogo platónico Menón, Sócrates le plantea preguntas a un joven esclavo sin más cultura que su conocimiento del griego dibujando un cuadrado en el suelo y luego otro. Tras un hábil interrogatorio, preguntándole por la longitud que debe tener el lado del segundo cuadrado para que su área doble la del primero, y tras fases intermitentes de estupefacción, consigue alumbrar en él la idea de los números irracionales, que según se ha dicho supuso en la antigüedad la primera gran crisis de la matemática. Sócrates se precia de no haber instruido al esclavo embutiéndole un conocimiento ajeno, sino tan sólo de hacerle comprender algo «sacándolo de su propio fondo» cuestionando sus primeras respuestas.

Como siempre, pueden hacerse diversas lecturas de este famoso momento pedagógico, y Gómez Pin, en un magnífico libro cuyo subtítulo es precisamente El saber del esclavo, lleva más lejos el razonamiento hasta que el esclavo descubre por sí mismo la idea subyacente al cálculo infinitesimal [66]. Ciertamente, para nosotros parece que se puede pasar en dos horas de los números irracionales y los reales a la concepción del cálculo, pero, ¿por qué entonces llevó más de dos mil años desde la época de Platón? Muchas grandes mentes le dedicaron a este problema no sólo dos horas, sino gran parte de sus vidas, sin acercarse al núcleo de la cuestión.

La cultura y el conocimiento que atesoramos como sociedad sirve tanto para inscribir cosas nuevas en nuestras mentes como para borrarlas. Pero el conocimiento de alto nivel, el conocimiento muy especializado, es una planta muy delicada. Los matemáticos, naturalmente piensan que la verdadera fábrica de ideas no está en la filosofía sino en la matemática; a esto podría aducirse que los matemáticos puros manejan conceptos de una textura mucho más enrarecida, y que sólo han alumbrado verdaderas ideas cuando ellos mismos han sido filósofos, como Pitágoras, Descartes o Leibniz, o en todo caso «filósofos naturales» o físicos como Newton.

Los conceptos de los matemáticos de hoy sólo sirven en la punta de lanza de la instrumentalización. ¿Qué es lo que un físico o un matemático de hoy puede transmitir incluso a un público educado sobre sus investigaciones? Gómez Pin dice que el conocimiento categorial inscrito en el lenguaje es más básico que el conocimiento matemático: diferencias como cantidad y cualidad, o la categoría de medida, que es justamente una mediación o síntesis de ambas.

Sin duda hay bastante de cierto en esto; hay ideas más básicas que las matemáticas, que no son privativas de ninguna disciplina, y que encauzan la deriva de los conceptos matemáticos. Estas ideas pueden ser síntesis culturales de toda una época o una civilización. Y finalmente, hay símbolos, que ni siquiera pasan por las antinomias de ideas y conceptos pero que pueden adoptarlos por mera conveniencia externa. En otro tiempo, esos símbolos fueron soportes de diversas tradiciones que procuraban transmitir un conocimiento completamente más allá del dominio de las formas.

Hay un conocimiento informe que es verdaderamente nuestro raíz y suelo común; las ideas son como la sabia que asciende por el tronco de las diversas culturas, y los conceptos matemáticos, estarían más bien al nivel de las ramas, las hojas y los frutos. Si deja de ascender savia fresca lo que tenemos es el otoño de una cultura, la época de hojas secas. Y el instinto también es una parte del conocimiento implícito, sólo que también él se ve encauzado e instrumentado por el adiestramiento social. Nadie te dice cómo tienes que atrapar una pelota alta, pero que lo hagas jugando a béisbol o aplicándote a cualquier otra cosa sí depende de tu cultura y entorno.

El caso es que se nos presenta el instinto como opuesto a la razón cuando evidentemente es la razón la que se opone al instinto, a la naturaleza atrapada en nosotros. O tal vez habría que decir que ni siquiera es la razón, sino una serie de racionalizaciones. Siempre me pareció que la explicación de Newton de la elipse contradecía no sólo a la razón, ni a la razón y a la intuición, sino a la razón, la intuición y el instinto; y también me parecía que si la gente aceptaba esa explicación, no era desde luego ni por el instinto ni por la razón, sino por un determinado interés. Lo mismo podría decirse de querer encerrar el universo en las leyes de la mecánica.

Veamos qué nos dicen la razón y el instinto ante la siguiente cuestión. Siguiendo la misma lógica que sigue en toda su enmienda del cálculo convencional, Miles Mathis dice que el verdadero valor de la constante π en cualquier situación que comporte movimiento no es 3,14... sino 4. Esto es algo que argumentado con todo lujo de detalles y demostrando, para empezar, que ha leído a Newton y otros clásicos con mucho más detenimiento que sus críticos [67].

Mathis lo que está diciendo simplemente es que no es lo mismo la longitud que la distancia y que para avanzar en una curva como un círculo hay que moverse en dos direcciones a la vez. Se trata sólo de sumar los vectores, no de tomar el gráfico literalmente. Por supuesto que pi nos da 3,14... en relación al diámetro en una línea recta si lo medimos con una cuerda; pero de lo que se trata es de que moverse en una curva comporta simultáneamente una velocidad y una aceleración.

Si alguien tiene dudas que se pregunte si gasta el mismo combustible yendo en un automóvil en 3,14 kilómetros en línea recta o dando la vuelta a un circuito circular de un 1 kilómetro de diámetro. Y si se atribuye la diferencia a la fricción, que se pregunte si un objeto en el espacio con una velocidad impresa, que según el principio de inercia debería continuar con la misma dirección y velocidad indefinidamente, puede dar indefinidamente vueltas. Hasta ahora que sepamos no se ha enunciado ninguna ley de inercia con movimiento perpetuo para el movimiento circular.

Y sin embargo eso es lo que suponen los lemas de Newton del comienzo mismo de los Principia. Según Newton y toda la mecánica celeste desde él, un planeta en una órbita perfectamente circular podría orbitar entorno a un cuerpo central para siempre, exactamente como un móvil perpetuo. Pero creo que es evidente que la fricción no tiene aquí nada que ver con el asunto, puesto que cualquiera entiende de inmediato que se necesita un aporte de fuerza no sólo para cambiar de velocidad, sino también para cambiar de dirección.

La cuestión entonces, no es cómo es posible que Mathis diga lo que dice; la cuestión es cómo es posible que Newton y Euler y Lagrange y Laplace y todos los demás hayan podido aceptar esto durante más de 300 años sin inmutarse, y cómo podemos seguir aceptándolo sin concederle la menor atención. El mismo Mathis se lo pregunta repetidamente, y duda entre la hipótesis de que no lo percibieron y la hipótesis de que sí lo percibieron pero lo ocultaron.

No me cabe duda de que lo percibieron. Pero, como ya he dicho, subestimamos el ascendiente que tuvo sobre ellos un determinado ideal de la ciencia y la naturaleza por igual, la de un mecanismo de relojería gobernado por un relojero. Entonces, simultáneamente a la idea perfectamente utilitaria de expandir el dominio del cálculo a toda costa, se sentía la justificación moral de que eso contribuía a acercarnos a un ideal de la naturaleza perfectamente pasiva ante su creador. Esta mezcla íntima de utilitarismo y de teología disfrazada, en el que se confunden un creador personal separado y un sujeto cognoscente igualmente separado, sigue teniendo un ascendiente enorme incluso hoy; pero lo importante es que el instinto no se conozca a sí mismo. Por otra parte, sin duda creían tomar «el camino más corto» hacia su meta —que también era su ideal de eficiencia. Y además, nadie hubiera imaginado que el cálculo entendido como ingeniería inversa pudiera estar expuesto a este tipo de errores. La verdad no se podía escapar.

Otra forma más de visualizar esto, por si fuera necesario, es mediante la curva conocida como cicloide, trazada por el borde de una rueda al rodar en línea recta sin deslizamiento. La longitud de esta curva es exactamente 4 diámetros u 8 radios, y el movimiento que describe es extraordinariamente elusivo sólo si estamos pensando en el gráfico circular ordinario.

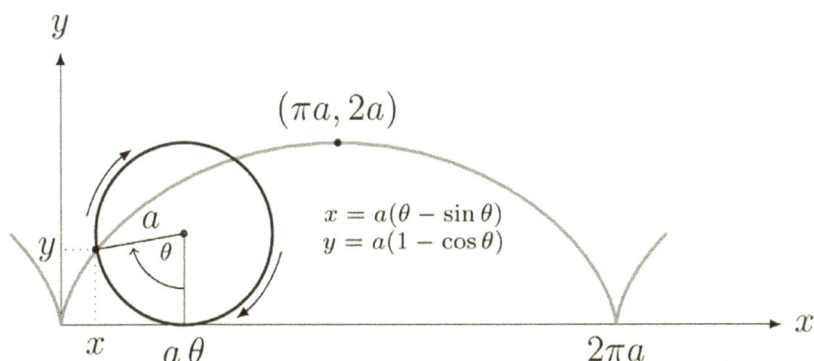

$$x = a(\theta - \sin\theta)$$
$$y = a(1 - \cos\theta)$$

No deja de ser irónico que los primeros estudios concienzudos de esta curva los realizara Galileo, el padre del principio de inercia, —un principio tan elusivo para la época, que no se precisó hasta cincuenta años más tarde tras las contribuciones de Descartes y Newton— con el objeto de calcular cuadraturas. Mientras hacía sus laboriosos cálculos, empujaba una y otra vez con sus propias manos el mejor contraejemplo posible para esa idea de la bola que rueda que ya se había adueñado de su cabeza.

Como es sabido Galileo se opuso a la propuesta de órbitas elípticas de Kepler y siguió defendiendo el ideal de órbitas circulares. Huygens hizo un estudio aún más exhaustivo del cicloide para mejorar la precisión del reloj de péndulo, cuya idea se debía a Galileo. El propio Newton volvió a tener el asunto en sus manos al considerar en el célebre problema de la curva braquistócrona, cuya solución es precisamente el cicloide.

Entonces, no creo que el tema $\pi = 4$ merezca más explicaciones; y quien las necesite ya sabe dónde puede encontrarlas. Si lo queremos expresar en términos de límites, puede decirse que los cuerpos viajan en las curvas hasta el límite de los lados menores del triángulo, en vez del límite del lado mayor. Es lo que se conoce como «métrica de Manhattan», y arroja una profunda sombra de duda sobre la base de la inmensa mayoría de las métricas. Claro que la cuestión puramente «técnica» palidece ante el efecto que debería producir en nuestras mentes encontrar tales agujeros que se remontan a tres o cuatro siglos atrás. Esto por sí solo debería cambiar radicalmente la percepción de nuestra relación con la ciencia.

Precisamente lo que muestran las derivaciones de Huygens y Newton, justo antes de que cristalizara el cálculo, es el delicado paso que media entre hablar de proporcionalidad en las fuerzas y su igualdad. Como en el caso de la definición de las fuerzas centrales, Newton es extremadamente cauteloso y se cuida de hablar de fuerzas iguales; pero una vez que el cálculo ha allanado el camino, la igualdad se dará ya por hecha. Con el surgimiento de las «cantidades evanescentes» también se disuelven para siempre las proporciones constantes de las figuras geométricas.

Es posible que buena parte del desencuentro entre el cálculo y la proporción continua se deba a la porción escamoteada al movimiento en su reducción a los gráficos, y la cinemática del círculo sería sólo el más claro ejemplo. Se ha dicho que la proporción continua pertenece al dominio de la estática, en contraste con el mundo cambiante del cálculo —pero en realidad lo que ocurre es lo contrario, es el cálculo, la herramienta destinada a describir el cambio, la que se adhiere a lo estático de las figuras. Esto podría tener profundas implicaciones en el análisis de la proporcionalidad, una posibilidad que fue arrancada de raíz y borrada del mapa por la propia forma de operar del análisis estándar.

El cálculo, tal como ha sido entendido supone realmente una inversión de los planteamientos de la física. Como observa Krishna Vijaya, en lugar de determinar la geometría a partir de las consideraciones físicas, derivando de ellas la ecuación diferencial, desde Leibniz y Newton se establece primero la ecuación diferencial y luego se buscan en ella las respuestas físicas. Ambos procedimientos están muy lejos de ser equivalentes, pero la misma creencia en la realidad de los diferenciales se sigue del procedimiento adoptado. Sigue siendo necesario revertir este procedimiento para abrir los ojos y recobrar la perspectiva correcta [68].

Idealmente, descripción y predicción deberían estar equilibradas, lo mismo que la memoria y la anticipación, con las que creamos continua y reflexivamente nuestra percepción del tiempo. Sencillamente, si se ha creído que la matemática tiene una efectividad irrazonable a la hora de predecir ocurrencias naturales, es porque se ha escamoteado una parte muy grande de la descripción. Esto crea una enorme disonancia cognitiva tanto en nuestra percepción de la naturaleza como en nuestra idea de la ciencia y el conocimiento. La ciencia moderna está siempre urgida a ser más y más «creativa» para ser cada vez menos consciente de la naturaleza de sus manipulaciones. Pero existe un camino en que coinciden la liberación de la naturaleza y del sujeto cognoscente.

Se puede comprender sin calcular, y se puede predecir sin comprender. La morfología de Venis es un índice de lo primero, y la física moderna sin duda es el mejor exponente posible de lo segundo; pero eso no significa que un tipo conocimiento excluya al otro, todo depende de cómo se elaboren y deriven las conexiones. El verdadero problema es que la tecnociencia moderna está mucho más interesada en manipular que en comprender, y hasta un punto tal, que la comprensión se vuelve inconveniente. Lo cual a su vez también limita el grado de desorden que los humanos podemos crear.

Los filósofos se han quejado repetidamente de que el cálculo suponía una conversión del movimiento en espacio, pero nunca han sido capaces de sustanciar sus alegatos. Ahora que eso ya está hecho, tienen la oportunidad de ahondar en el tema.

El cicloide y la rueda podrían servirnos como indicio para abordar una cuadratura diferente de la que se proponía Galileo; casi podríamos decir que opuesta, aunque nunca deje de tener un punto importante de contacto. Sabido es que a lo largo de la historia, y para culturas muy diferentes, el círculo y el cuadrado fueron símbolo del Cielo y la Tierra, de lo activo y de lo pasivo, y de lo dinámico y lo estático respectivamente.

Sin embargo el entendimiento de qué era «dinámico» y qué «estático» se invirtió definitivamente en el breve lapso que va de Galileo a Descartes. Antes de esta inversión, el movimiento y los cambios en la extensión podían reflejar el cambio, pero más bien de forma accidental; y así, la potencia y el acto en Aristóteles tenían un sentido incomparablemente más amplio que el que hoy en física se atribuye a la energía potencial y la cinética —un par expresamente definido en función del movimiento.

La física despega cuando empieza a definirlo todo en función del movimiento y la extensión, aunque de una forma muy poco clara y distinta, se tiene consciencia de que no toda la realidad física se puede reducir a movimiento y extensión.

«Lo que se mueve no cambia y lo que cambia no se mueve». Cuanto más nos acercamos a nuestra época, más importancia cobra el movimiento, y cuanto más nos alejamos, más secundario y relacionado con las apariencias se lo considera. Pero en esta continua transformación hay permanentemente un doble movimiento; pues es evidente que el cálculo también ha congelado el movimiento y no sólo lo ha reducido a formas geométricas sino que ha asumido sus relaciones cuantitativas estáticas.

Este doble movimiento de ascenso y descenso, de condensación y volatilización es realmente un proceso natural y espontáneo que puede tener lugar a diferentes niveles —individuales, colectivos, físicos y no físicos. La historia y los ciclos de diferentes civilizaciones pueden responder también a este doble patrón, y la misma historia de la ciencia muestra una intermitente evidencia de ello.

Han corrido ríos de tinta sobre el dualismo cartesiano que separa la mente y la extensión, pero se ha hablado mucho menos de la dualidad inherente a las cantidades físicas, en que siempre coexisten una parte extensa y otra no extensa, sólo que en este caso sí están mediadas por el movimiento. De aquí van emergiendo sucesivamente pares como espacio y tiempo, fuerza y masa, cantidades vectoriales y escalares, intensivas y extensivas, hasta llegar a las sumamente complejas unidades de medida actuales.

Esta dualidad de las magnitudes físicas, se presente o no de forma antinómica, no es sino la resolución en el plano del movimiento de la otra dualidad; y no hay ninguna razón para que esta puesta en movimiento tenga fin puesto que se trata del propio despliegue de la razón. Creer que se puede encontrar la causa de la conciencia a algún determinado nivel de operaciones físicas es jugar al escondite con nosotros mismos. La sustancia pensante ya está enhebrada en la descripción de cualquier nivel de causalidad física desde los tiempos de Galileo y Descartes e incluso mucho antes; así que en vano esperamos a que las paradojas de la mecánica cuántica nos resuelvan estos enigmas.

Hay una gran diferencia entre una idea, e incluso una idea matemática, y la manipulación de símbolos matemáticos. Las ideas realmente profundas surgen cuando los conceptos procuran retornar a la interpretación o representación, y cuando la representación le rinde su tributo a lo no representado, a las implicaciones del conocimiento. Pero la deriva actual de la ciencia impide este retorno que siempre debería ser expectante hacia lo más básico, lo realmente fundamental.

El mundo sería sólo una ilusión si se pudiera reducir a extensión y movimiento, sin embargo la ciencia no acierta a decirnos qué puede ser más allá de estos atributos. Aquí está su límite, pero tendría que ser un límite fecundo. Y el límite entre eso que no puede representar y lo representable pasa precisamente por ese doble movimiento: este es el mejor exponente de la verdadera actividad, en la Naturaleza y en el Espíritu por igual. Podemos encontrar exponentes de ese doble movimiento a muchos niveles, desde el electrón a las relaciones constitutivas de los materiales, desde nuestra respiración al movimiento de los vórtices en la secuencia de Venis, desde el proceso de individuación a la propia autoconciencia.

La esvástica nos ofrece un buen ejemplo de símbolo conteniendo un conocimiento implícito. Se trata ante todo de un signo del Polo y de su acción sobre todas las cosas del mundo; pero también puede ser la forma más clara de expresar la cuadratura del círculo en el movimiento, el propio doble movimiento, el equilibrio dinámico, el Dharma o la reciprocidad intrínseca a la Ley. Poca preocupación podía haber en la prehistoria por nuestros modernos problemas de cálculo, y sin embargo siempre podemos actualizar y dar voz a cada muda expresión de la realidad.

*

El cambio mismo no es sino el lado visible del plano trascendental, pero este cambio tiene infinidad de aspectos que escapan a nuestras limitadas ideas sobre el movimiento. En este sentido, toda la física moderna y la ciencia en general siguen teniendo una mortífera sobredosis platónica, y hemos pasado de la metafísica a la matefísica sin apenas darnos cuenta.

El mero hecho de pensar que existen constantes físicas fijas o partículas idénticas es ya una total falta de gusto a la hora de representarnos la naturaleza, un elocuente índice de nuestra incapacidad. Y sin embargo en un marco que aspira al «máximo poder predictivo», estos supuestos son imprescindibles. ¿Pueden existir los electrones idénticos, como recién salidos de una fábrica, fuera de nuestro complejo entramado de supuestos, constantes, y condiciones de medida? Naturalmente que no, y sin embargo dentro de este marco es casi imposible que pueda ser de otra forma.

Un electrón, como cualquier otra entidad o nosotros mismos, sólo puede ser una configuración efímera que cambia de momento en momento. No es el individuo lo que importa, sino el proceso de individuación, que conecta constantemente lo que a nosotros se nos aparece como la parte y el todo. Esta conexión es pura actividad, balance o lucha en el instante, no un acontecimiento congelado que se arrastra por el universo durante trece mil millones de años.

El análisis parece disolverlo todo, y sin embargo la fluidez del mundo se le escapa por completo. ¿Cómo puede ser esto posible? Es una excelente pregunta que habría que responder. Porque, hoy por hoy, ni siquiera se está acercando al flujo real de las cosas y la impávida unidad de la vida, sino que se aleja cada vez más de ellos.

De hecho se trata de una pregunta fatal para la ciencia moderna. Porque está claro que lo inmutable no puede ser objeto de conocimiento, y que si algo se puede conocer, sólo puede ser el cambio. ¿Cómo es que el análisis, que es el estudio del cambio, lo ignora casi todo sobre éste? Resulta casi increíble que los científicos no se hagan más preguntas sobre esto. Pero es que ni siquiera existe el marco adecuado para planteárselo.

Lo que se puede predecir es una expresión de regularidad, y en tal sentido, de ley. Pero el subordinarlo todo a la predicción ha obligado a separar y aislar aspectos de los procesos para obtener su perfil abstrayéndolo del fondo y el contexto. Y aunque el fondo último podría ser neutro, el contexto nunca lo es. Cualquier contexto fluye ya en una determinada dirección, pero nosotros ya la hemos cambiado por otra, porque guiarse sólo por las predicciones es correr con anteojeras.

La ciencia moderna trata de compensar el vacío del análisis y de la predicción con disciplinas de carácter «sintético» como la cosmología y la teoría de la evolución para intentar reconstruir los contextos y direcciones que el análisis ha destruido —pero lo hace ya completamente desde los supuestos establecidos por el criterio analítico. Y así, toda la cosmología depende implícitamente del principio de inercia, y la teoría de la evolución de la vida, de la inercia más el carácter puramente aleatorio de los procesos. Ya vimos que el primer supuesto es innecesario y contradictorio, y el segundo falso.

Como la parte analítica y predictiva tuvo precedencia, y la reconstrucción se pliega a sus supuestos, el conjunto está descompensado por completo. La idea que subyace es: podemos disolverlo todo, y luego volver a recomponerlo y a infundirle una dirección y una narrativa. Pero así es imposible respetar la realidad de las cosas.

La «parte analítica» tiene ya una dirección, y por lo tanto no debería separarse de la «parte sintética». Dicho de otro modo, la naturaleza ya tiene en todo momento su narrativa propia, de manera tal que no necesita suplementos ni narrativas añadidas.

La secuencia infinita de Venis nos plantea la unidad de los aspectos analíticos y morfológicos, del equilibrio y la dirección en la Naturaleza. Esta unidad es el verdadero desafío de la ciencia moderna y de la ciencia en cualquier época; el contraste entre su perspectiva y la perspectiva del análisis y síntesis modernos se revelará supremamente instructiva.

Heráclito comprendió el mundo mejor que los científicos contemporáneos; si ya desdeñó el saber de Pitágoras como polimatía, como mera multiplicidad de conocimientos, mejor no imaginar lo que hubiera pensado de nuestras teorías y especialidades. El problema no es la cantidad de conocimiento, sino su calidad; y la matemática es maestra en el arte de engañarnos sobre esto. Se acaba teniendo el conocimiento que se quiere, pero la cuestión es qué clase de conocimiento se quiere.

*

Una cosa es la organización espontánea en la naturaleza y otra la presencia recurrente en ella de una determinada constante matemática. Está aún por demostrar que exista algún tipo de vínculo funcional entre ambas, y en caso de que exista, tampoco puede aventurarse nada sobre su relevancia. Lo que admite pocas dudas es que sí puede interpretarse la física fundamental como un fenómeno de autoorganización, y de la forma más directa imaginable, a través de la mecánica relacional y los potenciales retardados; así como con la recuperación de la irreversibilidad «termomecánica», la única dinámica en realidad.

Pero la comprensión teórica por sí sola es incapaz a estas alturas de modificar lo más mínimo la deriva altamente disolvente y destructiva de la ciencia actual, tan a tono con el resto de la dinámica social —como ya se ha dicho, en vano se quiere cambiar de ideas sin cambiar antes lo que hacemos y queremos hacer. Hoy el hombre no parece hallarse entre la Tierra y el Cielo, sino entre una naturaleza en perpetua retirada que sólo vemos como fuente de recursos y unas máquinas que materializan el espíritu humano para explotar la naturaleza externa y nuestra naturaleza interna.

Decimos «espíritu humano» porque en la máquina se materializa no sólo nuestra inteligencia sino también nuestra voluntad: y la unidad sustancial de ambas se nos ha hecho inconcebible justamente por la separación creciente que hacen posible las máquinas. Sí, las máquinas, como otras creaciones humanas, son una obvia cristalización de un agua y un fuego, un deseo femenino y una voluntad masculina: una pequeña naturaleza aislada del resto que intenta perpetuar sus movimientos a costa del entorno. Pagamos bien caro este simulacro de cierre que no es cerrado en absoluto ni puede serlo; en realidad, el telos del móvil perpetuo nunca ha dejado de ejercer su hechizo fatal sobre nosotros.

A lo largo de este escrito hemos estado indicando un eje común que atraviesa a la naturaleza, al hombre y la máquina, y que sin duda debe ir más allá de ellos, pues de ellos no conocemos otra cosa que planos y manifestaciones momentáneas. Si la tecnociencia actual separa para recombinar a su antojo y desencadenar la universal confusión de planos, bien podemos hacer lo contrario: ver en qué coinciden planos diferentes para sondear su vertical, su altura y su profundidad.

Referencias

[1] John Arioni, *Golden Ratio in Yin-Yang*
https://www.cut-the-knot.org/do_you_know/GoldenRatioInYinYang.s-html

[2] Alexey Stakhov; *The Mathematics of Harmony — From Euclid to Contemporary Mathematics and Computer Science*
http://vixra.org/pdf/1602.0042v1.pdf
Ervin Wilson, *The scales from the slopes of Mt. Meru and other recurrent sequences,*
http://anaphoria.com/wilsonmeru.html

[3] Agno, *Imaginary Golden Ratio, My math forum*
http://mymathforum.com/number-theory/17605-imaginary-golden-ratio-.html

[4] Math Train, *Imaginary Golden Ratio, StackExchange*
https://math.stackexchange.com/questions/1851698/imaginary-golden-ratio
Karl Dilcher, *Hypergeometric functions and Fibonacci numbers,*
https://www.fq.math.ca/Scanned/38-4/dilcher.pdf
Rogers-Ramanujan continued fraction
https://en.wikipedia.org/wiki/Rogers%E2%80%93Ramanujan_continued_fraction

[5] René Guenon, *Symbolism of the Cross*, Chapters XX-XXII.

[6]   Peter Alexander Venis, *Infinity-theory —The great Puzzle*
      http://www.infinity-theory.com/en/science/Main_pages/The_Great_Puzzle

[7]   Richard Merrick, *Harmonically Guided Evolution*. http://interference-theory.com/files/Harmonic_Evolution.pdf

[8]   A. K. T. Assis, *The principle of physical proportions*
      Relational Mechanics and Implementation of Mach's Principle with
      Weber's Gravitational Force (Apeiron, Montreal, 2014), 542 pages,
      ISBN: 9780992045630

[9]   Nikolay Noskov, http://bourabai.kz/noskov/index.html
      The Phenomenon of Retarded Potentials,
      The Theory of Retarded Potentials,
      Limits of application of fields in classical mechanics

[10] Miles Mathis, http://milesmathis.com/
      The Physics behind the Golden Ratio
      More on the Golden Ratio and Fibonacci Series

[11] Miles Mathis, *Explaining the Ellipse*
      Unlocking the Lagrangian

[12] Nicolae Mazilu, *A Newtonian Message for Quantization*
      Nicolae Mazilu & Maricel Agop, *The Mathematical Principles of the*
      Scale Relativity Physics I. History and Physics

[13] Roger Tattersall, *Why Phi? Simplified: A brief Fibonacci tour of the Solar System*
      Jan Boeyens, *Commensurability in the solar system*
      Harmut Müller, *Global Scaling of Planetary Systems*

[14] Miles Mathis, *A Complete Correction to and Explanation of Bode's*
      Law. The average deviation Mathis finds, based on a simple orbital law,
      is 2.75 %, exactly the same Roger Tattersall gives for the golden spiral.
      Miles Mathis, A Redefinition of Gravity. Part IX. Why the Sun and
      Moon have the same Optical Size

[15] Mario J. Pinheiro, *A reformulation of mechanics and electrodynamics,*

[16] Miguel Iradier, *La Tecnociencia y el Laboratorio del Yo*
      Rod Swenson, M. T. Turvey, *Thermodynamic Reasons for Perception-Action Cycles*

[17] Richard Merrick, *Harmonic formation helps explain why phi pervades*
      the solar system

[18] Gian Paolo Beretta, *What is Quantum Thermodynamics?*

[19] Xue-Jun Zhang and Zhong-Can Ou-Yang, *The Mechanism Behind*
      Beauty: Golden Ratio Appears in Red Blood Cell Shape,

Marcy C. Purnell and Risa D. Ramsey (February 7th 2019). *The Influence of the Golden Ratio on the Erythrocyte*

[20] Miles Mathis, *Perturbation Theory in the Light of Charge*

[21] S.C. Tiwari, *Geometric Phase in Optics and Angular Momentum of Light*
Alexander Ershkovich, *Electromagnetic potentials and Aharonov-Bohm effect*

[22] A. K. T. Assis, *Relational Mechanics and Implementation of Mach's Principle with Weber's Gravitational Force* (Apeiron, Montreal, 2014), 542 pages, ISBN: 9780992045630

[23] Alejandro Torassa, *On classical mechanics,*

[24] René Guenon, *The metaphysical principles of the infinitesimal calculus, chapter XVII, Representation of the balance of forces*

[25] A. K. T. Assis, *History of the 2.7 K Temperature Prior to Penzias and Wilson*

[26] Stephen Spurrier, Nigel R. Cooper *Semiclassical Dynamics, Berry Curvature and Spiral Holonomy in Optical Quasicrystals*

[27] Nicolae Mazilu, *Mechanical Problem of Ether*

[28] C.K. Thornhill, *The foundations of relativity*

[29] Patrick Cornille, *Replication of the Trouton-Noble Experiment*
Patrick Cornille, *Simple electrostatic aether drift sensors (SEADS): New dimensions in space weather and their possible consequences on passive field propulsion systems*

[30] Yuchao Zhang, Jie Gao, and Xiaodong Yang, *Optical Vortex Transmutation with Geometric Metasurfaces of Rotational Symmetry Breaking,*

[31] Michael Berry, *Quantal phase factors accompanying adiabatic changes Geometric phases,*
https://michaelberryphysics.files.wordpress.com/2018/03/berryd.pdf

[32] John Carlos Báez, Black Holes and the Golden Ratio

[33] Yasuichi Horibe, *An entropy view of Fibonacci Trees*
Takashi Aurues, *The Fibonacci sequence in nature implies thermodynamic maximum entropy*

[34] Miguel Iradier, *Towards a science of health? Biophysics and Biomechanics*

[35] Miguel Iradier, Beyond control: feedback and potential

[36] Mario J. Pinheiro, *A Variational Method in Out-of-Equilibrium Physical Systems*

Patrick Cornille, *Simple electrostatic aether drift sensors (SEADS): New dimensions in space weather and their possible consequences on passive field propulsion systems*

[37] R. Ferrer i Cancho, A. Hernández Fernández, *Power laws and the golden number*

[38] Aram Z. Mekjian, *Power law behavior associated with a Fibonacci-Lucas model and generalized statistical models*
Ilija Tanackov, *The golden ratio in probabilistic and artificial intelligence*
Myron Hlynka and Tolulope Sajobi, *A Markov chain Fibonacci Model*

[39] Soroko. E.M., *Structural Harmony of Systems. Minsk: Nauka i Technika* (1984) (Ruso). Comentado por A. Stakhov en [2].

[40] Yaniv Dover, *A short account of a connection of Power Laws to the Information Entropy,*
Matt Visser, Zipf's law, power laws and maximum entropy

[41] Mitchell Newberry, *Self-Similar Processes Follow a Power Law in Discrete Logarithmic Space*

[42] G. Rotundo, M. Ausloos, *Complex-valued information entropy measure for networks with directed links (digraphs)*

[43] A. Stakhov, op. cit. Petoukhov, S.V. *Metaphysical aspects of the matrix analysis of genetic code and the golden section.* Metaphysics: Century XXI. Moscow: BINOM (2006), 216250 (Ruso)

[44] Fernando C. Pérez-Cárdenas, Lorenzo Resca, Ian L. Pegg, Coarse Graining, *Nonmaximal Entropy,*
and Power Laws

[45] Miles Mathis, *A Re-definition of the Derivative (why the calculus works —and why it doesn't)*
Miles Mathis, *Calculus simplified*
Miles Mathis, *My calculus applied to exponential functions*
Harlan J. Brothers, John A. Knox, *New closed-form approximations to the Logarithmic Constant e,*
John A. Knox, Harlan J. Brothers, *Novel Series-based Approximations to e*

[46] Paul Marmet, The Subjectivity of Heisenberg's Uncertainty Relationship
Miles Mathis, *One Thing is Certain: Heisenberg's Uncertainty Principle is Dead*
Wikipedia, *Intensive and extensive properties*
V.V. Aristov, *On the relational statistical space-time concept*
V. V. Aristov. *Relative Statistical Model of Clocks and Physical Pro-*

perties of Time
S E Shnoll, V A Kolombet, E V Pozharski⎺, T A Zenchenko, I M Zvereva, A A Konradov, *Realization of discrete states during fluctuations in macroscopic processes*

[47] Peter Alexander Venis, *Infinity theory*

[48] Michael Howell, *Logarithmic derivatives sans the diminishing differentials* . http://milesmathis.com/howell4c.pdf

[49] Igor Podlubny, *Geometric and Physical Interpretation of Fractional Integration and Fractional Differentiation*

[50] Miles Mathis, *Electrical Charge*

[51] Evert Jan Post, *Quantum reprogramming* —A long Overdue and Least Intrusive Reality Adaptation of the Copenhagen Interpretation

[52] Dániel Schumayer, David A. V. Hutchinson, *Physics of the Riemann Hypothesis*

[53] Nicolae Mazilu, *Physical Principles in Revealing the Working Mechanisms of Brain*, Part One
Nicolae Mazilu, *The Classical Theory of Light Colors: a Paradigm for Description of Particle Interactions*

[54] Nicolae Mazilu, *A case against the First Quantization* (2010)

[55] C. K. Thornhill, *The kinetic theory of electromagnetic radiation*

[56] Irwin G. Priest, *A Proposed Scale for Use in Specifying the Chromaticity of Incandescent Illuminants and Various Phases of Daylight*, (1932)

[57] Paul Marmet, op. cit.

[58] David Hestenes, *Quantum Mechanics from Self-Interaction*
P. Catillon · N. Cue · M.J. Gaillard · R. Genre · M. Gouanère · R.G. Kirsch · J.-C. Poizat · J. Remillieux · L. Roussel · M. Spighel, *A Search for the de Broglie Particle Internal Clock by Means of Electron Channeling*
Shau-Yu Lan, Pei-Chen Kuan, Brian Estey, Damon English, Justin M. Brown, Michael A. Hohensee, Holger Müller, A *Clock Directly Linking Time to a Particle's Mass, Science* 339, 554 (2013)
George Savvidy and Konstantin Savvidy, *Quantum-Mechanical Interpretation of Riemann Zeta Function Zeros*
Timothy H. Boyer, *Stochastic Electrodynamics: The Closest Classical Approximation to Quantum Theory,*
Nicolae Mazilu, Maricel Agop, *Role of surface gauging in extended particle interactions: The case for spin,*

[59] Mario J. Pinheiro, *On Newton's Third Law and its Symmetry-Breaking Effects*
Koichiro Matsuno, *Information: Resurrection of the Cartesian Physics*

[60] E. J. Chaisson, *Energy Rate Density as a Complexity Metric and Evolutionary Driver,* Energy Rate Density. II. Probing Further a New Complexity Metric,

[61] Georgi Yordanov Georgiev, Erin Gombos, Timothy Bates, Kaitlin Henry, Alexander Casey, Michael Daly, *Free Energy Rate Density and Self-organization in Complex Systems*

[62] A. Stakhov, op. cit. pgs. 120-125

[63] Vladimir A. Lefebvre:
https://www.researchgate.net/scientific-contributions/2034094747_Vladimir_A_Lefebvre
The algebra of conscience (review by J. T. Townsend),
https://www.researchgate.net/publication/256246817_Algebra_of_conscience_Vladimir_A_Lefebvre_Boston_Mass_Reidel_1982

[64] Raymond Abellio, *La structure absolue, Essai de phénoménologie génétique*, París, 1965

[65] McBeath, M. K., Shaffer, D. M., & Kaiser, M. K. (1995) *How baseball outfielders determine where to run to catch fly balls, Science,* 268(5210), 569-573.

[66] Víctor Gómez Pin, Filosofía. *El saber del esclavo.* Editorial Anagrama, 1989.

[67] Miles Mathis, *A Disproof of Newton's Fundamental Lemmae*
A correction to the equation a = v2/r (and a Refutation of Newton's Lemmae VI, VII & VIII)
What is pi?
The extinction of pi
The Manhattan Metric
The Cycloid and the Kinematic Circumference

[68] Gopi Krishna Vijaya, *Calculus and Geometry*
Celestial Dynamics and Rotational Forces In Circular and Elliptical Motions. Original Form of Kepler's Third Law and its Misapplication in Propositions XXXII-XXXVII in Newton's Principia (Book I)

PLANDEMIA: MANUFACTURANDO CULPAS

20 abril, 2020

En un artículo reproducido hace poco en *Rebelión*, Eva Illouz, de la Universidad Hebrea de Jerusalén, presentada a menudo como «una especialista de las emociones», no pierde el tiempo a la hora de proyectar sospechas y culpas sobre el gobierno y el pueblo chino en la difusión del más famoso de los coronavirus [1].

Ya en el primer párrafo se nos habla de la transmisión zoonótica, el salto de especies animales al hombre, para que no queden dudas de cuál es el origen de todo el asunto. La palabra se repite varias veces, respaldada por la opinión de especialistas norteamericanos tales como Dennis Carroll del CDC, Larry Brilliant o el mismo Bill Gates, y con la inevitable alusión a los famosos mercados al aire libre chinos. Finalmente, en el último párrafo se lanza al aire el cuchillo: *«el silenciamiento de la crisis por parte de China hasta enero fue criminal, dado que en diciembre todavía era posible detener el virus».*

Yo creía que China había dado a Occidente un tiempo precioso de casi dos meses para poder tomar medidas adecuadas y escarmentar en carne ajena. De hecho, en comparación con la lentitud de los países occidentales que ya estaban sobre aviso, lo que nos pareció a todos en su momento es que el gobierno chino se precipitaba al tomar medidas tan drásticas. Si a estos países les costó tanto decidirse, después de contar con semejante ventaja de tiempo, resulta manifiestamente falaz pretender que hubo una importante demora china cuando ni siquiera existía un referente.

Piénsese que todavía a primeros de marzo numerosos expertos occidentales apenas sabían cómo diferenciar este virus de uno de la gripe ordinario. Ahora mismo, a 20 de abril, sorprenden las salvajes divergencias de opinión entre expertos —a pesar del ímprobo esfuerzo de los medios dominantes por crear una perspectiva consensuada. Algunos dicen que las muertes no tiene nada que ver con neumonías agudas, sino con la privación de oxígeno al nivel de los glóbulos rojos; otros hablan ya de dos tipos diferentes de enfermedad, de las posibles mutaciones, etcétera.

Esto sin contar con que la inmensa mayoría de los test son incapaces de detectar o identificar con precisión el virus, siendo un organismo normal portador de un gran número y variedad de ellos. El test de reacción en cadena de la polimerasa, ideado por Kary Mullis, según su propio creador no puede detectar virus, sino sólo proteínas y fragmentos genéticos atribuidos a determinados virus. Se podría hablar una infinidad sobre el tema pero no creo que haga falta seguir.

Aun más importante es darse cuenta de que el gobierno chino no puede tener el menor interés en silenciar o demorar la respuesta a un brote epidémico puesto que China ya ha sido objeto de ataques biológicos japoneses desde la gran guerra y estadounidenses desde la guerra de Corea, y gran parte de los nuevos virus a escala global han surgido en su territorio. China ya tiene una enorme y justificada susceptibilidad a este respecto, y su gobierno sólo tiene cosas que perder si no actúa con prontitud en caso de emergencia —y además sabe perfectamente que en esta nueva Guerra Fría con Champán está en el punto de mira.

Pero resulta además que la epidemia podría haber pasado desapercibida si a los doctores chinos no se les hubiera dicho qué era lo que tenían que buscar. Parece ser que George Fu Gao, el director del Centro Chino para el Control y Prevención de la Enfermedad que dio la señal de alarma sobre una neumonía de origen desconocido, había estado presente en el famoso Evento 201 que se celebró el 18 de octubre del 2019 en Nueva York para simular una pandemia por un nuevo coronavirus, patrocinado por el Foro Económico Mundial, la Fundación Bill y Melinda Gates, y el John Hopkins Center, que sigue siendo el que maneja las cifras globales oficiales de muertos e infectados a nivel mundial y que depende de la John Hopkins Bloomberg School.

De modo que sólo de muy mala fe puede hablarse de «silenciamiento criminal». De lo que se trata ante todo es de lanzar acusaciones y calumnias dentro de la continua guerra mediática en que vivimos, contienda en la que Israel es todo menos neutral porque tiene bastante que perder.

Ciertamente sería deseable que se cerraran mercados de animales salvajes, pero no tenemos la menor idea de si el origen del COVID-19 está en ellos, en la biotecnología, o en la cría intensiva de animales domésticos, de las que las granjas porcinas son un estremecedor ejemplo. Un matadero de cerdos moderno no es menos repugnante que estos mercados por el sólo hecho de que los alejen de nuestra vista, y las condiciones de crianza de estos animales también son un peligroso experimento para la salud, no sólo para los animales sino también para quienes los consumen.

El que esto escribe dejó hace tiempo de comer todo tipo de carne por mera cuestión de principio, no por preocupación de salud; y no por ello pretendemos obligar a que la gente deje de comer carne, por más que comer carne, en cualquier caso, no sea otra cosa que alimentarse de cadáveres.

Illouz habla también de crear «nuevos tribunales sanitarios internacionales», precisamente para tratar «el silenciamiento criminal» de China. Es una pena que no sugiera que su sede se encuentre en Jerusalem o Tel Aviv, lo que sería la forma ideal de estar por encima de cualquier contingencia, ya que Israel es el único estado desarrollado del mundo que no ha firmado la Convención internacional de armas biológicas, además de defecar a diario sobre el derecho internacional en su conjunto.

Sabido es que el primer anuncio de vacuna, aún por ensayar, ha surgido de Israel; los investigadores en cuestión llevaban años trabajando en un virus diferente, y sin embargo, sorprendentemente similar. Pero no cabe duda de que surgirán otras vacunas en China, en Rusia, o en otros países fuera de la esfera de la OTAN, y la competencia, no sólo por el dinero de las vacunas, sino por el ascendiente sobre los estados y sus sistemas de salud, va a estar muy reñida. En este contexto, un «tribunal internacional», organizado por los países que mejor saben evadir las leyes entre iguales —Estados Unidos e Israel—, sería la jugada perfecta para eliminar competidores.

Pero es que no hay nada en el artículo de Illouz que no suene falso, que no parezca pensado sino para sacar provecho de la situación. Se habla de «la insoportable levedad del capitalismo» y del obligado retorno de lo público, claro que sí, pero préstese un poco de atención a las palabras empleadas: *«la creación de organismos internacionales para innovar en campos como el de los equipos médicos, la medicina y la prevención de epidemias».* Ya estamos con la palabra innovación, el mantra de todas escuelas de negocios desde la Rockefeller Foundation y la Global Business Network para abajo.

Y para que no queden dudas, así concluye el artículo: *«Sobre todo, necesitaremos que una parte de la vasta riqueza acumulada por las entidades privadas se reinvierta en bienes públicos. Esa será la condición para tener un mundo».* Es decir, no se trata de alejar a la plutocracia del gobierno de los asuntos humanos, sino de involucrarla todavía más. ¿Pero qué clase de porquería es ésta? Yo creía que no necesitaban invertir más en lo público porque lo poco que había de público ya lo habían comprado, pero al parecer en los think tanks ya están pensando en otro tipo de adquisición, en otra clase de «inversión responsable.»

Y es esto lo que tendría que hacernos pensar. Illouz quiere quedar muy bien con eso de la reinversión en bienes públicos, pero la verdad es que suena horrible. Su artículo no es sino una muestra entre millones del giro que se le quiere dar a la situación, y del que ya estamos en pleno desarrollo.

Porque tal vez la gente salga pronto de la cuarentena, pero esta crisis está diseñada para poder durar. El culebrón puede alargarse indefinidamente, con remisiones y nuevas oleadas, con intermitencias entre la vida normal y las nuevas alarmas que faciliten una penetración gradual de las medidas. Ese es el escenario ideal que estaban buscando: una plataforma temporal para introducir cambios desde arriba que pueda durar cinco, diez o incluso quince años. Existen informes detallados para este tipo de escenarios al menos desde el 2010, que indudablemente se han tenido que refinar mucho desde entonces [2].

Hay que impedir que esta gente nos meta en su guión, y es obligado decir que muchos de los medios que se dicen alternativos les están haciendo el juego. Illouz hasta saca a colación la peste de Atenas de la guerra del Peloponeso: *«La catástrofe fue tan abrumadora que los hombres, al no saber qué les sucedería a continuación, se volvieron indiferentes a toda norma de la religión o la ley».* Y por supuesto la apelación al miedo es continua.

Pero muchos de nosotros ni nos hemos vuelto indiferentes ni tenemos el menor miedo; a lo sumo demasiada paciencia. En cuanto a la «catástrofe», lo que dicen las cifras desnudas es que, incluso con la más que dudosa atribución de muertes al coronavirus por los medios oficiales, son una parte menor del número de muertes ordinarias. Más aún, la alarma creada por los medios puede estar ocasionando la desatención y muerte de otros muchos enfermos por causas diferentes [3].

Son ellos los que deberían de tener miedo. Podrán correr, pero no podrán huir. No es el momento de amoldarse a narrativas, sino de llegar al fondo de las cosas.

Referencias

[1] Eva Illouz, *El coronavirus y la insoportable levedad del capitalismo*, https://rebelion.org/el-coronavirus-y-la-insoportable-levedad-del-capitalismo/

[2] The Rockefeller Foundation & Global Business Network, *Scenarios for the Future of Technology and International Development* http://www.nommeraadio.ee/meedia/pdf/RRS/Rockefeller%20Foundation.pdf

[3] *Covid-19:What They Don't Tell You*, by a man with an internet connection . http://mileswmathis.com/covid.pdf

LA REVOLUCIÓN QUE SÍ OCURRIRÁ: CHINA Y EL FUTURO DE LA TECNOCIENCIA

28 abril, 2020

Ya se empieza a decir que este año 2020 podría marcar el comienzo del Siglo Asiático, o si se prefiere, del Siglo Chino; aunque no encontraremos a analistas chinos entre los que afirman tales cosas. Los autores que insisten en esta lectura apuntan, por ejemplo, al claro liderazgo de China en un sector tan estratégico como la 5G, o la inminente aparición del yuan digital, que podría hacer que tarde o temprano la hegemonía del dólar se derrumbe. De que China juega en serio caben ya pocas dudas.

Sin embargo esta necesidad que China tiene de hacer las cosas independientemente y a su manera se interpreta demasiado a menudo como una política agresiva o expansionista en Occidente, sin querer ver que es el mismo Occidente el que ha creado estas reglas abusivas en las que el ganador se lo lleva todo. En los próximos años no vamos a dejar de ver cómo aumenta la rivalidad por la supremacía tecnológica, con la acostumbrada guerra de acusaciones y descalificaciones dirigidas casi en exclusiva por una sola de las partes.

Pero aquí quiero tocar un tema mucho más vasto que el de la competición tecnológica y que sin embargo no está recibiendo la atención de nadie. Me refiero a la relación de la ciencia con la tecnología para conformar un todo, eso que hoy llamamos Tecnociencia. La tecnociencia es la acción recíproca o continuidad existente entre las aplicaciones utilitarias y el desarrollo del método científico, entre práctica y teoría, entre el poder y el saber. Poder y saber se limitan mutuamente, pero los modernos estudios sobre la tecnociencia, de forma increíble, no saben todavía nada sobre cómo y de qué depende que saber y poder se autolimiten —de forma totalmente involuntaria y espontánea.

Para empezar a saber algo de esto, se necesitarían contraejemplos, es decir, deberíamos poder contrastar lo que ahora tenemos con otros desarrollos de la ciencia y la tecnología del mismo nivel pero realmente independientes. Sin embargo, en los países occidentales se insiste de manera llamativa en que sólo hay una forma posible de hacer ciencia, que es justamente la misma que propugnan y controlan esos países.

Este es un supuesto tan abrumadoramente aceptado que ni siquiera necesita ilustraciones; pero aun así traeré un ejemplo a colación para que apreciemos cómo suena cuando alguien quiere ponerlo en palabras. En un artículo de *Foreign Policy* de hace poco más de dos años, titulado *El futuro de la física de partículas vivirá y morirá en China*, su autor se lamenta de que el próximo y costosísimo superacelerador de partículas ya no lo construirán los europeos o los americanos, sino los chinos. Y lo malo no es eso, sino que los investigadores occidentales tendrán sólo el rango de observadores invitados, en lugar de decidir qué experimentos se realizan o cómo se filtran los datos [1].

Así que para impedir que tal cosa suceda, el autor no deja de invocar la universalidad de la ciencia: los chinos deben saber cuanto antes que no existe «una ciencia con características chinas», sino *ciencia sin más*, que, sólo por casualidad, no es otra que la que se decide en los despachos de Princeton, Cambridge o Ginebra. Es decir, los chinos deberían darse por muy satisfechos con pagar el proyecto, mientras observan y aprenden de los creativos científicos americanos cómo se le saca partido a una inversión. Nos lo dice *Foreign Policy*, nada menos.

Huelgan los comentarios ya que este tipo de posturas, a las que estamos demasiado acostumbrados, se descalifican por sí solas. Por lo demás, los megaproyectos de la Big Science occidental con sus enormes inercias siempre han sido el peor lugar que pueda imaginarse para el pensamiento crítico, puesto que tamañas inversiones obligan a justificar dichas empresas a cualquier precio. Eso lo sabe hasta el último operario que ha participado en ellas.

Es precisamente por esto que los científicos chinos tienen muy buenos motivos para desconfiar. Por el contrario, las autoridades chinas podrían considerar seriamente si merece la pena invitar a científicos occidentales a los que, libres ya de tener que justificar sus propios proyectos, se les reavivaría todo ese espíritu crítico que han tenido que guardarse para mejor ocasión.

Si no hay una ciencia china, americana o europea, sino una ciencia internacional sin más, ¿por qué alarmarse de que China haga sus propios experimentos? Deberían relajarse y esperar tranquilamente los resultados, y dar gracias porque se les ahorre tanto dinero y trabajo; pero parece que hay algo más en todo esto.

El caso más manido de «preocupación» por lo que puedan hacer los científicos chinos lo tenemos en la biotecnología y la manipulación genética, especialmente en lo que afecta a los seres humanos. Pero, una vez más, no son los chinos los que han inventado la clonación, ni los que han puesto en circulación la idea hoy universalmente aceptada de que los genes no son nada más que «información», ¿verdad? Y sin embargo esta última reducción es lo primero que habría que impugnar, pues es lo que nos ha conducido a la manipulación indiscriminada de la vida. Por lo demás, está claro que ninguna corporación privada va a tener a este respecto niveles de exigencia más elevados que los gobiernos.

Pero aunque estos temas ya atraen a los medios de comunicación y son objeto de discusiones, aún se sitúan en los niveles más groseros del debate —aquellos propios de la propaganda, la sospecha y la acusación velada o abierta. Lo que aquí quiero plantear, y nadie ha planteado todavía, es un desafío de mucho mayor alcance para nuestras ideas y nuestra imaginación, y seguramente para el futuro de la humanidad. Lo que aquí quiero plantear es si China será finalmente capaz de desarrollar una ciencia, o una tecnociencia, realmente diferentes de las que hasta ahora ha desplegado Occidente.

Se ha convertido en un tópico hablar de la falta de originalidad de los investigadores chinos, ignorando sistemáticamente el enorme esfuerzo que ha supuesto para ellos ponerse al día y adaptarse a unas reglas del juego completamente ajenas a su mentalidad. No nos damos cuenta de que esta «falta de originalidad» no es sino el efecto de pertenecer a una cultura que ha sido la más diferenciada y original del mundo, pero en la que además se ha dado la trágica circunstancia de una amputación de sus tradiciones autóctonas.

Son estas dos circunstancias simultáneas, una modernización tan rápida como jamás se ha visto, junto a la desgraciada destrucción de sus propias tradiciones, lo que ha creado esta imagen coyuntural y momentánea del chino como falto de originalidad, que sería muy fácil de desmentir con sólo hacer un poco de memoria. Por otra parte, China ha tenido una maravillosa tradición de filosofía natural única en el mundo, pero su concepción de la Naturaleza hasta ahora ha sido incompatible con los estándares del positivismo modernos. Nos estamos refiriendo, por supuesto, a un conjunto de tradiciones englobadas bajo el nombre de «taoísmo».

La ciencia moderna, desde Descartes, se basa en la idea de un yo separado del mundo. Para la tecnociencia actual, que la inteligencia esté totalmente separada de la naturaleza es condición indispensable para recombinar todos los aspectos de la naturaleza a nuestro antojo: átomos, máquinas, moléculas biológicas y genes, o la interfaz entre cualquiera de ellos bajo el criterio mínimamente comprometido de la información. Se trata de la condición de lo que llamo nuestro material-liberalismo o liberalismo material.

Sin embargo, aunque el taoísmo no desempeñó ni mucho menos un papel central en la sociedad china anterior a la Revolución, si ha permanecido para ella la exigencia de reintegrar la inteligencia a la unidad del ser, a la unidad de la naturaleza de la que nunca ha dejado de formar parte. Y la misma amputación violenta de una parte tan consustancial de la cultura china continua demandando una reparación, que tendrá lugar tarde o temprano.

El gran sinólogo inglés Joseph Needham planteó hace tiempo una pregunta famosa conocida como «la cuestión de Needham», a saber, por qué no fue China sino Europa la que llevó a cabo la revolución científica moderna, cuando era la civilización china la que efectivamente estaba mucho más avanzada en el plano material de las industrias, inventos y logros tecnológicos.

Se trata de una pregunta que ha suscitado un amplio debate entre los historiadores, pero que a mi juicio aún se confronta con una más que notable ingenuidad. Se dice por ejemplo que no tiene sentido hacer preguntas contrafácticas, y en cierto sentido eso es evidente. Pero incluso así estamos dando por supuestas muchas cosas. La primera, que el desarrollo tecnológico ha sido bueno, y no haberlo promovido, un error. La segunda, es que la historia ha terminado, y que no habrá ya más giros inesperados en la relación entre ciencia y tecnología. La tercera, relacionada con la anterior, es que a todos nosotros ya sólo nos queda adaptarnos a un rumbo inexorable y que no podemos darle un cambio de sentido. Y todo esto, que ahora nos parecen hechos consumados, no son más que meras suposiciones.

Se ha creído entender que durante la dinastía Ming (1368-1644), justo antes de la revolución científica europea, cuando el número de invenciones chinas parecía acercarse a una masa crítica, la clase dirigente decidió frenar el desarrollo tecnológico por considerarlo una amenaza para la estabilidad social. Y seguramente esta habría resultado la decisión más sabia, de no haber sido porque otros pueblos menos desarrollados y en lucha permanente al otro lado del continente euroasiático fueron incapaces de ponerse un freno. El resultado ya sabemos cuál fue.

A los occidentales se les ha llamado durante mucho tiempo en China «bárbaros», y no creo que sea una calificación inapropiada a juzgar por su comportamiento general en el mundo. Sin duda Occidente a tenido grandes valores, pero pensar que nuestros valores son superiores al resto de las civilizaciones debido al avasallador éxito material de su modelo demuestra una concepción bien baja de lo que significa la palabra «valores». Y lo mismo podría decirse de la antigua civilización china antes de su decadencia, si sólo somos capaces de juzgarla por su desarrollo material.

Hoy vivimos en plena barbarie tecnológica, y la creencia, impulsada desde arriba, de que la solución a todos nuestros problemas reside en la tecnología nos conduce hacia el peor de los mundos posibles. Lo mismo cabe decir del programa gemelo que nos asegura que la sociedad ha de existir para la economía en vez de la economía para la sociedad. Se trata de programas inseparables cuya mera asunción es ya la mayor de las derrotas, pues una vida regida por el funcionalismo ni siquiera es digna de ser vivida.

Y es Occidente, y no China, quien ha expandido este programa a sangre y fuego por el mundo. Pero cuando China ha tenido que asumirlo hasta sus últimas consecuencias, aunque sólo fuera para sobrevivir, nos asusta y hasta nos horroriza —porque nos devuelve en un reflejo no sólo lo que no vemos de nosotros, sino sobre todo lo que no queremos ver: que nuestras vidas no tienen más sentido que las suyas, por más que nos empeñemos en que nosotros somos los buenos y los que hacemos las cosas con alma y originalidad.

Y aquí viene mi primer juicio y mi primera «predicción». Occidente ha sido incapaz de domar la tecnología y su deriva que nos lleva a galope hacia la infamia. En esto su fracaso es tan espectacular como el propio desenfreno de la esfera funcional, tecnológica y económica. Sin embargo, *SI* China es realmente capaz de asimilar y hacer suyo el método científico moderno —algo que hasta ahora sólo ha hecho en apariencia—, su mayor empeño residirá precisamente en dominar lo que nos domina y gobernar lo que hoy nos resulta ingobernable.

Es decir, volvería a los mismos reflejos de la dinastía Ming, cuando aún era el imperio más poderoso de la Tierra —sólo que en un mundo que ya no tiene absolutamente nada que ver con aquel, y en el que la vuelta atrás resulta sencillamente imposible. Y esto a mi me parecería digno de alabanza, pues demostraría que aún hay cierta sensatez en este planeta. Entonces, el mayor peligro no es que los chinos desarrollen «una ciencia con características chinas»; el verdadero peligro es que no la desarrollen.

Es más, Occidente debería facilitar todo lo posible este proceso, y contribuir a él con lo mejor de su inteligencia. Primero, porque si se liberan ellos, también nos liberamos nosotros. Y segundo, porque pisamos un jardín de senderos que se bifurcan. Aquí no hay malos ni buenos, sino buenas o malas decisiones. Y lo bueno puede convertirse pronto en malo y viceversa, como ha ocurrido toda la vida.

Si continuara el guión de la historia conocida, China podría darle un sentido social y colectivista a la nueva revolución de la tecnociencia; los Estados Unidos, uno individualista o basado en el entretenimiento y el consumo; y otras partes del mundo, como Europa, Rusia, o India, tendrían que elegir entre los modelos disponibles o desarrollar los suyos propios. Las monedas digitales o criptodivisas ya nos van a situar bien pronto en este terreno de las decisiones delicadas y las esferas de influencia; pero no son sino una pequeña parte de cambios mayores que se avecinan en nuestra forma de ver y actuar en el mundo.

Creo que en un mundo donde todo está revolucionado esperar o hablar de revoluciones es como querer empujar a alguien que cae —algo innecesario y sin efecto. Y lo mismo puede decirse de todo los cambios «revolucionarios» en la ciencia y la tecnología, que no son sino sucesivas ondas concéntricas de un único gran impacto que tuvo lugar en el siglo XVII. Pero de lo que estoy hablando no es de la presente «revolución tecnológica», ya que eso, aunque nos arrastre, es poco más que inercia consentida. Pues si hoy no nos apercibimos de que esta deriva simplemente nos arrastra, ¿cuándo nos daremos cuenta?

La «revolución» de la que hablamos requiere por el contrario una voluntad activa capaz de desviar el curso de los acontecimientos sin oponerse frontalmente a la corriente, lo que pocas veces tiene sentido. Esa voluntad política hoy sólo parece tenerla China, porque aún es plenamente consciente de que se mueve en desventaja en un mundo en el que no ha hecho las reglas. Y las reglas científicas y tecnológicas, son básicamente convenciones y estándares. Si esto ya lo afirmaba Poincaré en 1900, teniendo una idea de la ciencia infinitamente más elevada y exigente que la actual, no sé qué tendríamos que decir ahora. En cualquier caso los científicos e ingenieros chinos lo perciben con dolorosa claridad. ¿Acaso no hablan los propios científicos del modelo estándar de cosmología o el de física de partículas?

En la Gran Ciencia moderna hay muy poco lugar para la originalidad, y sin duda es por eso que se habla tanto de ella. Esto es hasta tal punto así, que los que realmente quieren hacer cosas diferentes tienen que abandonar la investigación cuando experimentan en carne propia la aplastante realidad de la fabricación del consenso a escala industrial. Al menos eso es lo que dicen muchos investigadores que ha tenido que optar por buscarse otros medios de vida, y se puede estar seguro de que no son mediocridades sino más bien todo lo contrario.

Lo de la originalidad es un reclamo típicamente americano de relaciones públicas para extraer ilusión y dar una imagen «positiva» y fresca de la investigación científica. La ciencia a gran escala nunca puede ser original, ni en Boston, ni en Londres, ni en Pekín. A esto se suma la circunstancia de que en la ciencia occidental, es decir, en la hegemonía americana de la ciencia mundial, la competencia científica, como la neutralidad de los mercados y todo lo demás, es algo en su mayor parte ficticio, que se reduce a quiénes se llevan los premios de consolación y las partes menores del botín. Todo lo fundamental está fuera de cuestión, sólo queda «innovar» en aquello que a uno se le permite.

No decimos esto con espíritu de polémica ni para denunciar nada, sino para traer a la memoria que una «ciencia libre» y «una ciencia sin más», tal como se pretende en Occidente, son cosas absolutamente contradictorias e incompatibles. Ya desde los tiempos de la Roya Society de Newton se comprendió claramente que la ciencia era otra forma de conquistar el mundo y las mentes de sus habitantes. La «ciencia sin más» de hoy es un fenómeno tan natural y «espontáneo» como la hegemonía del dólar, y seguramente no va a durar más que esta, pues ambas viven de nuestra confianza.

Y precisamente aquí empieza lo interesante. Todo lo que hoy nos parece inevitable, y como caído del cielo, tiene todavía un margen casi ilimitado de cambio en un sentido o en otro. Por ejemplo, la actual internet en la que ya casi hasta respiramos, puesto que internet y su revolución digital tampoco es un producto de la tecnología sin más, sino de la forma que a la tecnología le ha dado y le sigue dando Silicon Valley.

Pero todo esto, por más que dé forma a nuestro actual entorno, aún es muy superficial. Los cambios más profundos no dependen meramente de la tecnología, sino de la relación específica entre las teorías científicas y las aplicaciones prácticas, y es justamente en esto que hay mucho más de lo que se ve a simple vista.

Los Estados Unidos hicieron su oficiosa toma de poder de la ciencia mundial a la sombra del proyecto Manhattan y otras investigaciones militares de la gran guerra. En torno a 1948, cristalizan la electrodinámica cuántica, la cibernética y la teoría de la información. Cinco años más tarde se identifica la hélice del ADN, que también sería reducida pronto a la nueva categoría reina de la información.

Todos estos desarrollos tienen una gran continuidad con la ciencia europea de entreguerras y el cambio es sólo de énfasis, hacia un enfoque más «algorítmico». La electrodinámica cuántica, por ejemplo, que se nos ha vendido como la «joya de la física», no es sino una proeza del cálculo que nada nuevo añade a las ya diversas formulaciones de la mecánica cuántica de Schrödinger, Heisenberg o von Neumann. La teoría de la información recicla el concepto de entropía de la ya vieja mecánica estadística y lo aplica a máquinas y canales de comunicación. La cibernética es un desarrollo gradual de la teoría del control y la estabilidad a la que Wiener aporta muchas contribuciones nuevas pero con un monumental agujero estratégico en su centro que la ciencia actual ni siquiera ha percibido.

En definitiva, y para decirlo claramente: si la toma de posesión de la ciencia americana resultó poco traumática para los europeos, fue más que nada debido a la escasa originalidad de sus aportaciones. Se trataba sólo de un pequeño cambio de acento en el programa general, despejando el camino de obstáculos y escrúpulos innecesarios. Sin embargo, en el caso de que China llegue a hacer realmente suyo el método científico, y no sólo las aplicaciones tecnológicas, la transformación será incomparablemente más profunda, y hasta cierto punto, una antítesis de todo lo que Occidente ha conocido. De hecho, esto es lo único que podría equipararse en magnitud a la revolución científica del barroco.

¿Y qué aspecto podría tener este nuevo *TAO DE LA TECNOCIENCIA*? Eso nadie lo sabe, ni tiene que ser algo de lo que ahora haya que preocuparse. Mucho más importante es darse cuenta de que efectivamente existe ese Tao de la Tecnociencia, es decir, hay una relación de dependencia recíproca entre teoría y práctica que determina el alcance de nuestra visión, nuestra interacción con la naturaleza y sus resultados.

Esta dependencia no se ha calibrado ni remotamente debido a una típica presunción occidental. Distinguimos entre ciencias «duras» y abstractas que hacen predicciones, como la física matemática, y las ciencias «blandas», descriptivas, mucho más cercanas al mundo de apariencias en que vivimos y con un papel mucho menos relevante para las matemáticas: las ciencias naturales, la biología, la cosmología.

Ambos tipos de ciencia necesitan concurrir en alguna medida para dar coherencia de nuestro mundo: son como la recreación subjetiva que hacemos del tiempo por el juego mutuo entre la memoria y la anticipación. Sin embargo la ciencia occidental cristalizó con las ciencias predictivas y la aplicación de la matemática a la física; y luego añadió suplementos descriptivos para la inmensa mayoría de los fenómenos que no admiten la predicción. Se trata de circuitos de razonamiento paralelos, pero es su grado de conexión lo que decide lo que podemos imaginar y lo que no.

Siempre me gusta dar un ejemplo que expone la conexión de práctica y teoría en la ciencia moderna. En 1956 Bohr y von Neumann llegaron a Columbia para decirle a Charles Townes que su idea de un láser, que requería el perfecto alineamiento en fase de un gran número de ondas de luz, era imposible porque violaba el inviolable Principio de Indeterminación de Heisenberg. El resto es historia. Sin embargo ahora lo que se dice es que la mecánica cuántica predice y hace posible el láser. En una palabra, los teóricos son expertos en colgarse las medallas del duro trabajo de los científicos experimentales e ingenieros, que en realidad han tenido que luchar con una teoría que casi les hace imposible figurarse las cosas.

Pero está claro una teoría que puede llegar a «predecir» cualquier cosa a posteriori no es una gran teoría, sino una gran racionalización, y esto vale para cualquier tipo de construcción teórica. Piénsese por ejemplo en la electrodinámica cuántica, que resta infinitos de infinitos en ciclos recurrentes de cálculo hasta llegar al resultado esperado. Hoy todo se justifica en nombre de la predicción, pero también los epiciclos de Ptolomeo tenían una capacidad predictiva insuperable para su época.

A los occidentales se nos da muy bien especular, del mismo modo que los chinos son alérgicos a las teorías. Los occidentales decimos: «no hay nada más práctico que una buena teoría», porque vemos el provecho que le extraemos, pero lo que no vemos es el coste de adherirse a ella. Cualquiera puede hacer teorías, lo difícil es sustraerse a la tentación de formular una. Es típico del genio especulativo occidental sobrestimar el papel de la teoría hasta el punto de creer realmente que la Naturaleza obedece a sus ecuaciones. Hasta tal punto ha olvidado las mañas de su ingeniería inversa.

La tecnociencia tiene como su asunto propio la relación entre la práctica y la teoría. Es un hecho que debemos a China más invenciones técnicas que a cualquier otra cultura antes de la revolución científica; sin embargo el método hipotético-deductivo moderno y sus procedimientos son muy diferentes de los antiguos métodos chinos de observación, inferencia e invención. Hay aquí un serio problema de compatibilidad que aún no se ha resuelto, pero también hay un camino para conseguirlo.

Debería saberse de que se pueden cambiar los principios, métodos e interpretaciones de la ciencia y aún tener las mismas observaciones y predicciones; por lo tanto, es sólo cuestión de tiempo que los científicos chinos adapten los resultados de la ciencia moderna a su propia forma de ver las cosas. Esto es perfectamente legítimo; lo que no es legítimo es querer prescribir a otros cómo tienen que entender la naturaleza.

En realidad la ciencia actual ha agotado su potencial teórico y se encuentra en un callejón sin salida. Ha abusado hasta tal punto de la especulación, y ha recogido tan bien toda la fruta baja de las cosas predecibles, que ya sólo le queda repetir los mismos trucos una y otra vez. Con un control férreo de la producción científica, se ha eliminado la competición real y se ha marginalizado a las voces disonantes. Por otra parte, el mismo proceso de diferenciación y especialización tiene un carácter eminentemente irreversible.

El problema no es que haya una ciencia americana, china, o europea, sino que la ciencia no puede ser muy diferente de la sociedad en la que tiene lugar y a la que sirve; y por lo visto, parece ser que aún estamos hablando de sociedades muy distantes en sus objetivos y supuestos.

En la ciencia, como en la vida, lo importante es no querer solucionar los problemas que uno mismo no se ha planteado. Lo que hoy impera no es ni «la ciencia occidental» ni la «ciencia internacional», sino el sistema anglosajón de extracción de talento de la reserva global, que decide qué problemas y enfoques le convienen y resultan pertinentes, todo ello con campañas ininterrumpidas de propaganda y relaciones públicas.

En esta situación de abrumadora hegemonía, si no existiera China, la historia y la naturaleza la habrían tenido que inventar. La óptica nacional tiene un alto grado de contingencia, pero la apariencia misma se resiste a ser reducida a un solo principio. Lo unilateral de la supremacía americana y sus excesos no podían dejar de crear un enorme vacío en otras áreas que tiene que llenarse de alguna forma, y la ciencia y la tecnología sólo son manifestaciones de algo más general. A esto lo solíamos llamar «dialéctica».

La ciencia china conseguirá armonizar la parte descriptiva y la predictiva, así como sus principios, medios y fines. Nadie lo podrá impedir, y cuando lo consiga, nos daremos cuenta de lo primitivo, miope e improvisado que ha sido el avance científico durante estos cuatrocientos años —especialmente en esta última época de la ciencia de los despachos. Hablaremos de estos tiempos como de «la era de la predicción» y «la religión de la predicción», algo muy parecido a la fiebre del oro de California y la conquista del Oeste, en la que los pistoleros se desafiaban a ver quién tenía la predicción más gorda.

Sin embargo, ningún grado de conocimiento ni de desarrollo científico nos llevará por sí solo a un mundo mejor. Esto depende de algo muy diferente. Aún así, la *POLIS* ha salido de la *physis*, las culturas son una segunda naturaleza, y el hueco indeterminado que media entre la primera y la segunda naturaleza define nuestro plano de existencia.

Nos ha costado cuatrocientos años tejer toda esta fantástica trama del conocimiento, pero no se requieren cuatrocientos años más para darle la vuelta a un guante sin romperlo, ni mucho menos. Mientras los gestores científicos se preocupaban del control, se ha desperdiciado por completo la enorme ventaja que nos daba la perspectiva histórica. Tendrán que ser otros los que se beneficien de ello.

No, no estamos hablando de la llamada Cuarta Revolución Industrial, sino de la Segunda Revolución Científica, que es algo completamente diferente y ni siquiera ha empezado. A Europa, cuando aún se llamaba a sí misma la Cristiandad, le llevó siglos asimilar los procedimientos experimentales de la cultura árabe, que se combinaron con la propensión griega por la teoría. Ahora estamos hablando de un proceso de transformación cultural de un alcance como mínimo semejante, y probablemente mayor, pero al que podremos ver tomar forma ya en esta misma década de los años veinte.

No, no estamos hablando de la llamada Cuarta Revolución Industrial, sino de la Segunda Revolución Científica, que es algo completamente diferente. A Europa, le llevó siglos asimilar el sistema numérico y los procedimientos experimentales de la cultura árabe, que se combinaron con la propensión griega por la teoría para dar lugar a algo extraordinariamente distinto de todo lo anterior. Ahora estamos hablando de un proceso de transformación cultural de un alcance como mínimo semejante, y probablemente mayor, pero al que podremos ver tomar forma ya en esta misma década de los años veinte.

También se puede pronosticar que esta transformación de la ciencia, que no puede reducirse a un sólo país y terminará por afectar a muy diferentes partes del mundo, tendrá una penetración cultural mucho más profunda que la que hasta ahora ha tenido la tecnociencia al uso —puesto que los conceptos científicos conocidos son fruto de una peculiar especialización que limita mucho su calado. No ocurrirá lo mismo con los nuevos viejos conceptos, que por su naturaleza misma serán mucho menos aislados; pero, para empezar, partiremos de un grado más alto de autoconsciencia.

Cuando los conceptos científicos más básicos conecten con el ser profundo del ser humano, todo cambiará.

He tratado estos temas con más profundidad en un libro titulado *Polo de inspiración — Matemática, ciencia y tradición,* que sólo recomendaría a quienes quieran ver la ciencia desde una perspectiva totalmente diferente a la que hoy impera.

Referencias

[1] Foreign Policy — Yangyang Chen, *The Future of Particle Physics Will Live and Die in China*, 2017.

[2] Miguel Iradier, *Pole of inspiration —Math, science and tradition, 2020.*

EL PACTO DE LOS CACAHUETES

6 mayo, 2020

Pero, ¿cuánto vale una hora de trabajo?

Puesto que en las actuales condiciones de choque secundadas por la mayoría de los medios se habla cada vez más del tema de la renta básica, tendría que ser obligado, para empezar, hacer una estimación seria del precio y el valor de las salarios, algo que difícilmente encontraremos en ninguna parte.

En un artículo[1] de hace algunos meses Miles Mathis hacía la siguiente reflexión. El salario mínimo en los Estados Unidos para empleados que reciben propinas, como los camareros, es ahora de 2.13 dólares/hora. Cuando él lo hacía en la Universidad para pagarse los estudios, en 1984, cobraba 2 dólares por hora. Puesto que la inflación real en estos 36 años es de un 300%, lo que antes valía un dólar ahora vale 4. Lo que significa que ahora los camareros cobran aproximadamente 1/4 o *una cuarta parte* que entonces.

Pero aquí no termina todo; porque los precios de estudiar han crecido mucho más que la inflación promedio —del orden de *TRES VECES* más rápido, y sería como mínimo 10 más caro que en la fecha indicada. Los 2.13 dólares actuales hubieran sido como 24 céntimos para un estudiante de 1984.

Cierto, el salario mínimo regular está ahora por los $7.25/hr, pero eso es algo puramente teórico que no se aplica en la mayoría de los casos, porque tampoco existe interés por parte del gobierno. Cobrar la cuarta parte que en los años ochenta no es cualquier cosa, pero hay que tener en cuenta que tampoco es que a la patronal le fuera muy mal en esos años; es decir, que ya entonces solían quedarse con la parte más grande del pastel.

Desde la llamada «Gran Recesión» que empezó en el 2007, las grandes fortunas han aumentado ocho veces de promedio, mientras el monto de los salarios se ha mantenido casi igual.

El salario mínimo en los Estados Unidos era $3.35 por hora en 1981, así que se ha multiplicado por 2, 3 en casi cuarenta años... y se ha mantenido igual desde el 2009. Haciendo cuentas con la inflación oficial, algunos grupos piden que se suba ahora a $15, es decir, a más del doble del vigente que ni siquiera se aplica. Sin embargo, si en vez de tener cuenta estos altamente sospechosos índices de inflación tomamos como referencia el producto nacional bruto, tendría que ascender al menos a 25 dólares.

Sin embargo, tampoco nos deberíamos detener ahí, porque eso aún no equivale a dividir la riqueza total por el número de gente para obtener un salario por hora. Si hiciéramos eso, el salario subiría aún mucho más. Con una renta per capita de $62,000 por año, y con sólo la mitad de la gente formando parte de la fuerza laboral, tendríamos que dividir $124,000 por las 2080 horas de trabajo al año, lo que nos daría…. 60 dólares por hora… frente a los $7,25 considerados «demasiado poco realistas» como para pretender que se apliquen rigurosamente.

Sin comentarios. Y en nuestra Europa colonizada y ultraliberal, por aquello de ser competitiva, podemos estar seguros de que las cifras apenas son diferentes.

Con todo, dice Mathis, aún no deberíamos aceptar esos 60 dólares como el valor real de la hora promedio de trabajo. ¿Por qué? Porque una gran parte de la riqueza hoy está escondida en la tela de araña de los paraísos fiscales dispersos por el mundo y cuyo centro está en la City de Londres. Si se tuvieran en cuenta estos ingresos evadidos, el valor de una hora de trabajo podría oscilar, dependiendo de los países, entre $100 y $600 la hora. En un país como Noruega tal vez podrían ser del orden de $1.000, en Estados Unidos algo más cercano a los $400, y en otros países más pobres, mucho menos.

¿Parece muy exagerado, verdad? Ahora bien, precisamente lo que más sobrestimamos es el valor de nuestras fraudulentas monedas. Estamos muy confundidos, y no por casualidad. El valor de un salario no se debería medir contra el precio de los cacahuetes, sino contra la producción real total en términos monetarios—al menos esa es la vara de medir de las élites, y no veo porqué tendría que haber otra para el populacho. Esa es justamente la cuestión.

Como mínimo deberían movernos a un replanteamiento profundo en el cálculo del valor real de los salarios. El que se trate de estimaciones elementales e improvisadas no les quita importancia, más bien al contrario, pues está claro que la mayor parte de las evaluaciones de los economistas son pura prestidigitación y niebla de números para alejarnos más y más de la verdad.

Más allá de estos cálculos a bote pronto existen otros muchos indicadores de una desproporción descomunal entre precio y valor de los salarios. Según *el Captor*[2], aquí en España, por ejemplo, el beneficio declarado del sector turístico subió entre el 2007 y el 2017 de 3.000 millones de euros a 15.300, pero los salarios y número de trabajadores apenas cambiaron. Y hablamos de un sector en el que, como en tantos otros, la evasión fiscal campa a sus anchas.

Un índice probablemente mejor podría ser el aumento de los sueldos de los ejecutivos de las corporaciones multinacionales. Se ha dicho muchas veces que allá por 1968 el director ejecutivo de la General Motors ganaba 66 veces más que el trabajador promedio de la compañía, mientras que ahora gana 900 veces, e ignoro si se contabilizan las «bonificaciones».

Otro buen ejemplo, llegados ya a la epidemia, podría ser el más reciente «paquete de estímulos» que el gobierno de los Estados Unidos ha destinado a los trabajadores comparado con el rescate a las grandes empresas. A los trabajadores de todo el país se les ha concedido 250.000 millones por prestaciones de desempleo más otros 250.000 del famoso cheque de 1.200 dólares por trabajador. El total es medio billón de dólares. Ahora bien, las corporaciones llevan ya 4,5 billones, en dinero que normalmente se utiliza para volver a comprar sus propias acciones y elevar artificialmente los precios.

Es decir, el dinero recibido por todos los trabajadores es un 10 por ciento del total. Pero es que, además, se da la circunstancia de que ese 90 del dinero va hacia los acreedores e inversores, mientras que el 10 va hacia deudores que ya están de deudas hasta el cuello. Y si se les ha dado algo, seguramente ha sido para que sigan pagando su deuda y no se declaren insolventes de inmediato, lo que aún desencadenaría más consecuencias indeseables.

En definitiva, los salarios de los trabajadores ordinarios hoy son una parte casi despreciable del dinero total que se mueve en el mundo por transacciones financieras; pero por otro lado esa parte sigue siendo necesaria para amortizar mediante el consumo toda la producción de bienes básicos, además de servir a la deuda. Es decir, la parte de los salarios es sólo el lubricante mínimo para que siga girando la rueda.

Esto no es nada nuevo, pero hacer algunos números y ver con alguna aproximación la proporción entre el trabajo productivo y la especulación improductiva nos hace ver cuál es la relación de poderes, si juzgamos esos poderes sólo desde el punto de vista económico. Y esta relación de poder económico ha cambiado de forma dramática en los últimos cincuenta años: si hiciéramos bien las cuentas, veríamos que la desigualdad real se ha multiplicado algo así como por *CIEN*.

Por supuesto el razonamiento de Mathis tiene su buena parte de razón pero también contiene una falacia que cualquiera puede ver: si todos los salarios se multiplicaran de esa manera, los precios también se dispararán. ¿Pero subirían todos los precios por igual? Seguro que no. Este es un asunto de ida y vuelta entre el suelo y el techo de los precios, y lo más probable es que el poder adquisitivo de los salarios se quedara a mitad de camino entre 1 y 100, es decir, en torno a 10 veces el actual, lo que no está nada mal como aumento.

En realidad lo que se reduciría por un factor de 10 es la diferencia entre los bienes más básicos y los más elevados en el escalafón, que son los sobornos y la compra de poder, o la capacidad de los excedentes de inflar los precios de lo innecesario. Los poderosos verían reducida su capacidad de comprarlo y corromperlo todo en un factor de 10, y esto sería tan importante como el aumento de poder adquisitivo de las clases más bajas, si es que ambas cosas no son una sola.

Renta Mínima y pandemia

Esto permite ver con otra luz el tema de la Renta Mínima. Realmente, para las élites ya no sería gravoso garantizar una renta mínima a cambio de la obediencia y la servidumbre de la deuda; especialmente si, como ya sucede ahora, controlan todo el mecanismo de la creación del dinero-deuda. Todo lo contrario, por lo que están dispuestos a ofrecer, y que en realidad no les cuesta nada, se trata de una verdadera ganga.

La única cuestión que se plantea no es ya de costes, sino de si merece la pena el cambio profundo de estrategia: de tener a la gente hambreada o luchando por subsistir, a ofrecerle una seguridad mínima a cambio de su consentimiento.

Diana Johnstone, toda una veterana del periodismo independiente, se preguntaba no hace mucho[3] qué podrían ganar las élites encerrando a toda la población en sus casas y desencadenando una cirisis económica de proporciones inauditas. Después de todo, nadie encierra en un cuarto a su fiel perro labrador para que no le muerda. Con la cantidad de bulos y acusaciones infundadas que nos llegan, puede parece tranquilizador escuchar a voces que suenan sensatas; pero creo que a estas alturas alguien como Johnstone debería saber mejor.

En primer lugar, que esta crisis no está producida por la epidemia, sino por un ciclo de deuda absolutamente abrumador para el que todos los especialistas ya pronosticaban un inminente vencimiento. Nos lo han estado diciendo por activa y por pasiva durante cerca de dos años, hasta tal punto, que incluso parecían interesados en convencernos. Precisamente, lo más imperdonable de todo sería atribuir ahora la crisis a esta atolondrada cuarentena, cuando las causas son estructurales y totalmente independientes.

Por otra parte lo que es trasparente y meridiano, con completa independencia del origen del virus, es que las medidas de cuarentena y confinamiento para la población sana es algo único en la historia, pues lo que se ha hecho siempre, con plagas infinitamente peores, es confinar únicamente a la población enferma. ¿Y ahora, teniendo muchos más medios, se teme colapsar los sistemas sanitarios? Son los otros medios, los «informativos», los que han amplificado la alarma de una forma desmedida.

Otro aspecto totalmente evidente e innegable es que los gobiernos occidentales han adoptado estas medidas claramente en contra de su voluntad. Los casos más manifiestos nos llegan del núcleo del Imperio, con Trump y Johnson resistiéndose a adoptar medidas, y luego tenemos otros grandes países como el Brasil de Bolsonaro o la Rusia de Putin —pues si este último fuera realmente un autócrata como habitualmente se dice no habría cedido a la presión. Pero la renuencia inicial de los gobiernos ha sido el caso general.

Y la presión no era la de las cifras efectivas de infectados y muertos, sino la de unos pronósticos y una famosa curva exponencial que no tiene porqué tener nada que ver con la realidad. De hecho todos los pronósticos anteriores de Neil Ferguson, el responsable putativo de las extrapolaciones, han fallado de la forma más escandalosa. Este hombre, por ejemplo, ya había predicho en el 2005 *200 millones de muertos* a causa de la gripe aviar... finalmente, el número de fallecidos fue de varios cientos.

Ferguson, del Imperial College de Londres, ha estado trabajando como asesor para el Banco Mundial, diversos gobiernos y organizaciones; y está claro que si se han usado sus predicciones no es ni por su índice de aciertos ni por su reputación, sino porque tiene valedores muy poderosos, que no son otros que los que controlan los medios liberales de comunicación —los bancos, los grandes fondos y los bancos de los bancos. Y detrás de estos, un grupo minúsculo de personas.

El primer gran beneficio para los responsables de la crisis financiera es poderle echar la culpa a un virus, y si pueden llamarlo «virus chino», todavía mucho mejor. Después, que los acreedores reciban nueve veces más dinero que los deudores, tampoco está nada mal, si se tiene en cuenta que son los mismos deudores los que van a pagarlo en calidad de contribuyentes.

Pero la principal ventaja es que la inmensa mayoría de los asalariados, que viven de cheque a cheque y de mes a mes, quedan sin la menor posibilidad de negociar, y obligados a depender del dinero que caiga desde arriba. Además, en este experimento social con feedback ya se está monitorizando continuamente y sobre la marcha el grado de consentimiento, asentimiento y resignación; y las distintas fases de esta gran transformación pueden extenderse por un número indeterminado de años.

Supongo que en un momento de indeterminación como este es inevitable que cada cual proyecte, no ya sus ideas, sino hasta sus impulsos más profundos. Hace más de cuatro años, en un artículo titulado *Futuro y fuga del dinero*, ya alertábamos, y creo que fui de los primeros en tocar el tema con algo de profundidad en español, de los planes de los bancos para ir arrinconando el dinero en metálico y hacerse con el control absoluto de los fondos sin tener que rendir cuentas a nadie ni temer a pánicos bancarios. También conjeturaba que esta era la situación ideal para hacer concesiones sociales sin el menor coste para los acreedores, dado que en realidad lo pagarían los mismos usuarios del dinero.

Si por un lado está claro que la tecnología parece abocarnos al dinero electrónico, lo decisivo es en qué condiciones y bajo qué estado de opinión se produce el cambio. Lo que hace cuatro años todavía parecía remoto desde el punto de vista social y de las decisiones, ahora parece acercarse a pasos agigantados.

Por lo pronto los medios liberales, que son la mayoría y marcan la pauta con joyas de la corona como el *New York Times* o *El País*, haciéndose eco de las sugerencias del Foro Económico Mundial y otros órganos semejantes, llevan ya años hablándonos de la necesidad de *un nuevo pacto social* —más o menos el mismo tiempo que se llevaba hablando de otra nueva e inminente crisis financiera. Es decir, no cabe duda de que son los poderosos los que buscan nuestro consentimiento a un nuevo «paquete de condiciones» y tratan de masajearnos las neuronas para mentalizarnos.

Ahora la gente va a necesitar un dinero extra que se les ha impedido por la fuerza ingresar, pero, una vez más, ¿porqué tienen que pedir prestado los Estados su propio dinero a los bancos privados? ¿cómo es que hay que resolver una crisis de deuda aumentando aún mucho más su monto? Lo único que podría reactivar a una economía enferma y malherida es la cancelación de la deuda. O mejor dicho, la primera *condición* para una economía mínimamente sana tendría que ser acabar con el mecanismo del dinero-deuda hecho por y para la banca privada.

Y que no se confunda, como a menudo se hace con la peor mala fe, el fin del sistema de reserva fraccional con engendros neokeynesianos como la Teoría Monetaria Moderna: esta última es mera oposición controlada para seguir justificando la deuda a gran escala. En un sistema sin reserva fraccional no hay dinero-deuda, porque no hay más dinero que el que emite el Estado. Es así de simple.

Los bancos sin embargo quieren aprovechar la transición al dinero electrónico para eliminar esta posibilidad de un dinero legítimo de los estados y sustituirlo por el dinero-deuda perpetuo y sin posibilidad de apelación. Tras consumar hasta el máximo grado posible sus privilegios, estarían dispuestos a hacer algunas graciosas concesiones sin ningún coste real. Podemos llamarlo el Pacto de los Cacahuetes.

Y como esto apenas difiere de lo que ya tenemos, de lo que se trata es de buscar nuestro consentimiento en aras de la estabilidad y la «gobernanza»; ya que se supone que un pacto es un libre acuerdo entre distintas voluntades.

Los cacahuetes son un alimento excelente y completo, puesto que nos aporta todas las proteínas, carbohidratos y grasas que necesitamos para una vida creativa y a pleno rendimiento. El Pacto de los Cacahuetes, *or the Peanuts Pact*, te pondrá ante una oferta que no podrás rechazar: puedes coger tu soberana ración de cacahuetes mientras sigues pagando cómodamente la hipoteca, o puedes chupar una pata cruda bajo el puente.

Tres cosas, nada más

Sabido es que en la narrativa del marxismo, cuanto peor vaya todo para la mayoría, más inevitable es la revolución y la toma del poder del proletariado. Sin embargo, el Pacto de los Cacahuetes podría terminar con este cuento de un plumazo. Ya casi podemos oír lo que dirán los historiadores futuros: «También estaban los que decían que cuanto peor, mejor, que la historia había sido hecha para ellos y que el poder no se les podía escapar. La resistencia prometía ser épica en todos los resquicios y grietas del Imperio, pero lo que nadie podía imaginar es que llegaría el Pacto de los Cacahuetes. *FIN DE PARTIDA.*»

Creo que hay tres grandes temas en economía y socio-economía que ignoran sistemáticamente todas las grandes corrientes teóricas completamente para su descrédito: el valor real de los salarios, la creación del dinero, y la ley de potencias en la distribución de riqueza. Las tres están estrechamente relacionadas.

Porque claro, el marxismo no deja de insistir en su teoría del valor, con álgebra y hasta con autovectores. Pero, ¿para qué queremos autovectores si no sabemos dividir y multiplicar? La gente ya sabía que le robaban mucho antes de Marx, la cuestión es, ¿cuánto? Hay que hacer números, por favor; porque el álgebra sólo sirve para que la gente salga corriendo. Si la teoría económica es incapaz de determinar el valor real de un salario, simplemente no vale para nada, o peor aún, sólo sirve para engañarnos.

Es como las interminables elaboraciones sobre la desigualdad de Piketty. ¿Porqué hablan tanto de Piketty en el Foro Económico de Davos? Porque saben que sus tochos no los va a leer nadie, y además ocultan mucho más de lo que muestran. Ocultan por ejemplo la escandalosa ley de potencias de la presente economía, sobre la que ya hemos hablado en otras ocasiones.

Sólo para refrescar la memoria: El 20 por cien de la población tiene el 80 por ciento de los bienes, pero esta ley del 80/20 es iterativa, se repite indefinidamente: El 80 por ciento de ese 80 por ciento lo tiene un 20 por ciento de aquel 20 por ciento, y así hasta llegar a la cima de la pirámide de la riqueza. Cima en la que nos encontramos con que sólo tres o cuatro personas, o si se quiere familias, tienen, si no la mayoría de la riqueza mundial, sí la mayor parte del excedente de poder de compra, con todo lo que eso significa de ahí para abajo para toda la pirámide.

Los números son muy fáciles de hacer, otra cosa es sacar a la luz a estas personas, que sería la única forma de terminar con su impunidad. Sin embargo, y como dicen ellos, no es nada personal. Ellos dicen «No es nada personal, es sólo negocios», pero eso no es cierto. Si no se trata sólo de negocios ni siquiera para ellos, mucho menos lo es para nosotros.

La ley de potencias de la distribución de riqueza es un hecho absolutamente básico de la economía y de la sociedad, en el sentido de que es a la vez estructura y función, forma y simultáneamente dinámica, sistema capilar de succión y sistema hidráulico de goteo, jerarquía con un continuo de favores ofrecidos y servicios prestados. Pretender que el capitalismo es un fenómeno puramente «líquido» es pura necedad, como pretender que tenemos mercados neutrales. Si el capitalismo ha llegado hasta aquí es porque entraña una jerarquía plutocrática que sin embargo es sumamente funcional. Y la ley de potencias es la radiografía de esta jerarquía y esta estructura, sin la cual ESTE sistema concreto y particular no se sostendría.

Hay además muy buenas razones para pensar que esta jerarquía, y el número de iteraciones de la ley de potencias que estira la pirámide de riqueza, está íntimamente ligada a las estructuras del crédito, puesto que es principalmente a través del crédito que se ha creado. Porque lo normal no es que el empleador se lleve diez veces el monto de los salarios, sino que haya una cadena acumulada de crédito igual que hay una cadena de valor agregado, y esta cadena de crédito, que es una estructura de succión, sólo puede dirigirse hacia arriba.

Y naturalmente esta estructura de filtros sucesivos de crédito es una sola cosa con el sistema de creación de dinero-deuda por los bancos privados. Me muero de risa cuando me dicen que el dinero es sólo un reflejo de las estructuras reales de la propiedad, y que no verlo es incurrir en el famoso fetichismo del dinero. Porque, por el contrario, lo completamente inerte es los títulos de propiedad, o el aparato productivo, si los abstraemos de la dinámica y la funcionalidad.

Lo que hace que se obligue a cumplir la letra muerta de las leyes no puede ser meramente estructura, ya que esta también es inerte, sino el ámbito en el que coinciden estructura y función. Se tiene que poder mover libremente como el dinero, pero tiene que estar dentro de unos vasos con unas proporciones que son las que nos dan las relaciones efectivas de poder. Esta unión de estructura y función que permite a los de arriba estar donde están es justamente la ley de potencias de la que hablo, y no podría seguir indemne si le priváramos del instrumento del dinero-deuda, el dinero creado con la deuda de todos los demás.

La ley de potencias intrínsecamente unida al dinero-deuda es la palanca misma del poder.

Tengo entendido que en hebreo la palabra sangre y dinero son la misma; parece ser que ellos lo entienden mucho mejor. Por el contrario, tanto el liberalismo como su antítesis se emplean hasta el fondo en distraernos de esto. Negar la relevancia de estos tres aspectos es como negar la presencia de tres elefantes en el cuarto de la lavadora unidos por la trompa y la cola; tiene mérito, tiene mucho mérito.

En realidad, si nunca ha estado tan concentrada la riqueza como ahora, nunca tendría que ser más fácil descabezar a esta innombrable criatura. Naturalmente, a pesar de lo extremadamente selecto de la cúpula directiva, tienen lo bastante contento al 10 por ciento que lo lleva casi todo como para que el asunto no sea tan fácil en la práctica. Pero esto también forma parte de la ley de potencias, que siempre es una relación de poder.

¿Aceptaremos el Pacto de los Cacahuetes cuando nos pongan delante de la mesa?

Prefiero no llegar a verlo.

Referencias

Miles Mathis, *The minimum wage*, http://mileswmathis.com/wage.pdf

El Captor, *¿Qué está pasando en el sector turístico en España?* http://www.el-captor.com/economia/esta-pasando-sector-turistico-espana

Diana Johnstone, *COVID-19: Coronavirus and Civilization*, https://www.globalresearch.ca/covid-19-coronavirus-and-civilization/5709343

Miguel Iradier, *Futuro y fuga del dinero*

Miguel Iradier, *Caos y transfiguración,* https://www.hurqualya.net/caos-y-transfiguracion/

Notas

1. http://mileswmathis.com/wage.pdf

2. https://www.elcaptor.com/economia/esta-pasando-sector-turistico-espana

3. https://www.globalresearch.ca/covid-19-coronavirus-and-civilization/5709343

CHINA EN EL ESPACIO Y EL TIEMPO

20 mayo, 2020

Desde Occidente, tendemos a juzgar a la China actual más por su presencia económica y el impacto de su desarrollo material en el resto del mundo que por las necesidades internas en el desarrollo de su historia; dando así una prioridad abrumadora a la óptica geopolítica sobre la cultural, que debería tener al menos una importancia comparable.

De hecho, es fácil ver que el impacto global de China va a depender en gran medida de cómo acierte a encajar todo este periodo y el futuro previsible dentro de un marco histórico para el que desearía el menor número de cambios. Para la cultura china el sentido de la continuidad a gran escala es fundamental, y a largo plazo siempre hará cuanto pueda por asimilar y hacer indetectable el origen de las influencias extranjeras. Ya lo ha conseguido en buena medida con el marxismo y el capitalismo, que pierden tanto de su significado original en la traducción que ya no se sabe si denominar al sistema chino «socialismo de mercado» o «capitalismo de estado».

El impulso de la modernidad se sigue sintiendo como anómalo para gran parte de la población mundial, que sólo la padece como proceso de colonización cultural y pérdida de sus formas propias. Pero si en la mayor parte de los países esta aculturación es un proceso pasivo y reactivo asociado fundamentalmente a la sociedad de consumo, en China se presentó en primer lugar como una destrucción activa en el fenómeno sin precedentes de la Revolución Cultural, y sólo después adoptó las ubicuas formas del consumo. Esta profunda herida autoinflingida reclamará todavía durante mucho tiempo algún tipo de reparación, e incluso podría provocar excesos por compensación.

Quienes dicen que China quiere dominar el mundo mienten como bellacos y lo saben perfectamente. La aspiración al dominio global y sin fronteras es cosa propia de la economía-mundo del modelo liberal, que tuvo su epicentro en Londres en el siglo diecinueve y en Nueva York en el siglo veinte. Por el contrario, China ha sido por más de dos mil años un imperio-mundo, es decir, un sistema que se atiene a unos límites naturales, como por ejemplo los que tuvo el antiguo imperio romano.

A lo que puede aspirar China en todo caso es a volver a ser el centro de gravedad de todo el sudeste asiático con la huella de la cultura confuciana, como lo ha sido durante tantos siglos; pero esto es algo casi inevitable puesto que tiene cerca del 80 por ciento de su población y además es el origen de esa cultura. Sólo la sobreproyección estadounidense en la región, puramente coyuntural, y nuestro hábito moderno de pensar en términos nacionales, impide percibir lo que a escala histórica ha sido la norma.

Para China, como imperio-mundo, la condición ideal ha sido y será siempre la autosuficiencia. Otra cosa muy diferente es que en una situación tremendamente empobrecida no haya tenido otra forma rápida de recuperarse que a través de la exportación y un modelo mercantilista. Ese modelo, todavía presente, le obliga a asegurarse proveedores de materias primas así como mercados para sus recurrentes problemas de sobreproducción. La Iniciativa de la Franja y la Ruta responde igualmente a esas necesidades, así como a un giro progresivo en las asociaciones comerciales.

Dicho de otro modo, no se trata de expansionismo sino de asegurar la viabilidad del modelo en el futuro; el reflejo que lo mueve no es la conquista sino la conservación. Históricamente, incluso cuando más se ha extendido hacia el Asia Central, ha sido sobre todo para mejor garantizar su defensa. En cualquier caso, el Estado del Centro ha estado más definido por su continuidad cultural que por la oscilación de sus fronteras.

En el sistema chino el Partido Comunista permite la explotación de los trabajadores en nombre del desarrollo a la vez que juega su papel de última instancia capaz de reparar o mitigar las injusticias. Este es el «camino medio» por el que se ha optado, que los críticos más radicales de la izquierda no pueden dejar de ver como un arreglo hipócrita. Un arreglo con una lógica vertical, y una estricta separación entre gobernantes y gobernados.

Sin duda, si algo sería de desear en la China actual, no es una mayor apertura a los flujos de capital extranjeros, como querría la plutocracia internacional, sino más socialismo y más participación popular —incluso aunque sólo fuera para mantener el equilibrio; pero a pesar de todo, el sistema mixto chino, en comparación con la furia privatizadora neoliberal que impera en la mayor parte del mundo, parece todo un modelo de cordura.

Sabemos que el capitalismo sin freno ni contrapesos sólo puede llevarnos a la catástrofe; como el gobierno chino es un ejemplo casi único de cómo ejercer estos contrapesos, su influencia tendría que verse en todas partes como básicamente benéfica —si no fuera por la malevolencia de la propaganda del único imperio que lo quiere todo y no tolera que se le escape ni un pedacito de tarta.

Piénsese que en otras épocas pasadas la economía china podía suponer un 30, un 40 por ciento o incluso más de la riqueza mundial, y los europeos ni siquiera sabían que existía ese Imperio. Un 30 o 40, o incluso 50 por ciento de la riqueza mundial que, además, se basaba en su propio talento y trabajo y no en el saqueo de países ajenos [1]. Ahora, es aproximadamente de una sexta parte o un 16 por ciento del producto global, y se nos dice que quieren comerse el mundo. ¿A qué viene tanta histeria?

Es cierto que el modelo chino ni es exportable, ni se ha pretendido exportar jamás. Pero en Europa teníamos economías mixtas prósperas, en países como en Francia, hasta hace sólo unas pocas décadas; lo que es del todo irrazonable es el extremo hasta el que hemos llegado. El problema no es que el modelo chino no sea exportable ni quiera serlo, el problema es que en el resto de países ya ni siquiera se puede plantear que el estado ponga coto a los intereses de las corporaciones.

China intenta mantener siempre el equilibrio y la reciprocidad, tanto en sus relaciones exteriores como en sus asuntos internos; no es nada difícil de entender, después de todo, aunque en la práctica se convierta en un difícil arte de los compromisos. Con todo no se trata sólo de diplomacia, sino de un componente ético que en esta tradición política se le supone a la clase gobernante. La imagen política que hoy ofrecen los Estados Unidos, por el contrario, es la del desequilibrio, el abuso, el chantaje y la desconsideración más extremas.

Sería verdaderamente increíble si China llegara alguna vez a ser la primera potencia de un mundo que ni siquiera entiende y en el que bastante ha tenido con adaptarse. Es hasta impensable, para el que conozca mínimamente cómo funciona el sistema financiero mundial, y los otros sistemas de dominio paralelos. China no está a punto de devorar el mundo, es ella la que está cercada y hostigada por doquier. Tendría la más decidida simpatía de todos nosotros si no fuera por el nefasto y tóxico influjo de los medios de propaganda neocoloniales que dan el tono en casi todo el mundo.

Decir que los chinos, el otro por antonomasia, son una amenaza para el bienestar de los occidentales, es la forma perfecta de desviar la atención de los que realmente nos sojuzgan y expolian. Estos otros son mucho más otros todavía, tanto que ni siquiera tienen cara, o al menos nunca se las ve en la pantalla. Parece mentira que la gente pueda llegar a morder este anzuelo, pero lo hace, por que lo importante de la propaganda no es su verosimilitud, sino su insistencia y su ubicuidad. Así que podemos estar seguros de que la cosa no sólo va a continuar, sino que aumentará el volumen de los megáfonos.

La tentación cibernética

En realidad China tiene que lidiar más con un tiempo y ritmo que se le imponen, que con los delicados lineamientos geopolíticos. El tiempo del que hablamos es el de la propia modernidad, ahora revestido con los atributos del tsunami tecnológico y digital; un tiempo acelerado perpetuamente y cada vez más ajeno a la naturaleza, un tiempo regido por la lógica neoliberal de disolverlo absolutamente todo salvo la concentración del poder a través del capital.

Y aquí, de nuevo, nos engañamos con respecto a China. Puesto que ya lidera frentes estratégicos como la 5G, se ve a esta nación como particularmente dotada para estar en la punta de lanza del avance tecnológico; pero aunque estos despliegues no dejen de ser una exhibición de músculo y parezcan asumir la iniciativa, en el fondo son una reacción, o si se quiere, una sobrerreacción. China no controla la lógica de este gran proceso, sino que intenta lo mejor que puede no ser un juguete suyo. Trata de dominar sus formas, pero no controla su dinámica, su impulso ni su contenido. Es aquí donde se encuentran los mayores peligros.

Se dice que las tres grandes fuentes de inspiración de la cultura china han sido el confucianismo, el taoísmo y el budismo. A estas hay que sumar, sobre todo en lo tocante a las formas del gobierno, la mal llamada «escuela legalista» desarrollada desde Han Fei, o incluso mucho antes, si se quiere, por sabios como Guan Zhong. A esta escuela sería mejor denominarla «realismo tecnocrático», u objetivismo de los estándares de gobierno. Sin duda la tendencia tecnocrática es muy fuerte en la China actual, y su tradición de objetivismo en los estándares se ve como una suerte de aproximación al desafío que supone la tecnología.

Para la clase dirigente china es muy fuerte la tentación tecnocrática de crear un sistema cerrado de realimentación cibernética en tiempo real que procure controlarlo todo. Si Chile ya estaba a punto de aplicar su famoso proyecto Cybersyn en los años setenta cuando mataron a Allende, imagínese uno lo que pueden llegar a conseguir los gobernantes de esta gran nación con la tecnología actual y la que ya está en ciernes [2].

Un sistema así puede parecer idóneo para mantener las jerarquías a la vez que se controlan los flujos monetarios o se negocia permanentemente la descentralización y la participación popular. La tentación es aún mayor si se tiene en cuenta que China no está sola en el mundo, sino que es continuamente hostigada por unos Estados Unidos que procuran desestabilizar el país por todos los medios a su alcance —y la cibernética no es sino la teoría del control y la estabilidad. Cibernética y gobierno son la misma palabra, el *KYBERNETES* es el timonel.

El destino de China se está definiendo tanto o más por este tipo de procesos temporales que por el juego de inclusiones y exclusiones de la geopolítica. Pero no sólo el de China, pues no debemos olvidar que las mismas técnicas son ya aplicadas en el resto del mundo por los grandes gigantes digitales de cuyo nombre no quiero acordarme —gigantes que por lo demás también «colaboran» estrechamente con los gobiernos occidentales, aunque en una relación de fuerzas totalmente diferente.

El símbolo de la cibernética sería la serpiente que se muerde la cola. Los gobernantes del gran dragón asiático parecen estar aún más compelidos a apropiarse de estos mecanismos de realimentación debido a que para ellos equivaldría a inmunizarse contra los desestabilizadores peligros de una tecnología ya de por sí tan difícil de controlar —igual que la plutocracia occidental procura utilizarla para aislarse de las masas y controlarlas.

Pero el dataísmo es sólo una religión sustitutiva que no puede ocultar sus abismales carencias. En China, como en cualquier otra parte. Lo más extremo de todo es que la mentalidad china ni siquiera puede ver la ciencia y la tecnología occidentales como algo suyo propio, sino que sigue siendo un cuerpo extraño, incluso con todos estos titánicos desarrollos. De aquí puede surgir lo peor y lo mejor; lo peor es que se limiten a reproducir las formas, lo mejor, que lleguen al fondo de la cuestión.

A los chinos le fascinan los cangrejos, con los que comparten el mismo reflejo atávico por defenderse y agarrar. El otro símbolo que mejor los define es la balanza, con su búsqueda del equilibrio. El primero es el símbolo del pueblo, el segundo, el de la clase dirigente. Casualmente coinciden con las casas del zodíaco de Cáncer y Libra, los dos signos cardinales que marcan el comienzo del verano y el otoño, y, en el calendario chino, el centro de ambas estaciones.

Esos serían los puntos nodales del espíritu chino dentro de la rueda del año, el primer símbolo de la totalidad para todos nosotros. Curiosamente, los signos homólogos del calendario chino son la oveja y el perro, que no definen tan agudamente esta CONSTELACIÓN. Siempre hay algo de ti mismo que sólo pueden ver bien los otros; no sé si nos preguntamos qué es lo que de nosotros mejor comprenden los chinos.

Capitalismo y marxismo son la tesis y la antítesis en la bomba de tiempo que es la modernidad. Cada uno de ellos oscila entre la disolución y la concentración del capital, y una correlativa depauperación y aglutinamiento de la opinión pública: vienen a encarnar la «doble contradicción» de la que ya hablaba Mao Zedong, la cruz del timón en una dialéctica que no se basa en la superación idealista hegeliana ni en la idea de la historia como proceso irreversible.

El capitalismo y el marxismo tienen cada uno su propia astucia de la razón, y la idea china de equilibrio en el gobierno, la suya; pero no hace falta decir que la expectativa de aglutinamiento de la opinión pública por el marxismo falló estrepitosamente, en parte porque el capitalismo ha conseguido crear todo tipo de cuñas, y en parte porque el marxismo no tiene ningún derecho divino a reclamar la exclusividad ni de la oposición ni de la resistencia a la corriente dominante.

El problema es que el sistema operativo que lo lleva todo sigue siendo el liberal, y la crítica marxista o cualquier otra son externas tanto a su diseño y funcionamiento como a su uso. El sistema operativo es la tecnociencia moderna en su conjunto. Sin un cambio en el sistema operativo, el capitalismo liberal juega siempre con las cartas marcadas y tiene todas las de ganar.

Por supuesto, es totalmente falso decir que los chinos carecen de iniciativa —no hay más que ver que no pueden estarse quietos. Por el contrario, han demostrado de sobra una fe inconmovible en la acción continua y perseverante. Otras cosa, bien diferente, es que conozcan las múltiples ventajas de no manifestarla; o que su sistema político no aliente precisamente la expresión de los puntos de vista personales. O que tengan sobre sus hombros una modernización a la que no tienen por dónde coger.

Por esa misma fe inconmovible en la mejora y rectificación continuas, hoy la gran tentación de la clase dirigente es el Sistema Cibernético Autónomo, un monstruo autorreferencial que tanto se parece a ese otro gran animal que es la sociedad. Pero sería un gran error contentarse con eso, y, además, todo lo que tiende a cerrarse a la perfección sobre sí mismo invita a la precipitación del desastre, porque pierde el contacto con lo más básico de la realidad.

Eso es lo que ahora más necesita China para intentar abordar el magno problema de una nueva síntesis cultural a la altura de la agresión de la modernidad: un contacto con esa realidad básica que no esté mediado por el oportunismo político o las coordenadas socioeconómicas. Hace más de mil quinientos años algo parecido lo desencadenó la penetración el budismo, que ha sido hasta ahora casi la única «invasión benéfica» que ha padecido china, aun sin ignorar las múltiples intrigas y reacciones adversas que provocó en las tradiciones ya asentadas.

Una invasión mucho más modesta y reciente, aunque no despreciable, fue la del piano europeo en la sensibilidad extremo oriental, que es como si las nubes le hubieran abierto un claro a la Luna. Al menos demuestra que también lo occidental puede sintonizar con las fibras más profundas de esta cultura, siempre que exista la zona de contacto y la imprescindible afinidad.

Si el instinto reflejo de los chinos es agarrar como los cangrejos y no soltar la presa, también han demostrado que saben devolver con creces aquello que se les da de buena de fe y sin motivos ulteriores. Se dice que el chino es el menos idealista de los pueblos, y en cierto sentido bien que puede ser cierto, pero las historias de compromiso y sacrificio heroico de incontables monjes, campesinos y rebeldes de todo tipo dicen otra cosa, y su conmovedor ejemplo aún no se ha borrado. Y los chinos, a diferencia de los japoneses, saben apreciar la mezcla de lo cómico, lo trágico y lo sublime de un personaje como el Quijote.

Sólo cuando damos sacamos lo más profundo de nosotros mismos. No deja de ser detestable que las relaciones entre China y Occidente estén dominadas por los intereses más inmediatos y mezquinos, y que no haya una voluntad por llegar a zonas más profundas de nuestro interés común. Incluso la mayor parte de las «relaciones e intercambios culturales» no es apenas más que diplomacia y negocios. Es otra de las muchas cosas contra las que nos debemos rebelar.

El gran problema actual para la cultura china no es la asimilación de la tecnología, sino del núcleo duro histórico de la ciencia moderna y cómo este se extiende y se difunde hasta llegar a las partes más blandas o adaptables, que justamente son las relativas a la categoría de la información. Y su inserción, precisamente, dentro de parámetros afines a los de su espíritu objetivista, las ideas más básicas del taoísmo, el eje interno del confucianismo y la identidad en el budismo Chan de lo inmanente y lo trascendental.

El sueño tecnocrático-cibernético equivale a tener circulando al genio de la lámpara en un vaso cuidadosamente diseñado para que a la vez trabaje para uno y no se escape. Claro que de tanto atormentarlo, lo más probable es que al final consiga liberarse. La moraleja es que al final uno sólo puede contar con su propio espíritu y no con espíritus encadenados, y esto se aplica por igual a Occidente.

El eje interno y culminación del confucianismo es la doctrina del Medio Invariable o ZHONGYONG, que además es el punto natural de conexión con el taoísmo y la doctrina trascendental budista. El significado de este Medio Invariable se ha perdido casi por completo, y líderes políticos como Mao Zedong revelan por sus comentarios que no tenían ni idea de a qué puede referirse este concepto, puesto que no tiene nada que ver con el «eclecticismo». Esto no debe sorprendernos, si ya Confucio había dicho que hacía mucho que era raro seguirlo entre los hombres. Tendría que ser evidente que la doctrina del Medio no es la degradación última del confucianismo, sino su aspecto más elevado.

En un libro reciente he intentado rastrear algunas conexiones absolutamente básicas de este núcleo duro de la ciencia europea, el cálculo y la mecánica clásica, con la doctrina del Medio Invariable, lo reversible e irreversible en el taoísmo, el plano trascendental del conocimiento o la problemática de los estándares y la teoría de la medida. Claro que la relación es tan obvia que me pareció innecesaria hacerla más explícita. Ciertamente no lo he hecho pensando sólo en la cultura china, sino sobre todo por una problemática común aún por resolver y sobre la que la ciencia moderna ha preferido pasar página [3].

Creo que estos asuntos fundamentales, tan ocultados, son mucho más interesantes que los abracadabras de la ciencia contemporánea y además tienen mucho más potencial —para el que sepa aprovecharlo, evidentemente.

El contacto de la tradición china con la ciencia moderna parecía una tarea imposible, si se tiene en cuenta, no sólo la dificultad del científico chino por interiorizar su espíritu, sino la destitución ocurrida con la tradición propia. Sin embargo creo que aquí hemos *empezado* a conectar ambas esferas de una forma verdaderamente NATURAL. Lo único que puedo decir es que me parece que este camino debería seguirse, y que vale tanto para el Este como para el Oeste.

En un artículo próximo expondremos *La estrategia del dedo meñique*, o cómo desviar el tsunami tecnológico con el mínimo esfuerzo.

Notas

[1] Los Estados Unidos de América también llegaron a tener el 50 por ciento de la riqueza mundial en 1945; pero, aunque entonces la mayor parte de esa riqueza era producción interna, ese país llevaba a sus espaldas medio siglo de aventura neocolonial en Latinoamérica, el Pacífico, Filipinas o la propia China. Además, en 1945 la mayor parte de la riqueza en todo el mundo había sido destruida en una guerra en la que Estados Unidos había intervenido a conciencia para consolidar su hegemonía antes que para «defender la libertad».

[2] «El proyecto Synco o proyecto Cybersyn fue el intento chileno de planificación económica controlada en tiempo real, desarrollado en los años del gobierno de Salvador Allende, entre 1971 y 1973. En esencia, se trataba de una red de máquinas de teletipo que comunicaba a las fábricas con un único centro de cómputo en Santiago, donde se controlaba a las máquinas empleando los principios de la cibernética. El principal arquitecto del sistema fue el científico británico Stafford Beer». https://es.wikipedia.org/wiki/Cybersyn

[3] Miguel Iradier, *Pole of inspiration —Math, Science and Tradition*, en hurqualya.net .